Sigmar German
Peter Drath

Handbuch
SI-Einheiten

Sigmar German

Peter Drath

Handbuch SI-Einheiten

Definition, Realisierung, Bewahrung und Weitergabe der SI-Einheiten, Grundlagen der Präzisionsmeßtechnik

Mit 104 Bildern und 67 Tabellen

Springer Fachmedien Wiesbaden GmbH

CIP-Kurztitelaufnahme der Deutschen Bibliothek

German, Sigmar:
Handbuch SI-Einheiten: Definition, Realisierung,
Bewahrung u. Weitergabe d. SI-Einheiten; Grund-
lagen d. Präzisionsmeßtechnik/Sigmar German;
Peter Drath. – Braunschweig, Wiesbaden: Vieweg,
1979.

NE: Drath, Peter.

Prof. Dr. *Sigmar German* ist Mitglied des Präsidiums der Physikalisch-Technischen
Bundesanstalt

Dr. *Peter Drath* ist Leiter des Referats Physikalische Größen, Einheiten und Konstanten
der Physikalisch-Technischen Bundesanstalt

Verlagsredaktion: *Alfred Schubert*

Satz: Vieweg, Braunschweig

ISBN 978-3-528-08441-7   ISBN 978-3-322-83606-9 (eBook)
DOI 10.1007/978-3-322-83606-9

Vorwort

Die Größenlehre ist die Basis für die Beschreibung naturgesetzlicher und ingenieur-wissenschaftlicher Erscheinungen. Sie liefert die Grundlage für die gemeinsame Sprache, deren Vorhandensein die Voraussetzung für eine eindeutige Darlegung der Erkenntnisse und für die gegenseitige Verständigung ist. Die letzten hundert Jahre sind aber leider geprägt von der Vielfalt der verwendeten Einheitensysteme und Dimensionssysteme und von mancherlei Mißverständnissen über deren Bedeutung. In den letzten 20 Jahren hat sich dank der Tätig-keit einiger nationaler und internationaler Organisationen eine weitgehende Klärung der Situation ergeben. Wir haben heute das Internationale Einheitensystem (SI) und das diesem zugeordnete System physikalischer Größen. Diese Systeme entstanden aus pragmatischen Gründen — sie sind nicht Teil einer „höheren Naturerkenntnis" —, und ihre Elemente sind klar und eindeutig definiert.

Ausgangspunkt dieser Entwicklung war die Tätigkeit der Organe der Meterkonvention. Auf internationaler Ebene kamen dann die Aktivitäten der International Union of Pure and Applied Physics (IUPAP), der International Union of Pure and Applied Chemistry (IUPAC) sowie der International Organization for Standardization (ISO) hinzu. Auf nationaler Ebene ist in erster Linie die Tätigkeit der zum Bereich des Bundesministers für Wirtschaft gehören-den Physikalisch-Technischen Bundesanstalt — des Metrologischen Staatsinstituts der Bundes-republik Deutschland — und des Normenausschusses Einheiten und Formelgrößen (AEF) im Deutschen Institut für Normung (DIN) zu erwähnen.

Es liegt heute auf dem Gebiet der physikalischen Einheiten und Größen eine solche Fülle von Material vor, daß es notwendig erscheint, dies lehrbuchmäßig zu verarbeiten. Hierbei sind nicht immer nur die Endergebnisse wissenswert, sondern manchmal auch die Wege, auf denen man ans Ziel kam. Hinzu kommt, daß sowohl die Sturm- und Drangperiode der weltweiten Einführung des SI als auch eine erste Konsolidierungsphase z. B. durch den Ablauf einiger nationaler und europäischer Übergangsfristen abgelaufen ist; dies recht-fertigt den Versuch einer geschlossenen Darstellung des jetzt Bestehenden. Einige noch ein-tretende Bereinigungen sind in ihrem Inhalt und in ihrem Zeitablauf überschaubar.

Die Autoren haben sich daher trotz der Existenz einiger Bücher über das Gebiet des Internationalen Einheitensystems entschlossen, ein weiteres über diese Materie vorzulegen; die bisherigen dienten vorwiegend dazu, mit dem SI bekanntzumachen. Sie konnten daher zwangsläufig nur Teilbereiche abhandeln. Außerdem haben sich in den letzten Jahren wesent-liche Aspekte ergeben, die dort noch nicht berücksichtigt werden konnten. Das Ziel der Autoren ist es daher, der Industrie, der Wirtschaft und der Lehre zuverlässiges und für ihre Zwecke möglichst vollständiges Informationsmaterial zu liefern. Es sind sowohl die formalen als auch die wissenschaftlichen — insbesondere meßtechnischen — Aspekte behandelt. Daher wird sowohl der Fachmann als auch der Laie Wissenswertes finden.

Der Titel „Handbuch SI-Einheiten" bringt zum Ausdruck, daß eine gewisse Voll-ständigkeit angestrebt wurde. Trotzdem wird sicherlich mancher Leser Lücken empfinden. Eine solche Lückenhaftigkeit kommt auf zweierlei Art zustande. Einerseits mußte von der Sache her der Stoff begrenzt werden, um den Umfang eines Buches nicht ausufern zu lassen (es war nicht das Ziel, ein in langen Jahren entstehendes lückenloses Nachschlagewerk zu schreiben). Andererseits ergibt sich eine subjektive Auswahl des Stoffes durch die Begrenzung der Kompetenz eines jeden Autors. Die Generallinie bei der Stoffauswahl bestand darin, neben dem Formalen auch die meßtechnische Seite der Einheitendarstellung und Weitergabe zu bringen, aber bei den meßtechnischen Problemen nur den Anteil zu behandeln, der mit der jeweils größten Genauigkeit zu tun hat. Das Hauptgewicht wird auf die Darstellung des Jetzt-Zustandes und der künftigen Entwicklung gelegt. Der Blick zurück bleibt beschränkt auf Zusammenhänge, die zum Verständnis der heutigen Situaation erforderlich sind, und auf die Angabe von Beziehungen für die Umrechnung älterer Einheiten in SI-Einheiten, um Hilfe zum Lesen älterer Literatur zu geben. Auf umfangreiche Tabellen zum Umrechnen von nicht zum SI gehörenden Einheiten in andere „Nicht-SI-Einheiten" wurde verzichtet.

Die Autoren haben sich aber auch deshalb dazu entschlossen, den vorliegenden Stoff zusammenzustellen und abzuhandeln, weil sich erfahrungsgemäß an Hoch- und Fachschulen niemand so richtig zuständig für dieses Gebiet fühlt. Einiges wird nebenbei in Fachvorlesungen erwähnt. Das Ziel dieser Schrift ist es daher auch, dem Studenten und dem in der Praxis tätigen Wissenschaftler und Ingenieur dazu zu verhelfen, die erforderlichen Kenntnisse auf diesem Gebiet zu erwerben, und dem Lehrenden die wichtigsten Materialien für eine Verwendung im Unterricht zusammenzustellen. Da den Autoren der Zugang zu den manchmal recht schwer überschaubaren Quellen im Gegensatz zu vielen anderen von ihrem Berufe her leicht war, sahen sie im Abfassen dieser Schrift auch eine gewisse Verpflichtung. Für alle Verbesserungsvorschläge bezüglich Stoffauswahl und Darstellung werden sie ein offenes Ohr haben.

Den Kollegen Prof. Bayer-Helms, Prof. Becker, Prof. Fritz, Prof. Hahn, Dr. Kochsiek, Prof. Kose, Prof. Schley und Dr. Wöger möchten wir für die kritische Durchsicht von Teilen des Manuskriptes herzlich danken. Unser Dank gilt auch Frau C. Schneider (M.A.) und Herrn W. Pogrzeba insbesondere für das Ausarbeiten von Tabellen.

Ein Gebiet, das mancher Leser vermissen mag, ist bewußt nicht in dieses Buch aufgenommen worden: die Berechnung und die Angabe von Meßfehlern und Meßunsicherheiten. Dieses Gebiet wird zur Zeit sehr stark in nationalen und internationalen Gremien diskutiert. Es wäre verfrüht, jetzt Teilergebnisse zu fixieren.

Braunschweig, Herbst 1978   *Sigmar German*
                                                                       Peter Drath

Inhaltsverzeichnis

Verzeichnis der Tabellen

Weitere Tabellen im Anhang

1 Das Internationale Einheitensystem

1.1 Einleitung

Im Jahre 1948 wurde anläßlich der 9. Generalkonferenz für Maß und Gewicht (dem höchsten Beschlußgremium der Meterkonvention, s. Abschnitt 2.2) in Anbetracht der bestehenden Einheitenvielfalt der Wunsch artikuliert, für *Wissenschaft, Technik* und *Unterricht* ein praktisches internationales Einheitensystem zu schaffen. In den darauf folgenden Generalkonferenzen ist ein solches System entwickelt und angenommen worden, nämlich das System, das heute mit dem Namen

Internationales Einheitensystem

bezeichnet wird. Das dafür in allen Sprachen gleiche Kurzzeichen ist „SI" (von „Système International d'Unités). Die gelegentlich benutzte Bezeichnung „SI-System" ist unrichtig, weil darin zweimal „System" vorkommt. Man gewöhne sich daher daran zu sagen: „das SI" (sprich: das es i). Das Wort System wird im Zusammenhang mit Einheiten in unterschiedlicher Bedeutung gebraucht. Unter der alten Bezeichnung „metrisches System" verstand man eine Gruppe von Einheiten, die alle aus dem Meter abgeleitet wurden. Dies betraf die im Handel wichtigen Einheiten für Länge, Fläche, Volumen und Masse. Die Einheit Gramm war ursprünglich als die Masse von $1\ cm^3$ Wasser im Zustand höchster Dichte definiert (vgl. Abschnitt 1.17) und hatte damit eine mittelbare Beziehung zum Meter. Heute wird unter einem Einheitensystem nicht mehr die Zurückführung auf eine Einheit, sondern die Zurückführung aller Einheiten dieses Systems auf einige bestimmte „Basiseinheiten" verstanden. Dabei wird angenommen, daß die einzelnen Basiseinheiten voneinander unabhängig sind. Die heute gültigen Definitionen der Basiseinheiten Meter und Kilogramm des Internationalen Einheitensystems sind voneinander unabhängig. Auf noch bestehende Abhängigkeiten zwischen einzelnen Basiseinheiten wird später noch eingegangen.

Die Einführung des Internationalen Einheitensystems bedeutete eine vollständige Neuordnung der Einheiten im Meßwesen. Es ist die moderne, auf sieben Basiseinheiten erweiterte Form des Metrischen Systems. Es wurde mit dem Ziel eingeführt, eine ganze Reihe früherer Einheitensysteme, Teilsysteme und systemfreier Einheiten abzulösen, die jeweils in Teilgebieten von Technik und Wissenschaft in Gebrauch waren. Der Übergang zu einem einzigen praktischen Einheitensystem wird zur Erleichterung der internationalen Verständigung ebenso in Forschung und Lehre wie in Technik und Wirtschaft beitragen.

Es gibt zur Zeit mehrere „offizielle" Dokumente über Einheiten:

1. SI Das Internationale Einheitensystem, Übersetzung der vom Internationalen Büro für Maß und Gewicht herausgegebenen Schrift „Le Système International d'Unités (SI)", Friedr. Vieweg & Sohn, Braunschweig, 1977. Die Schrift enthält u. a. eine vollständige Sammlung der Beschlüsse der Gremien der Meterkonvention über das SI;
2. das Gesetz über Einheiten im Meßwesen und die dazugehörige Ausführungsverordnung;
3. die EG-Richtlinie über Einheiten im Meßwesen;
4. die Norm DIN 1301 „Einheiten", Teil 1 und Teil 2;

5. das Dokument der OIML über Einheiten;
6. die Internationale Norm ISO 1000: SI units and recommendations for the use of their multiples and of certain other units.

Da sich diese Zusammenstellungen voneinander unterscheiden und unterschiedliche Anwendungsbereiche haben, werden sie im folgenden behandelt und die Unterschiede erläutert. Das SI ist zur Basis aller dieser Zusammenstellungen geworden. Es wird daher ausführlich in den Abschnitten 1.2 bis 1.5 mit erläuternden und ergänzenden Bemerkungen vorgestellt. In Abschnitt 1.8 wird die in den Gremien der Meterkonvention vertretene Auffassung über die Einheiten außerhalb des SI behandelt. In den sich daran anschließenden Abschnitten 1.9 bis 1.13 wird auf die anderen Dokumente, die vom SI ausgehen, eingegangen.

In einem Einheitensystem gibt es für jede Größe nur eine Einheit. Die Einheiten eines Systems lassen sich in zwei Gruppen teilen: die Basiseinheiten und die abgeleiteten Einheiten. Im Internationalen Einheitensystem kommt dazu noch eine dritte Gruppe von Einheiten: die ergänzenden Einheiten. Diese Einteilung erfolgt zum Teil aus pragmatischen Gründen. Sie läßt sich wissenschaftlich nicht begründen.

1.2 Die SI-Basiseinheiten

Das Internationale Einheitensystem beruht auf den in Tabelle 1.1 zusammengestellten sieben Basiseinheiten.

Tabelle 1.1: Die sieben SI-Basiseinheiten

SI-Basiseinheit		
Name	Einheitenzeichen	Größe
Meter	m	Länge
Kilogramm	kg	Masse
Sekunde	s	Zeit
Ampere	A	elektrische Stromstärke
Kelvin	K	thermodynamische Temperatur
Mol	mol	Stoffmenge
Candela	cd	Lichtstärke

Die Wortlaute der Definitionen der SI-Basiseinheiten sind:

Das **Meter** ist das 1 650 763,73fache der Wellenlänge der vom Atom des Nuklids ^{86}Kr beim Übergang vom Zustand $5\,d_5$ zum Zustand $2\,p_{10}$ ausgesandten, sich im Vakuum ausbreitenden Strahlung.

Das **Kilogramm** ist die Masse des Internationalen Kilogrammprototyps.

Die **Sekunde** ist das 9 192 631 770fache der Periodendauer der dem Übergang zwischen den Hyperfeinstrukturniveaus des Grundzustands des Atoms des Nuklids ^{133}Cs entsprechenden Strahlung.

Das **Ampere** ist die Stärke eines konstanten elektrischen Stromes, der, durch zwei parallele, geradlinige, unendlich lange und im Vakuum im Abstand von 1 Meter voneinander angeordnete Leiter von vernachlässigbar kleinem, kreisförmigen Querschnitt fließend, zwischen diesen Leitern je 1 Meter Leiterlänge die Kraft $2 \cdot 10^{-7}$ Newton hervorrufen würde.

Das **Kelvin**, die Einheit der thermodynamischen Temperatur, ist der 273,16te Teil der thermodynamischen Temperatur des Tripelpunktes des Wassers.

Das **Mol** ist die Stoffmenge eines Systems, das aus ebensoviel Einzelteilchen besteht, wie Atome in 0,012 Kilogramm des Kohlenstoffnuklids ^{12}C enthalten sind. Bei Benutzung des Mols müssen die Einzelteilchen spezifiziert sein und können Atome, Moleküle, Ionen, Elektronen sowie andere Teilchen oder Gruppen solcher Teilchen genau angegebener Zusammensetzung sein.

Die **Candela** ist die Lichtstärke in senkrechter Richtung von einer 1/600 000 Quadratmeter großen Oberfläche eines Schwarzen Strahlers bei der Temperatur des beim Druck 101 325 Newton durch Quadratmeter erstarrenden Platins.

Die in der deutschsprachigen Literatur aufgeführten Definitionen weichen gelegentlich geringfügig voneinander ab. Man darf diese Unterschiede nicht überbewerten. Weil die von der Generalkonferenz für Maß und Gewicht verabschiedeten Texte in Französisch sind, bestehen zwischen Übersetzungen, die zu verschiedenen Zeiten angefertigt werden, kleine Unterschiede. Die obigen Texte sind aus der deutschsprachigen Fassung der vom Internationalen Büro für Maß und Gewicht herausgegebenen Schrift über das SI entnommen. Einem davon etwas abweichenden Wortlaut liegt also kein anderer Sachverhalt zugrunde.

Das früher bei Einheitensystemen gern benutzte Wort „Grundeinheit" wird heute vermieden, weil der Auswahl kein Naturgesetz zugrunde liegt. Das Wort „Basiseinheit" bringt deutlicher zum Ausdruck, daß hier etwas Vereinbartes vorliegt. Die Wahl von sieben Basiseinheiten hat in erster Linie historische und pragmatische Gründe (vgl. Abschnitt 1.17). Allerdings ist die Wahl der sieben Basiseinheiten nicht willkürlich. Die Auswahl muß so getroffen werden, daß die übrigen Einheiten aus den Basiseinheiten abgeleitet werden können. Auf die Bedingung hierfür wird in Abschnitt 6.8 eingegangen.

Es hat sich die Konvention eingebürgert, die sieben Basiseinheiten in der Reihenfolge, wie sie in Tabelle 1.1 stehen, aufzuführen. Diese Reihenfolge wird oft auch beim Bilden von Potenzprodukten beibehalten, wie in der rechten Spalte von Tabelle 1.3. Von dieser Reihenfolge wird man abweichen, wenn man das Entstehen einer abgeleiteten Einheit aus anderen Einheiten deutlich machen will. Damit wird oft das Verständnis gefördert.

1.3 Abgeleitete SI-Einheiten

Die abgeleiteten SI-Einheiten werden *kohärent*, d. h. nur mit dem Zahlenfaktor 1 aus den Basiseinheiten abgeleitet. Dabei werden für die Einheiten die gleichen algebraischen Beziehungen verwendet, die auch für die jeweils zugeordneten Größen gelten. Zum Beispiel ist die Geschwindigkeit gleich Länge durch Zeit. Die SI-Einheit der Geschwindigkeit ist demnach gleich dem Quotienten aus den SI-Einheiten für Länge und Zeit: Meter durch Sekunde. Verschiedene abgeleitete Einheiten haben einen besonderen Namen erhalten, die ihrerseits wieder dazu verwendet werden können, weitere abgeleitete Einheiten auf einfachere Weise zu bilden, als wenn man von den Basiseinheiten ausgeht. (Über die Herleitung der Namen von SI-Einheiten, die nach Personen benannt sind, s. Tabelle 1.6.)

Die abgeleiteten SI-Einheiten lassen sich nach der Form ihrer Darstellung in folgende drei Gruppen einteilen:

1. abgeleitete Einheiten, die nur durch Basiseinheiten ausgedrückt werden (s. Tabelle 1.2),
2. abgeleitete Einheiten, die einen besonderen Namen haben (s. Tabellen 1.3 und 1.4),
3. abgeleitete Einheiten, die mit Hilfe von besonderen Namen ausgedrückt werden (s. Tabelle 1.5).

Tabelle 1.2: Beispiele für abgeleitete SI-Einheiten, die durch Basiseinheiten ausgedrückt werden

Größe	Dimensionsprodukt	SI-Einheit	
		Name	Einheitenzeichen
Wellenzahl	L^{-1}	reziprokes Meter	m^{-1}
Fläche	L^2	Quadratmeter	m^2
Geschwindigkeit	$L\,T^{-1}$	Meter durch Sekunde	$m \cdot s^{-1}$
Beschleunigung	$L\,T^{-2}$	Meter durch Sekundenquadrat	$m \cdot s^{-2}$
kinematische Viskosität	$L^2\,T^{-1}$	Quadratmeter durch Sekunde	$m^2 \cdot s^{-1}$
Dichte	$L^{-3}\,M$	Kilogramm durch Kubikmeter	$m^{-3} \cdot kg$
elektrische Stromdichte	$L^{-2}\,I$	Ampere durch Quadratmeter	$m^{-2} \cdot A$
Stoffmengenkonzentration	$L^{-3}\,N$	Mol durch Kubikmeter	$m^{-3} \cdot mol$
molare Masse	$M\,N^{-1}$	Kilogramm durch Mol	$kg \cdot mol^{-1}$
Leuchtdichte	$L^{-2}\,J$	Candela durch Quadratmeter	$m^{-2} \cdot cd$

Tabelle 1.3: Abgeleitete SI-Einheiten, die einen besonderen Namen haben

Größe	SI-Einheit		
	Name	Einheitenzeichen	durch SI-Basiseinheiten ausgedrückt
Frequenz	Hertz	Hz	s^{-1}
Kraft	Newton	N	$m \cdot kg \cdot s^{-2}$
Druck, Spannung	Pascal	Pa	$m^{-1} \cdot kg \cdot s^{-2}$
Energie, Arbeit Wärmemenge	Joule	J	$m^2 \cdot kg \cdot s^{-2}$
Leistung, Energiestrom	Watt	W	$m^2 \cdot kg \cdot s^{-3}$
Elektrizitätsmenge, elektrische Ladung	Coulomb	C	$s \cdot A$
elektrische Spannung, elektromotorische Kraft	Volt	V	$m^2 \cdot kg \cdot s^{-3} \cdot A^{-1}$
elektrische Kapazität	Farad	F	$m^{-2} \cdot kg^{-1} \cdot s^4 \cdot A^2$
elektrischer Widerstand	Ohm	Ω	$m^2 \cdot kg \cdot s^{-3} \cdot A^{-2}$
elektrischer Leitwert	Siemens	S	$m^{-2} \cdot kg^{-1} \cdot s^3 \cdot A^2$
magnetischer Fluß	Weber	Wb	$m^2 \cdot kg \cdot s^{-2} \cdot A^{-1}$
magnetische Flußdichte, Induktion	Tesla	T	$kg \cdot s^{-2} \cdot A^{-1}$
Induktivität	Henry	H	$m^2 \cdot kg \cdot s^{-2} \cdot A^{-2}$
Celsius-Temperatur[1]	Grad Celsius	°C	K
Lichtstrom	Lumen	lm	$cd \cdot sr$ [2]
Beleuchtungsstärke	Lux	lx	$m^{-2} \cdot cd \cdot sr$ [2]

Fußnoten siehe nebenstehende S. 5 unten.

Tabelle 1.4: Abgeleitete SI-Einheiten, die einen besonderen Namen haben und die in den Bereichen Radiologie und Dosimetrie verwendet werden, um Irrtumsrisiken zu vermeiden (s. auch Abschnitt 1.15)

Größe	SI-Einheit		
	Name	Einheiten-zeichen	durch SI-Basiseinheiten ausgedrückt
Aktivität (radioaktive)	Becquerel	Bq	s^{-1}
Energiedosis	Gray	Gy	$m^2 \cdot s^{-2}$
Äquivalentdosis	Sievert[1])	Sv	$m^2 \cdot s^{-2}$

[1]) Vom CCU und vom CIPM 1978 angenommen und der 16. Generalkonferenz für Maß und Gewicht (1979) zur Annahme empfohlen.

[1]) Neben der thermodynamischen Temperatur (Formelzeichen T), ausgedrückt in Kelvin, wird auch die Celsius-Temperatur (Formelzeichen t) benutzt, die durch die Zahlenwert-Gleichung $t = T - 273{,}15$ definiert ist. Die Einheit „Grad Celsius" ist gleich der Einheit „Kelvin", aber „Grad Celsius" ist ein spezieller Name anstelle von Kelvin, wenn die Celsius-Temperatur angegeben wird. Ein Celsius-Temperaturintervall oder eine Celsius-Temperaturdifferenz dürfen auch in Grad Celsius angegeben werden.

[2]) In einigen Gebieten, beispielsweise in der Radiometrie und in der Photometrie wird der Steradiant (sr) mitunter wie eine Basiseinheit behandelt. Dann darf das Einheitenzeichen sr nicht — wie in manchen anderen Flällen — durch die Zahl 1 ersetzt werden.

Tabelle 1.5: Beispiele für abgeleitete SI-Einheiten, die mit Hilfe von besonderen Namen ausgedrückt werden

Größe	SI-Einheit		
	Name	Einheiten-zeichen	durch SI-Basiseinheiten ausgedrückt
dynamische Viskosität	Pascalsekunde	$Pa \cdot s$	$m^{-1} \cdot kg \cdot s^{-1}$
Moment einer Kraft	Newtonmeter	$N \cdot m$	$m^2 \cdot kg \cdot s^{-2}$
Oberflächenspannung	Newton durch Meter	N/m	$kg \cdot s^{-2}$
Wärmestromdichte, Bestrahlungsstärke	Watt durch Quadratmeter	W/m^2	$kg \cdot s^{-3}$
Wärmekapazität, Entropie	Joule durch Kelvin	J/K	$m^2 \cdot kg \cdot s^{-2} \cdot K^{-1}$
spezifische Wärmekapazität, spezifische Entropie	Joule durch Kilogramm-Kelvin	$J/(kg \cdot K)$	$m^2 \cdot s^{-2} \cdot K^{-1}$
spezifische Energie	Joule durch Kilogramm	J/kg	$m^2 \cdot s^{-2}$
Wärmeleitfähigkeit	Watt durch Meter-Kelvin	$W/(m \cdot K)$	$m \cdot kg \cdot s^{-3} \cdot K^{-1}$
Energiedichte	Joule durch Kubikmeter	J/m^3	$m^{-1} \cdot kg \cdot s^{-2}$
elektrische Feldstärke	Volt durch Meter	V/m	$m \cdot kg \cdot s^{-3} \cdot A^{-1}$
elektrische Ladungsdichte	Coulomb durch Kubikmeter	C/m^3	$m^{-3} \cdot s \cdot A$
elektrische Flußdichte, Verschiebung	Coulomb durch Quadratmeter	C/m^2	$m^{-2} \cdot s \cdot A$
Permittivität	Farad durch Meter	F/m	$m^{-3} \cdot kg^{-1} \cdot s^4 \cdot A^2$
Permeabilität	Henry durch Meter	H/m	$m \cdot kg \cdot s^{-2} \cdot A^{-2}$
molare Energie	Joule durch Mol	J/mol	$m^2 \cdot kg \cdot s^{-2} \cdot mol^{-1}$
molare Entropie, molare Wärmekapazität	Joule durch Mol-Kelvin	$J/(mol \cdot K)$	$m^2 \cdot kg \cdot s^{-2} \cdot K^{-1} \cdot mol^{-1}$
Ionendosis (Röntgen- und γ-Strahlen)	Coulomb durch Kilogramm	C/kg	$kg^{-1} \cdot s \cdot A$
Energiedosisleistung	Gray durch Sekunde	Gy/s	$m^2 \cdot s^{-3}$

Tabelle 1.6: Herleitung der Namen von SI-Einheiten, die nach Personen benannt sind (aus Hoppe-Blank 1975)
(Die Einheitenzeichen dieser Einheiten bestehen aus oder beginnen mit einem großen Buchstaben)

| Einheit | | Größe | Einheit ist benannt nach |
Name	Einheiten-zeichen		
Ampere	A	elektrische Stromstärke	*André Marie Ampère* (1775—1836), französischer Mathematiker und Physiker (Zusammenhänge zwischen Elektrizität und Magnetismus, Drehwaage)
Becquerel	Bq	Aktivität einer radioaktiven Substanz	*Antoine Henri Becquerel* (1852—1908), französischer Physiker (Entdeckung der spontanen Radioaktivität, 1903 Nobelpreis)
Coulomb	C	elektrische Ladung	*Charles-Augustin de Coulomb* (1736—1806), französischer Physiker (Coulombsches Gesetz und andere Gesetze der Elektro- und Magnetostatik)
Farad	F	elektrische Kapazität	*Michael Faraday* (1791—1867), englischer Physiker und Chemiker (Grundgesetze des Elektromagnetismus)
Grad Celsius	°C	Celsius-Temperatur	*Anders Celsius* (1701—1744), schwedischer Astronom (Einteilung der Temperaturdifferenz zwischen Eispunkt und Siedepunkt des Wassers in 100 Grad)
Gray	Gy	Energiedosis	*Louis Harold Gray* (1905—1965), englischer Physiker (Zusammenhang zwischen Energiedosis und Ionendosis, Bragg-Gray-Beziehung)
Henry	H	Induktivität	*Joseph Henry* (1797—1878), amerikanischer Physiker (Induktionsgesetze)
Hertz	Hz	Frequenz	*Heinrich Rudolf Hertz* (1857—1894), deutscher Physiker (Entdeckung der elektromagnetischen Wellen)
Joule	J	Energie	*James Prescott Joule* (1818—1889), englischer Naturforscher (Gesetz von der Erhaltung der Energie — erster Hauptsatz der Thermodynamik; Thomson-Joule-Effekt) Aussprache: [dʒuːl]
Kelvin	K	thermodynamische Temperatur	*Sir William Thomson*, 1892 *Lord Kelvin of Largs* (1824—1907), englischer Physiker (Mitbegründer der klassischen Thermodynamik, Definition der „absoluten" Temperatur; Thomson-Effekt, Thomson-Joule-Effekt)

Fortsetzung Tabelle 1.6:

Einheit		Größe	Einheit ist benannt nach
Name	Einheiten-zeichen		
Newton	N	Kraft	*Sir Isaac Newton* (1643—1727), englischer Physiker, Mathematiker und Astronom (Mitbegründer der exakten Naturwissenschaften, u. a. Gravitationsgesetz)
Ohm	Ω	elektrischer Widerstand	*Georg Simon Ohm* (1787—1854), deutscher Physiker (Ohmsches Gesetz)
Pascal	Pa	Druck	*Blaise Pascal* (1623—1662), französischer Mathematiker und Philosoph (Pascalsches Gesetz — Druck von Fluiden)
Siemens	S	elektrischer Leitwert	*Werner von Siemens* (1816—1892), deutscher Begründer der Elektrotechnik und Mitbegründer der Physikalisch-Technischen Reichsanstalt (Entdeckung des selbsterregten elektrischen Generators, des elektrischen Zeigertelegraphen; Bau der ersten elektrischen Eisenbahn, der Telegraphennetze in Deutschland und Rußland)
Sievert	Sv	Äquivalentdosis	*Rolf M. Sievert* (1896—1966), schwedischer Physiker (Anwendung ionisierender Strahlen in der Medizin, Strahlenschutz)
Tesla	T	magnetische Flußdichte	*Nicola Tesla* (1856—1943), kroatisch-amerikanischer Physiker (Elektrische Ströme sehr hoher Spannung — Tesla-Ströme; Prinzip des rotierenden magnetischen Feldes)
Volt	V	elektrische Spannung	*Conte Alessandro Volta* (1745—1827), italienischer Physiker (Entdeckung der Voltaschen Säule, des Kupfer-Zink-Elements; Elektrophor, Plattenkondensator, Elektroskop)
Watt	W	Leistung	*James Watt* (1736—1819), englischer Ingenieur und Erfinder (Entwicklung der Dampfmaschine, Wattsches Parallelogramm, Fliehkraftregler)
Weber	Wb	magnetischer Fluß	*Wilhelm Eduard Weber* (1804—1891), deutscher Physiker (Theorie des Diamagnetismus, der elektrischen Schwingungen; Begründer der exakten elektrischen Präzisionsmeßtechnik)

1.4 Ergänzende SI-Einheiten

Obwohl die Einheiten eines Systems nur Basiseinheiten oder abgeleitete Einheiten sein können, hat die Generalkonferenz für Maß und Gewicht eine dritte Klasse von SI-Einheiten eingeführt. Sie dient dazu, diejenigen Einheiten aufzunehmen, für die man sich nicht entscheiden konnte, ob sie den Basiseinheiten oder den abgeleiteten Einheiten zugeordnet werden sollen. In dieser Klasse sind nur die in Tabelle 1.7 aufgeführten beiden Einheiten für den ebenen und räumlichen Winkel.

Tabelle 1.7: Ergänzende SI-Einheiten

Größe	Name	SI-Einheit	
		Einheiten-zeichen	durch die SI-Basiseinheit ausgedrückt
ebener Winkel	Radiant	rad	$m \cdot m^{-1}$
räumlicher Winkel	Steradiant	sr	$m^2 \cdot m^{-2}$

Der **Radiant** ist der ebene Winkel zwischen zwei Radien eines Kreises, die aus dem Kreisumfang einen Bogen von der Länge des Radius ausschneiden.

Der **Steradiant** ist der räumliche Winkel, dessen Scheitelpunkt im Mittelpunkt einer Kugel liegt und der aus der Kugeloberfläche eine Fläche gleich der eines Quadrats von der Seitenlänge des Kugelradius ausschneidet.

Analog zu den Einheiten in Tabelle 1.5 kann man natürlich auch mit diesen beiden Einheiten weitere abgeleitete Einheiten bilden. Ein Beispiel möge dies erläutern: Die Winkelgeschwindigkeit hat die SI-Einheit Radiant durch Sekunde (rad/s). Da der Radiant und der Steradiant häufig den Charakter einer abgeleiteten Einheit haben, werden sie in der Literatur oft in den Tabellen für abgeleitete SI-Einheiten mit besonderem Namen aufgeführt. Hierzu gibt es aber auch abweichende Auffassungen, die in verschiedenen Fachgebieten unterschiedlich sind. Das Internationale Büro für Maß und Gewicht hat deshalb zu den beiden „ergänzenden Einheiten" ausgeführt, daß es freigestellt ist, sie als Basiseinheiten oder als abgeleitete Einheiten zu behandeln. In der Lichttechnik wird **der Steradiant meist als eine Basiseinheit angesehen.** In diesem Sinn sind die Angaben beim Lichtstrom und bei der Beleuchtungsstärke in der letzten Spalte von Tabelle 1.3 zu verstehen. In anderen Gebieten der Physik ergeben sich Schwierigkeiten, wenn man den Radiant als Basiseinheit auffaßt. So hätte zum Beispiel das Drehmoment M die SI-Einheit $N \cdot m \cdot rad$, wenn es aus der Formel

$$M = J \cdot \alpha \tag{1}$$

J Trägheitsmoment, SI-Einheit: $m^2 \cdot kg$
α Winkelbeschleunigung, SI-Einheit: $rad \cdot s^{-2}$

abgeleitet würde. Wenn man es dagegen aus der Arbeit W, die bei der Drehung um den Winkel β verrichtet wird, gemäß Gleichung (2) ableitet

$$M = \frac{W}{\beta}, \tag{2}$$

hätte das Drehmoment M die SI-Einheit $N \cdot m/rad$. Diese Widersprüche bestehen nicht, wenn man den Radiant als eine Einheit ansieht, die durch die Beziehung

$$1 \text{ rad} = 1 \text{ m/m} = 1 \tag{3}$$

abgeleitet wird. In diesem Fall kann die Einheit Radiant auch weggelassen werden, was bei einer Basiseinheit nicht möglich wäre. Die SI-Einheit für das Drehmoment ist dann $N \cdot m$.

Aus den zuletzt genannten Gründen hat sich die Einteilung der SI-Einheiten in drei Klassen in Deutschland in der Normung und in den Rechtsvorschriften nicht eingebürgert. Hier wurde von der oben erwähnten Freiheit Gebrauch gemacht: Es wird nur zwischen Basiseinheiten und abgeleiteten Einheiten unterschieden. Bei diesem Problem handelt es sich nur um eine die wissenschaftliche Systematik berührende Frage. Nach DIN 1301 sowie §§ 5 und 6 der Ausführungsverordnung zum Einheitengesetz sind Radiant und Steradiant abgeleitete SI-Einheiten (BGBl. I (1970), S. 981).

1.5 Dezimale Teile und Vielfache von Einheiten

Wenn man nur die kohärenten SI-Einheiten verwendet, kommen bei Größenangaben sehr große oder sehr kleine Zahlenwerte vor. Um die Zahlenwerte in einer praktikablen Größenordnung zu halten — häufig wird der Bereich von 0,1 bis 1000 angegeben —, hat man Vorsätze zur Bezeichnung dezimaler Vielfache und Teile von Einheiten geschaffen wie zum Beispiel Zentimeter oder Kilopascal. Diese Vorsätze haben den Namen SI-Vorsätze erhalten. Sie sind in Tabelle 1.8 zusammengestellt.

Tabelle 1.8: SI-Vorsätze

Vorsatz	Vorsatzzeichen	Faktor
Exa	E	10^{18}
Peta	P	10^{15}
Tera	T	10^{12}
Giga	G	10^{9}
Mega	M	10^{6}
Kilo	k	10^{3}
Hekto	h	10^{2}
Deka	da	10^{1}
Dezi	d	10^{-1}
Zenti	c	10^{-2}
Milli	m	10^{-3}
Mikro	μ	10^{-6}
Nano	n	10^{-9}
Piko	p	10^{-12}
Femto	f	10^{-15}
Atto	a	10^{-18}

Die Vorsätze werden auch für einige Einheiten außerhalb des SI wie zum Beispiel beim Liter und beim Bar verwendet. In DIN 1301 Teil 1 ist angegeben, bei welchen Einheiten außerhalb des SI keine Vorsätze angewendet werden sollen.

Bei der Anwendung der SI-Vorsätze sind einige Regeln einzuhalten:

1. Der Vorsatz steht ohne Zwischenraum vor dem Namen der Einheit, das Vorsatzzeichen ist steil zu drucken und ohne Zwischenraum vor das Einheitenzeichen zu setzen.

Beispiele: Kilometer (Einheitenzeichen: km),
Nanosekunde (Einheitenzeichen: ns).

Vorsätze sollen nicht mit Einheitenzeichen und Vorsatzzeichen mit Einheitennamen zusammen benützt werden. Es ist also falsch, Kilom oder kmeter zu schreiben.

2. Bei einer Einheit mit eigenem Namen darf nicht mehr als *ein* Vorsatz oder Vorsatzzeichen benutzt werden.

Beispiele: für den milliardsten Teil der Sekunde (10^{-9} s)
nicht Millimikrosekunde (Einheitenzeichen: mμs), *sondern* Nanosekunde (Einheitenzeichen: ns).

In diesem Zusammenhang muß etwas zur SI-Basiseinheit der Masse, dem Kilogramm (Einheitenzeichen: kg) gesagt werden, die aus historischen Gründen bereits den Vorsatz Kilo hat. Die Namen der dezimalen Vielfachen oder Teile werden in diesem Fall durch Hinzufügen der Vorsätze vor das Wort „Gramm" oder durch Hinzufügen der Vorsatzzeichen vor das Einheitenzeichen „g" gebildet.

Beispiele: 10^3 kg = 10^6 g = 1 Mg (Megagramm)
10^{-6} kg = 10^{-3} g = 1 mg (Milligramm).

3. Bei als *Produkt* gebildeten zusammengesetzten Einheiten kann sich der Vorsatz auf das Produkt oder auf einzelne Faktoren beziehen, ein Mißverständnis wird nicht möglich sein.

Beispiel: Die elektrische Ladung ist das Produkt aus der elektrischen Stromstärke und der Zeit. Die SI-Basiseinheiten von Stromstärke und Zeit sind das Ampere und die Sekunde. Die abgeleitete SI-Einheit der elektrischen Ladung ist somit die als Produkt aus dem Ampere und der Sekunde gebildete zusammengesetzte Einheit Amperesekunde (Einheitenzeichen: As), die auch den besonderen Namen Coulomb (Einheitenzeichen: C) hat. Der millionste Teil der SI-Einheit der elektrischen Ladung kann in folgender Form mit Hilfe der Vorsätze bezeichnet werden:
1 Mikroamperesekunde (Einheitenzeichen: μA $\cdot$ s);
1 Ampere mal 1 Mikrosekunde (Einheitenzeichen: A $\cdot \mu$s);
1 Milliampere mal 1 Millisekunde (Einheitenzeichen: mA $\cdot$ ms);
1 Mikrocoulomb (Einheitenzeichen: μC).

4. Bei als *Quotient* gebildeten zusammengesetzten Einheiten darf ein Vorsatz entweder vor die Einheit des Dividenden oder vor die Einheit des Divisors oder auch vor jede dieser Einheiten gesetzt werden.

Beispiel: Die Geschwindigkeit ist der Quotient aus der Weglänge und der Zeit, in der die Weglänge zurückgelegt wird. Die SI-Basiseinheiten von Länge und Zeit sind das Meter und die Sekunde. Die abgeleitete SI-Einheit der Geschwindigkeit ist somit die als Quotient aus dem Meter und der Sekunde gebildete zusammengesetzte Einheit Meter durch Sekunde (Einheitenzeichen: m $\cdot$ s^{-1}). Das Tausendfache der SI-Einheit der Geschwindigkeit kann beispielsweise durch Vorsätze bezeichnet werden als
1 Kilometer durch Sekunde (Einheitenzeichen: km $\cdot$ s^{-1});
1 Meter durch 1 Millisekunde (Einheitenzeichen: m $\cdot$ ms^{-1});
1 Millimeter durch 1 Mikrosekunde (Einheitenzeichen: mm $\cdot \mu$s^{-1}).
Nicht verwendet werden sollte die Schreibweise k $\left(\frac{m}{s}\right)$.

5. Wenn an ein mit einem Vorsatzzeichen versehenes Einheitenzeichen ein Potenzexponent angefügt ist, bedeutet dies, daß das Vielfache oder der Teil der Einheit in die durch den Exponenten ausgedrückte Potenz erhoben ist.

Beispiele: $1 \text{ cm}^2 = 1 \text{ cm} \cdot 1 \text{ cm} = 1 \text{ (cm)}^2 = 1 (10^{-2} \text{ m})^2 = 10^{-4} \text{ m}^2$
(nicht: $1 \text{ cm}^2 = 1 \text{ c (m} \cdot \text{m)} = 10^{-2} \text{ m}^2$*)*;
$1 \text{ cm}^{-1} = 1 \text{ (cm)}^{-1} = 1 (10^{-2} \text{ m})^{-1} = 10^2 \text{ m}^{-1}$
(nicht: $1 \text{ cm}^{-1} = 1 \text{ c (m}^{-1}) = 10^{-2} \text{ m}^{-1}$*)*.

Die Kombination von Vorsatzzeichen und Einheitenzeichen gilt also als *ein* Symbol, das ohne Verwendung von Klammern in eine Potenz erhoben werden kann. Vorsätze dürfen daher auch nicht vor Potenzbezeichnungen von Einheiten gesetzt werden.

Beispiele: richtig: Kubikhektometer für $\text{hm}^3 = 10^6 \text{ m}^3$
falsch: Hektokubikmeter.

Um mögliche Mißverständnisse auszuschließen, nochmal folgender Hinweis: SI-Vorsätze werden nur zusammen mit Einheiten verwendet. Die Vorsatzzeichen sind keine Kurzzeichen für alleinstehende Zahlen (Zehnerpotenzen). Leider ist der Satz von Vorsätzen und Vorsatzzeichen in mancherlei Hinsicht unsystematisch und daher nicht ganz bequem für technische Zwecke. Die meisten *Vorsätze* zur Bezeichnung von dezimalen Vielfachen von Einheiten enden mit dem Buchstaben a (Ausnahmen: Kilo und Hekto). Die Mehrzahl der Vorsätze zur Bezeichnung von dezimalen Teilen von Einheiten endet mit dem Buchstaben o (Ausnahmen: Dezi, Zenti, Milli). Die meisten Vorsatzzeichen für Vielfache von Einheiten sind große lateinische Buchstaben. In den einzelnen Zweigen von Wissenschaft und Technik wird meist nur eine begrenzte Zahl von SI-Vorsätzen benötigt (s. Abschnitt 1.11).

Tabelle 1.9: Herkunft der Vorsätze zur Bezeichnung von bestimmten dezimalen Vielfachen und Teilen von Einheiten (aus Hoppe-Blank 1975)

Vorsatz	Faktor	Herkunft
Exa	10^{18}	griech. „ἑξ" sechs (10^3 hoch sechs gleich 10^{18})
Peta	10^{15}	griech. „πέντε" fünf (10^3 hoch fünf gleich 10^{15})
Tera	10^{12}	griech. „τέρας" Ungeheuer, ungeheuerlich groß
Giga	10^9	griech. „γίγας" Gigant, Riese
Mega	10^6	griech. „μέγας" groß
Kilo	10^3	griech. „χίλιοι" tausend
Hekto	10^2	griech. „ἑκατόν" hundert
Deka	10^1	griech. „δέκα" zehn
Dezi	10^{-1}	lat. „decima pars" Zehntel
Zenti	10^{-2}	lat. „pars centesima" Hundertstel
Milli	10^{-3}	lat. „pars millesima" Tausendstel
Mikro	10^{-6}	griech. „μικρός" klein, gering, wenig
Nano	10^{-9}	lat. „nanus" Zwerg
Piko	10^{-12}	lat. „pica" Lanze, Spitze, Pfeilspitze
Femto	10^{-15}	dän., norw. „femten" fünfzehn
Atto	10^{-18}	dän., norw. „atten" achtzehn

Leider gibt es einen in zweifacher Hinsicht unrichtigen Gebrauch der Vorsatzzeichen, auf den hier noch hingewiesen werden muß. Im Zusammenhang mit der Speicherkapazität von elektronischen Datenverarbeitungsanlagen sind gelegentlich Angaben wie „8 kB" (acht Kilobytes) üblich. Folgende Bezeichnungen werden benützt:

kB für 1024 Bytes = 2^{10} Bytes
MB für $1,049 \cdot 10^6$ Bytes = 2^{20} Bytes
GB für $1,074 \cdot 10^9$ Bytes = 2^{30} Bytes.

Hierbei werden die Vorsatzzeichen einerseits für Zahlen verwendet, andererseits sind diese Zahlen nicht Potenzen von 10, sondern von 2. Dieser falsche Brauch hat sich wahrscheinlich dadurch ergeben, daß es bisher keine auf der Zeile liegende Schreibweise für Potenzen von 2 und übrigens auch nicht von 10 gibt. Das Zeichen „exp" ist nur für Potenzen von e festgelegt.

In manchen Tabellenwerken, insbesondere solchen, die als direkter Ausdruck aus einer EDV-Anlage kommen, werden Potenzen von zehn mit dem in der Programmiersprache FORTRAN üblichen Zeichen „E" dargestellt. Beispiel: E3 für 10^3, E-5 für 10^{-5}.

Der Vollständigkeit halber sei kurz darauf hingewiesen, daß beim Symbol für den Logarithmus eine günstigere Situation besteht. Die allgemeine Schreibweise $\log_a x$ des Logarithmus einer Zahl x zur Basis a kann spezialisiert werden für $a = 10$ zu $\lg x$, für $a = e$ zu $\ln x$ und für $a = 2$ zu $lb = x$.

Es ist der entscheidende Vorteil des metrischen Systems, daß die Einheiten mit Hilfe der Vorsätze in dezimalen Schritten vergrößert oder verkleinert werden und damit eine Parallelität der Einheiten mit unserem Zahlensystem gegeben ist, das auch ein Zehnersystem ist. Hierin unterscheiden sich metrische Einheiten von den aus alter Zeit überlieferten. Bei diesen letzteren werden die größeren Einheiten durch Multiplikation mit Zahlen wie zum Beispiel 3, 6, 12 oder 20 aus den kleineren Einheiten gebildet. Das hat seine Ursache offenbar darin, daß bei den meisten Anwendungen Größenangaben vorwiegend innerhalb der gleichen Dimension zueinander in Beziehung gesetzt werden. Es bedeutet dann eine gewisse Erleichterung, wenn man bei Größenangaben Zahlenwerte von 3, 6, 12 oder 20 bevorzugt, weil diese Zahlenwerte durch mehrere ganze Zahlen ohne Rest teilbar sind. Es liegt dann auch nahe, Einheiten als das 3, 6, 12 oder 20fache kleinerer Einheiten festzulegen. Ein charakteristisches Beispiel liefert das vor dem metrischen System entstandene angelsächsische Einheitensystem, das allerdings jetzt aufgegeben wird:

12 inches = 1 foot
 3 feet   = 1 yard.

Teile wurden in der Feinmeßtechnik durch sukzessives Halbieren gewonnen: 1/2 inch, 1/4 inch, 1/8 inch, 1/16 inch ...

Da unser Zahlensystem aber ein Zehnersystem ist, wird das Rechnen mit Einheiten, die in anderer Weise vervielfacht oder geteilt werden, auch in einfachen Fällen umständlich, wenn durch die Rechnung eine Größe anderer Dimension eingeführt wird. So sind zum Beispiel komplizierte Rechnungen erforderlich, um das Volumen einer Kiste in cubicfeet zu bestimmen, wenn Länge, Breite und Höhe in inch angegeben sind. Die entsprechenden Rechnungen sind mit metrischen Einheiten einfacher.

Ebenso alt wie duodezimale sind sexagesimale Teilungen, wie sie bei den Winkel- und Zeiteinheiten angewendet werden.

1 Grad = 60 Winkelminuten   1 Stunde = 60 Minuten
1 Winkelminute = 60 Winkelsekunden   1 Minute = 60 Sekunden

In der Astronomie werden noch heute die Winkeleinheiten Minute und Sekunde verwendet, und die Zeiteinheiten Stunde, Minute und Sekunde bestimmen den Rhythmus unseres Lebens. In der Geodäsie wird zwar heute auch die Einheit Gon (Einheitenzeichen: gon) verwendet, die dezimal unterteilt wird, es wäre aber wohl doch illusorisch zu erwarten, daß die sexagesimale Unterteilung der Zeiteinheiten verschwinden würde. Der Umstellungsprozeß wäre so umfangreich und teuer, daß er allein aus wirtschaftlichen Gründen nicht durchführbar ist.

1.6 Vorteile der SI-Einheiten

Wie in den Abschnitten 1.2 bis 1.4 gezeigt wurde, besteht das SI aus 7 Basiseinheiten, 2 ergänzenden Einheiten und 19 abgeleiteten Einheiten mit eigenem Namen. Um das SI zu kennen, genügt es also, 28 Wörter (Einheitennamen) mit ihrer Bedeutung zu lernen. Auf diese 28 Einheiten können die 16 Vorsätze angewendet werden. In dieser Einfachheit liegt die bequeme und recht universelle Anwendbarkeit des SI. In diesem Zusammenhang ist die Frage wichtig, welche Einheiten als SI-Einheiten bezeichnet werden. Über diese Frage ist in den Gremien der Meterkonvention lebhaft diskutiert worden. Das Ergebnis dieser Diskussionen hat das Internationale Komitee für Maß und Gewicht 1969 in folgender Erklärung zusammengefaßt:

1. Die Basiseinheiten, die ergänzenden Einheiten und die abgeleiteten Einheiten des Internationalen Einheitensystems, die eine kohärente Gesamtheit bilden, werden „SI-Einheiten" benannt.

2. Die von der Generalkonferenz angenommenen Vorsätze zur Bezeichnung der dezimalen Vielfachen und Teile der SI-Einheiten werden „SI-Vorsätze" benannt.

Aus Punkt 1 dieser Erklärung ist zunächst einmal zu entnehmen, daß Einheiten mit Vorsätzen (bis auf das Kilogramm) keine SI-Einheiten sind. Der Name „SI-Einheit" ist also streng genommen nur für die Basiseinheiten des SI und den aus ihnen kohärent — d. h. mit dem Zahlenfaktor 1 — abgeleiteten Einheiten reserviert.

Die dezimalen Vielfachen und Teile der SI-Einheiten gehören aber selbstverständlich mit zu den von uns heute benutzten Einheiten, für die es allerdings keinen besonderen zusammenfassenden Namen gibt. Vielfach werden daher heute — in bewußter Abweichung vom obigen Beschluß — auch die dezimalen Teile und Vielfachen der SI-Einheiten zu den SI-Einheiten gerechnet. In dieser Betrachtungsweise gehören dann z. B. auch die beiden alten CGS-Einheiten Zentimeter und Gramm zum Bereich des SI, aber eben jetzt als dezimale Teile der SI-Einheiten Meter und Kilogramm. Es ist letzten Endes nur eine Frage der Vereinbarung, welcher Gruppe von Einheiten man welchen Namen gibt.

Mit der Einführung der SI-Einheiten im „strengen" Sinn ist aus der Sicht der Organe der Meterkonvention nicht die uneingeschränkte Aufforderung verknüpft, nur diese Einheiten zu verwenden. Wegen der Kohärenz der SI-Einheiten ist es aber bei Berechnungen in Wissenschaft und Technik in vielen Fällen vorteilhaft, sich nur auf SI-Einheiten zu beschränken, d. h. keine SI-Vorsätze zu verwenden. Wenn das nicht möglich ist, empfiehlt es sich, Angaben, die in beliebigen Einheiten gemacht sind, vor dem Einsetzen in Größengleichungen in SI-Einheiten umzurechnen. Setzt man nämlich in Größengleichungen die Größen in SI-Einheiten ein, kommt das Ergebnis immer in SI-Einheiten heraus, ohne daß Umrechnungsbeziehungen für

Einheiten berücksichtigt werden müssen. Wenn man zum Beispiel in die Formel für die Arbeit W, die bei der Expansion eines Gases abgegeben wird

$$W = \int p\, d V$$

den Druck p in Pascal und das Volumen V in Kubikmeter einsetzt, ergibt sich die Arbeit W in Joule, ohne daß Umrechnungsfaktoren für die Einheiten oder sogenannte „Wärmeäquivalente" berücksichtigt werden müssen.

1.7 Tendenzen zur Ausweitung des SI

Wesentliches Element der logischen Struktur des SI ist es, daß für alle Größen derselben Dimension ein und dieselbe Einheit verwendet wird. Es ist also kein eindeutiger Schluß von der Einheit auf die Größe möglich. Dies ist auch häufig nicht notwendig.

Zur Ausweitung des SI werden vorwiegend zwei Arten von Vorschlägen unterbreitet:

a) Vorschläge für zusätzliche besondere Namen häufig benutzter abgeleiteter SI-Einheiten (z. B. für m^2 als SI-Einheit der Fläche, für m^3 als SI-Einheit des Volumens oder für m^2/s als SI-Einheit der kinematischen Viskosität), also einer Vergrößerung der Tabelle 1.3. Einer solchen Vermehrung der abgeleiteten SI-Einheiten mit besonderem Namen stehen die zuständigen Organe der Meterkonvention derzeit ablehnend gegenüber. Man sieht in einer solchen Vermehrung sogar eine Gefahr für das SI.

Solche vorgeschlagenen Einheitennamen sind sicherlich für eine begrenzte Gruppe von Fachleuten bequem, doch höhlen sie das Grundprinzip des SI aus. Als Begründung wird auch immer wieder vorgebracht, man brauche doch für jede Größenart eine besondere Einheit. Wollte man dieses Prinzip annehmen, dann werden die Beziehungen zwischen den Einheiten so zahlreich wie zwischen den Größen, deren Anzahl theoretisch unbegrenzt ist. Der große Vorteil des SI, seine große Einfachheit, ginge dann verloren.

b) Vorschläge für zusätzliche besondere Namen für abgeleitete SI-Einheiten mit eingeschränktem Anwendungsbereich (wobei es nebensächlich bleibt, ob es für die Größen dieser Dimension schon eine SI-Einheit mit besonderem Namen gibt oder nicht).

Leider gibt es bereits einige solche Ausnahmen:

1. der Grad Celsius als besonderer Name für das Kelvin bei der Angabe einer Celsius-Temperatur,
2. das Hertz als besonderer Name für die Sekunde hoch minus eins in Anwendung auf periodische Vorgänge,
3. das Becquerel als besonderer Name für die Sekunde hoch minus eins für die Angabe der Aktivität,
4. das Gray ist nicht generell der besondere Name für J/kg, sondern soll nur im Zusammenhang mit ionisierenden Strahlen verwendet werden und auch in diesem Bereich nur für einige Größen.

Diese Ausnahmen werden durch zwar ernsthafte, aber dem SI fremde Argumente gerechtfertigt. Das Bestehen dieser Ausnahmen rechtfertigt es auch nicht, weitere Ausnahmen zu machen. Das oben unter a) gesagte gilt also in verstärktem Maße auch für b).

Man hat in den letzten Jahren nur auf einem einzigen Gebiet Zugeständnisse gemacht: Auf dem Gebiet der Radiologie hat man die Einheitennamen Becquerel und Gray eingeführt, weil dies zur Vermeidung von Irrtumsrisiken in der Therapie notwendig erschien. Hier hat man also den Schutz des menschlichen Lebens über die Reinheit des Systems gestellt. Zu dieser Gruppe wird nun noch als weiterer und letzter solcher Einheitenname das Sievert (Sv) für die abgeleitete SI-Einheit $m^2 \cdot s^{-2}$ im Bereich der Dosimetrie hinzukommen (1978 vom CCU empfohlen, s. Tabelle 1.4). Dies ergab sich aus folgendem Grund: Im Bereich der Radiologie und Dosimetrie spielen die beiden Größen Energiedosis (leider in der Literatur häufig nur Dosis genannt) und die Äquivalentdosis (als gewichtete Energiedosis) eine große Rolle, ihre Werte können sich aber im selben Strahlungsfeld um den Faktor 10 oder gar 100 unterscheiden. Wegen der Ähnlichkeit der Größenbezeichnungen — insbesondere in der Kurzform — bestand die Gefahr der Verwechslung, was lebensbedrohende Situationen heraufbeschwören kann. Alle Bemühungen, den beiden Größen unterschiedlichere Namen zu geben, sind über Jahre hinweg in den hierfür zuständigen internationalen Gremien gescheitert (ICRU, ICRP). Als letzter Ausweg blieb nur noch die Möglichkeit, für die zur Energiedosis dimensionsgleiche Äquivalentdosis — die nur im Bereich der Dosimetrie eine Rolle spielt — eine eigene Einheit zu schaffen. Bei einem in Sievert angegebenen Größenwert kann man also eindeutig schließen, daß es sich nur um einen Wert der Größe Äquivalentdosis und keiner anderen physikalischen Größe handelt.

1.8 Einheiten außerhalb des Internationalen Einheitensystems

Den Organen der Meterkonvention war es bei der Einführung des SI bewußt, daß für die praktische Arbeit zusätzlich bestimmte systemfremde Einheiten benötigt werden. Um die Vorteile der Kohärenz der SI-Einheiten nicht zu sehr einzuengen, hat das Internationale Komitee für Maß und Gewicht daher ein abgestuftes Ausmaß der Verbindung solcher Einheiten mit SI-Einheiten empfohlen, wie es in den Tabellen 1.10 bis 1.14 dargestellt ist.

Tabelle 1.10: Einheiten, die gemeinsam mit dem SI benutzt werden

Name	Einheitenzeichen	Beziehung zu den SI-Einheiten
Minute	min	1 min = 60 s
Stunde	h	1 h = 60 min = 3 600 s
Tag	d	1 d = 24 h = 86 400 s
Grad	°	$1° = (\pi/180)$ rad
Minute	′	$1′ = (1/60)° = (\pi/10\,800)$ rad
Sekunde	″	$1″ = (1/60)′ = (\pi/648\,000)$ rad
Liter	l [1])	$1\,l = 1\,dm^3 = 10^{-3}\,m^3$
Tonne	t	$1\,t = 10^3\,kg$

[1]) Das CIPM empfahl 1978 der 16. Generalversammlung für Maß und Gewicht (1979), zuzulassen, daß als Einheitenzeichen für das Liter neben l auch L verwendet werden kann. Dies trägt der Entwicklung in einigen Ländern, insbesondere in USA und Australien, Rechnung. Man versucht auf diesem Weg, die Verwechslungsgefahr zwischen l und 1 zu vermeiden.

Tabelle 1.11: Einheiten, die gemeinsam mit dem SI benutzt werden und deren Beziehungen zu den SI-Einheiten experimentell ermittelt werden

Name	Einheitenzeichen	Definition
Elektronvolt	eV	Das Elektronvolt ist gleich der kinetischen Energie, die ein Elektron bei Durchlaufen einer Potentialdifferenz von 1 Volt im Vakuum gewinnt: $1\ eV = 1{,}602\,189\,2 \cdot 10^{-19}\ J$
atomare Masseneinheit	u	Die atomare Masseneinheit ist gleich dem 12ten Teil der Masse eines Atoms des Nuklids ^{12}C: $1\ u = 1{,}660\,565\,5 \cdot 10^{-27}\ kg$
astronomische Einheit[1]		Die astronomische Einheit der Entfernung ist gleich der Länge des Halbmessers der nichtgestörten Kreisbahn, auf der sich ein Körper von vernachlässigbarer Masse um die Sonne mit einer siderischen Winkelgeschwindigkeit von 0,017 202 098 950 Radiant durch Tag bewegt. In dem System von astronomischen Konstanten (1976) der Internationalen Astronomischen Union gilt die Beziehung: $1\ AE = 149\,597{,}870 \cdot 10^{6}\ m$
Parsec	pc	Das Parsec ist gleich derjenigen Entfernung, von der aus die astronomische Einheit unter einem Winkel von 1″ erscheint: $1\ pc = 206\,265\ AE = 30\,857 \cdot 10^{12}\ m.$

[1] Die astronomische Einheit hat kein internationales Einheitenzeichen: es werden Abkürzungen benutzt, z. B. AE im Deutschen, UA im Französischen, AU im Englischen, a.e.д. im Russischen, usw.

Die Aussage, daß die in den Tabellen 1.11 und 1.12 enthaltenen Einheiten zusammen mit SI-Einheiten verwendet werden können, ist eine vorsichtige Formulierung. Damit soll gesagt werden, daß der Gebrauch dieser Einheiten nicht sonderlich empfohlen wird, daß aber pragmatische Gründe zumindest zur Zeit keine andere **Stellungnahme erlauben. Diese Vorsicht ist auch deshalb geboten,** weil manche dieser Einheiten von der Generalkonferenz für Maß und Gewicht (CGPM) angenommen wurden, wie zum Beispiel das Curie oder die physikalische Atmosphäre. Andere Einheiten in diesen Tabellen, wie zum Beispiel das Ar, wurden vom Internationalen Komitee (CIPM) angenommen. Die Empfehlungen des CIPM zu den Einheiten in den Tabellen 1.10 bis 1.12 sind in der Richtlinie der Europäischen Gemeinschaft über Einheiten im Meßwesen berücksichtigt worden und damit auch in den entsprechenden Rechtsvorschriften der Mitgliedstaaten der EG (s. Abschnitt 1.10).

Über den Zeitraum, den man sich unter „vorübergehend" (in der französischen Originalfassung „temporairement" — was bezüglich seines Begriffsinhalts nicht ganz leicht zu übersetzen ist) vorzustellen hat, ist bis vor kurzem keine Aussage gemacht worden. Inzwischen liegen aber Stellungnahmen zu dieser Frage vom CIPM (1977) und vom CCU (1978) vor. Die „vorübergehende Verwendung" dieser Einheiten soll heißen, daß diese Einheiten so lange verwendet werden können, bis die Organe der Meterkonvention erklären, daß sie nicht mehr notwendig sind. Dies wird für die einzelnen Einheiten zu sehr unterschiedlichen Zeitpunkten der Fall sein. Ein Teil der in Tabelle 1.12 aufgeführten Einheiten wird aber wohl in den nächsten Jahren außer Gebrauch kommen (s. Abschnitt 1.10). Für das Bar wird das

Tabelle 1.12: Einheiten, die vorübergehend neben dem SI beibehalten werden

Name	Einheiten-zeichen	Beziehung zu den SI-Einheiten	Bemerkung
Seemeile		1 Seemeile = 1 852 m	Die Seemeile ist eine spezielle Einheit zur Angabe von Entfernungen in der See- und Luftfahrt. Dieser konventionelle Wert wurde von der Ersten Außerordentlichen Hydrographischen Konferenz, Monaco 1929, unter dem Namen „Internationale Seemeile" angenommen.
Knoten		1 Seemeile durch Stunde = (1852/3600) m/s	
Ångström	Å	$1 \text{ Å} = 0{,}1 \text{ nm} = 10^{-10} \text{ m}$	
Ar	a	$1 \text{ a} = 1 \text{ dam}^2 = 10^2 \text{ m}^2$	
Hektar	ha	$1 \text{ ha} = 1 \text{ hm}^2 = 10^4 \text{ m}^2$	
Barn	b	$1 \text{ b} = 10^{-28} \text{ m}^2$	Das Barn ist eine spezielle Einheit zur Angabe von Wirkungsquerschnitten in der Kernphysik.
Bar	bar	$1 \text{ bar} = 0{,}1 \text{ MPa} = 10^5 \text{ Pa}$	
physikalische Atmosphäre	atm	1 atm = 101 325 Pa	
Gal	Gal	$1 \text{ Gal} = 1 \text{ cm/s}^2 = 10^{-2} \text{ m/s}^2$	Das Gal ist eine spezielle Einheit zur Angabe von Fallbeschleunigungen in der Geodäsie und in der Geophysik
Curie	Ci	$1 \text{ Ci} = 3{,}7 \cdot 10^{10} \text{ Bq}$	Das Curie ist eine spezielle Einheit, die in der Kernphysik zur Angabe der Aktivität von Radionukliden benutzt wird
Röntgen	R	$1 \text{ R} = 2{,}58 \cdot 10^{-4} \text{ C/kg}$	Das Röntgen ist eine spezielle Einheit zur Angabe der Ionendosis von Röntgen- oder γ-Strahlung.
Rad	rad	$1 \text{ rad} = 1 \text{ cGy} = 10^{-2} \text{ Gy}$	Das Rad ist eine spezielle Einheit zur Angabe der Energiedosis von ionisierender Strahlung. Wenn Gefahr einer Verwechslung von rad mit dem Einheitenzeichen für Radiant besteht, kann man rd als Einheitenzeichen für Rad benutzen.

voraussichtlich nicht zutreffen. Diese Einheit ist in den Ländern der Europäischen Gemeinschaften als bleibende gesetzliche Einheit eingeführt und hat sich in den letzten Jahren bei vielen Anwendern eingebürgert. Überdruckmeßgeräte, die in Bar anzeigen, werden in großen Serien hergestellt. In Deutschland haben alle genormten Ausführungen dieser Geräte in Bar geteilte Skalen. Gelegentlich wird kritisiert, daß die Einheit Bar der SI-Einheit Pascal vorgezogen wird. Eine solche Kritik ist bei thermodynamischen Anwendungen zweifellos berechtigt. Der Vorteil, den ein kohärentes Einheitensystem bietet, kann nur ausgenutzt werden, wenn in den Formeln der Thermodynamik der Druck in Pascal eingesetzt wird.

Der Druck p, der in den Formeln der Thermodynamik vorkommt, wird aber von den Überdruckmeßgeräten nicht angezeigt. Wenn die Überdruckmeßgeräte daher den Überdruck in Bar statt in der SI-Einheit Pascal anzeigen, so ist darin kein Verstoß gegen die Prinzipien einer systematischen Einheitenfestlegung zu sehen. Weil das Pascal eine für viele Anwendungen zu kleine Einheit ist, hat es sich als nützlich herausgestellt, mit dem Bar eine Druckeinheit zu haben, deren Größe etwa dem am Erdboden herrschenden Luftdruck entspricht. Das Bar gehört damit, wie Liter und Tonne, zu den Einheiten, die durch einen einfachen Zahlenwert in eine SI-Einheit umgerechnet werden können. Die in Tabelle 1.12 angegebenen Einheiten Ar und Hektar sind in den Ländern der EG als bleibende gesetzliche Einheiten für Grund- und Flurstücke festgesetzt.

Nicht in den Listen des Internationalen Komitees enthalten ist die Einheit Gon, die durch die EG-Richtlinie in den Ländern der Gemeinschaft zu einer gesetzlichen Einheit geworden ist. Wenn sich diese Einheit in der Seeschiffahrt durchsetzen würde, könnten die Seemeile und der Knoten an Bedeutung verlieren. Die Internationale Seemeile erhält ihre Existenzberechtigung aus der Tatsache, daß ein Zentriwinkel von einer Minute auf einem Großkreis der Erde gerade die Bogenlänge von einer Seemeile ausschneidet. Dieser Zusammenhang wird bei der astronomischen Navigation ausgenutzt. Eine analoge Beziehung wie zwischen Bogenminute und Seemeile besteht zwischen dem Zentigon und dem Kilometer. Ein Zentriwinkel von einem Zentigon schneidet aus dem Großkreis der Erde einen Bogen, dessen Länge in sehr guter Näherung ein Kilometer ist, aus. Das folgt aus der ursprünglichen Definition des Meters als 10 millionstem Teil der Länge eines Meridians zwischen Pol und Äquator. Wenn sich die Winkeleinheit Gon in der Seeschiffahrt einbürgern würde, stünde auch der Verwendung der Längeneinheit Kilometer in diesem Bereich nichts mehr im Wege.

Mit der verhältnismäßig großzügigen Auslegung des Wortes „vorübergehend", die also auf keinen konkreten Zeitpunkt anspielt und die keinerlei Zeitdruck ausüben will, ist allerdings die Erwartung geknüpft, daß der Gebrauch dieser Einheiten langsam eingeschränkt wird. Das heißt aber auch, daß diese Einheiten nicht in Bereichen und Ländern angewandt werden sollen, wo sie bisher nicht üblich waren.

Tabelle 1.13: CGS-Einheiten mit besonderem Namen, die nicht zusammen mit SI-Einheiten zu benutzen sind. (Diese Aussage der Organe der Meterkonvention darf nicht mit den Festlegungen im Einheitengesetz verwechselt werden — s. Abschnitt 1.9)

Name	Einheitenzeichen	Beziehung zu den SI-Einheiten
Erg	erg	$1\ \text{erg} = 10^{-7}\ \text{J}$
Dyn	dyn	$1\ \text{dyn} = 10^{-5}\ \text{N}$
Poise	P	$1\ \text{P} = 1\ \text{dyn} \cdot \text{s/cm}^2 = 0,1\ \text{Pa} \cdot \text{s}$
Stokes	St	$1\ \text{St} = 1\ \text{cm}^2/\text{s} = 10^{-4}\ \text{m}^2/\text{s}$
Gauß	Gs, G	$1\ \text{Gs}$ entspricht $10^{-4}\ \text{T}$
Oersted	Oe	$1\ \text{Oe}$ entspricht $(1000/4\,\pi)\ \text{A/m}$
Maxwell	Mx	$1\ \text{Mx}$ entspricht $10^{-8}\ \text{Wb}$
Stilb	sb	$1\ \text{sb} = 1\ \text{cd/cm}^2 = 10^4\ \text{cd/m}^2$
Phot	ph	$1\ \text{ph} = 10^4\ \text{lx}$

Auch diese Einheiten werden wohl in den nächsten Jahren außer Gebrauch kommen (s. Abschnitt 1.10).

Tabelle 1.14: Beispiele von Einheiten, die nicht verwendet werden sollten. Sie sind nach Möglichkeit durch SI-Einheiten zu ersetzen

Name	Beziehung zu den SI-Einheiten
Fermi	1 Fermi = 1 fm = 10^{-15} m
metrisches Karat	1 metrisches Karat = 200 mg = $2 \cdot 10^{-4}$ kg
Torr	1 Torr = (101 325/760) Pa
Kilopond (kp)	1 kp ≈ 9,806 65 N
Kalorie (cal)	1 cal ≈ 4,186 8 J
Mikron (μ)	1 μ = 1 μm = 10^{-6} m
X-Einheit	
Ster (st)	1 st = 1 m^3
Gamma (γ)	1 γ = 1 nT = 10^{-9} T
γ	1 γ = 1 μg = 10^{-9} kg
λ	1 λ = 1 μl = 10^{-6} l = 10^{-9} m^3

Die in Tabelle 1.14 angegebenen Einheiten stellen nur einige wenige Beispiele aus der großen Anzahl veralteter oder aufzugebender Einheiten dar. Im Anhang 18 werden in umfangreichen Tabellen Umrechnungsbeziehungen veralteter Einheiten in SI-Einheiten wiedergegeben. Hierbei wird auch auf die Einheiten des angelsächsischen Einheitensystems eingegangen.

1.9 Das Einheitengesetz

Da das von der Meterkonvention ausgearbeitete Internationale Einheitensystem klare Vorteile gegenüber anderen (auch weniger vollständigen) Systemen hatte, ging von ihm eine Signalwirkung aus. Obwohl es in erster Linie für die Wissenschaft, die Technik und den Unterricht gedacht war, wurde es auch zur Grundlage rechtlicher Regelungen für den *amtlichen* und *geschäftlichen Verkehr*. Damit wurden einheitliche Grundlagen für die Verwendung von Einheiten in weiten Gebieten der Wirtschaft, der Industrie, des Handels und des Verkehrs geschaffen. Wissenschaft, Lehre und Forschung werden zwar von diesen Rechtsvorschriften nicht unmittelbar angesprochen, doch wäre es wenig sinnvoll, wenn sich nicht auch diese Gebiete der offenkundigen Vorteile des SI bedienen würden. So ist beispielsweise der Schulbereich in der Bundesrepublik Deutschland nahezu vollständig auf das SI umgestellt (s. auch Abschnitt 1.11).

Das Gesetz über Einheiten im Meßwesen (meist kurz Einheitengesetz genannt) und die Ausführungsverordnung zum Gesetz über Einheiten im Meßwesen (oft auch kurz Einheitenverordnung genannt) sind im Anhang 1 und 2 in ihrer derzeitigen Fassung wiedergegeben. Die von der Physikalisch-Technischen Bundesanstalt gemäß § 7 Einheitengesetz bekanntzumachende „Tafel der gesetzlichen Einheiten" ist ebenfalls aufgeführt (s. Anhang 3).

Das Gesetz über Einheiten im Meßwesen vom 2. Juli 1969 hatte in der ursprünglichen Fassung zunächst sechs Basiseinheiten: Meter, Kilogramm, Sekunde, Ampere, Kelvin und Candela. Es wurde zusammen mit der dazugehörigen Ausführungsverordnung vom 26. Juni 1970, in der die abgeleiteten Einheiten aufgeführt sind, von A. Strecker 1971 ausführlich kommentiert. Mit einigen Ergänzungen, die mit einem ersten Änderungsgesetz vom 6. Juli 1973 wirksam wurden, ist auch die zusätzliche Basiseinheit Mol eingeführt worden. Mit der ersten Änderungsverordnung vom 27. November 1973 ist der Inhalt des Begriffs „gesetzliche Einheit" wesentlich erweitert worden; im folgenden wird dies erläutert.

In der derzeit gültigen Terminologie ist eine Einheit dann eine gesetzliche Einheit, wenn sie in einem Gesetz definiert wird. Was bringt das Einheitengesetz hierüber?

Ursprünglich waren nach dem Gesetz die SI-Basiseinheiten, die atomphysikalischen Einheiten, die in der Einheitenverordnung aufgeführten festgesetzten abgeleiteten Einheiten und die dezimalen Vielfachen und Teile der Einheiten dieser drei Gruppen „gesetzliche Einheiten". Die Anzahl der in der Einheitenverordnung festgesetzten Einheiten war ursprünglich begrenzt.

In der jetzigen Fassung von § 1 der Einheitenverordnung ist durch die in Absatz 1 zusätzlich hinzugekommene Nr. 2 der Begriff der gesetzlichen Einheit stark erweitert worden — übrigens ohne die Notwendigkeit einer entsprechenden Änderung des Einheitengesetzes. Es sind also nun auch für eine Reihe von physikalischen Größen, die weder im Einheitengesetz noch in der Einheitenverordnung expressis verbis aufgeführt sind, gesetzliche Einheiten angebbar. Die Erweiterung bleibt auf diejenigen physikalischen Größen beschränkt, die aus den im Einheitengesetz und in der Einheitenverordnung aufgeführten Größen ableitbar sind. Die gesetzlichen Einheiten für diese zusätzlichen Größen werden aus den im Gesetz und in der Verordnung genannten Einheiten mit dem Zahlenfaktor 1 abgeleitet. (Diese Erweiterung ist eine Anpassung an Kapitel A, Abschnitt 5 der EG-Einheitenrichtlinie.)

Beispiele: die Oberflächenspannung $\sigma = \dfrac{F}{l}$

und die Raumladungsdichte $\rho = \dfrac{Q}{V}$

sind in der Einheitenverordnung nicht aufgeführt, sie sind aber aus den bisher aufgeführten Größen Kraft F und Länge l bzw. elektrische Ladung Q und Volumen V ableitbar.

Eine gesetzliche Einheit für die Oberflächenspannung ist daher Newton durch Meter (N/m), für die Raumladungsdichte Coulomb durch Kubikmeter (C/m^3). Die bisherigen abgeleiteten gesetzlichen Einheiten, die weiterhin in der Einheitenverordnung aufgeführt sind, sind jetzt als Beispiele aufzufassen, allerdings für wohl besonders häufig vorkommende Fälle.

Ein Gegenbeispiel ist die physikalische Größe Lautstärkepegel, die als Logarithmus eines Schalldruckverhältnisses zwar aus der bisher aufgeführten abgeleiteten Größe Druck ableitbar ist, doch enthält die Ableitung eine subjektive Bewertung unter genormten Nebenbedingungen. Die Einheit phon für den Lautstärkepegel fällt also nicht unter die Erweiterung.

Im Einheitengesetz sind die Einheiten Dioptrie für den Brechwert von optischen Systemen und Tex enthalten, zu denen die Gremien der Meterkonvention keine Aussagen gemacht haben. Die Dioptrie ist eine Sonderbezeichnung für die Einheit reziprokes Meter bei Angaben des Brechwertes von optischen Systemen. Bei Brillengläsern wird üblicherweise der Scheitelbrechwert, der reziproke Wert des Abstandes zwischen hinterem Brillenglasscheitel und augenseitigem Brillenglasbrennpunkt, in Dioptrien angegeben. Der Gebrauch von SI-Vorsätzen (Tabelle 1.8) für die Dioptrie ist nicht üblich und auch nicht erforderlich.

Die Einheit Tex ist auf internationaler Ebene von der Internationalen Normenorganisation (ISO) eingeführt worden. Damit sind sechs frühere Bezeichnungssysteme auf der Basis der längenbezogenen Masse und weitere 23 andersartige Bezeichnungssysteme auf der Basis der massenbezogenen Länge für die Angabe der „Feinheit" von Textilien vereinheitlicht worden. Beispiele für bisherige Bezeichnungen sind Denier (Abkürzung: Den) und Titer (Abkürzung: Tt). Diese Bezeichnungen entfallen künftig.

Außer durch das Einheitengesetz sind Einheiten auch in anderen Rechtsvorschriften festgelegt. Das trifft zum Beispiel für die Zeiteinheiten Monat und Jahr zu, für die im Bürgerlichen Gesetzbuch in § 191 eine Zeitdauer von 30 d bzw. 365 d angegeben wird.

Im Gesetz über Wein, Dessertwein, Schaumwein, weinhaltige Getränke und Branntwein aus Wein (Weingesetz vom 16.7.1968, BGBl. I, Nr. 60, S. 781) steht in § 53 Absatz 2:

„Das Grad Oechsle (Oe °) gibt das ein Gramm je Kubikzentimeter übersteigende Gewichtsverhältnis eines Traubenmostes wieder, der, von festen Trübstoffen gereinigt, bei 20 ° Celsius gemessen wird."

Man wird nicht sofort erkennen, daß damit die Größe

$$\frac{\rho_{\text{Substanz}} - \rho_{\text{Wasser}}}{\rho_{\text{Wasser}}} \quad \text{bei 20 °C}$$

ρ Dichte

gemeint ist, die an unvergorenen Mosten gemessen wird. Aus den Meßwerten schließt man mittels einer empirischen Formel auf den späteren Alkoholgehalt des vergorenen Mostes. Dem Gesetzgeber ist hier keine überzeugend klare Festlegung gelungen. Allerdings muß man dabei auch berücksichtigen, daß die Geschichte des Grad Oechsle nicht besonders einfach ist. (So ist es bis heute nicht völlig geklärt, ob es sich hierbei um eine Größe oder eine Einheit handelt.) Hauptzweck bei der „Erfindung" des Grad Oechsle dürfte es gewesen sein, die Dichteskala von 1,000 g/cm³ bis 1,200 g/cm³ zu dehnen. Obiges Weingesetz ist inzwischen außer Kraft. Jetzt werden in § 1 der Verordnung über Wein, Likörwein und weinhaltige Getränke (Wein-Verordnung) vom 15. Juli 1971 (BGBl. I, Nr. 64, S. 933) in einer „Tabelle zur Ermittlung des natürlichen Alkoholgehaltes in Grad Alkohol aus dem Oechslegrad" Zahlenwerte in „° Oe" und Zahlenwerte in „° Alkohol" (also etwas nach der Vergärung gemessenes) miteinander in Bezug gebracht. (Beim „° Alkohol" handelt es sich um eine in Prozent angegebene Volumenkonzentration.) Dies wird sich wieder ändern, da die Einheit „° Alkohol" im Rahmen der EG-Angleichung wieder aufgegeben werden soll.

Im Gesetz über die Zeitbestimmung (Zeitgesetz) vom 25. Juli 1978 (s. Anhang 6) werden Aussagen über eine Zeitskala gemacht. Auf die damit zusammenhängenden Einzelheiten wird in Abschnitt 3.3 eingegangen.

In der Straßenverkehrs-Ordnung (StVO) vom 16. Nov. 1970 (BGBl. I S. 1565) sind die Zeichen Nr. 274 („Zulässige Höchstgeschwindigkeit") und Nr. 278 („Ende einer Verbotsstrecke mit zulässiger Höchstgeschwindigkeit") aufgeführt, auf denen neben dem Zahlenwert der zulässigen Höchstgeschwindigkeit (z. B. 60 für eine Geschwindigkeit von 60 km/h) das Einheitenzeichen „km" steht. Hierdurch wird nicht die Längeneinheit „Kilometer" per Rechtsvorschrift zu einer Geschwindigkeitseinheit. Es handelt sich lediglich um ein noch zu behebendes Versäumnis des Bundesverkehrsministers. Da der Platz auf dem Schild sehr begrenzt ist und alle Verkehrsteilnehmer ohnehin wissen, daß die Einheit „Kilometer durch Stunde" gemeint ist, wäre es sinnvoller, die Angelegenheit wie beim Zeichen Nr. 275 („Vorgeschriebene Mindestgeschwindigkeit", weißer Zahlenwert im blauen Feld) zu regeln und gar keine Einheit anzugeben.

Im Einheitengesetz wird eine Ausnahme bei Einheiten gemacht, die im Schiffs-, Luft- und Eisenbahnverkehr angewendet werden. Wenn die Verwendung „nicht gesetzlicher" Einheiten auf einem internationalen Abkommen beruht, brauchen im Schiffs-, Luft- und Eisenbahnverkehr keine gesetzlichen Einheiten benutzt werden. In erster Linie handelt es sich um die in Tabelle 1.15 aufgeführten Einheiten.

Tabelle 1.15: Einheiten des Schiffs- und Luftverkehrs

Einheit	Einheitenzeichen	Äquivalent im SI	Zweck
foot	ft	0,3048 m (genau)	Angabe von Höhen
Seemeile	sm (in der Seefahrt) NM (in der Luftfahrt)	1852 m (genau)	Angabe von Entfernungen
Knoten	kn (in der Seefahrt) kt (in der Luftfahrt)	0,514 444 m/s	Angabe von Geschwindigkeiten

Der Knoten ist die Geschwindigkeit eines sich gleichförmig bewegenden Körpers, der während der Zeit 1 h den Weg 1 sm zurücklegt. Die Weiterverwendung der Einheit foot in diesem Bereich bleibt zunächst von der Umstellung auf das SI in Großbritannien unberührt. Die Anwendung der Einheiten in Tabelle 1.15 für die aufgeführten Zwecke kann nicht im Rahmen eines nationalen Einheitengesetzes geändert werden, da ihr Gebrauch durch internationale Übereinkommen zwischen Regierungen festgelegt wurde.

Die Seemeile wurde von der „First Supplementary International Hydrographic Conference" im April 1929 in Monaco angenommen[1]. Damit sollte die Seemeile vereinheitlicht werden, die bis dahin in verschiedenen Ländern mit unterschiedlicher Länge verwendet wurde. In Großbritannien wurde die „Internationale Seemeile" nicht benutzt, sondern die „nautical mile", deren Länge 1853,184 m beträgt.

Das Dokument über Einheiten[2] der International Civil Aviation Organization (ICAO) enthält zwei Tabellen für die Einheiten der Größen, die in der Luftfahrt bei Mitteilungen zwischen Flugzeug und Kontrollstation verwendet werden. Der wesentliche Unterschied zwischen den beiden Tabellen besteht darin, daß nach der „ICAO-Tabelle" die Höhe in Meter angegeben wird und die Vertikalgeschwindigkeit in Meter durch Sekunde, während nach der „blauen Tabelle" die Höhe in feet und die Vertikalgeschwindigkeit in feet durch Minute anzugeben sind. In einem Anhang wird für jedes Mitgliedsland der ICAO aufgeführt, welche der beiden Tabellen in dem betreffenden Land gilt und welche Ausnahmen dabei wieder gemacht werden.

Warum im Eisenbahnverkehr auch eine Ausnahme für die Anwendung gesetzlicher Einheiten gilt, ist heute nicht mehr erkennbar. Die Anwendung der SI-Einheiten ist innerhalb der dem Internationalen Eisenbahnverband (UIC) angehörenden Bahnverwaltungen im UIC-Kodex 800-00[3] verbindlich vorgeschrieben. Abweichende, auf internationalen Übereinkommen beruhende Einheiten sind dort nicht aufgeführt. Die Einheiten stimmen mit den in

---

[1] Report of the Proceedings of the First Supplementary International Hydrographic Conference, Monaco, 9.–20. April 1929, S. 279

[2] International Civil Aviation Organization, Units of Measurement to be used in Air-Ground Communications, Annex 5 to the Convention on International Civil Aviation

[3] Internationaler Eisenbahnverband, UIC-Kodex 800-00, Anwendung der Internationalen Maßeinheiten (SI-Einheiten) innerhalb der UIC

ISO 31 aufgeführten überein. Die Deutsche Bundesbahn — Mitglied der UIC — hält sich strikt an dieses Übereinkommen.

Die Anwendungsmöglichkeiten der SI-Vorsätze sind nur geringfügig eingeschränkt. Nach der Einheitenverordnung dürfen sie auf die Winkeleinheiten Vollwinkel, Grad, Minute und Sekunde sowie auf die Zeiteinheiten Minute, Stunde und Tag *nicht* angewendet werden. Bei denjenigen Einheiten, bei denen der Gebrauch der dezimalen Vielfachen und Teile nicht ausdrücklich eingeschränkt ist, stellt also das Einheitengesetz eine ganze Palette verwendbarer gesetzlicher Einheiten zur Verfügung.

Beispiele:		
Exawatt	(1 EW	$= 10^{18}$ W)
Petawatt	(1 PW	$= 10^{15}$ W)
Terawatt	(1 TW	$= 10^{12}$ W)
Gigawatt	(1 GW	$= 10^{9}$ W)
Megawatt	(1 MW	$= 10^{6}$ W)
Kilowatt	(1 kW	$= 10^{3}$ W)
Hektowatt	(1 hW	$= 10^{2}$ W)
Dekawatt	(1 daW	$= 10^{1}$ W)
Deziwatt	(1 dW	$= 10^{-1}$ W)
Zentiwatt	(1 cW	$= 10^{-2}$ W)
Milliwatt	(1 mW	$= 10^{-3}$ W)
Mikrowatt	(1 μW	$= 10^{-6}$ W)
Nanowatt	(1 nW	$= 10^{-9}$ W)
Pikowatt	(1 pW	$= 10^{-12}$ W)
Femtowatt	(1 fW	$= 10^{-15}$ W)
Attowatt	(1 aW	$= 10^{-18}$ W)

Bei zusammengesetzten Einheiten ergibt sich eine noch viel größere Mannigfaltigkeit. So kann man beispielsweise für die Geschwindigkeit, wenn man alle denkbaren und erlaubten Möglichkeiten vom Attometer durch Exasekunde (am/Es) bis Exameter durch Attosekunde (Em/as) ausnutzt und die Bildungen mit Minute, Stunde und Tag im Nenner mit berücksichtigt, 340 verschiedene Darstellungen für gesetzliche Einheiten der Geschwindigkeit finden. Ob es zweckmäßig ist, diese vom Gesetzgeber zur Verfügung gestellte Vielfalt auch auszunutzen, ist ein anderes Problem, das in die Zuständigkeit der Normung gehört (s. Abschnitt 1.11).

In der ursprünglichen Fassung des Einheitengesetzes von 1969 waren die Vorsätze nur vom 10^{-18} fachen bis zum 10^{12} fachen einer Einheit aufgeführt. Dies entsprach dem damaligen Stand bei der Meterkonvention. Die inzwischen von der Generalkonferenz zusätzlich angenommenen Vorsätze für das 10^{15} fache und 10^{18} fache einer Einheit wurden durch das Gesetz über die Zeitbestimmung legalisiert.

Um bei den gesetzlichen Einheiten den Übergang auf das SI zu erleichtern, sind für einige Einheiten außerhalb des SI Übergangsvorschriften geschaffen worden. Zum Teil sind die angegebenen Fristen (31.12.1974 und 31.12.1977) inzwischen abgelaufen, so daß eine ganze Reihe von Einheiten, die vorübergehend noch verwendet werden durften, nunmehr im amtlichen und geschäftlichen Verkehr nicht mehr verwendet werden dürfen. Zur Zeit laufen Übergangsfristen nur noch für die vier radiologischen Einheiten Curie, Rad, Rem und Röntgen und für die Millimeter-Quecksilbersäule bei Angaben des Blutdrucks. Aus den unterschiedlichen Formulierungen der Übergangsvorschriften in der Ausführungsverordnung

„Bis zum … *dürfen* auch die folgenden abgeleiteten Einheiten *verwendet werden*" und in der EG-Richtlinie über die Einheiten

„die Mitgliedstaaten *untersagen* die Verwendung der in Kapitel … des Anhangs aufgeführten Einheiten im Meßwesen spätestens zum …"

sollte man keine substantiellen Unterschiede bezüglich der Strenge des Übergangs herauszu-
lesen versuchen. Es sollte auch nicht als Verstoß gegen die Vorschriften angesehen werden,
wenn aus Gründen der Zweckmäßigkeit oder gar Sicherheit gelegentlich zusätzlich zu einer
Angabe in gesetzlichen Einheiten ein Wert mit Hilfe einer veralteten Einheit angegeben
wird. Da die Darstellung in den Rechtsvorschriften nicht sonderlich übersichtlich ist, wurden
in Anhang 4 alle Einheiten zusammengestellt, die nach dem Einheitengesetz und der EG-
Richtlinie über Einheiten aufgegeben werden müssen. Hierbei ist auch der Übergang vom
Maß- und Gewichtsgesetz vom 13. Dezember 1935[1]) zum Gesetz über Einheiten im Meßwesen vom 2. Juli 1969 berücksichtigt.

Der Anwendungsbereich des Einheitengesetzes ist der geschäftliche und amtliche
Verkehr. Er wird aber durch das Gesetz über das Meß- und Eichwesen (Eichgesetz) vom
11.7.1969[2]) etwas ausgedehnt. Danach müssen geeichte Meßgeräte in gesetzlichen Einheiten anzeigen (s. Abschnitt 5.1).

Das von der Meterkonvention geschaffene SI hat auch die Gesetzgebung anderer
Staaten auf dem Gebiet der Einheiten beeinflußt. Auf das Zitieren einzelner Gesetze oder
Rechtsverordnungen wird hier verzichtet, da ein stetiger Erneuerungsprozeß besteht. Die in
Anhang 9 enthaltene Aufstellung gibt die Jahreszahl des Zeitpunkts des Inkrafttretens einer
ersten Rechtsvorschrift wieder, in der Einheiten enthalten sind, die heute zum SI gehören.
In vielen Staaten sind zur Angleichung an das SI inzwischen neue Rechtsvorschriften erlassen
worden.

1.10 EG-Einheitenrichtlinie

In Artikel 100 des Gemeinsamen Vertrages zur Schaffung der EWG steht:
„Der Rat erläßt einstimmig auf Vorschlag der Kommission Richtlinien für die Angleichung derjenigen Rechts- und Verwaltungsvorschriften der Mitgliedstaaten, die sich
unmittelbar auf die Errichtung oder das Funktionieren des Gemeinsamen Marktes
auswirken ..."
Um innergemeinschaftliche technische Handelshemmnisse abzubauen, die sich durch die
Verwendung unterschiedlicher gesetzlicher Einheiten in der Wirtschaft, im öffentlichen Gesundheitswesen, im Bereich der öffentlichen Sicherheit und im sonstigen amtlichen Verkehr ergeben, erließ daher der Rat die Richtlinie vom 18.10.1971 zur Angleichung der
Rechtsvorschriften der Mitgliedstaaten über Einheiten im Meßwesen[3]). Diese Richtlinie
wurde wegen des inzwischen vollzogenen Beitritts weiterer Staaten zu den Europäischen
Gemeinschaften modifiziert. Sie ist in ihrer heute gültigen Fassung im Anhang 20 wiedergegeben. Der materielle Inhalt von EG-Richtlinien, die selbst keine Rechtsvorschriften sind,
muß innerhalb einer vorgegebenen Frist in nationale Rechtsvorschriften umgesetzt werden.
Das in Anhang 1 wiedergegebene Einheitengesetz der Bundesrepublik Deutschland und die
zugehörige Ausführungsverordnung stimmen mit der in Anhang 19 wiedergegebenen EG-
Einheitenrichtlinie überein.

---

[1]) Reichsgesetzblatt I (1935) S. 1499

[2]) BGBl. I (1969) S. 759, letzte Änderung: BGBl. I (1976) S. 141

[3]) Richtlinie 71/354/EWG des Rates vom 18. Oktober 1971 zur Angleichung der Rechtsvorschriften der
Mitgliedstaaten über die Einheiten im Meßwesen, Amtsblatt der EG Nr. L 243 vom 29.10.1971, S. 29.
Richtlinie des Rates vom 27. Juli 1976 zur Änderung der Richtlinie 71/354/EWG zur Angleichung
der Rechtsvorschriften der Mitgliedstaaten über die Einheiten im Meßwesen, Amtsblatt der EG Nr. L 262
vom 27.9.1976, S. 204

Die Richtlinie selber enthält nur die Vorschriften über ihren Geltungsbereich und die Verpflichtung der Mitgliedstaaten der Europäischen Gemeinschaften, die erforderlichen Rechts- und Verwaltungsvorschriften in Kraft zu setzen. Die Einheiten sind in einem Anhang zur Richtlinie in vier Kapiteln (A, B, C und D) aufgeführt. Kapitel A enthält die bleibenden gesetzlichen Einheiten. Dieses Kapitel folgt in seinem Aufbau der Systematik des SI, wie sie in der Broschüre des Internationalen Büros über das SI angewendet wird (vgl. Abschnitt 1.2 bis 1.5 und 1.8). In den Kapiteln B und C sind Einheiten aufgeführt, deren Verwendung von den Mitgliedstaaten der EG spätestens am 31.12.1977 oder am 31.12.1979 zu untersagen ist (s. auch Anhang 19). Die Listen sind relativ groß, da spezielle Einheiten in allen Mitgliedstaaten bestanden. Das Wort spätestens ist so zu verstehen, daß die Mitgliedstaaten die Verwendung dieser Einheiten auch zu einem früheren Zeitpunkt untersagen können. Das ist zum Beispiel bei den Einheiten Dyn und Erg in der Bundesrepublik geschehen. Die Verwendung dieser Einheiten ist nach der Richtlinie der EG spätestens nach dem 31.12.1979 nicht mehr erlaubt. Die Übergangsfrist in Deutschland ist aber schon am 31.12.1977 abgelaufen. Über die Verwendung der Einheiten in Kapitel D des Anhangs der Richtlinie muß vor dem 31.12.1979 entschieden werden. In der Bundesrepublik ist das bei den radiologischen Einheiten Curie, Rad, Rem und Röntgen schon geschehen. Sie sind bis zum 31. Dezember 1985 zugelassen. Die EG wird wahrscheinlich ebenfalls diesen Termin übernehmen.

In Kapitel C fällt die etwas ungewöhnliche Größe „Blutdruck" auf. Man hat sie eingeführt, um für die Lösung der Frage, in welcher Einheit der Blutdruck in der Medizin in Zukunft gemessen werden soll, Zeit zu gewinnen. Bisher war es üblich, diese Meßwerte in mmHg anzugeben. Die zuständige EG-Dienststelle wurde beauftragt, sich in dieser Frage an die World Health Organization (WHO) zu wenden. Die WHO verabschiedete am 18. Mai 1977 eine Resolution über die Anwendung der SI-Einheiten in der Medizin[1], deren entscheidende Stellen in deutscher Übersetzung lauten:

Die dreißigste Weltgesundheitskonferenz

1. *empfiehlt* die Annahme des SI durch die gesamte wissenschaftliche Gemeinschaft und insbesondere durch die Ärzteschaft in der ganzen Welt;
2. *empfiehlt*, um jegliche Verwirrung durch den gleichzeitigen Gebrauch von mehr als einem Einheitensystem auf ein Minimum zu reduzieren, die Übergangszeit zu dem neuen System nicht übermäßig auszudehnen;
3. *empfiehlt*, neben der Skala in Kilopascal, die Millimeter (oder Zentimeter) Quecksilbersäule und die Zentimeter Wassersäule vorläufig auf den Meßgeräteskalen für den Druck von Körperflüssigkeiten beizubehalten, bis der Gebrauch des Pascal auf anderen Gebieten in größerem Maße angenommen ist.

Es ist daher anzunehmen, daß auf längere Sicht für die Blutdruckmessung die Einheit Kilopascal (kPa) verwendet wird.

Mit dem Beitritt zu den Europäischen Gemeinschaften haben sich Großbritannien und Irland entschlossen, den Übergang zu metrischen Einheiten zu vollziehen. In den Beitrittsverhandlungen wurden auch die schon gültigen EG-Richtlinien besprochen. Über die angelsächsischen Einheiten wurde dabei vereinbart, daß über diese spätestens bis zum 31. August 1976 entschieden sein mußte. Angelsächsische Einheiten, über die bis zum 31. August 1976 in der EG kein Beschluß gefaßt war, müssen spätestens am 31. Dezember 1979 aufgegeben werden[2]. Unter dem Druck dieses Termines wurden die angelsächsischen Einheiten bei der

---

[1] PTB-Mitt. 88 (1978) S. 38
[2] PTB-Mitt. 82 (1972) S. 402 u. 403

Änderung der Einheiten-Richtlinie in die Kapitel B, C und D eingeordnet. Damit wurde erreicht, daß keine angelsächsische Einheit in den Mitgliedsländern der EG als bleibende gesetzliche Einheit eingeführt wird. Die Richtlinie verbietet auch ausdrücklich, Einheiten aus den Kapiteln B, C und D in den Staaten zuzulassen, in denen diese nicht vor dem 21.4.1973 schon zugelassen waren. Die Richtlinie ist zwar formell an die Mitgliedstaaten gerichtet, man kann aber davon ausgehen, daß sie — und insbesondere der Anhang — eine starke Beachtung und Verbreitung in Europa finden wird, weil Handel und Industrie eine Unterlage über die in den Staaten der Europäischen Gemeinschaften zugelassenen Einheiten benötigen. Als eine solche Unterlage ist die Richtlinie durchaus geeignet. Manchen Anwender wird etwas stören, daß die Überschriften über die Kapitel B, C und D des Anhangs nur aus einem Verweis auf die Bestimmungen im Hauptteil der Richtlinie bestehen. Damit wird der Anhang für sich allein etwas schwer lesbar. Die Ursache dafür liegt in dem Wunsch der britischen Delegation, den entscheidenden Festlegungen in Artikel 1 Abs. 2 und 3 im englischen Wortlaut der Richtlinie einen etwas anderen Sinn zu geben als in den anderen Sprachen. Während in der deutschen Fassung steht: „Die Mitgliedstaaten untersagen die Verwendung der in Kapitel B des Anhanges aufgeführten Einheiten im Meßwesen spätestens bis zum 31. Dezember 1977", heißt es im englischen Text: „Member States shall cease to authorize ...".

Durch diese unterschiedliche Formulierung soll noch einmal (in der englischen Fassung) darauf hingewiesen werden, daß die Festlegungen in der Richtlinie nur für Größenangaben im amtlichen und geschäftlichen Verkehr und nicht für Angaben im täglichen Leben gelten. Diesen Unterschied in den verschiedenen Sprachen wollte man nicht bei den Kapitelüberschriften wiederholen. Deshalb heißt es dort: „Einheiten im Meßwesen nach Artikel 1 Abs. 2".

Für Großbritannien bedeutet die Richtlinie einschneidende Veränderungen. In den Verhandlungen der Sachverständigen hat der englische Vertreter keine Zweifel daran gelassen, daß Großbritannien fest entschlossen ist, den Übergang zu metrischen Einheiten zu vollziehen und daß es auch bei den Einheiten in Kapitel D nur noch darum geht, den Zeitpunkt festzulegen, ab dem diese Einheiten nicht mehr verwendet werden dürfen. Es gilt aber heute schon als sicher, daß sich bei der bis zum 31.12.1979 durchzuführenden Überprüfung ergeben wird, daß eine Weiterverwendung eines Teils der aufgeführten Einheiten bis etwa 1985 als notwendig angesehen wird.

Während dieses Buch gedruckt wurde, erschien ein neuer Vorschlag der EG-Kommission für eine Richtlinie über Einheiten im Meßwesen, der die bisherige Richtlinie ablösen soll. Der Entwurf ist im Amtsblatt der Europäischen Gemeinschaften Nr. C81 vom 28.3.1979 abgedruckt und im Anhang 20 wiedergegeben.

1.11 Nationale Normung auf dem Gebiet der Einheiten

Die Normung wird in der Bundesrepublik Deutschland vom Deutschen Institut für Normung (DIN) betrieben. Mit dem Bereich der einheitlichen Begriffsbestimmungen, Benennungen und Formelzeichen für physikalische Größen und die hierfür zu verwendenden Einheiten und Einheitenzeichen befaßt sich der Normenausschuß Einheiten und Formelgrößen (AEF). Die ausgearbeiteten nationalen Normen auf diesem Gebiet orientieren sich an bereits bestehenden Festlegungen hierfür zuständiger Gremien der Meterkonvention, der Internationalen Organisation für Normung (ISO), der Internationalen Elektrotechnischen Kommission (IEC), der International Union of Pure and Applied Physics (IUPAP) und der International Union of Pure and Applied Chemistry (IUPAC).

Im Gegensatz zum Einheitengesetz, das nur für den begrenzten Bereich des amtlichen und geschäftlichen Verkehrs gilt und das unabdingbare Festlegungen enthält, für die ein öffentliches Interesse (z. B. zum Schutze des Bürgers, insbesondere des Verbrauchers, zur staatlichen Förderung von Industrie, Wirtschaft und Handel) besteht, werden DIN-Normen in freier Vereinbarung geschaffen und sollen für möglichst weite Bereiche gelten und dort auch angewendet werden. Wer von einer solchen DIN-Norm abweicht oder sie gar nicht anwendet — beides ist durchaus zulässig —, begibt sich nur des Vorteils, ein von interessierten Kreisen und zuständigen Fachleuten erarbeitetes Regelwerk, das im allgemeinen den derzeitigen Stand von Wissenschaft und Technik wiedergibt, für sich auszunützen. Die Aufgabe der Normung auf dem Gebiet der Einheiten ist es,

1. möglichst weiten Kreisen, und zwar über den Bereich der Gültigkeit des Einheitengesetzes hinaus, Einheiten anzubieten (d. h. heute, ein auf dem SI basierendes Werk zu erstellen);
2. die Vielfalt der im Einheitengesetz angebotenen Einheiten nach Möglichkeit einzuschränken. Solche Einschränkungen sind aus ökonomischen Gründen sinnvoll und können für Teilbereiche unterschiedlich sein. Ohne eine Bedarfsanalyse ist diese Aufgabe allerdings nicht zu lösen;
3. in den Fällen, in denen bei den gesetzlichen Einheiten mehrere Möglichkeiten bestehen wie z. B. Joule oder Kilowattstunde zur Angabe von Energie, Arbeit und Wärmemenge, Vorschläge zur einheitlichen Handhabung zu machen.

Die maßgebende Norm auf diesem Gebiet ist DIN 1301 „Einheiten", die nach ihrer letzten Überarbeitung auch obigen Gesichtspunkten gerecht wird. Sie besteht aus folgenden Teilen:

DIN 1301 Teil 1 Einheiten: Einheitennamen, Einheitenzeichen (Ausgabe 10.78)
DIN 1301 Teil 2 Einheiten; Allgemein angewendete Teile und Vielfache (Ausgabe 2.78)
DIN 1301 Teil 3 Einheiten; Umrechnungen für nicht mehr zu verwendende Einheiten.

Teil 3, in dem Umrechnungsbeziehungen für veraltete Einheiten zusammengestellt sind, ist im Anhang 18 enthalten. Der Inhalt von DIN 1301 lehnt sich zwar an die gesetzliche Einheitenregelung an, sein Anwendungsbereich ist aber nicht nur der geschäftliche und amtliche Verkehr. DIN 1301 gilt ohne diese Einschränkung. Damit wird die Anwendung sehr erleichtert. Weil Rechtsvorschriften verbindlich sind, müssen in ihnen Ausnahmefälle und Übergangsregelungen mit entsprechenden Fristen eingefügt werden. Bei Normen ist das wegen ihres unverbindlichen Charakters nicht erforderlich. Wer bestimmte Gründe hat, sich nicht nach einer Norm zu richten, kann selber darüber entscheiden, ob er die Norm anwenden will oder nicht. Manchmal sind Überlegungen erforderlich, ob eine Größenangabe zum amtlichen und geschäftlichen Verkehr gehört oder nicht. Auf diese Frage geht A. Strecker in seinem Kommentar zum Einheitengesetz ein. Der Anwender der Norm kann sich eine Untersuchung darüber ersparen. Nach der Norm sollen immer die bleibenden gesetzlichen Einheiten verwendet werden.

In der neuen Ausgabe von DIN 1301 sind die Beschlüsse der 15. Generalkonferenz für Maß und Gewicht von 1975 berücksichtigt. Die besonderen Namen Becquerel (Bq) für die SI-Einheit der Aktivität und Gray (Gy) für die SI-Einheit der Energiedosis, sowie die SI-Vorsätze Peta (P) für 10^{15} und Exa (E) für 10^{18} wurden aufgenommen. Da die Grundlage der Norm das Internationale Einheitensystem (SI) ist, war es naheliegend, die Einheiten nach ihrer Stellung im System und zum System zu ordnen. Dieses Schema wurde in Teil 1 realisiert. In einem Anhang zu diesem Teil sind auch die zur Zeit gültigen, von der Generalkonferenz für Maß und Gewicht angenommenen Definitionen der sieben SI-Basiseinheiten wiedergegeben. Mit Teil 1 wird der Hauptteil der Internationalen Norm ISO 1000 in eine DIN-Norm umgesetzt. An dem sachlichen Inhalt von ISO 1000 ist dabei im Laufe der Beratungen im AEF nur wenig geändert worden. Zu den Festlegungen aus ISO 1000, die in DIN 1301 nicht übernommen wurde, gehört die Regel, bei Einheiten, die als Quotient oder Produkt aus anderen Einheiten gebildet werden, nur einmal einen Vorsatz zu verwenden. Zum Beispiel sollte nach ISO 1000 für eine Strahldichte nicht mA/mm^2 verwendet werden. Nach Teil 1 von DIN 1301 ist das aber erlaubt, weil weder die Rechtsvorschriften über Einheiten im Meßwesen noch die Beschlüsse der Generalkonferenz für Maß und Gewicht einen in dieser Hinsicht eingeschränkten Gebrauch der Vorsätze vorsehen. In Teil 1 der neuen Ausgabe von DIN 1301, der sehr kurz ist, kann sich der Normbenutzer schnell über die zu verwendenden Einheiten orientieren. Dieser Teil enthält die bleibenden gesetzlichen Einheiten und darüberhinaus die in der Astronomie üblichen Einheiten „astronomische Einheit" und Parsec. Teil 1 wird voraussichtlich auch im Unterricht häufig verwendet werden.

In Teil 2 sind die Einheiten nach Größen geordnet, wobei auch mit Vorsätzen bezeichnete dezimale Teile und Vielfache der Einheiten angegeben werden. Mit Teil 2 erscheint eine Norm, die vor allem von Anwendern aus der Praxis gewünscht wurde. Die große Anzahl von Einheiten, die jeweils für eine Größe in Frage kommt, hat den Wunsch nach einer Auswahl laut werden lassen. Es gibt 16 SI-Vorsätze zur Bezeichnung dezimaler Teile und Vielfache der Einheiten. Zusammen mit der Einheit ohne Vorsatz stehen daher in einfachen Fällen 17 verschiedene Einheiten für eine Größe zur Verfügung. Bei zusammengesetzten Einheiten nimmt die Anzahl der Kombinationsmöglichkeiten stark zu. Aus dieser großen Anzahl von Möglichkeiten bevorzugte Anwendungsbeispiele anzugeben, ist ein Ziel von DIN 1301 Teil 2.

Ob eine Liste mit ausgewählten dezimalen Teilen und Vielfachen der Einheiten genormt werden soll oder nicht, ist im AEF ausführlich diskutiert worden. Es ging dabei um die Frage, ob eine solche Auswahl, deren Notwendigkeit allgemein anerkannt wurde, durch den AEF in einer Norm mit fachübergreifender Bedeutung erstellt werden oder ob es den einzelnen Normenausschüssen überlassen bleiben soll, eine derartige Auswahl für das jeweilige Fachgebiet zu treffen. Der AEF hat bei der Entscheidung dieser Frage den wiederholt und seit langem vorgetragenen Wunsch vieler Anwender entsprochen und in Teil 2 eine Liste von Einheiten mit Vorsätzen genormt, die jetzt in allen Fachgebieten angewendet werden kann. Dieser Teil entspricht bis auf wenige Änderungen dem Anhang von ISO 1000. Wegen der weltweiten Bedeutung von ISO 1000 sollte die Anlehnung an diese Vorlage möglichst eng sein. Deshalb konnten bei den Einspruchsberatungen zu Teil 2 nicht alle aus der Praxis vorgetragenen Wünsche nach Aufnahme weiterer mit Vorsätzen bezeichneter Teile und Vielfache von Einheiten berücksichtigt werden. Ein Nachgeben gegenüber derartigen Wünschen hätte diesen Teil zu umfangreich werden lassen. Dort wo ein Bedarf nach weitergehenden Festlegungen besteht, müssen diese für das jeweilige Fachgebiet durch den zuständigen Normenausschuß geschaffen werden. Im Teil 2 befindet sich darüber ein entsprechender Vermerk.

Die Gliederung in Abschnitte und die Numerierung der Größen in diesem Teil ist aus DIN 1304, „Allgemeine Formelzeichen", übernommen. Der Anwender kann sich unter der gleichen Nummer in DIN 1304 über das Formelzeichen für eine Größe informieren und in DIN 1301 Teil 2 über die Einheiten für diese Größe. Da DIN 1304 mehr Größen enthält als DIN 1301 Teil 2, weist die Numerierung in DIN 1301 Lücken auf.

Teil 3 enthält eine Liste von Umrechnungsbeziehungen für nicht mehr zu verwendende Einheiten. Darin sind die Einheiten enthalten, für die in den Rechtsvorschriften eine Übergangsfrist festgelegt ist, aber auch solche Einheiten, die, ohne in den Rechtsvorschriften erwähnt zu werden, in verschiedenen Fachgebieten verwendet wurden, wie zum Beispiel das Oersted (Oe) oder die Steinkohleneinheit (SKE).

Mit DIN 58122 „Größen, Einheiten, Formelzeichen; Übersicht für den Unterricht" erschien eine Norm, die für die Anwendung im Unterricht vorgesehen ist. Es handelt sich um eine Auswahl aus den Normen DIN 1301, Teil 1 und Teil 2, Einheiten, DIN 1304, Allgemeine Formelzeichen, und DIN 1313, Schreibweise physikalischer Gleichungen in Naturwissenschaft und Technik. Mit dieser Übersichtsnorm soll eine Unterlage für den Unterricht in allen Schularten zur Verfügung gestellt werden, um die Anwendung des Größenkalküls und die Einführung der Einheiten des Internationalen Einheitensystems im Unterricht zu unterstützen. Die Auswahlnorm wird durch ein Beiblatt ergänzt, das für den Lehrer Erläuterungen für die genormten Festlegungen anbietet und ihm Hintergrundinformationen zum Beispiel über die Meterkonvention, über die nationale und internationale Normung und über die Darstellung der SI-Basiseinheiten in der Physikalisch-Technischen Bundesanstalt vermittelt.

Weitere DIN-Blätter, die sich in Teilbereichen von Physik, physikalischer Chemie, Chemie und Technik mit Einheitenfestlegungen befassen, sind im Anhang 13 zusammengestellt.

1.12 Internationale Normung auf dem Gebiet der Einheiten

Die von der International Organization for Standardization (ISO) herausgegebene Norm ISO 31 ist mit ihren ca. 200 Druckseiten das umfangreichste Normen-Werk auf dem Gebiet der Größen und Einheiten. Es ist in englischer und französischer Sprache erschienen und besteht aus folgenden Teilen:

Part 0   General principles concerning quantities, units and symbols
Part I   Quantities and units of space and time
Part II   Quantities and units of periodic and related phenomena
Part III   Quantities and units of mechanics
Part IV   Quantities and units of heat
Part V   Quantities and units of electricity and magnetism
Part VI   Quantities and units of light and related electromagnetic radiations
Part VII   Quantities and units of acoustics
Part VIII   Quantities and units of physical chemistry and molecular physics
Part IX   Quantities and units of atomic and nuclear physics

Part X	Quantities and units of nuclear reactions and ionizing radiations
Part XI	Mathematical signs and symbols for use in the physical sciences and technology
Part XII	Dimensionless parameters
Part XIII	Quantities and units of solid state physics.

ISO 31 enthält für sehr viele Größen ihren Namen, das Formelzeichen und die Einheit. Außerdem werden für viele Größen und Einheiten Definitionen sowie Bemerkungen aufgeführt. Zusätzlich zur SI-Einheit sind die vom Internationalen Komitee für Maß und Gewicht empfohlenen Einheiten außerhalb des SI aufgeführt, die zusammen mit den SI-Einheiten verwendet werden können einschließlich ihrer Beziehung zu den SI-Einheiten. Umrechnungsbeziehungen von CGS-Einheiten und angelsächsischen Einheiten in SI-Einheiten werden in Anhängen wiedergegeben. ISO 31 ist in erster Linie eine Norm für Formelzeichen.

In ISO 1000 ist das SI mit den vorzugsweise zu verwendenden dezimalen Teilen und Vielfachen dargestellt (s. Abschnitt 1.11). Die ISO-Normen wenden sich an Wissenschaft und Technik. Da sie den nationalen Normen als Vorlage dienen, werden sie in weiten Bereichen angewendet.

Für den Bereich der Elektrotechnik liegt in der IEC-Publikation 27 „Letter symbols to be used in electrical technology" mit den Teilen

Part 1	General
Part 2	Telecommunications and electronics
Part 3	Logarithmic quantities and units
Part 1A	First supplement to Publ. 27-1 (Time dependant quantities)
Part 2A	First supplement to Publ. 27-2

ebenfalls ein umfangreiches international erarbeitetes Normenwerk vor, das weitgehend mit der Norm ISO 31 abgestimmt ist. Auch die entsprechenden DIN-Normen nehmen hierauf Bezug.

1.13 Das OIML-Dokument

Auch die Internationale Organisation für das gesetzliche Meßwesen (OIML) hat ein Dokument über Einheiten erarbeitet, das auf dem SI basiert. Es hat aber nicht den Charakter einer „Empfehlung" wie andere Arbeitsergebnisse der OIML. Dies hängt mit der Aufgabenverteilung zwischen der OIML und den Gremien der Meterkonvention zusammen. Das Tätigkeitsfeld der OIML ist das gesetzliche Meßwesen, also der Bereich, der in der Bundesrepublik Deutschland vom Eichgesetz erfaßt wird. Dort gelten die Einheiten des Einheitengesetzes.

Das OIML-Dokument über die Einheiten des gesetzlichen Meßwesens ist im Anhang 11 im Originaltext wiedergegeben, da es bisher keine Übersetzung ins Deutsche gibt.

1.14 Das SI in der Chemie

Die Einführung der Basisgröße Stoffmenge (Formelzeichen: n) mit ihrer Einheit Mol (Einheitenzeichen: mol) hat beträchtliche Auswirkungen im Bereich der Chemie. Die Diskussion über die mit Hilfe des SI nun darstellbaren Zusammenhänge hat dazu geführt, daß auch bisher bestehende Unklarheiten bei den Begriffsbildungen wie zum Beispiel die Vermischungen von Größen und Einheiten beseitigt wurden. Wesentliche Unterlagen waren hierbei das „Manual of Symbols and Terminology for Physicochemical Quantities and Units" der IUPAC und die Internationale Norm ISO 31/VIII „Quantities and units of physical chemistry and molecular physics". Folgende DIN-Normen berücksichtigen inzwischen die neue Lage:

DIN 32 625 „Größen und Einheiten in der Chemie; Stoffmenge und davon abgeleitete Größen; Begriffe und Definitionen"

DIN 1310 „Zusammensetzung von Mischphasen (Gasgemische, Lösungen, Mischkristalle); Grundbegriffe"

Für abgegrenzte Materiebereiche ist der neue Begriff „Stoffportion" gebildet worden. Quantitäten von Stoffportionen können durch Masse, Stoffmenge, Teilchenanzahl oder Volumen beschrieben werden. Bei Angabe einer Stoffmenge oder Teilchenzahl sind die Teilchen der Stoffportion zu spezifizieren. Teilchen im vorstehenden Sinne können Ionen, Elektronen, geladene oder ungeladene Atomgruppen, Moleküle sowie andere eindeutig spezifizierte Einzelteilchen eines Systems und Gruppen solcher Teilchen genau angegebener Zusammensetzung sein. In der Formelschreibweise wird hinter dem Formelzeichen für die Größe das chemische Symbol (Formel oder Elementzeichen) für die betreffenden Teilchen in Klammern angegeben.

Beispiele: $n\,(\mathrm{Ca^{2+}}) = 2\ \mathrm{mmol}$
$n\,(\mathrm{K_2Cr_2O_7}) = 6\ \mathrm{mol}$
$n\,(\mathrm{NH_4\ in\ NH_4Cl}) = 4{,}01\ \mathrm{mol}$
$n\,(\mathrm{S\ in\ Na_2S_2O_3}) = 8{,}6\ \mathrm{mol}$
$n\,(\mathrm{S^{6+}\ in\ Na_2S_2O_3}) = 4{,}3\ \mathrm{mol}$
$n\,(\mathrm{O_3\ und\ N_2\ in\ Luft}) = 34\ \mathrm{mol}$
$n\,(\mathrm{H\ in\ CH_4}) = 3\ \mathrm{mol}.$

Für bestimmte Reaktionen — insbesondere Neutralisations-, Redox-, und Ionenaustauschreaktionen — kann auch der Bezug auf gedachte Bruchteile der obengenannten Teilchen zweckmäßig sein. Der Bruchteil eines Teilchens, der dadurch entsteht, indem das ursprüngliche Teilchen in soviele Stücke zerlegt wird, wie seine Wertigkeit angibt, heißt Äquivalent. Von Äquivalenten können ebenfalls Stoffmengen angegeben werden. Zum Beispiel

$$n\left(\frac{1}{2}\,\mathrm{Ca^{2+}}\right) = 4\ \mathrm{mmol}$$

$$n\left(\frac{1}{6}\,\mathrm{K_2Cr_2O_7}\right) = 36\ \mathrm{mol}.$$

Diese Beispiele gehören zu den gleichen Stoffportionen wie in den ersten beiden oben angegebenen Beispielen.

Man sollte darauf hinweisen, daß die Erklärung des Äquivalents als Teil eines Teilchens eine bildhafte Veranschaulichung bedeutet und daß Veranschaulichungen auch mit anderen Bildern möglich sind. So kann man zum Beispiel statt von der Stoffmenge der Äquivalente auch von der Stoffmenge der Wertigkeiten sprechen. In diesem Bild wird nicht das Teilchen in mehrere Stücke zerbrochen und die Bruchstücke werden gezählt, die dann als Stoffmenge angegeben werden, sondern es werden statt der Teilchen die „Ärmchen" gezählt, die diese nach der naiven Vorstellung haben und mit denen sie andere Teilchen binden. In einem dritten Bild ist die Stoffmenge der Äquivalente einer Teilchensorte gleich der Stoffmenge der Reaktionspartner. Bei dieser letzteren Veranschaulichung wird besonders deutlich, daß der Begriff des Äquivalents nur im Zusammenhang mit der jeweiligen chemischen Reaktion angewendet werden kann. Dieses letzte Bild stellt auch eine gewisse Analogie zum Begriff des Wägewertes (s. Abschnitt 3.2.11) her. Beim Wägewert eines Gewichtsstückes handelt es sich um die Masse eines anderen Gewichtsstückes. Der Wägewert eines Gewichtsstückes ist gleich der Masse eines anderen Gewichtsstückes, das ihm auf der Waage das Gleichgewicht hält. Entsprechend kann die Stoffmenge der Äquivalente (einer Teilchensorte) statt als Stoffmenge dieser Teilchensorte als Stoffmenge (bestimmter) Reaktionspartner angesehen werden. Welches der beschriebenen Bilder sich für die Veranschaulichung besonders eignet, muß die künftige Entwicklung und die Erfahrung im Unterricht zeigen. Dabei wird sich dann auch herausstellen, ob das Äquivalent als Bruchteil eines Teilchens in einigen Bereichen der Chemie zweckmäßig angewendet werden kann oder ob die Angabe der Stoffmenge und der aus ihr abgeleiteten Größen für ungebrochene Teilchen ausreicht.

Eine wichtige Größe ist die molare Masse M (X) eines Stoffes X, die eigentlich richtiger stoffmengenbezogene Masse genannt werden sollte. Der Stoff muß dabei spezifiziert sein wie auch bei der Größe Stoffmenge. M (X) ist der Quotient aus der Masse m einer Stoffportion des Stoffes X und der Stoffmenge n (X) dieser Stoffportion.

$$M (X) = \frac{m}{n (X)} \quad \text{(SI-Einheit: kg/mol)} \tag{4}$$

Beispiele: M (H) $=$ 1,0079 g/mol
M (H$^+$) $=$ 1,0074 g/mol
M (H$_2$)$=$ 2,0158 g/mol
M (e$^-$) $=$ 0,000 548 6 g/mol $=$ 0,5486 mg/mol
$M \left(\frac{1}{2} \text{Ca}^{2+} \right) = 20$ g/mol

Wird die molare Masse in der üblichen Einheit g/mol angegeben, so ist ihr Zahlenwert gleich der relativen Atommasse A_r (X) beziehungsweise der relativen Molekülmasse M_r (X) (früher: Atomgewicht, Molekulargewicht) und außerdem gleich dem Zahlenwert der Masse m eines Atoms, Moleküls oder Ions in der atomaren Masseneinheit u (s. Abschnitt 3.6).

Beispiel: M (Ca^{2+}) = 40 g/mol, A_r (Ca^{2+}) = 40, m (Ca^{2+}) = 40 u.
Bei der Masse im letzten Teil des Beispiels bezeichnet das Symbol Ca^{2+} ein einziges Ion, bei der relativen Atommasse und bei der molaren Masse dagegen die Teilchenart.

Zur Beschreibung der Zusammensetzung von Mischphasen — d. h. homogener Materiebereiche, die aus mindestens zwei Stoffen bestehen — sind verschiedene Größen geeignet. Diese „Zusammensetzungsgrößen" werden oft Gehalte genannt. Das Wort Gehalt wird häufig in einem doppelten Sinn benutzt. Einmal versteht man darunter den Quotienten aus zwei gleichartigen Größen, d. h. ein Synonym für Anteil, zum anderen wird das Wort Gehalt als Oberbegriff für Anteil, Konzentration und die Molalität verwendet. Im einzelnen unterscheidet man:

1. Anteile (Gehalte)

Bei den Anteilen (Gehalten) unterscheidet man (jeweils für den Stoff i)

Massenanteil		$w_i = m_i \Big/ \sum_j m_j = m_i/m$ (SI-Einheit: kg/kg)		(5)
(Massengehalt)

$$\text{Stoffmengenanteil} \quad x_i = n_i \Big/ \sum_j n_j = n_i/n \qquad \text{(SI-Einheit: mol/mol)} \qquad (6)$$
(Stoffmengengehalt)

$$\text{Volumenanteil} \quad \varphi_i = V_i \Big/ \sum_j V_j \qquad \text{(SI-Einheit: m}^3\text{/m}^3\text{)} \qquad (7)$$
(Volumengehalt)

Auch Einheitenquotienten wie g/kg, μmol/mol, l/m^3 können angewendet werden. Der Einheitenquotient cg/g wurde früher falsch „Gewichtsprozent" und der Quotient cl/l „Volumenprozent" genannt.

Anteile (Gehalte) können auch in Prozent (%) oder Promille (‰) angegeben werden. Angaben in „parts per billion" (ppb = 10^{-9}) oder „parts per trillion" (ppt = 10^{-12}) sollten vermieden werden, weil „billion" und „trillion" im Englischen eine andere Bedeutung als die gleichlautenden deutschen Zahlwörter haben. Im Deutschen bedeutet Billion 10^{12} und Trillion 10^{18}. Der Gebrauch von parts per million (ppm = 10^{-6}) ist zwar bequem aber unnötig.

2. Konzentrationen

Konzentrationen sind Quotienten, bei denen das Volumen V der Mischphase im Nenner steht. Man unterscheidet

$$\text{Massenkonzentration} \quad \rho_i = m_i/V \qquad \text{(SI-Einheit: kg/m}^3\text{)} \qquad (8)$$
$$\text{Stoffmengenkonzentration} \quad c_i = n_i/V \qquad \text{(SI-Einheit: mol/m}^3\text{)} \qquad (9)$$
$$\text{Volumenkonzentration} \quad \sigma_i = V_i/V \qquad \text{(SI-Einheit: m}^3\text{/m}^3\text{)} \qquad (10)$$

Die Massenkonzentration wird auch Partialdichte genannt und ist von der Dichte m_i/V_i des Stoffes i der Mischphase zu unterscheiden. Im allgemeinen ist

$$\sum_{j=1}^{l} V_j \neq V.$$

Wenn

$$\sum_{j=1}^{l} V_j = V$$

ist, d.h., wenn nach dem Mischvorgang das Volumen gleich der Summe der Volumina der Komponenten ist, sind Volumenkonzentration und Volumenanteil einander gleich. Bei flüssigen Mischphasen ist das nur selten der Fall. Oft wird die Stoffmengenkonzentration kurz nur „Konzentration" genannt, und sie ist stets gemeint, wenn es im angelsächsischen Schrifttum „concentration" heißt. Früher wurde die Stoffmengenkonzentration als Molarität bezeichnet. Lösungen mit der Stoffmengenkonzentration r mol/l des gelösten Stoffes (r: nichtnegative reelle, oft ganze Zahl) wurden früher „r molar" genannt. Zum Beispiel wurde auf eine Flasche, die eine 0,1 molare Schwefelsäure(lösung) enthielt, 0,1 M geschrieben. Damit sollte ausgedrückt werden, daß die Stoffmengenkonzentration 0,1 mol/l beträgt.

Nach DIN 32 625 soll die Konzentration künftig in folgender Form angegeben werden:

$$c\,(H_2SO_4) = 0,1 \text{ mol/l.} \qquad (11)$$

Damit wird gleichzeitig die Forderung erfüllt, die in der Definition des Mol mit enthalten ist:
Bei Benutzung des Mol müssen die Einzelteilchen spezifiziert sein. Die in Klammern ange-
gegebene Formel der Schwefelsäure im obigen Beispiel bezeichnet nicht nur die in der
Lösung enthaltene Substanz, sondern auch das einzelne Schwefelsäuremolekül, auf dessen
Anzahl sich die Stoffmengenangabe bezieht.

3. Molalität

Die Molalität b_i einer Lösung ist der Quotient aus der Stoffmenge des gelösten Stoffes
i und der Masse des Lösungsmittels k:

$$b_i = n_i/m_k \qquad \text{(SI-Einheit: mol/kg).} \tag{12}$$

4. Verhältnisse (für Stoffe i und k mit $i \neq k$)

Massenverhältnis $\varphi_{ik} = m_i/m_k$ $\qquad\qquad\qquad\qquad\qquad\qquad\qquad$ (13)

Stoffmengenverhältnis $r_{ik} = n_i/n_k$ $\qquad\qquad\qquad\qquad\qquad\qquad$ (14)

Volumenverhältnis $\psi_{ik} = V_i/V_k$ $\qquad\qquad\qquad\qquad\qquad\qquad\qquad$ (15)

Für Verhältnisse kommen dieselben Einheiten wie für Anteile in Betracht. Größen mit der
Benennung Verhältnis werden auch allgemein und nicht nur im Zusammenhang mit Misch-
phasen verwendet. So kann man zum Beispiel ein Massenverhältnis von Atomkern und
Elektronenhülle angeben. Da bei der Stoffmenge und den aus dieser Größe abgeleiteten
Größen (molare Masse, Gehalte) die Teilchen spezifiziert sein müssen, ist die Vielfalt der
früher üblichen besonderen Einheiten heute überflüssig: Gramm-Atom (Tom), Gramm-
Molekül, Gramm-Ion. Da diese Teilchen auch Äquivalente sein können, ist auch die Einheit
Val (Gramm-Äquivalent) unnötig geworden, und die frühere Gehaltsgröße Normalität in die
wesentlich exakter gefaßte Stoffmengenkonzentration von Äquivalenten übergegangen.

Normalität und das Äquivalent ein und desselben Stoffes können nämlich von der
Art der chemischen Reaktion abhängig sein, in der der Stoff verwendet wird. Beispielsweise
kann das siebenwertige Mangan im Kaliumpermanganat $KMnO_4$ zu vierwertigem, aber unter
anderen Reaktionsbedingungen auch zu zweiwertigem Mangan reduziert werden. Das heißt,
eine hinsichtlich der zuerst genannten Reduktion 1-normale $KMnO_4$-Lösung ist in bezug auf
die weitergehende Reduktion zu zweiwertigem Mangan (sogar) $\frac{5}{3}$ normal. Die Mehrdeutigkeit von Angaben der Normalität entfällt bei Verwendung der Größe „Stoffmengenkonzentration von Äquivalenten".

Beispiel: Die Stoffmengenkonzentrationen von Äquivalenten $c\left(\frac{1}{3}KMnO_4\right) = 3$ mol/l und $c\left(\frac{1}{5}KMnO_4\right) =$
= 5 mol/l beschreiben dieselbe Lösung bei verschiedenen chemischen Reaktionen; diese Lösung
besitzt die (nicht auf ein Äquivalent bezogene) Stoffmengenkonzentration $c(KMnO_4) =$
= 1 mol/l.

1.15 Das SI im Gesundheitswesen

In der Medizin wird eine große Anzahl von Meßwerten für Diagnose und Überwachung
gewonnen. Diese Werte sind mehr oder weniger unabhängig voneinander. Auf jeden Fall
geht es im allgemeinen nicht darum, Zusammenhänge mit Formeln zu beschreiben. Man
könnte daher zunächst vermuten, daß es relativ gleichgültig ist, welche Einheiten man verwendet. Trotzdem hat es Vorteile, wenn man Einheiten benutzt, die leicht Zusammenhänge
mit anderen Gebieten herstellen lassen. Es konnte daher nicht ausbleiben, daß das SI auch in

die Medizin hineinwirkte. Wegen der zu erwartenden Vorteile dürfte daher langfristig die Umstellung auf das SI auch in diesem Gebiet zu erwarten sein. So haben die Weltgesundheitsorganisation (WHO) und folgende Fachorganisationen die Anwendung des SI empfohlen:

International Comitee for Standardization in Hematology (ICSH),
International Federation of Clinical Chemistry (IFCC),
World Association of Pathology Societies (WASP).

Die ausgelösten Diskussionen haben in den gesamten Bereich der meßtechnischen Begriffsbestimmungen in der Medizin ausgestrahlt und zur Präzisierung einer Reihe von Definitionen geführt, z. B. auch bezüglich der zu messenden Größen.

Welche Größen sind in der Medizin von besonderer Bedeutung, welche Einheiten werden dabei verwendet und welche Aspekte ergeben sich hierbei?

1. *Druckmessungen.* Sie fallen insbesondere an bei der Blutdruckmessung, bei Angaben über die Lungenfunktion, im Zusammenhang mit der Narkose, bei der Tonometrie und bei Problemen der Osmose. Die SI-Einheit für den Druck ist das Pascal (Einheitenzeichen: Pa). Zur Zeit werden noch verwendet

bei der Blutdruckmessung: mmHg,
bei der Tonometrie: Torr,
bei der Osmose: cm WS.

Blutdruckmeßgeräte und Tonometer müssen geeicht sein. Dies erfordert die Anzeige in einer gesetzlichen Einheit. In der Eichordnung Anlage 15 Abschnitt 4 (Blutdruckmeßgeräte) wird daher gefordert, daß die Skalen der Blutdruckmeßgeräte in Kilopascal geteilt sein müssen. Blutdruckmeßgeräte, die neben einer Skala in Kilopascal zusätzlich eine Skala in mmHg haben, werden vorübergehend auch geeicht. In der Eichordnung Anlage 15 Abschnitt 8 (Augentonometer) werden sehr detaillierte Bauartfestlegungen für mechanische Impressionstonometer, mechanisch-elektrische Impressionstonometer, mechanisch-optische Applanationstonometer und mechanisch-elektrische Applanationstonometer gemacht. Die Skala ist mit „Skalenteilen" neutral beziffert, einem Skalenteil entspricht aber ein Torr. Zur Zeit werden Überlegungen angestellt, wie die gesetzlichen Einheiten bei Tonometern angewendet werden können.

Bei einer Umstellung auf die Einheit Pascal — die nur in Zusammenarbeit mit den zuständigen Organisationen erfolgen kann — wird man nach einem Weg suchen müssen, der Irrtümer ausschließt. Verwechslungen können beim Übergang von der Einheit „Millimeter Quecksilbersäule" zur Einheit „Millibar" leicht vorkommen, da die Zahlenwerte für einen Druck in mmHg und in mbar ähnlich sind. Der Übergang zur Einheit Kilopascal ist vorteilhaft, weil die Zahlenwerte in einer anderen Größenordnung liegen. So ist z. B.

128 mmHg ≈ 170 mbar = 17 kPa.

Für Angaben des Blutdruckes liegt der Zahlenwert in kPa außerhalb des Variationsbereichs der Zahlenwerte in mmHg. Um die Einführung der SI-Einheiten in der Medizin zu erleichtern, wurde in der zweiten Änderung der Ausführungsverordnung zum Einheitengesetz die Übergangsfrist für die Verwendung der Einheit mmHg für die Angabe des Blutdrucks bis zum 31.12.1979 verlängert. Diese Verlängerung ist aufgrund einer entsprechenden Verlängerung der Übergangsfrist in der EG-Einheitenrichtlinie möglich geworden (s. auch Abschnitt 1.10).

2. In Zukunft wird der *physiologische Brennwert* in Kilojoule (Einheitenzeichen: kJ) und nicht mehr in Kalorien (Einheitenzeichen: cal) angegeben. Damit sollte auch eine Be-

reinigung der Terminologie erfolgen: der unrichtig gebildete Ausdruck „kalorienarme Kost" sollte aufgegeben werden zugunsten zum Beispiel des Ausdrucks „Kost mit niedrigem Brennwert". Entsprechend sagt man bei zwei Punkten, die nahe beieinander liegen, sie haben einen *kleinen Abstand* und nicht etwa, der Abstand ist „*niedrigmetrig*" oder „*meterarm*".

3. Für Angaben der *Äquivalentmenge* ist die Einheit Val weggefallen. Für diese Einheit werden unterschiedliche Umrechnungsbeziehungen zur Einheit Mol angegeben. Innerhalb der nationalen und internationalen Fachgremien wird zur Zeit diskutiert, ob die Größe Äquivalentmenge überhaupt benötigt wird. Falls man zu der Auffassung gelangt, daß sie gebraucht wird, so kann man für sie die Einheit Mol verwenden.

4. In der *Radiologie* gibt es die vier in Tabelle 1.16 aufgeführten Einheiten, die nach dem Einheitengesetz aufgegeben werden sollen:

Tabelle 1.16: Einheiten in der Radiologie

Größe	alte Einheit	SI-Einheit	Beziehung
Aktivität einer radio-aktiven Substanz	Curie (Ci)	Becquerel (Bq)	$1 \text{ Ci} = 3{,}7 \cdot 10^{10} \text{ Bq}$
Ionendosis	Röntgen (R)	Coulomb durch Kilogramm (C/kg)	$1 \text{ R} = 258 \cdot 10^{-6} \text{ C/kg}$
Energiedosis	Rad (rd)	Gray (Gy)	$1 \text{ rd} = 10^{-2} \text{ Gy}$
Äquivalentdosis	Rem (rem)	Joule durch Kilogramm (J/kg)	$1 \text{ rem} = 10^{-2} \text{ J/kg}$

Es ist zu erwarten, daß die Umstellung mit der Außerbetriebnahme der derzeitigen Generation von Geräten bis etwa 1985 vollzogen sein dürfte.

Die Anwendung des SI in der Medizin wird auch ausführlich behandelt in der Schrift „The SI for the Health Professions", die von der World Health Organization (WHO) in Genf im Jahre 1977 herausgegeben wurde. Dort werden auch Umrechnungsbeziehungen angegeben.

Für die Ausbreitung des SI in den medizinischen Bereich hinein ist das Ergebnis der Arbeit einer gemeinsamen Kommission der Schweizerischen, Österreichischen und Deutschen Gesellschaft für Klinische Chemie wichtig, die die Empfehlungen der IFCC, der ISO und der IUPAC zur Anwendung im deutschen Sprachraum bearbeitet. Die dabei empfohlenen Einheiten sind in der Zeitschrift für klinische Chemie **12** (1974), S. 180—192, zusammengestellt. Sie werden in Tabelle 1.17 zu einer einzigen Tabelle zusammengefaßt wiedergegeben.

Die genannten Organisationen empfehlen, bei Konzentrationsangaben im Bereich der klinischen Chemie wenn möglich nicht die Massenkonzentration, sondern die Stoffmengenkonzentration anzugeben. Davon sind sehr viele in der Medizin vorkommende Größen betroffen. Um die in der Praxis zumindest in einer gewissen Übergangszeit notwendigen Umrechnungen zu erleichtern, hat H. Lippert ausführliche Tabellen veröffentlicht, mit deren Hilfe die Zahlenwerte in den künftig empfohlenen Einheiten abgelesen werden können, wenn die gemessenen Größen in den bisher gebräuchlichen Einheiten angegeben sind. In den Tabellen sind die Werte für Gesunde farbig hervorgehoben. Damit wird die Beurteilung des jeweilig gemessenen Größenwertes erleichtert.

Tabelle 1.17: Von einer gemeinsamen Kommission der Schweizerischen, Österreichischen und Deutschen Gesellschaft für Klinische Chemie empfohlene Einheiten

Größe	Symbol	Einheit		weitere empfohlene Einheiten	Nicht empfohlen
		Name	Zeichen		
Länge	l	Meter	m	mm, μm, nm	cm, μ, u, mμ, mu, Å
Fläche	A	Quadratmeter	m^2	mm^2, μm^2	cm^2, μ^2
Volumen	V	Kubikmeter	m^3	dm^3, cm^3, mm^3, μm^3	cc, ccm, μ^3, u^3
		Liter	l	ml, μl, nl, pl, fl	L, λ, ul, $\mu\mu$l, uul
Masse	m	Kilogramm	kg	g, mg, μg, ng, pg	Kg, gr, γ, ug, mμg, mug, $\gamma\gamma$, $\mu\mu$g, uug
Anzahl	N	Eins	1	10^9, 10^6, 10^3, 10^{-3}	Alle dazwischenliegenden Faktoren
Stoffmenge	n	Mol	mol	mmol, μmol, nmol	M, aeq, val, g-mol, mM, maeq, mval, μM, uM, uaeq, μval, nM, naeq, nval
Massenkonzentration	ρ	Kilogramm durch Liter	kg/l	g/l, mg/l, μg/l, ng/l	g/ml, %, g %, % (w/v), g/100 ml, g/dl, ‰, g ‰, ‰ (w/v), mg %, mg % (w/v), mg/100 ml, mg/dl, ppm, ppm (w/v), μg %, μg % (w/v), μg/100 ml, μg/dl, γ %, ppb, ppb (w/v), $\mu\mu$g/ml, uug/ml
Massenverhältnis	w	Eins	1	10^{-3}, 10^{-6}, 10^{-9}, 10^{-12}	kg/kg, g/g, %, % (w/w), g/kg, ‰, ‰ (w/w), mg/kg, ppm, ppm (w/w), μg/kg, ppb, ppb (w/w), ng/kg
Volumenverhältnis	φ	Eins	1	10^{-3}, 10^{-6}	l/l, ml/ml, %, % (v/v), vol %, ml/l, ‰, ‰ (v/v), vol ‰, μl/l, ppm, ppm (v/v)
Stoffmengenkonzentration	c	Mol durch Liter	mol/l	mmol/l, μmol/l, nmol/l	M, aeq/l, val/l, N, n, mM, maeq/l, mval/l, μM, uM, μaeq/l, nM, naeq/l
Molalität	m	Mol durch Kilogramm	mol/kg	mmol/kg, μmol/kg	m, mmol/g, μmol/mg, mm, μm, um
Stoffmengenverhältnis	x	Eins	1	10^{-3}, 10^{-6}	mol/mol, %, mol %, mmol/mol, ‰, mol ‰, μmol/mol
Anzahlkonzentration	C	Reziprokes Liter	l^{-1} oder 1/l	10^{-3} l^{-1}, 10^3 l^{-1}, 10^6 l^{-1}, 10^9 l^{-1}, 10^{-3}/l, 10^3/l, 10^6/l, 10^9/l	1/ml, ml^{-1}, 1/μl, 1/ul, μl^{-1}
Anzahlverhältnis	δ	Eins	1	10^{-3}, 10^{-6}	%, ‰

Größe	Symbol	Einheit		weitere empfohlene Einheiten	Nicht empfohlen
		Name	Zeichen		
Meßgrößen relativer Art	—	Eins	1	10^{-3}, 10^{-6}, 10^{-9}	%, ‰, ppm, ppb
thermodynamische Temperatur	T	Kelvin	K	mK	°K, k°, grd
Celsius-Temperatur	ϑ	Grad Celsius	°C		C, °, C°
Druck, Partialdruck	p	Pascal (Newton pro Quadratmeter)	Pa (N/m^2)	MPa (MN/m^2), kPa (kN/m^2)	atm, at, bar, b, mmHg, Torr, mbar, mb, mmH_2O, µbar, µb
Zeit	t	Sekunde	s	Ms, ks, ms, µs, a, d, h, min	Std., St., min., Min., m, sec., s., us
Dichte	ρ	Kilogramm durch Liter	kg/l	g/l, mg/l	g/ml, mg/ml, µg/ml
Relative Dichte	d	Eins	1	10^{-3}	

1.16 Größen und Einheiten im Gasfach

Bei Gas war bisher das Volumen die Grundlage der Abrechnung, obwohl das Volumen wegen der Kompressibilität der Gase eine für diese Zwecke ungeeignete Größe ist. Das Volumen einer gegebenen „Gasmenge" hängt von den Zustandsgrößen Druck und Temperatur ab. Wenn Gas nach Volumen gehandelt wird, müssen Vereinbarungen über diese Zustandsgrößen getroffen werden. Eine für Deutschland gültige Vereinbarung liegt mit DIN 1343 vor (Ausgabe November 1975). Darin ist der Normwert des Druckes mit $p_n = 101\,325$ Pa und die Normtemperatur mit $T_n = 273{,}15$ K angegeben. Diese Werte sind schon aus früheren Ausgaben übernommen worden. Um einen gegebenen, thermodynamischen Zustand, in dem sich ein Gas befindet, in einen anderen Zustand umzurechnen, genügt es häufig, die Zustandsgleichung für das ideale Gas zu verwenden:

$$p \cdot V = n \cdot R \cdot T \tag{16}$$

p Druck
V Volumen
n Stoffmenge $\qquad\qquad$ } des Gases
T thermodynamische Temperatur
R (universelle) Gaskonstante.

Wenn ein Gas die Temperatur T_n hat und in ihm der Druck p_n herrscht, so sagt man, das Gas befindet sich im Normzustand. Das Volumen, das es im Normzustand einnimmt, wird Normvolumen V_n genannt. Da die Stoffmenge bei einer Zustandsänderung konstant bleibt, folgt aus (16) die Beziehung für die Umrechnung eines gegebenen Zustandes in den Normzustand

$$\frac{p \cdot V}{T} = \frac{p_n \cdot V_n}{T_n} \, . \tag{17}$$

Das Normvolumen, das bei derartigen Rechnungen gesucht wird, ergibt sich dann zu

$$V_n = \frac{p \cdot T_n}{p_n \cdot T} \, V = n \, \frac{R \cdot T_n}{p_n} \, . \tag{18}$$

Der Unterschied zwischen V und V_n in Gl. (18) wurde früher vielfach dadurch zum Ausdruck gebracht, daß für V_n die Einheit „Normkubikmeter" verwendet wurde. Der Normkubikmeter hat natürlich das gleiche Volumen wie der gemeine Kubikmeter. Durch die Verwendung dieses besonderen Namens sollte darauf hingewiesen werden, daß das betreffende Gas sich im Normzustand befindet. Es handelt sich hier um einen unsauberen Gebrauch einer Einheit, die mit Hinweisen auf die jeweilige Größe verknüpft wird. „Bahnkilometer" oder „Blindwatt" sind ähnliche Bildungen, mit denen man durch Hinzufügungen zur Einheit die genaue Nennung der Größe vermeiden möchte. Für die angegebenen Beispiele muß es richtig heißen: Bahnstrecke, Blindleistung und Normvolumen (s. auch Abschnitt 6.3).

Die Anwendung der Gleichung (18) setzt voraus, daß Einigkeit über die Normwerte für Druck und Temperatur besteht. Der Normdruck ist durch die Gremien der Meterkonvention festgelegt. Die 10. Generalkonferenz für Maß und Gewicht hat 1954 in Resolution 4 als Bezugswert 101 325 Newton durch Quadratmeter für alle Anwendungszwecke angenommen.

Während der von der Generalkonferenz für Maß und Gewicht festgelegte Normwert des Druckes weltweit anerkannt wird, werden für die Temperatur unterschiedliche Bezugswerte angewendet. In der Internationalen Gasunion (IGU) stehen die Temperaturen 0 °C und 15 °C zur Diskussion. Für die Bezugstemperatur bestehen in den verschiedenen Ländern unterschiedliche Regelungen. Für viele Länder liegt 15 °C in der Nähe des jahreszeitlichen Mittelwertes der Temperatur, mit der das Gas durch den Volumenzähler beim Verbraucher fließt. Da aber die klimatischen Bedingungen und der Gasverbrauch auf der Erde sehr unterschiedlich sind, eignet sich der Temperaturwert 15 °C nur wenig für einen Bezugszustand, der für alle Anwendungen und für alle Länder gelten soll. Es besteht auch ein grundsätzlicher Unterschied zwischen dem Volumen, das beim Kleinverbraucher gemessen wird, und dem Normvolumen, nach dem Gas unter Großverbrauchern abgerechnet wird. Es ist ein Irrtum zu glauben, daß dieser Unterschied mit einer geschickten Wahl der Bezugstemperatur vernachlässigbar wird.

Weil das Volumen einer gegebenen „Gasmenge" von den Zustandsgrößen abhängt, ist es als Grundlage für die Abrechnungen unter Großverbrauchern wenig geeignet. Der Bezug auf einen Normzustand muß als ein Behelf angesehen werden, der der Größe Volumen die fehlende Eignung verschaffen soll. Eine physikalische Größe, die die „Gasmenge" ohne einen solchen Behelf erfaßt, ist die Stoffmenge. Die Stoffmenge n kann nach Gl. (16) aus den gleichen Größen errechnet werden, die auch zur Bestimmung des Normvolumens V_n gemessen werden müssen:

$$n = \frac{p \cdot V}{R \cdot T} . \tag{19}$$

In Gl. (19) kommen nur die zu messenden Zustandsgrößen vor und keine Normwerte, über die man sich einigen müßte. Um Gl. (19) anwenden zu können, muß man die universelle Gaskonstante R kennen. Der vom Committee on Data for Science and Technology (CODATA) des International Council of Scientific Unions (ICSU) empfohlene Wert beträgt[1])

$$R = 8,314\,41 \; \text{J/mol} \cdot \text{K} \tag{20}$$

mit der relativen Unsicherheit (Standardabweichung) $3,1 \cdot 10^{-5}$ (s. Abschnitt 8). Voraussetzung für die Anwendung der Gl. (19) ist, daß das betrachtete Gas der Zustandsgleichung für das ideale Gas folgt.

Statt durch die Größe Normvolumen kann die „Menge" eines Gases ohne Bezug auf einen Normzustand durch die Stoffmenge angegeben werden. **Das gilt nicht nur für Gase,** die aus einem Stoff bestehen, sondern auch für Gasgemische. Ein Arbeitskreis von Fachleuten, der im Rahmen der Internationalen Gasunion tagte, hat daher empfohlen, die Größe Stoffmenge als Grundlage für Verträge und für Abrechnungen im internationalen Verkehr zu verwenden. Für interne Zwecke können die Mitglieder der Gasunion Bezugstemperaturen beibehalten, die ihren jeweiligen klimatischen Bedingungen und ihren nationalen Festlegungen entsprechen.

In der Diskussion um die Frage, ob die Stoffmenge als Grundlage für den Verkauf von Gas geeignet ist, wurde meist gesagt, daß für viele Mitarbeiter der Gasindustrie der Zusammenhang der Stoffmenge mit anderen physikalischen Größen schwer zu übersehen ist und daß hier ein nicht zu vertretender Aufwand an Fortbildung zu leisten wäre, wenn die Größe Stoffmenge und die Einheit Mol im Gasfach eingeführt würde. Diesem Argument kann entgegengehalten werden, daß auch bisher schon in der Gasindustrie unbewußt die Stoffmenge

---

[1]) CODATA Bulletin Nr. 11, Dezember 1973

verwendet wurde. Wie aus Gl. (18) hervorgeht, ist das Normvolumen der Stoffmenge proportional. In diesem Sinn kann der alte Normkubikmeter als eine (allerdings ungesetzliche) Einheit der Stoffmenge angesehen werden. Es kommt häufig vor, daß eine Einheit unter Ausnutzung einer bestimmten physikalischen Beziehung für eine Größe anderer Dimension benutzt wird. Beispiele dafür sind das Lichtjahr, das keine Zeiteinheit, sondern eine Längeneinheit ist, und die Millimeter-Quecksilbersäule, die keine Längeneinheit, sondern eine Einheit des Druckes ist. Die bei der Einführung dieser Einheiten stillschweigend vorausgesetzten Beziehungen sind:

$$l = ct \quad \text{und} \quad p = \rho g h \tag{21}$$

l	Länge	ρ	Dichte des Quecksilbers
c	Lichtgeschwindigkeit	p	Druck
t	Zeit	h	Höhe der Quecksilbersäule
		g	Fallbeschleunigung.

In beiden Beispielen werden Einheiten für Größen auf der rechten Seite von Gl. (21) (Jahr für t und Millimeter für h) benutzt, um als Einheiten für Größen auf der linken Seite zu dienen (für l und p). Im gleichen Sinn kann unter Ausnutzung der Beziehung (18) die Einheit von V_n, der Normkubikmeter, dazu verwendet werden, um die Stoffmenge n auf der rechten Seite von Gl. (18) anzugeben. Weil die Stoffmenge dem Normvolumen streng proportional ist, gibt es eine leicht zu behaltende Beziehung zwischen dem „Normkubikmeter" und dem Mol

$$1 \text{ Normkubikmeter} = 44{,}6 \text{ mol.} \tag{22}$$

Das folgt aus Gl. (19), wenn man für p und T die Normwerte einsetzt und für das Volumen $V = 1 \text{ m}^3$. Wegen des einfachen Zusammenhanges in Gl. (22) dürfte es für alle Mitarbeiter der Gasindustrie, die die Einheit Normkubikmeter kennengelernt haben, nicht allzu schwer sein, sich an die Größe Stoffmenge und die Einheit Mol zu gewöhnen. Die Stoffmenge ist manchem Ingenieur und Techniker bisher wenig vertraut, weil in der technischen Thermodynamik die Einführung der Stoffmenge häufig dadurch umgangen wird, daß Gl. (16) in einer etwas anderen Form geschrieben wird:

$$p \cdot V = m R_i T \tag{23}$$

R_i spezielle Gaskonstante
m Masse.

In Gl. (23) kommt die Stoffmenge nicht vor, dafür die bekanntere Größe Masse. Die Gl. (23) hat aber den Nachteil, daß die Gaskonstante R_i vom jeweiligen Gas und dessen Zusammensetzung abhängt. Die Anwendung der Gl. (23) bereitet keine Schwierigkeiten, wenn es sich um ein reines Gas handelt, dessen Molekulargewicht bekannt ist. Die Gaskonstante R_i kann aus der Beziehung

$$R_i = \frac{R}{M_i} \tag{24}$$

$M_i = \dfrac{m}{n}$ stoffmengenbezogene Masse des Stoffes i

errechnet werden. Wenn man die Zustandsgleichung (23) verwendet, kann die Masse als Grundlage der Abrechnung verwendet werden. Dort, wo Gase aus *einer* Atom- oder Molekülsorte verwendet werden, wird auch häufig so verfahren. Nachteile hat Gl. (23) bei Gasen, deren stoffmengenbezogene Masse nicht bekannt ist, weil es sich um ein Gemisch aus verschiedenen Bestandteilen handelt. In diesem Fall ist Gl. (16) vorteilhafter, weil die in Gl. (16) vorkommenden Größen von der Art des Gases unabhängig sind. Damit wird auch verständlich, daß die Stoffmenge (ebenso wie das Volumen oder die Masse) nicht allein die Grundlage der Abrechnung bei Gas sein kann, sondern daß weitere Größen erforderlich sind, die über die Qualität des Gases aussagen. Zur Angabe der „Menge" eines Gases ist die Stoffmenge aber gut geeignet.

Der Übergang vom Normvolumen zur Stoffmenge ist eine physikalisch saubere Lösung. Die Größe Stoffmenge spielt in der chemischen Reaktionskinetik und in der chemischen Technik eine wichtige Rolle. Die Gastechnik hat einen großen Überschneidungsbereich mit der chemischen Technik. Es liegt daher in der natürlichen Entwicklung, daß die Gastechniker das Rechnen mit der Größe Stoffmenge lernen. Wenn sich die Stoffmenge in der Gastechnik einbürgert, verlieren die gastechnischen Norm- oder Bezugszustände an Bedeutung, und die Internationale Gasunion braucht keinen Bezugszustand einzuführen, der möglicherweise vom Normzustand nach DIN 1343 abweicht.

1.17 Historische Anmerkungen

Das Internationale Einheitensystem ist das Endprodukt in einer Entwicklung, die vor der französischen Revolution begann. Dem Rationalismus des 18. Jahrhunderts entsprang der Gedanke, ein System von Einheiten zu schaffen, das nicht von menschlichen Körpermaßen abgeleitet wird, sondern von Größen, die wir heute physikalische Konstanten nennen. Konstanten im heutigen Sinne waren damals allerdings kaum bekannt. Vielmehr galten Materialkonstanten wie die Dichte des Wassers oder die Abmessungen der Erde als konstant. Auch die Länge eines Pendels mit der Schwingungsdauer von 2 Sekunden wurde zunächst für eine Konstante gehalten. Nachdem aber durch entsprechende Versuche festgestellt worden war, daß die Länge eines sogenannten „Sekundenpendels", d.h. eines Pendels mit der Schwingungsdauer von 2 Sekunden, an verschiedenen Orten unterschiedlich ist, wurde beschlossen, die Längeneinheit Meter aus Abmessungen der Erde abzuleiten. Die Kommission, die hierzu Vorschläge machen sollte, überlegte dabei, ob das Meter aus der Länge des Äquators oder aus der Länge eines Meridians abgeleitet werden soll. Die Entscheidung fiel zugunsten des Meridians aus, weil „alle Völker auf einem Meridian leben, aber nur wenige am Äquator". Am 7. April 1795 hat der französische Nationalkonvent zum ersten Mal das Meter als gesetzliche Einheit, und zwar als den zehnmillionsten Teil der Länge eines Erdmeridians zwischen Nordpol und Äquator festgelegt. Die Realisierung dieser Längeneinheit, die aufgrund von Messungen des Meridians zwischen Dünkirchen und Barcelona angefertigt wurde, wird „mètre des archives" genannt und diente als Vorbild für die Normale, die nach der 1. Generalkonferenz für Maß und Gewicht (1889) an die Signatarstaaten der Meterkonvention verteilt wurden.

Von 1889 bis 1960 war die Längeneinheit Meter durch den Abstand zweier Striche auf einem Platin-Iridium-Stab mit x-förmigem Querschnitt definiert (s. Abschnitt 3.1.1). Dieses Internationale Meter-Prototyp wird im BIPM in Sèvres bei Paris aufbewahrt. An dieses Prototyp schlossen sich die nationalen Prototype an. Das deutsche nationale Prototyp befindet sich in der Physikalisch-Technischen Bundesanstalt (PTB) in Braunschweig. Im Jahre 1960 wurde die anschauliche Definition des Meter durch ein Prototyp aufgegeben und von der 11. Generalkonferenz für Maß und Gewicht durch die abstrakte Wellenlängendefinition ersetzt (s. Abschnitt 3.1.2).

Im oben erwähnten französischen Gesetz von 1795 wird das Gramm als „absolutes Gewicht" von 1 cm³ Wasser bei der Temperatur des schmelzenden Eises festgelegt. Diese Definition wurde später auf die Temperatur größter Dichte (bei etwa 4 °C) geändert. Verkörpert wurde die Masseneinheit aber durch ein Kilogramm-Stück aus Platinschwamm, das die 1000fache Masse des definierten Gramms haben sollte. Es wurde 1799 im französischen Staatsarchiv als „kilogramme des archives" hinterlegt. Da sich herausgestellt hatte, daß das „kilogramme des archives" nicht genau der Definition entsprach, mußte im Rahmen der 1875 in Paris unterzeichneten Meterkonvention eine neue Definition und Realisierung geschaffen werden. Aus einer Reihe neu hergestellter Kilogramm-Platin-Iridium-Zylinder wählte man einen als primären Standard aus und erklärte ihm zum Internationalen Kilogramm-Prototyp (s. Abschnitt 3.2.2). Es wird im BIPM in Sèvres bei Paris aufbewahrt.

Mit der Festlegung der Einheiten Meter und Gramm und ihrer dezimalen Unterteilung und Vervielfachung waren die Grundlagen des metrischen Systems geschaffen. In der Mechanik verwendete man vorwiegend Zentimeter, Gramm und Sekunde als Basiseinheiten, wobei die Sekunde von der Astronomie geliefert wurde. Dieses System wurde CGS-System genannt. Der Gedanke, eine besondere „metrische" oder „dezimale" Einheit der Zeit einzuführen, wurde schon im 18. Jahrhundert diskutiert und verworfen. In der Kinematik und Dynamik werden die metrischen Einheiten für Länge und Masse daher zusammen mit den überlieferten Zeiteinheiten verwendet. Im Laufe des 19. Jahrhunderts wurde es notwendig, auch für das Gebiet der Elektrizitätslehre Einheiten einzuführen. Je nach dem, welche Gleichung die Größenbeziehung zwischen den elektrischen und den mechanischen Größen herstellt, unterscheidet man bei der Anwendung auf die Elektrodynamik

1. das elektrostatische CGS-System und
2. das elektromagnetische CGS-System.

Beim elektrostatischen CGS-System geht man vom Coulombschen Gesetz für die Kraft F zwischen zwei elektrischen Ladungen Q_1 und Q_2 aus, die sich im Abstand r voneinander befinden. Hierbei wird die Ladung durch das Coulombsche Gesetz im Vakuum ohne eine Feldkonstante definiert:

$$F = \frac{Q_1 Q_2}{r^2}. \tag{25}$$

Im CGS-System ist die Einheit der Kraft 1 dyn = 1 cm $\cdot$ g $\cdot$ s^{-2}. Als Einheit der elektrischen Ladung ergibt sich daher

$$[Q] = [r]\sqrt{[F]} = 1 \text{ cm}^{3/2} \cdot \text{g}^{1/2} \cdot \text{s}^{-1}. \tag{26}$$

Weil $Q = I \cdot t$ ist, folgt für die Einheit der elektrischen Stromstärke I

$$[I] = 1 \text{ cm}^{3/2} \cdot \text{g}^{1/2} \cdot \text{s}^{-2}. \tag{27}$$

Durch Gleichsetzen mechanischer und elektrischer Leistung folgt

$$\frac{F \cdot l}{t} = U \cdot I, \quad \text{und daraus folgt } U = \frac{F \cdot l}{t \cdot I}. \tag{28}$$

Die Einheit der elektrischen Spannung ist demnach

$$[U] = 1 \text{ cm} \cdot \text{g} \cdot \text{s}^{-2} \cdot \text{cm} \cdot \text{s}^{-1} \cdot \text{cm}^{-3/2} \cdot \text{g}^{-1/2} \cdot \text{s}^2 = 1 \text{ cm}^{1/2} \cdot \text{g}^{1/2} \cdot \text{s}^{-1}. \tag{29}$$

Mit $R = U/I$ ergibt sich für die Einheit des elektrischen Widerstandes R

$$[R] = 1 \text{ cm}^{1/2} \cdot \text{g}^{1/2} \cdot \text{s}^{-1} \cdot \text{cm}^{-3/2} \cdot \text{g}^{-1/2} \cdot \text{s}^2 = 1 \text{ cm}^{-1} \cdot \text{s}. \tag{30}$$

Die Einheit der elektrischen Kapazität C folgt aus

$$I \cdot t = C \cdot U \quad C = \frac{I \cdot t}{U} \tag{31}$$

$$[C] = 1 \text{ cm}^{3/2} \cdot g^{1/2} \cdot s^{-2} \cdot s \cdot cm^{-1/2} \cdot g^{-1/2} \cdot s = 1 \text{ cm} \tag{32}$$

Im elektromagnetischen CGS-System geht man vom Coulombschen Gesetz für Magnetpole mit der Polstärke P im Vakuum aus:

$$F = \frac{P_1 P_2}{r^2} \tag{33}$$

F Kraft

r Abstand.

Wegen der Analogie zwischen dem Coulombschen Gesetz für Magnetpole und für elektrische Ladungen ist die Einheit der Polstärke im elektromagnetischen CGS-System die gleiche wie für die elektrische Ladung im elektrostatischen System:

$$[P] = 1 \text{ cm}^{3/2} \cdot g^{1/2} \cdot s^{-1}. \tag{34}$$

Nach dem Ampereschen Gesetz ist das magnetische Moment m einer Stromschleife, in der die elektrische Stromstärke I fließt und die die Fläche A hat

$$m = P \cdot l = I \cdot A$$
$$I = \frac{P \cdot l}{A} \tag{35}$$

l Abstand der Pole.

Die Einheit der elektrischen Stromstärke I im elektromagnetischen CGS-System ist

$$[I] = 1 \text{ cm}^{1/2} \cdot g^{1/2} \cdot s^{-1}. \tag{36}$$

Die Einheiten der übrigen elektrischen Größen ergeben sich aus den gleichen Formeln wie oben zu

$$[U] = 1 \text{ cm} \cdot g \cdot s^{-2} \cdot cm \cdot s^{-1} \cdot cm^{-1/2} \cdot g^{-1/2} \cdot s = 1 \text{ cm}^{3/2} \cdot g^{1/2} \cdot s^{-2} \tag{37}$$

$$[R] = 1 \text{ cm}^{3/2} \cdot g^{1/2} \cdot s^{-2} \cdot cm^{-1/2} \cdot g^{-1/2} \cdot s = 1 \text{ cm} \cdot s^{-1} \tag{38}$$

$$[C] = 1 \text{ cm}^{1/2} \cdot g^{1/2} \cdot s^{-1} \cdot s \cdot cm^{-3/2} \cdot g^{-1/2} \cdot s^2 = 1 \text{ cm}^{-1} \cdot s^2. \tag{39}$$

Ein drittes CGS-System wird nach Gauß benannt. In diesem System werden die elektrischen Größen und ihre Einheiten aus dem elektrostatischen CGS-System abgeleitet und die magnetischen Größen und ihre Einheiten aus dem elektromagnetischen System.

Die elektrischen Einheiten im SI sind aus dem elektromagnetischen System hervorgegangen. Da die CGS-Einheiten für praktische Anwendungen nicht in der richtigen Größenordnung lagen, hat man für dezimale Vielfache und Teile der elektromagnetischen CGS-Einheiten besondere Namen geschaffen. Dazu gehören:

$$1 \text{ Ampere} = 10^{-1} \text{ e.m. CGS-Einheiten} = 10^{-1} \text{ g}^{1/2} \cdot cm^{1/2} \cdot s^{-1} \tag{40}$$

$$1 \text{ Volt} \quad = 10^{8} \quad \text{e.m. CGS-Einheiten} = 10^{8} \text{ g}^{1/2} \cdot cm^{3/2} \cdot s^{-2} \tag{41}$$

$$1 \text{ Ohm} \quad = 10^{9} \quad \text{e.m. CGS-Einheiten} = 10^{9} \text{ cm} \cdot s^{-1}. \tag{42}$$

10 Ampere galten damals als eine schwer zu realisierende Stromstärke, die zu groß war, um als Einheit dienen zu können. Der besondere Name Ampere wurde daher nicht der CGS-Einheit selber, sondern ihrem zehnten Teil gegeben (s. Abschnitt 3.4.1).

Wenn man Zentimeter, Gramm und Sekunde als Einheiten ansieht, die für praktisch vorkommende Messungen in der Mechanik die richtige Größenordnung haben, so daß bei den meisten Angaben bequeme Zahlenwerte vorkommen, so liegen die kohärenten elektrischen Einheiten des CGS-Systems in einer unbequemen Größenordnung. Wählt man die elektrischen Einheiten für praktische Messungen bequem — wie z. B. im Quadrantsystem (s. Abschnitt 3.4.1) —, so haben die mechanischen Einheiten eine unbequeme Größenordnung. Neben diesen Eigenschaften gehört es zu den Nachteilen der Systeme mit drei Basiseinheiten, daß sich die elektrischen Einheiten in diesen Systemen nur mit Hilfe gebrochener Exponenten auf die Basiseinheiten zurückführen lassen. G. Giorgi kommt das Verdienst zu, schon am Anfang des Jahrhunderts mit vier Basiseinheiten eine Lösung vorgeschlagen zu haben, die einen direkten Schritt auf das Internationale Einheitensystem hin bedeutet. Mit vier Basiseinheiten (drei mechanischen und einer elektrischen) lassen sich die abgeleiteten elektrischen Einheiten ohne gebrochene Exponenten als Potenzprodukte der Basiseinheiten darstellen. Grundlage ist dabei die Beziehung, die aus dem Energiesatz folgt

$$1\,m^2 \cdot kg \cdot s^{-2} = 1\,N \cdot m = 1\,J = 1\,W \cdot s = 1\,V \cdot A \cdot s. \tag{43}$$

An dieser Beziehung erkennt man auch, daß das Kilogramm als Basiseinheit der Masse gewählt werden muß, wenn das Meter, die Sekunde und das Ampere die anderen Basiseinheiten sein sollen und die Einheiten Newton, Joule, Watt und Volt kohärent abgeleitet werden sollen.

Das Einheitensystem mit vier Basiseinheiten im Bereich der Elektrizitätslehre wurde durch Hinzufügen von Basiseinheiten für die thermodynamische Temperatur und die Lichtstärke von der 11. Generalkonferenz 1960 zum Internationalen Einheitensystem erweitert. Mit der Aufnahme des Mols als Basiseinheit der Stoffmenge durch die 14. Generalkonferenz 1971 wurde ein vorläufiger Abschluß in der Entwicklung des Internationalen Einheitensystems gefunden.

2 Die Meterkonvention

2.1 Geschichtliche Bemerkungen zum Metrischen System

Die von alters her im Wirtschaftsleben wichtigsten physikalischen Größen waren Länge, Masse und Zeit. Infolge der schon zu einem recht frühen Zeitpunkt hochentwickelten Astronomie waren Zeitmessungen wohl immer am genauesten möglich. Es lag daher nahe, auch die Längenmessung an die Zeitmessung anzuhängen. Mit der sich zum Beginn der Neuzeit entwickelnden Meßtechnik kam daher auch der Begriff der „Länge des Sekundenpendels" (oder Teile davon) auf. Man hielt das für ein Naturmaß, und ein solches hielt man für erstrebenswert (Sir Christopher Wren, 1632–1723; Christian Huygens, 1629–1695). Damit lag die Längeneinheit bereits bei etwa einem Meter. Der Gedanke der dezimalen Unterteilung von Einheiten findet sich bereits bei Simon Stevinus (1548–1620) und Gabriel Mouton (1618–1694).

Mit der Zunahme des Warenaustauschs im 18. Jahrhundert wurde das Problem der Einheitlichkeit der Maße auch Politikern bewußt, die das Problem gegen 1790 aufzugreifen begannen. So brachte Talleyrand (1754–1838) im März 1790 in der französischen Nationalversammlung einen Antrag zur Vereinheitlichung des französischen Einheitenwesens ein. Die Akademie der Wissenschaften zu Paris, die man beauftragt hatte, Vorschläge zu machen, legte in den Jahren 1790 und 1791 bereits 2 Berichte vor, in denen der Grundgedanke der dezimalen Unterteilung der Einheiten (mit noch heute üblichen Vorsätzen) enthalten ist. Weiter wurde festgestellt, daß keine der bisher in irgendeinem Land benutzten Einheiten ausgewählt werden kann, weil dies weder philosophisch noch sachlich begründet werden kann, ohne nationale Gefühle zu verletzen. Die Einheiten können nur aus Naturkonstanten abgeleitet werden. Am 7. April 1795 wurde das Metrische System in Frankreich mit Gesetz eingeführt. Während einer auch politisch labilen Zeit gab es auch bei den Einheiten wieder ein hin und her. Erst durch das Maß- und Gewichtsgesetz von 1837 wurde das Metrische System in Frankreich mit Wirkung vom 1. Januar 1840 obligatorisch eingeführt.

Da in der Mitte des neunzehnten Jahrhunderts im Bereich der Geodäsie starke internationale Kontakte bestanden, lag es nahe, daß von dort aus weitere Anstöße ausgingen. Im Herbst 1867 nahm die Zweite Generalkonferenz der Europäischen Gradmessung in Berlin auf Veranlassung der delegierten Professoren Hirsch (Neuchâtel) und Förster (Berlin) unter anderem folgende Resolution an: „Im Interesse der Wissenschaft und insbesondere der Geodäsie sollte in Europa ein einheitliches Maß- und Gewichtssystem mit Dezimalteilung angenommen werden. Die Konferenz empfiehlt das Metrische System und hält die Herstellung eines neuen europäischen Normalmeters für wünschenswert, dessen Länge sich von der des französischen mètre des archives so wenig wie möglich unterscheiden soll. Weiterhin befürwortet die Konferenz die Gründung eines europäischen internationalen Büros für Maß und Gewicht." Ein ähnlicher Beschluß erfolgte seitens der Akademie der Wissenschaften zu St. Petersburg. Unter Federführung der Akademie der Wissenschaften zu Paris kamen daher im Jahre 1870 wissenschaftliche und diplomatische Verhandlungen in Gang. Nach nicht unbeträchtlichen diplomatischen Schwierigkeiten, deren Überwindung nicht zuletzt dem

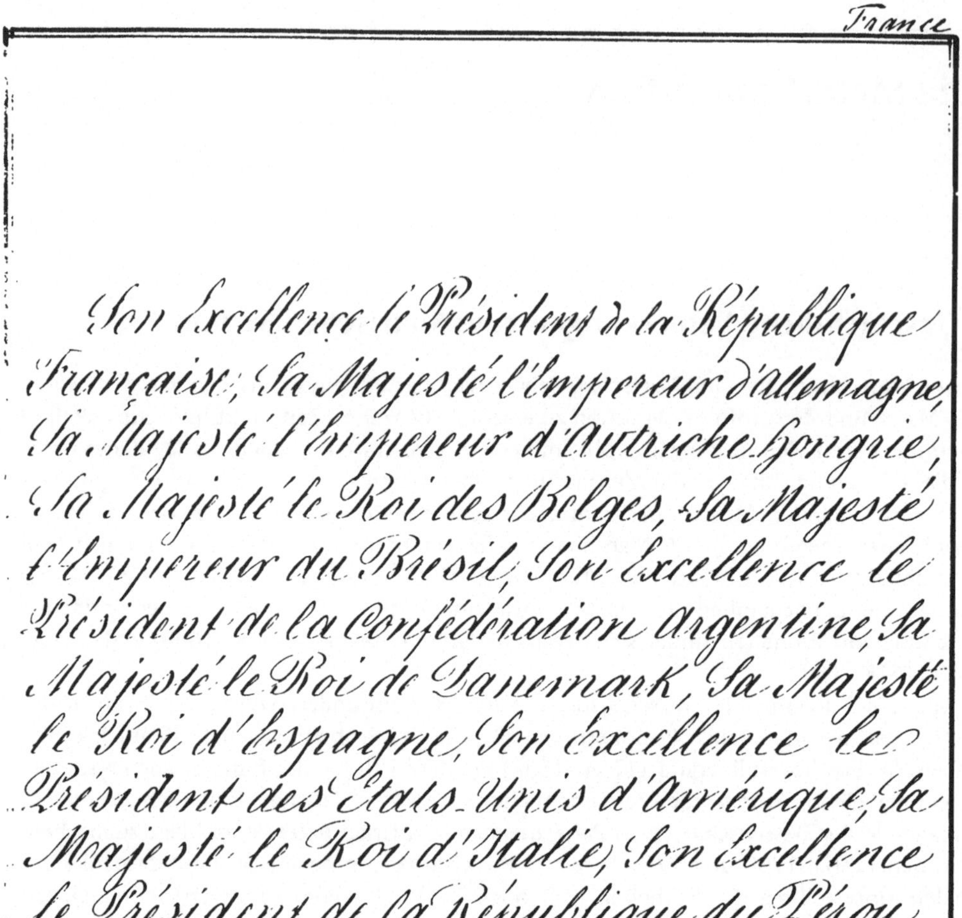

Son Excellence le Président de la République Française, Sa Majesté l'Empereur d'Allemagne, Sa Majesté l'Empereur d'Autriche-Hongrie, Sa Majesté le Roi des Belges, Sa Majesté l'Empereur du Brésil, Son Excellence le Président de la Confédération Argentine, Sa Majesté le Roi de Danemark, Sa Majesté le Roi d'Espagne, Son Excellence le Président des États-Unis d'Amérique, Sa Majesté le Roi d'Italie, Son Excellence le Président de la République du Pérou, Sa Majesté le Roi de Portugal et des Algarves, Sa Majesté l'Empereur de toutes les Russies, Sa Majesté le Roi de Suède et de Norvége, Son Excellence le Président de la Confédération Suisse, Sa Majesté l'Empereur des Ottomans et Son Excellence le Président de la République de Vénézuéla, —

désirant assurer l'unification internationale

Bild 2.1 Erste Seite des im Archiv des französischen Außenministeriums hinterlegten Exemplars der Meterkonvention von 1875

Art: 14

La présente Convention sera ratifiée suivant les Lois constitutionnelles particulières à chaque État; les ratifications en seront échangées à Paris dans le délai de six mois ou plus tôt, si faire se peut. Elle sera mise à exécution à partir du 1er Janvier 1876.

En foi de quoi, les Plénipotentiaires respectifs l'ont signée et y ont apposé le cachet de leurs armes.

Fait à Paris, le 20 Mai 1875./.

Decazes
C. de Meaux
M. Lamy

Hohenlohe

leidenschaftlichen Eintreten des deutschen Vertreters, des Fürsten von Hohenlohe, zu verdanken sind, konnte am 20. Mai 1875 das zwischenstaatliche Vertragswerk der Meterkonvention abgeschlossen werden. Folgende 17 Signatarstaaten unterschrieben diesen Vertrag:

Argentinien	Portugal
Belgien	Rußland
Brasilien	Schweden und Norwegen
Dänemark	Schweiz
Deutschland	Spanien
Frankreich	Türkei
Italien	Venezuela
Österreich	Vereinigte Staaten von Amerika.
Peru	

Bild 2.1 zeigt die erste Seite und Bild 2.2 die letzte Seite des im Archiv des französischen Außenministeriums hinterlegten Exemplars der Meterkonvention.

In der Tabelle 2.1 sind die Mitgliedstaaten, die bis 1979 der Meterkonvention beigetreten waren, und das jeweilige Beitrittsjahr zusammengestellt (Angaben nach Mitteilungen des BIPM).

Tabelle 2.1: Mitgliedstaaten der Meterkonvention (Stand 1979)

Argentinien	1875	Mexiko	1890
Australien	1947	Niederlande	1929
Belgien	1875	Norwegen	1875
Brasilien[1]	1954	Österreich	1875
Bulgarien	1911	Pakistan	1973
Chile	1908	Polen	1925
China	1977	Portugal	1875
Dänemark	1875	Rumänien	1883
Deutschland, Bundesrepublik	1875	Schweden	1875
Deutsche Demokratische Republik	1875	Schweiz	1875
Dominikanische Republik	1954	Sowjetunion	1875
Finnland	1921	Spanien	1875
Frankreich	1875	Südafrika	1964
Indien	1957	Thailand	1912
Indonesien	1960	Tschechoslowakei	1922
Iran	1975	Türkei[2]	1933
Irland	1926	Ungarn	1875
Italien	1875	Uruguay	1908
Japan	1885	Venezuela[3]	1960
Jugoslawien	1879	Vereinigte Arabische Republik (Ägypten)	1962
Kamerun	1971	Vereinigtes Königreich	1884
Kanada	1907	Vereinigte Staaten von Amerika	1875
Korea, Republik	1959		

---

[1] 1875 die Meterkonvention unterzeichnet, 1920 Beitritt ratifiziert, 1932 bis 1953 Mitgliedschaft nicht aufrechterhalten.

[2] 1875 die Meterkonvention unterzeichnet, 1889 bis 1932 Mitgliedschaft nicht aufrechterhalten.

[3] 1875 die Meterkonvention unterzeichnet, 1906 bis 1959 Mitgliedschaft nicht aufrechterhalten.

2.2 Die Organe der Meterkonvention

Der Zweck des Vertrages „Meterkonvention" ist, die „internationale Einigung und Vervollkommnung des metrischen Systems zu sichern". Diesem Ziel dienen einige Organe, deren Zusammensetzung, Arbeitsweise und Zuständigkeit durch den Vertrag und das ihn ergänzende Reglement festgelegt sind. Im einzelnen sind dies:

1. **Die Generalkonferenz für Maß und Gewicht** (CGPM, Conférence Générale des Poids et Mesures) ist das höchste Organ. Ihre Beschlüsse über Einheiten im Meßwesen sind auch in den Signatarstaaten, in denen das Metrische System (SI) obligatorisch ist, nur Empfehlungen — allerdings solche hohen moralischen Ranges —, die zu ihrer Wirksamkeit jedoch der Umsetzung in das nationale Recht bedürfen. Seit dem Inkrafttreten der Richtlinie des Rates vom 18. Oktober 1971 zur Angleichung der Rechtsvorschriften der Mitgliedstaaten über die Einheiten im Meßwesen können die Mitgliedstaaten der Europäischen Gemeinschaften die Beschlüsse der CGPM erst nach ihrer Übernahme in der EG-Richtlinie in nationale Rechtsvorschriften umsetzen.

Die Generalkonferenz für Maß und Gewicht wird aus Delegierten aller Mitgliedstaaten gebildet und tritt mindestens alle sechs Jahre zu einer Tagung in Paris zusammen. Die Eröffnungssitzung findet jeweils unter dem Vorsitz des französischen Außenministers statt; die anschließenden Arbeitssitzungen leitet der Präsident der Académie des Sciences zu Paris. Auf jeder Tagung nimmt die Generalkonferenz einen Bericht des Internationalen Komitees für Maß und Gewicht über die seit der vorigen Tagung geleisteten Arbeiten entgegen. Ihre Aufgaben sind:

> Diskussionen und Veranlassung der notwendigen Messungen, um die Ausbreitung und Vervollkommnung des Internationalen Einheitensystems, der modernen Version des Metrischen Systems, zu gewährleisten;
> Sanktionierung der Ergebnisse von neuen metrologischen Fundamentalbestimmungen und von vielerlei wissenschaftlichen Entschließungen von internationaler Tragweite;
> wichtige Entscheidungen über die Organisation und die Entwicklung des Internationalen Büros für Maß und Gewicht.

Die Protokolle über die Tagungen und die Beschlüsse der Generalkonferenz werden in **den Comptes Rendus des séances de la Conférence Générale des Poids et Mesures** veröffentlicht.

2. **Das Internationale Komitee für Maß und Gewicht** (CIPM, Comité International des Poids et Mesures) tritt mindestens alle zwei Jahre zu einer Sitzungsperiode zusammen, trägt und leitet die wissenschaftlichen und technischen Arbeiten, die die Signatarstaaten der Meterkonvention beschlossen haben. Zwischen zwei Sitzungsperioden berät und beschließt es durch Korrespondenz. Seine Mitteilungen an die Signatarstaaten erfolgen über deren diplomatische Vertretungen in Paris.

Das Internationale Komitee ist ausschließlich der Generalkonferenz für Maß und Gewicht verantwortlich. Es setzt sich aus 18 international bedeutenden Experten der wissenschaftlichen Metrologie (persönliche Mitgliedschaft; derzeitiges Mitglied der Bundesrepublik Deutschland: Prof. Dr. D. Kind, Präsident der Physikalisch-Technischen Bundesanstalt) zusammen, die sämtlich verschiedenen Signatarstaaten angehören müssen. Jede Generalkonferenz führt in geheimer Abstimmung für die Hälfte der Sitze im Internationalen Komitee Neuwahlen durch; dabei können durch das Los ausscheidende Mitglieder wiedergewählt werden. Die Mitglieder des Internationalen Komitees vertreten dort nicht ihre Regierung, sondern die Gesamtheit der Regierungen der Signatarstaaten. Diese Unabhängigkeit von der eigenen Regierung erleichtert die Handlungsfähigkeit der Mitglieder des Internationalen Komitees und trägt wesentlich zur Steigerung ihrer Wirkungsmöglichkeit bei.

Das Internationale Komitee bereitet die Entscheidungen der Generalkonferenz für Maß und Gewicht vor und entscheidet selbst über Einzelheiten zu ihrer Anwendung. Es leitet und beaufsichtigt das Internationale Büro für Maß und Gewicht und genehmigt das Budget des Büros im Rahmen der von der Generalkonferenz bewilligten Beiträge der Signatarstaaten der Meterkonvention. Mindestens alle 6 Jahre lädt das Internationale Komitee die Generalkonferenz für Maß und Gewicht nach Paris ein. Über seine Arbeiten berichtet es in den Procès-Verbaux des séances du Comité International des Poids et Mesures, die nach jeder Sitzungsperiode erscheinen.

3. **Beratende Komitees.** Zu seiner Unterstützung bei den vielfältigen wissenschaftlichen metrologischen Arbeiten setzt das Internationale Komitee sogenannte Beratende Komitees (Comité Consultatif) ein und bestimmt deren Mitglieder. In diesen Beratenden Komitees sind die großen metrologischen Staatslaboratorien und fachlich zuständige nationale oder internationale Institutionen Mitglieder.

Die Physikalisch-Technische Bundesanstalt ist durch ihre Fachleute vertreten. Zu den Aufgaben der Comité Consultatifs gehört die Koordinierung der Arbeiten ihrer Mitglieder. Über die in internationaler Zusammenarbeit erzielten Ergebnisse schlagen sie Empfehlungen vor, die vom CIPM entweder unmittelbar angenommen oder der CGPM zur Beschlußfassung vorgelegt werden. Für die Beratenden Komitees gibt das CIPM gesonderte Sitzungsberichte (Sessions des Comités Consultatifs) heraus.

Zur Zeit bestehen folgende Beratenden Komitees, die teilweise in Arbeitsgruppen noch untergliedert sind (Jahreszahl der Gründung in Klammern):

a) Beratendes Komitee für Elektrizität (CCE, Comité Consultatif d'Électricité, 1927),
b) Beratendes Komitee für Photometrie und Radiometrie (CCPR, Comité Consultatif de Photométrie et Radiométrie, 1971, für Photometrie 1933),
c) Beratendes Komitee für Thermometrie (CCT, Comité Consultatif de Thermométrie, 1937),
d) Beratendes Komitee für die Definition des Meter (CCDM, Comité Consultatif pour la Définition du Mètre, 1952),
e) Beratendes Komitee für die Definition der Sekunde (CCDS, Comité Consultatif pour la Définition de la Seconde, 1956),
f) Beratendes Komitee für Ionisierende Strahlen (CCEMRI, Comité Consultatif pour les Étalons de Mesure des Rayonnements Ionisants, 1958),
g) Beratendes Komitee für Einheiten (CCU, Comité Consultatif des Unités, 1964).

Zur Beschäftigung mit dem Problem einer Steigerung der Genauigkeit bei der Weitergabe der Masseneinheit Kilogramm besteht seit 1975 eine Arbeitsgruppe. Sie soll nun auch in den Rang eines beratenden Komitees kommen, wobei aber noch zusätzliche Aufgaben auf dem Gebiet der Kraftmessung und der Druckmessung wahrgenommen werden sollen.

4. **Das Internationale Büro für Maß und Gewicht** (BIPM, Bureau International des Poids et Mesures) wurde als ein ständiges internationales metrologisches Institut mit Sitz in Paris (Pavillon de Breteuil in Sèvres am Westrand von Paris) bereits mit der Meterkonvention ins Leben gerufen und wird finanziell gemeinsam von den Mitgliedstaaten getragen.

Um die weltweite Einheitlichkeit des Meßwesens zu sichern, hat es folgende Aufgaben:

a) die internationalen Prototype aufzubewahren und zu kontrollieren;
b) Vergleiche zwischen den nationalen und internationalen Prototypen auszuführen;
c) die in der Welt laufenden Präzisionsmessungen an physikalischen Größen und von Fundamentalkonstanten zu koordinieren und auch selbst auszuführen sowie für den Informationsaustausch zu sorgen.

Seine Arbeiten hat das Internationale Büro für Maß und Gewicht von 1881 bis 1966 in den Travaux et Memoires du Bureau International des Poids et Mesures (22 Bände) veröffentlicht und berichtet seit dieser Zeit in den Recueil de Travaux du Bureau International des Poids et Mesures. Seit 1965 werden in der Zeitschrift Metrologia, die unter der Aufsicht des CIPM herausgegeben wird, Artikel über die in der Welt ausgeführten wesentlichen Arbeiten auf dem Gebiet des wissenschaftlichen Meßwesens, über die Verbesserung der Meßmethoden und der Normale sowie über die Einheiten berichtet. Dort sind auch die Berichte über die Tätigkeit, die Empfehlungen und die Entscheidungen der Organe der Meterkonvention zu finden.

Das Bild 2.3 macht das Zusammenspiel der verschiedenen Gremien der Meterkonvention noch einmal deutlich.

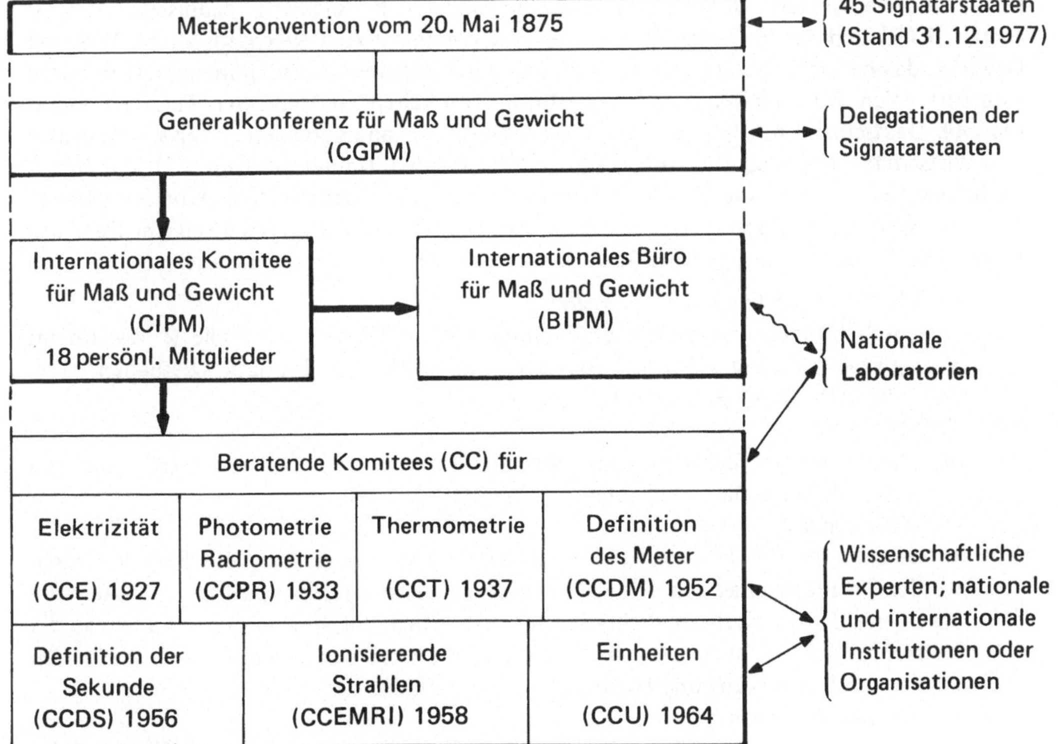

Bild 2.3 Die Organe der Meterkonvention

2.3 Das Metrische System in Deutschland

Im Jahre 1861 einigte sich in Frankfurt eine Kommission von Sachverständigen, in Deutschland das Metrische System einzuführen. Mit der Maß- und Gewichtsordnung für den Norddeutschen Bund vom 17. August 1868 (BGBl. 1868, S. 473) hielt das Metrische System seinen Einzug in Deutschland.

Ein Verzeichnis der umfangreichen Rechtsvorschriften für die Umrechnung früherer Landesmaße in Deutschland in metrische Einheiten ist in Anhang 5 zusammengestellt (aus Hoppe-Blank 1975). Durch Artikel 80, Nr. I, 11 der Verfassung des Deutschen Bundes vom November 1870 wurde der Geltungsbereich der Maß- und Gewichtsordnung für den Norddeutschen Bund auf den Deutschen Bund ausgedehnt. In Bayern, das aufgrund eines Vertrages dem Deutschen Bund angehörte, trat die Maß- und Gewichtsordnung jedoch erst durch das „Gesetz betreffend die Einführung der Maß- und Gewichtsordnung für den Norddeutschen Bund vom 17. August 1868 in Bayern" am 1. Januar 1872 mit einigen Änderungen als Reichsgesetz in Kraft. Somit war der 1. Januar 1972 der Jubiläumstag „100 Jahre Metrisches System in Deutschland". Die wiederholt ergänzte und geänderte Maß- und Gewichtsordnung von 1868 wurde abgelöst durch das Maß- und Gewichtsgesetz vom 13. Dezember 1935, an dessen Stelle für den Bereich der Einheiten das Gesetz über Einheiten im Meßwesen vom 2. Juli 1969 trat (s. Abschnitt 1.9).

Für die Bundesrepublik Deutschland ist die Physikalisch-Technische Bundesanstalt (PTB), die Nachfolgerin der im Jahre 1887 gegründeten Physikalisch-Technischen Reichsanstalt (PTR) und der im Jahre 1923 in die PTR eingegliederten Reichsanstalt für Maß und Gewicht, das nationale Staatslaboratorium, das unter anderem in Zusammenarbeit mit dem Internationalen Büro für Maß und Gewicht die Einheiten im Meßwesen für die Bundesrepublik Deutschland mit höchster Präzision darstellt und an interessierte Kreise in Industrie und Wirtschaft weitergibt. Die Aufgaben der PTB auf dem Gebiet der Einheiten sind in § 7 Einheitengesetz (s. Anhang 1) zusammengestellt. Die wissenschaftlichen Arbeitsergebnisse der Physikalisch-Technischen Bundesanstalt werden in geeigneten Fachzeitschriften veröffentlicht. Darüber hinaus gibt die Bundesanstalt eigene Publikationen heraus:

PTB-Mitteilungen-Forschen und Prüfen
wissenschaftliches und amtliches Fachorgan der PTB, erscheint alle 2 Monate im Verlag Friedr. Vieweg & Sohn, Gustav-Stresemann-Ring 12–16, 6200 Wiesbaden.
Jahresberichte der PTB, die jährlich erscheinen.
PTB-Berichte
als Manuskript gedruckte wissenschaftliche Arbeiten und Zusammenstellungen, die unregelmäßig bei Bedarf erscheinen.
PTB-Prüfregeln
Unterlagen für die Prüfung und Kalibrierung von Meßgeräten; die PTB-Prüfregeln werden im Eigenverlag von der Physikalisch-Technischen Bundesanstalt in Zusammenarbeit mit den Eichaufsichtsbehörden herausgegeben. Sie wenden sich vor allem an die Hersteller und Benutzer solcher Meßgeräte, die nach den gesetzlichen Vorschriften einer amtlichen Prüfung und Überwachung unterliegen.
Informationsbroschüren
Sie geben einen kurzen Überblick über Aufbau, Aufgabe und Arbeitsgebiet der einzelnen Abteilungen.

Nach dem Vorbild der PTR gründeten andere Industrienationen metrologische Staatsinstitute. Als Beispiele seien erwähnt:

National Physical Laboratory (NPL) in Teddington bei London,
National Bureau of Standards (NBS) in Washington (und heute auch in Boulder),
National Research Council (NRC) in Ottawa,
National Research Laboratory of Metrology (NRLM) in Tokio,
National Physical Research Laboratory (NPRL) für Südafrika,
National Standards Laboratory (NSL) in Chippendale (Australien),
Wissenschaftliches Allunions-Institut für Metrologie „D. J. Mendelejew" (WNIIM) in Leningrad für die UdSSR.

In einer Anzahl von Staaten — z. B. in Frankreich und Italien — sind die Zuständigkeiten für die Einheiten je nach Sachgebiet auf verschiedene Institute verteilt. In einer Reihe von Staaten, die bisher kein metrologisches Staatsinstitut hatten, sind solche Institute im Aufbau, wie beispielsweise das

Instituto Nacional de Tecnologia Industrial in Buenos Aires (INTI)

und das

Instituto Nacional de Pesos e Medidas (INPM) in Rio de Janeiro

2.4 Ausbreitung des SI in der Welt

Nachdem sich nun auch mit USA und Großbritannien die Exponenten des angelsächsischen Einheitensystems dazu entschlossen haben, zum Internationalen Einheitensystem überzugehen, kann man mit Recht behaupten, daß es weltweit verbreitet ist. Aus den Berichten des Internationalen Büros für Maß und Gewicht über die laufende Ausbreitung des Metrischen Systems, die den Generalkonferenzen für Maß und Gewicht vorgelegt worden sind, hat H. Moreau in seiner Schrift „Le Système Métrique; des anciennes mesures au Système International d'Unités" (1975) eine Liste zusammengestellt, die im Anhang 9 wiedergegeben ist. Danach sind die metrischen Einheiten in der überwiegenden Mehrzahl aller Länder obligatorisch eingeführt. Weitere 49 Länder befinden sich in der Phase der Umstellung auf die metrischen Einheiten oder haben sich zu einer Umstellung entschlossen. In drei Ländern, nämlich Birma, Malawi und den USA sind die metrischen Einheiten nur fakultativ neben anderen Einheiten zugelassen. Nach H. Moreau gibt es drei nichtmetrische Länder: Bangladesch, Liberia und die Republik Jemen.

3 Die Realisierung der SI-Basiseinheiten

3.0 Einleitung

In Abschnitt 1 sind die Definitionen der sieben SI-Basiseinheiten wiedergegeben. Wie ist es zu ihnen gekommen, welche Probleme bestehen bei ihrer Realisierung, welche Genauigkeiten sind zu erreichen? Diese Fragen sollen uns in Abschnitt 3 beschäftigen, in dem auch die Probleme der Zeit- und der Temperaturskalen behandelt werden. Schließlich soll auch die künftige Entwicklung aufgezeigt werden.

Wenn man die Geschichte der Basiseinheiten und ihrer Definitionen verfolgt, lassen sich einige allgemeine Gesichtspunkte erkennen. Zunächst einmal war es das Ziel, logisch einwandfreie Definitionen auszusprechen. Dies muß man immer vom derzeitigen Stand der Naturerkenntnis aus betrachten. Die in den Definitionen gegebenen Anweisungen sollten von jedermann (hiermit sind zunächst die metrologischen Institute gemeint) nachvollziehbar sein, sonst hätte man das Ziel der Einheitlichkeit verfehlt. Außerdem sollten die Definitionen einen zeitlich unveränderlichen Wert der Einheit garantieren. Hierbei erkannte man schon recht frühzeitig, daß es dieser Gesichtspunkt erforderlich macht, sich möglichst weitgehend von Definitionen mittels materieller Realisierung freizumachen: Als konstanter Trend bestand daher immer das Bemühen, die Definitionen der SI-Basiseinheiten auf Naturkonstanten zu gründen, also auf in der Natur vorkommende und im Idealfall von der Versuchsanordnung unabhängige Werte. Dies war zum ersten Mal bei der Definition des Meter der Fall und ist bei der Definition der Sekunde in hohem Maße gelungen, während beim Kilogramm noch keine solche Entwicklung erkennbar ist.

Bei der Beschreibung der Eigenschaften von Normalen und Einheitenrealisierungen spielen einige Begriffe eine Rolle, die kurz erläutert werden müssen.

1. **Meßunsicherheit.** Dieser Begriff ist in DIN 1319 Teil 3 festgelegt. Er umfaßt die zufälligen Unsicherheiten (beschrieben mit der Standardabweichung) aller Einzelvariablen sowie zusätzliche, nicht erfaßte, weil nicht meßbare und daher nur abschätzbare systematische Unsicherheiten.

Der Größenwert eines Normals wird immer mehr oder weniger vom richtigen Wert (Sollwert) abweichen. Für einen Teil der Einwirkungen wird man aufgrund von Messungen oder sinnvoller Theorien Korrektionen anbringen. Es verbleibt aber ein Rest von Abweichungsmöglichkeiten: Einerseits kennt man alle Parameter nur mit einer bestimmten Meßunsicherheit, andererseits bestehen — systematische Änderungen bewirkende — Einflüsse, die man eventuell nicht richtig gedeutet hat oder sogar noch gar nicht kennt.

2. **Stabilität.** Damit beschreibt man häufig die zeitlichen Schwankungen ein und desselben Normals (z. B. Zeitnormal, Längennormal). Für quantitative Angaben verwendet man auch die *Instabilität*.

3. **Reproduzierbarkeit.** Hiermit werden Abweichungen etwas unterschiedlicher Art beschrieben:

a) *Reproduzierbarkeit einer Apparatur.* Bei nicht kontinuierlichem Betrieb einer Apparatur zur Darstellung einer Größe gibt es kleine Unterschiede beim erneuten Einschalten. Solche Unterschiede im dargestellten Wert gibt es auch, wenn man mehrere konstruktiv identische Apparaturen miteinander vergleicht.

b) *Reproduzierbarkeit einer Methode.* Hierbei vergleicht man Apparaturen, die zwar nach derselben Methode arbeiten, die aber konstruktiv durchaus verschieden sein können.

4. **Realisierungsunsicherheit.** Damit beschreibt man die Abweichung eines Normals (Apparatur, Realisierung) vom theoretisch erwarteten (richtigen) Wert. Im englischen wird hierfür das Wort accuracy verwendet.

Die genannten Begriffe haben sich insbesondere auf dem Gebiet der Frequenz- und Längenmessung herausgebildet. Sie werden nicht überall angewandt. Es ist üblich und im allgemeinen auch zutreffend, das Idealbild einer konstanten systematischen Abweichung vorauszusetzen, der zufällige Schwankungen überlagert sind. Es gibt aber Fälle (z. B. bei Zeit- und Frequenznormalen), bei denen die Existenz eines unveränderlichen Mittelwertes nicht vorausgesetzt werden kann. Infolge spontaner Änderung der Betriebsparameter oder neuer Justierung kann sich die systematische Abweichung zeitlich ändern. Dies wird bei der Reproduzierbarkeit mit erfaßt. Meist ist die Stabilität eines Normals besser als seine Reproduzierbarkeit. Seine Realisierungsunsicherheit kann allerdings nicht besser als seine Reproduzierbarkeit sein. Bei den Fundamentalapparaturen ist man an einer möglichst kleinen Realisierungsunsicherheit interessiert. Ein Normal großer Stabilität kann aber trotz unbekannter (also eventuell verhältnismäßig großer) Realisierungsunsicherheit besonders geeignet sein, Änderungen einer physikalischen Größe nachzuweisen.

Noch ein Wort zur oft gestellten Frage, ob sich der Größenwert einer Basiseinheit infolge einer neuen Definition mit kleinerer Meßunsicherheit als zuvor ändert oder nicht ändert. Bei den bisher durchgeführten Neudefinitionen hat man die Bedingung eingehalten, daß die verkleinerte Meßunsicherheit völlig in der größeren enthalten war. Deshalb kann man mit Fug und Recht sagen, daß sich der Größenwert nicht geändert hat. Selbstverständlich ist auch, daß man die „Mitten der beiden Meßunsicherheiten" zusammenfallen läßt. Die Wahrung der Kontinuität ist aber mit einer Meßunsicherheit verbunden. Systematische Änderungen — allerdings weit unterhalb der vorhergehenden, im allgemeinen größeren Meßunsicherheit — werden nicht vermeidbar sein.

Das Wort „Prototyp" im Sinne einer materiellen Darstellung des primären internationalen oder nationalen Normals wird in diesem Buch mit sächlichem Geschlecht benutzt, wie es in der Präzisionsmetrologie seit Jahrzehnten üblich ist. Diese Prototype sind einmalige Gegenstände, die mit größter Sorgfalt aufbewahrt und erhalten werden. Dagegen hat das Wort „Prototyp" im meist üblichen Sinn als erstes Modell für eine Serienproduktion (z. B. Prototyp für ein neuartiges Auto) nach Duden „Die Rechtschreibung" das männliche Geschlecht.

Ein Nuklid ist eine Art von Atomen, die hinsichtlich Ordnungszahl (Protonenzahl) und Massenzahl (Nukleonenzahl) identisch sind. Unterschiedliche Nuklide mit gleicher Ordnungszahl werden als Isotope oder isotope Nuklide, unterschiedliche Nuklide mit gleicher Massenzahl als Isobare oder isobare Nuklide bezeichnet.

3.1 Das Meter

3.1.1 Einleitung

Bekanntlich galt bis zum Jahre 1960 die Strichmaß-Definition des Meter. Auf einem Maßstab aus Platin-Iridium mit kreuzförmigem Querschnitt und freiliegender neutraler Faser (Bild 3.1) zur Aufnahme von zwei Gruppen von je drei (geritzten) Strichen in der Nähe der Enden war das Meter als der Abstand der mittleren Striche der beiden Strichgruppen definiert. Hierbei mußte das Maß die Temperatur 0 °C haben und in vorgeschriebener Weise gelagert sein: auf 2 Rollen von mindestens einem Zentimeter Durchmesser, die in einer horizontalen Ebene und in einem Abstand von 571 mm voneinander symmetrisch zum Maßstab angeordnet sind (s. auch Abschnitt 3.1.6).

Der internationale Prototyp war im Jahre 1889 unter einer Anzahl gleichartiger Maße ausgewählt worden und wird heute noch im BIPM aufbewahrt. Die Mitgliedsländer der Meterkonvention erhielten die anderen Maße als nationale Prototype, die von Zeit zu Zeit mit dem Internationalen Prototyp verglichen werden mußten. Es bestand also ein hierarchisches System, wie wir es noch heute bei der Masseneinheit, dem Kilogramm, haben. Prototypvergleiche in Komparatoren mit optischen Meßmikroskopen waren infolge Strichgüte und Meßmethode auf eine relative Unsicherheit in der Größenordnung von 10^{-7} begrenzt; die obige Definition des Meter führte also nur bis zu einer Genauigkeit von etwa 0,1 μm. Dies reichte im Laufe der Zeit nicht mehr aus. Außerdem hatte sich inzwischen eine andersartige Längenmeßtechnik mit Hilfe der Interferenz sichtbarer monochromatischer Strahlungen von Spektrallinien entwickelt, von der man sah, daß sie weiterführt. Als erster hatte bereits im Jahre 1893 Michelson die Wellenlänge einer Spektrallinie, nämlich eine im roten Spektralbereich liegende Linie des Elementes Cadmium, an das Meter angeschlossen.

So konnte beim Meter der Schritt vom möglicherweise Veränderungen unterworfenen verkörperten Maßstab zu einer Definition über eine unveränderliche Naturkonstante erfolgreich beschritten werden. Damit ist für die Zukunft ein ähnlicher Verdacht gegenstandslos, wie er in der Vergangenheit einmal ausgesprochen worden war, ob sich nämlich das Internationale Meterprototyp zwischen den Jahren 1889 und 1957 um etwa 0,5 μm verkürzt habe. Da aber Messungen teils für und teils gegen diesen Verdacht sprachen, konnte diese Angelegenheit nicht aufgeklärt werden.

Bild 3.1
Ende des Meter-Prototyp

3.1.2 Die atomare Definition

Der Beschluß der 11. Generalkonferenz für Maß und Gewicht (CGPM) im Jahre 1960 zur Einführung einer neuen Meterdefinition geht daher einerseits von der für die gegenwärtigen Erfordernisse der Metrologie nicht mehr ausreichenden Genauigkeit der alten Definition und andererseits dem Wunsche aus, in Zukunft ein unzerstörbares Naturmaß zu haben. Der neue Definitionstext, der auch im Zusammenhang mit den anderen Basiseinheiten im Abschnitt 1.2 aufgeführt ist, lautet

Das Meter ist das 1 650 763,73fache der Wellenlänge der von Atomen des Nuklids ^{86}Kr beim Übergang vom Zustand $5\,d_5$ zum Zustand $2\,p_{10}$ ausgesandten, sich im Vakuum ausbreitenden Strahlung.

Der erwähnte Übergang erzeugt die Spektrallinie mit $\lambda = 0{,}6056\,\mu$m (in Luft) im orangeroten Teil des Spektrums. Weiterhin wurde festgelegt — um keinen Trennungsschnitt mit der Vergangenheit zu erzeugen und auch in Zukunft Messungen zu ermöglichen —, daß das Internationale Meterprototyp weiterhin im BIPM unter den im Jahre 1889 festgelegten Bedingungen aufbewahrt wird.

Um die Definition von einmaligen, individuellen oder apparativen Bedingungen fernzuhalten, enthält sie keinen Hinweis über die Erzeugung der Strahlung. Dieser Text hat zudem den Vorteil, daß man andere oder bessere Realisierungen derselben Spektrallinie einführen kann, ohne die Definition ändern zu müssen. Allerdings ist bisher keine bessere Realisierung als mit der unten aufgeführten ^{86}Kr-Wellenlängennormal-Lampe nach Engelhard bekannt geworden. Um aber Hinweise für die praktische Arbeit zu geben, forderte die CGPM das CIPM auf, Regeln für die praktische Darstellung des Meters nach der neuen Definition aufzustellen und sekundäre Wellennormale für die interferentielle Längenmessung auszuwählen und Regeln für ihren Gebrauch aufzustellen.

Das CIPM nahm daher 1960 folgende Empfehlung an:
„In Übereinstimmung mit Absatz 1 der von der Elften Generalkonferenz für Maß und Gewicht (Oktober 1960) angenommenen Resolution 7 empfiehlt das Internationale Komitee für Maß und Gewicht, die als fundamentales Normal der Länge angenommene Spektrallinie des Krypton 86 in einer Entladungslampe mit Glühkathode zu realisieren. Die Lampe soll so viel Krypton 86 mit einem Reinheitsgrad von mindestens 99 % enthalten, daß bei einer Temperatur von 64 °K[1]) die Anwesenheit von festem Krypton sichergestellt ist. Die Lampe soll mit einer Kapillare versehen sein, die folgende Abmessungen hat: innerer Durchmesser 2 mm bis 4 mm, Wanddicke ungefähr 1 mm.
Man schätzt, daß die Wellenlänge der von der positiven Säule emittierten Strahlung bis auf 1 Hundertmillionstel (10^{-8}) ihres Wertes gleich der Wellenlänge ist, die dem Übergang zwischen den ungestörten Elektronenzuständen entspricht, wenn folgende Bedingungen erfüllt sind:
1. die am anodenseitigen Kapillarende austretenden, von der Kathoden- zur Anodenseite laufenden Lichtstrahlen werden beobachtet;
2. der untere Teil der Lampe, einschließlich der Kapillare, taucht in ein Kühlbad, dessen Temperatur bis auf 1 Grad[1]) auf der des Tripelpunktes von Stickstoff gehalten wird;
3. die Stromdichte in der Kapillare beträgt $(0{,}3 \pm 0{,}1)$ Ampere durch Quadratzentimeter.“

---

[1]) Der Text der Empfehlung enthält die damals noch gebräuchlichen Einheitennamen „Grad Kelvin" (°K) und „Grad" (grd) anstelle von Kelvin (K).

Bei den Diskussionen in den Organen der Meterkonvention hatte man sich von den zur Debatte stehenden Spektrallinien für diejenige mit der größten Kohärenzlänge entschieden: 80 cm bei der Strahlung von ^{86}Kr. Für eine Linie des ^{198}Hg waren es 50 cm und bei ^{114}Cd sogar nur 25 cm. Es besteht in sehr guter Näherung folgende Beziehung:

Halbwertsbreite des Profils in Wellenzahlen $(m^{-1}) \cdot$ Kohärenzlänge $(m) = 1$.

Geeignete Spektrallinien müssen daher möglichst schmal sein. Das Profil einer Spektrallinie hängt sowohl von äußeren Bedingungen als auch von der Struktur des Atoms ab. Zu den äußeren Bedingungen zählen die Art der Anregung in einer Spektrallampe und die Störungen der emittierenden Atome. Dies führt zu einer Verbreiterung (z. B. Stoßverbreiterung mit zunehmendem Druck oder Dopplerverbreiterung mit zunehmender Temperatur), Verschiebung (Druck- oder Stromdichteverschiebung) oder gegebenenfalls auch Verformung (Unsymmetrie oder Selbstumkehr) des Profils. Zu den Einflüssen, die von der Struktur des Atoms herrühren, zählt die Verbreiterung der Spektrallinie durch den Einfluß der Kernmasse bei Nukliden unterschiedlicher Massenzahl beim gleichen Element, die Verbreiterung durch magnetische und elektrische Felder, die Aufspaltung einer Linie in mehrere Komponenten, wenn der Atomkern ein magnetisches Moment besitzt und eine magnetische Wechselwirkung mit der Atomhülle möglich ist (magnetische Hyperfeinstruktur). Durch Verwendung eines Nuklids mit gerader Massenzahl und gerader Kernladungszahl (also dem Kernspin 0) wird dies vermieden.

Diese Forderungen führen dazu, daß eine geeignete Lampe möglichst „kalt" sein, möglichst schwere Atome verwenden und mit möglichst geringer elektrischer Stromstärke betrieben werden sollte. Alle diese Gesichtspunkte sind in der von Engelhard in der PTB entwickelten ^{86}Kr-Wellenlängennormal-Lampe berücksichtigt worden.[1])

Es handelt sich hierbei um eine Gleichstrom-Gasentladungslampe mit Glühkathode und Anode, deren Entladung durch eine Kapillare von 2 mm Durchmesser und etwa 80 mm Länge geleitet wird (Bilder 3.2 und 3.3). Die emittierte Strahlung ist in den beiden Richtungen der Kapillarachse am intensivsten.

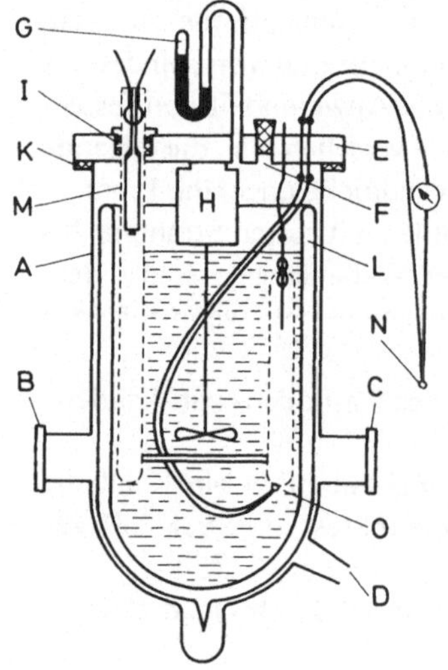

Bild 3.2

Schnitt durch ^{86}Kr-Lampe im Kryostat (nach Kohlrausch, Praktische Physik, 22. Aufl. 1968)

A	Behälter	H	Rührwerk
B, C	Fenster	I, K	Ringdichtungen
D	Pumpstutzen	L	Dewar-Gefäß
E	Deckel	M	^{86}Kr-Lampe mit
F	Füllöffnung		Glühkathode
G	Hg-Manometer	N, O	Thermoelement

[1]) Engelhard u. Vieweg, Z. angew. Phys. 13, 580 (1961)

Bild 3.3
^{86}Kr-Lampe („Engelhard-Lampe")
zur Realisierung der Strahlung der
Meterdefinition

Der untere Teil der Lampe mit der Kapillare kann durch Eintauchen in ein Kühlmittel gekühlt werden. Die Lampe wird bei Zimmertemperatur (20 °C) mit hochangereichertem ^{86}Kr mit einem Druck von 700 N/m² bis 1300 N/m² gefüllt und in Betrieb genommen. Dabei tritt zunächst in unkontrollierbarer Weise Gasaufzehrung ein. Da die Lampe mit einem Überschuß an Krypton gefüllt ist, friert beim Abkühlen unter 77 K festes Krypton aus, und in allen Lampen besteht dann der nur noch von der Temperatur abhängige Sättigungsdampfdruck — unabhängig von der eingefüllten Gasmasse. Die Abkühlung auf gerade 63 K (Tripelpunkt T_{Tr} des Stickstoffs) erfolgt deshalb, weil diese Temperatur genügend tief liegt (unterhalb 77 K) und bequem eingestellt werden kann (T_{Tr} = 63,14 K, p = 12,6 kN/m²). Eine kontrollierende Temperaturmessung ist dann nicht erforderlich.

Die aus dem Kathodenende bzw. dem Anodenende der Kapillare austretenden Strahlungen haben etwas unterschiedliche Wellenlängen. Dies kann man als eine Dopplerverschiebung deuten. Um die Emission im Zustand des ungestörten und ruhenden Atoms zu bekommen, sind Extrapolationen zur Stromdichte j = 0 und zur Gasdichte p = 0 auszuführen. Ferner ist zu beachten, daß die mittlere Wellenlänge (beim Blick auf die Kapillare) ganz geringfügig vom Abstand von der Kapillarenachse abhängt.

Die in der CIPM-Empfehlung aus dem Jahre 1960 für die Realisierung der Meterdefinition aufgeführte Angabe von $1 \cdot 10^{-8}$ bezüglich der Realisierungsunsicherheit ließ die Ansicht aufkommen, die Realisierung mit der ^{86}Kr-Wellenlängennormal-Lampe könnte nicht besser sein. Inzwischen ist aber eine Realisierungsunsicherheit von $\pm\, 4 \cdot 10^{-9}$ λ sichergestellt.

Die neue Meterdefinition brachte in Verbindung mit der interferentiellen Längenmessung eine Verkleinerung der Meßunsicherheit um den Faktor 10. Dies reicht zur Zeit für die praktischen Bedürfnisse aus (schließt aber auch weitere Bemühungen um eine Genauigkeitssteigerung nicht aus — siehe unten), denn in der praktischen Längenmessung spielen Lagerung, Ausführung und insbesondere Temperatur eine bedeutende Rolle. Es hat nur dann einen Sinn, ein Normal aus Stahl von 1 m Länge mit einer Unsicherheit von 0,01 μm zu messen, wenn es ausreichend homogen temperiert ist und seine Temperatur in der Nähe von 20 °C mit einer Unsicherheit von ± 0,001 °C bestimmt werden kann. Die Bedeutung der Temperatur für die Längenmeßtechnik kam auch beim Übergang von der Internationalen Praktischen Temperaturskala des Jahres 1948 (IPTS 48) zur IPTS 68 zum Ausdruck (s. Abschnitt 3.5.4). Seit dem Jahre 1968 liegt die zuvor wie danach mit 20 °C bezeichnete Temperatur um 0,0074 K höher als vorher. Das hat zur Folge, daß z. B. alle Längennormale aus Stahl von 1 m Länge bei 20 °C nun um + 0,08 μm länger sind als vorher.

In der praktischen Längenmessung ist es üblich, die Interferenzordnungszahl indirekt zu bestimmen, indem man Messungen mit verschiedenen Wellenlängen ausführt und aus den sich ergebenden Streifenbruchteilen — beim Vorhandensein eines Näherungswertes — auf die Ordnungszahl schließt. Dazu benötigt man mehrere, im sichtbaren Bereich liegende Wellenlängennormale. Um einheitliche Verhältnisse zu schaffen, hat das CIPM im Jahre 1963 die Wellenlängen von je 4 Spektrallinien der Nuklide ^{86}Kr, ^{114}Cd und ^{189}Hg mit ihren Unsicherheiten festgelegt. Für die vier ^{86}Kr-Sekundärnormale gelten dieselben Bedingungen wie für das Primärnormal, da sie simultan von der ^{86}Kr-Wellenlängennormal-Lampe erzeugt werden. Im Jahre 1973 legte das CCDM als Sekundärnormale zusätzlich noch die Wellenlängen von He-Ne-Lasern fest, die durch gesättigte Absorption in Joddampf oder in Methan stabilisiert werden. Die Vakuumwellenlängen aller 14 Sekundärstandards sind in Tabelle 3.1 zusammengestellt.

Tabelle 3.1: Vakuumwellenlängen von Sekundärstandards

Nuklid	Spektraler Übergang[1])	Vakuumwellenlänge λ in 10^{-10} m	Relative Unsicherheit in 10^{-8}
^{86}Kr	$5\,p\,\left[2\tfrac{1}{2}\right]_3 - 6\,d\,\left[3\tfrac{1}{2}\right]_4^0$	6 458,0720	± 2
	$5\,p\,\left[2\tfrac{1}{2}\right]_2 - 6\,d\,\left[3\tfrac{1}{2}\right]_3^0$	6 422,8006	± 2
	$5\,s'\,\left[0\tfrac{1}{2}\right]_0^0 - 6\,p\,\left[0\tfrac{1}{2}\right]_1$	5 651,1286	± 2
	$5\,s\,\left[1\tfrac{1}{2}\right]_1^0 - 6\,p\,\left[2\tfrac{1}{2}\right]_2$	4 503,6162	± 2
^{198}Hg	$6^1P_1 - 6^1D_2$	5 792,2683	± 5
	$6^1P_1 - 6^3D_2$	5 771,1983	± 5
	$6^3P_2 - 7^3S_1$	5 462,2705	± 5
	$6^3P_1 - 7^3S_1$	4 359,5624	± 5
^{114}Cd	$5^1P_1 - 5^1D_2$	6 440,2480	± 7
	$5^3P_2 - 6^3S_1$	5 087,2379	± 7
	$5^3P_1 - 6^3S_1$	4 801,2521	± 7
	$5^3P_0 - 6^3S_1$	4 679,4581	± 7
^{20}Ne	Methan, P (7), Bande ν_3	33 922,3140	± 0,4
	Jod 127, R (127) Bande 11—5, Komponente i	6 329,91399	± 0,4

[1]) Termbezeichnung für ^{86}Kr nach Racah und für ^{198}Hg und ^{114}Cd nach Russell-Saunders.

Wie vergleicht man Wellenlängen-Normale, also z. B. ein Sekundärnormal und ein Primärnormal, miteinander? Man mißt eine konstante Länge, z. B. an ein und demselben Endmaß, in einem Interferometer mit Hilfe der beiden Strahlungen und führt damit einen Wellenlängenvergleich aus. Die relative Meßunsicherheit eines Wellenlängenverhältnisses kann zur Zeit nicht kleiner als etwa $1 \cdot 10^{-9}$ der derzeitigen Reproduzierbarkeit des Wellenlängen-Primärnormals sein. Außerdem führt die Beugung der Strahlen zu einer Korrektion. In besonderen Fällen hat es sich nun als möglich erwiesen, einen solchen Vergleich mittels der Frequenzmeßtechnik auszuführen. Dies hat sich für solche Laser-Linien eingebürgert, die so nahe beieinanderliegen, daß ihre Differenzfrequenz mit den heutigen Mitteln der Frequenzmeßtechnik verarbeitet werden kann. Das hat den Vorteil, daß diese Messungen genauer und schneller ausführbar sind, da Strahlungen direkt miteinander verglichen werden, wobei Einflüsse durch Beugung und durch die Eigenschaften von Interferometerspiegeln vermieden werden. Die große Reproduzierbarkeit bestimmter Laser-Linien (siehe unten) kann also in diesen Fällen ohne Einbuße an Genauigkeit ausgenützt werden.

3.1.3 Laser

Bei den Sekundärnormalen in Abschnitt 3.1.2 sind wir zum ersten Mal den Lasern begegnet. Infolge der Entdeckung des Laser-Effektes besteht wieder eine ähnliche Situation wie vor 1960. Damals hatte man für die Basiseinheit Meter ein Normal, das Prototyp, und daneben die dem Normal nicht angepaßte interferentielle Meßmethode mit geringerer Meßunsicherheit. Die im Jahre 1960 beschlossene Neudefinition beseitigte diese Situation. Heute stehen in der Strahlung stabilisierter Laser-Linien Normale gleicher Art (elektromagnetische Strahlung), aber wesentlich besserer Reproduzierbarkeit als bei der ^{86}Kr-Wellenlängennormal-Lampe zur Verfügung. Dies wird im Laufe der Zeit zu Beschlüssen der Meterkonvention führen, die diese Situation beseitigen. Dies kann, wie weiter unten ausgeführt wird, in unterschiedlicher Weise geschehen.

Zunächst ist es erst einmal lohnend, der Frage nachzugehen, ob eine verbesserte Meterdefinition, also eine solche mit kleinerer Realisierungsunsicherheit als bisher, überhaupt notwendig und meßtechnisch verarbeitbar ist. Wie oben ausgeführt, ist bei der praktischen Längenmessung, also bei derjenigen Längenmessung, bei der es um die Vermessung materieller Gegenstände (z. B. von Endmaßen) geht, durch das Problem des Temperaturausgleichs und der Temperaturmessung eine Grenze gesetzt, die bei ca. 10^{-8} m liegt. Inzwischen sind aber zwei Meßprobleme bekannt, bei denen die heutige Realisierungsunsicherheit von $4 \cdot 10^{-9} \lambda$ nicht ausreicht. Der eine Fall ist die Präzisionsbestimmung der Fallbeschleunigung im BIPM durch Sakuma (s. Abschnitt 3.2.6). Alle Unsicherheiten in diesem Experiment sind inzwischen so klein, daß die Meßunsicherheit derzeit durch die Definition des Meters begrenzt ist. Der zweite Fall ist die Bestimmung des Abstandes l von Erde und Mond durch die Messung der Laufzeit von Laser-Licht-Impulsen. Die Meßunsicherheit liegt hierbei in der Größenordnung von $10^{-10} l$, da so genaue Zeitmessungen durchaus möglich sind und die Lufthülle der Erde nur einen kleinen Anteil an der Laufstrecke bildet. Zur Umrechnung der Laufzeit in eine Entfernung benötigt man einen Zahlenwert der Lichtgeschwindigkeit, der mit solch geringer Meßunsicherheit aber nicht vorliegt, bedingt durch die Realisierungsunsicherheit der Meterdefinition (Problem der Lichtgeschwindigkeit s. Abschnitt 3.1.4).

Die bisher behandelten Wellenlängennormal-Lampen sind Lichtquellen „klassischer Art", in denen die Atome spontan und insbesondere ohne Phasenbeziehung zueinander zur Lichtemission kommen. Bekanntlich ist die Häufigkeit der erzwungenen Emission und der erzwungenen Absorption bei Wechselwirkung einer Lichtwelle in Resonanz mit einem atomaren System der Besetzungszahl des jeweiligen Ausgangszustandes proportional. Gewöhnlich ist der energetisch tiefere Zustand E_m eines Übergangs entsprechend der Boltzmann-Verteilung stärker besetzt als der höhere Zustand E_n, und die Anzahl der erzwungenen Absorptionsakte überwiegt gegenüber der Anzahl der erzwungenen Emissionsakte.

Beim Laser wird dagegen durch optisches Pumpen eine höhere Besetzung des oberen Zustandes als derjenigen des unteren Zustandes, die sogenannte Inversion, erzeugt. Dadurch überwiegen die Emissionsprozesse des Übergangs von E_n nach E_m gegenüber den Absorptionsprozessen von E_m nach E_n, und die erregende Lichtwelle wird verstärkt. Hierbei ist entscheidend, daß die erzwungene Emission die erregende Lichtwelle in gleicher Phase verstärkt. Mit Hilfe von hochreflektierenden Spiegeln an den Enden des Laser-Rohres reproduziert man laufend eine immer intensiver werdende erregende Welle, wenn man mit passendem Spiegelabstand d für Phasengleichheit sorgt und damit die geometrische Resonanzbedingung erfüllt: der optische Weg l eines Umlaufs nach zweimaliger Reflexion muß ein ganzzahliges Vielfaches der Wellenlänge λ sein

$$l = N \cdot \lambda \tag{1}$$

Näherungsweise ist (z. B. unter Vernachlässigung von Phasensprüngen an den Spiegeln)

$$\lambda = \frac{2d}{N} \tag{2}$$

bzw., da $\nu = \frac{c}{\lambda}$ ist, die Resonanzfrequenz ν

$$\nu = \frac{Nc}{2d}. \tag{3}$$

Diese scharfen Resonanzlinien können innerhalb des Linienprofils auftreten und durch Änderung des Spiegelabstandes innerhalb dieses Bereichs verschoben werden. Die Anzahl vorkommender Resonanzwellenlängen wächst mit zunehmendem Spiegelabstand. Ein Laser mit nur einer Resonanzwellenlänge wird als Einfrequenzlaser bezeichnet. Das Kunstwort Laser steht als Abkürzung für „Light Amplification by Stimulated Emission of Radiation". Obwohl dies ein Vorgang ist, verwendet man heute das Wort Laser für einen Gegenstand, die Lichtquelle.

Meist ist die Wellenlänge eines Lasers mit einer relativen Unsicherheit von 10^{-7} behaftet. Im Strahl können mehrere Eigenfrequenzen vorhanden sein, die i. a. nicht reproduzierbar sind. Für die Verwendung als Wellenlängennormal darf nur eine Resonanzwellenlänge vorhanden sein, und diese muß konstant bleiben. Hierzu muß der Laser stabilisiert werden. Das Wort „stabilisiert" steht hier im Sinne der Terminologie des Abschnitts 3.0 für „stabil und zugleich reproduzierbar".

Der Laser hat für die Längenmessung völlig neue Möglichkeiten geschaffen, da er im Vergleich zu den bisherigen Lichtquellen zwei bedeutende Vorteile hat:

a) das Laserlicht hat eine viel größere Kohärenzlänge (Größenordnung 10^3 bis 10^4 m). Die interferometrische Vermessung von Objekten mit Längen größer als 1 m ist nun ohne weiteres möglich.

b) die um ein Vielfaches größere Intensität des Laser-Lichtes ergibt auch einen höheren Kontrast und daher bessere Auswertungsmöglichkeiten. Einerseits kann man dadurch viele Interferenzbilder auch bei Tageslicht betrachten, was eine bedeutende Erleichterung darstellt. Andererseits kann man diese kontrastreichen Streifen photoelektrisch zählen und verarbeiten, ohne von Rauschproblemen zu sehr beeinflußt zu werden.

Diese Vorteile gelten für alle Laser, also auch für den nicht stabilisierten. Das bedeutet für die praktische Längenmessung im Bereich einer relativen Meßunsicherheit größer als 10^{-7} — und dieser Bereich macht einen beträchtlichen Teil aus (s. auch Abschnitt 3.1.5) — einen großen Fortschritt. Damit ist in vielen Fällen Automation möglich geworden. Es hat sich aber auch gezeigt, daß mit bestimmten stabilisierten Lasern Wellenlängennormal-Strahlungen realisiert werden können, deren Wellenlängen eine Stabilität im Bereich $10^{-12}\,\lambda$ bis $10^{-13}\,\lambda$ und eine Reproduzierbarkeit von $10^{-10}\,\lambda$ bis $10^{-11}\,\lambda$ aufweisen, der ^{86}Kr-Wellenlängennormal-Lampe also eindeutig überlegen sind.

Die bisher bekannt gewordenen Methoden der Stabilisierung kann man in zwei Gruppen einteilen:

a) solche, die das Profil des verstärkenden Übergangs selbst heranziehen, und

b) solche, die sich auf einen Übergang in einem anderen atomaren System beziehen.

Die Methode unter a) reicht zwar für viele Zwecke aus, und ist verhältnismäßig einfach, erreicht aber bereits für eine relative Meßunsicherheit von etwa 10^{-8} bis 10^{-9} ihre Grenze, da durch äußere Einflüsse das Linienprofil verschoben werden kann. Die am bekanntesten gewordene Stabilisierung ist hierbei diejenige mittels des sogenannten Lamb-dip. Im Zentrum des Intensitätsprofils eines Lasers kann sich durch die Wechselwirkung der hin- und rücklaufenden Wellen mit den verstärkenden Partikeln eine Einsattelung, der Lamb-dip ausbilden. Daran kann man mit Mitteln der elektronischen Regelung die Laserwellenlänge fixieren.

Zur Gruppe a) gehört auch eine von Balhorn, Kunzmann und Lebowsky[1] an der PTB entwickelte Methode der Stabilisierung eines He-Ne-Zweifrequenzlasers, bei dem die Strahlungen der beiden senkrecht zueinander linear polarisierten Resonanzwellen räumlich getrennt und über die Entladungsstromstärke auf gleiche Strahldichte geregelt werden. Die Frequenzdifferenz von etwa 560 MHz der beiden Linien erlaubt zudem interessante interferometrische Anwendungen (s. Abschnitt 3.1.5.3).

Die das Linienprofil des verstärkenden Übergangs heranziehenden Stabilisierungsmethoden machen für Messungen mit einer relativen Meßunsicherheit unterhalb 10^{-7} einen Anschluß an das Primärnormal oder an ein Sekundärnormal erforderlich. Für eine relative Meßunsicherheit im Bereich von 10^{-8} sind sogar wiederholte Anschlüsse empfehlenswert.

Die unter b) aufgeführte Methode der Stabilisierung mit der Fixierung der Wellenlänge oder der Frequenz durch Absorption in einem anderen Medium hat sich als wesentlich besser erwiesen als die unter a) erwähnte. Als definierendes atomares System kann ein Einstoffsystem in Gas- oder Dampfphase gewählt werden, das auch nicht den Störungen einer Entladung ausgesetzt sein muß. Es befindet sich in einer vom Laserrohr getrennten und gegebenenfalls gesondert temperierbaren Absorptionszelle entweder außerhalb der Laserresonanz mit linearer oder gesättigter Absorption oder zwischen den Resonatorspiegeln des Lasers angeordnet mit gesättigter Absorption. Durch gesättigte Absorption läßt sich die Dopplerverbreiterung einer Absorptionslinie durch Ausnutzen eines Vorgangs eliminieren, der demjenigen, der zur Einsattelung des Lamb-dip führt, analog ist. Auch wenn die Frequenzen von Lichtwelle und Absorptionslinie nicht genau gleich sind, kommt es zu einer Absorption, indem die zur Resonanz fehlende Frequenzdifferenz durch einen Dopplereffekt aufgebracht wird. Es absorbieren nur diejenigen Partikel, die eine nach Vorzeichen und Betrag passende Geschwindigkeitskomponente in Ausbreitungsrichtung der Welle be-

---

[1] Balhorn, Kunzmann u. Lebowsky; Appl. Opt. 11, 742, 1972.

sitzen. Da in einem Resonator gleichzeitig eine hin- und eine rücklaufende Welle vorhanden sind, absorbieren auch gleichzeitig zwei Gruppen von Partikeln mit im Betrag nach gleichen, aber entgegengesetzt gerichteten Geschwindigkeitskomponenten. Nähert sich nun die Frequenz der Lichtquelle derjenigen der Absorptionsstelle, so stehen im Falle der Resonanz bei gleichbleibender Frequenzbandbreite nur noch halb so viele absorptionsfähige Partikel als vorher zur Verfügung. Dadurch wird die Absorption geringer, und es bildet sich im Intensitätsprofil des Lasers eine emissionsartige Erhöhung aus, der sogenannte inverse Lamb-dip. Dieses schmale Extremum im Linienprofil dient als Grundlage für die elektronische Regelung.

Folgende Kombinationen haben sich für die Stabilisierung mittels gesättigter Absorption als besonders geeignet erwiesen:

1. ^{3}He-^{20}Ne-Laser und ^{22}Ne-Laser
   mit Absorptionslinien des $^{127}J_2$- oder $^{129}J_2$-Dampfes
   im Neonübergang bei $\lambda = 0,633\ \mu$m
   oder mit einer Absorptionsstelle des Methans
   im Neonübergang bei $\lambda = 3,39\ \mu$m.
2. Argonionenlaser
   mit Absorptionslinien des $^{127}J_2$- oder $^{129}J_2$-Dampfes
   im Übergang bei $\lambda = 0,515\ \mu$m.

Bezüglich der Reproduzierbarkeit unterliegen die Wellenlängen dieser stabilisierten Laser zwar gleichartigen Einflüssen wie bei der ^{86}Kr-Wellenlängennormal-Lampe (z. B. einer Druckverschiebung), doch sind derartige Einflüsse um mehrere Größenordnungen kleiner. Mit den oben angeführten stabilisierten Systemen konnte man bisher eine Reproduzierbarkeit von etwa $\pm\,2\cdot10^{-11}\ \lambda$ erreichen.

3.1.4 Die weitere Entwicklung

Die mittels Methan stabilisierte Linie des He-Ne-Lasers mit der Wellenlänge $\lambda = 3,39\ \mu$m hat insofern besondere Bedeutung erlangt, als es erstmals im NBS gelang[1]), sowohl die Frequenz dieser Linie ($\nu = 88,4$ THz) durch den Anschluß an das ^{133}Cs-Frequenznormal als auch die Wellenlänge durch den Anschluß an das ^{86}Kr-Wellenlängennormal sehr genau zu bestimmen. Wegen der Beziehung $\lambda\cdot\nu = c$ ergibt sich daraus die Möglichkeit, die Lichtgeschwindigkeit c zu berechnen. Die relative Unsicherheit der Frequenzmessung lag hierbei bei etwa $\pm\,6\cdot10^{-10}$, diejenige der Längenmessung bei $\pm\,4\cdot10^{-9}$. Die Unsicherheit dieser bis jetzt genauesten Bestimmung der Lichtgeschwindigkeit ist im wesentlichen durch die Unsicherheit der Wellenlänge, also der gegenwärtigen Meterdefinition, bestimmt. Es wurde in Würdigung dieser Ergebnisse zunächst vom CCDM (Resolution M2 (1973)) und später von der CGPM (Resolution 2 (1975)) empfohlen, den sich ergebenden Wert

$$c = 299\,792\,458\ \text{m}\cdot\text{s}^{-1} \tag{4}$$

zu verwenden. In einer Zusatzerklärung des CCDM aus dem Jahre 1973 wurde außerdem festgestellt, daß es möglich sein sollte, diesen Wert in Zukunft nicht mehr zu ändern, falls sich nicht bezüglich dieser Messung schwerwiegende systematische Fehler herausstellen sollten, die man heute noch nicht kennt. Der Wert der Lichtgeschwindigkeit ist eine funda-

---

[1]) Phys. Rev. Lett. 29 (1972) S. 1346

mentale Konstante, die auch insbesondere zum Satz der Fundamentalkonstanten der Internationalen Astronomischen Union gehört. Mit obiger Festlegung ist die Basis geschaffen, die in Abschnitt 3.1.3 erwähnten Laufzeitmessungen in Entfernungen umzurechnen, deren Werte sich voraussichtlich nicht mehr ändern. Bei einer eventuellen Änderung der Definition der Zeit- oder der Längeneinheit ist also zweckmäßigerweise auch darauf zu achten, daß sich dabei der oben angegebene Wert der Lichtgeschwindigkeit nicht ändert.

Dieser Schritt des CCDM, die Endgültigkeit des Wertes der Lichtgeschwindigkeit anzudeuten, hat teils zu Mißverständnissen, teils zu Spekulationen geführt. Es ist daher zu fragen, wie es weitergeht. Zunächst ist festzustellen, daß derzeit die Werte für die Wellenlänge der ^{86}Kr-Strahlung, für die Frequenz des ^{133}Cs-Normals und für die Lichtgeschwindigkeit nicht im Widerspruch zueinander stehen — sich also keine „Spannung" im System befindet —, da entsprechende Unsicherheiten zugeordnet sind. Wollte man allerdings den obigen Wert der Lichtgeschwindigkeit per definitionem als exakt ansehen, so müßte man eine der Basiseinheiten Meter oder Sekunde in Zukunft ausschließen. Da die Sekunde zur Zeit genauer festgelegt und meßbar ist, würde man vermutlich die Basiseinheit Meter aufgeben. Das wäre aber eine Komplikation. Folgerichtiger wäre ein im folgenden beschriebener Weg.

Die derzeitigen Definitionen der Basiseinheiten Sekunde und Meter sind insofern gleichwertig, als sie die jeweilige Einheit auf eine Energiedifferenz zweier Atomzustände zurückführen. Sie beziehen sich auf physikalische Größen einer elektromagnetischen Welle, die in einfacher Weise mittels der Gleichung $\lambda \cdot \nu = c$ verknüpft sind. c hat die Bedeutung der Geschwindigkeit einer gleichbleibenden Phase bei ungestörter Ausbreitung in einer ebenen Welle. Die Phasengeschwindigkeit einer solchen Lichtwelle im Vakuum gilt nach theoretischen Vorstellungen als universell konstant. Sie hat keine erkennbare Dispersion, d. h. c hängt weder von λ noch von ν ab. Es wäre daher durchaus denkbar, die Definition der Basiseinheiten für die Länge und für die Zeit von einem einzigen atomaren Übergang abzuleiten. Das Meter wäre dann das Vielfache n_1 der Wellenlänge λ_x, die Sekunde das Vielfache n_2 der Periodendauer T_x dieser Strahlung. Für den Zahlenwert der Lichtgeschwindigkeit würde sich dann der feste Wert

$$\{c\} = \frac{n_1}{n_2} \tag{5}$$

ergeben. Hierfür würde man den am genauesten realisierbaren Übergang nehmen. Das ist zur Zeit die zur Sekundendefinition benutzte Linie des ^{133}Cs. Aber auch andere Linien wären denkbar. Dieser Weg überrascht zunächst, denn die Definition der Längeneinheit würde dann von einer Spektrallinie ausgehen, deren Wellenlänge für eine praktische Längenmessung nicht anwendbar wäre. Diese Schwierigkeit ließe sich nur mittels eines an das Primärnormal angeschlossenes, im sichtbaren Spektralbereich liegenden Sekundärnormals überwinden. Dabei kommt jedoch zur Realisierungsunsicherheit des gemeinsamen und einzigen Primärnormals die Meßunsicherheit des Anschlusses des Sekundärnormals hinzu. Wenn demgegenüber das Sekundärnormal mit sichtbarer Strahlung einen günstigeren Wert bezüglich seiner eigenen Realisierungsunsicherheit aufweisen würde — die Entwicklung optischer Frequenzstandards ist aber längst nicht als abgeschlossen anzusehen —, wäre dies gar nicht ausnützbar. Die meßtechnische Aufgabe, bei der Existenz zweier, auf verschiedenen Übergängen beruhenden Definitionen für Länge und Zeit die Lichtgeschwindigkeit c_0 zu messen, ist dieselbe wie diejenige, ein Sekundärnormal an ein Primärnormal anzuschließen.

Immerhin hätte ein simultanes Normal für die Längen- und die Zeiteinheit, bei dem sowohl die Wellenlänge λ als auch die Frequenz ν durch Definition ziffernmäßig festgelegt wären, den Vorteil, daß die Lichtgeschwindigkeit aus λ und ν immer so genau berechnet werden könnte, wie es in jedem einzelnen Fall erforderlich ist, ohne in Widerspruch zum oben angegebenen Wert für die Lichtgeschwindigkeit zu kommen. Dieses Modell eines einheitlichen Normals für die Länge und die Zeit entbehrt nicht eines beachtlichen ästhetischen Reizes. Ob es für die Praxis zweckmäßig ist, ist bis heute nicht entschieden. Die erforderlichen Voraussetzungen für ein simultanes Normal sind auf jeden Fall zur Zeit noch nicht gegeben.

Wie eine Definition des Meters unter Beibehalten des Wertes der Lichtgeschwindigkeit aussehen könnte, wurde bereits im Jahre 1974 vom CCU so formuliert:

> „Das Meter ist das 9 192 631 770/299 792 458 fache der Wellenlänge der dem Übergang zwischen den beiden Hyperfeinstrukturniveaus des Grundzustandes von Atomen des Nuklids ^{133}Cs entsprechenden Strahlung".

Dieser Vorschlag, der lediglich eine Möglichkeit aufzeigen soll, geht davon aus, daß man für die Definition von Sekunde und Meter dieselbe Strahlung verwendet. Diese Definition hätte allerdings aber zur Folge, daß man in Zukunft z. B. beim Ändern der Definition der Sekunde auch immer die Definition des Meters mit ändern muß, da man den Wert für die Lichtgeschwindigkeit ja erhalten will.

Man wird aber auch nicht an der Tatsache vorbeigehen können, daß es inzwischen stabilisierte Laser mit einer Reproduzierbarkeit von $4 \cdot 10^{-11}$ gibt (z. B. der Jod-stabilisierte He-Ne-Laser und der Argonionenlaser). Man könnte daher bereits heute eine neue Meterdefinition in „klassischer" Art beschließen, die um zwei Zehnerpotenzen genauer ist als die Definition mit der Strahlung des ^{86}Kr. (Bezüglich des Anschlusses der Siegbahnschen X-Einheit an das Meter s. Abschnitt 3.6).

3.1.5 Längenmeßgeräte und Längenmeßverfahren

In den folgenden Abschnitten werden Probleme behandelt, die bei der Längenmessung hoher Genauigkeit bestehen.

3.1.5.1 Die Abbesche Anordnung

Eine der wichtigsten Bedingungen, die beim Bau von genauen Längenmeßgeräten eingehalten werden sollte, wurde von Ernst Abbe bereits im Jahre 1890 aufgestellt:

> „Der Apparat ist so anzuordnen, daß die zu messende Strecke die geradlinige Fortsetzung der als Maßstab dienenden Teilung bildet."

Das bedeutet, daß Prüfling und Normal fluchtend hintereinander angeordnet werden sollen (Bild 3.4). Dadurch vermeidet man Meßfehler 1. Ordnung. Dies wird in den beiden Bildern 3.5 und 3.6 erläutert. Im Bild 3.5 ist ein Verschiebekomparator dargestellt, bei dem Prüfling und Normal parallel nebeneinander angeordnet sind, also nicht in Abbescher Anordnung. Verschiebt man nun den Mikroskoparm längs der Führungsbahn oder beide Maßstäbe gemeinsam auf einem Schlitten, treten bei dieser Bewegung immer gewisse Abweichungen von der Geradheit auf, wenn man von der Meßstellung 1 in die Meßstellung 2 kommt. Dann entsteht ein Meßfehler

$$\Delta l_1 = b \cdot \tan \varphi \approx b \cdot \varphi, \tag{6}$$

wenn φ der in der Horizontalen liegende Kippwinkel des Mikroskoparms und b der Abstand der beiden Maßstäbe voneinander ist. Für $b = 150$ mm und $\varphi = 10''$ ergibt sich

$$\Delta l_1 \approx 7 \ \mu\text{m}.$$

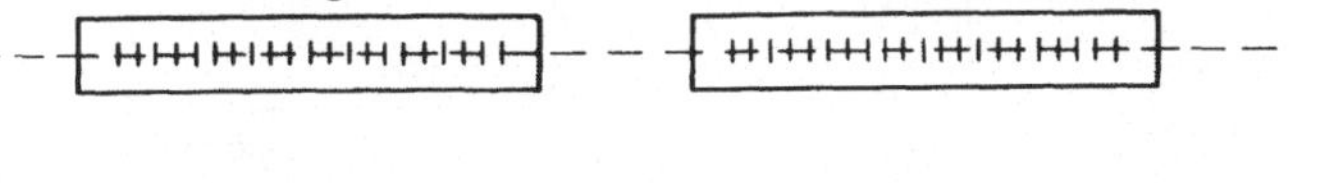

Bild 3.4
Prüfling und Normal in Anordnung
nach Abbe

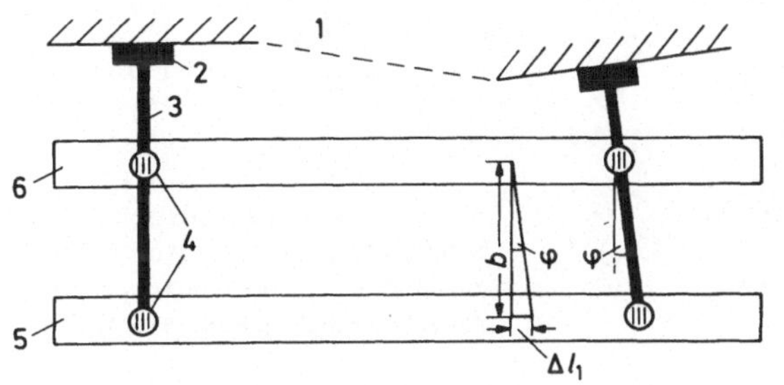

Bild 3.5
Verschiebekomparator (Entstehung des
Meßfehlers 1. Ordnung)
Prüfling und Normal parallel nebenein-
ander

1 Führungsbahn
2 Mikroskopschlitten
3 Mikroskoparm
4 Ablesemikroskop
5 Prüfling (Strichmaßstab)
6 Normal (Strichmaßstab)

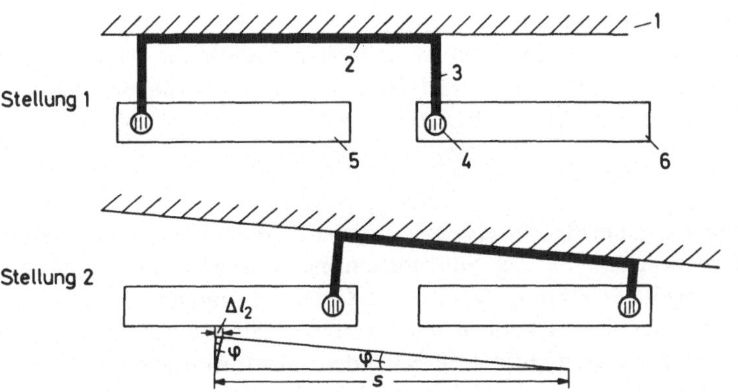

Bild 3.6
Verschiebekomparator
(Entstehung des Meßfehlers
2. Ordnung)
Prüfling und Normal hinter-
einander (Bedeutung der
Zahlen wie in Bild 3.5)

Im Gegensatz hierzu ist der Meßfehler beim Komparator des Bildes 3.6, bei dem **Prüfling**
und Normal fluchtend hintereinander angeordnet sind,

$$\Delta l_2 = s\,(1 - \cos\varphi) \approx \frac{1}{2}\,s\,\varphi^2,\tag{7}$$

wenn s der Verschiebeweg des Mikroskoparms ist. Für einen Kippwinkel $\varphi = 10''$ und
$s = 1\,000$ mm ergibt sich

$$\Delta l_2 \approx 0,001\ \mu m,$$

also nur ein Fehler 2. Ordnung.

Leider ist die Verwirklichung der Abbeschen Anordnung nicht immer möglich oder
sogar zweckmäßig. Bei einem Komparator kann sich z. B. eine unzumutbare Baulänge ergeben. Weicht man von der Abbeschen Anordnung ab, dann ist besondere Sorgfalt auf die
Führung zu verwenden. Außerdem wird man darauf achten müssen, daß der Abstand b der
beiden Maßstäbe klein bleibt.

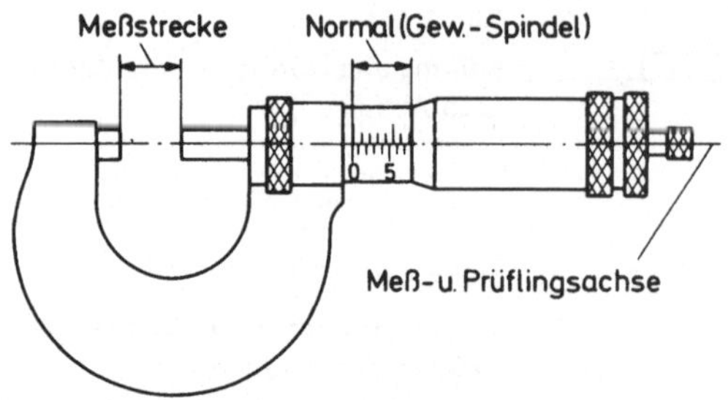

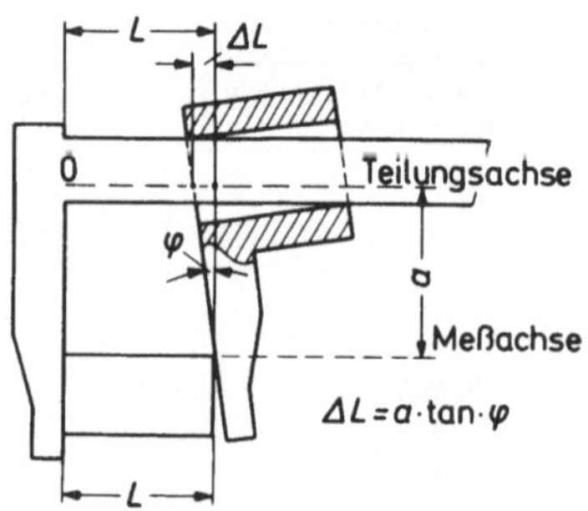

Bild 3.7 Schema der Bügelmeßschraube, Abbesche Anordnung eingehalten (nach Lehmann, Leitfaden der Längenmeßtechnik, 1960)

Bild 3.8 Fehler beim Messen mit der Schieblehre, Abbesche Anordnung nicht eingehalten (nach Lehmann, Leitfaden der Längenmeßtechnik, 1960)

Ein typisches Beispiel für ein Meßgerät, das in Abbescher Anordnung arbeitet, ist die Bügelmeßschraube (Bild 3.7), bei der eine Hülse auf einer Präzisionsmeßschraube bewegt wird. Hundertstel Millimeter sind direkt ablesbar.

Ein häufig benutztes Instrument, das *nicht* in Abbescher Anordnung arbeitet, ist die Schieblehre (Bild 3.8). Da mit ihr auch eine beträchtliche Meßkraft ausgeübt werden kann, dürfte die Meßunsicherheit meist nicht kleiner als 0,1 mm sein.

3.1.5.2 Komparatoren

Der Vergleich zweier Längenmaße mittels eines Komparators läßt sich nach zwei verschiedenen Methoden verwirklichen. Bei der Substitutionsmethode wird die zu messende Länge (meist die Gesamtlänge) des Prüflings P in den „Zirkel" Z genommen und mit der Länge des Normals N verglichen. Dabei können die Maßstäbe[1] hintereinander (Abbesche Anordnung) oder nebeneinander liegen (Bild 3.9). Nach der Substitutionsmethode können nur Längenmaße gleicher Art miteinander verglichen werden, z. B. Strichmaß mit Strichmaß, Endmaß mit Endmaß oder Wellenlänge mit Wellenlänge. Die an den beiden Schenkeln des Zirkels sich befindenden Meßwertaufnehmer sind also von gleicher Art, z. B. beim Vergleich zweier Strichmaße optische oder photoelektrische Meßmikroskope. In der Praxis recht verbreitet ist die Parallelanordnung. Sie wird insbesondere bei langen Maßen verwendet. Sie hat außerdem den Vorteil des leichter zu realisierenden Temperaturausgleichs. Die Maßstäbe liegen dann in einem Trog möglichst dicht nebeneinander.

Bei der Verschiebungsmethode (Bild 3.10) wird zunächst der Meßwertaufnehmer des einen Schenkels des Zirkels Z auf den Anfang des einen Maßes (Prüfling P) und der Meßwertaufnehmer des anderen Schenkels auf den Anfang des anderen Maßes (Normal N) gerichtet. Dann werden Zirkel und Maße gegeneinander verschoben und auf einander entsprechende andere Marken der Maße gerichtet. Die Verschiebungsmethode erlaubt den Vergleich von Längenmaßen verschiedener Art, z. B. Strichmaß mit Endmaß oder Strichmaß mit Wellenlänge. Die an den beiden Schenkeln des Zirkels sich befindenden Meßwertaufnehmer können also von verschiedener Art sein, z. B. Feintaster und photoelektrisches Meßmikroskop.

---

[1] Maßstab ist eine genormte Benennung für ein Meßgerät, das Längen verkörpert.

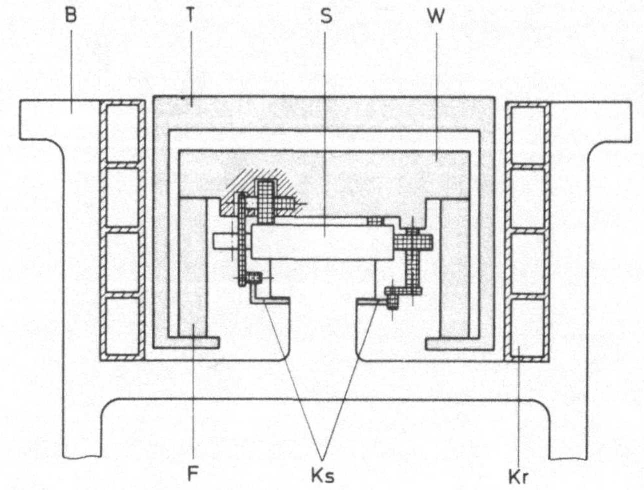

Bild 3.11

An Blattfedern aufgehängter Tisch T eines Verschiebekomparators (Entkoppelung), Querschnitt durch den oberen Teil eines Komparatorbettes B, S Führungsschienen, Kr Kupferrohre (nach Hoffrogge 1967)

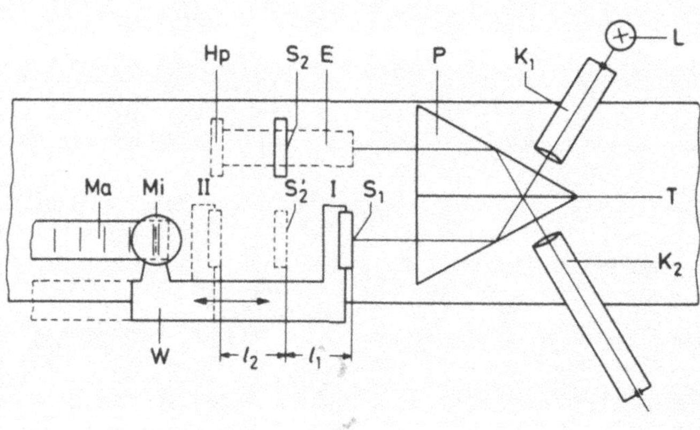

Bild 3.12

Interferenzkomparator für Strichmaße, schematisch (nach Hoffrogge 1956)

L	Lichtquelle
K_1	Beleuchtungskollimator
K_2	Beobachtungskollimator
P	Köstersches Prisma mit Teilungsfläche T
S_1, S_2	Spiegel
Ma	Strichmaßstab
E	Endmaß
Hp	Hilfsplatte
Mi	Mikroskop
W	Wagen
I, II	Positionen des Spiegels S_1

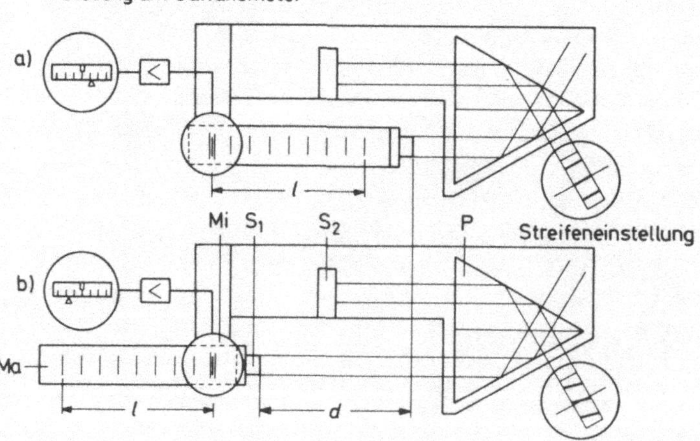

Bild 3.13

Interferenzkomparator für Strichmaße mit photoelektrischem Meßmikroskop, schematisch (nach Hoffrogge 1960)

a) O-Strich unter dem photoelektrischen Meßmikroskop

b) i-Strich unter dem photoelektrischen Meßmikroskop

Mi	Mikroskop
Ma	Maßstab
S_1, S_2	Spiegel
P	Köstersches Prisma

schnitt 3.1.7). Mit einem gemäß diesen Prinzipien aufgebauten Komparator lassen sich Meßunsicherheiten von 0,01 μm erreichen.

Ein einfach zu überschauendes Beispiel eines Komparators für den Vergleich von
Strichmaßen mit Wellenlängen ist in Bild 3.12 wiedergegeben.[1] Der Zirkel Z besteht in
diesem Fall aus dem Meßmikroskop Mi und dem Spiegel S_1. Das aus dem Kollimator K_1 austretende Licht wird im Kösterschen Interferenzdoppelprisma P als Strahlteiler in zwei Teilbündel aufgespalten, die parallel zueinander das Prisma verlassen. Die Teilbündel werden an
den Spiegeln S_1 und S_2 in sich zurückgeworfen und in P wieder vereinigt. Die Interferenzfigur kann bei K_2 beobachtet werden. Da der Spiegel S_2 durch das Prisma an die Stelle
S_2' abgebildet wird, mißt man also die Dicke der virtuellen Luftplatte zwischen S_1 und S_2'.
Diese Luftplatte und der Maßstab Ma liegen hintereinander, die Abbesche Bedingung ist also
erfüllt. Die gezeigte Anordnung hat den Vorteil, daß der Spiegel S_1 den virtuellen Spiegel
S_2' durchdringen kann. Dazu kommt die Möglichkeit, Strichmaße mit einem Endmaß zu
vergleichen, wenn man den Spiegel S_2 durch ein Endmaß E mit angesprengter Hilfsplatte
Hp ersetzt.

Bei einem anderen von Hoffrogge[2] angegebenen Interferenzkomparator (Bild 3.13)
wird am einen Stirnende des Maßstabs ein Spiegel angebracht. Der Zirkel wird in diesem
Falle vom Kösterschen Doppelprisma, dem Spiegel S_2 und dem photoelektrischen Meßmikroskop Mi gebildet. Da die hier miteinander verknüpften Meßgeräte, das Interferometer
und das photoelektrische Meßmikroskop von miteinander vergleichbarer Meßunsicherheit
sind, kann es bequemer sein, anstatt das Mikroskop auf Striche einzustellen und Bruchteile
von Interferenzstreifen zu bestimmen, besser Interferenzstreifen im Fadenkreuz einzu-
fangen und geringe Strichablagen mit Hilfe des kalibrierten photoelektrischen Meßmikroskops
zu messen.

Der in Bild 3.13 dargestellte Komparatortyp ist sehr universell und läßt sich für viele
Anwendungsfälle geeignet abwandeln. In Bild 3.14 ist die interferentielle Vermessung des

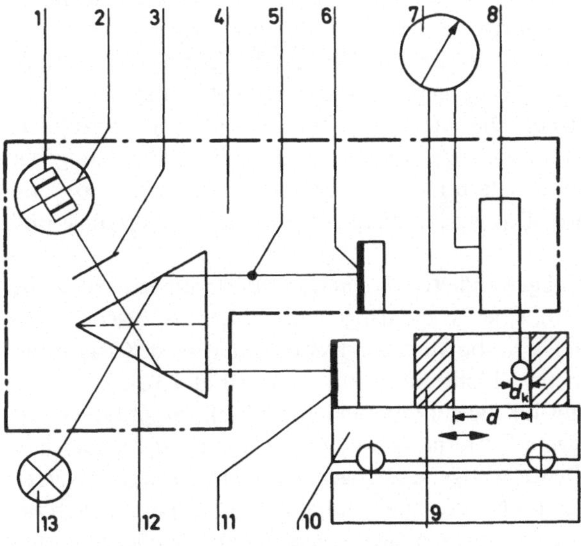

Bild 3.14

Interferenzkomparator für Ring-
messung (nach Hoffrogge 1968)

1 Interferenzstreifenbild
2 Indexstrich
3 Interferenzhalter
4 L-förmiger Träger
5 Draht als Index
6 Referenzspiegel S_1
7 Anzeigeinstrument
8 Fühlhebel
9 Lehrring
10 Meßwagen
11 Spiegel S_2
12 Prisma nach Kösters
13 Cd-Lampe

---

[1] Hoffrogge, Microtecnic 10, 244, 1956
[2] Hoffrogge, Microtecnic 14, 51, 1960

Innendurchmessers eines Lehrrings mit Hilfe eines Feintasters dargestellt[1]). Der Durchmesser d des Lehrrings ergibt sich zu

$$d = l + d_k \, ,$$

dabei sind l die Verschiebung des Tisches und d_k der Durchmesser der Tastkugel.

Das Problem besteht nun darin, den Durchmesser der Tastkugel d_k mit hinreichender Meßunsicherheit zu bestimmen. Hierzu besitzt der Komparator einen Kreuzschlitten, auf den man statt des Rings ein genau vermessenes Endmaß setzt. Die starre Kombination Spiegel S_2 und Endmaß kann somit auch quer zur Meßrichtung bewegt werden. So besteht die Möglichkeit, das Endmaß E um den Fühlhebel herumzuführen, ohne daß sich der Abstand zwischen Endmaß E und Spiegel S_2 verändert. Damit kann man d_k sehr genau bestimmen (Unsicherheit ca. 0,05 μm).

3.1.5.3 Interferometer

Mit interferentiellen Verfahren kann man außer Brechzahlmessungen (Refraktometer) auch Abstände aus den Gangunterschieden kohärenter monochromatischer Lichtbündel bestimmen. Diese werden im allgemeinen durch Strahlteilung an Grenzflächen (Spiegel, Planplatten usw.) erzeugt und zur Interferenz gebracht. Grundlage der Messung ist die Verwendung eines Wellenlängennormals als Lichtquelle mit bekannter Wellenlänge.

Die in der Längenmessung vorwiegend verwendeten Interferometer sind Abwandlungen des Michelson-Interferometers (Bild 3.15). Das von L einfallende Licht wird an einer halbdurchlässig verspiegelten Trennplatte T in zwei kohärente Teilbündel geteilt, die auf die Spiegel S_1 und S_2 gelangen. Nach Reflexion an S_1 und S_2 und Wiedervereinigung der Strahlen in T kann die entstehende Interferenzfigur bei B mittels Lupe, Fernrohr oder freiem Auge beobachtet werden. K ist eine Ausgleichsplatte von gleicher Dicke wie T, die dafür sorgt, daß beide Teilstrahlen im Glas gleichlange Wege zurücklegen (vollständige Symmetrie). L ist eine ausgedehnte Lichtquelle. Die zu beobachtende Interferenzerscheinung stammt nun von der virtuellen Luftplatte zwischen dem Spiegel S_1 und dem virtuellen Bild S_2' des Spiegels S_2, da S_2 über die Trennplatte T nach S_2' abgebildet wird.

Sind S_1 und S_2' parallel, so entstehen im Gesichtsfeld bei B Haidingersche Ringe (Interferenzen gleicher Neigung); sind sie leicht gegeneinander geneigt, entstehen Interferenzstreifen (Interferenzen gleicher Dicke). Die interferenzerzeugenden Gangunterschiede entstehen im allgemeinen also als Differenzen langer Lichtwege. Für die Bestimmung der Ordnungszahl gibt es verschiedene Methoden (s. u.). Ist ein Spiegel verschiebbar, so kann man die Ordnungszahl meßbar verändern. Das macht diese Anordnung für Abstands- und Längenmessungen besonders geeignet.

Beim nach Twyman und Green abgewandelten Michelson-Interferometer wird die ausgedehnte Lichtquelle durch einen von einer Wellenlängennormal-Lampe beleuchteten Spalt ersetzt, der sich im Brennpunkt eines Kollimatorobjektivs befindet, so daß das Interferometer von parallelem monochromatischem Licht durchlaufen wird (Bild 3.16).

Interferometer mit ebenen Spiegeln für die Strahlreflexion sind sehr empfindlich auf Justierfehler, da es schwierig ist, auf längere Entfernung die Spiegel richtig zueinander auszurichten. Daher sind an ihrer Stelle heute weitgehend sogenannte Tripelspiegel (Würfeleckprismen) in Gebrauch, bei denen in erster Näherung ein einfallender Lichtstrahl auch bei kleiner Drehung des Tripelspiegels um seine Ausgangslage wieder parallel zurückgeworfen wird.

---

[1]) Hoffrogge, Microtecnic 22, 284, 1968

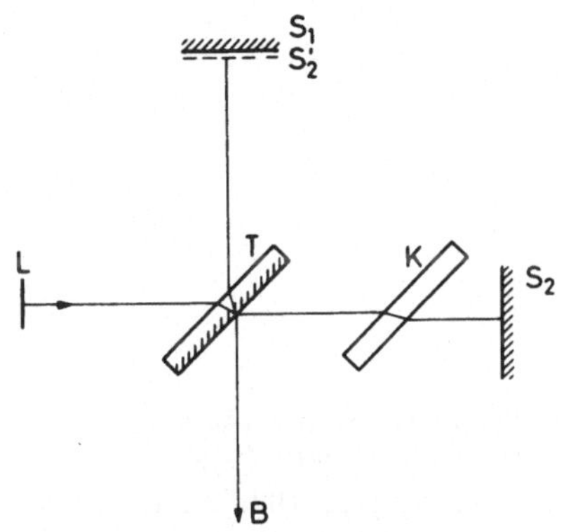

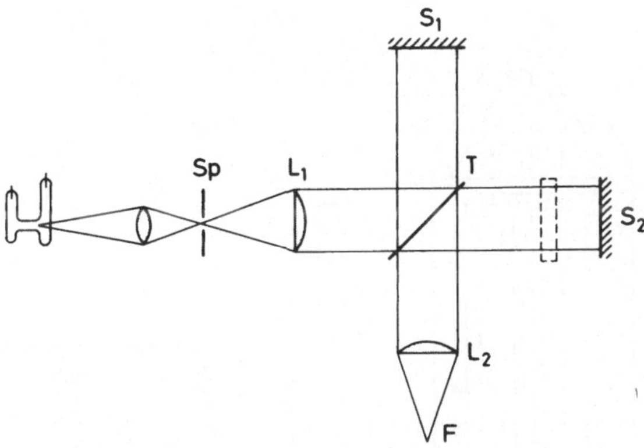

Bild 3.15 Michelson-Interferometer
(schematisch)

L   Lichtquelle
T   Trennplatte
S_1, S_2 Spiegel
K   Ausgleichsplatte
B   Beobachter

Bild 3.16 Interferometer nach Twyman (schematisch)

Sp   Spalt S_1, S_2 Spiegel
L_1, L_2 Linse   F   Brennpunkt
T   Trennplatte

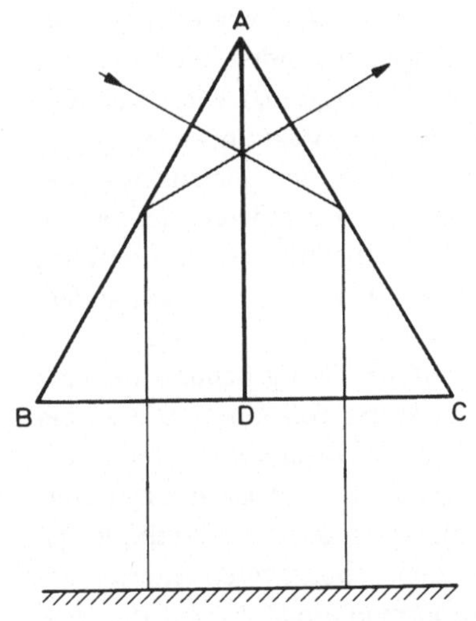

Bild 3.17
Doppelprisma nach Kösters

Als Strahlteiler hat sich in hohem Maße das Interferenzdoppelprisma von Kösters durchgesetzt (Bild 3.17), da es die parallele, also kompakte Anordnung zweier miteinander zu vergleichender Endmaße gestattet. Zwei vollkommen symmetrische Prismen ABD und ACD sind längs der halbdurchlässig verspiegelten Fläche AD zu dem gleichseitigen Dreieck ABC zusammengesetzt. Ein von links in das Prisma eintretender Strahl wird an der Fläche AD geteilt. Beide Teilstrahlen treten anschließend nach totaler Reflexion an den Flächen AB und AC parallel aus dem Prisma aus. Werden sie an einem Spiegel oder einem Meßobjekt in sich selbst reflektiert, so gelangen sie nach abermaliger Totalreflexion an AB und AC und Teilreflexion bzw. Teiltransmission an AD aus dem Prisma aus und können beobachtet werden.

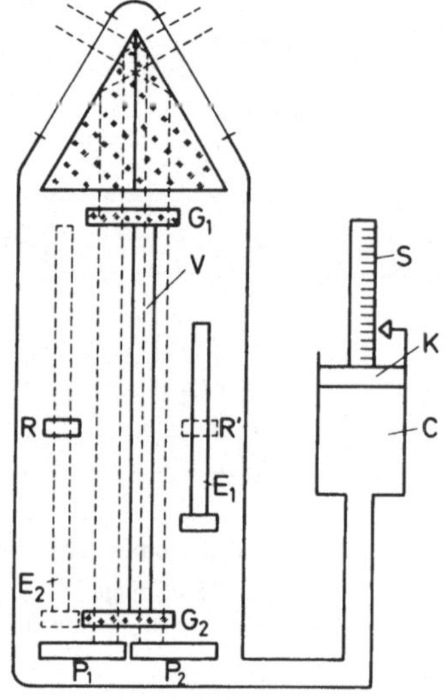

Bild 3.18

Vakuumwellenlängen-Komparator nach Kösters (Aufsicht),
(nach Kohlrausch, Praktische Physik, 22. Aufl. 1968)

E_1, E_2 Parallelendmaße mit angesprengten Hilfskörpern
R, R' Referenzspiegel und dessen virtuelles Bild
V Vakuumkammer mit Glasplatten G_1 und G_2
P_1, P_2 ebene Spiegel
C Zylinder
K Kolben
S Skala

Bei der interferentiellen Messung von Maßverkörperungen, z. B. Endmaßen, muß man folgende Schwierigkeit überwinden: Mißt man in Luft, so muß man mit Hilfe ihrer Zustandsdaten die genaue Wellenlänge der benützten Strahlung bestimmen. Dies begrenzt die Genauigkeit. Will man dies vermeiden, also die Vakuumwellenlänge verwenden, muß man die Endmaße ins Vakuum bringen, wobei sie ihre Länge ändern. Dies begrenzt wieder die Genauigkeit. Diese Schwierigkeit umgeht der bekannte Köstersche Vakuumwellenlängen-Komparator (Bild 3.18), bei dem die Endmaße in Luft gemessen werden, gleichzeitig aber wird mit Hilfe eines Interferenzrefraktometers die Brechzahl der Luft berücksichtigt, so daß sich die Messungen auf die Vakuumwellenlänge beziehen. Hierzu werden zusätzlich zwei Teilbündel zur Interferenz gebracht, wobei das eine eine Luftstrecke und das andere eine Vakuumstrecke durchlaufen hat.

Wie bestimmt man die Ordnungszahl der Interferenzstreifen? Häufig benutzt man die Methode der sogenannten *Koinzidenz der Bruchteile.* Das bedeutet folgendes: Die zu bestimmende Länge ergibt sich im „Wellenlängenmaßstab" aus einer Anzahl von Interferenzstreifen und einem Interferenzstreifen-Bruchteil. Dieser Bruchteil ist bei Verwendung unterschiedlicher Wellenlängen verschieden groß. Aus einem mit einer anderen Methode gewonnenen Näherungswert der zu bestimmenden Länge und den beobachteten Interferenzstreifen-Bruchteilen im Licht von z. B. drei Wellenlängen kann man eindeutig auf die Ordnungszahl schließen. Diese Methode hat sich in der Praxis sehr bewährt und ist der Grund dafür, daß man an Wellenlängennormal-Lampen interessiert ist, die mehrere verwendbare Spektrallinien ausstrahlen.

Mit den heute in den Lasern zur Verfügung stehenden intensiven Lichtquellen ist auch die direkte photoelektrische Zählung möglich und üblich geworden.

Eine große praktische Bedeutung haben Interferometer für die Messung der Abweichung bearbeiteter Flächen von der vorgesehenen Form erlangt. Als Normal bei einer ebenen Fläche hat sich ein von Bünnagel angegebener Quecksilberspiegel bewährt. Hierbei befindet sich Quecksilber in einer Schichtdicke von 0,1 ... 0,2 mm in einer innen versilberten Metallschale. Die Oberfläche hat in ihrem zentralen Bereich einen Krümmungsradius $R > 10^4$ km.

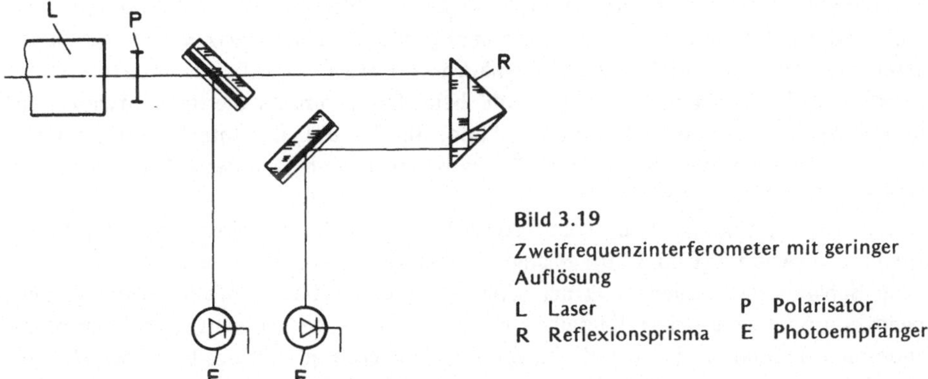

Bild 3.19
Zweifrequenzinterferometer mit geringer
Auflösung
L Laser   P Polarisator
R Reflexionsprisma   E Photoempfänger

Allen Interferometern für die Längenmessung ist gemein, daß eine Länge l aus der Verlagerung von Interferenzstreifen bestimmt wird:

$$l = (m + p)\,\lambda_n. \tag{9}$$

Hierbei ist m die Anzahl der ganzen Streifen, p der Streifenbruchteil und λ_n die benutzte Wellenlänge in einem Medium mit der Brechzahl n.

Die Interferometer lassen sich einteilen in solche, die ohne und solche, die mit Streifenzählung arbeiten. Bei den Interferometern ohne Streifenzählung werden (bei Kenntnis eines Näherungswertes) nur Streifenbruchteile bestimmt, was visuell oder photoelektrisch erfolgen kann. Die beiden interferierenden Strahlen haben dieselbe Wellenlänge bzw. Frequenz.

Bei einer neuartigen Gruppe von Interferometern[1] geht man von zwei ineinanderlaufenden Strahlen unterschiedlicher Wellenlängen λ_1 und λ_2 aus. Als Lichtquelle dient der in Abschnitt 3.1.3 erwähnte, von Balhorn, Kunzmann und Lebowsky entwickelte stabilisierte He-Ne-Laser L (Bild 3.19). Er liefert zwei senkrecht zueinander polarisierte Lichtbündel mit etwas unterschiedlicher Wellenlänge. Ein geeignet orientierter Polarisator P läßt nur zueinander parallele Komponenten der beiden Schwingungsrichtungen hindurchtreten, die sich aufgrund ihrer verschiedenen Wellenlängen zu einer Schwebung mit einer Frequenz von etwa 560 MHz zusammensetzen. Die beiden Photoempfänger, die den Referenzstrahl und den über das Reflexionsprisma laufenden Meßstrahl empfangen, können zwar die hohe Frequenz des sichtbaren Lichts nicht auflösen, aber sie registrieren die Schwebungsfrequenz.

Ein nicht dargestellter Diskriminator mißt die Phasendifferenz der beiden Signale, die sich um 360° ändert, wenn durch eine Verschiebung des Reflexionsprismas der Weg des Meßstrahls um die Wellenlänge einer Schwebung ab- oder zunimmt. Da diese Wellenlänge etwa 50 cm beträgt, können mit einem Diskriminator, der die Phasen mit einer relativen Unsicherheit von 10^{-4} mißt, die Verschiebung des Reflexionsprismas mit einer Meßunsicherheit von etwa $\pm\,0{,}1$ mm bestimmt werden. Dies bringt bei einer Entfernung von 1 km immerhin die relative Meßunsicherheit von 10^{-7}. Durch Luftschlieren kann dieser Wert in der Praxis wohl kaum erreicht werden.

---

[1] Balhorn, Lebowsky u. Ullrich; PTB-Jahresbericht 1974, 151

In diesem Interferometer interferieren keine Strahlenbündel im herkömmlichen Sinn. Es verwendet Lichtstrahlbündel, die mit einer Frequenz im Megahertzbereich moduliert sind. (Dieser Frequenz entspricht eine Wellenlänge von etwa 50 cm). Das Interferometer hat den Vorteil, daß man beim Empfänger und beim Diskriminator die hochentwickelten Hilfsmittel der Wechselstromtechnik einsetzen kann. Bei den üblichen Interferometern muß man sich der Interferenzen bedienen, da es für die hohen Frequenzen des sichtbaren Lichts keine geeigneten Empfänger gibt.

In einem etwas komplizierteren Interferometer, das wieder den oben erwähnten Laser als Lichtquelle L verwendet (Bild 3.20), gelangt ein Referenzstrahl zum linken Photoempfänger, der die Schwebungsfrequenz aus der Überlagerung der beiden Wellenzüge mit den Wellenlängen λ_1 und λ_2 registriert. Dieselbe Frequenz wird auch vom rechten Photoempfänger aufgenommen, jedoch ist durch Polarisatoren P dafür gesorgt, daß das Licht der Wellenlänge λ_1 über das Reflexionsprisma R, dessen Verschiebung gemessen werden soll, läuft, während das Licht mit der Wellenlänge λ_2 einen kürzeren Weg über P 3 nimmt. Dadurch wird im Gegensatz zum oben beschriebenen Interferometer erreicht, daß sich die Phasendifferenz der Signale beider Empfänger jetzt schon um 360° ändert, wenn der Weg des über das Reflexionsprisma laufenden Strahls um λ_1, d. h. um 0,6 μm zunimmt. Während es im obigen Gerät darauf ankam, die Phasendifferenz möglichst genau zu bestimmen, begnügt man sich hier mit den Empfängern nachgeschalteten Zählern, deren Differenz ein Maß für die in Wellenlängen des sichtbaren Lichtes gemessene Verschiebung des Prismas ist.

3.1.5.4 Das photoelektrische Meßmikroskop

Der Stricheinfang im normalen Meßmikroskop mit Hilfe des menschlichen Auges unterliegt subjektiven Fehlern (bis zu einigen Zehntel Mikrometer). Es wurden daher Methoden für den objektiven Stricheinfang entwickelt, von denen sich die photoelektrischen am meisten bewährt und daher durchgesetzt haben. Mit Strichmaßstäben — unter der Voraussetzung einer guten Strichqualität (s. Abschnitt 3.1.5.6) — läßt sich daher heute etwa die gleiche Meßunsicherheit erreichen, wie mit interferometrisch gemessenen Endmaßen. Es ist eine Reihe von photoelektrischen Meßmikroskopen unterschiedlicher Konstruktion bekannt geworden, doch beruhen alle auf derselben Konzeption. Ein von einer Lichtquelle L (Bild 3.21) über das Objektiv O beleuchteter Strich St auf einem Maßstab M wird von diesem Objektiv auf einen Spalt Sp abgebildet. Der aus dem Spalt austretende Lichtstrom wird von einer Photozelle Z gemessen.

Wird nun der Maßstab M bewegt, so wandert das Bild des Strichs über den Spalt hinweg, und es entsteht ein veränderlicher Photostrom, aus dem mit Hilfe einer nachgeschalteten Elektronik geeignete Signale abgeleitet werden können.

Beim Ausschlagverfahren soll die Spaltbreite mit der Breite des Strichbildes übereinstimmen. Dann ist bei Symmetrielage der Spalt verdeckt, und es kann kein Licht auf den Empfänger Z fallen. Bei einer Bewegung des Maßstabes entsteht ein dreieckförmiger Photostrom.

Beim Symmetrieverfahren ist die Spaltbreite etwa doppelt so groß wie die Breite des Strichbildes. In der Mitte des Spaltes zerlegt eine Trennvorrichtung den einfallenden Lichtstrom in zwei Teillichtströme, die in periodischer zeitlicher Aufeinanderfolge auf die Photozelle fallen (Bild 3.22). Bei Symmetrielage des Strichbildes sind die beiden Teillichtströme gleich groß.

Beim Impulsverfahren wird mit Hilfe einer vor dem Spalt angebrachten, schwingenden Glasplatte das Bild des Strichs in der Bildebene (Spalt) hin- und herbewegt (Bild 3.23).

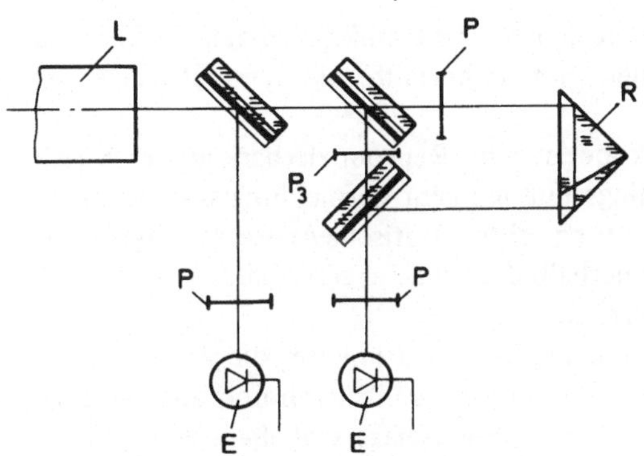

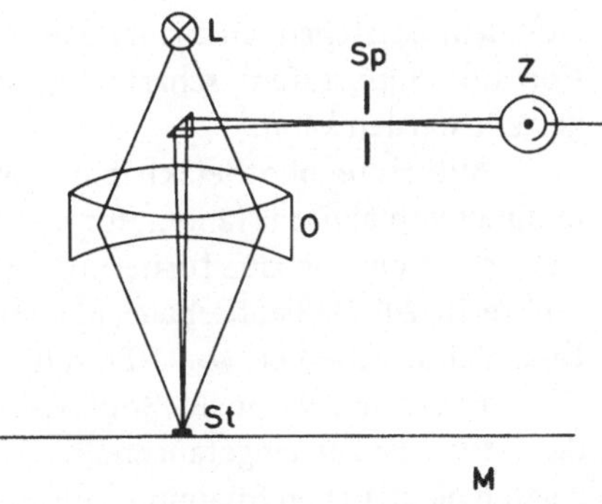

Bild 3.20 Zweifrequenzinterferometer mit hoher Auflösung

L Laser P Polarisator
R Reflexionsprisma E Photoempfänger

Bild 3.21 Photoelektrisches Meßmikroskop (Prinzip)

L Lichtquelle M Maßstab
O Objektiv Sp Spalt
St Strich Z Photozelle

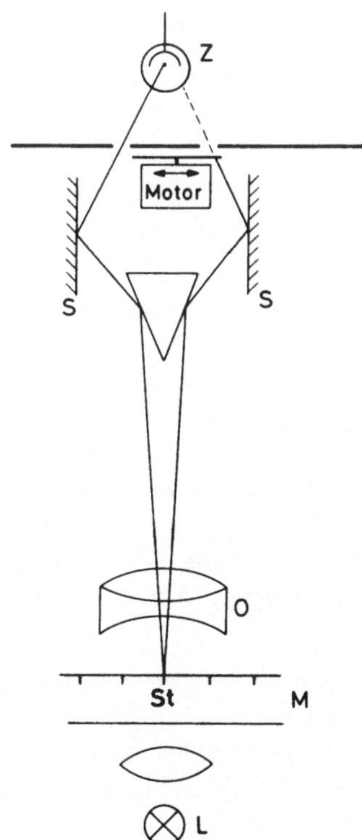

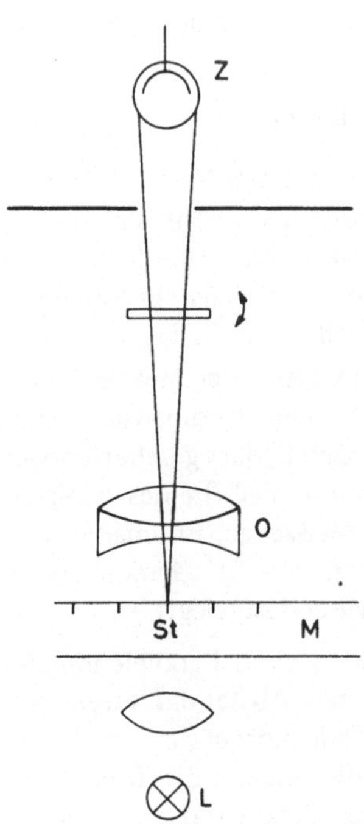

Bild 3.22 Photoelektrisches Meßmikroskop
Prinzip des Symmetrieverfahrens

M Maßstab mit Strich St
S Spiegel,
L Lichtquelle
Z Photozelle

Bild 3.23 Photoelektrisches Meßmikroskop
Prinzip des Impulsverfahrens

M Maßstab mit Strich St
L Lichtquelle
Z Photozelle

Aus dem entstehenden Signal werden über eine geeignete Elektronik (zweifache Differentiation und Kippstufen) scharfe Impulse gewonnen, mit deren Hilfe die Symmetrielage festgestellt werden kann.

Mit Hilfe photoelektrischer Meßmikroskope ist eine Reproduzierbarkeit des Stricheinfangs von einigen Nanometer möglich. Allerdings muß man zur Vermeidung systematischer Fehler auf eine genaue Justierung der Meßeinrichtung achten (optische Achse des Mikroskops senkrecht zur Maßstabsebene, Maßstabsebene innerhalb des Schärfebereichs des Mikroskops). Eine Meßunsicherheit von 10 nm ist dann realisierbar.

Photoelektrische Meßmikroskope sind nicht nur Nullinstrumente, die anzeigen, daß der Strich genau eingefangen ist. Man kann die Einrichtung kalibrieren und aus der angezeigten elektrischen Spannung auf die Ablage von der Symmetrielage schließen.

Bei den kommerziell erhältlichen photoelektrischen Längen- und Winkelmeßsystemen werden die für die photoelektrischen Meßmikroskope entwickelten photoelektrischen Abtasteinrichtungen mit einem Impuls- oder Code-Maßstab und geeigneten Zählern kombiniert. Häufig dienen sie der Positionierung von Meßeinrichtungen oder von Bearbeitungswerkzeugen (z. B. bei Werkzeugmaschinen). Die hierbei erzielte Genauigkeit wird entscheidend vom Maßstab beeinflußt, das Auflösungsvermögen von seiner Teilung. Die erzielbaren Meßlängen betragen einige Meter, die Auflösung kann bis unter einem Mikrometer betragen. Die meist erzielte Meßunsicherheit zwischen 1 μm und 10 μm hängt entscheidend von der Temperierung des Maßstabes ab.

3.1.5.5 Endmaße

Die genauesten Verkörperungen von Längen sind Endmaße und Maßstäbe. Mit beiden wollen wir uns etwas näher befassen.

Die Parallelendmaße (mit parallelen ebenen Flächen) sind die am häufigsten verwendeten Endmaße, die meist in Sätzen (ähnlich wie bei einem Satz von Gewichtsstücken) zusammengestellt sind. Sie lassen sich durch ein haftendes Aneinandersetzen, dem „Anschieben" oder „Ansprengen" der Meßflächen zu vorgegebenen Längen kombinieren. Auf diese Weise können mit einem Endmaßsatz baukastenmäßig Längenmaße mit Stufungen bis herab zu 0,5 mm je nach Bedarf geschaffen werden, z. B. zur Kontrolle von Toleranzlehren. Die Länge (das sogenannte Maß l) eines Parallelendmaßes ist nach DIN 2062 Ausg. August 1966 „Nichtanzeigende Meßzeuge; Endmaße und feste Lehren, Definitionen für die Maße" und DIN 861 Blatt 1 Ausg. (1959) „Parallelendmaße, Begriffe, Ausführung, zulässige Abweichungen" folgendermaßen festgelegt:

Das Maß eines Parallelendmaßes A wird definiert durch den an beliebiger Stelle gemessenen Abstand l zweier ebener Meßflächen, von denen die eine die Oberfläche eines Hilfskörpers B, an der das Parallelendmaß mit einer Fläche vollständig haftet, und die andere die freie Fläche des Parallelendmaßes A ist (Bild 3.24). Bei nicht völliger Parallelität der Endflächen des Parallelendmaßes gilt als Maß l_m der rechtwinklige Abstand der Mitte der freien Fläche von der Fläche des Hilfskörpers (Bild 3.25). Dieser Abstand l_m heißt auch Mittenmaß.

Voraussetzung ist, daß das Parallelendmaß keiner längenändernden Beanspruchung unterworfen ist (also weder durch den Meßvorgang noch durch die Lagerung oder die Umgebungsbedingungen), daß die Meßflächen des Parallelendmaßes und die des Hilfskörpers von gleichem Werkstoff und von gleicher Oberflächenbeschaffenheit sind, daß die Berührungsflächen zwischen Parallelendmaß und Hilfskörper mit den üblichen geeigneten Mitteln so gut

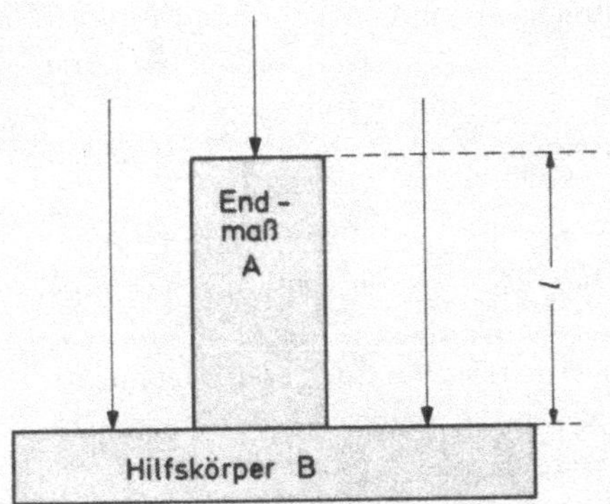

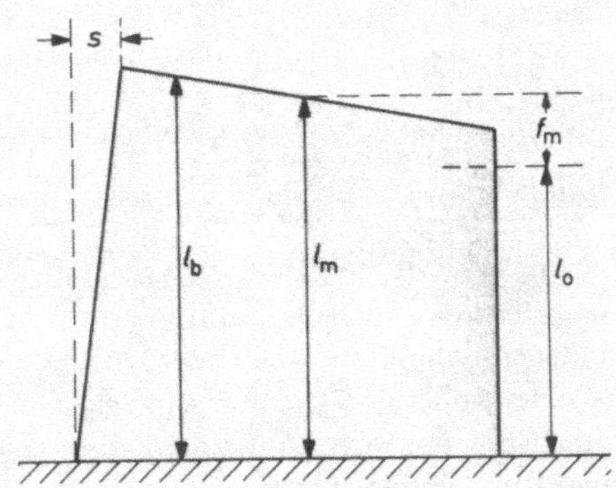

Bild 3.24 Definition des Maßes *l* eines Endmaßes
Die Pfeile symbolisieren die Lichtstrahlen für
die Messung.

Bild 3.25 Begriffe am Parallelendmaß
(Bedeutung der Symbole siehe Text)

wie möglich gereinigt und frei von besonderen Mitteln sind, die das Haften begünstigen. Das gleiche gilt sinngemäß für das Gesamtmaß mehrerer aneinander angesprengter Parallelendmaße. Als Meßverfahren, bei dem das Parallelendmaß keiner längenverändernden Beanspruchung unterworfen ist (Meßkraft Null), gilt gegenwärtig das Interferenzverfahren.

Der Sinn dieser Definition der Länge eines Endmaßes ist es, daß bei der interferentiell (also ohne längenverändernde Beanspruchung) erfolgenden Messung der Länge eines Endmaßes oder eines aus mehreren Endmaßen zusammengestellten Endmaßsatzes pro Endmaß prinzipiell ein Anschub enthalten ist. Nur auf diese Weise wird der Kombinationsfähigkeit der Parallelendmaße Rechnung getragen, indem die Länge einer Kombination von Endmaßen gleich der Summe der Einzellängen ist (auch bei nur einem Endmaß wird für die interferentielle Vermessung ein Hilfsspiegel angesprengt).

Es entsteht natürlich sofort die Frage, ob nicht streng genommen auch beim Interferenzverfahren durch den Anschub eine „längenändernde Beanspruchung'' geschieht, so daß zwischen einem mechanisch aufgesetzten und angeschobenen Endmaß eine Längendifferenz besteht. Beim Anschieben von Endmaßen sind starke Adhäsionskräfte wirksam. Sie werden durch einen Fettfilm hervorgerufen, der nach einer üblichen Endmaßreinigung noch auf den Anschubflächen zurückgeblieben ist. Vollständig entfettete Stahloberflächen lassen sich nicht anschieben, sondern nur in mechanische Berührung bringen. Die Frage ist nun also die, wie sich bei einem angesprengten Endmaß einerseits die zusätzliche Fettschicht und andererseits die mit dem Adhäsionsvorgang verbundenen Kontraktionskräfte auswirken.

Genaue Untersuchungen an Stahlendmaßen haben ergeben, daß der erwähnte Längenunterschied „aufgesetzt'' minus „angeschoben'' $10 \ldots 20$ nm betragen kann. Da aber bei praktischen Messungen die Meßunsicherheit nie kleiner als 20 nm sein dürfte, spielt dieser Effekt praktisch keine Rolle, und eine Unterscheidung zwischen der Länge von Endmaßen in angeschobenem und in nicht angeschobenem Zustand ist also nicht erforderlich.

Bezüglich der Frage „Stahlendmaß oder Quarzendmaß'' gibt es oft Unklarheiten. Das Argument des kleinen thermischen Ausdehnungskoeffizienten bei Quarz zieht für die praktische Längenmessung meist weniger, als man zunächst annimmt. Meist besteht das

Problem der Längenmessung mit Endmaßen an Stahlteilen. Nimmt man nun ein Endmaß aus Stahl, also ein solches, das annähernd denselben thermischen Ausdehnungskoeffizienten hat wie die Apparatur, so stellt sich das Problem der Temperaturmessung meist in relativ harmloser Weise. Durch die Verwendung eines Quarzendmaßes würde das Meßproblem komplizierter.

Die Messung der Länge eines Endmaßes ist heute mit Hilfe von Tastern mit derselben Genauigkeit wie mit Interferenzen möglich. Da man hierbei von jeder Seite her nur einen einzigen Punkt antastet, kann man in viel stärkerem Maße von zufällig an diesem Punkt vorhandenen Schmutzteilchen oder Unebenheiten gestört werden, als bei Interferenzmessungen, die eine größere Fläche überschauen. Die Anforderungen an die Sauberkeit des Meßplatzes sind also sehr hoch. Außerdem muß berücksichtigt werden, daß im Falle des Antastens eines Parallelendmaßes von zwei Seiten her keine Ansprengschicht vorhanden ist, so daß eine Korrektion angebracht werden muß, um aus der so gemessenen Länge die definitionsgemäße Endmaßlänge zu erhalten.

Weiterhin besteht insofern ein systematischer Unterschied zwischen der Messung mittels Interferenzen und mittels eines Tasters, als sich bei den Interferenzen eine mittlere Ebene innerhalb der rauhen Oberfläche (Bild 3.26) als Reflexionsebene ergibt, mittels eines Tasters aber die äußere Einhüllende erfaßt wird. Auch elektrostatische Felder können hierbei schon eine Rolle spielen.

Die Endmaße nach DIN 861 Teil 1 werden aufgrund der zulässigen Größe des Endmaßfehlers $f_b = l_b - l_0$ (l_b Maß an beliebiger Stelle der Meßfläche, l_0 Sollmaß = Aufschrift) in Genauigkeitsklassen eingeteilt (l in mm):

Genauigkeitsgrad 0: $f_b = \pm\,(0{,}1 + 0{,}002 \cdot l)\ \mu m$

Genauigkeitsgrad I: $f_b = \pm\,(0{,}2 + 0{,}005 \cdot l)\ \mu m$

Genauigkeitsgrad II: $f_b = \pm\,(0{,}5 + 0{,}01 \cdot l)\ \mu m$

Genauigkeitsgrad III: $f_b = \pm\,(1{,}0 + 0{,}02 \cdot l)\ \mu m.$

In den einzelnen Genauigkeitsklassen müssen zusätzlich Bedingungen bezüglich des Meßflächenfehlers ($f_f = l_b - l_m$, l_m Mittenmaß) und der Schiefe S (Abweichung einer Seitenfläche von ihrer rechtwinkligen Lage) eingehalten werden. Eine Übersicht gibt Tabelle 3.2.

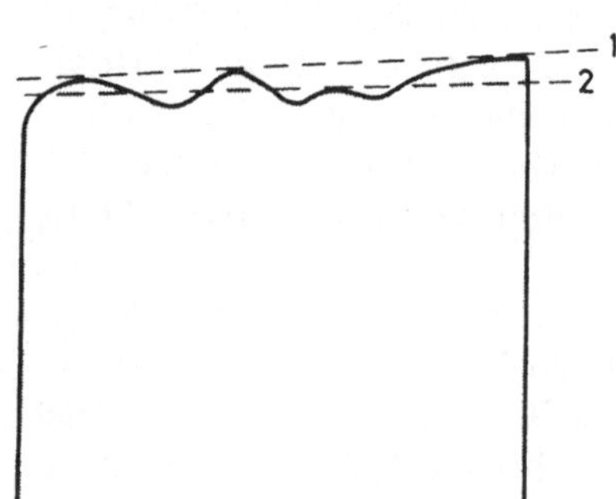

Bild 3.26
Zum Problem der Definition der Oberfläche
1 Einhüllende   2 Mittlere Oberfläche

Tabelle 3.2: Zulässige Abweichungen von Endmaßen in μm bei der Bezugstemperatur 20 °C

Nennmaß in mm	Genauigkeitsgrad 0			Genauigkeitsgrad I			Genauigkeitsgrad II			Genauigkeitsgrad III		
	f_b	f_f	s	f_b	f_f	s	f_b	f_f	s	f_b	f_f	s
0,1	–	–	–	0,2	0,15	–	0,5	0,25	–	1,0	0,5	–
0,5	0,1	0,1	50	0,2	0,15	60	0,5	0,25	75	1,0	0,5	90
10	0,12	0,1	50	0,25	0,15	60	0,6	0,25	75	1,2	0,5	90
20	0,14	0,1	50	0,3	0,15	60	0,7	0,25	80	1,4	0,5	95
30	0,16	0,1	50	0,35	0,15	65	0,8	0,25	80	1,6	0,5	100
40	0,18	0,1	50	0,4	0,15	65	0,9	0,25	85	1,8	0,5	100
50	0,20	0,1	50	0,45	0,15	65	1,0	0,25	85	2,0	0,5	100
60	0,22	0,1	55	0,5	0,15	65	1,1	0,25	85	2,2	0,5	110
70	0,24	0,1	55	0,55	0,15	70	1,2	0,30	90	2,4	0,6	110
80	0,26	0,1	60	0,6	0,2	70	1,3	0,30	90	2,6	0,6	110
90	0,28	0,1	60	0,65	0,2	70	1,4	0,30	95	2,8	0,6	110
100	0,3	0,1	60	0,7	0,2	70	1,5	0,30	95	3	0,6	120
150	0,4	0,1	65	0,95	0,2	80	2,0	0,30	110	4	0,6	130
200	0,5	0,1	70	1,2	0,2	85	2,5	0,35	120	5	0,7	140
300	0,7	0,15	80	1,7	0,25	95	3,5	0,40	140	7	0,7	170
400	0,9	0,15	90	2,2	0,25	110	4,5	0,45	160	9	0,8	190
500	1,1	0,15	100	2,7	0,3	120	5,5	0,45	180	11	0,9	200
600	1,3	0,2	110	3,2	0,3	130	6,5	0,5	200	13	1,0	250
700	1,5	0,2	120	3,7	0,35	140	7,5	0,6	200	15	1,1	250
800	1,7	0,2	130	4,2	0,35	160	8,5	0,6	250	17	1,1	300
900	1,9	0,2	140	4,7	0,4	170	9,5	0,7	250	19	1,2	300
1000	2	0,25	150	5	0,4	180	10	0,7	300	20	1,3	350
1500	3	0,3	190	7,5	0,5	250	15	0,9	400	30	1,7	450
2000	4	0,4	250	10	0,7	300	20	1,1	500	40	2	600
3000	6	0,5	350	15	0,9	400	30	1,6	700	60	3	850
4000	8	0,65	450	20	1,1	550	40	2	900	80	4	1100

Für Zwischenmaße gelten die Werte für die nächstkleineren Nennmaße.
Die Werte der Tabelle gelten nicht für Endmaßkombinationen.
Für den Mittenmaßfehler f_m ergibt sich aus der vorstehenden Tabelle folgende Bedingung: $f_m + f_f \leqslant f_b$,
d. h. die Summe von Mittenmaßfehler f_m plus Meßflächenfehler f_f darf den zulässigen Endmaßfehler f_b
nicht überschreiten.

In der OIML-Empfehlung Nr. 30 (Parallelendmaße zur Längenmessung) von 1973
ebenso wie in ISO 3650 sind ähnliche Genauigkeitsklassen aufgeführt. Der Genauigkeitsklasse 0 ist nur noch eine Genauigkeitsklasse 00 vorangestellt, in der für den Fehler f_b
etwa halb so große Werte gelten wie in der Klasse 0. Es ist natürlich selbstverständlich, daß
die Meßunsicherheit dem jeweils festzustellenden Fehler angepaßt sein muß, was in der Genauigkeitsklasse 00 schon einen beträchtlichen Aufwand bedeutet. Außerdem müssen eindeutige Bezugsbedingungen vereinbart sein:

Temperatur:	+ 20 °C
Luftdruck:	101 325 Pa (760 mmHg)
Lage der Endmaße:	Endmaße mit $l \leqslant 100$ mm in vertikaler oder horizontaler Lage
	Endmaße mit $l > 100$ mm in horizontaler Lage mit einer Vor-schrift bezüglich der Auflagepunkte.

Zur Erläuterung der Wichtigkeit der eindeutigen Bezugsbedingungen sei die Änderung der Länge von Endmaßen infolge des Luftdrucks und der Gewichtskraft behandelt.

a) Um bei einer interferentiellen Messung der Länge eines Endmaßes die Brechzahlkorrektion für die Luft zu vermeiden, bringt man gelegentlich das Endmaß ins Vakuum. Bei einer Änderung Δp des allseits umgebenden Drucks erfährt ein Körper eine relative Längenänderung $\Delta l/l$. Sie ergibt sich zu

$$\frac{\Delta l}{l} = \frac{1}{3}\frac{\Delta V}{V} = -\frac{\kappa}{3}\,\Delta p = \frac{1}{E}\,(1 - 2\mu) \qquad (10)$$

$\dfrac{\Delta V}{V}$ relative Volumenänderung

κ Volumenkompressibilität
E Dehnungsmodul
μ Poissonzahl.

Für wichtige Materialien sind die sich ergebenden Längenänderungen in Tabelle 3.3 zusammengestellt.

Tabelle 3.3: (nach Bayer-Helms[1]))

Material	E in N/mm²	μ	$\Delta l/l$ in µm/m für $\Delta p = 101\,325$ Pa
Stahl	215 000	0,29	− 0,20
Quarzglas	74 500	0,17	− 0,90
Cervit	92 400	0,25	− 0,55

Für ein Endmaß aus Stahl von 1 m Länge ergibt sich also immerhin eine Korrektion von − 0,20 µm. Barometrische Schwankungen von 5100 Pa bedingen dann eine Längenänderung von ± 10 nm!

b) Lange Endmaße ($l > 100$ mm) müssen gelegentlich in Interferometern entgegen der Norm senkrecht aufgestellt werden. Unter dem Einfluß der Gewichtskraft tritt dann eine Verkürzung ein. Die Verkürzung Δl ergibt sich bei Anwendung des Hookschen Gesetzes zu

$$\Delta l = \frac{\rho g}{2E}\,l^2 \qquad\qquad \begin{array}{l}\rho \quad \text{Dichte}\\ g \quad \text{örtliche Fallbeschleunigung}\\ E \quad \text{Elastizitätsmodul.}\end{array} \qquad (11)$$

Für wichtige Materialien ergeben sich bei Berücksichtigung auch der Querkontraktion die in Tabelle 3.4 zusammengestellten Längenänderungen.

Tabelle 3.4: (nach Bayer-Helms[1]))

Material	ρ in g/cm³	$\Delta l/l^2$ in µm/m²
Stahl	7,86	− 0,137
Quarzglas	2,21	− 0,135
Cervit	2,50	− 0,111

---

[1]) Bayer-Helms, PTB-Mitt. 83, 97, 1973

Für kurze Endmaße ($l < 100$ mm) aus Stahl ergibt sich $|\Delta l| < 0{,}0014\ \mu$m. Eine Vorschrift über ihre Lagerung während der Messung ist also nicht erforderlich. Für ein Endmaß aus Stahl von 1 m Länge ergäbe sich aber eine Korrektion von 0,137 μm.

3.1.5.6 Maßstäbe

Bei ganz allgemeiner Betrachtung stellt man fest, daß es drei unterschiedliche Arten von Maßstäben gibt:

1. den altbekannten Strichmaßstab in der Form von Maßstäben, Meßbändern und Meßdrähten,
2. den durch die moderne, automatische Maschinenpositionierung hinzugekommenen Impulsmaßstab, Inkrementalmaßstab oder Gittermaßstab, manchmal auch in der Form des Codemaßstabs,
3. den Lichtwellenmaßstab, den man mittels Interferenzen ausnützt.

Die heutige Situation im Vergleich zu derjenigen vor 20 Jahren ist insbesondere dadurch gekennzeichnet, daß man jetzt auch mit Strichmaßstäben — unter Zuhilfenahme photoelektrischer Meßmikroskope — Meßunsicherheiten von etwa 10 nm erreichen kann, eine Meßunsicherheit, die früher den interferentiellen Meßmethoden vorbehalten war. Das Strichmaß steht daher — was seine Genauigkeit betrifft — heute gleichwertig neben dem Endmaß, und das insbesondere auch deshalb, weil es Komparatoren gibt, mit denen man Strichmaße an die Wellenlängendefinition der Längeneinheit anschließen kann (s. Abschnitt 3.1.5.2).

Voraussetzung hierfür war die Verbesserung der Strichqualität. Striche werden heute meist nicht mehr geritzt (wegen der schiefen reflektierenden Flächen kann die Lage des Strichs scheinbar von der Beleuchtungsrichtung abhängen), sondern im allgemeinen aufgedampft. Für eine gute Meßbarkeit ist nicht etwa ein extrem schmaler Strich notwendig, sondern ein möglichst kontrastreicher. Dies wird durch aufgedampftes Metall erreicht. Häufig liegt die Breite eines Strichs bei etwa 5 μm.

Die Impulsmaßstäbe werden in Verbindung mit Photozellen und elektronischen Zählern hauptsächlich zum Positionieren von Werkstücken in Werkzeugmaschinen verwendet. Sie sind verwandt mit den für Beugungsversuche bekannten Gittern. Im einfachsten Fall wird auf einen Glasträger ein Raster aufgebracht (aufgedampft), so daß gleich breite lichtdurchlässige und lichtundurchlässige bzw. reflektierende und nichtreflektierende Stege vorhanden sind. Der Abstand benachbarter Stege — die Maßstabsperiode oder die Gitterkonstante C — ist mit hoher Genauigkeit konstant (Bild 3.27). Das photoelektrische Abtastsystem (s. Abschnitt 3.1.5.4) ist mit einem Zähler verknüpft, so daß sowohl eine augenblickliche Position angezeigt als auch eine vorgegebene Position eingenommen werden kann. Digitale Meßschritte von 0,2 μm sind möglich.

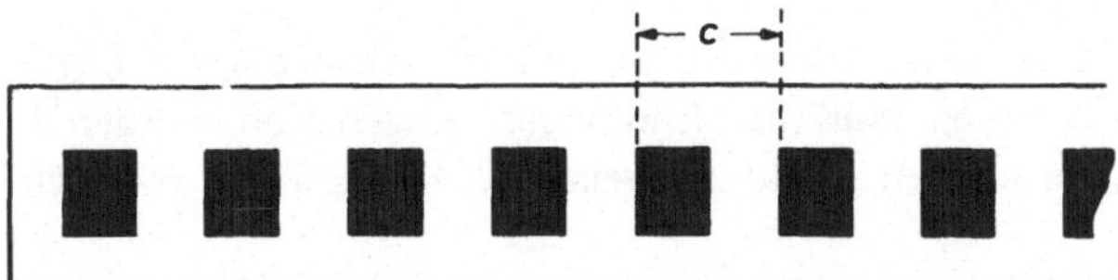

Bild 3.27
Impulsmaßstab mit inkrementaler
Teilung („Gitterkonstante" C)

Bild 3.28
Dualkodierter Maßstab

Im Gegensatz zu den Impulsmaßstäben mit inkrementalen Teilungen, bei denen jeder Strich gleichwertig ist und man ohne Zähleinrichtung nicht erkennen kann, an welcher Stelle man sich befindet, ist auf den Codemaßstäben an jeder Stelle die volle Information vorhanden. Bild 3.28 zeigt einen dualkodierten Maßstab. Durch photoelektrische Abtastung in mehreren Spuren ist immer die erforderliche Information bezüglich des Abstands vom Nullpunkt vorhanden. Die Eindeutigkeit der Ablesung an den Stellen, an denen in allen Spuren ein Sprung eintritt, kann durch geeignet angeordnete zusätzliche Abtastköpfe sichergestellt werden.

Ein Lichtwellenmaßstab ist vom Einfluß der umgebenden Luft unabhängig, wenn er im Vakuum erzeugt wird. Da der Abstand zweier Interferenzstreifen beim sichtbaren Licht einem Abstand von $\lambda/2$, also von etwa 0,3 μm entspricht, ist die Frage nach der Empfindlichkeit dieselbe wie diejenige nach der Möglichkeit, Streifenbruchteile zu bestimmen. Da unter geeigneten Voraussetzungen mit elektronischen Mitteln $\lambda/2000$ auflösbar ist, kann man also eine Empfindlichkeit von etwa 0,3 nm erreichen. Störende Erschütterungen bewirken allerdings meist eine größere Meßunsicherheit.

3.1.6 Lagerung

Bei waagerechter Anordnung eines Maßstabes oder eines Endmaßes ergibt sich die Frage nach der zweckmäßigsten Lagerung. Bekanntlich biegt sich ein auf wenigen Unterstützungspunkten horizontal gelagerter Balken durch (Bild 3.29). Auch die Lösung, nur die Länge in der neutralen Faser — bei geeigneter Ausbildung des Querschnitts (Bild 3.30) — zu benutzen, führt nicht ganz ans Ziel, da es bei der Längenmessung mittels eines Komparators immer nur auf die Länge der horizontalen Projektion, also der „scheinbaren Länge" bestimmter Marken ankommt. Eine Auflage auf der ganzen Fläche ist im allgemeinen nicht durchführbar, da eine feste Unterlage selten die notwendige Ebenheit aufweist und da eine flüssige Unterlage (Schwimmen auf einer geeigneten Flüssigkeit) im allgemeinen zu umständlich ist. Man zieht daher die Lagerung auf — meist zwei — bestimmten Punkten vor. Die Lage dieser Punkte ergibt sich aus den gestellten Forderungen. Solche Forderungen sind:

a) Änderung der scheinbaren Gesamtlänge in der neutralen Faser ein Minimum.
   Hierzu wird ein Maßstab der Länge l in den sogenannten „Besselschen Punkten" unterstützt, die 0,2203 l von den Endpunkten entfernt sind (Bild 3.31a). Die Stirnflächen des Stabes sind bei dieser Lagerung gegeneinander verkippt.

b) Die Stirnflächen des Maßstabes sind parallel zueinander und stehen senkrecht zur Lagerungsebene (Bild 3.31b). Diese Bedingung muß bei Endmaßen eingehalten werden[1]. Hierzu wird der Maßstab in den „günstigsten Punkten" gelagert, die 0,2113 l von den

---

[1] Bayer-Helms, PTB-Mitt. 77, 25 u. 124, 1967

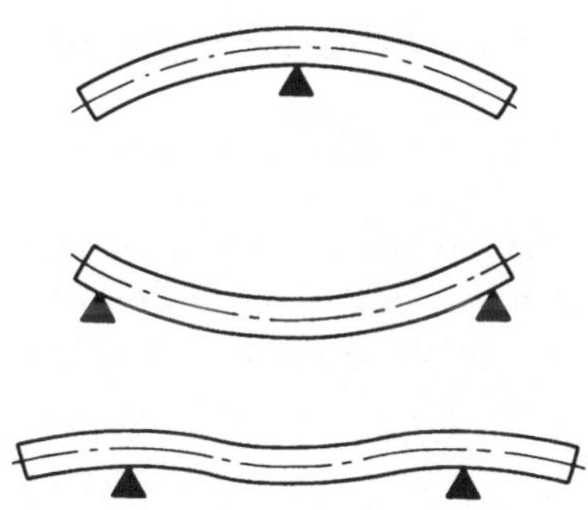

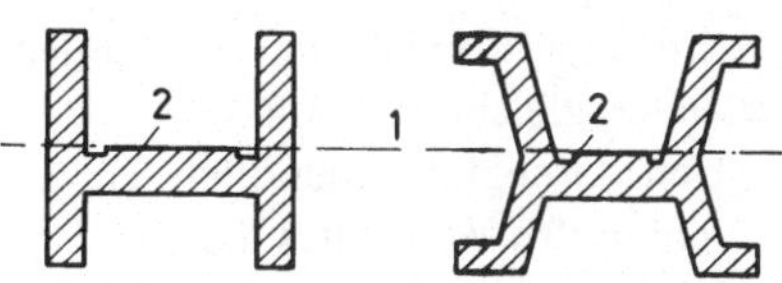

Bild 3.30 Querschnitte durch Maßstäbe, Teilung in neutraler Faser.

1 neutrale Faser   2 Teilungsebene

Bild 3.29 Durchbiegung eines Balkens mit unterschiedlicher Unterstützung

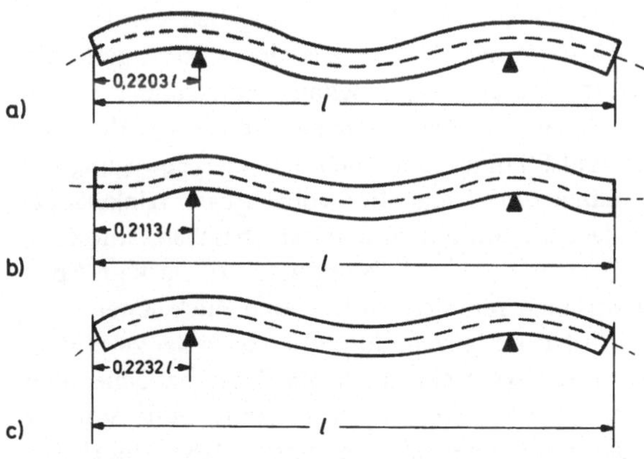

a)

b)

c)

Bild 3.31

Lagerung von Maßstäben

a) Lagerung in den „Besselschen Punkten"
b) Lagerung in den „günstigsten Punkten"
c) Lagerung mit gleicher Durchbiegung

Endpunkten entfernt sind. Bei dieser Lagerung ist dann auch die Änderung der scheinbaren Gesamtlänge ein Minimum (dies ist von Interesse, wenn sich die Teilung eines Maßstabs nicht in der neutralen Faser befindet).

c) Änderung aller scheinbaren Teillängen in der äußeren Schicht ein Minimum.
Hierzu wird der Maßstab in den Punkten gelagert, die $0,2232\,l$ von den Endpunkten entfernt sind. Die Durchbiegung des Maßstabes ist dann an den Enden und in der Mitte gleich groß (Bild 3.31c).

Da man bei der interferometrischen Messung von Endmaßen an der Parallelität der Endflächen interessiert ist, wählt man dort die Lagerung in den günstigsten Punkten. Die Situation wird aber im allgemeinen dadurch erschwert, daß am einen Ende ein Hilfsspiegel an das Endmaß angesprengt ist, dessen Masse eine zusätzliche Durchbiegung verursacht. Deshalb wird meist die zusätzliche Belastung dieser Platte durch eine unter ihrem Schwerpunkt angreifende, senkrecht nach oben wirkende Kraft kompensiert. Es ist jedoch auch möglich, durch eine geeignete Veränderung der Auflagepunkte (also Lagerung nicht mehr in den günstigsten Punkten) die Parallelität der Endflächen wieder zu erreichen. Als Zusatzbedingung kann man dabei die Forderung stellen, daß die Mittelpunkte der Endflächen in gleicher Höhe liegen sollten.

Will man die Längenänderung infolge der Durchbiegung verkleinern, so muß man die Anzahl der Auflagestellen vergrößern. Dies ist allerdings aufwendig, da es nur dann sinnvoll ist, wenn eine Vorrichtung vorhanden ist, die sicherstellt, daß die Auflagekräfte auf allen Lagerstellen gleich groß sind.

Den Grenzfall unendlich vieler Auflagepunkte mit gleicher Auflagekraft stellt das Schwimmen des Maßstabes dar.

Die Änderung der Länge infolge der Durchbiegung ist in der Praxis dann von untergeordneter Bedeutung, wenn sichergestellt ist, daß der Maßstab bei der Prüfung und bei der Messung gleich gelagert ist. Optimal ist natürlich außerdem, wenn der Maßstab bereits bei der Herstellung so gelagert werden kann, wie er später verwendet wird.

3.1.7 Führungen

Mit der gesteigerten Meßgenauigkeit sind einerseits höhere Anforderungen an Führungen und Lineale entstanden. Auf der anderen Seite sind infolge der gesteigerten Meßgenauigkeit genauere Teile herstellbar. Für kurze Bewegungen von wenigen Millimeter Länge ist von Hoffrogge und Rademacher[1]) eine Doppelparallelfeder (Bild 3.32) angegeben worden. Sie ist im Gegensatz zu den bisher verwendeten derartigen Federn aus einem Stück gefertigt. Die Blattfedern sind durch die Stäbe 3 ersetzt, die durch Querschnittsverjüngung 1 an den Enden Stellen geringer Biegesteife erhalten, die als elastische Drehgelenke wirken. Bei einer Feder von 245 mm Länge, 245 mm Breite und 20 mm Höhe blieb bei einer Bewegung der Brücke 5 gegen den Rahmen 4 über eine Länge von 1 mm die beobachtbare Winkeländerung im Bereich von $1 \cdot 10^{-3}$ Winkelsekunden, die mit einem photoelektrischen Autokollimationsfernrohr erfaßt wurde. Der Vorteil einer solchen Führung ist, daß sie kein Spiel und keine äußere Reibung aufweist. Damit entfallen Schmierprobleme und Ruckgleiten.

Die Geradheitsprüfung von Linealen erfolgt seit langem durch Vergleich der zu prüfenden Linealfläche mit einer Referenzfläche. Ein Verfahren, das keine Referenzfläche, aber ein zusätzliches Lineal erfordert, war zwar ebenfalls seit langem bekannt, seine Vorteile kommen aber erst jetzt mit der Entwicklung und Anwendung moderner Meßmittel richtig zur Geltung. Das Prinzip ist in Bild 3.33 dargestellt[2]). Das zu prüfende Lineal L_1' und das zweite Lineal L_2 werden so hingelegt, daß sie von einer Meßanordnung mit zwei Feintastern von außen abgetastet werden können. Diese sind so geschaltet, daß die Summe der gemessenen Abstände angezeigt wird. Dadurch kommen Fehler der Feintaster-Führung nicht zur Wirkung. Sind l_1 und l_2 die Formabweichungen der Lineale, also die Abweichungen von der Ruhelage der Taster, so ergibt sich für jeden Punkt längs der Abtastung

$$l_1 + l_2 = d_1 \, . \tag{12}$$

Bei einer zweiten Abtastung, bei der das Lineal L_1 so gedreht ist, daß die vermessene Profillinie gegenüber der ersten Messung spiegelbildlich liegt (L_1''), erhält man

$$-l_1 + l_2 = d_2 \, . \tag{13}$$

Aus den beiden Meßwerten d_1 und d_2 ergibt sich

$$l_1 = \frac{1}{2}(d_1 - d_2) \quad \text{und} \quad l_2 = \frac{1}{2}(d_1 + d_2). \tag{14}$$

---

[1]) Hoffrogge u. Rademacher, PTB-Mitt. **83**, 79, 1973
[2]) Hoffrogge, Mann u. Rademacher, Messtechnik **80**, 263, 1972

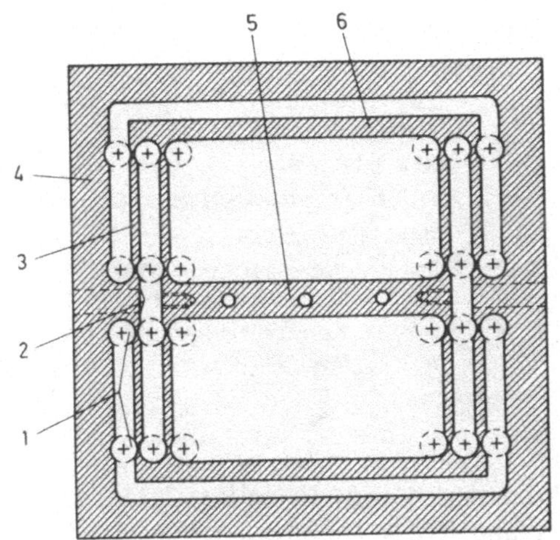

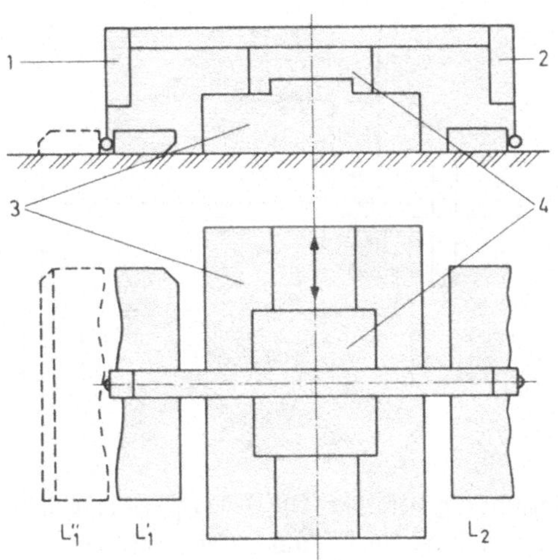

Bild 3.32 Grundriß der Doppelparallelfelder nach Hoffrogge und Rademacher

1 Bohrungen
2 Verjüngungsstellen (elastische Gelenke)
3 Stege
4 Rahmen
5 Mittelbalken als Objektträger
6 Seitenstäbe

Bild 3.33 Geradheitsprüfung, Schema der Versuchsanordnung des 2-Flächen-Verfahrens

1 und 2 Feinfühlhebel, 3 Führungsbett,
4 Luftschlitten

Die geschilderte Methode hat aber zusätzlich folgenden Vorteil: Enthalten die Messungen den systematischen Fehler v, bestehen also die Gleichungen

$$l_1 + l_2 = d_1 + v, \quad -l_1 + l_2 = d_2 + v, \tag{15}$$

so ergibt sich hieraus

$$l_1 = \frac{1}{2}(d_1 - d_2), \quad l_2 = \frac{1}{2}(d_1 + d_2) + v. \tag{16}$$

Für das gedrehte, also das zu prüfende Lineal L_1 erhält man somit die Formabweichung nicht nur ohne Referenzfläche, sondern man erhält sie sogar unabhängig von eventuell in der Messung enthaltenen systematischen Fehlern. Hoffrogge und Rademacher erzielten bei einem 150 mm langen Lineal eine Meßunsicherheit von 5 ... 10 nm. Mit Hilfe einer geeigneten Elektronik und Magnetbandspeicherung lassen sich die Messungen schnell und mit geringem Aufwand ausführen.

Im Abschnitt 3.1.5.2 wurde bereits darauf hingewiesen, daß an Führungen in Komparatoren heute hohe Anforderungen gestellt werden ($\pm 5\ \mu$m). Man kann ihnen entweder in der Herstellung mit meist sehr großem Aufwand direkt nachkommen oder — da man die Abweichungen mit ausreichender Genauigkeit messen kann — sie mit Hilfe einer Ausgleichs-

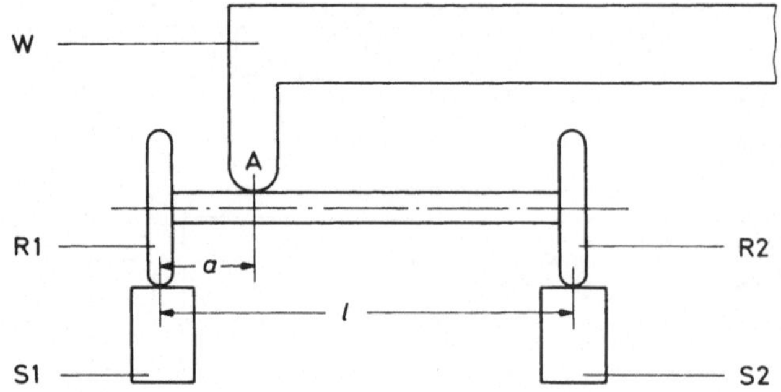

Bild 3.34

Prinzip des Ausgleichs der Fehler einer Führung

R_1, R_2 Räder auf einer Achse
S_1 Führungsschiene
S_2 Korrekturschiene
W   Wagen

einrichtung erfüllen. Das Prinzip einer solchen Ausgleichseinrichtung[1]) ist im Bild 3.34 dargestellt. Eine horizontale Welle mit zwei Rädern R 1 und R 2 läuft auf den Schienen S 1 und S 2 senkrecht zur Zeichenebene. Im Punkt A ist der zu führende Gegenstand gelagert. Die Bedingung dafür, daß der Punkt A in gleicher Höhe bleibt, lautet in erster Näherung

$$h_1 = -\frac{a}{l-a}\, h_2, \tag{17}$$

l Radabstand, a Abstand des Punktes A vom Rad R 1
h_1 und h_2 Änderung der Höhe der Räder R 1 und R 2.

Anschaulich bedeutet dies, daß die Höhenänderungen unterschiedliche Richtungen haben müssen und vom Abstand des Punktes A von den Rädern abhängen. Betrachtet man nun die Schiene S 1 als eigentliche Führungsfläche und legt den Punkt A sehr nahe an das Rad R 1, so ist die für die kleine Änderung $+h_1$ notwendige Ausgleichsänderung $-h_2$ sehr groß. Die Schiene S 2 nimmt dann auch nur einen geringen Teil der Achslast auf. Die Schiene S 2 bekommt die Rolle einer Korrekturschablone. Bei einer Übersetzung 500 : 1 kann man sie bequem mit normalen handwerklichen Mitteln herstellen (einer Abweichung von 1 μm auf S 1 entspricht dann eine Länge von 0,5 mm auf dem Korrekturlineal).

---

[1]) Hoffrogge u. Rummert, Metrologia, 4, 68, 1968

3.2 Das Kilogramm

3.2.1 Einleitung

Bei den Bemühungen, die Definition der Basiseinheiten des Internationalen Einheitensystems (SI) auf Naturkonstanten zu gründen, also auf in der Natur vorkommende und im Idealfall von der Versuchsanordnung unabhängige Werte, hat die Einheit der Masse eine Ausnahmestellung. Seit Überlieferungen auf diesem Gebiet vorhanden sind, wird berichtet, daß man die Masse eines Körpers auf — dem jeweiligen technischen Fortschritt entsprechenden — Waagen mit einer zum Primärnormal erklärten Masse vergleicht. Daran hat sich bis heute nichts geändert. Das Zurückführen der Masseneinheit auf eine Naturkonstante war bisher nicht mit der notwendigen Genauigkeit möglich, und eine solche Möglichkeit ist auch heute noch nicht klar zu erkennen (s. Abschnitt 3.7). Insofern ist die Geschichte der Masseneinheit zu keiner Zeit spektakulär verlaufen. In den letzten hundert Jahren hat aber eine beträchtliche Entwicklung zur Genauigkeitssteigerung stattgefunden, so daß die heute bei Massevergleichen erreichbaren kleinsten relativen Meßunsicherheiten in der Größenordnung von 10^{-8} bis 10^{-9} mit zu den besten Resultaten in der Metrologie gehören. Dies ist um so beachtlicher, als der Massebegriff erst relativ spät in der Physik klare Konturen erhielt und das physikalische Phänomen „Masse" bis heute noch nicht restlos geklärt ist. Man hat also pragmatisch eine Meßtechnik entwickelt, ohne alle mit der Masse zusammenhängenden theoretischen Probleme restlos zu klären.

3.2.2 Das Kilogramm-Prototyp

An der Spitze der hierarchischen Kette (Bild 3.35) zur Weitergabe der Einheit der Masse steht das Internationale Kilogrammprototyp (Bild 3.36). Es ist ein Zylinder aus einer Legierung von 90 % Platin und 10 % Iridium mit einer Dichte von 21,5 g/cm^3, dessen Höhe und Durchmesser gleich groß sind (ca. 39 mm). Dieser Zylinder — zuvor unter der

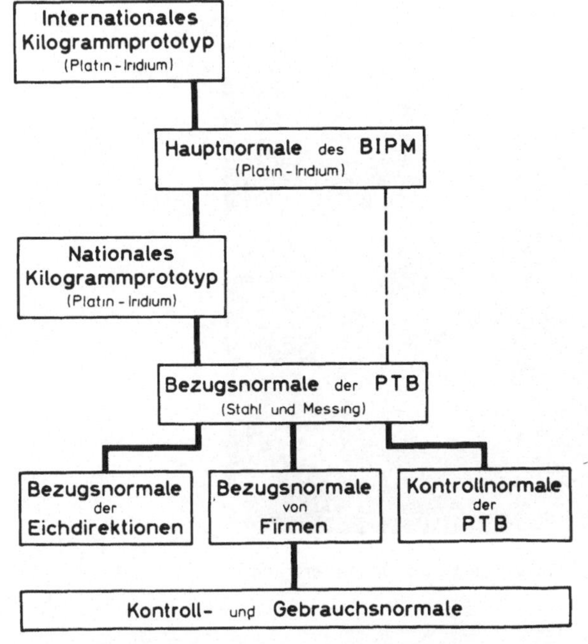

Bild 3.35
Hierarchie der Massenormale

Bild 3.36 Depot der metrischen Prototype im Internationalen Büro für Maß und Gewicht (BIPM) in Sèvres. Oben das internationale Meterprototyp von 1889 in seinem Etui. Unten in der Mitte das internationale Kilogramm-Prototyp unter drei Glasglocken, rechts und links daneben 6 Hauptnormale (temoins) (mit freundlicher Genehmigung des BIPM)

Bild 3.37 Nationales Kilogramm-Prototyp Nr. 52 im Vordergrund, im Hintergrund Sekundärnormale

Nummer K III im BIPM registriert – wurde von der 1. CGPM 1889 in Paris als Internationales Prototyp erklärt und wird im BIPM aufbewahrt. Die Bundesrepublik Deutschland erhielt das Prototyp Nr. 52 (Bild 3.37). Es wurde im Jahre 1953 im BIPM angeschlossen (dies erfolgt üblicherweise an die wohlbestimmten Hauptnormale des BIPM, die sogenannten temoins, um das Internationale Kilogrammprototyp zu schonen) und hatte die Masse m

$$m = 1\ \text{kg} + 152\ \mu\text{g} \quad \text{(ohne Angabe einer Meßunsicherheit).} \tag{18}$$

Eine im Jahre 1974 erfolgte Wiederholungsmessung ergab

$$m = 1\ \text{kg} + 187\ \mu\text{g} \tag{19}$$

mit einer Standardabweichung von 8 μg, worin die Unsicherheit des Anschlusses der Hauptnormale an das internationale Kilogrammprototyp enthalten ist. Aus den beiden Werten für die Masse kann keine systematische Änderung abgeleitet werden. Der verhältnismäßig große Wert der Unsicherheit überrascht vielleicht, er resultiert aber sicherlich aus einer heute überall vorhandenen realistischen Einschätzung des Erreichbaren. Vor etwaigen Schlüssen müssen weitere Vergleichsmessungen ausgeführt und die Meßunsicherheit reduziert werden.

3.2.3 Massevergleiche

In die Unsicherheit, mit der man Massevergleiche ausführt und die Masse von 1 kg weitergibt, geht eine beträchtliche Anzahl von Faktoren ein.

3.2.3.1 Einflüsse, die vom Massenormal kommen

Seit der Einführung der Normale aus Platin-Iridium vertraut man auf die Konstanz ihrer Masse. Die gewählte Legierung bürgt für Homogenität. Trotz sehr sorgfältiger Behandlung (Aufbewahrung unter mehreren Glasglocken) schlagen sich aber im Laufe der Zeit Schmutzschichten auf ihrer Oberfläche nieder, die vor genaueren Messungen mittels einer genau festgelegten Waschprozedur entfernt werden. müssen. Es muß sehr darauf geachtet werden, daß keinerlei Abrieb erfolgt. Dies hätte angesichts der hohen Dichte sehr starke Auswirkungen.

Der Übergang von den Prototypen mit einer Dichte von 21,5 g/cm^3 auf Bezugsnormale aus Messing oder Stahl mit einer Dichte in der Gegend von 8 g/cm^3 bringt große Probleme. Beim Durchdenken dieser Problematik erinnert man sich daran, daß es ja eigentlich gar kein Meßgerät für Masse gibt. Wir haben die Konvention geschlossen, daß wir Massen auf – zunächst einmal gleicharmigen – Balkenwaagen miteinander vergleichen. Aus der Gleichheit zweier Drehmomente können wir – dank geeigneter Versuchsanordnung – auf die Gleichheit zweier Gewichtskräfte schließen. Genau genommen vergleichen wir aber gar nicht zwei Gewichtskräfte $m \cdot g_{\text{loc}}$, sondern zwei jeweils um die Auftriebskraft verringerte Gewichtskräfte $(m \cdot g_{\text{loc}} - V_1 \rho_{\text{L}} \cdot g_{\text{loc}})$. Solange die Dichte der beiden Gewichtsstücke gleich groß ist, kann man auf die Gleichheit der beiden Massen schließen, wenn die Waage im Gleichgewicht ist. Dabei erkennen wir, daß die Definition der SI-Einheit Kilogramm streng genommen nur im Vakuum gilt. In der Vergangenheit hat man aber nicht gewagt, die kostbaren Platin-Iridium-Prototype ins Vakuum zu bringen, obwohl einige Prototypwaagen mit Vorrichtungen versehen sind, Wägungen im Vakuum auszuführen. Die Messungen würden zwar theoretisch Vorteile bringen, doch ist infolge des Herausdiffundierens gelöster Gase und des wohl teilweisen Ablösens adsorbierter Schichten eine Masseänderung zu erwarten, von der man außerdem nicht weiß, ob sie reversibel ist. Dieses Gebiet wird zur Zeit erforscht. Da Wägungen in der Praxis aber unter atmosphärischen Bedingungen erfolgen müssen, wäre fraglich, was mit einem Vergleich der Prototype unter Vakuum gewonnen wird. Trotzdem laufen zur Zeit Überlegungen, solche Messungen zu Versuchszwecken auszuführen. Für den Vergleich der Massen zweier Gewichtsstücke mit unterschiedlicher Dichte bleibt also zur Zeit nur der Weg über die Auftriebskorrektion, die aber eine nicht unbeträchtliche Genauigkeitseinbuße mit sich bringt. Es ist also müßig, darüber zu streiten, ob die Definition des Kilogramms für das Vakuum (also ohne gelöste Gase und ohne Adsorptionsschicht) oder für Luft (mit gelösten Gasen und Adsorptionsschicht) gilt. Da man bisher in Luft gemessen hat und den Schritt der Messung in Luft auch immer irgendwann tun muß, sollte man so weitermachen und die Definition als für Luft geltend ansehen.

3.2.3.2 Einflüsse, die vom Wägeverfahren, von der Waage und vom Wägevorgang kommen

Alle diese Einflüsse verursachen teils zufällige, teils systematische Fehler. Der Hauptfehler entsteht aber beim Anschluß der Bezugsnormale an das nationale Prototyp infolge der Fehler bei der Luftauftriebskorrektion (s. Abschnitt 3.2.4). Daher wird immer wieder die Frage aufgeworfen, ob es nicht vorteilhaft wäre, zu einem internationalen Prototyp mit der Dichte von ca. 8 g/cm^3 überzugehen. Geeignete Materialien dürften heute zur Verfügung stehen. Außerdem hätte dies den Vorteil, daß ein möglicher Fehler höchstens an *einer* Stelle in der Welt gemacht werden könnte, nämlich im BIPM beim Anschluß des neuen Prototyps an das alte.

Die an den metrologischen Staatsinstituten bisher auf Prototypwaagen und unter optimalen Bedingungen erreichten relativen Standardabweichungen beim Vergleich zweier 1-kg-Massen gleicher Dichte liegen bei $\pm 1 \cdot 10^{-9}$. In der PTB wird zur Zeit der Wert $\pm 8 \cdot 10^{-9}$ erreicht, doch laufen Vorbereitungen, diesen Wert zu verkleinern. Hinzu kommt bei der Angabe der Masse die Standardabweichung von $\pm 8 \cdot 10^{-9}$, mit der — wie oben erwähnt — das nationale an das internationale Prototyp angeschlossen ist. Wenn statt eines Vergleiches zweier Normale aus Platin-Iridium ein Gewichtsstück der Masse 1 kg mit der Dichte von ca. 8 g/cm^3 (z. B. aus Messing oder Stahl) an ein Normal der Dichte 21,5 g/cm^3 angeschlossen wird, ist eine Luftauftriebskorrektion erforderlich, deren Unsicherheit etwa 25 μg beträgt, so daß sich insgesamt eine relative Unsicherheit von ca. $\pm 4 \cdot 10^{-8}$ (bei einer statistischen Sicherheit von $P = 99\,\%$) ergibt. Für Routinemessungen ohne besonderen Aufwand liegt dieser Wert bei $5 \cdot 10^{-7}$ für 1-kg-Massenormale. Für kleinere und größere Massen ist die erreichbare Unsicherheit bekanntlich größer. In Bild 3.38 ist der Verlauf der relativen Unsicherheit in Abhängigkeit von der Masse wiedergegeben.

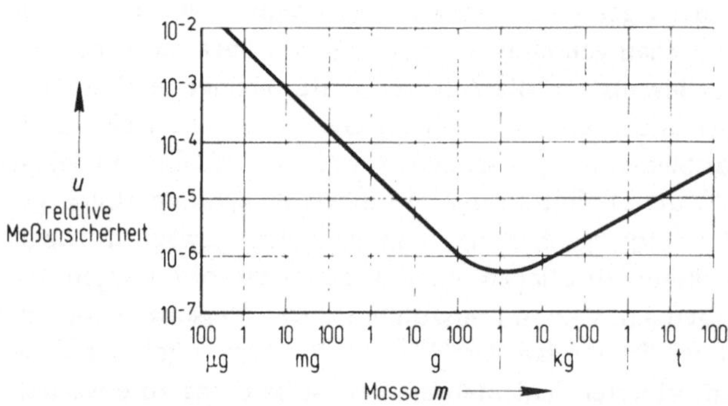

Bild 3.38
Relative Unsicherheit bei der
Routinebestimmung der Masse
von Gewichtstücken ($P = 95\,\%$)

3.2.4 Die Luftauftriebskorrektion

Das Problem der Luftauftriebskorrektion beim Anschluß eines 1-kg-Hauptnormals aus Stahl (Dichte $\rho \approx 8{,}0 \, \mathrm{g\,cm^{-3}}$) an das nationale Kilogrammprototyp ($\rho = 21{,}5 \, \mathrm{g\,cm^{-3}}$) ist so bedeutungsvoll, daß wir es noch näher betrachten müssen. Für die beiden Massen m_R und m_L mit den unterschiedlichen Volumina V_R und V_L auf der rechten und der linken Waagschale ergibt sich mit ρ_{Luft} als der Dichte der Luft

$$m_R = m_L - \rho_{Luft} (V_L - V_R). \tag{20}$$

Unter Berücksichtigung der Werte

$$
\begin{aligned}
V_R &= 46 \, \mathrm{cm^3} \quad \text{(für das Platin-Iridium-Prototyp)} \\
V_L &= 125 \, \mathrm{cm^3} \quad \text{(für das Hauptnormal aus Stahl)} \\
\rho_{Luft} &= 1{,}2 \, \mathrm{kg\,m^{-3}}
\end{aligned}
$$

ergibt sich

$$\rho_{Luft} (V_L - V_R) \approx 95\,000 \, \mu\mathrm{g}. \tag{21}$$

Die anzubringende Korrektion ist also in der Größenordnung von 10^{-4} kg. Möchte man aber den Anschluß mit einer relativen Unsicherheit von 10^{-8} ausführen, so sollte die relative Unsicherheit der Korrektion unter $1 \cdot 10^{-4}$ liegen. Wie steht es damit?

Die Volumenbestimmung einfacher geometrischer Formen (dazu gehören auch Zylinder) aus den geometrischen Abmessungen (Unsicherheit etwa $\pm\,0{,}2\,\mu$m) ist unter günstigen Bedingungen mit einer relativen Unsicherheit von etwa $1 \cdot 10^{-5}$ möglich, doch wird man sich manchmal auch mit $1 \cdot 10^{-4}$ begnügen müssen.

Geringere Unsicherheit dürfte die Volumenbestimmung mit Hilfe hydrostatischer Wägung (also Bestimmung der Masse sowohl in Luft als auch in einer Flüssigkeit bekannter Dichte) ergeben. Hier kann man — unabhängig von der geometrischen Form — $1 \cdot 10^{-5}$ erreichen.

Schwieriger ist das Problem der Luftdichte. Eine Methode, die eine experimentelle Bestimmung der Dichte feuchter Luft während der Wägung gestattet, ist für die geforderte relative Unsicherheit von $1 \cdot 10^{-4}$ bislang nicht bekannt. Deshalb wird die Luftdichte aus den Einflußgrößen Druck, Temperatur, Luftfeuchte und Zusammensetzung der Luft berechnet.

Für die Berechnung der Dichte zunächst trockener Luft geht man von der Zustandsgleichung idealer Gase aus. Hierzu benötigt man den Wert der Universellen Gaskonstante R und die Zusammensetzung der Luft. R ist gemäß Abschnitt 8 mit einer Unsicherheit von $31 \cdot 10^{-6}$ bekannt, doch widersprechen sich die bisher publizierten Meßwerte oberhalb der angegebenen Unsicherheit. Die Zusammensetzung der Luft ist nicht ganz konstant wegen Schwankungen im CO_2-Gehalt. Die in der Luft vorhandenen festen Bestandteile spielen erst unterhalb einer relativen Unsicherheit unter $1 \cdot 10^{-6}$ eine Rolle. Die Abweichung der trockenen Luft vom idealen Gas muß aber berücksichtigt werden (Realfaktor $Z = 0{,}99962$ unter den üblichen Experimentierbedingungen). Der Wasserdampfgehalt wird dann nachträglich gemessen und berücksichtigt.

Für den Bereich

$$293 \text{ K} < T < 295 \text{ K}$$
$$99\,500 \text{ Pa} < p < 103\,000 \text{ Pa}$$
$$40\,\% < U < 55\,\%$$
$$0,4\,\% < CO_2\text{-Gehalt} < 0,45\,\%$$

wird z. Z. folgende Gleichung für die Berechnung der Luftdichte ρ empfohlen:

$$\rho = 3,48491 \cdot 10^{-3} \cdot \frac{p}{T} \left(1 - 0,37801 \cdot \frac{p_\text{w}}{p}\right) \text{kg} \cdot \text{m}^{-3} \qquad (22)$$

mit T in K sowie p und p_w (Partialdruck des Wasserdampfes) in Pa.

Unter Berücksichtigung der für die laufende Messung von Druck, Temperatur und Wasserdampfgehalt üblichen Genauigkeit kann man abschätzen, daß die relative Unsicherheit bei der Bestimmung der Luftdichte zur Zeit etwa $2,5 \cdot 10^{-4}$ beträgt. Damit ergibt sich als kleinste Unsicherheit der Luftauftriebskorrektion bei der oben erwähnten Anschlußmessung ein Wert von ca. 25 μg (bei einer statistischen Sicherheit $P = 95\,\%$).

Wünschenswert wäre eine Verkleinerung dieses Wertes um eine Zehnerpotenz. Da er in erster Linie von der Unsicherheit der Luftdichtebestimmung herrührt, sind dort Verbesserungen notwendig. Hierbei handelt es sich in erster Linie um eine Verbesserung des Wertes der molaren Masse trockener Luft. Weiterhin sollte man Prototypwaagen in druckfester Kapselung betreiben, um den Einfluß kurzzeitiger Druckschwankungen auszuschließen.

Aber auch die im Meßraum bestehende relative Luftfeuchte hat Auswirkungen auf das Meßergebnis bei genauesten Wägungen, da die für Massenormale verwendeten Materialien ein unterschiedliches Adsorptionsvermögen bezüglich Wasserdampf aufweisen. Vergleicht man ein 1-kg-Hauptnormal aus austenitischem Stahl mit einem Pt-Ir-Kilogrammprototyp bei $U = 30\,\%$ und dann bei $70\,\%$ relativer Luftfeuchte, so können die Ergebnisse um ca. 10 μg differieren[1]. Das heißt, daß die Meßbedingungen standardisiert werden müssen. Vorbereitende Arbeiten hierzu sind unter Leitung des BIPM im Gange.

3.2.5 Die Fallbeschleunigung

Im Zusammenhang mit der Massebestimmung sind seit langem Gravitationsphänomene von besonderem Interesse. Wir wollen uns daher zunächst mit dem Schwerefeld der Erde befassen. Dies ist auch deswegen von Interesse, weil sich jede Waage in einem inhomogenen Schwerefeld befindet (s. Abschnitt 3.2.12) und weil die von Körpern ausgehenden Gewichtskräfte die genauesten Kraftnormale sind, die wir besitzen (Kraft-Normalmeßeinrichtungen mit unmittelbarer Massewirkung). Für die Berechnung der von ihnen dargestellten Kräfte muß also der Wert der örtlichen Fallbeschleunigung sehr genau bekannt sein.

Die Fallbeschleunigung g ist die vektorielle Summe aus zwei Komponenten, deren Bestandteile einerseits von der Gravitationswirkung der Masse der Erde und andererseits

---

[1]) Kochsiek, PTB-Bericht Me-15, 1977
     Kochsiek, PTB-Mitt. 87, 478, 1977

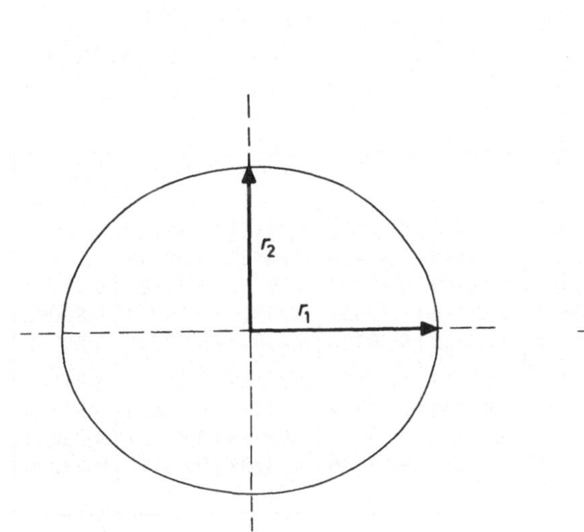

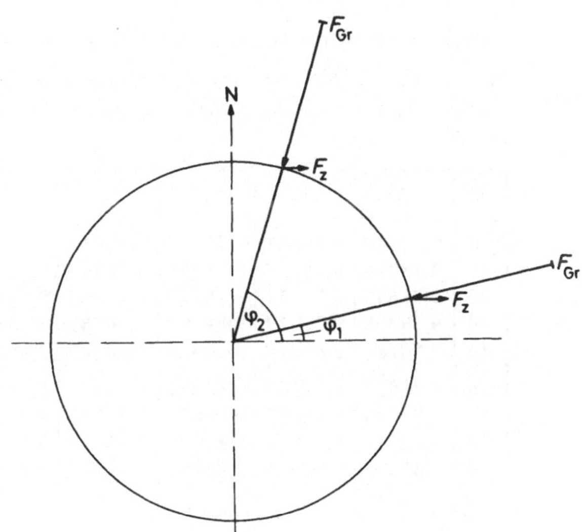

Bild 3.39 Querschnitt durch die abge-
plattete Erde

Bild 3.40 Zentrifugalbeschleunigung in ihrer
Abhängigkeit von der geographischen Breite

der Zentrifugalbeschleunigung infolge der Erdrotation herrühren. Aus folgenden Gründen besteht für die Fallbeschleunigung eine beträchtliche Abhängigkeit von der geographischen Breite:

a) die Erde ist abgeplattet. Die Gravitationskraft (Bild 3.39)

$$F_{Gr} = G\,\frac{m \cdot m_{Erde}}{r^2} = m \cdot g \tag{23}$$

wirkt also mit unterschiedlicher Entfernung r_i.

b) die Länge des Hebelarms bei der Zentrifugalkraft F_z ist unterschiedlich (Bild 3.40).

c) der Richtungsunterschied zwischen Gravitationskraft und Zentrifugalkraft ist unterschiedlich (Bild 3.40).

Zur Berechnung der *normalen Fallbeschleunigung* γ_β der Erde (auch Normalschwere genannt) in der geographischen Breite β wird die für das Rotationsellipsoid nach *Hayford* gültige, international anerkannte Formel nach *Cassinis* (1930) benützt:

$$\gamma_\beta = \gamma_0 \, (1 + 0{,}0052884 \, \sin^2 \beta - 0{,}0000059 \, \sin^2 2\beta) \tag{24}$$

mit $\gamma_0 = 9{,}780\,49 \; \text{m} \cdot \text{s}^{-2}$, der sogenannten normalen Fallbeschleunigung in Meereshöhe.

In Tabelle 3.5 sind die sich nach dieser Formel ergebenden Werte in der Einheit $\text{m} \cdot \text{s}^{-2}$ zusammengestellt. Die geographische Breite β ist in Winkelgrad angegeben.

Tabelle 3.5: Normalschwere γ unter der geographischen Breite β nach Cassinis, 1930

$\gamma_\beta = \gamma_0 \, (1 + 0{,}0052884 \sin^2 \beta - 0{,}0000059 \sin^2 2\beta)$ mit $\gamma_0 = 9{,}78049$ m $\cdot$ s^{-2} für das Rotationsellipsoid nach Hayford, geographische Breite β in Winkelgrad, Normalschwere γ in m $\cdot$ s^{-2}

β	0	1	2	3	4	5	6	7	8	9
0	9,78049	9,78051	9,78055	9,78063	9,78074	9,78088	9,78105	9,78125	9,78149	9,78175
10	9,78204	9,78237	9,78272	9,78310	9,78350	9,78394	9,78440	9,78489	9,78541	9,78595
20	9,78652	9,78711	9,78772	9,78836	9,78901	9,78969	9,79039	9,79111	9,79185	9,79261
30	9,79338	9,79417	9,79497	9,79587	9,79661	9,79746	9,79831	9,79917	9,80004	9,80092
40	9,80181	9,80270	9,80359	9,80449	9,80539	0,80629	9,80720	9,80810	9,80900	9,80989
50	9,81079	9,81167	9,81255	9,81343	9,81429	9,81515	9,81599	9,81682	9,81764	9,81845
60	9,81924	9,82001	9,82077	9,82151	9,82224	9,82294	9,82362	9,82429	9,82493	9,82554
70	9,82614	9,82671	9,82725	9,82777	9,82827	9,82873	9,82917	9,82958	9,82997	9,83032
80	9,83065	9,83094	9,83121	9,83144	9,83165	9,83182	9,83196	9,83207	9,83215	9,83220
90	9,83221									

Die Fallbeschleunigung g_h in Abhängigkeit von der Höhe h (unmittelbar auf einer — unendlich ausgedehnten — Gesteinsplatte der Dicke h und der Dichte ρ) beträgt

$$g_h = g_0 + \frac{\partial g}{\partial r} \cdot h + 2\pi G \rho h, \tag{25}$$

wobei g_0 die Fallbeschleunigung unmittelbar unterhalb der Gesteinsplatte und $\partial g/\partial r$ der vertikale Gradient der Fallbeschleunigung (Freiluftgradient) ist.

Der Freiluftgradient ergibt sich durch Differentiation der Gl. (23) nach r (wobei man sich die Erde als Kugel vom Radius R denkt). Dies ergibt

$$\frac{\partial g}{\partial r} = -2G \frac{m_{\mathrm{Erde}}}{r^3} = -\frac{2g}{R} = 3{,}086 \cdot 10^{-6} \frac{1}{s^2} \tag{26}$$

oder anschaulicher eine Minderung der Fallbeschleunigung um $3{,}086 \cdot 10^{-6}$ m/s^2 je Meter Höhenzunahme. Beim dritten Term in Gl. (25) handelt es sich um die sogenannte Bouguer-Reduktion. Für $q = 2\pi G$ ergibt sich der Wert $0{,}419 \cdot 10^{-9}$ m^3/kg $\cdot$ s^2.

Die örtliche Fallbeschleunigung g_{loc} weicht nicht unbeträchtlich von den mit der Formel (24) berechenbaren Werten wegen der Abweichungen der Erde vom Rotationsellipsoid und wegen der Inhomogenitäten der Dichte der Erde ab. Da Absolutmessungen mit einer relativen Unsicherheit kleiner als $1 \cdot 10^{-6}$ schon immer mit einem sehr großen Aufwand verbunden waren, bediente man sich eines sogenannten Schweresystems. Im Jahre 1909 wurde das *Potsdamer Schweresystem* eingeführt, das dadurch definiert war, daß dem Fundamentalpunkt im Geodätischen Institut in Potsdam der Wert

$$g_P = 9{,}812\,740 \text{ m} \cdot \text{s}^{-2} \tag{27}$$

zugeordnet wurde. Der exakt geltende Wert leitete sich aus dem Ergebnis einer dort um die Jahrhundertwende mit Reversionspendeln ausgeführten Absolutbestimmung durch Kühnen und Furtwängler ab. Mit relativen Meßgeräten maß man dann zunächst das Verhältnis (mit Pendeln) und später die Differenz (mit Gravimetern) von Fallbeschleunigungswerten zwischen dem Fundamentalpunkt in Potsdam und anderen Orten, man „übertrug die Werte der Fallbeschleunigung im Potsdamer Schweresystem an andere Orte". Solche Messungen waren mit einem verhältnismäßig geringen Aufwand und mit der erforderlichen kleinen relativen Unsicherheit (erst 10^{-5}, dann etwa 10^{-6} und heute etwa 10^{-7}) möglich. Bald entstand ein weltweites Netz.

Die in den letzten Jahrzehnten ausgeführten neuen Absolutmessungen deckten Diskrepanzen auf. Die Meßergebnisse wichen von dem für den jeweiligen Meßort geltenden Wert im Potsdamer System signifikant ab. Es ergab sich, daß der Wert g_P um etwa $1{,}4 \cdot 10^{-4}$ m/s^2 zu groß ist und daß sich auch Übertragungsfehler eingeschlichen hatten. Im Jahre 1971 wurde daher das International Gravity Standardization Net 1971 (I.G.S.N. 71) von der dafür zuständigen Internationalen Assoziation für Geodäsie in der Internationalen Union für Geodäsie und Geophysik eingeführt. Es unterscheidet sich auch in seiner Struktur stark vom alten System. Es handelt sich um ein nach statistischen Methoden ausgeglichenes Netz, in dem etwa 24 000 Gravimetermessungen, 1 200 Pendelmessungen und 10 Absolutmessungen verarbeitet sind, die über 20 Jahre gesammelt und kritisch gesichtet wurden. Die Absolutmessungen stellen natürlich die Korsettstangen des Netzes dar. So entstand ein Netz, in dem für 1854 Stationen ausgeglichene Werte der Fallbeschleunigung angegeben werden, deren Unsicherheit man kleiner als $1 \cdot 10^{-6}$ m/s^2 ansieht. Das gesamte Netz, das auch einige Stationen in der Bundesrepublik Deutschland enthält, ist zusammengestellt in der Publication Speciale No. 4 des Bureau Central de l'Association Internationale de Geodesie.

Inzwischen ist die Entwicklung nicht stehen geblieben. Es gibt heute transportable kommerzielle Geräte zur Absolutmessung (frei fallender Tripelspiegel mit interferentieller Beobachtung), die mit einem gegenüber früher sehr stark reduzierten und nun vertretbarem mittleren Aufwand Absolutmessungen mit einer relativen Unsicherheit von etwa $1 \cdot 10^{-7}$ möglich machen. Für ausgewählte Stationen des IGSN 71 wird sich daher eine Verbesserung der Werte anbahnen, da die transportablen Absolutmeßgeräte etwa mit derselben Unsicherheit arbeiten wie die bisherigen relativen Meßgeräte, so daß sich bisher gemachte Übertragungsfehler in Zukunft vermeiden lassen. Trotzdem wird es in der nächsten Zeit noch der normale Weg sein, den Wert der Fallbeschleunigung von einer Station des IGSN 71 mittels eines Gravimeters an einen anderen Ort zu übertragen, wenn man dort den Wert der Fallbeschleunigung benötigt. Für jeden Punkt in der Bundesrepublik Deutschland ist daher der Wert der örtlichen Fallbeschleunigung mit einer Unsicherheit von etwa $1 \cdot 10^{-7} g$ bestimmbar. Auskunft über Werte der Fallbeschleunigung gibt das Schwerearchiv des Deutschen Geodätischen Forschungsinstituts, 8 München 22, Marstallplatz 8, das mit dem Archiv des Bureau Gravimétrique Internationale in Paris zusammenarbeitet. Ein verbessertes ausgeglichenes Netz wird voraussichtlich im Jahre 1983 zur Verfügung stehen (das IGSN 83).

Tabelle 3.6 gibt einen Überblick über in deutschen Universitätsstädten geltende gemessene Werte der örtlichen Fallbeschleunigung.

Die in der Natur vorkommenden Werte für den vertikalen Gradienten der Fallbeschleunigung liegen je nach Untergrund und Topographie zwischen 2,5 und $3{,}5 \cdot 10^{-6}$ m/s$^2 \cdot$ m. Er wird entweder mit einem Gravimeter gemessen, das in unterschiedlicher Höhe über einem Meßplatz aufgestellt wird, oder mittels einer Waage, bei der eine Masse in verschiedenen Höhen angehängt wird, während die Vergleichsmasse in konstanter Höhe bleibt.

Die in der Natur vorkommenden Werte für den horizontalen Gradienten liegen — je nach Topographie und geographischer Breite — zwischen 0 und $1 \cdot 10^{-8}$ m/s$^2 \cdot$ m. In Gebäuden können beide Gradienten beträchtlich gestört sein.

Tabelle 3.6: Ortstabelle der Fallbeschleunigung

β geographische Breite in Winkelgrad (°), λ geographische Länge in Winkelgrad (°), h Meereshöhe in Meter (m), g Fallbeschleunigung in Meter durch Sekunde zum Quadrat (m · s^{-2}) im IGSN 71

Orte deutscher Universitäten	β	λ	h	g
Aachen (Rathaus)	50,78	6,08	174	9,81096
Augsburg (Dom)	48,38	10,90	491	9,80768
Bayreuth (SE)	49,94	11,59	347	9,80951
Berlin (Flughafen Tempelhof)	52,48	13,39	45	9,81267
Bielefeld (S)	52,02	8,53	130	9,81223
Bonn (Sternwarte)	50,73	7,10	60	9,81117
Bochum (Sunden, Radio-Sternwarte)	51,43	7,19	159	9,81174
Braunschweig (PTB)	52,30	10,46	74	9,81252
Bremen (Mahndorf)	53,04	8,95	7	9,81316
Clausthal-Zellerfeld (Bergakademie, Aula)	51,79	10,34	555	9,81123
Darmstadt (Prinz-Emil-Schlößchen)	49,86	8,65	150	9,81028
Dortmund (SE)	51,51	7,48	110	9,81186
Dresden	51,06	13,73	121	9,81113
Duisburg (Wanheimerort)	51,40	6,76	33	9,81203
Düsseldorf (Bilk)	51,21	6,77	36	9,81178
Eichstätt (SW)	48,89	11,18	388	9,80864
Erlangen (Neustädter Kirche)	49,60	11,01	279	9,80942
Essen (Frillendorf)	51,47	7,05	106	9,81186
Frankfurt a.M. (Rhein-Main-Flughafen)	50,05	8,59	110	9,81042
Freiburg i.Br. (Berthold-Gymnasium)	48,01	7,86	266	9,80826
Freiberg/Sachsen	50,92	13,33	432	9,81035
Gießen (Johanniskirche)	50,58	8,67	159	9,81094
Göttingen (Universität, Geophysikalisches Institut)	51,55	9,97	272	9,81142
Greifswald	54,10	13,4		9,8143
Halle	51,48	11,97	79	9,81206
Hagen (Zentrum)	51,37	7,47	107	9,81179
Hamburg (Hamburg-Harburg, Geophysikalisches Observatorium)	53,46	9,92	30	9,81364
Hannover (TH, Geod. Inst.)	52,39	9,71	54	9,81262
Heidelberg (alter Bahnhof)	49,41	8,69	112	9,80969
Jena	50,93	11,58	154	9,81108
Kaiserslautern (Neumühle)	49,42	7,74	233	9,80976
Karlsruhe (Technische Universität, Geodätisches Institut)	49,01	8,41	116	9,80941
Kassel (Bettenhausen)	51,30	9,54	138	9,81154
Kiel (Hafen)	54,32	10,14	2	9,81453
Köln (K-Neustadt, St. Michaeliskirche)	50,94	6,93	49	9,81140
Konstanz	47,66	9,17	401	9,80693
Leipzig	51,34	12,39	115	9,81054
Mainz (Amönburg)	50,03	8,26	89	9,81055
Mannheim (Schloß)	49,48	8,47	98	9,80961
Marburg	50,80	8,77	179	9,81110
München (M-Nymphenburg, Landesamt für Maß und Gewicht)	48,17	11,50	514	9,80744
Münster (St. Josephskirche)	51,95	7,63	63	9,81222
Regensburg (Dom)	49,02	12,10	339	9,80869
Rostock	54,09	12,1	15	9,8143
Siegen (Zentrum)	50,88	8,03	285	9,81095
Stuttgart (Stuttgart-Berg)	48,80	9,21	234	9,80883
Trier (Pauluskirche)	49,76	6,64	132	9,81016
Tübingen (Lustnau)	48,53	9,08	324	9,80828
Ulm (Johanneskirche)	48,40	10,00	470	9,80784
Wuppertal (Elberfeld)	51,26	7,14	142	9,81166
Würzburg (Residenz)	49,79	9,94	181	9,81016

3.2.6 Die Messung der Fallbeschleunigung

Auf die Messung von Schweredifferenzen, die heute mit Hilfe von Gravimetern erfolgt, die meist im Prinzip hochempfindliche Federwaagen sind, soll hier nicht näher eingegangen werden. Mit dem Problem der Absolutmessung der Fallbeschleunigung wollen wir uns aber etwas näher befassen.

In früheren Zeiten war es üblich, die Fallbeschleunigung mit Hilfe von Pendeln zu messen. Diese Technik des geführten Falls wurde entwickelt, weil nur so die Zeitmessung mit ausreichender Genauigkeit möglich war — nämlich über ein langes Zeitintervall. Die Technik der Kurzzeitmessung war noch nicht ausreichend entwickelt. Aber trotz geringer Streuung der Meßwerte ist die erreichbare Unsicherheit stark vergrößert, weil große systematische Fehler — insbesondere von der meist mechanisch überbeanspruchten Lagerung des Pendels herrührend — auftreten. Es ist daher üblich geworden, die Fallbeschleunigung mit Hilfe der meßtechnischen Erfassung des freien Falls eines Gegenstandes zu bestimmen. Da heute in einem solchen Fall die Längenmessung üblicherweise interferentiell erfolgt, ist es zweckmäßig, als fallenden Gegenstand das reflektierende Teil eines Interferometers zu verwenden, und das pflegt ein gegen kleine Drehungen unempfindlicher Tripelspiegel zu sein. Nimmt man als Fallhöhe eine Länge von 1 m, so ist deren Bestimmung mit einer relativen Unsicherheit von 10^{-8} möglich. Die Bestimmung der Fallzeit von etwa 0,5 s mit einer relativen Unsicherheit von $1 \cdot 10^{-8}$ ist heute ebenfalls möglich. Es ist üblich, zwischen einer sogenannten symmetrischen und einer unsymmetrischen Anordnung zu unterscheiden. Bei der unsymmetrischen Anordnung führt der Fallkörper nur einen freien Fall durch. Dann ist es notwendig, seinen Durchgang durch drei Stationen bezüglich Länge und Zeit zu beobachten. Aus den Durchgängen durch je zwei aufeinanderfolgende Stationen kann man 2 Geschwindigkeiten und daraus eine Beschleunigung errechnen. Gemäß Bild 3.41 ergibt sich im homogenen Schwerefeld für die Fallbeschleunigung g

$$g = \frac{2\,(s_2\,\tau_1 - s_1\,\tau_2)}{\tau_1\,\tau_2\,(\tau_2 - \tau_1)}. \tag{28}$$

Bei der symmetrischen Anordnung beobachtet man das freie Steigen und Fallen eines Körpers durch zwei Stationen. Gemäß Bild 3.42 ergibt sich im homogenen Schwerefeld für die Fallbeschleunigung g

$$g = \frac{8s}{\tau_1^2 - \tau_2^2}. \tag{29}$$

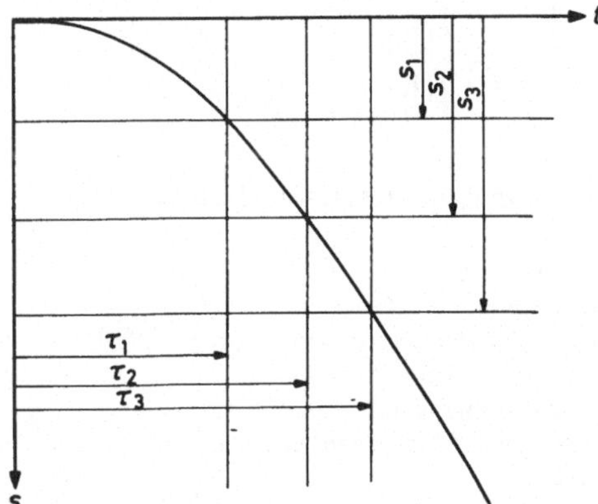

Bild 3.41 Zur Messung der Fallbeschleunigung
Durchgang des Fallkörpers durch drei Stationen

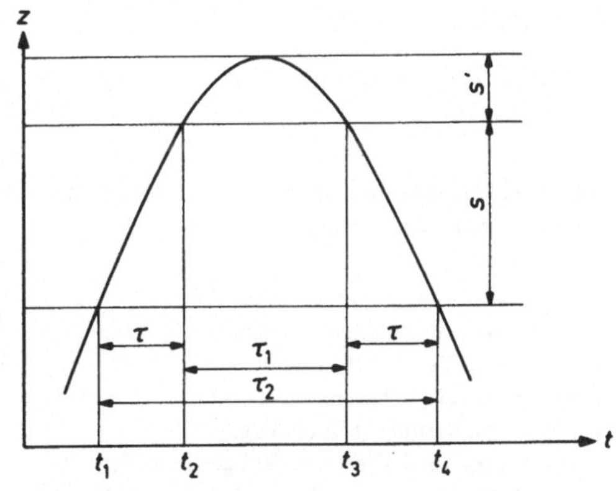

Bild 3.42 Zur Messung der Fallbeschleunigung
Durchgang des Fallkörpers durch zwei Stationen

Die Fehlerdiskussion ergibt, daß die symmetrische Methode etwas genauer ist. Außerdem hat sie den Vorteil, daß alle zur Geschwindigkeit proportionalen systematischen Fehler (z. B. Reibung infolge der restlichen Luft im Vakuumgefäß) in erster Näherung herausfallen, weil die beiden Durchgänge durch jede der beiden Schranken mit derselben Geschwindigkeit erfolgen.

Die bisher genaueste Messung der Fallbeschleunigung wurde in den Jahren seit 1960 von Sakuma im BIPM ausgeführt. Er benützte die Methode der 2 Stationen (symmetrische Methode) und erreichte eine relative Unsicherheit von etwa $3 \cdot 10^{-9}$. Diese Unsicherheit entspricht einer Änderung der Fallbeschleunigung an der Erdoberfläche längs einer Höhendifferenz von 1 cm. Infolge des (über die Fallstrecke als konstant angenommenen) vertikalen Schweregradienten gilt die Auswertegleichung (29) für einen Punkt, der um die Strecke l

$$l = \frac{s}{6} + \frac{s'}{3} \tag{30}$$

unterhalb des höchsten Punktes der Flugbahn des Fallkörpers liegt.

Bild 3.43 zeigt ein Schema der verwendeten Apparatur. Ihr Hauptteil ist ein sich im Vakuum befindendes Michelson-Interferometer, dessen einer Spiegel — ausgebildet als Tripel-

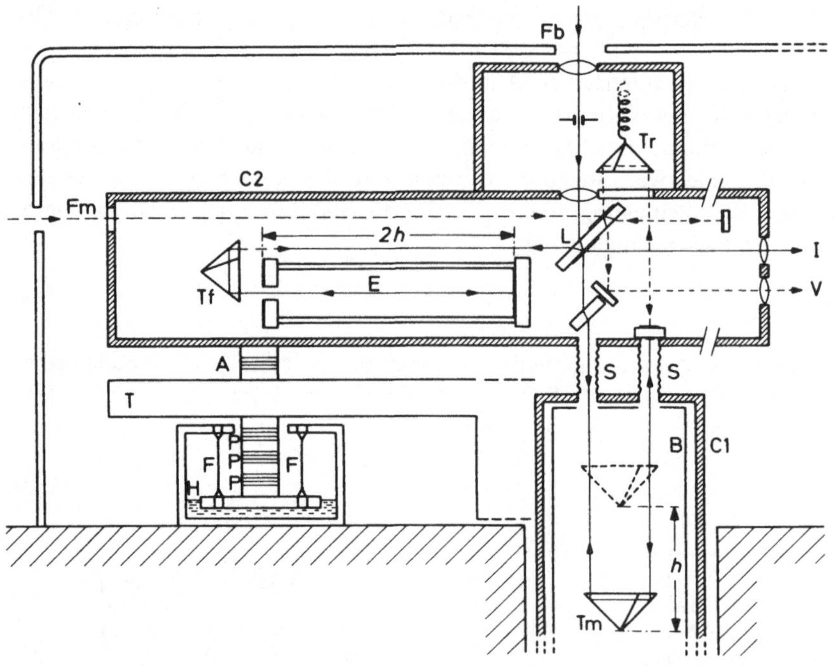

Bild 3.43 Apparatur von Sakuma zur Messung der Fallbeschleunigung im BIPM (nach ,,Le Bureau International des Poids et Mesures 1875—1975'')

C 1	Vakuumgefäß ($p \approx 2 \cdot 10^{-5}$ Pa)	Fb	weißes Licht
C 2	Vakuumgefäß ($p \approx 1 \cdot 10^{-2}$ Pa)	I	austretende Interferenzen
B	magnetische Abschirmung	T	Tisch (schwingungsgedämpft gelagert, F, H)
S	federnde Verbindungen	P	piezoelektrische Elemente
Tm	bewegter Tripelspiegel	A	Beschleunigungsaufnehmer
Tf, Tr	feststehender Tripelspiegel	V	austretender Lichtstrahl eines Hilfsinterferometers
h	Länge für Fallen und Steigen von Tm		meters
L	Teilerplatte		
E	Längenetalon (Länge 2h)		

spiegel T_m — als Fallkörper dient. Die zwei Stationen, die beim Steigen und Fallen durchquert werden, sind horizontale virtuelle Ebenen. Beim Durchgang durch diese Ebenen entspricht die Lage des bewegten Tripelspiegels der Lage des ruhenden Tripelspiegels T_f im horizontalen Teil des Interferometers in Bezug auf die beiden ebenen Spiegel. In diesen Augenblicken ist der Gangunterschied der Lichtwege Null. Aus dem bei I beobachtbaren Signal kann man dabei Impulse für die Zeitmessung auslösen. Die Länge $2h \approx 0{,}8$ m wird mit einer 86-Krypton-Lampe genau vermessen (relative Unsicherheit $3 \cdot 10^{-9}$, mit Hilfe eines stabilisierten Lasers auf etwa $0{,}7 \cdot 10^{-9}$). Die Zeitmessung erfolgt mittels einer Normalfrequenz von 20 MHz (Auflösung mittels Interpolation auf 0,1 ns bei $t_1 \approx 0{,}6$ s und $t_2 \approx 0{,}2$ s).

Die Apparatur ist außerordentlich erschütterungsempfindlich. Die Mikroseismik muß daher sehr sorgfältig beobachtet und eliminiert werden. Wegen des Gezeiteneffektes von maximal $\pm 1{,}5 \cdot 10^{-6}$ m · s^{-2} muß dieser recht genau bekannt sein, da er als Korrektion eingeht. Es spielt auch der Zeitpunkt der Messung eine große Rolle, da sich der Gezeiteneinfluß maximal um etwa $0{,}8 \cdot 10^{-8}$ m · s^{-2} pro Minute ändert[1].

Die seit 1966 von Sakuma erzielten Ergebnisse lassen den Schluß zu, daß sich die Fallbeschleunigung offensichtlich zeitlich geringfügig ändert. Die bisher publizierten Ergebnisse sind in Bild 3.44 dargestellt. Es deutet sich eine Periode von 11 Jahren an, die in der Geophysik bekannt ist.

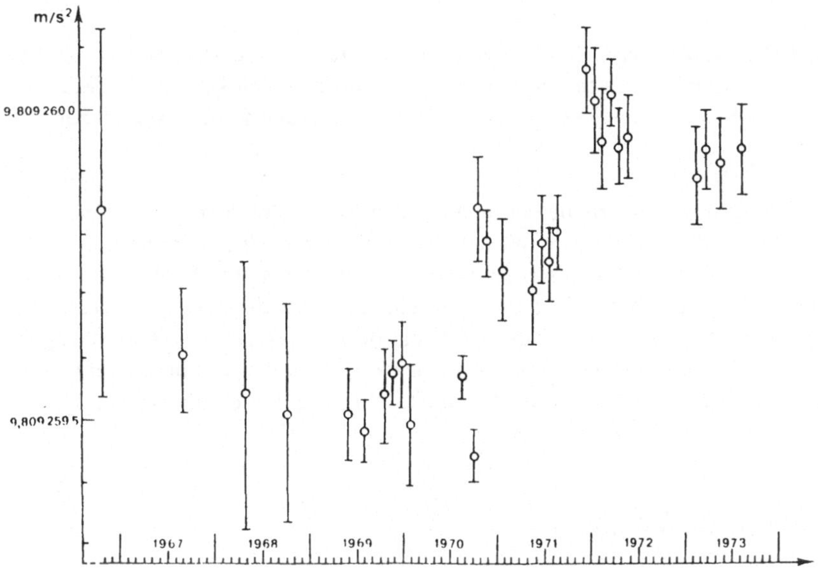

Bild 3.44 Säkulare Schwankungen der Fallbeschleunigung (nach Sakuma, aus „Le Bureau International des Poids et Mesures 1875–1975")

[1] NBS-Spec. Publ. No 343, 447, 1971

3.2.7 Die metrologische Bedeutung der Fallbeschleunigung

Der Wert der örtlichen Fallbeschleunigung hat beträchtliche meßtechnische Bedeutung in der Physik. Er geht z. B. ein in die Kraftmessung, da die genauesten Kraft-Normalmeßeinrichtungen diejenigen mit direkter Massewirkung sind ($F = m \cdot g$), die eine relative Meßunsicherheit von etwa $1 \cdot 10^{-6}$ erreichen. Man bewegt sich hier also bereits kurz vor der Grenze, ab der der vertikale Gradient der Fallbeschleunigung berücksichtigt werden muß.

Das genaueste Instrument für die Druckmessung ist das Quecksilberbarometer. Der Druck p ergibt sich zu

$$p = l \cdot \rho \cdot g, \tag{31}$$

wobei l die Länge der Quecksilbersäule und ρ ihre Dichte ist. Da die relative Unsicherheit solcher Druckmessungen zwischen 10^{-5} und 10^{-6} liegt, reicht also ein berechneter Wert der Fallbeschleunigung nicht aus.

Da genaue Temperaturmessungen im Gasthermometer teilweise auch genaue Druckmessungen benötigen, wirkt die Fallbeschleunigung selbst bis in diesen Bereich.

Das Ampere, die SI-Einheit der elektrischen Stromstärke, wird gemäß seiner Definition auf eine Kraftmessung zurückgeführt. Das für das Leiterpaar gültige Kraftgesetz lautet in skalarer Schreibweise

$$\frac{F}{l} = \frac{\mu_0 I_1 I_2}{2\pi d} , \tag{32}$$

wobei F die Kraft, l die Länge des Leiterpaares, d der Abstand der Leiter, I_1 und I_2 die elektrische Stromstärke durch die Leiter und μ_0 die magnetische Feldkonstante sind. Als Abhängigkeit der elektrischen Stromstärke von der Fallbeschleunigung g ergibt sich daher

$$I \sim \sqrt{g}. \tag{33}$$

Bei der Realisierung des Ampere bediente man sich bisher der Stromwaage (s. Abschnitt 3.4.3). Im Rahmen der auf diesem Weg erzielten relativen Unsicherheit von etwa $1 \cdot 10^{-6}$ spielt der genaue Wert der Fallbeschleunigung also durchaus eine Rolle. Geht man den Weg, das Ohm über den Anschluß einer Spule an einen Blindwiderstand zu realisieren, wobei die Frequenz gemessen und die Induktivität aus den geometrischen Abmessungen berechnet wird, so ergibt sich hierbei keine Abhängigkeit von der Fallbeschleunigung. Führt man dann aber das Volt über das Ohmsche Gesetz ein, so gilt auch für die elektrische Spannung U

$$U \sim \sqrt{g} \tag{34}$$

und für die elektrische Leistung N gemäß

$$N = I \cdot U \tag{35}$$

dann

$$N \sim g, \tag{36}$$

wie dies ja auch für die mechanische Leistung gelten muß.

Die Bestimmung der magnetischen Feldstärke H wird z. B. mit der Cottonschen Waage ausgeführt. Hierbei hängt ein rechteckig geknickter Leitungsdraht mit zwei langen Schenkeln an einer Waage, das kurze Leitungsstück (Länge l) steht senkrecht zu den Kraftlinien des homogenen magnetischen Feldes. Bei der Messung wird die Wirkung einer elektrischen Stromstärke I mit Gewichtstücken der Masse m äquilibriert

$$H = \frac{mg}{\mu_0\, lI} \;. \tag{37}$$

Dann ist

$$H \sim \sqrt{g}, \tag{38}$$

da auch $I \sim \sqrt{g}$ ist. Da allerdings die Kraftmessung und die Strommessung unabhängig voneinander sind, geht die Fallbeschleunigung g in doppelter Weise in das Ergebnis ein.

Das gyromagnetische Verhältnis γ eines Teilchens

$$\gamma = \frac{\mu}{J\,h} \tag{39}$$

wobei μ sein magnetisches Moment und J sein mechanischer Impuls sind, wird u. a. aus Resonanzexperimenten gewonnen. Hierbei sind Frequenzmessungen und Messungen der magnetischen Feldstärke notwendig.

Genaue Werte der Fallbeschleunigung spielen auch in der Geodäsie eine große Rolle. Man benötigt sie z. B. für die Kalibrierung der Gravimeter und für die dynamische Höhenmessung. Die dynamische Höhe H ist

$$H = \int \frac{g}{g_0}\, \mathrm{d}h \tag{40}$$

wobei g_0 ein geeignet gewählter Bezugswert ist.

Deutlich zu unterscheiden von allen diesen berechneten Werten der *normalen* Fallbeschleunigung und den gemessenen Werten der *lokalen* Fallbeschleunigung ist der von der 3. Generalkonferenz für Maß und Gewicht im Jahre 1901 festgelegte Wert der **Normfallbeschleunigung** g_n

$$g_n = 9{,}806\,65 \text{ m/s}^2 . \tag{41}$$

Hierbei handelt es sich nur um einen konventionellen Wert. Natürlich glaubte man seinerzeit, **daß dieser Wert** etwa für einen bestimmten Punkt gelte, doch wissen wir heute, daß dies nicht ganz zutrifft. Außerdem war er von Anfang an nur als „ortsunabhängiger" **Bezugs**wert gedacht. Er hatte lange Zeit im Zusammenhang mit der Krafteinheit Kilopond (kp) große Bedeutung (1 kp = 1 kg $\cdot g_n$ = 9,806 65 kg m/s^2 = 9,806 65 N).

3.2.8 Schwere und träge Masse

Es ist gelegentlich schon vorgeschlagen worden, zwischen einer Beschleunigungsmechanik mit einer trägen Masse m_t und einer Gravitationsmechanik mit einer schweren Masse m_s zu unterscheiden, obwohl die spezielle Relativitätstheorie hierzu nicht zwingt. Im Bereich der klassischen Physik, in dem man diesen Unterschied häufig macht, entnimmt man der Erfahrung allerdings nur die Proportionalität zwischen schwerer und träger Masse. Das Newtonsche Massenanziehungsgesetz ist dann mit einem Proportionalitätsfaktor $\beta = m_t/m_s$ zu schreiben:

$$F = G\,\frac{m_{t1} \cdot m_{t2}}{r^2} = \beta^2 \cdot G\,\frac{m_{s1} \cdot m_{s2}}{r^2} . \tag{42}$$

Eine Notwendigkeit hierfür scheint allerdings nicht zu bestehen, weder aus experimentellen Ergebnissen noch aus theoretischen Überlegungen. Auf der anderen Seite verwickeln wir uns durch die Annahme dieser Proportionalität an keiner Stelle im Lehrgebäude der Physik in Widersprüche. Die Einführung einer von der trägen Masse dimensionsverschiedenen schweren Masse würde die Schreibweise vieler Gleichungen sehr komplizieren. Dazu kommt die Schwierigkeit, daß ein Meßverfahren (und eine Einheit) für die schwere Masse einzuführen wäre. Da aber bekanntlich die Fallbeschleunigung aus den beiden Bestandteilen Gravitationsbeschleunigung und Zentrifugalbeschleunigung zusammengesetzt ist, bestände die Masse eines frei fallenden Körpers aus zwei Anteilen, einem Anteil an schwerer Masse aus der Gravitationswirkung am Beobachtungsort und einem Anteil an träger Masse aus der Zentrifugalwirkung am Beobachtungsort, die wohl kaum zu trennen wären. Dieselben Verhältnisse ergeben sich bei der Angabe eines Wägeergebnisses auf einer gleicharmigen Balkenwaage. Infolge der Erddrehung befinden wir uns in einem beschleunigten Bezugssystem, und wir haben immer die Vermischung der beiden Bestandteile.

Wie genau ist diese Proportionalität experimentell verifiziert? Der Grundgedanke bei diesen Experimenten, die Eötvös um die Jahrhundertwende ausführte, ist folgender: An einen feinen Torsionsdraht hängt man einen in Ost-West-Richtung ausgerichteten waagerechten Balken, an dessen Enden wieder Gewichtsstücke unterschiedlicher Substanzen (also unterschiedlicher Dichte) aber gleicher Masse hängen. Die Gravitationskraft zieht die Gewichtsstücke senkrecht nach unten (gegen den Massenmittelpunkt der Erde), die Zentrifugalkraft lenkt sie nach Süden aus. Ist nun das Verhältnis Gravitationskraft durch Zentrifugalkraft für die beiden unterschiedlichen Substanzen unterschiedlich, so wird die eine mehr nach Süden abgelenkt als die andere: Der am Torsionsdraht hängende Balken wird sich drehen (Bild 3.45). Die von Eötvös tatsächlich benutzte Anordnung ist wesentlich komplizierter, da er hierfür seine für die Messung von Schweregradienten konstruierte Apparatur verwendete, in der die Gewichtsstücke in unterschiedlicher Höhe angeordnet sind. Eine Drehung konnte er nicht feststellen. Die von ihm und seinen Schülern festgestellte Proportionalität gilt mit einer relativen Unsicherheit von $5 \cdot 10^{-9}$. Von R. H. Dicke[1]) wurden

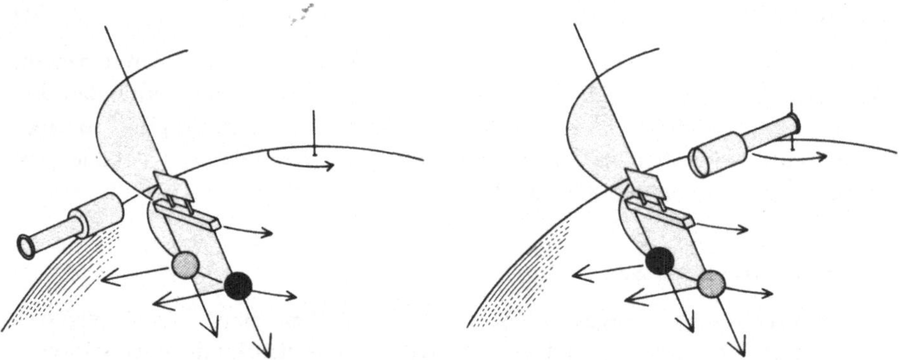

Bild 3.45 Prinzip des Eötvös-Experiments (nach Dicke, 1961)
Im rechten Teilbild ist die Meßapparatur gegenüber dem linken Teilbild um 180° gedreht.

---

[1]) Dicke, Scientific American **205**, Nr. 6, S. 84, 1961

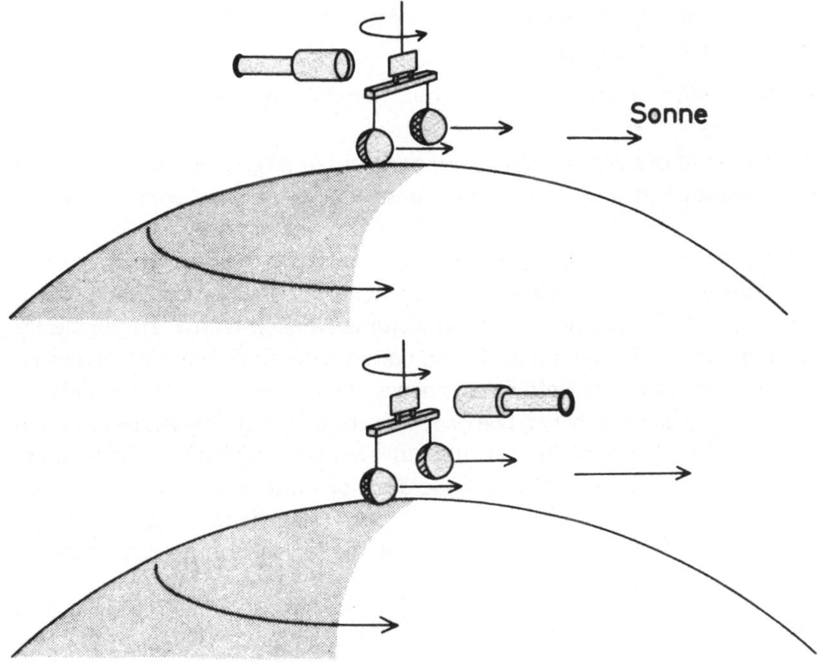

Bild 3.46 Prinzip des Dicke-Experiments (nach Dicke, 1961)
Im unteren Teilbild ist die Meßapparatur gegenüber dem oberen Teilbild um 180°
gedreht. Die Sonne steht immer rechts von der Erde.

in den letzten Jahren ähnliche Experimente ausgeführt. Sie laufen darauf hinaus, in der oben erwähnten Torsionsanordnung, die am Nordpol aufgebaut zu denken ist, die Gravitationskraft der Erde und die Zentrifugalkraft des Erdumlaufs um die Sonne auszunützen. Die Empfindlichkeit des Versuchs wird dadurch noch verdoppelt, daß infolge der Erdrotation die Torsionsanordnung alle 12 Stunden ihre Orientierung zur Sonne um 180° ändert (Bild 3.46). Die relative Unsicherheit der Proportionalität konnte damit auf $1 \cdot 10^{-11}$ verkleinert werden.

Es sollte vielleicht abschließend zu dieser Problematik betont werden, daß die Proportionalität von schwerer und träger Masse offensichtlich ein Naturgesetz ist, die Gleichsetzung ($\beta = 1$) ist allerdings nur eine für uns besonders bequeme Festlegung.

3.2.9 Gravitationskonstante

Die Messung der Gravitationskonstante G ist bis heute nicht mit wünschenswerter Genauigkeit gelungen. Eine Verkleinerung der derzeitigen relativen Meßunsicherheit von einigen 10^{-5} (s. u.) ist kurzfristig nicht zu erwarten.

Im Prinzip laufen alle Messungen der Gravitationskonstante darauf hinaus, daß man die Anziehung zweier Massen m_1 und m_2 beobachtet. Je nach der Art dieser Massen kann man die bisher ausgeführten Messungen klassifizieren.

a) m_1 ist die gesamte Erdmasse,
   m_2 ist ein natürlicher Teil davon.

Beispiel: Messung der Lotabweichung infolge eines Berges.

b) m_1 ist die gesamte Erdmasse oder ein natürlicher Teil davon,
m_2 ist ein künstlich hergerichtetes Massestück.

Beispiel: Messung des Gradienten der Fallbeschleunigung innerhalb der Erdkruste (aus Freiluftgradient und Bouguer-Reduktion ergibt sich G).

Wegen der Beteiligung der Masse der Erde an den Experimenten tragen die entsprechenden Veröffentlichungen gelegentlich auch den Titel: „Bestimmung der mittleren Dichte der Erde".

c) m_1 und m_2 sind künstlich hergerichtete Massestücke. Von den hierbei benützten Geräten gilt heute die zuerst von Cavendish 1798 angegebene Drehwaage, die durch Reich, Baily, Cornu, Baille, Boys, Braun, Eötvös und Heyl weiterentwickelt wurde, als genauestes Instrument. An einem dünnen Torsionsdraht ist ein horizontaler Stab befestigt, an dessen Enden sich zwei kleine Massestücke befinden. Ihnen stehen zwei große Massestücke in unterschiedlichen Anordnungen gegenüber. Die Beobachtung der Wechselwirkung zwischen den kleinen und den großen Massestücken ist nun auf zwei unterschiedliche Arten möglich. Entweder man mißt die statische Auslenkung des Torsionsdrahtes mit den kleinen Massen bei den Anordnungen 1 und 2 (Bild 3.47), oder man mißt die Schwingungsdauer T des Torsionspendels in den Anordnungen 3 und 4 (Bild 3.48). Näherungsweise ist in der Anordnung 3

$$T = 2\pi\sqrt{\frac{\Theta}{D}}, \tag{43}$$

wobei Θ das Trägheitsmoment und D das Direktionsmoment ist. In der Anordnung 4 ist

$$T = 2\pi\sqrt{\frac{\Theta}{D+k}}, \tag{44}$$

wobei k ein von der Gravitationswirkung herrührendes zusätzliches Direktionsmoment ist. Die zu beobachtenden Schwingungsdauern liegen in der Gegend von 30 bis 100 Minuten. Als Massestück verwendet man meist Kugeln, weil deren Gravitationsfeld bequem berechenbar ist. Ihre genaue Herstellung ist aber technisch schwierig. Deshalb benutzte Heyl 1930 bereits Zylinder, die recht genau herstellbar sind und deren Gravitationsfeld noch nicht zu kompliziert ist. Heute wird der Aufwand für die Berechnung des Gravitationsfeldes durch die Möglichkeit des Einsatzes von EDV-Anlagen kaum mehr eine Rolle

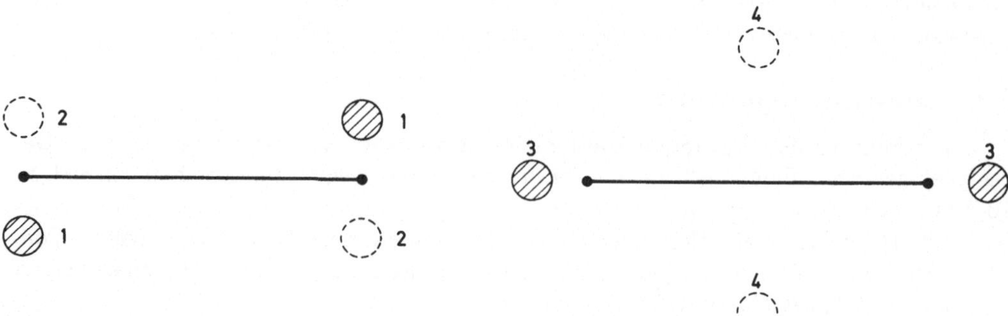

Bild 3.47 Messung der Gravitationskonstante (Auslenkung — statische Methode, Positionen 1 und 2)

Bild 3.48 Messung der Gravitationskonstante (Schwingungsdauer — dynamische Methode, Positionen 3 und 4)

spielen. Die erreichbare Meßunsicherheit dürfte heute insbesondere durch Inhomogenitäten der Dichte der großen Massestücke und durch apparative Einflüsse begrenzt sein. Diese Grenze liegt in der Gegend von $1 \cdot 10^{-5}$.

In vielen Tabellenwerken ist der von Heyl 1930 am NBS mit der dynamischen Methode erzielte Wert

$$G = (6{,}670 \pm 0{,}005) \cdot 10^{-11} \text{ m} \cdot \text{kg}^{-1} \cdot \text{s}^{-2} \tag{45}$$

($\delta G/G \approx 7{,}5 \cdot 10^{-4}$) enthalten, da über viele Jahre hinweg keine neuen Messungen ausgeführt wurden. Heyl gibt 1942 aufgrund wiederholter Messungen den Wert[1]

$$G = (6{,}673 \pm 0{,}003) \cdot 10^{-11} \text{ m} \cdot \text{kg}^{-1} \cdot \text{s}^{-2} \tag{46}$$

an.

Erst in neuerer Zeit sind mit technisch verbesserten Apparaturen wieder Messungen ausgeführt worden. Beams, Rose und andere benützten 1969 eine Drehwaage, die sich auf einem Drehtisch befindet, der über eine Regelung so in beschleunigte Drehbewegung versetzt wird, daß die gravitationsbedingte Auslenkung des Drehpendels kompensiert wird. Das Ergebnis lautet

$$G = (6{,}674 \pm 0{,}012) \cdot 10^{-11} \text{ m} \cdot \text{kg}^{-1} \cdot \text{s}^{-2}. \tag{47}$$

Die von Facy und Pontikis 1972 angegebene Drehwaage ist so beschaffen, daß die schweren Massen auf einem Drehtisch lagern, auf dem sie um das Torsionspendel rotieren können. Man wählt die Rotationsgeschwindigkeit so, daß beim Torsionspendel Resonanz eintritt. Es ergab sich

$$G = (6{,}6714 \pm 0{,}0006) \cdot 10^{-11} \text{ m} \cdot \text{kg}^{-1} \cdot \text{s}^{-2}. \tag{48}$$

Von Luther, Towler, Deslattes, Lowry und Beams wurde 1976 der Wert

$$G = (6{,}6699 \pm 0{,}0014) \cdot 10^{-11} \text{ m} \cdot \text{kg}^{-1} \cdot \text{s}^{-2} \tag{49}$$

angegeben[2]. Die Methode ist die von Beams und Rose angegebene.

Für die oben angegebenen, den Originalarbeiten entnommenen Ergebnisse werden gelegentlich etwas andere Werte aufgeführt. Meist gehen sie auf die im Zusammenhang mit der von Cohen und Taylor 1973 ausgeführten Ausgleichung der Fundamentalkonstanten (s. Abschnitt 8) durchgeführten kritischen Durchsicht und teilweise anderen Gewichtung der früheren Messungen zurück.

Alle Meßwerte sind schon von der Anlage des Experiments her Mittelwerte, da immer über eine größere Beobachtungszeit (z. B. Schwingungsdauer) gemittelt oder integriert wird. Wegen der außerordentlich geringen Wechselwirkung ist noch kein Experiment möglich, das Momentanwerte liefert. Ferner ist die für grundsätzliche Überlegungen wie für das Problem der säkularen Änderung von g interessante relative Unsicherheit von ca. $1 \cdot 10^{-8}$ in absehbarer Zeit nicht erreichbar.

Bald nach der Entdeckung der Gravitation taucht auch die Frage nach der physikalischen Natur dieser Erscheinung auf, insbesondere die Frage nach der Abhängigkeit der

---

[1] J. res. NBS 29 (1942) S. 1
[2] Atomic Masses and Fundamental Constants 5, S. 592

dabei auftretenden Kraft von physikalischen Bedingungen. Man kann dieses Problem auch so formulieren: Im Gravitationsgesetz

$$F = G \frac{m_1 \cdot m_2}{r^2} \tag{50}$$

ist die Abhängigkeit der Gravitations*kraft* von der Masse und der Entfernung formuliert. Dann muß aber die Gravitations*konstante G* selbst unabhängig von der Masse und der Entfernung sein.

Nun ist man meßtechnisch in einer recht schwierigen Lage. Ist schon die Meßunsicherheit bei der Bestimmung der Gravitationskonstante recht groß, wie soll man dann auch noch Abhängigkeiten von Parametern und Änderungen erkennen? Teilweise macht man daher von der Tatsache Gebrauch, daß Fallbeschleunigung und Gravitation miteinander verknüpft sind. Die folgenden Aussagen sind nur der schüchterne Versuch, theoretisch nicht zu erwartende Abhängigkeiten meßtechnisch zu bestätigen.

a) Eine Abhängigkeit der Gravitationskonstante von der Masse kann man nicht feststellen, wenn man die bisher ausgeführten Messungen daraufhin auswertet (im Bereich der verwendeten Massen zwischen 154 kg und 10^5 kg).
b) Seine beste Bestätigung findet das Newtonsche Gravitationsgesetz auf astronomischem Gebiet. Aufgrund des bisher vorliegenden Beobachtungsmaterials ergibt sich **keine** Notwendigkeit für ein Gesetz der Form

$$F = G \frac{m_1 \cdot m_2}{r^{2+\lambda}} \tag{51}$$

mit $\lambda \neq 0$.
c) Mit Hilfe der Absorption hat man bei elektrischen und magnetischen Feldern die Möglichkeit der Abschirmung. Es war daher naheliegend, auch solche Erscheinungen bei der Gravitation zu suchen. Bei der Messung der Gewichtskraft, wobei bei einem Teil der Beobachtungen zur Abschirmung beträchtliche Massen um das Gewichtsstück angeordnet waren, ergab sich kein Anhaltspunkt für die Notwendigkeit eines Gesetzes der Form

$$F = G \frac{m_1 \cdot m_2}{r^2} e^{-\lambda r}. \tag{52}$$

d) Die Messungen zur Proportionalität zwischen schwerer und träger Masse ergaben auch die Unabhängigkeit der Gravitationskonstante von der Substanz. Das heißt beispielsweise, daß alle Körper von der Erde gleich stark angezogen werden und im Schwerefeld der Erde mit gleicher Beschleunigung fallen, unabhängig davon

α) wie das Verhältnis der Anzahl der Protonen zu der Anzahl der Neutronen im Atomkern ist;
β) wie stark die Bindungskräfte im Atomkern und in der Atomhülle sind;
γ) mit welcher Geschwindigkeit sich die Elektronen in ihren Schalen bewegen.

Alle diese starken Wechselwirkungen bleiben ohne Einfluß auf die extrem schwache Wechselwirkung der Gravitation.
e) Die Untersuchung der Temperaturabhängigkeit der Gravitationskonstante blieb — wie erwartet — ergebnislos.

3.2.10 Gewicht

Weil das Wort Gewicht nicht eindeutig ist, gibt es viele Mißverständnisse. In der Physik ist das Gewicht eine Kraft, im täglichen Leben wird unter Gewicht häufig eine Masse verstanden.

Im Bereich von Wissenschaft und Technik wird das Gewicht vorwiegend für folgende drei verschiedene Bedeutungen gebraucht:

a) Als Benennung einer Größe von der Art einer Masse zur Angabe von Mengen im Sinne eines Wägeergebnisses,
b) als Benennung einer Größe von der Art einer Kraft ($F = ma$) und zwar für das Produkt der Masse eines Körpers und der örtlichen Fallbeschleunigung ($G = mg$),
c) als Name für Verkörperungen von Masseneinheiten sowie deren Vielfachen oder Teilen.

Zur Vermeidung von Mißverständnissen wird daher in DIN 1305 (Masse, Kraft, Gewicht, Last) empfohlen, folgende Wörter zu verwenden:

Im Fall a): „Masse" als Ergebnis einer Wägung. Es ist nicht notwendig, neben dem eindeutigen Wort Masse ein zweites mit derselben Bedeutung zu benutzen (davon unberührt ist der Gebrauch des Wortes Gewicht für das Ergebnis einer Wägung in Handel und Wirtschaft).

Im Fall b): „Gewichtskraft" für das Produkt der Masse eines Körpers und der örtlichen Fallbeschleunigung. Die Gewichtskraft ist ortsabhängig wegen der Ortsabhängigkeit der Fallbeschleunigung. Das Produkt aus Masse m und Normfallbeschleunigung g_n wird Normgewichtskraft G_n genannt.

Im Fall c): „Gewichtsstück" oder „Wägestück" für Verkörperungen von Einheiten der Masse (das „Ding", das man zum Tarieren auf die Waage legt).

Diese Empfehlung läuft darauf hinaus, das mehrdeutige Wort Gewicht zu vermeiden. Diese Tendenz besteht auch in anderen Ländern mit deutscher Sprache (z. B. Schweiz). Ähnliche Probleme bestehen beispielsweise im englischen mit „weight" und im französischen mit „poids". Man beobachtet dort interessiert den deutschsprachigen Versuch zur Klärung dieser Mehrdeutigkeit.

Nicht vermeidbar sind Wortzusammensetzungen mit dem Wort „Gewicht". Meist handelt es sich um den in Fall c) aufgeführten Gebrauch, z. B. Laufgewicht in einer Laufgewichtswaage. Es wäre sprachlich zu umständlich, von einem Laufgewichtsstück in einer **Laufgewichtsstückwaage** zu sprechen. In solchen Fällen wird man das Grundwort „-stück" weglassen. Es wird im allgemeinen dadurch kein Mißverständnis geben. Trotzdem sollte man gelegentlich darüber nachdenken, was wohl gemeint ist, wenn man dem Wort „Gewicht" in einem zusammengesetzten Substantiv begegnet.

Noch komplizierter sind die Probleme mit dem Wort „Last". Man sollte es als Benennung für eine physikalische Größe möglichst vermeiden.

3.2.11 Masse und Wägewert

Im Zusammenhang mit der Bestimmung der Masse eines Körpers muß man verschiedene Begriffe auseinanderhalten:

a) Die *Masse*. Sie ergibt sich aus der Wägung (dem Vergleich der Masse des Prüflings mit der Masse von Vergleichsnormalen) unter Anwendung aller notwendigen Korrektionen, insbesondere der Luftauftriebskorrektion (Gleichheit der Gewichtskräfte).

b) Der *Wägewert* (früher Tauchgewicht genannt). Er ist der an der Anzeigeeinrichtung der
Waage abgelesene Wert, er enthält also keine Korrektion bezüglich des Luftauftriebs.
Der Wägewert ist daher keine konstante Größe, sondern von den Wägebedingungen
(momentane Luftdichte bei der Messung, Dichte von Normal und Prüfling) abhängig.
Der Wägewert stimmt innerhalb abschätzbarer Grenzen mit der Masse überein. Da er viel
einfacher zu bestimmen ist, wird er in den Fällen, in denen die Abweichung keine Rolle
spielt ($\Delta m/m \approx 10^{-4}$) anstatt der Masse verwendet. Häufig wird allerdings in diesen
Fällen das Wort Wägewert gar nicht benutzt, sondern man spricht auch in diesen Fällen
von Masse, obwohl das nicht ganz richtig ist bzw. nur innerhalb einer tolerierten Abweichung stimmt. Die Einheit des Wägewertes ist das Kilogramm (kg).
Ein *Beispiel* erläutert den Unterschied deutlich:
Die Masse eines Kubikmeters Luft beträgt ca. 1,2 kg,
der Wägewert eines Kubikmeters Luft beträgt 0 kg
(die Waage macht bekanntlich keinen Ausschlag).

Bis zu diesem Punkt war der Sachverhalt relativ einfach und übersichtlich. Eine leichte
Komplikation ergibt sich nun daraus, daß es noch den Begriff des *konventionellen Wäge-
werts* gibt, der insbesondere im nationalen und internationalen gesetzlichen Meßwesen benutzt wird. Seine Definition lautet:

Hält ein Bezugsgewicht der Dichte $8\,000\ \text{kg/m}^3$ in Luft der Dichte $1{,}2\ \text{kg/m}^3$ einem
Gewichtsstück mit der Temperatur 20 °C das Gleichgewicht, so wird diesem Gewichtsstück als konventioneller Wägewert ein Rechenwert zugeordnet, dessen Zahlenwert
unter der Voraussetzung der Verwendung derselben Masseeinheit gleich dem Zahlenwert der Masse des Bezugsgewichts ist.

Die Einheit des konventionellen Wägewertes ist ebenfalls das Kilogramm (kg). Der
konventionelle Wägewert ist genau definiert, da er von einer bestimmten Luftdichte ausgeht.
Die Definition berücksichtigt auch die Entwicklung des weitgehenden Übergangs zu Massenormalen mit der Dichte $\rho = 8\,000\ \text{kg/m}^3$. Bezüglich der Terminologie muß man nun zwei
Dinge unterscheiden:

1. Die auf Gewichtstücken vorhandene Aufschrift zur Angabe des Größenwertes ist im allgemeinen die Angabe des konventionellen Wägewertes und nicht der Masse. Im Bereich des
gesetzlichen Meßwesens gilt dies ohne Einschränkung.
2. Es ist für genaue Messungen offenbar notwendig, zwischen Verkörperungen des Wertes
von konventionellen Wägewerten und des Wertes von Massen zu unterscheiden. Da die
im Handel befindlichen Verkörperungen — angeblich der Masse — Gewichtstücke (oder
Wägestücke) heißen, diese aber in Wirklichkeit Verkörperungen von konventionellen
Wägewerten sind, wollen wir das Wort Gewichtstück in der Doppelbedeutung als Verkörperung von konventionellen Wägewerten und als Verkörperung von Massen für solche
Fälle anwenden, in denen es auf den Unterschied nicht ankommt. Wenn es aber auf den
Unterschied ankommt, wollen wir für die Verkörperung von Werten der Masse das Wort
Massenormale verwenden.

Die Grundgleichung der Massebestimmung durch Wägung lautet (unter der Annahme
konstanter örtlicher Fallbeschleunigung über dem Bereich der Waage)

$$m_1 - V_1\,\rho_\text{L} = m_2 - V_2 \cdot \rho_\text{L} \tag{53}$$

mit

m_1, m_2 Massen der Körper 1 und 2
V_1, V_2 Volumina der Körper 1 und 2
ρ_1, ρ_2 Dichten der Körper 1 und 2
ρ_L Dichte der Luft.

Daraus ergibt sich die streng gültige Gleichung

$$m_1 \left(1 - \frac{\rho_L}{\rho_1}\right) = m_2 \left(1 - \frac{\rho_L}{\rho_2}\right) \tag{54}$$

oder

$$m_2 = m_1 \frac{1 - \rho_L/\rho_1}{1 - \rho_L/\rho_2} . \tag{55}$$

Durch Reihenentwicklung wird daraus die häufig benutzte Näherungsgleichung

$$m_2 \approx m_1 + m_1 \rho_L \left(\frac{1}{\rho_2} - \frac{1}{\rho_1}\right) \tag{56}$$

abgeleitet. Sie gilt für alle festen und flüssigen Meßgüter ($\rho_2 > \rho_L$). Bleiben die Dichten ρ_1 und ρ_2 im Bereich von $2\,700$ kg/m³ (Aluminium) bis $21\,500$ kg/m³ (Platin), so bleibt bei Anwendung der Gl. (56) der relative Fehler der Masse kleiner als $2 \cdot 10^{-7}$.

Bei routinemäßigen Massebestimmungen wird aber nicht nach den Gln. (53) bis (56), sondern folgendermaßen gearbeitet:

1. Die Volumina werden nicht gemessen, sondern mit angenommenen Dichtewerten ρ_{A1} und ρ_{A2} berechnet.
2. Hierbei benützt man für Messing $\rho_A = 8\,400$ kg/m³ und für korrosionsbeständigen Stahl $\rho_A = 7\,850$ kg/m³.
3. Der Wert für die Luftdichte ρ_L wird nicht gemessen. Man verwendet den angenommenen Wert $\rho_{L0} = 1,2$ kg/m³.

Statt Gl. (56) verwendet man daher folgende Gleichung

$$m_2^* = m_1 + m_1 \rho_{L0} \left(\frac{1}{\rho_{A2}} - \frac{1}{\rho_{A1}}\right). \tag{57}$$

Der relative Fehler von m_2^* läßt sich aus den Gln. (56) und (57) ableiten zu

$$\frac{\Delta m}{m} = \frac{m_2^* - m_2}{m_2} = \rho_L \left(\frac{1}{\rho_1} - \frac{1}{\rho_2}\right) - \rho_{L0} \left(\frac{1}{\rho_{A2}} - \frac{1}{\rho_{A1}}\right). \tag{58}$$

Der Relativwert der zuzulassenden Toleranz bei der Dichte $\Delta\rho/\rho = (\rho_{A1} - \rho_1)/\rho_1$ ergibt sich beispielsweise für $\Delta m/m \leqslant 10^{-6}$ und Messing zu $\Delta\rho/\rho \leqslant 0,7\,\%$, was kaum einzuhalten ist.

Benutzt man nun die Gleichung (54) als Definitionsgleichung und setzt

$m_1 = m_k$ (konventioneller Wägewert)
$\rho_L = \rho_{L0} = 1,2$ kg/m³
$\rho_1 = \rho_{10} = 8\,000$ kg/m³
$\rho_2 = \rho$
$m_2 = m,$

so ergibt sich

$$m_k \left(1 - \frac{\rho_{L0}}{\rho_{10}}\right) = m \left(1 - \frac{\rho_{L0}}{\rho}\right), \tag{59}$$

d. h. der Masse m wird unter festgelegten Bedingungen der konventionelle Wägewert m_k zugeordnet. Der Inhalt der Gl. (59) beschreibt die oben in Worten gegebene Definition. Aus Gl. (59) ergibt sich, wenn man die Zahlenwerte einsetzt

$$m_k = m \, \frac{\rho - 1{,}2 \,\text{kg/m}^3}{0{,}999\,850 \cdot \rho} . \tag{60}$$

Sind zwei der Größen m_k, m und ρ gegeben, so läßt sich daraus also die dritte berechnen. Halten sich zwei Gewichtstücke in Luft der Dichte $1{,}2 \,\text{kg/m}^3$ das Gleichgewicht, so haben sie den gleichen konventionellen Wägewert. Findet ein Vergleich bei einer Luftdichte $\rho_L \neq \rho_{L0}$ statt, so ergibt sich ein fehlerhafter konventioneller Wägewert m_k^*, dessen Fehler abgeschätzt werden kann:

$$\frac{m_k^* - m_k}{m_k} \approx (\rho_L - \rho_{L0}) \left(\frac{1}{\rho_1} - \frac{1}{\rho_2}\right). \tag{61}$$

Vergleicht man dieses Ergebnis der Gl. (61) unter der vereinfachten, aber das Abschätzungsergebnis nicht verfälschenden Annahme $\rho_{A1} = \rho_{A2}$ (gleicher Werkstoff der Gewichtstücke) mit Gl. (58), so stellt man fest, daß der relative Fehler um eine Zehnerpotenz kleiner ist, da nicht mehr der volle Wert der Luftdichte eingeht, sondern nur noch Abweichungen von der Luftdichte $\rho_{L0} = 1{,}2 \,\text{kg/m}^3$.

Der Zahlenwert des konventionellen Wägewertes eines Gewichtstücks stimmt mit dem Zahlenwert seiner Masse überein, wenn es die Dichte $\rho = 8\,000 \,\text{kg/m}^3$ hat. Daran erkennt man, daß der konventionelle Wägewert gar kein Wägewert ist, sondern ein Rechenwert für die Masse unter bestimmten Bezugsbedingungen.

Im Rahmen des gesetzlichen Meßwesens gibt es noch einen Zusatzaspekt im Zusammenhang mit dem konventionellen Wägewert. Wie für alle erfaßten Meßgeräte sind in der Eichordnung auch für die konventionellen Wägewerte der Gewichtstücke Fehlergrenzen festgelegt. Zusätzlich muß aber folgende Bedingung eingehalten sein:

Die Dichte der Gewichtstücke muß so sein, daß eine Abweichung der Luftdichte um 10 % vom Wert $1{,}2 \,\text{kg/m}^3$ höchstens einen Fehler des 0,25fachen der Fehlergrenze bewirkt.

Für die Dichte $\rho = 8\,000 \,\text{kg/m}^3$ des Gewichtstücks wird diese Zusatzbedingung bedeutungslos.

3.2.12 Waagen und Wägemethoden

Bei einer Wägung mittels einer in einem Gebäude aufgestellten Waage besteht im allgemeinen die in Bild 3.49 dargestellte Situation (hierbei wird die Punktmechanik zugrundegelegt):

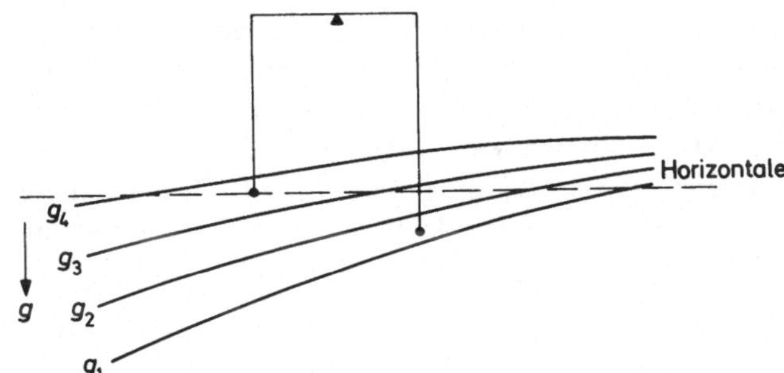

Bild 3.49
Waage im inhomogenen Schwerefeld

a) die Waage befindet sich in einem Schwerefeld mit ortsvariablen horizontalen und vertikalen Schweregradienten

b) die Schwerpunkte der aufgelegten Stücke befinden sich in unterschiedlicher Höhe.

Setzt man völlig gleiche Hebellängen des Waagebalkens voraus, so sind nur die Kräfte F_i an den Schwerpunkten der aufgelegten Massenormale miteinander zu vergleichen:

$$F_1 = m_1 g_1 = m_2 g_2 = m_2 (g_1 + \Delta g) = F_2. \tag{62}$$

Da sich aber der Massevergleich auf gleiche Werte der Fallbeschleunigung beziehen sollte ($g_1 = g_2$), könnte man nachträglich mit Hilfe der Gradienten eine Korrektion an m_2 anbringen. Da aber im allgemeinen diese Werte nicht bekannt sind und die verwendeten Wägeverfahren (Substitution, Doppelwägung) den Einfluß des horizontalen Gradienten (wie auch andere Einflüsse, s. u.) eliminieren, ist es zweckmäßig, den Einfluß der beiden Schweregradienten gesondert zu behandeln.

Befinden sich bei einer Präzisionswägung mit einer gleicharmigen Balkenwaage die Schwerpunkte der zu vergleichenden Massen in unterschiedlicher Höhe (z. B. beim Anschluß eines Messing-Normals an ein Platin-Iridium-Prototyp), so wird dies — wie seit langem bekannt ist — durch eine geeignete Reduktion berücksichtigt. Die ersten Angaben hierzu liegen wohl aus dem BIPM vor. Der am Aufstellungsort der Waage in einem Kellerraum vorhandene vertikale Schweregradient dürfte zwischen 2 und $3 \cdot 10^{-6}$ m/(s² · m) liegen. Die an einer Wägung anzubringende Reduktion Δm beträgt

$$\Delta m = m \int \frac{1}{g} \frac{\partial g}{\partial h} \cdot dh \approx m \frac{1}{g} \frac{\partial g}{\partial h} \cdot \Delta h. \tag{63}$$

Das ergibt für $\Delta h = 1$ m und $m = 1$ kg

$$\Delta m_1 \approx (200 \text{ bis } 300) \ \mu g \tag{64}$$

Da im oben erwähnten Fall der Höhenunterschied meist unter 2 cm liegen dürfte, ist hierfür die Reduktion Δm_2

$$\Delta m_2 \approx (4 \text{ bis } 6) \ \mu g. \tag{65}$$

Da dieser Betrag in der Größenordnung der Unsicherheit der Auftriebskorrektion liegt, wird er häufig nicht berücksichtigt. Dies wird aber in absehbarer Zeit nicht mehr möglich sein.

Der am Aufstellungsort einer Waage in einem Kellerraum vorhandene horizontale Schweregradient dürfte zwischen 1 und $3 \cdot 10^{-7}$ m/s² · m liegen. Bei einer klassischen Prototypwaage (Bild 3.50) mit einer Balkenlänge $l_1 = l_2 = 0,3$ m bedeutet dies eine horizontale Schweredifferenz zwischen den Schwerpunkten der aufgelegten Massen von 6 bis $18 \cdot 10^{-8}$ m/s², d. h. eine relative Änderung der Schwerkraft um $6 \dots 18 \cdot 10^{-9}$. Bei Massengleichheit der beiden aufgelegten Massen zeigt die Waage dann eine scheinbare Massenungleichheit derselben Größenordnung, bei einer Belastung mit einem Kilogramm also

$$\Delta m_3 = (6 \text{ bis } 18) \, \mu\text{g.} \tag{66}$$

Dieser Einfluß wird allerdings durch die Vertauschung der Massen bei der Gaußschen Doppelwägung eliminiert. Man wird im allgemeinen geneigt sein, den Unterschiedsbetrag der beiden Wägungen der Ungleicharmigkeit der Balkenwaage in die Schuhe zu schieben. Er besteht aber aus den beiden unterschiedlichen Teilen: einem apparativen Teil und einem Teil, der vom Schwerefeld herrührt. Zu trennen wären sie nur, wenn man die Waage um 180° um ihre vertikale Achse drehte.

Bei moderneren Prototypwaagen mit kurzen Balken wird der Einfluß entsprechend geringer. Bei einer Analysenwaage mit einer Höchstlast von meist 200 g und einer Balken-

Bild 3.50 Prototypwaage der PTB (fernbediente, verbesserte 1-kg-Rueprecht-Prototypwaage)

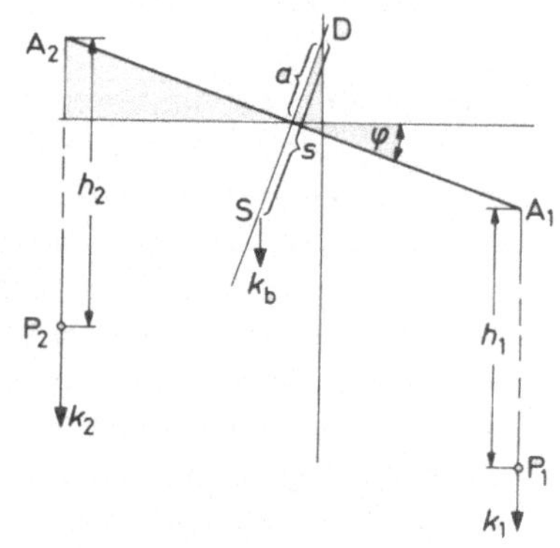

Bild 3.51 Prinzip der Waage (Bedeutung der Symbole siehe Text)

länge von meist etwa $l_1 = l_2 = 0,1$ m sind diese Erscheinungen nicht mehr feststellbar, da sie unterhalb der Meßgenauigkeit liegen.

Die Gleichgewichtsbedingung einer Waage im inhomogenen Schwerefeld ist leicht ableitbar. Unter der Annahme, daß alle drei Schneiden parallel sind, ergibt sich (Bild 3.51)

$$(l_2 \cos \varphi + a \sin \varphi) \, F_2 + F_b \cdot s \cdot \sin \varphi = (l_1 \cos \varphi - a \sin \varphi) \, F_1 , \tag{67}$$

wobei D der Drehpunkt des Waagebalkens, S sein Schwerpunkt, m_b seine Masse, F_b seine Gewichtskraft, P_1, P_2 die Schwerpunkte der aufgelegten Massestücke m_1 und m_2 und F_1 und F_2 die wirkenden Gewichtskräfte sind. Daraus ergibt sich

$$\tan \alpha = \frac{l_1 F_1 + l_2 F_2}{a(F_1 + F_2) + F_b \cdot s} . \tag{68}$$

Die Fallbeschleunigung hat an den Punkten P_1, P_2, A_1, A_2, S in erster Näherung folgende Werte

$$
\begin{aligned}
P_2 &\quad g_2 \\
A_2 &\quad g_2 - \lambda_2 h_2 \\
S &\quad g_2 - \lambda_2 h_2 + \kappa \, l_2 \\
A_1 &\quad g_2 - \lambda_2 h_2 + \kappa \, (l_1 + l_2) \\
P_1 &\quad g_2 - \lambda_2 h_2 + \kappa \, (l_1 + l_2) + \lambda_1 h_1 .
\end{aligned}
$$

Legt man nun auf beiden Seiten der Waage gleiche Massestücke auf $(m_1 = m_2)$, so wird

$$\tan \alpha = \frac{l_1 m_1 \left\{ 1 + \dfrac{\kappa}{g_2} (l_1 + l_2) + \dfrac{\lambda_1}{g_2} h_1 - \dfrac{\lambda_2}{g_2} h_2 \right\} - l_2 m_2}{a \left\{ m_2 + m_2 \left[1 + \dfrac{\kappa}{g_2} (l_1 + l_2) + \dfrac{\lambda_1}{g_2} h_1 - \dfrac{\lambda_2}{g_2} h_2 \right] \right\} + m_B \cdot s \left(1 + \dfrac{\kappa}{g_2} l_2 - \dfrac{\lambda_2}{g_2} h_2 \right)} \tag{69}$$

mit m_B als Masse des Waagebalkens.

Das Problem der ungleichen Balkenlängen (l_1 nicht genau gleich l_2) wird mit Hilfe der *Substitutionswägung* (Borda) sowie der *Vertauschungswägung* (Gauß) überwunden.

Bei der *Substitutionswägung* wird das unbekannte Wägegut (Masse m) auf der einen Seite der Waage aufgelegt und mit Gewichtstücken, die nicht genau zu sein brauchen, kompensiert (Ruhelage R_1). Dann wird das unbekannte Wägegut durch Gewichtstücke bekannter Masse m' ersetzt (Ruhelage R_2). Dann ergibt sich

$$m = m' \pm \frac{R_1 + R_2}{E} \tag{70}$$

wobei E die Empfindlichkeit der Waage ist.

Bei der *Vertauschungswägung* (Doppelwägung) wird das unbekannte Wägegut erst auf die eine Seite der Waage aufgelegt und gewogen und anschließend auf die andere Seite der Waage aufgelegt und wieder gewogen. Daraus ergibt sich ein Mittelwert.

Beiden Verfahren ist gemeinsam, daß die Waage hierbei mehrere Male entarretiert und wieder arretiert wird. Hierbei werden die Schneiden nicht wieder genau auf die gleichen Stellen auf den Pfannen aufsetzen. Es werden also doch winzige Änderungen der Balkenlänge während der einzelnen Phasen der Wägung eintreten. Diese Nachteile werden von einer erstmals von Gould 1949 konstruierten Waage vermieden, bei der die Schneiden und Pfannen immer im Eingriff bleiben.

Die moderne Entwicklung der Prototypwaagen geht in folgende Richtungen:

1. Der Kraftschluß zwischen Schneide und Pfanne bleibt beim Arretieren erhalten.
2. Kürzere Meßzeit.
   Das hat z. B. kürzere Balkenlängen zur Folge. Eine im NBS entwickelte Waage (Bild 3.52) kann z. B. zu Beginn der Messung mit 6 Normalen beschickt werden (Abkürzung des Temperaturausgleichs).
3. Wägungen finden in einem druckdichten Gehäuse statt, um Luftdruckschwankungen während der Messung auszuschalten, und um eventuelle Standardbedingungen — z. B. bestimmtes Gas — realisieren zu können.
4. Automatisierung und Fernbedienung.
   Die vom Operateur stammenden Fehler (Fehlablesung, Wärmestrahlung) können damit vermieden werden. In jüngster Zeit hat sich die direkte Beobachtung der Schwingungen des Waagebalkens mit einem Laser-Interferometer bewährt. Es ist heute selbstverständlich, daß störende Umwelteinflüsse (Erschütterungen, Klima) auszuschalten sind. Für eine schnelle und sichere Auswertung ist auch in diesem Bereich die Digitalisierung der Meßwerte vorteilhaft.

Von Kochsiek, Krüger und Kunzmann wurde 1977 ein Laser-Interferometer zur Messung der Balkenschwingung von Waagen angegeben[1]. Diese Vorrichtung gestattet es, die Schwingungen des Waagebalkens rückwirkungsfrei, schnell und mit kleiner Unsicherheit rechnergesteuert zu messen. Die Empfindlichkeit der Anzeige konnte dabei um den Faktor 100 gesteigert werden. Da die Auswertung in einem Rechner erfolgt, braucht man sich auch nicht auf die meist übliche Näherungsformel für die Ruhelage

$$M = \frac{1}{4}(U_1 + 2U_2 + U_3) \tag{71}$$

zu beschränken, wobei die U_i die aufeinanderfolgenden Umkehrpunkte sind. Für die Ruhelage wird vielmehr die exakte Formel

$$M = \frac{U_2^2 - U_1 \cdot U_3}{-U_1 + 2U_2 - U_3} \tag{72}$$

verwendet. Das benutzte Winkelinterferometer ist in Bild 3.53 schematisch dargestellt. Es besteht aus folgenden Teilen:

a) einem He-Ne-Laser als Lichtquelle 7, aus thermischen Gründen außerhalb der Waage angeordnet;
b) den feststehenden optischen Teilen, die am Gestell der Waage 8 befestigt sind (Strahlenteiler 5, Umlenkprisma 4);
c) den am Waagebalken 1 befestigten Teilen (zwei Dachkantenprismen 3);
d) den Differenzphotodioden 6 als photoelektrischen Meßumformern, denen die elektronischen Geräte zur Meßwerterfassung und Verarbeitung nachgeschaltet sind.

Die mit Prototypwaagen, also Waagen zum Vergleich von Massenormalen von 1 kg erreichbare relative Meßunsicherheit liegt in der Gegend von $1 \cdot 10^{-9}$. Die einzelnen Typen unterscheiden sich einerseits etwas im Bedienungskomfort und andererseits in der für eine Messung benötigten Zeit.

---

[1] Kochsiek, Krüger u. Kunzmann, Feinwerktechnik u. Meßtechnik, 85, H. 2, 86, 1977

Bild 3.52
Prototypwaage NBS 2 im Internationalen Büro für Maß und Gewicht (BIPM) in Sèvres

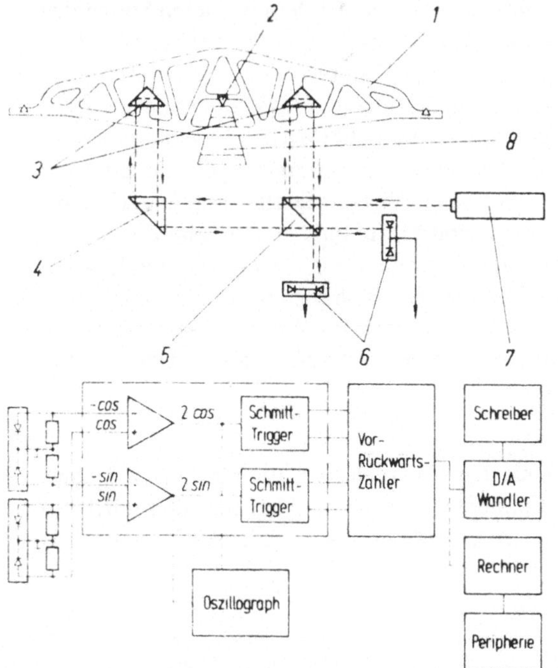

Bild 3.53
Waage mit angebautem Winkelinterferometer zur Beobachtung der Schwingungen des Waagebalkens (schematische Darstellung)

1 Waagebalken
2 Hauptschneide
3 Reflektoren
4 Umlenkprisma
5 Strahlenteilerwürfel
6 Differenzphotodioden
7 Laser
8 Gestell der Waage

(nach Kochsiek, Krüger und Kunzmann, 1977)

3.3 Die Sekunde

3.3.1 Einleitung

Bei der physikalischen Größe Zeit ist es notwendig, zwischen der Zeiteinheit Sekunde und der Zeitskala mit ihrem Skalenmaß Sekunde zu unterscheiden. Beides wird im folgenden behandelt, da eine isolierte Betrachtung nur der einen Seite nicht möglich ist. Die Zusammenhänge haben sich allerdings gewandelt.

Früher diente die sich aus der mittleren Sonnenzeit ergebende Zeitskala zur Ableitung der Zeiteinheit Weltzeitsekunde. Dann kamen einige Jahre, in denen Zeiteinheit und Zeitskalenmaß aus unabhängigen Definitionen hergeleitet wurden. Heute leitet sich das Zeitskalenmaß von der Zeiteinheit „atomar definierte Sekunde" ab. Da für die Festlegung einer Zeiteinheit immer eine periodische Naturerscheinung verwendet wird, kann man die geschilderten Perioden auch mit den hierzu benutzten Erscheinungen charakterisieren:

a) Zeiteinheit abgeleitet von der Erdrotation (Drehung um ihre Achse),
b) Zeiteinheit abgeleitet von der Erdrevolution (Umlauf der Erde um die Sonne),
c) Zeiteinheit abgeleitet von Übergängen in Atomen.

3.3.2 Die Weltzeit

Die Zeitdauer zwischen zwei aufeinander folgenden Höchstständen der Sonne (genauer gesagt: Durchgängen der Sonne durch den Meridian des Beobachters) ist der *wahre Sonnentag*. Er hat wegen der Schiefe der Ekliptik und aufgrund der Tatsache, daß die Erde nicht auf einem Kreis sondern auf einer Ellipse um die Sonne läuft, eine ungleichförmige Dauer. Man denkt sich daher eine „mittlere Sonne", die ihre scheinbare Bahn am Himmelsäquator mit gleichförmiger Geschwindigkeit durchläuft und deren Position im Frühlingspunkt mit dem der „wahren Sonne" übereinstimmt. Der Durchgang der mittleren Sonne durch den Meridian definiert den *mittleren Sonnentag*. Gegenüber dem mittleren Sonnentag weicht der wahre Sonnentag in seiner Dauer um bis zu 30 s ab. Die wahre Sonnenzeit (Zeitpunkt) kann von der mittleren Sonnenzeit um bis zu 16,4 Minuten und − 14,3 Minuten abweichen. Diese Differenz heißt Zeitgleichung. Da die Meridiandurchgänge der Sonne längs eines Breitenkreises zu unterschiedlichen Zeitpunkten erfolgen, hätte jeder dieser Punkte seine eigene Zeitskala. Daher führte man Ende des neunzehnten Jahrhunderts die Zonenzeiten ein. Das Gesetz, betreffend die Einführung einer einheitlichen Zeitbestimmung (Reichsgesetzblatt 1893, S. 93) schaffte die Ortszeiten ab und führte eine einheitliche Zeit als gesetzliche Zeit ein: „die gesetzliche Zeit ist die mittlere Sonnenzeit des fünfzehnten Längengrades östlich von Greenwich". Die Basis der Zonenzeiten ist die zum nullten Längengrad (Greenwich) gehörende mittlere Sonnenzeit mit der Bezeichnung Weltzeit (Abkürzung UT von „Universal Time"). Die einzelnen Zonenzeiten entstehen durch Addition einer ganzen Anzahl von Stunden.

Beispiel: Mitteleuropäische Zeit MEZ: UT + 1 h

Die Zeiteinheit Sekunde wurde bis 1956 aus dem − in eine fortlaufende Zeitskala, nämlich die Weltzeit, eingebetteten − mittleren Sonnentag abgeleitet. Man teilt den mittleren Sonnentag (d_{UT}) in 24 Stunden zu je 60 Minuten und diese wieder zu je 60 Sekunden, so daß also

$$1 \ d_{UT} = 86\,400 \ s_{UT} \quad \text{(genau)} \tag{73}$$

gilt.

Diese Sekunde kann man zur Unterscheidung von anders definierten als *Weltzeitsekunde* bezeichnen. Über festgelegte Zahlenfaktoren definierte Vielfache des mittleren Sonnentages sind:

$$\text{das Gemeinjahr} = 365 \text{ mittlere Sonnentage (genau)}$$
$$= 31\,536\,000 \text{ Weltzeitsekunden (genau)} \tag{74}$$

$$\text{das Schaltjahr} = 366 \text{ mittlere Sonnentage (genau)}$$
$$= 31\,622\,400 \text{ Weltzeitsekunden (genau)} \tag{75}$$

$$\text{das Kalenderjahr ist entweder ein Gemeinjahr oder ein Schaltjahr.} \tag{76}$$

Das Kalenderjahr beginnt immer am 1. Januar 0 Uhr und endet am 31. Dezember 24 Uhr (es ist zu unterscheiden vom Zeitintervall Jahr, das zu einem beliebigen Zeitpunkt beginnen kann).

$$\text{Das mittlere Julianische Jahr } (a_{jul}) =$$
$$= (3 \text{ Gemeinjahre} + 1 \text{ Schaltjahr})/4 = 365{,}25 \text{ mittlere Sonnentage (genau)} \tag{77a}$$
$$= 31\,557\,600 \text{ Weltzeitsekunden (genau)}$$

$$\text{das mittlere Gregorianische Jahr } (a_{greg}) =$$
$$= (400\, a_{jul} - 3\, d)/400 = 365{,}2425 \text{ mittlere Sonnentage (genau)} \tag{77b}$$
$$= 31\,556\,952 \text{ Weltzeitsekunden (genau).}$$

Die Vielfachen für das mittlere Julianische Jahr und das mittlere Gregorianische Jahr sind so gewählt, daß mit ihnen das tropische Jahr (s. u.) angenähert wird, dessen Dauer etwa 365,242 2 mittlere Sonnentage beträgt.

Der Nullpunkt der Weltzeitskala ist der 1. Januar des Kalenderjahres 1 v. Chr. 0 Uhr UT. Die Kalenderjahre werden fortlaufend gezählt. Bis zum Jahre 1581, der Gültigkeit des Julianischen Kalenders, war jedes Jahr mit einer durch 4 ohne Rest teilbaren Jahreszahl ein Schaltjahr. Das Jahr 1582 enthält nur 355 Kalendertage (in Deutschland fehlen die Tage vom 5. bis einschließlich 14. Oktober). Man ließ diese 11 Tage ausfallen, da sich im Laufe der Jahrhunderte eine Verschiebung zwischen der Zeitskala und den Jahreszeiten ergeben hatte. Seit 1583 erfolgt die Zeitrechnung im Gregorianischen Kalender (von Papst Gregor XIII mit Bulle vom 24. Februar 1582 eingeführt).

Komplikationen kommen nun von zwei Seiten. Erstens ist die Dauer des mittleren Sonnentages mittels Meridiandurchgangs der Sonne gar nicht mit ausreichender Genauigkeit meßbar. In der Praxis erhält man die Weltzeitsekunde aus der Dauer des Sterntags (genauer gesagt: des siderischen Tags d^*). Hierzu mißt man zwei aufeinanderfolgende Durchgänge des Frühlingspunktes durch den Meridian. Da es infolge des Umlaufs der Erde um die Sonne pro Jahr einen mittleren Sonnentag weniger als Sterntage gibt, gilt

$$d_{UT} = d^* \left(1 + \frac{1}{n}\right), \tag{78}$$

wobei n die Anzahl der mittleren Sonnentage im tropischen Jahr (s. u.) ist. Es ist also

$$1 \text{ mittlerer Sonnentag } (d_{UT}) = 1{,}002\,737\,909\,3 \text{ siderische Tage } (d^*). \tag{79}$$

Dieser Wert gilt für das Jahr 1900.

Die zweite Schwierigkeit kommt von der ungleichmäßigen Rotation der Erde. In den Jahren 1934 und 1935 gelang Scheibe und Adelsberger an der Physikalisch-Technischen Reichsanstalt mit den dort entwickelten Quarzuhren der Nachweis jahreszeitlich periodischer Schwankungen der astronomisch bestimmten Tageslänge.

Bei der Analyse der Schwankungen der astronomisch bestimmten Tageslänge ist es notwendig, zwischen den durch die Polbewegung (Nutation der Erde infolge von Massenverlagerungen in und auf der Erde) und infolge jahreszeitlicher Luftmassenverlagerung verursachten Schwankungen der geographischen Länge und den jahreszeitlichen, annähernd periodischen Rotationsschwankungen zu unterscheiden. 1955 wurden folgende Bezeichnungen eingeführt:

UT0 ist die astronomisch bestimmte Weltzeit eines Beobachtungsortes;

UT1 ist die von den Polhöhenschwankungen bereinigte Zeit UT0;

UT2 ist die von den erfahrungsgemäß auftretenden jahreszeitlich periodischen Rotationsschwankungen bereinigte Zeit UT1.

UT1 ist dem Drehwinkel der Erde proportional und wird für die mit der Erdumdrehung verknüpften Probleme benötigt (z.B. Navigation auf See und in der Raumfahrt). Die Zeitskala UT1 weicht von der Zeitskala UT2 um bis zu 30 ms ab.

Die heute genauesten Meßinstrumente für die Ermittlung der Weltzeit aus Sternbeobachtungen sind das „Photographische Zenitteleskop" (PZT) und das „Astrolab" nach A. Danjon. Zur Unterteilung des Weltzeit-Tages in UT-Stunden, UT-Minuten und UT-Sekunden benutzt man Uhren (mechanische Uhren, Quarzuhren, Atomuhren). Die Zeitskala UT2 ist die gleichmäßigste Zeitskala, die sich aus der Erdrotation ableiten läßt, und aus der Zeitskala UT2 stammte die zuletzt verwendete Weltzeitsekunde. Wegen der Abbremsung der Erde vergrößerte sich ihre Dauer um etwa $2 \cdot 10^{-10}$ s/Jahr, infolge unregelmäßiger Rotationsschwankungen muß man mit Schwankungen von 10^{-8} s innerhalb einiger Jahre rechnen.

3.3.3 Die Ephemeridenzeit

Die Erdrotation erfolgt nach Abschnitt 3.3.2 also nicht so gleichmäßig, daß sie bei den heutigen Ansprüchen an die Zeitmeßgenauigkeit für die Festlegung eines Zeitmaßes noch ausreicht. Man hoffte daher, aus dem Umlauf der Erde um die Sonne (Erdrevolution) ein besseres Zeitmaß zu erhalten. Hierbei sollte die Newtonsche Inertialzeit realisiert sein. Aus der Erdrevolution lassen sich folgende Zeitintervalle ableiten:

1. Das siderische Jahr (a_{sid}) ist die Zeitdauer für einen auf das Fixsternsystem bezogenen vollständigen 360°-Umlauf der Erde um die Sonne. Da es nicht unmittelbar gemessen werden kann, wird es für die Zeitmessung nicht benutzt. (Es ist $a_{sid} = a_{trop} +$ etwa 20,4 min).
2. Das anomalistische Jahr (a_{anom}) ist die Zeitdauer zwischen zwei aufeinanderfolgenden Durchgängen der Erde durch das Periphel. (Es ist $a_{anom} = a_{trop} +$ etwa 25,1 min).
3. Das astronomische Jahr (a_{astr}, auch annus fixtus oder Besselsches Jahr genannt) ist die Zeitdauer, in der die Rektaszension der fiktiven mittleren Sonne um 360° zunimmt. Es unterscheidet sich nur sehr wenig vom tropischen Jahr.
4. Das tropische Jahr (a_{trop}) ist die Zeitdauer zwischen zwei aufeinanderfolgenden Durchgängen der mittleren Sonne durch den mittleren Frühlingspunkt. Infolge der allgemeinen Präzession wandert der wahre Frühlingspunkt in etwa 26 000 Jahren einmal um die Ekliptik. Dieser Wanderung sind ein geringer säkularer Einfluß und periodische Schwankungen überlagert. Der mittlere Frühlingspunkt ist von den periodischen Schwankungen befreit. Wegen der erwähnten Präzession der Erde ist das tropische Jahr um etwa 20,4 min kürzer als das siderische Jahr. Infolge des säkularen Terms ist jedes tropische Jahr um etwa 5,3 ms kürzer als das vorhergehende. Das tropische Jahr ist mit den Jahreszeiten auf der Erde in Phase und für die Zeitrechnung (Kalender) von großer Bedeutung. Bis zum

Jahre 1582 näherte man für die Kalenderherstellung das tropische Jahr mittels des aus dem mittleren Sonnentag gewonnenen mittleren Julianischen Jahres ($a_{jul} = a_{trop} + 11,2$ min), seit 1583 mittels des ebenfalls aus dem mittleren Sonnentag gewonnenen mittleren Gregorianischen Jahres ($a_{greg} = a_{trop} + 0,4$ min) an. Wegen der Veränderlichkeit der Dauer des tropischen Jahres ist der Begriff des „momentanen tropischen Jahres" a_{tr} notwendig. Es ist

$$a_{tr} = \frac{360°}{\dfrac{dL}{dt}}, \tag{80}$$

wobei L die mittlere Länge der Sonne ist (d. h. der Winkel, unter dem von der Erde aus der Ort der mittleren Sonne und der momentane mittlere Frühlingspunkt erscheinen). Hierbei ist $\frac{dL}{dt} = f(t)$.

Die von der internationalen Astronomischen Union (IAU) vorbereitete, vom CIPM 1956 empfohlene und von der CGPM 1960 sanktionierte neue Sekundendefinition lautete:

Die Sekunde ist der 31 556 925,9747te Teil des tropischen Jahres für 1900, 0. Januar, 12 Uhr Ephemeridenzeit (ET).

Zur Erläuterung muß gesagt werden, daß der angesprochene Zeitpunkt der 31. Dezember 1899, 12 Uhr UT und etwa 4,5 s ist.

Diese Definition basierte auf der Beziehung

$$L = L_0 + L_1 t + L_2 t^2, \tag{81}$$

die Newcomb für die Länge der „mittleren Sonne" in Bezug auf den mittleren Frühlingspunkt — Messungen von 1680 bis 1895 verwendend — herleitete. Welche Art Zeit wird hierbei durch t ausgedrückt? Als Zeitmaß diente seinerzeit der mittlere Sonnentag bzw. das Julianische Jahr. Im Grunde wurde die Länge L in Gl. (81) also auf die Weltzeitsekunde bezogen bzw. auf einen Mittelwert über ca. 200 Jahre. Der Effekt der Abbremsung der Erdrotation war damals noch nicht bekannt, er ist deshalb im Koeffizienten L_2 nicht enthalten. Eine Differentiation der Gl. (81) ergibt unter Berücksichtigung der von Newcomb angegebenen Werte für L_1 und L_2 die Zahlenwertgleichung

$$a_{tr} = 3,155\,692\,597\,47 \cdot 10^7 \text{ s} - 5,303\,2 \cdot t \text{ ms} \tag{82}$$

s Mittelwert der Weltzeitsekunde, t in julianischen Jahren.

Gl. (82) beschreibt auch die bereits oben erwähnte ständige Verkürzung des tropischen Jahres.

Der entsprechende Schritt zur Definition der Ephemeridensekunde war nun, per definitionem dem momentanen tropischen Jahr für $t = 0$ den Wert

$$a_{tr}(1900) = 3,155\,692\,597\,47 \cdot 10^7 \text{ Ephemeridensekunden } (s_E) \tag{83}$$

zuzuordnen und die auf Beobachtungsergebnissen beruhende Gl. (82) als exakt gültig festzulegen

$$a_{tr} = 3,155\,692\,597\,47 \cdot 10^7 \, s_E - 5,303\,2 \cdot t \text{ ms}. \tag{84}$$

t ist in julianischen Ephemeriden-Jahren einzusetzen, wobei jetzt gilt

$$a_{jul} = 3,155\,76 \cdot 10^6 \, s_E. \tag{85}$$

Auf diese Weise ist die Ephemeridensekunde in ihrer Dauer der mittleren Weltzeit-sekunde zwischen 1680 und 1895 angepaßt worden. Die gegenwärtige Weltzeitsekunde ist aber um etwa $3 \cdot 10^{-8}$ s länger, da sich die Erdrotation gegenüber der der Ephemeridenzeit zugrunde liegenden Zeit vor etwa 200 Jahren verlangsamt hat.

Die oben erwähnte kleine Differenz von 4,5 s beim Beginn der Skala hängt mit der gemittelten Weltzeit zusammen. Es war im Jahre 1900 noch nicht möglich, den Zeitpunkt $t = 0$ mit dem Zeitpunkt 12 Uhr UT am 31.12.1899 in Übereinstimmung zu bringen. Spätere Beobachtungen ergaben die angegebene Differenz.

Die neue Definition der Sekunde, diesmal der Ephemeridensekunde, hatte einige Nachteile, die man bereits bei ihrer Einführung sehen konnte. Der schwerwiegendste war der, daß man die Ephemeridensekunde gar nicht auf der Basis ihrer Definition darstellen konnte. Man mußte sie vielmehr aus der Mondbewegung ableiten. Hierbei stützte man sich auf langjährige Messungen der Umlaufdauer des Mondes um die Erde in Bezug auf den Um-lauf der Erde um die Sonne. Zur Realisierung der Ephemeriden-Sekunde mit nennenswerter Genauigkeit sind aber Zeitintervalle von mehreren Jahren notwendig, da die Messung der Mondumlaufdauer mit Unsicherheiten von einigen Zehntel Sekunden behaftet ist. Die Unter-teilung derart langer Zeitintervalle mit genügender Genauigkeit war nur mit Atomuhren möglich. Es war daher eine zwangsläufige Entwicklung, sich bezüglich der Sekundendefini-tion ohne Zuhilfenahme astronomischer Erscheinungen gleich auf atomare Erscheinungen zu stützen (s. Abschnitt 3.3.4).

Eine von L. Essen am NPL in Zusammenarbeit mit dem USNO von 1955 bis 1958 ausgeführte Messung mit von einer Cäsium-Atomuhr kontrollierten Quarzuhren ergab für eine Ephemeridensekunde die Dauer von $(9\,192\,631\,770 \pm 20)$ Perioden der Cs-Schwingung im ungestörten Zustand der Atome. Die Meßunsicherheit war im wesentlichen durch die Un-sicherheit der astronomischen Bestimmung der Ephemeridenzeit bedingt.

1976 beschloß die Internationale Astronomische Union (IAU) auf ihrer General-Versammlung, die Ephemeridenzeit als Zeitreferenz in der Astronomie durch eine atomar definierte Zeitskala fortzusetzen.

Die während dieser Zeit über Zeitzeichensender verbreiteten Zeitsignale gehörten unterschiedlichen Systemen an. Das am häufigsten verbreitete wurde Coordinated Universal Time (UTC) genannt. Es arbeitete mit jährlich neu festgelegten „Skalensekunden" (s. Ab-schnitt 3.3.5), die um ganze Vielfache von $5 \cdot 10^{-9}$ s von der SI-Sekunde abwichen (offset). Für jedes kommende Kalenderjahr wurde diese Anzahl im voraus festgelegt und dann nicht mehr geändert. Wenn sich die Erdrotation dann anders verhielt als erwartet, wurden „Skalen-sprünge" von 0,1 s eingeführt, so daß sich die Zeitskalen UTC und UT2 normalerweise um nicht mehr als 0,1 s unterschieden. Dieses System wurde von 1963 bis 1971 angewendet. Es hat viele Mißverständnisse verursacht, da es für Nicht-Fachleute schwierig war, zwischen der SI-Sekunde und der von ihr abweichenden und variablen Skalensekunde zu unter-scheiden. Eine andere Zeitskala, die an der PTB entwickelt und über den Sender DCF 77 (s. Abschnitt 3.3.6) ausgestrahlt wurde, benützte die „Atomsekunde" (die heutige SI-Sekunde) als Skalenmaß. Bei Bedarf wurden Skalensprünge von 0,2 s eingefügt, um mit der Weltzeit UT2 etwa in Phase zu bleiben. Dieses System nannte sich Stepped Atomic Time (SAT). Beide Systeme sind heute nicht mehr in Gebrauch, das letztere diente aber als Modell für das heutige, in Abschnitt 3.3.6 beschriebene neue UTC-System, das nichts außer dem Namen mit dem alten UTC-System gemein hat.

3.3.4 Die Atomzeit

Im Jahre 1967 wurde die SI-Sekunde auf atomarer Grundlage neu definiert:

„Die Sekunde ist das 9 192 631 770-fache der Periodendauer der dem Übergang zwischen den beiden Hyperfeinstrukturniveaus des Grundzustandes von Atomen des Nuklids ^{133}Cs entsprechenden Strahlung."

Diese Sekunde wird in Cäsiumstrahl-Apparaturen realisiert, wobei die Präzession des Elektrons der äußeren Hülle im Magnetfeld des Atomkerns meßtechnisch erfaßt wird (s. Abschnitt 3.3.8). Zur Gewinnung von Zeitintervallen müssen die Perioden der atomaren Frequenzen laufend gezählt werden. In den derzeit besten Apparaturen weicht die Frequenz nach Korrektur aller störenden Einflüsse von der Frequenz des ungestörten atomaren Übergangs relativ um etwa 10^{-13} ab. Dem entspricht eine Unsicherheit von 1 s in 300 000 Jahren.

Bei den Diskussionen für die Festlegung der atomaren SI-Sekunde war auch das Problem relativistischer Effekte (Abhängigkeit vom Gravitationspotential) berührt worden. Die obige Definition erfolgte absichtlich ohne Bezug auf ein bestimmtes Gravitationspotential. Sie gilt in der „Eigenzeit" des Atoms. Für die relative Frequenzänderung $\Delta f/f$ einer Atomuhr gilt bei einer Höhenänderung Δh in der Nähe der Erdoberfläche $(\Delta f/f)/\Delta h = 1{,}09 \cdot 10^{-13}/\mathrm{km}$. Bei in Satelliten mitgeführten Atomuhren und bei Atomuhrentransporten sind relativistische Effekte ebenfalls zu beachten (s. Abschnitt 3.3.9).

3.3.5 Die Atomzeitskalen

Mit dem Erscheinen der Atomuhren kam auch der Gedanke auf, mit Hilfe der damit zu realisierenden hochgenauen Atomsekunden Zeitskalen aufzubauen. Dabei wird also durch sukzessive Addition eines Skalenmaßes synthetisch eine Skala hergestellt. Hierbei sind folgende Probleme zu klären:

1. Das Skalenmaß muß festgelegt werden.
   Das Skalenmaß einer Zeitskala ist das mit einer Definitionsvorschrift festgelegte Zeitintervall zwischen dem Auftreten von zwei speziellen Funktionswerten der Funktion $f(t)$, die einen periodischen Vorgang beschreibt.
   Die Atomzeitskala TAI (s. u.) basiert auf der heutigen SI-Sekunde. Da die SI-Sekunde aber nur mit einer Unsicherheit (z. B. von 10^{-13} s) realisiert werden kann, muß ihr Größenwert für den Aufbau einer Skala als exakt gültig erklärt werden, d. h., die Skala wird für exakt gültig erklärt. Es wäre unbefriedigend, wenn nach Ablauf von beispielsweise 10^5 s (ca. 1 d) ein Zeitpunkt mit einer Unsicherheit von $10^{-13} \cdot 10^5$ s $= 10^{-8}$ s angegeben werden müßte. (Die Angabe von Zeitintervallen erfolgt aber mit Unsicherheitsangabe!).
2. Da jede Realisierung der SI-Sekunde mit einer Unsicherheit behaftet ist, muß festgelegt werden, welche Realisierung die gültige ist.
   Das CCDS entschied, daß nur die vom BIH auf der Basis der Zeitskalen der größeren Zeitinstitute hergestellte Approximation die gültige Zeitskala sein soll. Später wurde das Verfahren dahin modifiziert, daß als Basis die Zeitskalen der einzelnen Atomuhren der Institute dienen.
3. Das Bezugssystem für die Zeitskala muß festgelegt werden.
   Die durch die Atomzeitskala TAI dargestellte Zeit ist eine Systemzeit mit Bezug auf einen Punkt in Ruhe relativ zur Erdoberfläche und in Meereshöhe. Das muß man beachten, wenn man die Beiträge von Uhren an verschiedenen Orten mittelt.

4. Der Nullpunkt der Zeitskala muß festgelegt werden.

   Der Anfang der ersten Atomzeitskala A 3 (s. u.), auf den sich auch die heutige Atomzeitskala TAI bezieht, wurde willkürlich — im Rahmen der Meßgenauigkeit — auf den Zeitpunkt 1. Januar 1958, 00.00.00 Uhr UT2 gelegt.

5. Die Bezeichnung der Skala muß eindeutig sein.

   Dieser Aspekt wird weiter unten bei den speziellen Skalen behandelt.

6. Es muß festgelegt werden, in welcher Weise die Vielfachen des Skalenmaßes gebildet werden, da darauf der Kalender aufgebaut wird.

   Es ist zu unterscheiden zwischen der Einheit Sekunde und ihren Vielfachen Minute, Stunde und Tag und dem Skalenmaß Skalensekunde und ihren Vielfachen. Für diese ist leider noch keine ausreichende Terminologie entwickelt. Zur Eindeutigkeit wird daher im folgenden das Wort „Skalen" einem Teil der Vielfachen vorangestellt. Die Vielfachen der Skalensekunde sind

> die Skalenminute
> die Skalenstunde
> der Kalendertag
> die Kalenderwoche
> der Kalendermonat und
> das Kalenderjahr.

Die Zeitintervalle Sekunde, Minute, Stunde und Tag können zu jedem beliebigen Zeitpunkt beginnen. So kann beispielsweise eine Stunde um 9.30 beginnen und um 10.30 enden.

Skalenmaße sind nur im Rahmen einer Zeitskala definiert. Anfang und Ende eines Skalenmaßes sind in der Zeitskala genau festgelegt. Ein Kalendertag beginnt um 0 Uhr und endet um 0 Uhr des nächsten Kalendertages. Analoges gilt z. B. auch für die Skalensekunde.

Für die Zählung des Kalenders im Rahmen der Atomzeitskala TAI gelten nach wie vor die Regeln des Gregorianischen Kalenders.

Nach diesen allgemeinen Ausführungen wollen wir uns den speziellen Atomzeitskalen zuwenden. Im Internationalen Büro für die Zeit (BIH, Bureau International de l'Heure) wurde ab Anfang 1961 aus den im NPL, NBS und LSRH vorhandenen Atomuhren die Zeitskala A 3 gebildet. Ihr Anfang wurde — wie oben bereits erwähnt — im Rahmen der Meßgenauigkeit auf den Zeitpunkt 1. Januar 1958, 00.00.00 Uhr UT2 gelegt. Seit 1969 wird die Atomzeitskala TA gebildet. Es ist üblich, in Klammern hinter die Abkürzung der Skala die Abkürzung des Instituts oder Landes zu setzen, in dem die Skala gebildet wird. Obige Skala heißt daher genauer TA (BIH). Sie wurde zunächst aus den Skalen TA (F), (F von Frankreich), TA (USNO) und TA (PTB) gebildet. Später kamen noch weitere Institute hinzu.

Seit dem 1. Januar 1972 wird die „Internationale Atomzeitskala" TAI verbreitet. TAI ist eine Fortsetzung von TA (BIH). Ihre Definition durch die Meterkonvention lautet:

> „Die Internationale Atomzeit ist die Zeitkoordinate, die vom Internationalen Büro für die Zeit dargestellt wird auf der Grundlage der Anzeigen von Atomuhren in verschiedenen Instituten, die entsprechend der Definition der Sekunde, der Zeiteinheit des SI, arbeiten."

Diese Definition ist ohne Zweifel etwas nichtssagend. Sie schreibt dem BIH beispielsweise nicht vor, in welcher Weise es TAI bilden soll. Sie stellt aber klar, daß die Skala TAI definitionsgemäß richtig ist. (Eine im Jahr 1970 festgestellte Abweichung von ca. $1 \cdot 10^{-12}$ ist seit Ende 1976 beseitigt).

Da die Ephemeridensekunde etwas kürzer als die derzeit ableitbare Weltzeitsekunde ist, laufen die Atomzeitskala TAI und die Weltzeitskala, nach der sich weitgehend unser Leben richtet, geringfügig auseinander. Da man dem öffentlichen Leben als amtliche Zeit nach wie vor die Weltzeit zugrunde legt (s. auch § 1 Zeitgesetz, s. Anhang 6), stellt man eine Zeitskala her, in der eine aus TAI gewonnene Zeitskala der Weltzeit angepaßt wird. Hierbei handelt es sich um ein SAT-System (s. Abschnitt 3.3.3) mit Skalensprüngen von jeweils einer Sekunde.

Dieses System wird jetzt „Coordinated Universal Time" (Koordinierte Weltzeit, UTC) bezeichnet. (Es hat mit der *alten* UTC-Skala nichts zu tun.) Koordinierte Zeitskalen sind solche, die weltweit im Rahmen einer vom CCIR festgelegten Toleranz übereinstimmen.

Das UTC-System wurde vom CCIR für die Verbreitung von Zeitsignalen am 1. Januar 1972 eingeführt. UTC wird in einfacher Weise aus TAI gewonnen: Es weicht von TAI jeweils um eine ganze Zahl von Sekunden ab: $TAI - UTC = N \cdot (1 \text{ s})$ (N ganze Zahl). Bei Bedarf werden sogenannte Schaltsekunden eingefügt oder weggelassen, um UTC der Weltzeit UT1 anzunähern. Beim Beginn der Skala UTC bestand zu TAI bereits eine Differenz von etwa 10 s. Es sind also folgende Zeitpunkte identisch:

1972, 1. Januar 00.00.00 Uhr UTC
und 1972, 1. Januar 00.00.10 Uhr TAI.

Eine Schaltsekunde wird eingefügt oder weggelassen, um zu erreichen, daß der Unterschied zwischen UT1 und UTC nie größer als 0,9 s wird: Ein vom BIH festgelegter Näherungswert dieser Differenz wird mit dem Symbol DUT1 bezeichnet:

$$DUT1 \approx UT1 - UTC \text{ (gerundet auf 0,1 s)}.$$

$DUT1 > 0$ bedeutet, daß ein UT1-Skalenwert früher auftritt als der entsprechende UTC-Skalenwert („UT1 geht vor"). Aus der Beziehung

$$UT1 \approx UTC + DUT1$$

ergibt sich, daß DUT1 als *Korrektion* verwendet werden kann: Durch Addition von DUT1 zu UTC wird eine Annäherung an UT1 erhalten (mit einer Unsicherheit von ca. 70 ... 80 ms). Im Ausdruck DUT1 wurde absichtlich der Buchstabe D statt Δ gewählt, um bei Maschinen mit begrenztem Zeichenvorrat (Schreibmaschinen, Fernschreiber) und bei Morsezeichen möglichst wenig Irrtümer aufkommen zu lassen. Als mögliche **Zeitpunkte hierfür sind der 31. März, der 30. Juni, der 30. September und der 31. Dezember** festgelegt (bevorzugt werden die Jahresmitte und das Jahresende). Zur Zeit reicht eine Schaltsekunde im Jahr aus. Eine Schaltsekunde ist jeweils die letzte Sekunde eines Kalendervierteljahres in der UTC-Skala. Da Schaltsekunden überall auf der Welt gleichzeitig eingefügt werden und in der Bundesrepublik Deutschland die Zeitskala UTC + 1 Skalenstunde gebräuchlich ist, wird hier die Schaltsekunde als letzte Skalensekunde der 1. Skalenstunde des 1. Januar, des 1. April, des 1. Juli oder des 1. Oktober eingefügt.

Die Zählung der Skalensekunden in der Nähe einer Schaltsekunde geschieht daher in folgender Weise:

1. Eingefügte Schaltsekunde („positive Schaltsekunde") am 1. Januar für UTC + 1 h (MEZ)

Datum	Skalenstunde	Skalenminute	Skalensekunde
1. Januar	0	59	57
1. Januar	0	59	58
1. Januar	0	59	59
1. Januar	0	59	60
1. Januar	1	0	0
1. Januar	1	0	1

2. Weggelassene Schaltsekunde („negative Schaltsekunde") am 1. Januar für UTC + 1 h (MEZ)

Datum	Skalenstunde	Skalenminute	Skalensekunde
1. Januar	0	59	57
1. Januar	0	59	58
1. Januar	1	0	0
1. Januar	1	0	1

Da für die Skalenmaße Skalensekunde, Skalenminute und Skalenstunde ebenfalls die Einheitenzeichen s, min und h verwendet werden, sind manchmal Mißverständnisse nicht ganz ausgeschlossen (Datierung s. Abschnitt 3.3.7).

Noch eine Bemerkung zum Wort Schaltsekunde. Eine Schaltsekunde ist eine eingefügte oder weggelassene Skalensekunde. Dieser Sprachgebrauch hat sich am Beispiel des Schaltjahres gebildet. Es ist jedoch zu beachten, daß bei einem Schaltjahr bekanntlich kein Kalenderjahr eingefügt wird, sondern lediglich ein Kalendertag.

Trotz des gelegentlichen Einfügens oder Weglassens von Schaltsekunden gilt auch weiterhin ohne jegliche Einschränkung die Tatsache

$$1 \text{ min} = 60 \text{ s,}$$
$$1 \text{ h} = 3\,600 \text{ s und}$$
$$1 \text{ d} = 86\,400 \text{ s.}$$

Von der Schaltsekunde sind nur die *Skalenmaße* Skalenminute, Skalenstunde und Kalendertag betroffen.

In Tabelle 3.7 sind für die bessere Übersicht noch einmal die Abkürzungen für die wichtigsten Zeitskalen zusammengestellt.

Tabelle 3.7: Abkürzungen für Zeitskalen

A3	Atomzeitskala des BIH (später AT bzw. TA, später TAI)
TA	Atomzeitskala
MEZ	Mitteleuropäische Zeit (UTC + 1 h)
OEZ	Osteuropäische Zeit (gleich Mitteleuropäischer Sommerzeit)
SAT	Stepped Atomic Time
TAI	Internationale Atomzeitskala

In allen Sprachen:

UT   Weltzeit

UT0   unkorrigierte Weltzeit

UT1   polhöhenkorrigierte Weltzeit (dem Drehwinkel der Erde proportional)

UT2   Wegen der jahreszeitlichen Rotationsschwankungen korrigierte Weltzeit UT1

UTC   Koordinierte Weltzeit

Nach internationalen Empfehlungen sollen die Ausdrücke GMZ bzw. GMT (Greenwich Mean Time) nicht verwendet werden.

3.3.6 Die Verbreitung der Zeit

Die Verbreitung der gesetzlichen Zeit in der Bundesrepublik Deutschland erfolgt unter anderem mit Hilfe des Senders DCF 77. Dieser Langwellensender, der von der PTB bei der deutschen Bundespost gemietet ist, arbeitet auf einer Frequenz von 77,5 kHz. Sein Standort ist die Sendefunkstelle Mainflingen (50° 01′ Nord, 09° 00′ Ost) etwa 25 km südlich von Frankfurt am Main. Seit 1970 arbeitet er im Dauerbetrieb (24-h-Betrieb), seit Mitte 1973 werden zur vollständigen Information auch Uhrzeit und Datum (Nummern von Skalenminute, Skalenstunde, Kalendertag, Kalendermonat und Kalenderjahr sowie die Nummer des Wochentages) nach der Zeitskala UTC (PTB) + 1 h = MEZ (PTB) in kodierter Form übertragen.

Das Rufzeichen des Senders wird stündlich dreimal in den Skalenminuten 19, 39 und 59 jeder Skalenstunde durch Tonmodulation des Trägers (250 Hz) in Morse ohne Unterbrechung der Zeitmarkenfolge gegeben. Während der gelegentlich notwendigen Wartungsarbeiten erfolgt die Aussendung über eine andere Antenne (s. u.). Bei Gewitter am Sendeort sind Abschaltungen möglich. Die Sendeleistung beträgt z. Z. 50 kW (Antennenleistung 50 kW, abgestrahlte Leistung ca. 25 kW). Dank dieser beträchtlichen Sendeleistung und der Tatsache, daß er auf Langwelle arbeitet, ist praktisch in ganz Europa die Feldstärke so groß, daß DCF 77 von Nordnorwegen bis Spanien und Griechenland empfangen werden kann.

Feldstärkemessungen ergaben im Bereich der Bundesrepublik Deutschland die in Tabelle 3.8 zusammengestellten Werte.

Tabelle 3.8: Elektrische Feldstärke europäischer Zeitsignal- und Normalfrequenzsender im Sommer am Tage (vgl. **Anhang 8**)

Ort	elektrische Feldstärke in mV/m für			
	DCF 77 (77,5 kHz)	HBG 75 (75 kHz)	MSF 60 (60 kHz)	OMA 50 (50 kHz)
Itzehoe	0,88	0,045	0,071	0,11
Berlin	0,79	0,045	0,11	0,22
Krefeld	2,8	0,25	0,35	0,32
Darmstadt	27,7	0,56	0,19	0,40
München	4,4	0,56	0,12	0,89
Konstanz	4,4	1,25	0,22	0,56

Die Trägerfrequenz von genau 77,5 kHz ist eine aus Atomuhren abgeleitete hochstabile Normalfrequenz, deren relative Abweichung vom Sollwert im Wochenmittel weniger als $1 \cdot 10^{-12}$ beträgt. Die Phasenzeit der Trägerfrequenz des Senders wird mit Hilfe einer Fernwirkanlage bis auf $\pm\,0,2\,\mu s$ in Übereinstimmung mit UTC (PTB) gehalten. Da UTC

(PTB) nur um wenige Zehntel Mikrosekunden vom internationalen Sollwert UTC (BIH) abweicht, stimmt die Trägerfrequenz von DCF 77 ohne Anwendung von Korrektionen außerordentlich genau mit der international verwendeten Normalfrequenz, die der Zeitskala UTC (und letzten Endes also auch TAI) zugrundeliegt, überein.

Die bei einer Kontrolle der Aussendung festgestellten Abweichungen werden im „DCF-77-Bulletin" zusammengestellt und veröffentlicht (siehe Nachrichtentechnische Zeitschrift). Ein solches Bulletin ist im Anhang 7 wiedergegeben. Der Träger ist mit Skalensekundenmarken moduliert, die in Form der Absenkung der Trägeramplitude auf 25 % gegeben werden, wobei der Beginn der Absenkung jeweils den Skalensekundenbeginn darstellt. Durch die Absenkung nur bis auf 25 % und nicht auf 0 ist es möglich, durch Amplitudenbegrenzung am Empfangsort eine kontinuierliche Wechselspannung der Trägerfrequenz als Normalfrequenz zu gewinnen. Die 59. Skalensekundenmarke wird zur Ankündigung der Skalenminutenmarke unterdrückt. Zur kodierten Übertragung von Information werden Skalenminutenmarken von 0,1 s und 0,2 s Dauer verwendet.

Die Übertragung von DUT1 erfolgte gemäß CCIR-Empfehlung gemäß dem in Bild 3.54 dargestellten Kode. Hierbei werden positive Werte von DUT1 mit Hilfe der Sekundenmarken Nr. 1 bis 7 einschließlich ausgedrückt. n hervorgehobene Marken (beginnend mit Sekundenmarke Nr. 1) bedeuten DUT1 = $n \cdot$ 0,1 s. Negative Werte von DUT1 werden mit Hilfe der Sekundenmarken Nr. 9 bis 15 einschließlich ausgedrückt, m hervorgehobene Marken (beginnend mit der Sekundenmarke Nr. 9) bedeuten DUT1 = $- m \cdot$ 0,1 s. Dieser Kode wurde bei DCF 77 bis Mai 1977 angewendet.

Die hervorgehobenen Skalensekundenmarken hatten eine Dauer von 0,2 s, die nicht hervorgehobenen eine Dauer von 0,1 s. Da es sich herausgestellt hat, daß im Anwendungsbereich von DCF 77 diese Information offenbar kaum interessiert, ist die Aussendung von DUT1 wieder eingestellt worden. DUT1 ändert sich nur sehr langsam. Die notwendige Information wird nun über das monatlich erscheinende DCF-77-Bulletin gegeben. Dies erfolgte z. B. von Anfang an auch bezüglich der Zeitdifferenz

$$TAI - UTC = N \cdot (1 \text{ s}) \tag{86}$$

(N ganze Zahl).

N ändert sich um ± 1 beim Einfügen einer positiven oder negativen Schaltsekunde.

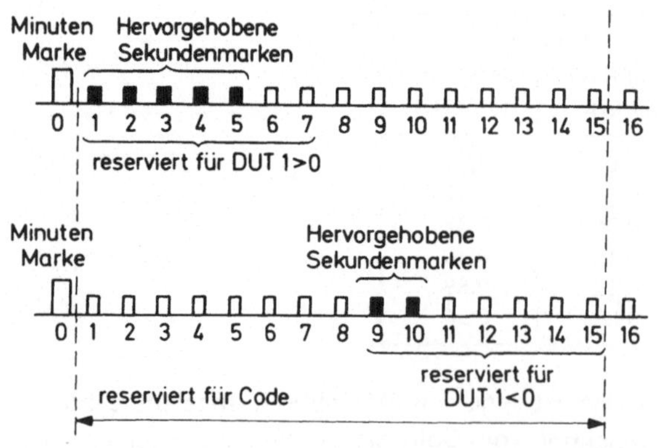

Bild 3.54
Prinzip des DUT 1-Codes
oberes Beispiel: DUT1 = + 0,5 s
unteres Beispiel: DUT1 = − 0,2 s

Die Uhrzeit und das Datum werden gemäß Bild 3.55 von der 20. bis zur 57. Skalensekunde übermittelt. Hierbei bedient man sich einer binären Kodierung (BCD-Kode, d. h., jede Dezimalstelle wird für sich im 1-2-4-8-Kode kodiert), wobei Skalensekundenmarken mit einer Dauer von 0,1 s dem Binärwert Null und solche mit einer Dauer von 0,2 s dem Binärwert Eins entsprechen. Die Marken P1, P2 und P3 dienen Kontrollzwecken.

Inzwischen hat es sich herausgestellt, daß die Übertragung weiterer Informationen wichtig ist. So wird diskutiert, ob in Zukunft über die 17. Skalensekundenmarke mitgeteilt werden kann, ob die Skala UTC + 1 h = MEZ oder die Mitteleuropäische Sommerzeit (= Osteuropäische Zeit OEZ) verbreitet wird. Die 15. Skalensekundenmarke weist darauf hin, ob die Ersatzantenne benützt wird oder nicht. Da diese etwa 1 km von der Hauptantenne entfernt ist, tritt bei der Umschaltung eine Phasenänderung am Empfangsort bis zu etwa 3 μs auf (in Abhängigkeit von der Richtung). Dies kann für genaue Messungen von Bedeutung sein. Für den Empfang des Senders DCF 77 gibt es kommerziell vertriebene Empfänger mit Dekodiereinrichtung.

In Anhang 8 sind die für Mitteleuropa wichtigen Zeitzeichensender mit ihren Betriebseigenschaften zusammengestellt. Eine vollständige Liste befindet sich im Dokument 7/80 — E vom 3. Mai 1976 der CCIR.

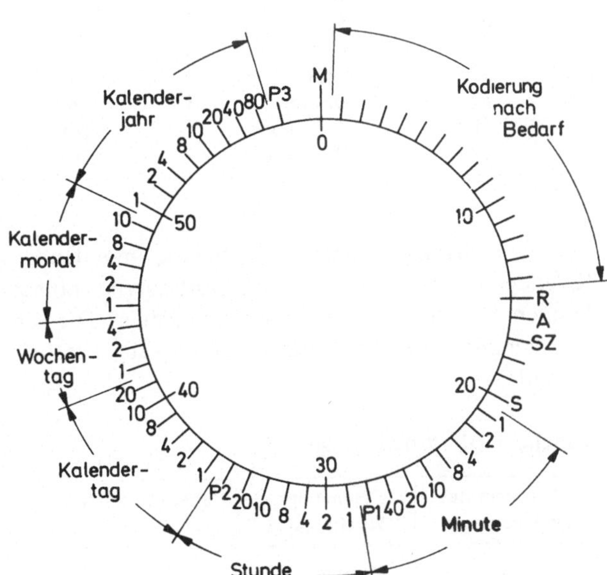

Bild 3.55

Schema der kodierten Zeitinformation bei DCF 77

P1, P2, P3 Prüfbits
M   Minutenmarke
R   Aussendung erfolgt über Ausweich-
     antenne
A   Ankündigung für Übergang auf
     Sommerzeit oder zurück
SZ Aussendung der kodierten Zeit-
     information erfolgt nach
     Sommerzeit
S   Startbit der kodierten Zeitin-
     formation

3.3.7 Das Datum

Für die Einzelbegriffe des Datums und seine Schreibweise gibt es Festlegungen, die in DIN 1355 „Zeit; Kalender, Wochennumerierung, Tagesdatum, Uhrzeit" (März 1975) enthalten sind. Ein Datum ist eine bestimmte Koordinate in einer Zeitskala (s. Abschnitt 3.3.6). Die zu seiner quantitativen Festlegung notwendigen Größen sind nicht die Zeiteinheiten, sondern die Zeitskalenmaße

Skalensekunde	Skalenstunde	Kalendermonat
Skalenminute	Kalendertag .	Kalenderjahr.

Hinzu kommt noch der Begriff der Kalenderwoche.

Die Nummer des Kalenderjahres heißt auch Jahreszahl. Die Kalenderjahre in unserem bürgerlichen Kalender werden vom Kalenderjahr 1 an fortlaufend numeriert und durch den Zusatz „nach Christi Geburt" (abgekürzt: n. Chr. Geb.) oder „nach Christus" (abgekürzt: n. Chr.) gekennzeichnet. Ein Kalenderjahr 0 gibt es nicht (dies gilt nicht für den Bereich der Astronomie). Für die 12 Kalendermonate des Kalenderjahres gelten die in Tabelle 3.9 aufgeführten Nummern und abgekürzten Namen.

Tabelle 3.9: Kalendermonate

Nummer des Kalendermonats	Name des Kalendermonats	abgekürzter Name des Kalendermonats
01	Januar	Jan
02	Februar	Feb
03	März	Mrz
04	April	Apr
05	Mai	Mai
06	Juni	Jun
07	Juli	Jul
08	August	Aug
09	September	Sep
10	Oktober	Okt
11	November	Nov
12	Dezember	Dez

Unabhängig von der Unterteilung in Kalendermonate wird das Kalenderjahr auch in Kalenderwochen unterteilt, die fortlaufend numeriert werden. Zu einem Kalenderjahr können 52 oder 53 Kalenderwochen zählen. Die Kalenderwoche hat immer 7 Wochentage. Die Nummern der Wochentage und ihre abgekürzten Namen sind in Tabelle 3.10 zusammengestellt.

Tabelle 3.10: Wochentage

Nummer des Wochentages	Name des Wochentages	abgekürzter Name des Wochentages
1	Montag	Mo
2	Dienstag	Di
3	Mittwoch	Mi
4	Donnerstag	Do
5	Freitag	Fr
6	Samstag[1])	Sa
7	Sonntag	So

[2]) Auch Sonnabend genannt.

Als erste Kalenderwoche eines Kalenderjahres zählt diejenige Woche, in die mindestens 4 der ersten 7 Januartage fallen (ausführliche Darstellung in DIN 1355). Diese Regelung steht in Übereinstimmung mit ISO 2015 − 1976 (Numbering of weeks).

Ein Tagesdatum bezeichnet einen bestimmten Kalendertag in einem bestimmten Kalendermonat in einem bestimmten Kalenderjahr nach dem Gregorianischen Kalender.

Als rein numerische Schreibweise sind außer der in der Bundesrepublik Deutschland meist üblichen aufsteigenden Reihenfolge Kalendertag − Kalendermonat − Kalenderjahr (Beispiel: 18.4.1977) auch noch andere gebräuchlich. Zur Vereinheitlichung schlägt ISO 2014 − 1976 (Writing of calendar dates in all-numeric form) die abfallende Reihenfolge Kalenderjahr − Kalendermonat − Kalendertag vor, übereinstimmend mit der allgemein üblichen abfallenden Schreibweise der Uhrzeit (Skalenstunde, Skalenminute, Skalensekunde).

Beispiel: 1977-04-18

Bei der Angabe der Uhrzeit wird die Anzahl der seit Tagesbeginn vergangenen Skalenstunden, Skalenminuten und Skalensekunden in arabischen Ziffern angegeben und das Wort „Uhr" hinzugefügt. Die einzelnen Bestandteile werden durch Punkte getrennt.

Beispiel: 7.05.15 Uhr
          7.05   Uhr ⎱ bei geringerer Anforderung an
          7   Uhr ⎰ die Genauigkeit der Angabe.

Wenn kein Mißverständnis zu befürchten ist, wie z. B. in Zeitplänen, wird das Wort „Uhr" auch weggelassen. Gelegentlich ist auch die Schreibweise mit hochgestellten Einheitenzeichen üblich, wobei min zu m verkürzt wird.

Beispiel: $7^h\,05^m\,15^s$.

In ISO 3307 (Information interchange − Representations of time of the day) wird bei Uhrzeitangaben der Doppelpunkt als Trennungszeichen empfohlen, weil der Punkt in den angelsächsischen Ländern auch als Dezimalzeichen verwendet wird.

Auf Bauelementen der Nachrichtentechnik ist das Datum häufig in einer Kurzschreibweise aufgebracht, da meistens Platzmangel besteht. Die Modalitäten sind in DIN 41 314 „Codierung von Datumsangaben auf Bauelementen der Nachrichtentechnik" aufgeführt. Hierbei stehen Großbuchstaben für die Jahreszahl, arabische Ziffern und die Buchstaben N und D für die Kalendermonate.

Beispiel: 1973 Mai: D 5 (abfallende Schreibweise).

Für die Datierung von Ereignissen ist in der Astronomie auch die *julianische Ära* (eingeführt von Julius Caesar Scaliger im 16. Jahrhundert) üblich. Hierbei beginnt die Jahreszählung bei dem Jahr 4713 v. Chr. (astronomisch − 4712). Das Jahr 1978 ist also in der julianischen Ära das Jahr 6691. Zählt man die Tage, beginnend mit dem 1. Januar 4713 v. Chr., so erhält man das *Julianische Datum* (JD) eines Tages. Hierbei **muß noch beachtet werden**, **daß bei dieser Zählung der Tag als um 12 Uhr** (Mittag) beginnend betrachtet wurde. Um für das heutige Datum nicht dauernd mit recht großen Zahlen umgehen zu müssen, wurde das *Modifizierte Julianische Datum* (MJD) eingeführt. Es gilt

$$\text{MJD} = \text{JD} - 2\,400\,000{,}5 \tag{87}$$

Beim Modifizierten Julianischen Datum, das in den DCF-77-Bulletins (s. Abschnitt 3.3.6 und Anhang 7) aufgeführt ist, wird also der Tagesanfang auf 0 Uhr gelegt, wie es in unserer bürgerlichen Zeitrechnung üblich ist.

3.3.8 Atomuhren

In den Atomuhren, die Atomfrequenznormale sind, werden vor allem die Hyperfeinstrukturübergänge der Alkalien und des Wasserstoffs, die sich hierfür als besonders geeignet erwiesen, zur Herstellung einer möglichst stabilen Frequenz ausgenutzt. Zur Beobachtung der Übergangsfrequenz bedient man sich der Atomstrahl-Resonanzmethode, die sich im Bereich der Kernmoment-Messung sehr bewährt hat. Im Atomstrahl sind die Cs-Atome weitgehend ungestört. Die Breite Δf der Resonanz des Hyperfeinstrukturübergangs von $F = 4$, $m_F = 0$ nach $F = 3$, $m_F = 0$ (im Grundzustand $^2S_{1/2}$) wird dabei von der Flugdauer t der Atome zwischen zwei magnetischen Hochfrequenzfeldern bestimmt.

Das Prinzip des Cäsiumstrahl-Resonators ist recht einfach: Durchquert ein Atomstrahl mit Atomen, die ein magnetisches Moment besitzen, ein inhomogenes Magnetfeld, so wird er abgelenkt und gemäß seiner Zustände aufgespalten. Die aus dem Ofen Q (Bild 3.56) austretenden Cäsium-Atome durchlaufen daher zunächst das Magnetfeld A, in dem sie im Feld ausgerichtet und gemäß ihrer Drehimpulsquantenzahl F ($F = 4$ und $F = 3$) in zwei Teilstrahlen separiert werden. In den beiden Teilen des Hohlraumresonators R bewirkt ein Mikrowellenfeld mit der Frequenz des entsprechenden Hyperfeinstrukturübergangs (9 192 631 770 Hz) Übergänge $\Delta F = \pm 1$ (Absorption oder stimulierte Emission). Ein zweites inhomogenes Magnetfeld B sorgt dafür, daß nur solche Atome auf den Detektor D gelangen, die ihren Quanten-Zustand F geändert haben. Man ist nur an der Resonanz der Atome mit der Richtungsquantenzahl $m_F = 0$ interessiert, da nur dieser Übergang genügend schwach vom Magnetfeld abhängt. Ein schwaches statisches Magnetfeld im Bereich C zwischen den beiden Teilen des Hohlraumresonators R sorgt dafür, daß die Frequenzen der Übergänge für die anderen Terme ($m_F \neq 0$) von der Übergangsfrequenz für $m_F = 0$ genügend abweichen. Insbesondere dieser Bereich ist sehr empfindlich gegen Störfelder und muß sehr sorgfältig gegen das Magnetfeld der Erde abgeschirmt werden. Die Frequenz des Mikrowellenfeldes wird im allgemeinen mittels Frequenzvervielfachung und -synthese aus der Frequenz eines Quarzoszillators gewonnen. Durch periodisches Abtasten der Resonanz mit Hilfe einer Modulation der Frequenz der Bestrahlung und mittels eines Regelkreises wird dafür gesorgt, daß diese Bestrahlungsfrequenz mit der atomaren Frequenz im Mittel näherungsweise übereinstimmt.

In den Tabellen 3.11 und 3.12 sind die wichtigsten Eigenschaften von primären Cäsium-Atomstrahlnormalen zusammengestellt, soweit sie nicht kommerzielle Entwicklungen darstellen (s. G. Becker[1]).

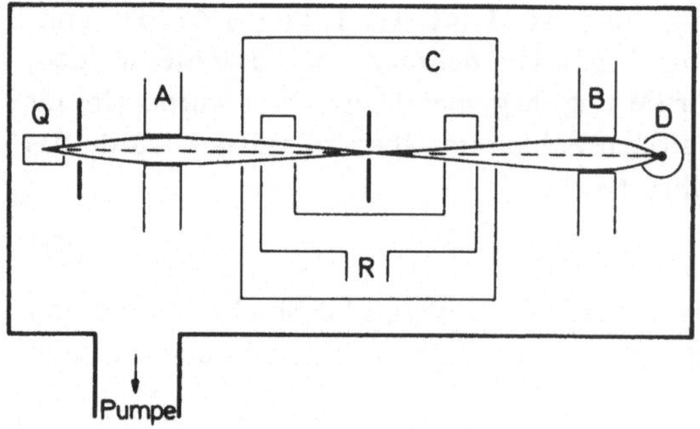

Bild 3.56
Prinzip einer Atomstrahl-Resonanzapparatur (Zweipolanordnung)
Q   Ofen
A, B   inhomogene Magnetfelder
R   Hohlraumresonator
C   homogenes Magnetfeld
D   Detektor

---

[1]) Becker, PTB-Mitt. 87, 131, 1977

Tabelle 3.11: Konstruktive Eigenschaften primärer Cs-Atomstrahlnormale (Stand: 1977)

lfd. Nr.	Eigenschaften der Normale	Einheit	PTB	NRC	NBS	GOS Standart	NRLM	NPL
1	Bezeichnung des Normals		PTB-CS1	NRC-CsV	(NBS-5) NBS-6	MU-1	NRLM-II	NPL III
2	Jahr der Inbetriebnahme		1969	1972	1972	1973?	1975	1975
3	Wechselwirkungsstrecke	m	0,80	2,13	3,75	$\approx 0,7$	1,2	1,0
4	mittlere Strahlgeschwindigkeit	m/s	100	310	218	≈ 180		
5	relative Halbwertsbreite des Geschwindigkeitsbereiches im Strahl	%	16	47	53	≈ 13		
6	Resonanzbreite	Hz	63	60	29	130	120	180
7	Strahlablenkung (2 Dipolmagnet, 6 Sechspolmagnete)		6/6	2/2	2/2	2/2	2/2	2/2
8	Nachweis der Phasendifferenz		Strahl-Umkehr-2 Geschw.	Strahl-Umkehr	Strahl-Umkehr Imp.-Meth.	Strahl-Umkehr	Strahl-Umkehr	Strahl-Umkehr
9	C-Feld parallel (p) oder senkrecht (s) zur Strahlrichtung		p	s	s	s	s	p
10	C-Feldstärke	A/m	8	5	4,8	9,5		7,4
11	C-Feld-Inhomogenität	A/m	$-0,003$ (max)	$\pm 0,003$	0,048[1])	$\pm 0,096$	$\pm 0,004$	$\pm 0,07$
12	Ofenöffnung	mm	$0,2\ \phi$	$0,8 \cdot 12,7$	$2 \cdot 9$	$\approx 1 \cdot 9$	$0,8 \cdot 10$	$1 \cdot 10$
13	relative Frequenzinstabilität (1 s)	10^{-12}	5[2])	1,1	0,7	3	8 bis 9	

[1]) Größter minus kleinster Wert   [2]) 1979: $2 \cdot 10^{-12}$

Tabelle 3.12: Frequenzunsicherheiten von primären Cs-Atomstrahlnormalen infolge von Parameterunsicherheiten (Angaben in 10^{-15})

	Institut	PTB	NRC	NBS	GOS
Lfd. Nr.	Bezeichnung des Normals	PTB-CS1	NRC-CsV	NBS-6	MU-1
1	Doppler-Effekt 2. Ordnung	1	20	10	30
2	Phasendifferenz	20	} 20	80	100
3	spektrale Unreinheiten	4		2	20
4	C-Feld	13	40	36	100
5	Resonator-Zieheffekt	1	2	1	30
6	Servosystem	2	20	15	100
7	benachbarte Übergänge	1		20	
8	Majorana-Effekt			3	100
	Wurzel aus der Summe der Quadrate	24	53	85	205

Die Bezeichnungen für die Institute bedeuten

PTB   Physikalisch-Technische Bundesanstalt, Braunschweig, Bundesrepublik Deutschland
NRC   National Research Council, Ottawa, Canada
NBS   National Bureau of Standards, Boulder, USA
GOS   Gosstandart, Moskau, UdSSR
NRLM   National Research Laboratory of Metrology, Tokio, Japan
NPL   National Physical Laboratory, Teddington, UK

Die mittels quadratischer Addition gebildete Gesamtunsicherheit entspricht dem üblichen Brauch. Sie gibt die wirklich vorhandene Unsicherheit nur dann richtig wieder, wenn es keine weiteren frequenzverschiebenden Effekte unbekannter Ursache gibt. Um sicher zu gehen, werden daher bei offiziellen Angaben gelegentlich Zuschläge gemacht.

Die meisten primären Cäsiumstrahl-Apparaturen der metrologischen Staatsinstitute wurden bisher nicht im Dauerbetrieb gehalten. Sie werden nur von Zeit zu Zeit in Betrieb gesetzt. Dabei wird dann die Frequenz von sekundären (kommerziellen) Cäsium-Strahl-apparaturen, die im Dauerbetrieb laufen, aber weniger genau sind, mit der Frequenz des primären Normals verglichen. Diese kommerziellen Apparaturen zeichnen sich durch eine beachtliche große Frequenzstabilität aus. Die Bewahrung unserer Zeit (Zeitskala) erfolgt also mit Hilfe zweier Geräte. Das eine (das primäre Normal) liefert den besten erreichbaren Wert für die Zeiteinheit, hat aber ein schlechtes „Gedächtnis" für Zeitpunkte in einer Skala, da es wieder abgeschaltet werden muß. Das andere (das kommerzielle Gerät) bzw. ein großer Satz solcher Geräte liefert eine weniger genaue Zeiteinheit, deren Abweichung vom richtigen Wert aber festgestellt und von Zeit zu Zeit kontrolliert werden kann, hat ein gutes Gedächtnis (es läuft im Dauerbetrieb), und durch die Kalibrierung mit dem primären Normal ist Verlaß bezüglich der Zeitpunkte. Im allgemeinen hat eine Atomuhr kein Ziffer-blatt, da die Zeitskalen aus einer Folge elektrischer Signal bestehen und Zeitdifferenzmessun-gen elektronisch (z. B. mit elektronischen Zählern) erfolgen (Bild 3.57). Man leitet meist eine Anzahl hochpräziser Normalfrequenzen von ihr ab.

Als Sekundärnormale haben sich ferner Rubidiumdampf-Normale und der Wasser-stoff-Maser bewährt. Beim Rubidiumdampf-Normal befindet sich Rubidiumdampf in Gegenwart einer Edelgasmischung in einem abgeschmolzenen Glasgefäß innerhalb eines auf die Hyperfeinstruktur-Übergangsfrequenz ($\approx$ 6,68 GHz) des ^{87}Rb abgestimmten Resonators.

Mittels optischen Pumpens wird ein Besetzungsunterschied der beiden Hyperfein-strukturniveaus erzielt. Stimmt nun die geeignete Oberwelle eines Quarzoszillators im

Bild 3.57
Atomuhr der PTB (Cs 1)

Resonator mit der Atomfrequenz überein, so zeigt sich dies in einer Schwächung des durch die Gaszelle fallenden Pumplichts, was mit einer Photozelle nachgewiesen werden kann. Die Frequenzdrift beträgt weniger als $1 \cdot 10^{-10}$/Jahr.

Beim Wasserstoff-Maser wird mit Hilfe einer Hochfrequenzentladung aus molekularem atomarer Wasserstoff hergestellt, der in Form eines Atomstrahls wie im Falle der Cäsium-apparatur ein inhomogenes Magnetfeld durchläuft. Dadurch werden die Atome im Zustand $F = 0$ ausgeschieden und Atome mit dem Zustand $F = 1$, $m_F = 0$ angereichert. Im Inneren eines mit Teflon beschichteten Quarzglasbehälters, der sich in einem auf die Übergangs-frequenz eingestellten Resonator befindet, erfolgen induzierte Übergänge von $F = 1$, $m_F = 0$ nach $F = 0$.

Dadurch wird Energie an den Resonator abgegeben. Die Frequenz des ungestörten Übergangs liegt bei $(1\,420\,405\,751{,}78 \pm 0{,}01)$ Hz. Durch Wechselwirkung der Atome mit der Wand entsteht eine nicht genau erfaßbare Frequenzverschiebung. Dies begrenzt die relative Unsicherheit der Frequenz des Wasserstoff-Masers auf gegenwärtig etwa $1 \cdot 10^{-12}$.

3.3.9 Uhren in unterschiedlichem Gravitationspotential

Nach der Allgemeinen Relativitätstheorie sind Gravitationsfelder Beschleunigungs-felder. Nach dem Äquivalenzprinzip kann man die durch Massenanziehung und die durch sonstige Kräfte hervorgerufenen Beschleunigungen zur Gravitationsbeschleunigung zu-sammenfassen. Man stellt sich vor, daß Energiequanten der Energie E

$$E = h f \tag{88}$$

h Planck-Konstante, f Frequenz

beim Durchlaufen einer Potentialdifferenz $\Delta\Phi$ eine Energiezunahme ΔE

$$\Delta E = -\frac{E}{c^2}\,\Delta\Phi \tag{89}$$

erfahren, die eine Erhöhung Δf der Frequenz der Quanten bewirkt.

Beobachtet man nun in einem Punkt C mit dem Potential Φ_C Quanten, die einerseits vom Punkt A mit dem Potential Φ_A und andererseits vom Punkt B mit dem Potential Φ_B kommen, dann betragen die Energien (der Index kennzeichnet die Herkunft)

$$E_A = E_0 \left(1 + \frac{\Phi_A - \Phi_C}{c^2}\right) \tag{90}$$

$$E_B = E_0 \left(1 + \frac{\Phi_B - \Phi_C}{c^2}\right). \tag{91}$$

Das Verhältnis der Frequenzen ist daher an jedem Ort (da $\Delta\Phi/c^2 \ll 1$)

$$\frac{f_B}{f_A} = 1 + \frac{\Phi_B - \Phi_A}{c^2}. \tag{92}$$

Für die Übertragung von Zeitintervallen[1]) gilt analog

$$\frac{\Delta t_B}{\Delta t_A} = 1 - \frac{\Phi_B - \Phi_A}{c^2}. \tag{93}$$

---

[1]) Becker, Fischer, Kramer u. Müller, PTB-Mitt. 77, 111, 1967

Vergleicht man also Zeitintervalle, die mit identischen Vorrichtungen an zwei Orten A und B mit unterschiedlichem Gravitationspotential hergestellt werden, so findet ein Beobachter an beliebiger Stelle den in Gl. (93) beschriebenen Unterschied. Die Gültigkeit der Gln. (92) und (93) ist mit Hilfe des Mössbauer-Effekts nachgewiesen.

An der Erdoberfläche ist

$$\Phi_B - \Phi_A \approx gH \tag{94}$$

g Fallbeschleunigung, H Höhendifferenz zwischen den beiden Potentialflächen.

Aus (94) und (92) ergibt sich ein Betrag von

$$\frac{\Delta f}{f \cdot H} = 1{,}09 \cdot 10^{-16} \ \text{m}^{-1}. \tag{95}$$

Hat man an einem Ort A zwei völlig gleichartige Uhren, die zu Beginn des Experiments die gleiche Anzeige (Stand) haben, und bringt man eine der Uhren für die Zeitdauer t an einen anderen Ort B mit dem Potential Φ_B, so ergibt sich bei der Rückkehr dieser Uhr an den Ort A zwischen den beiden Uhren ein Anzeigeunterschied Δt (Standdifferenz)

$$\Delta t = t \, \frac{\Phi_B - \Phi_A}{c^2}. \tag{96}$$

In der Nähe der Erdoberfläche ist

$$\Delta t = \frac{tgH}{c^2}. \tag{97}$$

Für $H = 4\,000$ m, $t = 1$ a ergibt sich $\Delta t = 13{,}8\,\mu$s, ein bei Atomuhren bequem meßbarer Effekt.

Wie verhält sich eine Uhr in einem Satelliten? Auf einen in einer Umlaufbahn um die Erde sich bewegenden Satelliten wirken in erster Näherung (kugelförmige Erde) die beiden folgenden Beschleunigungen:

1. infolge der Massenanziehung

$$-\frac{d\Phi_g}{dr} = -\frac{Gm}{r^2} \tag{98}$$

G Gravitationskonstante, m Masse der Erde

mit dem Potential

$$\Phi_g = -\frac{Gm}{r}; \tag{99}$$

2. infolge des Umlaufs

$$-\frac{d\Phi_z}{dr} = \omega^2 r \tag{100}$$

ω Winkelgeschwindigkeit

mit dem Potential

$$\Phi_z = -\frac{1}{2}\,\omega^2 r^2. \tag{101}$$

In einer Gleichgewichtsbahn ist

$$\frac{d\Phi_g}{dr} + \frac{d\Phi_z}{dr} = 0 \tag{102}$$

d. h.

$$Gm = \omega^2 r^3. \tag{103}$$

Aus den Gln. (99) und (101) folgt

$$\Phi_g = 2\Phi_z. \tag{104}$$

Als Gesamtpotential erhält man also

$$\Phi(r) = \Phi_g + \Phi_z = -\frac{3}{2}\frac{Gm}{r}. \tag{105}$$

Für die Erdoberfläche $(r = R)$ ergibt sich

$$\Phi(R) = -\frac{Gm}{R} = -gR. \tag{106}$$

Dann ist

$$\Phi(r) - \Phi(R) = gR\left(1 - \frac{3}{2}\frac{R}{r}\right). \tag{107}$$

Setzt man diese Differenz in Gl. (92) ein, so ergibt sich das Verhältnis zwischen der Frequenz eines auf einem näherungsweise massefreien Satelliten befindlichen Oszillators und der Frequenz eines entsprechenden Oszillators auf der Erdoberfläche. Für $r = 1,5\,R$ stimmen die Frequenzen der beiden Oszillatoren überein.
Für $r \to \infty$ wird

$$\frac{f_B}{f_A} = 1 + \frac{gR}{c^2} = 1 + 6,95 \cdot 10^{-10}. \tag{108}$$

(A Erdoberfläche)

Für einen Punkt auf der Mondbahn gilt

$$\frac{f_B}{f_A} = 1 + 6,78 \cdot 10^{-10}. \tag{109}$$

(A Erdoberfläche)

Allerdings gilt Gl. (109) nicht für eine Uhr auf dem Mond, weil dieser nicht massearm ist und infolgedessen selbst ein Gravitationspotential hat, das man für die Berechnung des Frequenzverhältnisses ebenfalls in Rechnung stellen muß.

Man hört gelegentlich, daß das *Gravitationsfeld* (anstatt *Gravitationspotential*) von Einfluß auf Zeit und Frequenz sei. Das ist unrichtig. So ist z. B. auf dem Geoid das Potential konstant, aber die Feldstärke variabel. Andererseits gibt es die Situation $d\Phi/dr = 0$ (Satellit auf einer Gleichgewichtsbahn, also im schwerelosen Zustand), obwohl an diesen Stellen $\Phi \neq 0$ ist.

3.3.10 Stoppuhren

Obwohl mechanische Stoppuhren bezüglich ihrer relativen Meßunsicherheit im Vergleich zu den sonst hier behandelten Meßgeräten ziemlich abfallen, sollen sie hier besprochen werden, weil sich an ihnen ein häufig vorkommender Fehler besonders deutlich zeigen läßt. Stoppuhren sind insofern ungewöhnliche Meßgeräte, als sie nach einem digitalen Verfahren arbeiten — es werden die Halbschwingungen der Unruhe gezählt — und trotzdem meist eine Strichskala zur Anzeige benutzt wird.

Da der Skalenwert im allgemeinen 0,1 s beträgt und Halbschwingungsdauern von 0,1 s, 1/30 s und 0,01 s vorkommen, ist zunächst zu fordern, daß der Zeiger nach jeweils einer, nach jeweils drei bzw. nach jeweils zehn Halbschwingungen, d. h. also Zählschritten wieder auf einem Strich der Skala zum Stehen kommt.

Die schrittweise fortschreitende Anzeige birgt aber die Möglichkeit für einen bestimmten systematischen Fehler in sich. Springt die Anzeige nach Ablauf des ersten Zählschrittes auf die erste Anzeigeeinheit, so ergibt sich insgesamt der in Bild 3.58 dargestellte Fall, d. h., im Mittel ist die Anzeige immer um einen halben Zählschritt zu klein. Das läßt sich dadurch ändern, daß die Anzeige schon nach dem ersten halben Zählschritt zu springen beginnt (Bild 3.59). Bei guten Stoppuhren wird das beispielsweise dadurch verwirklicht, daß die Unruhe beim Start nicht aus ihrer Ruhelage, sondern von einem Umkehrpunkt aus zu schwingen beginnt. Bei vielen Meßgeräten wird diese Feinheit nicht berücksichtigt. Sie spielt allerdings dann auch keine Rolle, wenn der dem Meßverfahren zugrundeliegende Digitalschritt so klein ist, daß er unterhalb des zulässigen Fehlers liegt.

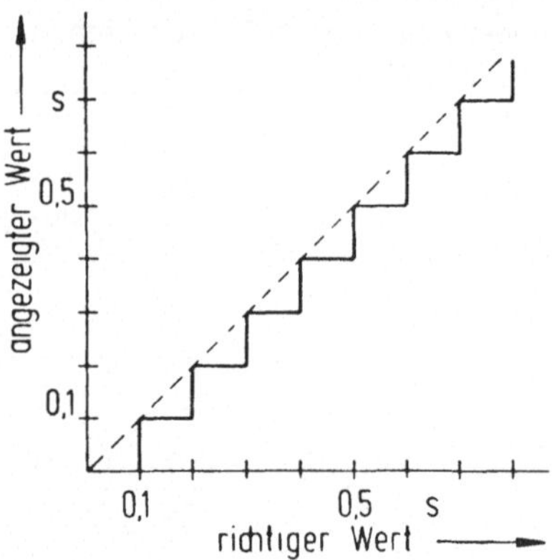

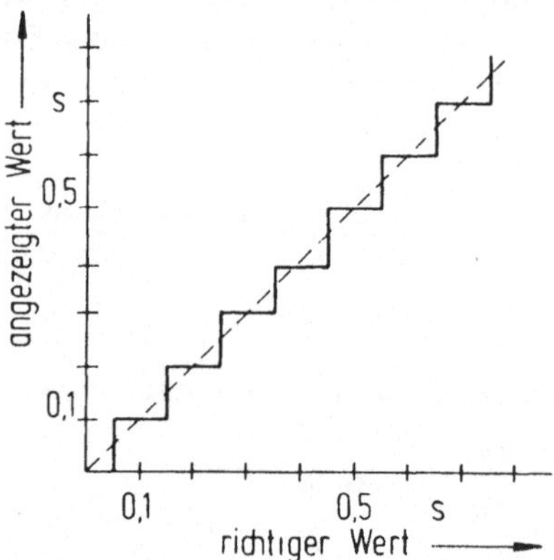

Bild 3.58 „Treppenkurve'' einer Stoppuhr mit einer Halbschwingungsdauer von 0,1 s bei fehlerhafter Anzeige

Bild 3.59 „Treppenkurve'' einer Stoppuhr mit einer Halbschwingungsdauer von 0,1 s bei richtiger Anzeige

3.4 Das Ampere

3.4.1 Einleitung

Die Darstellung der elektrischen und magnetischen Phänomene erfolgte lange Zeit mit Hilfe von Einheiten aus Systemen mit drei Basiseinheiten (z. B. elektrostatisches CGS-System, elektromagnetisches CGS-System, symmetrisches (Gaußsches) CGS-System, wobei es auch gelegentlich eine Rolle spielte, ob hierbei eine „rationale" oder „nichtrationale" Schreibweise verwendet wurde). Dies hatte seine Ursache darin, daß die beobachtbaren Wechselwirkungen zwischen elektrischen Ladungen, elektrischen Strömen und Magneten in Kraftwirkungen bestanden. Das war der Anknüpfungspunkt an die bis dahin bekannte Physik. Im selben Maße, wie die Zusammenhänge zwischen elektrischer Stromstärke und Magnetfeld (Induktionsgesetz) und zwischen dem elektrischen Feld und dem magnetischen Feld (Maxwellsche Gleichungen) erkannt wurden, liefen auch die Bemühungen um eine adäquate Darstellung. Hinzu kam dann immer mehr die Erkenntnis, daß die Beträge der CGS-Einheiten insbesondere für die beiden technisch so wichtigen Größen elektrische Spannung und elektrischer Widerstand in einer für die praktischen Bedürfnisse völlig falschen Größenordnung lagen.

Auf dem 1. Internationalen Elektrizitätskongreß im Jahre 1881 wurden die ersten fünf Namen der sogenannten „absoluten praktischen elektrischen Einheiten" angenommen (s. auch Abschnitt 1.17):

$$
\begin{aligned}
1\ \text{Ohm} \quad &= 10^9\ \text{cm} \cdot \text{s}^{-1} \\
1\ \text{Volt} \quad &= 10^8\ \text{cm}^{3/2} \cdot \text{g}^{1/2} \cdot \text{s}^{-2} \\
1\ \text{Ampère} \quad &= 10^{-1}\ \text{cm}^{1/2} \cdot \text{g}^{1/2} \cdot \text{s}^{-1} \\
1\ \text{Coulomb} \quad &= 10^{-1}\ \text{cm}^{1/2} \cdot \text{g}^{1/2} \\
1\ \text{Farad} \quad &= 10^{-9}\ \text{cm}^{-1} \cdot \text{s}^{2}
\end{aligned}
\tag{110}
$$

Sie entstammen dem sogenannten „Quadrant-System", einem elektromagnetischen System mit den Basiseinheiten

$$
\begin{aligned}
\text{für die Länge } l &= 10^9\ \text{cm} \\
\text{für die Masse } m &= 10^{-11}\ \text{g} \\
\text{für die Zeit } \quad t &= 1\ \text{s.}
\end{aligned}
\tag{111}
$$

Die Bezeichnung „absolut" wurde im Zusammenhang mit Einheiten erstmals von Gauß benutzt. Es sollte damit zum Ausdruck gebracht werden, daß die elektrischen Einheiten auf absolute Maße der Mechanik zurückgeführt werden.

Das oben erwähnte Ampère war die erste Stromstärkeeinheit dieses Namens (zwei weitere folgten noch, s. u.). Zur Unterscheidung von den anderen Einheiten wird dieses Ampère mit Accent grave geschrieben. Das Einheitenzeichen ist „Amp".

Im Laufe der Zeit hielt man es für zweckmäßig, für den praktischen Gebrauch verkörperte Etalons für die wichtigsten elektrischen Einheiten zu entwickeln. So setzte die Internationale Konferenz für elektrische Einheiten und Normale in London im Jahre 1908 folgende — bereits auf der Konferenz in Chikago 1893 empfohlene — Realisierungsvorschriften für die im Jahre 1881 definierten „absoluten praktischen elektrischen Einheiten" Ohm und Ampere fest. Diese Realisierungen wurden „internationales Ohm" (Ω_{int}) und „internationales Ampère" (A_{int}) genannt.

- Das internationale Ohm ist der Widerstand, den eine Quecksilbersäule von 106,300 cm Länge und 14,4521 g Masse bei durchweg gleichem Querschnitt gegenüber einem konstanten Strom bei der Temperatur des schmelzenden Eises besitzt.
- Das internationale Ampere ist die Stärke desjenigen konstant fließenden Stromes, der beim Durchgang durch eine wässrige Lösung von Silbernitrat 1,118 00 mg Silber in einer Sekunde niederschlägt.

Diese Einheiten galten bereits im Deutschen Reich gemäß dem „Gesetz betreffend die elektrischen Maßeinheiten" vom 1. Juni 1898.

Im Laufe der Zeit setzten die folgenden beiden Entwicklungen ein. Einerseits ergaben experimentelle Vergleiche zwischen den gemäß den Realisierungsvorschriften von 1908 hergestellten Etalons und den gemäß den Definitionen von 1881 direkt reproduzierten Einheiten Abweichungen außerhalb der Meßunsicherheiten mit der Nebenerscheinung, daß die Werte der Etalons mit kleinerer Meßunsicherheit reproduzierbar waren als die „absoluten Einheiten". Im Zuge zunehmender Industrialisierung begann die Elektrotechnik, sich zu einem bedeutenden Wirtschaftszweig zu entwickeln, und die Folge war, daß man es als zweckmäßig ansah, eine vierte Basisgröße und daher auch eine vierte Basiseinheit einzuführen.

Allerdings entstand bald Kritik an den „internationalen" Einheiten, weil z. B. die aus ihnen gebildete Energieeinheit, das internationale Joule (J_{int}) um etwa $2 \cdot 10^{-4}$ von der mechanischen Energieeinheit des MKS-Systems, dem Joule (J) abwich. Es gab daher weder eine betragsmäßige Übereinstimmung noch eine Beziehung mit einem ganzzahligen Faktor. Hinzu kam die theoretische Erkenntnis, daß die Darstellung der Elektrodynamik mit drei mechanischen Basiseinheiten und einer elektrischen Basiseinheit vorteilhafter ist als die Darstellung mit 2 mechanischen und 2 elektrischen Basiseinheiten. So kam man zur neuen Amperedefinition von 1948 (s. Abschnitt 3.4.2.1).

3.4.2 Definition der elektrischen Einheiten

3.4.2.1 Die heutige Definition der Basiseinheit Ampere

Wegen der am Ende des Abschnitts 3.4.1 dargestellten Fakten und angesichts der Tatsache, daß im Laufe der Jahre die „Absolutbestimmungen" des Ampere etwa die gleiche Genauigkeit wie die Reproduzierbarkeit des internationalen Ampere erreichten, wurde von der 9. Generalkonferenz für Maß und Gewicht im Jahre 1948 das Ampere (A) neu definiert und als Basiseinheit eingeführt:

> Das Ampere ist die Stärke eines konstanten elektrischen Stromes, der, durch zwei parallele, geradlinige, unendlich lange und im Vakuum im Abstand von 1 Meter voneinander angeordnete Leiter von vernachlässigbar kleinem, kreisförmigem Querschnitt fließend, zwischen diesen Leitern je 1 Meter Leiterlänge die Kraft $2 \cdot 10^{-7}$ N hervorrufen würde.

Damit ist die kohärente Behandlung der ganzen Elektrodynamik mit der Mechanik möglich geworden. Das Ampere wird als von den anderen Basiseinheiten unabhängige Basiseinheit angesehen, sein Betrag ist allerdings von den Beträgen der anderen Basiseinheiten Meter, Kilogramm und Sekunde abhängig. Das heißt zweierlei:

1. Würde man den Betrag beispielsweise des Kilogramm ändern, so würde sich auch der Betrag des Amperes ändern (die Dimension der elektrischen Stromstärke ist selbstverständlich von der Dimension Masse völlig unabhängig!).

2. Die elektrische Basiseinheit Ampere läßt sich gemäß ihrer Definition niemals genauer realisieren als die ungenaueste der drei mechanischen Basiseinheiten Meter, Kilogramm oder Sekunde (von dieser Grenze ist man aber z. Z. noch beträchtlich entfernt!).

Das für ein von den Strömen I_1 und I_2 durchflossenes und im Abstand d voneinander angeordnetes Leiterpaar gültige Kraftgesetz lautet in skalarer Schreibweise

$$\frac{F}{l} = \frac{\mu_0}{2\pi}\,\frac{I_1 I_2}{d} \tag{112}$$

μ_0 magnetische Feldkonstante,
l Länge des Leiters

Für $I_1 = I_2 = 1$ A, $d = 1$ m, $F/l = 2 \cdot 10^{-7}$ N m^{-1} ergibt sich

$$\mu_0 = 4\pi \cdot 10^{-7}\,\text{N A}^{-2}. \tag{113}$$

Diese Relation ist also mit der obigen Definition des Amperes gleichwertig.

3.4.2.2 Definition der abgeleiteten elektrischen Einheiten

Aufbauend auf den 4 Basiseinheiten m, kg, s, A sind in Bild 3.60 die wichtigsten abgeleiteten elektrischen Einheiten wie das Volt und das Ohm übersichtlich dargestellt. Man erkennt, daß alle abgeleiteten elektrischen Einheiten über die Gleichsetzung von mechanischer Leistung (Joule/Sekunde) und elektrischer Leistung (Watt) definiert sind.

Insbesondere gilt:

1. Für die abgeleitete SI-Einheit der *elektrischen Spannung*: 1 Volt ist gleich der elektrischen Spannung oder elektrischen Potentialdifferenz zwischen zwei Punkten eines fadenförmigen, homogenen und gleichmäßig temperierten metallischen Leiters, in dem bei einem konstanten elektrischen Strom der Stärke 1 A zwischen den beiden Punkten die Leistung 1 W umgesetzt wird.
2. Für die Definition der abgeleiteten SI-Einheit *Ohm*: 1 Ohm ist gleich dem elektrischen Widerstand zwischen zwei Punkten eines fadenförmigen, homogenen und gleichmäßig temperierten metallischen Leiters, durch den bei der elektrischen Spannung 1 V zwischen den beiden Punkten ein konstanter elektrischer Strom der Stärke 1 A fließt.
3. Für die abgeleitete SI-Einheit der *elektrischen Ladung*: 1 Coulomb ist **gleich der Elektri**zitätsmenge, die während der Zeit 1 s bei einem konstanten elektrischen Strom der Stärke 1 A durch den Querschnitt eines Leiters fließt.

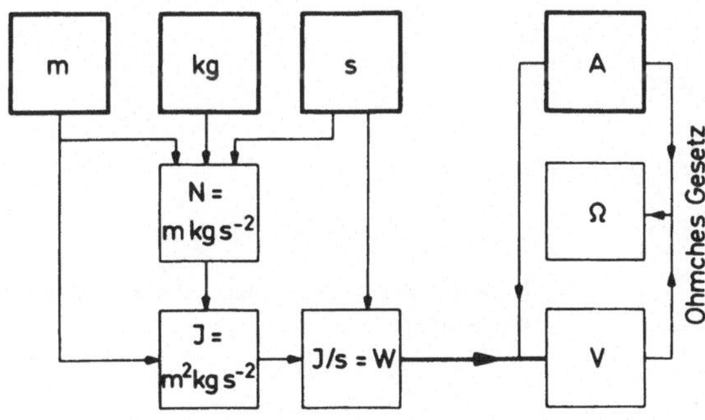

Bild 3.60
Definition der abgeleiteten SI-Einheiten der Elektrodynamik

4. Für die abgeleitete SI-Einheit der *elektrischen Kapazität*: 1 Farad ist gleich der elektrischen Kapazität eines Kondensators, der durch die Elektrizitätsmenge 1 C auf die elektrische Spannung 1 V aufgeladen wird.

5. Für die abgeleitete SI-Einheit der *Induktivität*: 1 Henry ist gleich der Induktivität einer geschlossenen Windung, die, von einem elektrischen Strom der Stärke 1 A durchflossen, im Vakuum den magnetischen Fluß 1 Wb umfaßt.

Alle elektrischen und magnetischen Einheiten lassen sich als Potenzprodukte der vier Basiseinheiten mit ganzzahligen Exponenten ausdrücken, wohingegen beim Quadrantsystem (s. Abschnitt 3.4.1) gebrochene Exponenten auftreten. So gilt z. B. für die Einheit der elektrischen Spannung $1\,V = 1\,s^{-3} \cdot m^2 \cdot kg \cdot A^{-1}$. Wie aus den Wörtern „konstant", „parallel", „geradlinig", „unendlich lang", „fadenförmig", „gleichmäßig temperiert" usw. bei der Formulierung der Texte für die Basiseinheit und die abgeleiteten elektrischen Einheiten hervorgeht, basieren die *Definitionen* auf Idealzuständen. Sie sind von den *Realisierungen*, d. h. Verwirklichungen oder Darstellungen im Laboratorium zu unterscheiden. Prinzipiell lassen sich Einheiten — ausgenommen ist als einzige Einheit die der Masse, bei der die Verkörperung durch ein einmaliges Prototyp selbst als Definition dient — nur mit einer nicht zu unterschreitenden Meßunsicherheit realisieren.

3.4.3 Realisierung elektrischer Einheiten

3.4.3.1 Die Darstellung des Amperes

Die Darstellung des Amperes gemäß der Definition in Abschnitt 3.4.2.1 ist nicht möglich. Ersetzt man aber die in der Definition verwendete unendlich lange Doppelleitung durch zwei koaxiale Kreisringe, so bleibt das Verhältnis des Produkts $I_1 \cdot I_2$ der elektrischen Stromstärken zur erzeugten Kraft F aus den geometrischen Abmessungen und μ_0 berechenbar. Die heutigen Stromwaagen bestehen aus einer feststehenden Spule, in der sich eine kleine Spule (die „Meßspule") vertikal ausgerichtet und beweglich an der einen Seite eines Waagebalkens hängend befindet (Bild 3.61). Die große Spule ist meist eine auf einem genau hergestellten Prozellanzylinder einlagig gewickelte Spule, bei der Durchmesser und Länge jeweils etwa 0,4 m betragen. Die Stromzuführung erfolgt in ihrer Mitte, so daß die obere

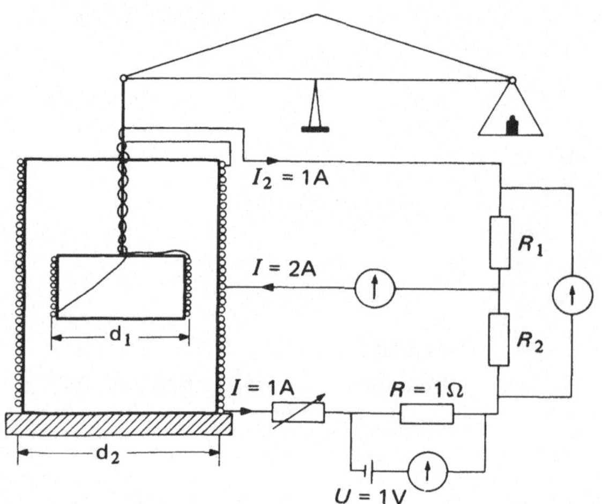

Bild 3.61
Prinzip einer Stromwaage zur Darstellung des Ampere

und die untere Spulenhälfte in entgegengesetzter Richtung durchflossen werden. Der Teilstrom I_2 geht auch durch die Meßspule. Wenn diese stromdurchflossen ist, trägt sie ein magnetisches Moment M, und damit entsteht eine vertikal gerichtete Kraft in der Mitte der großen Spule ($z = 0$)

$$F = M \frac{dH}{dz}\bigg|\; z = 0, \qquad (114)$$

die auf der anderen Waagschale kompensiert wird ($m \cdot g$). Für die Kraft ergibt sich schließlich die Gleichung

$$F = \mu_0 (N_1 + N_2) N_3 \cdot I^2 f(d_1/d_2) \cdot K, \qquad (115)$$

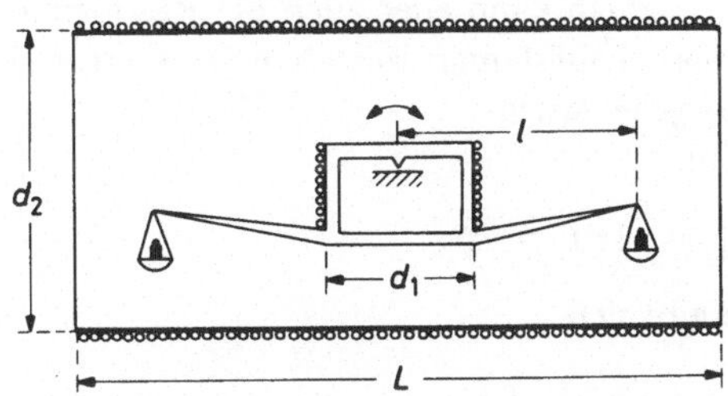

Bild 3.62 Prinzip eines Elektrodynamometers zur Darstellung des Amperes

wobei N_1 und N_2 die Windungszahlen der beiden Teile der großen Spule, N_3 die Windungszahl der Meßspule und K ein Korrektionsfaktor sind. Die Funktion $f(d_1/d_2)$ ist eine elliptische Funktion des Verhältnisses der beiden Spulendurchmesser (d_1 Durchmesser der beweglichen, d_2 Durchmesser der feststehenden Spule). Die beobachtbaren Kräfte sind für $I = 1$ A recht klein und liegen bei etwa 0,05 N. Die bisher erzielte kleinste relative Meßunsicherheit für das Ampere beträgt $6 \cdot 10^{-6}$, wobei die größte Meßunsicherheit durch die Wägung sowie durch die geometrische Vermessung der Spulen verursacht wird.

Eine zweite Möglichkeit der Realisierung des Amperes besteht in dem Elektrodynamometer, das nicht Kräfte, sondern Drehmomente miteinander vergleicht. Hierbei befindet sich in einer großen, horizontal aufgebauten Spule von etwa 1 m Länge und 30 cm Durchmesser eine kleine Waage mit einer Meßspule (Bild 3.62). In der festen Spule wird ein horizontal orientiertes Magnetfeld B_0 erzeugt, während die Meßspule ein magnetisches Moment M trägt. Das sich ergebende Drehmoment $D = M \cdot B_0$ muß dann gemessen werden. Es ergibt sich zu

$$D = m \cdot g \cdot l = \mu_0 N_1 N_2 I^2 f(d_1, d_2, L), \qquad (116)$$

wobei N_1 und N_2 die Windungszahlen der Spulen, d_1 und d_2 ihre Durchmesser, l die Länge des Waagebalkens und L die Länge der großen Spule sind. Die Funktion f enthält die Legendreschen Polynome der Spulenabmessungen. Das beobachtbare Drehmoment liegt bei etwa 1 N $\cdot$ mm. Die bisher erzielte kleinste relative Meßunsicherheit beträgt $8 \cdot 10^{-6}$. Hier begrenzt, ähnlich wie im ersten Fall, die Unsicherheit der geometrischen Abmessungen die erzielbare Meßunsicherheit.

Ein drittes Verfahren der Darstellung des Amperes basiert auf Kernresonanzen im schwachen und starken Magnetfeld. Der Zusammenhang zwischen der Präzessionsfrequenz f von Protonen einer Wasserprobe in einem homogenen Magnetfeld der Induktion B lautet:

$$2\pi f = \gamma B \quad \text{mit} \quad B = \mu_0 \cdot C \cdot I. \qquad (117)$$

Hierbei sind γ das gyromagnetische Verhältnis des Protons und C die Spulenkonstante. Daraus ergibt sich

$$I = \frac{2\pi f}{\mu_0 C \cdot \gamma}. \qquad (118)$$

Bei der Messung im schwachen Magnetfeld geht man hierbei so vor, daß mittels einer zusätzlichen Spule die Protonen polarisiert werden. Nach dem Abschalten dieses Feldes klingt die vom Feld verursachte Resonanzfrequenz in etwa 2 s ab. Diese Zeit reicht aus, um die Frequenz von etwa 50 kHz mit einer relativen Unsicherheit von $1 \cdot 10^{-6}$ zu messen.

Man kann aber auch die Resonanzfrequenz f' für eine starke Induktion B' bestimmen. Hierbei mißt man mittels einer Cotton-Waage eine Kraft, die auf einen Leiter der Länge l ausgeübt wird.
Mit

$$2 \pi f' = \gamma B' \tag{119}$$

ergibt sich

$$I = \frac{m g \gamma}{2 \pi f' l} . \tag{120}$$

Durch Kombination der beiden Gleichungen für den Strom ergibt sich

$$I^2 = \frac{f m g}{f' \mu_0 C l} , \tag{121}$$

d. h., durch Messen der elektrischen Stromstärke in den beiden Verfahren ist γ eliminiert. Damit ist eine Rückführung der Strommessung auf die Messung mechanischer Größen möglich. Diese kombinierte Methode erfordert einen großen präzisionsmeßtechnischen Aufwand und ist im wesentlichen durch die relativ großen Meßunsicherheiten des Verfahrens für Protonen im starken Magnetfeld begrenzt.

Eine vierte Methode der Darstellung des Amperes mit Hilfe des Wechselstrom-Josephson-Effektes und auf der Grundlage des Thompson-Lampard-Verfahrens wird in Abschnitt 3.4.3.4 erwähnt.

3.4.3.2 Die Darstellung des Farads

Einige elektrische Größen wie z. B. die Kapazität eines Kondensators, die Selbstinduktivität einer geschlossenen Strombahn oder die Gegeninduktivität zwischen zwei Strombahnen hängen, abgesehen von Konstanten, nur von geometrischen Abmessungen ab, können daher ohne Zuhilfenahme der Einheit der elektrischen Stromstärke, dem Ampere, dargestellt werden. Die Einheiten dieser Größen lassen sich daher genauer als auf $6 \cdot 10^{-6}$ realisieren.

Im Jahre 1957 wurde von Lampard ein neues Theorem der Elektrostatik veröffentlicht, das für die Darstellung des Farads und des Ohms von wesentlicher Bedeutung ist. Es besagt folgendes: Unterbricht man die elektrisch leitende Mantelfläche eines unendlich langen Hohlprismas von beliebig geformtem Querschnitt an vier beliebig ausgewählten Stellen (Bild 3.63), so bilden die jeweils einander gegenüberliegenden parallelen Teilmantelflächen zwei Kondensatoren der Kapazität C_1 bzw. C_2. Eine solche Anordnung bildet einen sogenannten Kreuzkondensator nach Thompson und Lampard, für den die Beziehung gilt:

$$\exp\left(-\frac{C_1 \pi}{\epsilon_0 l}\right) + \exp\left(-\frac{C_2 \pi}{\epsilon_0 l}\right) = 1, \tag{122}$$

wobei l die Länge des Hohlprismas ist.

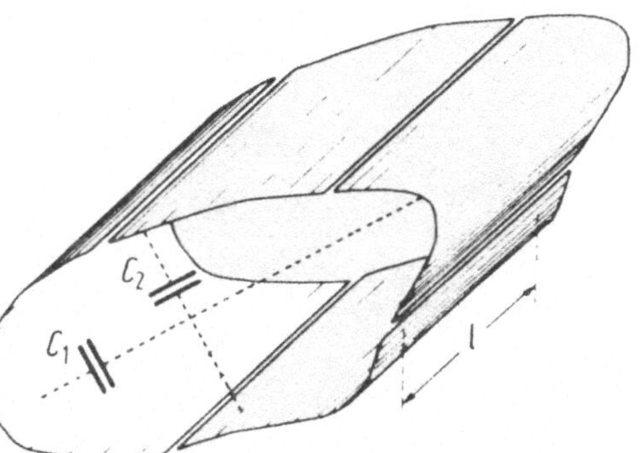

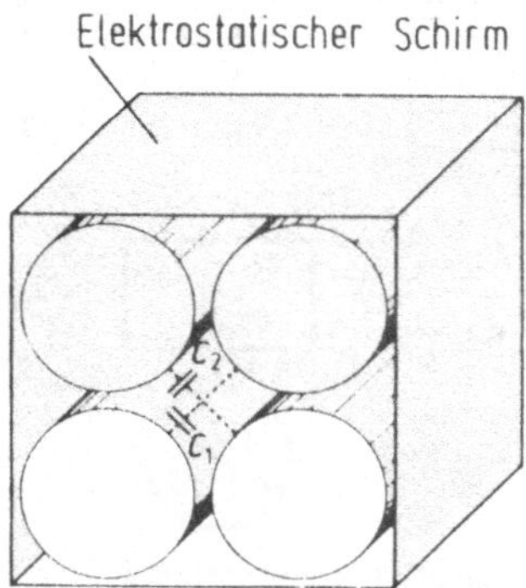

Bild 3.63 Zum elektrostatischen Theorem von Lampard

Bild 3.64 Kreuzkondensator nach Thompson und Lampard (schematisch)

Für $C_1 = C_2 = C$ gilt insbesondere

$$\frac{C}{l} = \frac{\epsilon_0}{\pi} \ln 2 \,. \tag{123}$$

Näherungsweise ist dieser Wert $2\,\mathrm{pF/m}$.

Da die notwendige Längenmessung mittels eines Interferometers mit einer relativen Meßunsicherheit von $4 \cdot 10^{-9}$ möglich ist und ϵ_0 mit Hilfe der Maxwell-Beziehung

$$\epsilon_0 = \frac{1}{\mu_0 \, c_0^2} \tag{124}$$

aufgrund der geringen relativen Unsicherheit der Lichtgeschwindigkeit von $4 \cdot 10^{-9}$ mit einer relativen Meßunsicherheit von $8 \cdot 10^{-9}$ vorliegt, läßt sich nach dieser Methode eine Fundamentalbestimmung des Farads mit einer relativen Unsicherheit von etwa $1 \cdot 10^{-8}$ ausführen. Bei der meßtechnischen Verwirklichung geht man aus fertigungstechnischen Gründen von vier kreiszylindrischen Elektroden gemäß Bild 3.64 aus. Kleine Fehler, bedingt durch ungleiche Kapazitäten $(C_1 \neq C_2)$, unvermeidbare Spalte zwischen den stabförmigen Elektroden sowie inhomogene Randfelder an den Enden, haben bestenfalls zu relativen Unsicherheiten der Thompson-Lampard-Kapazität von einigen 10^{-8} geführt. Mit Hilfe spezieller Wechselstrom-Brücken lassen sich wesentlich größere Kapazitätswerte an die Thompson-Lampard-Kapazität von der Größenordnung pF anschließen.

3.4.3.3 Die Darstellung des Ohms

Die Darstellung des Ohms als abgeleitete Einheit gemäß seiner Definition (s. Abschnitt 3.4.2.2)

$$1\,\Omega = \frac{1\,\mathrm{V}}{1\,\mathrm{A}} \tag{125}$$

kann nicht genauer sein als durch die relative Unsicherheit der Darstellung des Volts und des Amperes vorgegeben. Da dies für die praktische Meßtechnik unbefriedigend ist, hat sich ein anderes, genaueres Verfahren eingebürgert.

Bei diesem Verfahren geht man vom Kreuzkondensator nach Thompson und Lampard aus, dessen Kapazität nach Abschnitt 3.4.3.2 mit einer relativen Meßunsicherheit von besten-

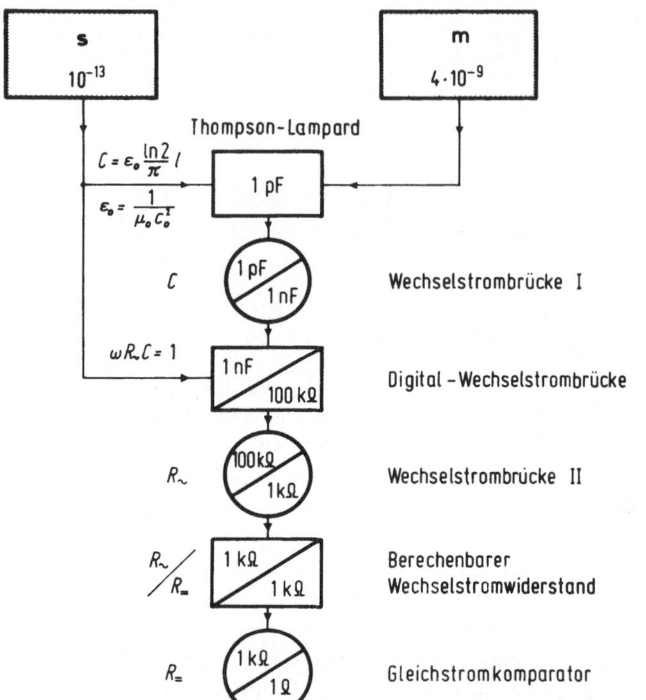

Bild 3.65

Darstellung des Ohm über das
Thompson-Lampard-Verfahren

falls $1\cdot10^{-8}$ dargestellt werden kann. Das Bild 3.65 zeigt die Rückführung der Kapazität von größenordnungsmäßig 1 pF auf die Basiseinheiten der Zeit und der Länge. In einer Wechselstrombrücke I wird ein Kondensator von 1 nF an den Kreuzkondensator mit hoher Präzision angeschlossen. Ersterer bildet an einer Wechselstromquelle der Kreisfrequenz $\omega = 10^4$ rad/s einen Blindwiderstand vom Betrage $R_\sim = \dfrac{1}{\omega C}$ (s. Digital-Wechselstrombrücke in Bild 3.65). Dieser Wechselstromwiderstand $R_\sim$ von 100 kΩ wird mit Hilfe einer Wechselstrombrücke II an einen anderen vom Betrage 1 kΩ angeschlossen, dessen Zeitkonstante aufgrund seiner geometrischen Abmessungen berechnet werden kann. Der damit bekannte Gleichstromwiderstand vom Betrage 1 kΩ wird schließlich mit Hilfe eines Gleichstromkomparators stufenweise an 1 Ω angeschlossen. Es ist heute möglich, das Ohm über diesen Weg mit einer relativen Unsicherheit kleiner als $1\cdot10^{-7}$ darzustellen.

3.4.3.4 Die Darstellung des Volts

Die Darstellung des Volts als abgeleitete Einheit gemäß seiner Definition

$$1\,V = \frac{1\,W}{1\,A} \tag{126}$$

läßt sich mit einer relativen Meßunsicherheit unterhalb von $1\cdot10^{-3}$ nicht ausführen. Man müßte die in einer bestimmten Zeitspanne gebildete Wärmemenge in einem Differentialkalorimeter mit einer äquivalenten, aus mechanischer Energie gebildeten Wärmemenge vergleichen. Dies ist nicht genauer möglich.

Die Darstellung aufgrund des Ohmschen Gesetzes

$$1 \, V = 1 \, A \cdot 1 \, \Omega \tag{127}$$

ist mindestens mit der Unsicherheit der Darstellung des Amperes (derzeit $6 \cdot 10^{-6}$) behaftet. Der Weg über die Ausmessung elektrostatischer Kräfte (Spannungswaage) läßt zur Zeit auch keine wesentlich größere Genauigkeit erwarten.

Eine dritte Darstellung des Volts gestattet der Wechselstrom-Josephson-Effekt[1]. Seit der Entdeckung dieses Effektes und seiner Ausnutzung zur Erzeugung konstanter Gleichspannungen ist ein erheblicher Fortschritt auf dem Gebiet der Darstellung der elektrischen Einheiten erzielt worden. Es handelt sich dabei um eine Eigenschaft schwach miteinander gekoppelter Supraleiter, die mit Hilfe der Quantenmechanik erklärt werden kann. Schickt man durch ein Josephson-Element (Bild 3.66 oben), das aus zwei supraleitenden Metallfilmen besteht, die durch eine nur 2 nm dicke elektrisch nichtleitende Schicht getrennt ist, einen Gleichstrom wachsender Stärke, so tritt oberhalb einer gewissen kritischen Stromstärke zusätzlich zum Suprastrom ein normalleitender Stromanteil hinzu (Bild 3.66 unten). Neben diesem Gleichstrom tritt im Gebiet $U > 0$ ein Supra-Wechselstrom auf, dessen Grundfrequenz f_J mit der über dem Josephson-Element liegenden Gleichspannung U durch die Beziehung

$$h f_J = 2 e U \tag{128}$$

h Plancksches Wirkungsquantum, e Elementarladung

verknüpft ist. Gleichspannungen von $150 \, \mu V$ entsprechen etwa $f_J = 70 \, \text{GHz}$.

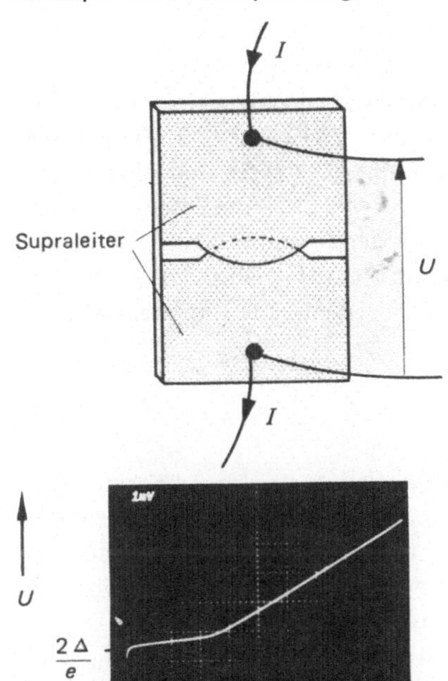

Bild 3.66

Josephson-Kontakt und Gleichstrom-Gleichspannungskennlinie zur Demonstration des Gleichstrom-Josephson-Effekts.

I_0 kritischer Suprastrom des Josephson-Elements

$2 \, \Delta$ Energielücke des Supraleiters (Blei bei der Temperatur $T = 4,2 \, \text{K}$),

e Elementarladung

---

[1] Kose, IEEE Trans. Instrum. Meas. Vol. IM-25, No. 4, 483, 1976

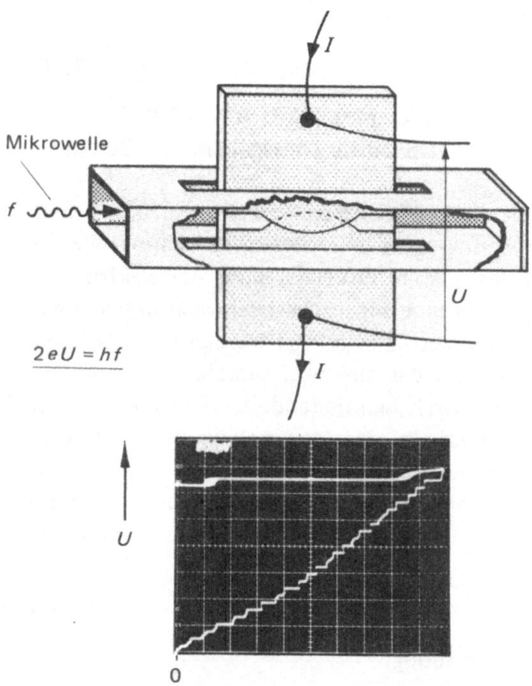

Bild 3.67

Versuchsanordnung und Gleichstrom-Gleichspannungskennlinie eines Josephson-Elements bei Absorption einer Mikrowelle zur Demonstration des Wechselstrom-Josephson-Effekts.

Gleichspannung $U \approx 3{,}2$ mV bei $f = 70$ GHz für die 22. Stufe konstanter Spannung, die außerdem in zehnfacher Dehnung abgebildet ist.

Die emittierte Hochfrequenzleistung dieses Oszillators ist jedoch zu klein, um dieses Experiment für Präzisionsmessungen heranziehen zu können. Viel günstigere Verhältnisse erhält man, wenn das Josephson-Element in einen Hohlleiter eingesetzt und eine Mikrowelle der Frequenz f eingestrahlt wird (Bild 3.67 oben). Durch Mitnahme-Effekt schwingt der Josephson-Oszillator in bestimmten Strombereichen mit der Fremdfrequenz f bzw. mit einem Vielfachen nf davon, und es entsteht eine treppenförmige Gleichstrom-Gleichspannungs-Kennlinie mit Stufen konstanter Spannung (Bild 3.67 unten). Für die Spannung U_n der n-ten Stufe gilt dann

$$U_n = \frac{nhf}{2e}. \tag{129}$$

Die Gleichspannung auf jeder Stufe ist also fest mit dem Quotienten der Naturkonstante e/h verknüpft, und ihr Betrag hängt nur von der Stufenzahl und der Frequenz der eingestrahlten Mikrowelle ab. Mit Hilfe der in Bild 3.68 dargestellten Prinzipschaltung läßt sich aus der Josephson-Spannung von $U_n \approx 3{,}2$ mV (bei $n = 22$ und $f = 70$ GHz) eine Spannung von 1 V erzeugen und mit einer relativen Unsicherheit von einigen 10^{-9} reproduzieren.

Zur Zeit ist die Unsicherheit der Darstellung des SI-Volts nach diesem Verfahren jedoch begrenzt auf etwa einige 10^{-6}, da der Quotient e/h im SI nicht genauer bekannt ist.

Bild 3.69 gibt Werte von $h/2e$ an, wie sie sich aus Ausgleichsrechnungen für Naturkonstanten ergeben. Es bleibt abzuwarten, was künftige Ausgleichsrechnungen für den Wert für $h/2e$ liefern. Aus dem Gesagten geht hervor, daß jede Reduzierung der Meßunsicherheit von $h/2e$ eine entsprechende Verringerung der Unsicherheit des SI-Volts bedeutet. Hierin liegt die Bedeutung der Naturkonstanten für eine verbesserte Darstellung aller elektrischen

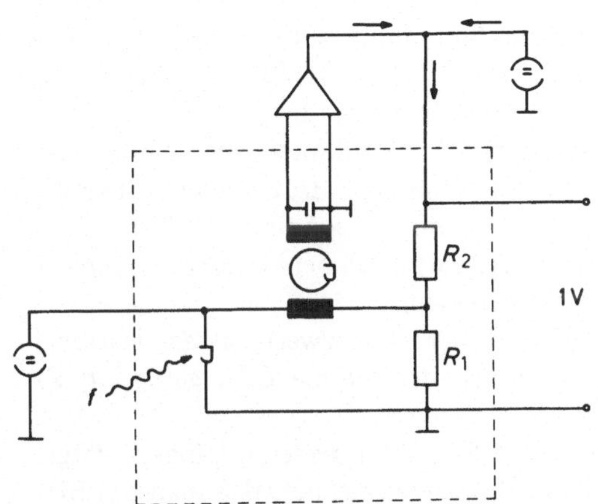

Bild 3.68 Prinzipschaltbild zur Darstellung des Volts
mit Hilfe des Gleichstrom-Josephson-Effektes

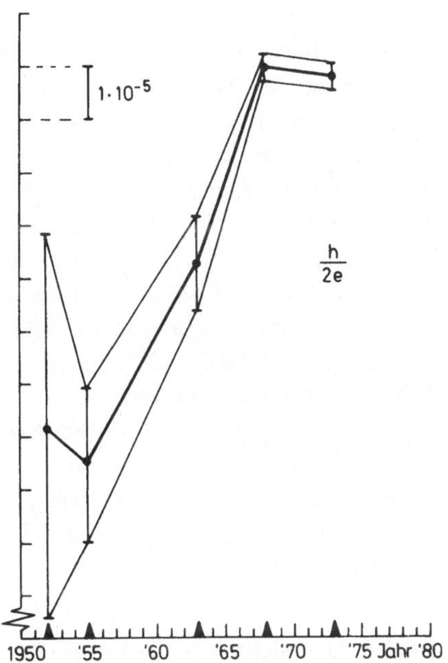

Bild 3.69 $h/2\,e$-Werte auf der Grundlage von
fünf Ausgleichsrechnungen für Naturkonstanten

h Plancksches Wirkungsquantum
e Elementarladung

Für die Ausgleichung des Jahres 1973 gilt

$$\frac{h}{2e} = 2{,}067\,850\,6 \cdot 10^{-15}\ \text{Wb.}$$

Einheiten mit Hilfe des Wechselstrom-Josephson-Effektes, da auch die Basiseinheit Ampere
über das Thompson-Lampard-Verfahren dann verbessert dargestellt werden könnte.

Da die Reproduzierbarkeit von Spannungsquellen heute bereits besser ist als die bei
ihrer Kalibrierung in SI-Einheiten erzielbare Meßgenauigkeit, hat im Jahre 1972 das Comité
Consultatif d'Électricité folgende Erklärung abgegeben, die vom Comité International des
Poids et Mesures gebilligt wurde:

„Das Comité Consultatif d'Électricité

zieht in Betracht

- daß mit Hilfe des Josephson-Effektes Normale hergestellt werden können, deren elektrische Spannung mit hoher Genauigkeit reproduzierbar ist,
- daß mehrere Laboratorien durch Anwendung dieses Verfahrens ihre Realisierung des
  Volts konstant halten,
- daß man so über Ergebnisse verfügt, die es gestatten, den Spannungswert eines Josephson-
  Normals an die in verschiedenen Laboratorien aufbewahrten Realisierungen des Volts
  anzuschließen,

und meint

- daß aufgrund dieser Ergebnisse das V_{69-BI} am 1. Januar 1969 mit einer Unsicherheit von
  etwa $1/2 \cdot 10^{-6}$ der Spannung einer Josephson-Anordnung gleich wäre, in deren Element
  eine Frequenz von 483 594,0 GHz eingestrahlt würde."

In dieser Formulierung wurde der Konjunktiv gewählt, um darauf hinzuweisen, daß es sich hier um ein Gedankenexperiment handelt, da elektrische Spannungen von einem Volt nicht in einem Josephson-Element direkt realisiert werden können (s. oben).

Die durch den Text definierte Frequenz bedeutet, daß das auf diese Weise dargestellte Volt sehr nahe dem SI–Volt wird. Jedoch bleibt z. Z. der Quotient — trotz dieser Festlegung des Zahlenwertes von h/e — in Bezug auf die SI-Einheiten weiterhin auf einige 10^{-6} unsicher. Der Vorteil dieser Festschreibung eines Zahlenwertes liegt darin, daß bei Messungen höchster Präzision immer auf diesen Wert Bezug genommen werden kann.

Abweichend von diesem international empfohlenen Frequenzwert hat das National Bureau of Standards 1972 einen anderen Frequenzwert, der für die USA gültig ist, zu 483 593,420 GHz festgelegt.

Damit ergeben sich Unterschiede in der in den USA und in anderen Ländern dargestellten Einheit Volt. Dieser Unterschied wird dadurch gekennzeichnet, daß man das Einheitensymbol indiziert, z.B. V_{PTB}, V_{NBS}. Man versteht darunter die Einheit Volt — es gibt nur eine einzige —, die in der PTB bzw. im NBS unter Zugrundelegung eines festgelegten Frequenzwertes (siehe oben) realisiert wurde.

3.4.3.5 Übersicht über die status-quo-Situation

Das Bild 3.70 faßt die bisher diskutierten Ergebnisse zusammen. Dabei bedeuten die Zahlen bei den Naturkonstanten relative Meßunsicherheiten und bei den Einheiten die Unsicherheit der zur Zeit besten Realisierung. Bei der Masseneinheit ist die Unsicherheit Null, da die Definition identisch mit der Verkörperung durch einen einmaligen Prototyp ist, der im BIPM bewahrt wird.

3.4.4 Bewahrung der elektrischen Einheiten und internationaler Vergleich

Meßtechnische Einrichtungen und Apparate, die zur Darstellung der elektrischen Einheiten benutzt werden, sind oft sehr aufwendig und eignen sich nicht immer auch für eine langzeitige Bewahrung der Einheiten. Im folgenden soll daher über die Normale berichtet werden, mit denen die Bewahrung vorgenommen wird.

Die Bewahrung der Basiseinheit Ampere geschieht nicht direkt, sondern vielmehr über die einfacher zu bewahrenden Einheiten Volt und Ohm. Kürzlich ist ein Verfahren mit Hilfe des Wechselstrom-Josephson-Effektes und eines im flüssigen Helium bei 4,2 K bewahrten Widerstandes, sogenannter Kryowiderstand, angegeben worden, mit dem 1 A langfristig auf besser als 10^{-9} bewahrt werden kann. Voraussetzung für die Langzeitstabilität der Stromstärke ist die Langzeitstabilität des Kryowiderstandes. Bild 3.71 zeigt, daß solche tiefgekühlten Widerstände bezüglich ihres Langzeitverhaltens den besten bei Zimmertemperatur bewahrten vom Thomastyp entsprechen.

3.4.4.1 Bewahrung des Ohms

Die Bewahrung der Einheit Ohm erfolgt in den metrologischen Staatsinstituten mit Hilfe von ausgewählten 1-Ω-Normalwiderständen höchster Präzision. Diese sind in metallischen Zylindern eingeschlossene Spulen (Bild 3.72), deren Draht meist aus bei etwa 500 °C gealtertem Manganin (CuMnNi-Legierung) besteht.

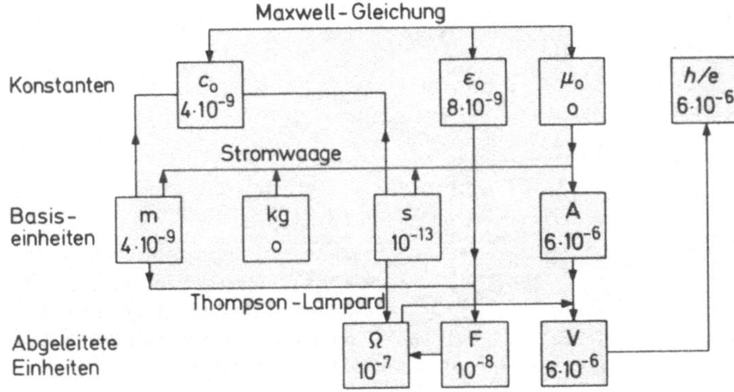

Bild 3.70
Zusammenhang zwischen Naturkonstanten und SI-Einheiten. Die Zahlenwerte bei den Naturkonstanten bedeuten relative Meßunsicherheiten und bei den Einheiten die Unsicherheit der zur Zeit besten Realisierung.

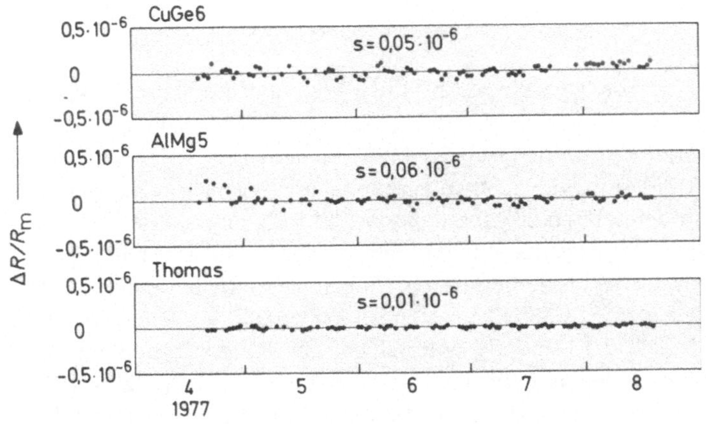

Bild 3.71
Relative zeitliche Widerstandsänderungen von April bis August 1977 $\Delta R/R_m$ von 1-Ω-Widerständen aus CuGe6 und AlMg5 in flüssigem Helium bei 4,2 K und eines Thomas-Widerstands im Ölbad bei 20 °C. Bezugsgröße R_m ist der Widerstandswert eines anderen Thomas-Widerstandes.

Bild 3.72
1-Ω-Normalwiderstand vom Typ Thomas

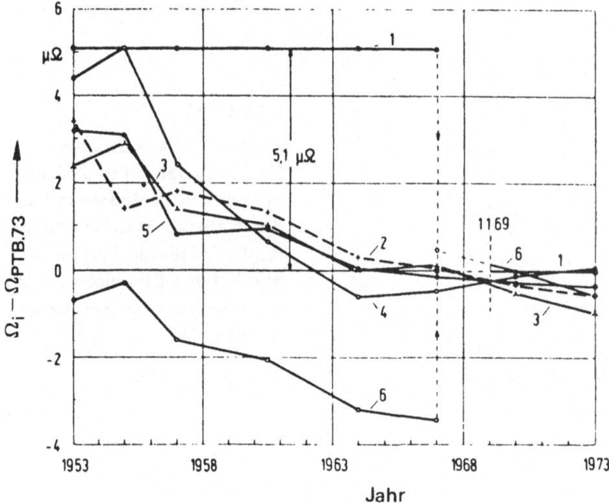

Bild 3.73
Ergebnisse der internationalen Vergleiche der in verschiedenen Instituten bewahrten Einheiten des elektrischen Widerstandes bezogen auf das in der PTB bewahrte Ohm

1. PTB   2. BIPM   3. ETL
4. IMM   5. NBS   6. NPL

Ihr relativer Temperaturkoeffizient ist kleiner als $1 \cdot 10^{-5}/\mathrm{K}$, und ihre jährliche Änderung ist kleiner als 0,1 $\mu\Omega$. Meist hat man einen ganzen Satz solcher 1-Ω-Normalwiderstände, die regelmäßig untereinander verglichen werden (relative Meßunsicherheit $1 \cdot 10^{-8}$).

Die alle drei Jahre im BIPM stattfindenden internationalen Vergleichsmessungen an Normalwiderständen ergaben in den letzten 20 Jahren das in Bild 3.73 dargestellte Ergebnis. Hierbei sind alle Werte auf das in der PTB dargestellte Ohm bezogen. Auf Empfehlung des CIPM wurden mit Wirkung vom 1.1.1969 die bewahrten Widerstandseinheiten einiger Institute geändert, um möglichst gut den SI-Einheiten zu entsprechen. Dies ergab für die PTB eine Änderung um 5,1 $\mu\Omega$. In Tabelle 3.13 sind die Unterschiede der in der PTB und anderen Instituten bewahrten Widerstandseinheiten beim internationalen Vergleich im Jahre 1973 wiedergegeben. Tabelle 3.14 gibt den internationalen Stand der Bewahrung sowie den Anschluß an die SI-Einheit am 1.1.1977 wieder.

Tabelle 3.13: Unterschiede der in der PTB und anderen Instituten bewahrten elektrischen Widerstandseinheiten beim internationalen Vergleich 1973

Institut	$\Omega_{PTB} - \Omega_i$ in $\mu\Omega$	
	Vergleich bei 1 Ω	Vergleich bei 10 kΩ
BIPM (Sèvres)	+ 0,57	+ 0,48
ASMW (Berlin-Ost)	− 0,36	− 0,73
ETL (Tokio)	+ 0,97	+ 0,78
IEN (Turin)	− 0,31	− 0,58
IMM (Leningrad)	− 0,05	+ 1,02
LCIE (Fontenay-aux-Roses)	− 0,06	—
NBS (Washington)	+ 0,37	− 0,03
NPL (Teddington)	+ 0,56	+ 0,05
NPRL (Pretoria)	− 0,54	—
NRC (Ottawa)	+ 1,47	+ 1,19
NSL (Chippendale)	+ 0,24	− 0,09

Tabelle 3.14: Bewahrung der elektrischen Widerstandseinheit; internationaler Stand am 1.1.1977 gemäß Umfrage des BIPM

Institut	Bewahrung		Anschluß an SI-Einheit		Angaben zur Unsicherheit gegenüber Ohm SI
	Widerstände	bei Temp.	über	seit	
ASMW	$9 \cdot 1\ \Omega$	Lagerung: $(22 \pm 3)\ ^\circ$C Messung: $(20 \pm 0,01)\ ^\circ$C	Farad	2.76	$\Omega_{ASMW} - \Omega = 0,7\ \mu\Omega$ $s = 7,2 \cdot 10^{-7}$
ETL	$10 \cdot 1\ \Omega$	$20,0\ ^\circ$C	Farad	1.1.77	$4 \cdot 10^{-7}$
IMM	$10 \cdot 1\ \Omega$	$(20 \pm 0,1)\ ^\circ$C	Farad	1973	Realisierung: $< 1 \cdot 10^{-7}$ Konstanz: 10^{-7}
LCIE	$20 \cdot 1\ \Omega$ $+ (4 \cdot 10\ k\Omega)$	$20\ ^\circ$C	Farad	1.1.75	$1,5 \cdot 10^{-6}$
NBS	$5 \cdot 1\ \Omega$	$25,0\ ^\circ$C	Farad Farad	1960 1.7.74	Weniger genau $\Omega_{NBS} - \Omega = -0,819\ \mu\Omega$ Unsicherheit $(1\ \sigma)\qquad 6 \cdot 10^{-8}$
NML	$3 \cdot 1\ \Omega$	$20\ ^\circ$C	Farad	1.69	$2 \cdot 10^{-7}$
NPL	$5 \cdot 1\ \Omega$	$20\ ^\circ$C	Henry Farad	zuletzt 1963/64 in Arbeit	Vergleich mit NBS gab Nov. 75: $\Omega_{NPL} - \Omega = -0,8\ \mu\Omega$
NRC	$10 \cdot 1\ \Omega$	$25\ ^\circ$C	−	−	$3 \cdot 10^{-7}$
PTB	$7 \cdot 1\ \Omega$	$20\ ^\circ$C	Farad	in Arbeit	Auf Grund internationaler Vergleiche etwa $5 \cdot 10^{-7}$

Zur Weitergabe der Einheit Ohm werden Widerstandsnormale von $10^{-5}\ \Omega$ bis $10^{14}\ \Omega$ bereitgehalten, die mittels Brücken-, Kompensations- und Komparatorschaltungen im Verhältnis 1 : 1 bis 1 : 1000 angeschlossen werden.

3.4.4.2 Bewahrung des Volts

Für die Bewahrung des Volts dienen seit etwa 1910 Gruppen von Internationalen Weston-Elementen (Bild 3.74). Bei den größeren Staatsinstituten bestehen meist Gruppen von 20 bis 40 Stück, wobei jeweils der Mittelwert der elektrischen Spannungen als Bezugsgröße gilt.

Für die Verwendung von Internationalen Weston-Elementen als Spannungsnormale hoher Genauigkeit ist Voraussetzung, daß sie auf möglichst konstanter Temperatur gehalten werden. Daher werden sie meist in thermisch gut geschirmten und temperatur-stabilisierten Behältern großer Wärmekapazität aufbewahrt ($\pm\ 0,1$ mK/d wurde erreicht). Zur Beschreibung der elektromotorischen Kraft E_t in V bei der Temperatur t in $^\circ$C gilt für die Internationalen Weston-Elemente im Temperaturbereich 0 $^\circ$C bis 40 $^\circ$C als beste Annäherung

$$E_t = E_{20} - [39,83\,(t - 20) + 0,930\,(t - 20)^2 - 0,0090\,(t - 20)^3 + \qquad\qquad (130)$$
$$+\ 0,00006\,(t - 20)^4] \cdot 10^{-6}$$

E_{20} elektromotorische Kraft in V bei 20 $^\circ$C.

Die zeitlichen Änderungen der elektromotorischen Kraft von ausgesuchten Elementen in guten Thermostaten bleiben innerhalb weniger 10^{-7} V/a.

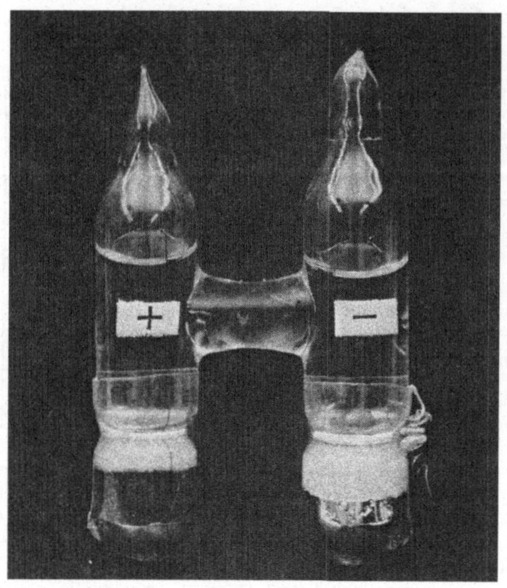

Bild 3.74
Internationales Weston-Normalelement

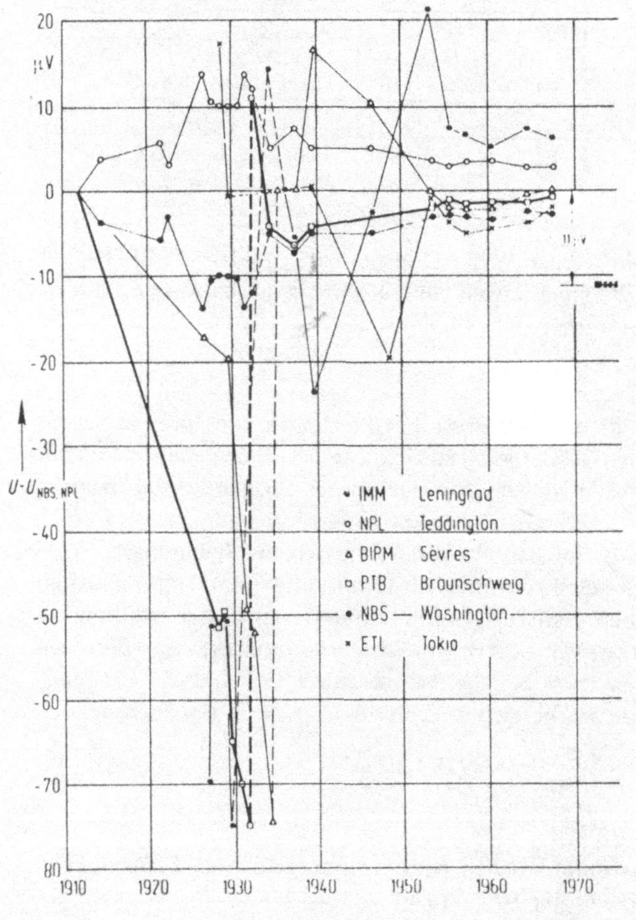

Bild 3.75
Ergebnisse der internationalen Vergleiche
der in verschiedenen Instituten bewahrten
Einheit der elektrischen Spannung be-
zogen auf den Mittelwert der im NBS und
NPL bewahrten Einheiten

Zur Sicherung der internationalen Übereinstimmung fanden etwa alle drei Jahre Vergleichsmessungen von Normalelementen im BIPM statt. Bild 3.75 zeigt die Ergebnisse von solchen Vergleichsmessungen, wobei als Bezugswert der Spannungsmittelwert der im NBS und NPL aufbewahrten Gruppen gewählt wurde. Man sieht, wie seit 1930 die Mittelwert-Unterschiede zwischen den Staatsinstituten immer kleiner wurden und im Jahre 1968 noch etwa 10^{-5} V betrugen. Auf Empfehlung des CIPM wurden mit Wirkung vom 1.1.1969 die bewahrten Spannungseinheiten einiger Institute geändert, um möglichst gut den SI-Einheiten zu entsprechen. Für die PTB ergab sich hierbei eine Änderung um 10,4 μV. Seit 1972 werden die Vergleiche der Einheiten der elektrischen Spannung mit Hilfe des Josephson-Spannungsnormals (s. Abschnitt 3.4.3.4) ausgeführt. Dadurch sind die Unterschiede für einige Staatsinstitute auf $\pm 2 \cdot 10^{-7}$ zusammengeschrumpft. Aufgrund des in Abschnitt 3.4.3.4 erwähnten Beschlusses des CCE, einen Zahlenwert für den Proportionalitätsfaktor zwischen Spannung und Frequenz in der Josephson-Gleichung festzulegen, ergab sich für die PTB eine Änderung um 1,08 μV. Die bisherigen Spannungsvergleiche wurden fast ausnahmslos mit transportierten Weston-Elementen durchgeführt. Lediglich im April 1975 wurde erstmals eine Vergleichsmessung (PTB-BIPM) von zwei Josephson-Spannungsnormalen recht unterschiedlicher Konstruktion vorgenommen, die eine Übereinstimmung auf $6 \cdot 10^{-8}$ ergab. Dazu sei bemerkt, daß beste Vergleiche mit Weston-Elementen bei größter Sorgfalt beim Transport auf bestenfalls $\pm 2 \cdot 10^{-7}$ begrenzt sind.

Die Tabelle 3.15 gibt den internationalen Stand der Bewahrung der Spannungseinheit am 1.1.1977 wieder.

Tabelle 3.15: Bewahrung der elektrischen Spannungseinheit; internationaler Stand am 1.1.1977 gemäß Umfrage des BIPM

| | Bewahrung | | Festlegung mittels Josephson-Effekt | | Angaben zur Unsicherheit |
	Anzahl der Normalelemente	bei Temperatur	seit	Zahlenwert für 2 e/h in GHz/V	von Reproduzierbarkeit und Konstanz
ASMW	26	Lagerung: (20 ± 0,1) °C Messung: (20 ± 0,01) °C	–	– –	–
ETL	20 3	20,0 °C 30,0 °C	1.1.77	483 594,0	jeweils $5 \cdot 10^{-8}$
IMM	20	20 °C	Kontrolle seit 1976	483 595,96	Angaben erst nach weiteren Messungen
LCIE	20 + (14)	20 °C 30 °C	1.10.72	483 594,64	$1 \cdot 10^{-7}$
NBS	12	30,0 °C	1.7.72	483 593,42	(1 σ) $4 \cdot 10^{-8}$
NML	15	20 °C	1.73	483 594,0	$1 \cdot 10^{-7}$
NPL	6	25 °C 30 °C	4.73	483 594,0	$2 \cdot 10^{-7}$
NRC	10 + (20)	30 °C	offiziell noch nicht	vorgesehen 483 594,0	$\pm 1 \cdot 10^{-7}$
PTB	25	20 °C	1.11.72	483 594,0	$\pm 4 \cdot 10^{-8}$

3.4.5 Die weitere Entwicklung

Welche Möglichkeiten bestehen, die in Abschnitt 3.4.3.5 geschilderte Situation zu ändern, so daß die elektrischen Einheiten, insbesondere das Volt und das Ampere, mit kleinerer relativer Meßunsicherheit realisiert werden können, als ihr Betrag heute im SI bekannt ist?

Der eine begehbare Weg macht von der in Abschnitt 3.1 aufgezeigten Möglichkeit Gebrauch, in absehbarer Zeit einen fest vereinbarten Wert für die Lichtgeschwindigkeit c_0 zu erhalten (auf der Basis eines sogenannten vereinheitlichten Standards für die Einheiten der Länge und der Zeit). Dann hätte (Bild 3.76) die Lichtgeschwindigkeit die Unsicherheit Null und ϵ_0 einen festen Zahlenwert. Man könnte dann die elektrischen Einheiten über elektrische oder magnetische Felder realisieren, ohne Ungenauigkeiten in den Feldkonstanten berücksichtigen zu müssen. Die Realisierung der Widerstandseinheit wäre sowohl über eine Kapazität als auch eine Induktivität möglich, jedoch ist der erstere Weg mit geringerer Unsicherheit als der zweite verknüpft.

Ein Angelpunkt ist die Konstante h/e. Hätte man für sie einen genaueren Wert, so könnte man diesen zum Ausgangspunkt von Definitionen für die elektrischen Einheiten machen. Hierfür bieten sich zwei Wege an: Der erste besteht darin, daß man über die Präzisionsmessung anderer Konstanten und die Ausnutzung gesetzmäßiger Zusammenhänge mit anderen Naturkonstanten (s. Abschnitt 8) einen besseren Wert für h/e ableitet. Dieser Weg wird bereits erfolgreich beschritten, so daß relative Unsicherheiten unterhalb $1 \cdot 10^{-6}$ möglich sind. Es wäre dann aber konsequent, zum Volt als Basiseinheit überzugehen. Der zweite Weg geht sogar soweit, daß man einen als exakt zu geltenden Wert für h/e vereinbart (Bild 3.77). Hierbei eröffnen sich 3 Möglichkeiten. Man geht also davon aus, daß — wie oben bereits ausgeführt — für c_0 ein bestimmter Wert festliegt ($\{c_0\} = n_1/n_2$). Die Fixierung eines Wertes für h/e bedeutet, daß $\{h/e\} = 2/n_3$, wenn n_3 Hz die Frequenz der Strahlung ist, die, auf ein Josephson-Element auftreffend, dort die elektrische Spannung 1 V erzeugen würde. Damit sind also festgelegt m, s, V, c_0 und h/e. Noch nichts ausgesagt ist über kg, ϵ_0 und μ_0. Über die Kraftwirkung des elektrischen Feldes sind aber die mechanischen Basiseinheiten m, kg und s mit der Spannungseinheit V und mit ϵ_0 verknüpft. Analog zur Stromwaage läßt sich daher eine Spannungswaage konstruieren, deren Meßgenauigkeit aber in der gleichen Größenordnung liegt wie die der Stromwaage. Das Ergebnis einer Messung mit der Spannungswaage läßt drei verschiedene Interpretationen zu, von denen mittels Vereinbarung eine auszuwählen wäre.

1. Möglichkeit: μ_0 behält seinen alten Wert $4\pi \cdot 10^{-7}$ H/m, und für ϵ_0 ist ein fester Wert über

$$\epsilon_0 = \frac{1}{c_0^2 \mu_0} = \frac{10^7}{\{c^2\} \cdot 4\pi} \text{ F/m vorgegeben.} \tag{131}$$

Damit wird das Kilogramm über die elektrostatischen Kräfte einer Spannungswaage festgelegt. Nunmehr wäre zwar das Kilogramm auch auf Naturkonstanten mit Quantenübergängen zurückgeführt, die Ästhetik des Systems wäre also verbessert. Meßtechnisch gesehen hätte man die Eigenschaft, die am wenigsten genau zu realisierende Basiseinheit zu sein, vom Ampere zum Kilogramm verschoben. Würde man das Kilogramm-Prototyp als bestmögliche Realisierung dieser neuen SI-Basiseinheit für die Masse ansehen, so würde sich zwar im Augenblick fast nichts ändern. Im Falle einer Verbesserung der Vergleichsmessungen zwischen elektrostatischen und mechanischen Kräften würde sich aber die Notwendigkeit einer Änderung der Masse des derzeitig bestehenden Prototyps ergeben. Das ist nicht erstrebenswert.

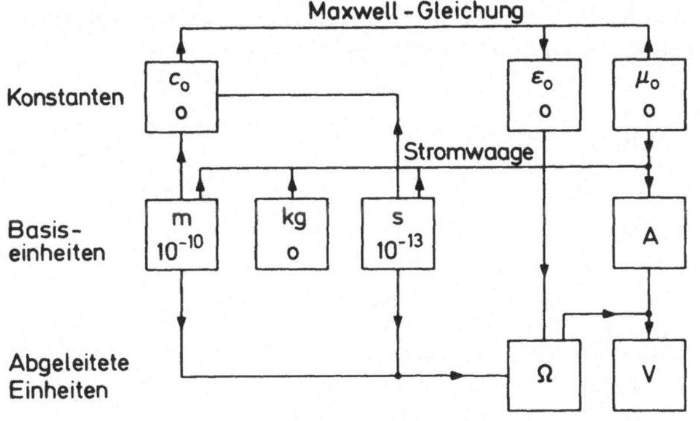

Bild 3.76
Schema für die Beziehungen zwischen den Einheiten bei festgelegtem Wert für die Lichtgeschwindigkeit

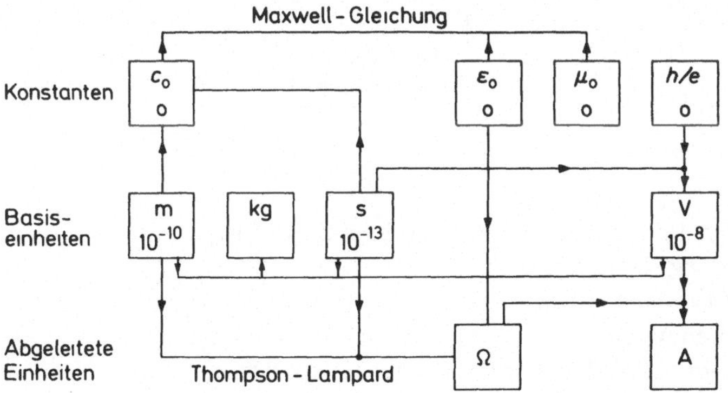

Bild 3.77
Schema für die Beziehungen zwischen den Einheiten bei festgelegtem Wert für die Lichtgeschwindigkeit und bei festgelegtem Wert für h/e

2. Möglichkeit: Die Definition der Masseneinheit über das Kilogramm-Prototyp wird beibehalten.

Mit der Spannungswaage werden also ϵ_0 und μ_0 experimentell ermittelt, sie sind also nur mit einer relativen Unsicherheit von etwa $6 \cdot 10^{-6}$ bekannt. Alle elektrischen Einheiten, in deren Ableitung ϵ_0 oder μ_0 eingeht, sind dann mindestens mit derselben relativen Unsicherheit behaftet. Das gilt dann beispielsweise auch für das Ohm. Der Zustand in der Elektrotechnik wäre also schlechter als der jetzige, da die Anzahl der nur ungenau realisierbaren Einheiten größer wäre als heute.

3. Möglichkeit: Das System wird überbestimmt. Die Kilogramm-Definition als Prototyp wird beibehalten, außerdem aber auch die festgelegten Werte für μ_0 und ϵ_0.
Das hat aber zur Folge, daß Ungereimtheiten in das System kommen, die man nur dadurch beseitigen kann, daß man wieder — wie zur Zeit der internationalen elektrischen Einheiten — die elektrischen Einheiten mindestens zum Teil von ihren Beziehungen zur Mechanik loslöst. Damit entsteht aber wieder der Zustand, daß die Einheit der elektrischen Energie, das Produkt $V \cdot A \cdot s$, nicht definitionsgleich der Einheit der mechanischen Energie, dem Produkt $N \cdot m$ ist. Der Grad der Übereinstimmung wäre z. B. mit der Spannungswaage zu überprüfen. Die derzeit erzielbare relative Meßunsicherheit von $6 \cdot 10^{-6}$ würde dann die Fehlergrenze darstellen, innerhalb derer die Beziehung $1\,V \cdot A \cdot s \approx 1\,N \cdot m$ zur Zeit richtig wäre. Bei steigender Meßgenauigkeit ergeben sich dann angebbare Diskrepanzen.

Die oben geschilderten drei Möglichkeiten zur Neudefinition der elektrischen Einheiten sind mit ihren Konsequenzen in Tabelle 3.16 übersichtlich zusammengestellt.

Tabelle 3.16: Möglichkeiten zur Neudefinition der mechanischen und elektrischen Einheiten

Möglichkeit	1	2	3
festgelegt ist mit der Unsicherheit	c_0, h/e 0 0	c_0, h/e 0 0	c_0, h/e 0 0
weiterhin wird festgelegt mit der Unsicherheit	ϵ_0 μ_0 0 0	kg 0	ϵ_0, μ_0, kg 0 0 0
dann gilt für die relative Unsicherheit	kg $6 \cdot 10^{-6}$	ϵ_0, μ_0, Ω, A, ... $6 \cdot 10^{-6}$	VAs $\neq$ Nm $6 \cdot 10^{-6}$ System ist überbestimmt

Die Bezeichnungen für die Institute bedeuten:

BIPM   *Bureau International des Poids et Mesures*, Sèvres,
ASMW   *Amt für Standardisierung, Meßwesen und Warenprüfung*, Berlin-Ost,
ETL   *Electrotechnical Laboratory*, Tokio,
IEN   *Istituto Elettrotecnico Nazionale*, Turin,
IMM   *Institut für Metrologie*, Leningrad,
LCIE   *Laboratoire Central des Industries Electriques*, Fontenay-aux-Roses,
NBS   *National Bureau of Standards*, Washington,
NPL   *National Physical Laboratory*, Teddington,
NPRL   *National Physical Research Laboratory*, Pretoria,
NRC   *National Research Council*, Ottawa,
NSL   *National Standard Laboratory*, Chippendale, Australien, jetziger Name: *National Measurement Laboratory* (NML), West-Lindfield,
PTB   *Physikalisch-Technische Bundesanstalt*, Braunschweig und Berlin.

3.5 Das Kelvin

3.5.1 Einleitung

Es hat verhältnismäßig lange gedauert, bis aus den subjektiven Sinnesempfindungen „warm" und „kalt" der Begriff der Temperatur entstand und dieser klar vom Begriff der Wärmemenge abgegrenzt werden konnte. Man erkannte schließlich einerseits, daß sich bestimmte Vorgänge in der Natur (z. B. das Schmelzen von Eis) unter sonst gleichbleibenden Bedingungen immer bei derselben Temperatur abspielen und andererseits, daß es physikalische Eigenschaften gibt, die von der Temperatur abhängen ($f(t)$), die also zur Temperaturmessung geeignet sind. Solche physikalischen Eigenschaften, die heute zur Temperaturmessung herangezogen werden, sind beispielsweise

1. das Volumen einer in Glas eingeschmolzenen Quecksilbermenge;
2. der Druck oder das Volumen einer konstanten Gasmenge;

3. der elektrische Widerstand einer Platinspule oder einer Halbleitersonde;
4. die Eigenfrequenz der Dickenschwingung eines Quarzkristalls;
5. die Rauschleistung eines elektrischen Widerstandes;
6. die Temperaturstrahlung aus einer Hohlraumöffnung;
7. die Schallgeschwindigkeit in einem Gas;
8. die thermoelektrische Spannung zweier verschiedener Metalle.

Zur Aufstellung einer Temperaturskala benötigt man drei Elemente:

1. ein Thermometer mit einer temperaturabhängigen Eigenschaft;
2. einen oder mehrere geeignete Fixpunkte zur Kalibrierung. Ein thermometrischer Fixpunkt wird dadurch realisiert, daß man einen reinen Stoff (z. B. Wasser oder ein Metall) unter definiertem Druck schmelzen oder erstarren läßt. Hierbei stellt sich über längere Zeit eine sehr genau reproduzierbare Temperatur ein;
3. eine Vorschrift zur Unterteilung des Temperaturintervalls zwischen zwei Fixpunkten.

3.5.2 Die thermodynamische Temperatur

Das bekannteste Beispiel einer Temperaturskala ist diejenige von Celsius aus dem Jahre 1742. Er wählte als temperaturabhängige Eigenschaft das Volumen einer in Glas eingeschmolzenen Quecksilbermenge und maß es durch die Höhe h des Quecksilberspiegels in einer Kapillare. Er kalibrierte sein Thermometer in schmelzendem Eis und siedendem Wasser und teilte dieses Intervall bekanntlich in 100 Teile. Diese Skala setzte er nach oben und unten fort. (Celsius hatte noch andere Bezeichnungen. Er nannte den Eispunkt 100 °C, den Wassersiedepunkt 0 °C. Durch Stömer wurden im Jahre 1850 diese Bezeichnungen vertauscht.) Die Temperaturmessung mittels des Quecksilber-Thermometers in der Celsius-Skala erfolgt also gemäß folgender Interpolationsformel

$$ t = 0\,°C + \frac{h - h_0}{h_{100} - h_0} \cdot 100\,°C, \tag{132} $$

t Celsius-Temperatur, h_0 Höhe der Quecksilbersäule beim Eispunkt (0 °C), h_{100} Höhe der Quecksilbersäule beim Wassersiedepunkt (100 °C).

Beim Vergleich der Temperaturskalen von Ausdehnungsthermometern mit unterschiedlichen Substanzen ergeben sich aber mit steigender Meßgenauigkeit Diskrepanzen — wegen des nicht genau linearen Verlaufs des thermischen Ausdehnungskoeffizienten, wie wir heute wissen. Zur Vermeidung dieses Nachteils suchte man daher nach einer Thermometersubstanz mit möglichst stoffunabhängigem Ausdehnungskoeffizienten α. Sie wurde in den verdünnten Gasen mit vernachlässigbarer Wechselwirkung — also bei Annäherung an den Druck Null — gefunden (Bild 3.78). Das gleiche stoffunabhängige Verhalten zeigt bei den verdünnten Gasen dann auch der Spannungskoeffizient β (im Grenzfall).

Mit den Gay-Lussacschen Gesetzen, die die Temperaturabhängigkeit des Volumens (bei konstantem Druck) und die des Drucks (bei konstantem Volumen) beschreiben

$$ V_t = V_0 \left(1 + \alpha\,(t - t_0)\right), \quad p = \text{const.} \tag{133} $$

$$ p_t = p_0 \left(1 + \beta\,(t - t_0)\right), \quad V = \text{const.} \tag{134} $$

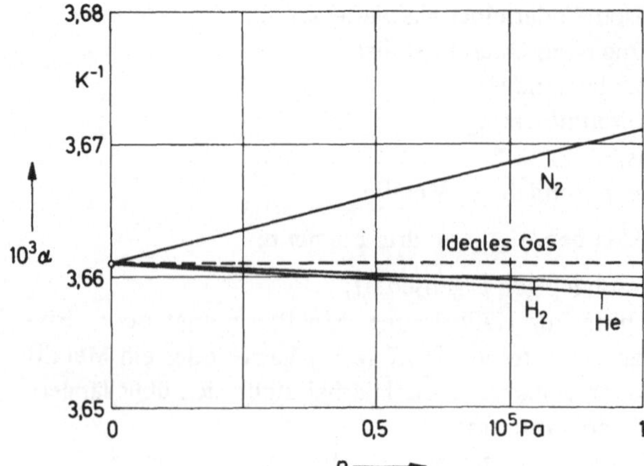

Bild 3.78
Druckabhängigkeit des mittleren Ausdehnungskoeffizienten α verschiedener
Gase

besteht daher die Möglichkeit, die thermodynamische Temperatur T_0 — wie wir diese stoffunabhängige Temperatur nun nennen wollen — des Eispunktes zu bestimmen. Mißt man mit
einem Gasthermometer zwischen 0 °C und 100 °C, so wird aus den Gln. (133) und (134)

$$\alpha = \frac{V(100\ ^\circ C) - V(0\ ^\circ C)}{100\ ^\circ C \cdot V(0\ ^\circ C)} \qquad \text{mit } p\,(100\ ^\circ C) = p\,(0\ ^\circ C) \tag{135}$$

und

$$\beta = \frac{p\,(100\ ^\circ C) - p\,(0\ ^\circ C)}{100\ ^\circ C \cdot p\,(0\ ^\circ C)} \qquad \text{mit } V\,(100\ ^\circ C) = V\,(0\ ^\circ C). \tag{136}$$

Bei Extrapolation auf den idealen Gaszustand wird

$$\lim_{p \to 0} \alpha = \lim_{p \to 0} \beta = \frac{1}{T_0} = \frac{1}{273{,}15\ \text{K}} = 0{,}003\,661\ \text{K}^{-1}. \tag{137}$$

Hier konnte man erkennen, daß es eine „absolute Temperatur" gibt, obwohl diese Eigenschaft hier noch von der Celsius-Skala abhängt. In der Schreibweise der Zustandsgleichung
für 1 Mol des idealen Gases

$$p \cdot V_m = R \cdot T \tag{138}$$

erkennt man, daß sich die thermodynamische Temperatur über sie definieren läßt. Gelten
für eine Bezugstemperatur T_B das Bezugsvolumen V_B und der Bezugsdruck p_B, so ist für eine
unbekannte Temperatur T

$$T = \frac{V}{V_B}\, T_B \qquad \text{mit } p = \text{const.} \tag{139a}$$

und

$$T = \frac{p}{p_B}\, T_B \qquad \text{mit } V = \text{const.,} \tag{139b}$$

wobei die Größen rechts vom Gleichheitszeichen meßbar oder bekannt sind. Das zeigt aber,
daß man auch mit einem einzigen Fixpunkt T_B auskommt. Das erkannte zuerst der fran-

zösische Physiker Amontons (1704). Aber erst 250 Jahre später wurde eine solche Temperaturskala mit dem Wassertripelpunkt als Bezugstemperatur eingeführt.

Üblicherweise wird aus didaktischen aber nicht aus experimentellen Gründen die thermodynamische Temperatur über einen Carnotschen Kreisprozeß eingeführt. Carnot erkannte, daß bei solch einem reversiblen Kreisprozeß grundsätzlich nicht die gesamte, dem warmen Reservoir entzogene Wärmemenge Q_1 in mechanische Arbeit verwandelt werden kann. Der Wirkungsgrad η ergibt sich zu

$$\eta = \frac{Q_1 - Q_2}{Q_1} = \frac{T_1 - T_2}{T_1}, \tag{140}$$

wobei Q_2 die wieder zurückgeführte Wärme ist. Daraus entwickelt sich der 2. Hauptsatz, der aussagt, daß es keine periodisch arbeitende Maschine gibt, die einen höheren Wirkungsgrad hat als den, der durch die beiden in Gl. (140) aufgeführten Grenztemperaturen T_1 und T_2 gegeben ist. Im Jahre 1848 erkannte W. Thomson, der spätere Lord Kelvin, daß hieraus die Existenz einer absoluten Temperaturskala folgte, die von den Eigenschaften spezieller Thermometer unabhängig ist. Ihm zu Ehren hat heute die Temperatureinheit den Namen Kelvin.

Wir wissen heute, daß es verschiedene Methoden gibt, die thermodynamische Temperatur zu definieren; sie alle liefern dieselbe thermodynamische Temperatur T. Sie ist einer Messung besonders gut zugänglich, wenn sie in physikalischen Gleichungen der Form $\rho\,(T, A_i, \alpha_k) = 0$ auftritt, wobei die A_i eindeutig meßbare physikalische Größen wie z. B. Druck, Volumen, elektrische Spannung, Frequenz, magnetische Suszeptibilität oder Strahlungsleistung und α_k Naturkonstanten sind. Allerdings muß sich dieses System im thermodynamischen Gleichgewicht befinden. Das setzt ein Kollektiv materieller Teilchen voraus, für die Energie und Impuls bestimmte Verteilungsgesetze erfüllen müssen. Beispiele für solche physikalischen Gleichungen sind das ideale Gasgesetz, die Strahlungsgesetze von Boltzmann und Planck, die Nyquist-Gleichung für das Widerstandsrauschen und das Curie-Gesetz. Der vorausgesetzte Idealzustand ist immer nur bis zu einem gewissen Grad vorhanden, so daß bei praktischen Messungen Korrektionsfaktoren verwendet werden müssen. Beim Gasgesetz kommen die Virialkoeffizienten (s. u.) ins Spiel, der Hohlraum wird durch die Meß-Öffnung gestört und dem Widerstandsrauschen sind zusätzliche Rauschquellen überlagert.

Alle diese Methoden sind apparativ recht aufwendig und kompliziert in der Handhabung. Sie sind für die praktische Temperaturmessung nicht geeignet. Daher hat man sich zu folgendem Vorgehen entschlossen: Die thermodynamische Temperatur kann zwar durch mehrere Methoden bestimmt werden, da aber bis heute das gasthermometrische Verfahren im Temperaturbereich von etwa 3 K bis etwa 1400 K das genaueste und bei weitem am häufigsten angewandte ist, werden für die praktische Temperaturmessung die Temperaturen mehrerer Fixpunkte nach dieser Methode gemessen und festgelegt. Die Temperaturmessung zwischen diesen Fixpunkten erfolgt mit ebenfalls festgelegten Interpolationsmeßinstrumenten. Das ist die Basis der sogenannten Internationalen Praktischen Temperaturskala von 1968 (IPTS-68), heute gültig in der verbesserten Ausgabe von 1975, die IPTS-68/75. Diese Konzeption hat den Vorteil, daß die aufwendigen und umständlichen Messungen mit dem Gasthermometer (s. Abschnitt 3.5.6.2) nur in den metrologischen Staatsinstituten ausgeführt werden müssen.

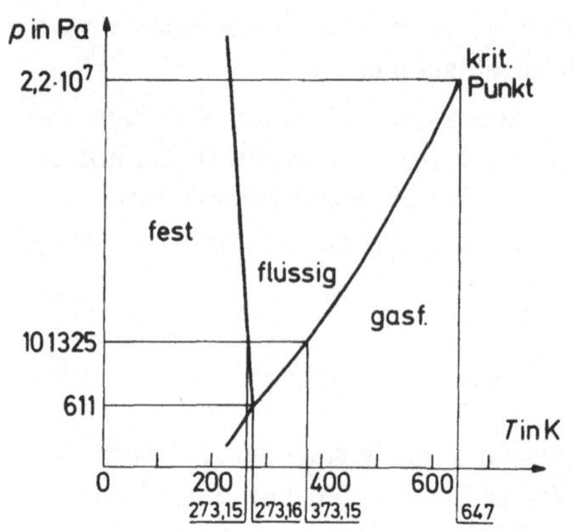

Bild 3.79
Zustandsdiagramm von Wasser, nicht maßstabsgerecht

3.5.3 Der Tripelpunkt des Wassers

Nun noch ein Wort zum Tripelpunkt des Wassers, also des Punktes, an dem Eis, Wasser und Wasserdampf koexistieren. Warum hat man gerade ihn genommen? Die Reproduzierbarkeit jedes Fixpunktes ist nur mit einer bestimmten Unsicherheit möglich. Für den Eispunkt lag diese bei etwa ± 0,002 K. Die Reproduzierbarkeit des Tripelpunktes des Wassers war aber mit etwa ± 0,000 05 K möglich. Außerdem hat der Tripelpunkt des Wassers (Bild 3.79) den Vorteil, daß infolge der Koexistenz von drei Phasen alle drei Zustandsgrößen Druck ($p = 611$ Pa), Temperatur und Volumen festliegen. (Über die experimentelle Realisierung des Tripelpunktes s. Abschnitt 3.5.6.1). Bei der Angabe z. B. einer Schmelztemperatur ist immer die Angabe des zugehörigen Druckes notwendig.

Die Festlegung des Zahlenwertes von T_B, des Tripelpunktes von Wasser, legt die Größe der Temperatureinheit fest. Man wählte nun deswegen den Wert $T_B = 273,16$ K, weil man damit erreichen wollte, daß die bisherige Temperatureinheit nicht wesentlich geändert zu werden braucht, so daß man also weiterhin 100 Einheiten zwischen Eispunkt und Wassersiedepunkt hat (der Tripelpunkt liegt um 0,0098 K über dem normalen Eispunkt). Dies hoffte man, würde mit einer Unsicherheit von 0,005 K gelten. Dies hat sich allerdings nicht ganz erfüllt, denn es gibt heute Anzeichen dafür, daß der Wassersiedepunkt bei 99,97 °C liegt. Die früheren gasthermometrischen Messungen waren wohl durch damals nicht erkennbare Desorptionsprozesse etwas verfälscht.

3.5.4 Die Internationale Praktische Temperaturskala

Wie bereits oben erwähnt, erfolgt die praktische Temperaturmessung mit Hilfe der Internationalen Praktischen Temperaturskala von 1968 (IPTS-68/75). Sie wurde von der Meterkonvention empfohlen und sie ist die Basis der praktischen Temperaturmessung (s. Anhang 15).

Sie beruht auf einer Anzahl von reproduzierbaren Gleichgewichtszuständen (definierende Fixpunkte), denen — gasthermometrisch ermittelte — Temperaturwerte zugeordnet worden sind und auf Normalgeräten, die bei den Temperaturen dieser Fixpunkte kalibriert werden. Die Interpolation zwischen den Fixpunkten erfolgt mit vorgeschriebenen Formeln. Werte innerhalb der IPTS-68 werden durch den Index 68 am Formelzeichen gekennzeichnet, also durch T_{68} oder t_{68}.

Der IPTS-68 ging eine Internationale Temperaturskala aus dem Jahre 1927 und eine Internationale Praktische Temperaturskala von 1948 (IPTS-48) voraus, auf die aber hier nicht eingegangen wird.

In Tabelle 3.17 sind die definierenden Fixpunkte der IPTS-68 und die zugehörigen Temperaturen zusammengestellt, in Tabelle 3.18 ihre geschätzten Unsicherheiten.

Tabelle 3.17: Definierende Fixpunkte der IPTS-68

Fixpunkt	T_{68} in K	t_{68} in °C
Tripelpunkt des Gleichgewichtswasserstoffs	13,81	$-259,34$
Siedepunkt des Gleichgewichtswasserstoffs beim Druck 33 330,6 Pa = 25/76 atm	17,042	$-256,108$
Siedepunkt des Gleichgewichtswasserstoffs	20,28	$-252,87$
Siedepunkt des Neons	27,102	$-246,048$
Tripelpunkt des Sauerstoffs	54,361	$-218,789$
Siedepunkt des Sauerstoffs	90,188	$-182,962$
Tripelpunkt des Wassers	273,16	0,01
Siedepunkt des Wassers	373,15	100
Erstarrungspunkt des Zinks	692,73	419,58
Erstarrungspunkt des Silbers	1 235,08	961,93
Erstarrungspunkt des Goldes	1 337,58	1 064,43

Tabelle 3.18: Geschätzte Unsicherheiten der den definierenden Fixpunkten zugeordneten Werte, bezogen auf ihre thermodynamische Temperatur[1])

Definierender Fixpunkt	Zugeordneter Wert	Geschätzte Unsicherheit
Tripelpunkt des Gleichgewichtswasserstoffs	13,81 K	0,01 K
Siedetemperatur des Gleichgewichtswasserstoffs beim Druck 33 330,6 Pa (= 25/76 atm)	17,042 K	0,01 K
Siedepunkt des Gleichgewichtswasserstoffs	20,28 K	0,01 K
Siedepunkt des Neons	27,102 K	0,01 K
Tripelpunkt des Sauerstoffs	54,361 K	0,01 K
Siedepunkt des Sauerstoffs	90,188 K	0,01 K
Tripelpunkt des Wassers	273,16 K	genau durch Definition
Siedepunkt des Wassers	100 °C	0,005 K
Erstarrungspunkt des Zinns	231,9681 °C	0,015 K
Erstarrungspunkt des Zinks	419,58 °C	0,03 K
Erstarrungspunkt des Silbers	961,93 °C	0,2 K
Erstarrungspunkt des Goldes	1 064,43 °C	0,2 K

---

[1]) **Die Gültigkeit dieser Tabelle der IPTS-68 wird heute angezweifelt. Die IPTS-68/75 verzichtet daher auf sie (vgl. Anhang 15).**

Mit Ausnahme der Tripelpunkte und des Fixpunktes bei 17,042 K gilt für die Gleichgewichtszustände ein Druck von 101 325 Pa (1 atm).
Die Tabelle 3.19 bringt die sekundären Bezugspunkte der IPTS-68/75.

Tabelle 3.19: Sekundäre Bezugspunkte der IPTS-68/75

Gleichgewichtszustand	Werte der Temperatur in der IPTS-68	
	T_{68}	t_{68}
Tripelpunkt des Normalwasserstoffs	13,956 K	− 259,194 °C
Siedepunkt des Normalwasserstoffs	20,397 K	− 252,753 °C
Tripelpunkt des Neons	24,561 K	− 248,589 °C
Tripelpunkt des Stickstoffs	63,146 K	− 210,004 °C
Siedepunkt des Stickstoffs	77,344 K	− 195,806 °C
Sublimationspunkt des Kohlendioxids	194,674 K	− 78,476 °C
Erstarrungspunkt des Quecksilbers	234,314 K	− 38,836 °C
Erstarrungspunkt des Wassers	273,15 K	0 °C
Tripelpunkt des Diphenyläthers	300,02 K	26,87 °C
Tripelpunkt der Benzoesäure	395,52 K	122,37 °C
Erstarrungspunkt des Indiums	429,784 K	156,634 °C
Erstarrungspunkt des Wismuts	544,592 K	271,442 °C
Erstarrungspunkt des Cadmiums	594,258 K	321,108 °C
Erstarrungspunkt des Bleis	600,652 K	327,502 °C
Siedepunkt des Quecksilbers	629,81 K	356,66 °C
Siedepunkt des Schwefels	717,824 K	444,674 °C
Erstarrungspunkt des Kupfer-Aluminium-Eutektikums	821,41 K	548,26 °C
Erstarrungspunkt des Antimons	903,905 K	630,755 °C
Erstarrungspunkt des Aluminiums	933,61 K	660,46 °C
Erstarrungspunkt des Kupfers	1 358,03 K	1 084,88 °C
Erstarrungspunkt des Nickels	1 728 K	1 455 °C
Erstarrungspunkt des Kobalts	1 768 K	1 495 °C
Erstarrungspunkt des Palladiums	1 827 K	1 554 °C
Erstarrungspunkt des Platins	2 045 K	1 772 °C
Erstarrungspunkt des Rhodiums	2 236 K	1 963 °C
Erstarrungspunkt des Iridiums	2 720 K	2 447 °C
Schmelzpunkt des Wolframs	3 660 K	3 387 °C

Mit Hilfe der für die Interpolation vorgeschriebenen Meßgeräte läßt sich nun die Temperaturskala in mehrere Abschnitte einteilen (Bild 3.80).

1. Unterhalb 13,81 K ist die IPTS-68/75 noch nicht definiert. Hier können die gemessenen Dampfdrücke des ^{4}He und des ^{3}He zur Temperaturmessung herangezogen werden, falls es sich um Orientierungsmessungen mit Unsicherheiten von einigen hundertstel mK handelt. Das Comite Consultatif de Thermometrie wird in Kürze neue Interpolationsvorschriften für Zahlenwerte von Fixpunkttemperaturen veröffentlichen, deren Werte T^* zu den früher als T_{58} und T_{62} bezeichneten und aus den Dampfdruck-Beziehungen für ^{3}He und ^{4}He resultierten Temperaturen durch die Relation $T^* = \alpha \cdot T_{58/62}$ gegeben ist. Hierbei ist α nur im Bereich von 0,5 K bis 4 K von der Größenordnung 1,002 und

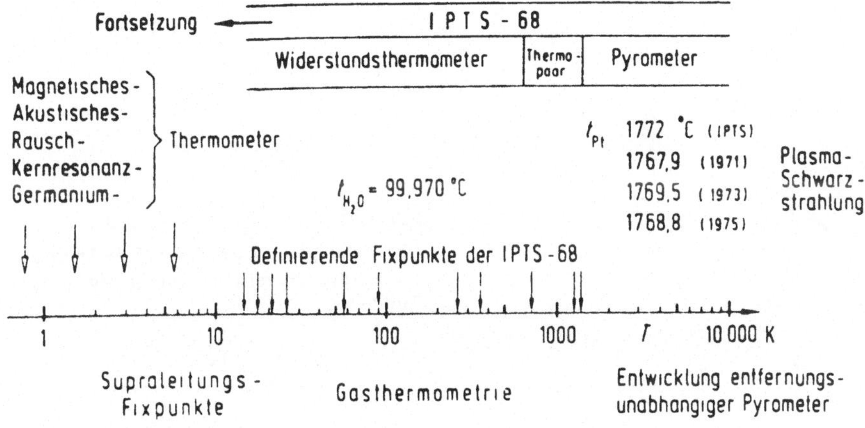

Bild 3.80 Übersicht über die Temperaturskala

zwischen 13,8 K und 20 K etwa 0,9997. Unter den erwähnten neuen Fixpunkten befinden sich auch die Sprungtemperaturen der Supraleiter Cd, Zn, Al, In und Pb.

2. Im Bereich von 13,81 K (Tripelpunkt des Gleichgewichtswasserstoffs) bis 903,905 K (630,755 °C, Erstarrungspunkt des Antimons T_{Sb}) definiert man T_{68} über die Temperaturabhängigkeit des elektrischen Widerstandes eines Platinwiderstandsthermometers. Hierbei besteht für das Widerstandsverhältnis die Nebenbedingung

$$W = \frac{R\,(373,15\ \text{K})}{R\,(273,15\ \text{K})} > 1,392\,50. \tag{141}$$

Im Bereich von 0 °C bis 630,755 °C wird aus dem gemessenen Widerstandsverhältnis zunächst gemäß

$$W = \frac{R\,(t')}{R\,(0\ °\text{C})} = 1 + A\,t' + B\,t'^2 \tag{142}$$

eine Rechentemperatur t'

$$t' = \frac{1}{\alpha}\,(W(t') - 1) + \delta \left(\frac{t'}{100\ °\text{C}}\right)\left(\frac{t'}{100\ °\text{C}} - 1\right) \tag{143}$$

in °C berechnet. Die notwendigen Konstanten werden durch Widerstandsmessungen an den Fixpunkten bestimmt. Die Temperatur t_{68} (in °C) erhält man dann zu

$$t_{68} = t' + 0,045 \left(\frac{t'}{100\ °\text{C}}\right)\left(\frac{t'}{100\ °\text{C}} - 1\right) \cdot \left(\frac{t'}{419,58\ °\text{C}} - 1\right)\left(\frac{t'}{630,755\ °\text{C}} - 1\right)\ °\text{C}. \tag{144}$$

Es ergibt sich also an den Fixpunkten $t_{68} = t'$.

In Bild 3.81 sind die nach neuesten Messungen im NBS (Guildner) bestehenden Abweichungen zwischen der IPTS-68 und der thermodynamischen Temperatur dargestellt. Sie betragen immerhin am Wassersiedepunkt (25 ± 3) mK und am Zinkerstarrungspunkt (44 ± 4) mK und liegen damit deutlich außerhalb der Meßunsicherheit.

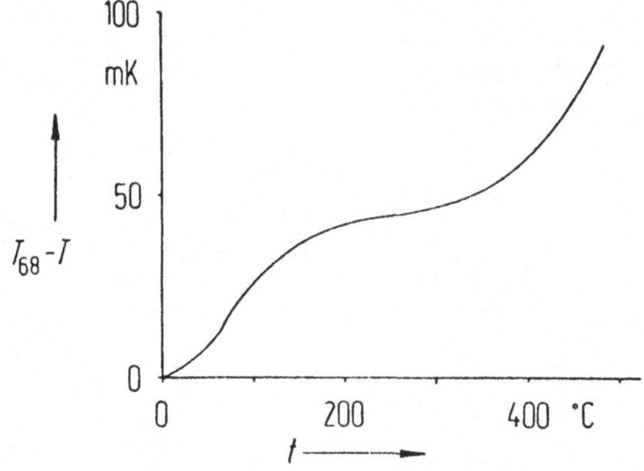

Bild 3.81

Abweichungen zwischen der IPTS-68 und der thermodynamischen Temperatur (nach Guildner)

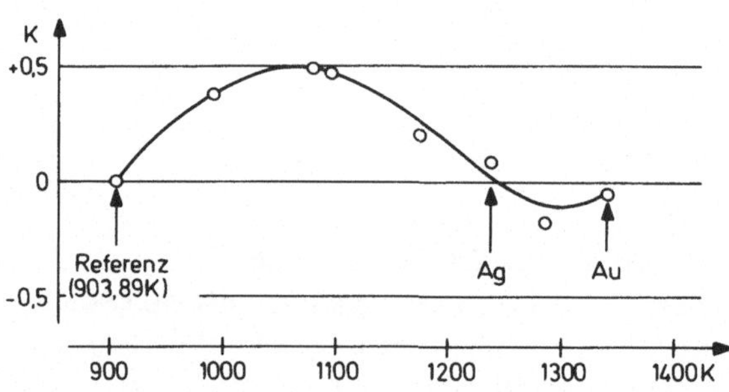

Bild 3.82

Abweichungen zwischen der thermodynamischen Temperatur und der IPTS-68 (Bereich des PtRh-Pt-Thermopaars) $T - T_{68}$ (nach „Le Bureau International des Poids et Mesures 1875–1975")

3. Im Bereich von 630,755 °C bis 1 064,43 °C wird als Normalgerät das Platinrhodium (10 % Rhodium)/Platin-Thermopaar verwendet. Die Temperatur t_{68} der einen Lötstelle — wobei sich die anderen auf der Temperatur 0 °C befinden — ergibt sich über die Thermospannung $E(t_{68})$ mittels der quadratischen Gleichung

$$E(t_{68}) = a + b\,t_{68} + c\,t_{68}^2. \tag{145}$$

Die Kalibrierung — und somit die Bestimmung der Konstanten a, b und c erfolgt bei der durch ein Widerstandsthermometer vorgegebenen Temperatur von 630,755 °C und den Fixpunkten t = 961,93 °C (Erstarrungspunkt des Silbers) und t = 1 064,43 °C (Erstarrungspunkt des Goldes).

Folgende Bedingungen müssen hierbei erfüllt sein

$$E(t_{Au}) = (10\,334)\,\mu V \pm 30\,\mu V \tag{146}$$

$$E(t_{Au}) - E(t_{Ag}) = 1\,186\,\mu V + 0,15\,\{E(t_{Au}) - 10\,334\,\mu V\} \pm 3\,\mu V \tag{147}$$

$$E(t_{Au}) - E(t_{Sb}) = 4\,782\,\mu V + 0,63\,\{E(t_{Au}) - 10\,334\,\mu V\} \pm 5\,\mu V. \tag{148}$$

Im BIPM wurde 1975 ein Vergleich zwischen strahlungsthermometrisch, also thermodynamisch gemessenen Temperaturen und solchen, die mit dem PtRh-Pt-Thermopaar bestimmt wurden, ausgeführt. Das Ergebnis ist in Bild 3.82 dargestellt. Dieses Bild zeigt auch, daß das PtRh-Pt-Thermopaar die thermodynamische Temperatur nicht besonders gut approximiert. Abhilfe kann allerdings nicht durch eine bessere Approximationsformel geschaffen werden. Man wird nach einem anderen Normalinstrument Ausschau halten müssen. Hierfür ist schon eine niederohmige Ausführung eines Platin-Widerstands-Thermometers vorgeschlagen worden.

4. Oberhalb 1 064,43 °C wird die IPTS-68 durch das Plancksche Strahlungsgesetz mit Hilfe der Strahldichte L_λ eines schwarzen Körpers bei der Temperatur des Erstarrungspunktes von Gold und einem Wert von $c_2 = 0,014\,388$ m · K definiert:

$$\frac{L_\lambda (T_{68})}{L_\lambda (T_{68}\,\text{Au})} = \frac{\exp\left[\dfrac{c_2}{\lambda\, T_{68}\,(\text{Au})}\right] - 1}{\exp\left[\dfrac{c_2}{\lambda\, T_{68}}\right] - 1} \tag{149}$$

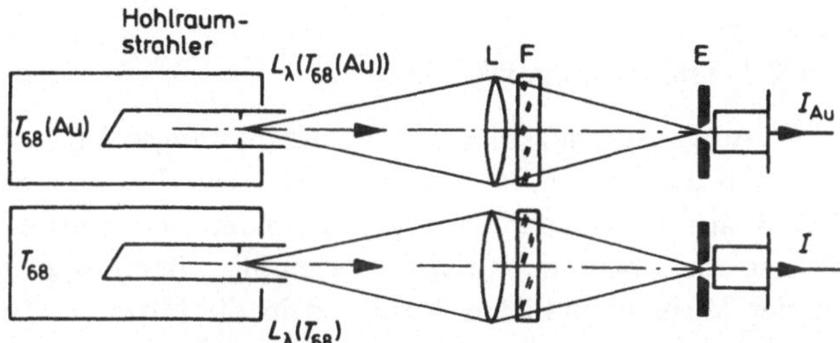

Bild 3.83

Temperaturmeßverfahren oberhalb 1 064,43 °C

L Linse, F Filter, E Strahlungs-empfänger

Das Meßverfahren wird in Bild 3.83 erläutert. Dank der rasch fortschreitenden Strahlungs-meßtechnik (Photonenzählung, rauscharme Silizium-Photoelemente, Cs-Ag-O- und neuerdings Ga-In-As-Photokathoden) im Infraroten erweitert sich der Anwendungsbereich der Strahlungsthermometrie neuerdings auch zu Temperaturen unterhalb 1 064,43 °C (s. o.).

3.5.5 Die Angabe von Temperaturen

Bei der Angabe von Temperaturen und Temperaturdifferenzen besteht eine gewisse Unsicherheit. Es wird daher empfohlen, folgende Richtlinien zu beachten und folgendermaßen zu verfahren:

1. Die thermodynamische **Temperatur** ist die den Gesetzen der Thermodynamik zugrunde liegende Basisgröße. Deshalb sollte in Größengleichungen nur diese Temperatur mit dem Formelzeichen T und der Einheit Kelvin (Einheitenzeichen: K) verwendet werden.

   Beispiele: $pV = nRT$

   $\Delta S = \Delta Q/T$

   $\eta = (T - T_1)/T.$

2. Neben der thermodynamischen Temperatur T gibt es für Temperaturangaben die Celsius-Temperatur mit dem Formelzeichen t. Die Einheit der Celsius-Temperatur ist der Grad Celsius, der gleich der Einheit Kelvin ist und der als besonderer Name für das Kelvin bei der Angabe von Celsius-Temperaturen benutzt wird. Zwischen den Zahlenwerten der thermodynamischen Temperatur T in Kelvin und der Celsius-Temperatur t in Grad Celsius besteht die Beziehung

$$\{T\} = \{t\} + 273,15. \tag{150}$$

In zweifelsfreien Fällen kann man statt der Benennung ,,Celsius-Temperatur'' auch die Abkürzung ,,Temperatur'' verwenden.

3. Differenzen von thermodynamischen Temperaturen werden in Kelvin angegeben, Differenzen von Celsius-Temperaturen können auch in Grad Celsius angegeben werden.

Beispiele: $\Delta T = T_1 - T_2 = 4$ K, $\Delta t = t_1 - t_2 = 4\,°$C.

4. Bei der Bildung abgeleiteter Einheiten ist vorzugsweise das Kelvin zu verwenden.

Beispiel: Die SI-Einheit der Wärmeleitfähigkeit ist $W \cdot m^{-1} \cdot K^{-1}$.

5. Formeln, die die Celsius-Temperatur enthalten, sind vorwiegend Zahlenwertgleichungen und als solche zu kennzeichnen.

Beispiel: $E = a + b\,t + c\,t^2$ (Zahlenwertgleichung) E in μV, t in °C, a, b, c Zahlenwerte.

3.5.6 Meßgeräte zur Temperaturmessung

3.5.6.1 Tripelpunktgefäß

Ausgangspunkt aller Temperaturmessungen ist der Tripelpunkt des Wassers. Wie stellt man ihn dar? Bild 3.84 zeigt ein Gefäß zur Darstellung des Wassertripelpunktes. In einem Gefäß aus Hart- oder Quarzglas befindet sich reinstes (mehrfach destilliertes) luftfreies Wasser, das oben nur mit seinem Dampf in Berührung steht. Das Thermometer wird in ein in der Mitte befindliches Rohr bis in die Mitte des Gefäßes eingesenkt. Zum intensiven Wärmekontakt zwischen Thermometer und Tripelpunktgefäß enthält das innere Rohr eine Flüssigkeit, am besten Quecksilber. Das Gefäß wird in einem Kühlschrank oder in einer Kältemischung auf -5 bis $-10\,°$C unterkühlt. Beim spontan oder durch leichtes Schütteln einsetzenden Gefrieren des Wassers wird Wärme frei und es stellt sich die Gleichgewichtstemperatur ein. Wenn man das Tripelpunktgefäß in eine in einem Dewar-Gefäß befindliche Wasser-Eis-Mischung stellt, kann man die Temperatur des Wassertripelpunktes über mehrere Stunden hinweg aufrechterhalten.

3.5.6.2 Gasthermometer

Bei einer gasthermometrischen Messung wird die Temperatur aus der Zustandsänderung einer abgeschlossenen Gasmenge von bekanntem thermischen Verhalten bestimmt. Hierbei wird das Gas von einem Zustand 1 in einen Zustand 2 überführt, wobei insbesondere darauf zu achten ist, daß die Gasmasse in beiden Zuständen die gleiche ist (Sorptionseffekt!). Bei allen Messungen hat man davon auszugehen, daß man es mit einem realen Gas zu tun hat, daß also die Zustandsgleichung für das reale Gas gilt:

$$p V_m = R_m\, T\,(1 + B\,(T)\,p + C\,(T)\,p^2 + \ldots) \tag{151}$$

Gl. (151) gilt für die Stoffmenge 1 mol. Die das Abweichen vom idealen Gas beschreibenden sogenannten Virialkoeffizienten $B\,(T)$ und $C\,(T)$ müssen bekannt sein. $B\,(T)$ läßt sich experimentell bestimmen. Hierzu muß man zusammengehörige Werte von p, V und T messen und dann $p V_m / R_m T$ für konstante Temperatur als Funktion von $1/V_m$ auftragen. Dann ergibt sich $B\,(T)$ als Anstieg der zu erwartenden Geraden. Bild 3.85 gibt den Verlauf von $B\,(T)$ in Abhängigkeit von der Temperatur für einige Gase wieder.

Das Gasthermometer besteht im Prinzip (Bild 3.86) aus einem Thermometergefäß G, in dem das Arbeitsgas (i. a. Stickstoff, Argon oder Helium) dicht eingeschlossen ist und in dem es einer Zustandsänderung unterzogen wird sowie einem Manometer M, an dem der Druck abgelesen werden kann. Nun sind drei Zustandsänderungen möglich:

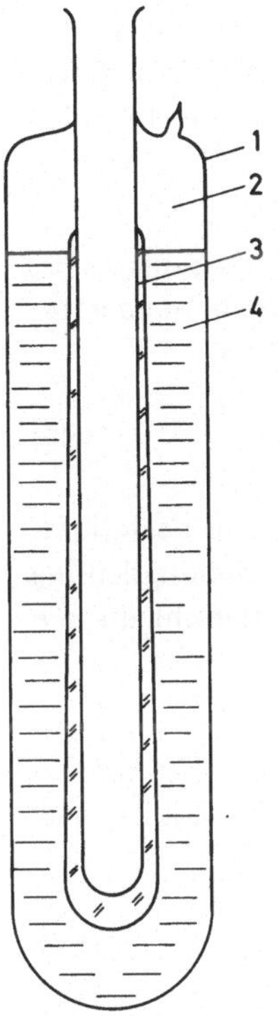

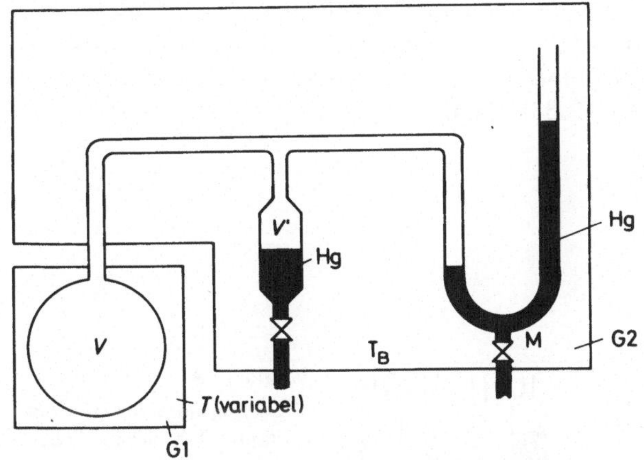

Bild 3.84

Tripelpunktsgefäß

1 Gefäß aus Hart- oder
   Quarzglas
2 Wasserdampf
3 Eis
4 Wasser

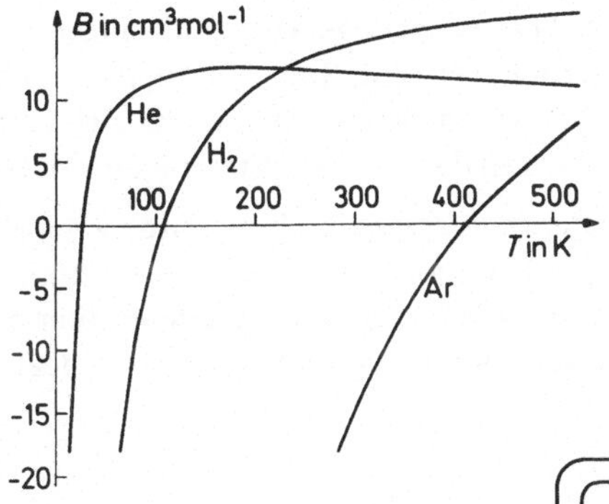

Bild 3.85

Zweiter Virialkoeffizient B
als Funktion der Temperatur T für einige Gase (nach
Kamke/Krämer, Physikalische Grundlagen der
Maßeinheiten, 1977)

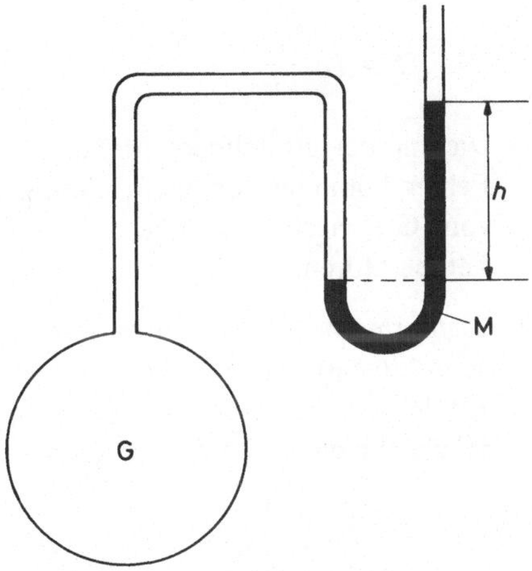

Bild 3.86 Grundprinzip des Gasthermometers

G Gasgefäß   Druckdifferenz $\Delta p = \rho g h$
M Manometer

Bild 3.87

Gasthermometer (schematisch)

G 1 Thermometergefäß mit konstantem
      Meßvolumen V und einstellbarer
      Temperatur T
G2   Gefäß mit konstanter Bezugstemperatur T_B
M   Manometer
V′   meßbar veränderliches Volumen
Hg   Quecksilber

1. Die Temperatur wird geändert, das Volumen bleibt konstant.
2. Die Temperatur wird geändert, der Druck bleibt konstant.
3. Die Temperatur bleibt konstant, Druck und Volumen verändern sich.

Unter Berücksichtigung dieser Techniken müssen wir doch ein etwas „komfortableres"
Prinzip eines Gasthermometers anbieten (Bild 3.87). Das Thermometergefäß mit dem
Volumen V ist über eine Kapillare mit dem meßbar veränderlichen Volumen $V′$ und mit dem

Manometer verbunden. Das Thermometergefäß ist im allgemeinen doppelwandig, so daß innen und außen derselbe Druck herrscht. Das Thermometergefäß befindet sich in einem Gefäß G 1, dessen Temperatur verändert werden kann, alle übrigen Teile in einem Gefäß G 2, das sich auf einer konstant gehaltenen Bezugstemperatur befindet.

1. *Gasthermometer mit konstantem Volumen* (V = const., V' = 0)
Für den Zustand 1 wird das Thermometergefäß auf die Temperatur des Tripelpunktes des Wassers (T_{tr}) gebracht, im Zustand 2 der zu messenden thermodynamischen Temperatur T ausgesetzt. Dann ergibt sich (unter Zugrundelegung des idealen Gasgesetzes)

$$T = T_{tr}\, \frac{p}{p_{tr}}\,. \tag{152}$$

Die hierbei erreichbare Meßunsicherheit wird stark von der Druckmessung beeinflußt. Fehler kommen von nicht richtig komprimierten Gasmassen in der Verbindungsleitung von G 1 nach G 2 und unterschiedlichem Sorptionsverhalten bei unterschiedlichen Temperaturen.

2. *Gasthermometer mit konstantem Druck* (p = const.)
Beim Zustand 1 befindet sich das Thermometergefäß wieder auf der Temperatur T_{tr} mit V' = 0. Im Zustand 2 ($T > T_{tr}$) wird die Ausdehnung des Gases in das Zusatzgefäß bei gleichbleibendem Druck gestattet. Dann ergibt sich

$$T = T_{tr}\, \frac{V}{V - V'}\,. \tag{153}$$

Die Volumina werden durch Wägung des verdrängten Quecksilbers bestimmt.

3. *Gasthermometer mit konstanter Temperatur* (T = const.)
Das Thermometergefäß befindet sich in beiden Zuständen auf der zu messenden Temperatur, der Meßteil auf der Bezugstemperatur T_B. Das Hilfsvolumen V' wird nun so geändert, daß sich der Druck merklich ändert (z. B. auf die Hälfte). Diese Druckmessung wird allerdings mit Hilfe eines Differentialmanometers auf eine Volumenmessung bei der Bezugstemperatur T_B zurückgeführt (Bild 3.88). Dann ergibt sich

$$T = T_B\, \frac{V}{V'}\left(\frac{V_2}{V_1} - 1\right). \tag{154}$$

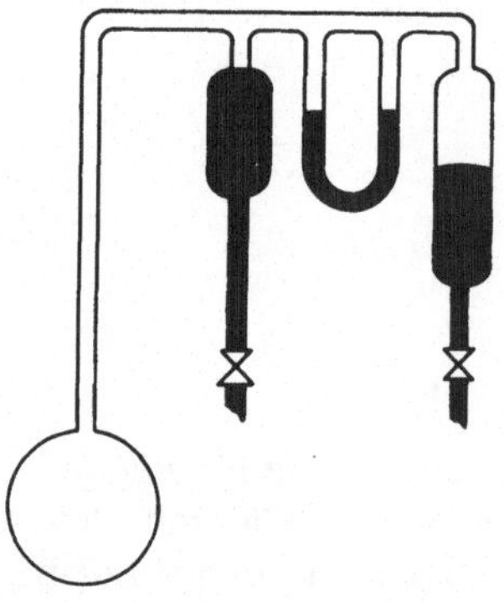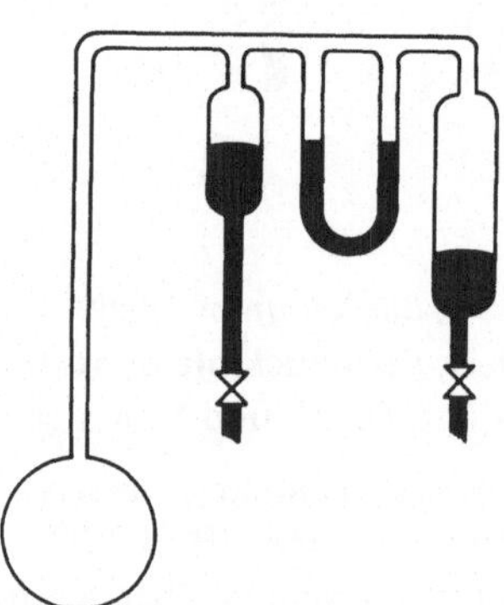

Bild 3.88
Gasthermometer mit konstanter Temperatur (zwei Zustände mit unterschiedlichem Volumen)

Der Vollständigkeit halber sei noch einmal darauf hingewiesen, daß bei genauen Messungen folgende Punkte einer besonderen Beachtung unterliegen:

a) Temperaturgradient zwischen den Gefäßen G 1 und G 2 und Knudsen-Effekt,
b) die Volumina der Verbindungsleitungen,
c) der thermische Ausdehnungskoeffizient des Thermometergefäßes,
d) die Abhängigkeit der Gefäßvolumina vom Innen- und Außendruck,
e) Abhängigkeit des Gasdruckes von der Höhe im Schwerefeld.
f) Sorptions- und Diffusionsvorgänge,
g) Abweichung vom idealen Gas.

Da die Messung des thermischen Ausdehnungskoeffizienten von Quarzglas wegen seiner Kleinheit recht schwierig ist und bei höheren Temperaturen zusätzliche experimentelle Schwierigkeiten hinzukommen, werden meist Näherungswerte verwendet, die aber eine beträchtliche Unsicherheit in die Messung bringen können. Neuere Messungen liegen von Gorski, Hoffrogge und Rademacher vor.

Hierbei wurde mit einer Apparatur auf interferometrischer Grundlage (Twyman-Interferometer) der Ausdehnungskoeffizient α von Kieselglas (Heralux) im Bereich von 20 °C bis 110 °C bestimmt[1]. Als Mittelwert ergab sich

$$\bar{\alpha}\,(20\ ^\circ\text{C},\ 100\ ^\circ\text{C}) = 0{,}492 \cdot 10^{-6}\ \text{K}^{-1} \qquad (155)$$

mit einem Fehler von 0,6 %. Die Werte von α hängen stark von der Vorbehandlung des Glases ab. Für getempertes oder abgeschrecktes Kieselglas liegen die Werte um bis zu 15 % höher. Die Messung des Ausdehnungskoeffizienten α bei höheren Temperaturen mit der oben angegebenen Meßunsicherheit erfordert die volle Ausschöpfung der derzeitig zur Verfügung stehenden Möglichkeiten auf den Gebieten der Längenmessung und der Temperaturmessung.

3.5.6.3 Die Interpolationsgeräte

Wie bereits im Abschnitt 3.5.4 erwähnt, benutzt man zur Realisierung der IPTS-68/75 in bestimmten Temperaturbereichen bestimmte Interpolationsinstrumente.

1. Das *Platinwiderstandsthermometer* (13,81 K bis 903,905 K)
   Die Reinheit des für den Meßwiderstand (bifilar gewickelt) und die Zuleitungen verwendeten gealterten und von mechanischen Spannungen befreiten Platindrahtes spielt eine große Rolle. Eine quantitative Festlegung macht hierzu die Gleichung (141). Die Bestimmung der Temperatur T_{68} aus dem Widerstandsverhältnis ist recht kompliziert (Polynome höherer Ordnung, Interpolationstabellenwerte, s. Anhang 15).
   Der bei der Temperaturbestimmung durch das Widerstandsthermometer fließende elektrische Strom kann hinsichtlich seiner Größe innerhalb gewisser Grenzen frei gewählt werden. Er sollte möglichst klein sein, damit durch ihn keine verfälschende Eigenerwärmung des Widerstandes verursacht wird, aber andererseits groß genug sein, daß der Spannungsabfall am Widerstand in eine gut meßbare Größenordnung gelangt. Bei niedrigen Temperaturen wird im Inneren des Widerstandsgefäßes eine Wasserkondensation durch

---

[1] Gorski, Hoffrogge u. Rademacher, Feinwerktechnik **83**, 322, 1975

Füllung mit einem Edelgas verhindert, bei höheren Temperaturen kann bei unzweckmäßig konstruierten Thermometern der Wärmeübergang von außen zum Widerstand hin
durch Strahlungsreflexionen an der Thermometerinnenwand verfälscht werden.

Die elektrischen Messungen werden heute vorwiegend mit Wechselstrommeßmethoden
durchgeführt, die durch den Fortschritt der Wandlermeßtechnik bei der Bestimmung
niederfrequenter Spannungsverhältnisse verbessert wurden und die es zum Beispiel gestatten, Fehler durch parasitäre Thermospannungen zu eliminieren.

Prinzipiell muß man sich bei Temperaturmessungen mit elektrischen Thermometern
davon überzeugen, daß die Eintauchtiefen in die Öfen und Schmelzbäder groß genug
sind. Darüber hinaus ist es vorteilhaft, bei Schmelzen nicht nur den Erstarrungsverlauf,
sondern auch den Schmelzverlauf mit aufzunehmen, da Unterschiede zwischen den
beiden Verläufen ein Kriterium für die Verunreinigung des benutzten Schmelzmaterials
sind.

2. Das *Platinrhodium (10 % Rhodium)/Platin-Thermopaar* (903,905 K bis 1 337,58 K)

Für die Reinheit des reinen Platin-Schenkels reicht es aus, wenn das Widerstandsverhältnis
der Gleichung (141) mindestens 1,3920 beträgt. Die Bedingungen für die Thermospannungen sind in den Gleichungen (147) und (148) festgelegt.

Bei Thermopaaren sind Homogenitätsprüfungen der Thermoschenkel, Kommutationen
der Meßwerte und weitgehendstes Vermeiden starker Temperaturgradienten längs der
Thermopaare Voraussetzungen für Präzisionsmessungen.

3. Das *Optische Pyrometer* (oberhalb von 1 337,58 K)

Das Pyrometer besteht im einfachsten Fall (Bild 3.83) aus der Abbildungsoptik L, dem
den engen Spektralbereich um die Wellenlänge λ aussondernden Filter F und dem Strah-
lungsempfänger E, der am Ort des Bildes B der Hohlraumöffnungen angebracht ist und
von dessen abgehender elektrischer Stromstärke I angenommen werden soll, daß sie proportional zu den spektralen Strahldichten L_λ ist.

Die Meßmethode ist weitgehend unabhängig von der Entfernung des Pyrometers von den
Hohlräumen, da beim Transport durch optische Instrumente die Strahldichten bis auf
Reflexions- und Absorptionsverluste invariant bleiben.

Eine Festlegung der Wellenlänge λ ist in den Formulierungen der IPTS-68 nicht enthalten,
doch sollte λ möglichst in einem Bereich liegen, der der spektralen Empfindlichkeit
linearer Empfänger gut angepaßt ist und in einem Fenster der atmosphärischen Absorption liegt. Am häufigsten werden solche Messungen in einem Wellenlängenbereich zwischen 0,6 μm bis 2,0 μm durchgeführt. Die größten Unsicherheiten derartiger pyro-
metrischer Messungen werden durch Nichtlinearitäten der Empfängeranzeigen und durch
Streuverluste in den optischen Strahlungspfaden und hier insbesondere innerhalb des
Pyrometers verursacht.

3.6 Das Mol

Im Oktober 1971 hat die 14. Generalkonferenz für Maß und Gewicht das Mol als
Basiseinheit für die Größe Stoffmenge in das Internationale Einheitensystem (SI) aufgenommen. Seit dieser Zeit beruht das SI auf folgenden sieben Basiseinheiten: Meter, Kilogramm, Sekunde, Ampere, Kelvin, Mol und Candela. Weil die anderen Basiseinheiten schon
länger zum System gehören, wäre das Mol die letzte und damit siebente Basiseinheit des SI.
Das Internationale Büro für Maß und Gewicht hat die historisch gewachsene Reihenfolge

umgestellt und in seiner Schrift „Le Système International d'Unités (SI)" in der Tabelle mit den Basiseinheiten dem Mol den sechsten Platz vor der Candela eingeräumt. Durch diese Plazierung wollte man erreichen, daß sich keine Änderung in der Numerierung ergibt, falls die Diskussionen um die Candela im Extremfall dazu führen sollten, daß diese als Basiseinheit wegfällt. Mit der Aufnahme des Mol in das SI ist es möglich geworden, quantitative Zusammenhänge in weiten Bereichen der Chemie und der physikalischen Chemie mit Hilfe von SI-Einheiten zu beschreiben.

Die von der 14. Generalkonferenz für Maß und Gewicht angenommene Definition des Mols lautet in deutscher Übersetzung:

1. Das Mol ist die Stoffmenge eines Systems, das aus ebensoviel Einzelteilchen besteht, wie Atome in 0,012 Kilogramm des Kohlenstoffnuklids ^{12}C enthalten sind; sein Einheitenzeichen ist „mol".
2. Bei Benutzung des Mols müssen die Einzelteilchen spezifiziert sein und können Atome, Moleküle, Ionen, Elektronen sowie andere Teilchen oder Gruppen solcher Teilchen genau angegebener Zusammensetzung sein.
3. Das Mol ist eine Basiseinheit des Internationalen Einheitensystems.

Die Benennungen Stoffmenge und Mol gehen auf Ostwald zurück. Früher wurde unter einer Stoffmenge eine Größe von der Art einer Masse verstanden. Diese Auffassung spiegelt sich in der Definition des Mols wieder, die von Ostwald selbst gegeben wurde. Danach war das Mol gleich dem Molekulargewicht in Gramm. Über die Natur der Stoffmenge ist lange diskutiert worden. Drei unterschiedliche Auffassungen sind dazu vertreten worden:

1. Die Stoffmenge ist eine Größe von der Art einer Masse.
2. Die Stoffmenge ist eine Stückzahl.
3. Die Stoffmenge ist eine Größe eigener Dimension.

Durch die Aufnahme der Einheit Mol in das Internationale Einheitensystem hat die Generalkonferenz, ohne daß das ausdrücklich gesagt wird, zugunsten der dritten Auffassung entschieden. Im Internationalen Einheitensystem ist das Kilogramm die Basiseinheit der Masse. Innerhalb dieses Systems kann es keine zweite Basiseinheit für die Masse geben, deren Beziehung zum Kilogramm dazu noch für jeden Stoff unterschiedlich wäre.

Stückzahlen werden normalerweise ohne Einheit angegeben. Mit der Aufnahme der Einheit Mol in das Internationale Einheitensystem ist die **Stoffmenge jetzt zu einer Größe mit eigener Dimension geworden.** Man muß dazu allerdings sagen, daß die drei erwähnten „Auffassungen" nur für systematische Darstellungen, wie sie in Lehrbüchern gemacht werden, unterschiedlich sind. Physikalisch sind die drei Auffassungen sehr wohl miteinander verträglich. Das hängt damit zusammen, daß zwischen den Größen Stoffmenge, Masse und Stückzahl physikalische Beziehungen bestehen. In manchen Fällen ist der Aspekt der Masse und in anderen wieder der der Stückzahl vorteilhafter. Man sollte daher auch nicht annehmen, daß nur eine der Auffassungen „richtig" sein kann und damit die beiden anderen „falsch" sein müssen. Heute werden Masse und Stoffmenge in Bezug auf ihre Dimensionen als voneinander unabhängig angesehen, obwohl die Einheiten physikalisch nicht voneinander unabhängig sind. So ist zum Beispiel die Definition des Mols so formuliert, daß bei einer Änderung des Kilogramms sich das Mol mit ändert.

Eine enge Beziehung besteht auch zwischen der Einheit Mol und der atomaren Masseneinheit (u). Die atomare Masseneinheit ist der zwölfte Teil der Masse eines Atoms des Nuklids ^{12}C. Die mit den Worten: „ebensoviel Teilchen" umschriebene Zahl in der Definition des Mols ist gleich dem Zahlenwert der Avogadrokonstante N_A. Bringt man $\{N_A\}_{mol^{-1}}$ Atome

^{12}C zusammen, so ist die Stoffmenge dieses Systems nach der Definition 1 mol und die Masse genau 12 g. Ein Atom ^{12}C hat die Masse 12 u. Daraus folgt

$$\{N_A\}_{mol^{-1}}\ u = 1\ g. \tag{156}$$

Der Zahlenwert der Avogadrokonstante hat noch eine zweite, wichtige Bedeutung, er stellt die Beziehung zwischen der atomaren Masseneinheit und dem Gramm her.

Der von CODATA angegebene Wert der Avogadrokonstante ist

$$N_A = 6{,}022\,045 \cdot 10^{23}\ mol^{-1} \tag{157}$$

Die relative Unsicherheit beträgt $5{,}1 \cdot 10^{-6}$ (s. Kapitel 8).

Stoffmengen werden meist mit Hilfe einer Waage als Quotient aus der Masse und der stoffmengenbezogenen Masse bestimmt. Die stoffmengenbezogene Masse M ist der Quotient aus Masse m und Stoffmenge n

$$M = m/n. \tag{158}$$

Sie ist eine für die jeweilige Substanz charakteristische Größe. Die Masse m eines Systems aus N Atomen, von denen jedes die Masse m_a hat, ist: $m = N m_a$.

$$M = \frac{m}{n} = \frac{N m_a}{n}. \tag{159}$$

Die Avogadrokonstante ist:

$$N_A = \frac{N}{n}. \tag{160}$$

Damit ergibt sich:

$$M = N_A \cdot m_a. \tag{161}$$

Gibt man m_a in der atomaren Masseneinheit u an, so ist wegen Gl. (156)

$$M = \{N_A\}_{mol^{-1}}\ \{m_a\}_u\ \frac{u}{mol} = \{m_a\}_u\ \frac{g}{mol} \tag{162}$$

d. h., der Zahlenwert der stoffmengenbezogene Masse in g/mol ist gleich dem Zahlenwert der Teilchenmasse in u. Dieser Satz ist die heutige Fassung der alten Erklärung des Mols als Molekulargewicht in Gramm. Er stellt nicht die Definition des Mols dar, sondern beschreibt eine Folgerung aus den Definitionen für das Mol und für die atomare Masseneinheit.

Es kann als eine Schwäche der von der Generalkonferenz gegebenen Definition angesehen werden, daß sich dieser für die Chemie wichtige Zusammenhang (162) ergibt, wenn die stoffmengenbezogene Masse in g/mol und nicht in der SI-Einheit kg/mol angegeben wird. _

In der atomaren Masseneinheit kann die Masse von Atomen und Molekülen angegeben werden. Mit der Einführung dieser Einheit wird eine Größe entbehrlich, die ursprünglich Atomgewicht hieß und die später etwas genauer relative Atommasse (Formelzeichen: A_r) genannt wurde. Aus Gl. (162) geht hervor, daß die stoffmengenbezogene Masse in g/mol und die Atommasse in u immer den gleichen Zahlenwert haben. Die relative Atommasse ist eine dritte Größe mit dem gleichen Zahlenwert. Wenn drei Größen verschiedener Dimension immer den gleichen Zahlenwert haben, ist es naheliegend, für die Anwendung eine Auswahl zu treffen und nicht alle drei Größen nebeneinander zu verwenden. Hier liegt noch eine künftig zu lösende Aufgabe für die Normung vor.

Ursprünglich wurden Atomgewichte als Vielfaches des Gewichts des Wasserstoffatoms angegeben. Die Masse des Wasserstoffatoms wurde von Dalton als Einheit eingeführt, weil das Wasserstoffatom das leichteste Atom ist. Die Masse des Sauerstoffatoms als Grundlage für die Angabe der Atomgewichte zu verwenden, beruht auf einem Beschluß der Deutsche Chemischen Gesellschaft von 1898.[1] Die Gründe für den Übergang zum Sauerstoff waren rein praktische. Im Gegensatz zum Wasserstoff bildet Sauerstoff mit fast allen anderen chemischen Elementen Verbindungen, aus deren Masse dann die Atomgewichte der Reaktionspartner berechnet werden können. Der Masse des Sauerstoffatoms wurde der Zahlenwert 16 zugeordnet, um die bisherigen Zahlenwerte für die Atomgewichte angenähert beizubehalten. Im Jahre 1927 schlug Aston vor, der Masse des Sauerstoffisotops ^{16}O den Zahlenwert 16 zuzuordnen.[2] Zwei Jahre später wurden die seltenen Sauerstoffisotope ^{17}O und ^{18}O in Proben natürlicher Herkunft gefunden. Von da ab wurden Atomgewichte in der Physik auf der Grundlage

$$A_r\,(^{16}O) = 16 \tag{163}$$

angegeben, während in der Chemie dem natürlichen Isotopengemisch von Sauerstoff die relative Atommasse 16 zugeordnet wurde.

Bis zum Jahre 1960 waren die „physikalische Atomgewichtsskala" und die „chemische Atomgewichtsskala" etwas voneinander verschieden. Die Einführung der „vereinheitlichten atomaren Masseneinheit"

$$u = \frac{1}{12}\,m\,(^{12}C) \tag{164}$$

durch IUPAC und IUPAP beendete diese Unterschiede.

Bei idealen Gasen kann man die Messung der Stoffmenge auch über eine Volumenmessung ausführen, da 1 Mol der Teilchen eines Gases bei einer Temperatur T und einem Druck p stets das gleiche Volumen einnimmt. Beispielsweise ist für

$$p = 101\,325\ \text{Pa}, \quad T = 273,15\ \text{K}$$

$$V_{mol^{-1}} = 0,0224\ \text{m}^3.$$

Bei elektrochemischen Reaktionen kann man das Verhältnis der Stoffmengen mit Hilfe der elektrischen Ladungen bestimmen. Beispielsweise werden durch die gleiche Elektrizitätsmenge 2 Mol Silber und 1 Mol Kupfer auf einer Kathode niedergeschlagen.

Die Darstellung einer Einheit ist die Verwirklichung der Definition im Laboratorium. Beim Mol wird die Bestimmung der Avogadrokonstante als Darstellung der Einheit Mol angesehen.

Wie wird die Avogadrokonstante gemessen? Ein Kristall, der aus N Atomen besteht, habe die Dichte $\rho = m/V$

$$\rho = \frac{m}{V} = \frac{N\,m_a}{V}. \tag{165}$$

---

[1] Berichte Deutsch. Chem. Gesellsch. 31, S. 2761 (1898)
[2] Mattauch, Z. f. Naturforschg. 13a (1958) S. 572

V/N ist das Volumen, das einem Atom zur Verfügung steht. Dieses Volumen beträgt z. B. für kubische Kristalle a^3/f, (a Gitterkonstante, f Zahl der Atome in der Einheitszelle). Damit wird

$$m_a = \frac{\rho\, a^3}{f} \tag{166}$$

und mit Gl. (161) ergibt sich

$$N_A = \frac{Mf}{\rho\, a^3} \tag{167}$$

Zur Bestimmung der Avogadrokonstante werden an einem Kristall die stoffmengenbezogene Masse, die Dichte und die Gitterkonstante gemessen. Bei den Messungen dieser Größe wurden in letzter Zeit beachtliche Fortschritte erzielt. Die verwendete Substanz ist Silizium, weil von Silizium große, von Versetzungen freie und reine Einkristalle hergestellt werden können. Der Zahlenwert der stoffmengenbezogene Masse M kann nach Gl. (162) aus einem Massenverhältnis bestimmt werden

$$\{M_{Si}\}_{g/mol} = \{m_{Si}\}_u = \frac{m_{Si}}{m_{12C}}. \tag{168}$$

m_{Si} bedeutet hier die über die Isotopenzusammensetzung der verwendeten Probe gemittelte Atommasse. Das Verhältnis m_{Si}/m_{12C} und die Isotopenzusammensetzung werden mit einem Massenspektrometer gemessen.

Ein neues Verfahren wird bei der Messung der Dichte angewendet. Der Durchmesser von Stahlkugeln, die angenähert perfekte Kugelform haben, wird mit Hilfe eines speziellen Interferometers gemessen. Daraus läßt sich das Volumen der Kugeln berechnen und deren Dichte, nachdem die Masse in der üblichen Weise mit einer Waage bestimmt wurde. Durch Wägung der in Tetrafluorkohlenstoff eingetauchten Stahlkugeln und Siliziumproben wird die Dichte der Siliziumproben gefunden. Ist m_{St} die Masse einer Stahlkugel, V_{St} ihr Volumen, ρ_F die Dichte von Tetrafluorkohlenstoff, dann ist die Anzeige der Waage, wenn die Stahlkugel eingetaucht gewogen wird

$$I_{St} = m_{St} - \rho_F\, V_{St}\,. \tag{169}$$

Für die Siliziumproben gilt entsprechend

$$I_{Si} = m_{Si} - \rho_F\, V_{Si}. \tag{170}$$

Daraus folgt

$$V_{Si} = V_{St}\, \frac{m_{Si} - I_{Si}}{m_{St} - I_{Si}}. \tag{171}$$

Die Dichte $\rho_{Si} = m_{Si}/V_{Si}$ der Siliziumproben kann dann leicht berechnet werden. Nach diesem Verfahren haben Bowman, Schoonover und Caroll die Dichte von vier Siliziumkristallen mit einem statistischen Anteil der Meßunsicherheit von relativ $0{,}7 \cdot 10^{-6}$ (dreifache Standardabweichung) und einem geschätzten systematischen Fehler von ebenfalls relativ $0{,}7 \cdot 10^{-6}$ gemessen.[1]

---

[1] Bowman, H. A., R. M. Schoonover und C. L. Caroll, J. Res. Nat. Bur. Stand. Sect. A 78 (1974) S. 13–40

Besonders schwierig war lange Zeit die Messung des Gitterparameters. Seitdem es Max von Laue gelungen war, Interferenzen von Röntgenstrahlen durch Beugung an Kristallgittern zu erzeugen, ist es möglich, die Netzebenenabstände in Kristallgittern in Vielfachen von Röntgenwellenlängen anzugeben. Da die Wellenlänge von Röntgenstrahlen in Vielfachen der Abstände der Netzebenen von Kristallen bekannt sind, konnten genaue Werte nur für Längenverhältnisse von Kristallabmessungen angegeben werden, während die Längen selber weniger genau bekannt waren.

Seit langem sind zwar recht genaue Messungen der Gitterkonstante a mit Hilfe von Röntgeninterferenzen möglich, doch wurden die Meßergebnisse in der nur mit einer Unsicherheit an das Meter angeschlossenen Längeneinheit „Siegbahnsche X-Einheit" angegeben. So ergab sich 1960 beispielsweise als Ergebnis von in 16 Laboratorien ausgeführten Vergleichsmessungen als Mittelwert für die Gitterkonstante des Siliziums:[1]

$$a = (0{,}543\,054 \pm 0{,}000\,017) \text{ nm.} \tag{172}$$

Dieser Wert wurde von der International Union for Crystellography empfohlen. So war es möglich, mit Hilfe der als bekannt angesehenen Gitterkonstante Röntgenwellenlängen oder mit Hilfe der als bekannt angesehenen Wellenlänge einer Röntgenstrahlung mit Hilfe der bekannten Bragg-Beziehung

$$2\,d \sin \Theta = n\,\lambda \tag{173}$$

d Gitterkonstante, Θ Reflexionswinkel,
n Ordnungszahl, λ Wellenlänge.

Gitterkonstanten zu bestimmen. Erst in jüngster Zeit ist es gelungen, mittels eines Verschiebeinterferometers für Röntgen- *und* Lichtstrahlen die Gitterkonstante von Silizium direkt in der Einheit Meter zu messen. Das von Bonse und Hart 1965 angegebene Prinzip ist in Bild 3.89 dargestellt.[2] Es befinden sich drei Lamellen eines Siliziumkristalls in paralleler Aufstellung, so daß auch gleichwertige Netzebenen parallel verlaufen. Fällt nun ein Röntgenstrahlbündel auf den Kristall S, so spaltet sich das Bündel nach bekannten Gesetzmäßigkeiten hinter dem Kristall auf. Wiederholt man diesen Vorgang an einem zweiten Kristall M, so bildet sich vor einem dritten Kristall A ein Feld stehender Wellen aus, wobei der Abstand der Knoten gleich dem Netzebenenabstand im Kristall ist. Die Wechselwirkung dieses Wellenfeldes mit dem Kristall A (Analysator) ist ein Interferenzphänomen, das unabhängig von der Wellenlänge der Röntgenstrahlung ist und in Richtung 0 oder H mit einem Röntgenstrahlendetektor beobachtet werden kann. Unter der Voraussetzung, daß die Richtung der Netzebenen in den drei Kristall-Lamellen genau fluchten, wird bei einer Verschiebung des Kristalls A senkrecht zur Netzebene im Detektor das Signal periodisch zwischen einem Maximum und einem Minimum schwanken, wobei die Periode der Netzebenenabstand d ist. Die Wirkungsweise des Interferometers ist in Bild 3.90 dargestellt.[3]

Ein Einkristall aus Silizium wird so bearbeitet, daß sich auf einer Grundplatte drei parallele Stege befinden. Parallel sind dabei nicht nur die makroskopischen Begrenzungen der Stege, sondern auch die Netzebenen in ihnen. Die Grundplatte des Kristalls wird zwi-

[1] Parrish, W., Acta Crist. **13** (1960), S. 838
[2] Bonse, U., M. Hart, Appl. Phys. Letters 6 S. 155 (1965)
[3] Deslattes, R. D. und A. Henins, Phys. Rev. Letters 31 (1973), S. 972–975

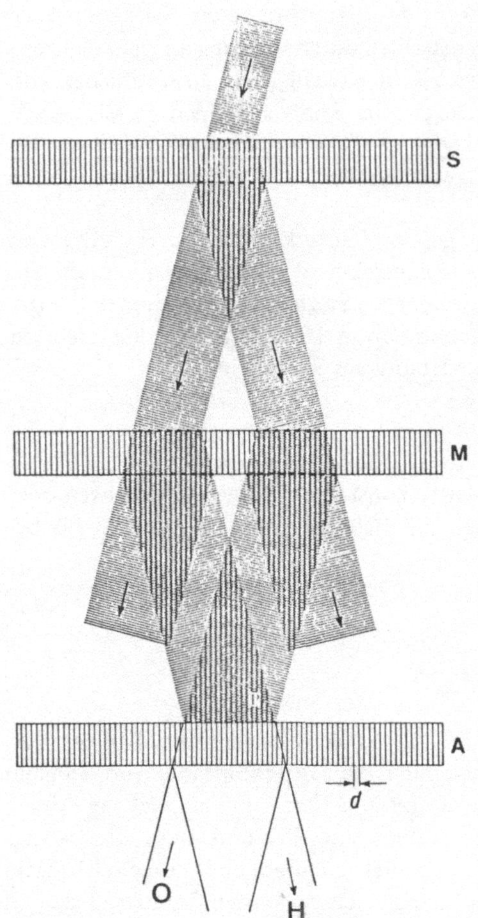

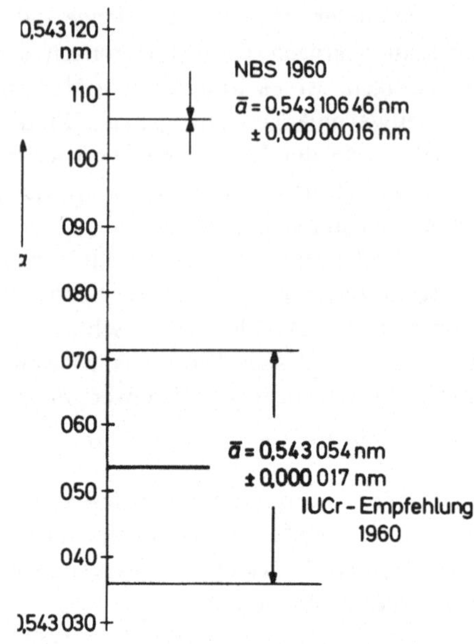

Bild 3.91 Fortschritt in der Bestimmung der Gitterkonstante a des Siliziums (Bezugstemperatur 25 °C)

Bild 3.89 Wellenfeld in einem Röntgenstrahl-Interferometer

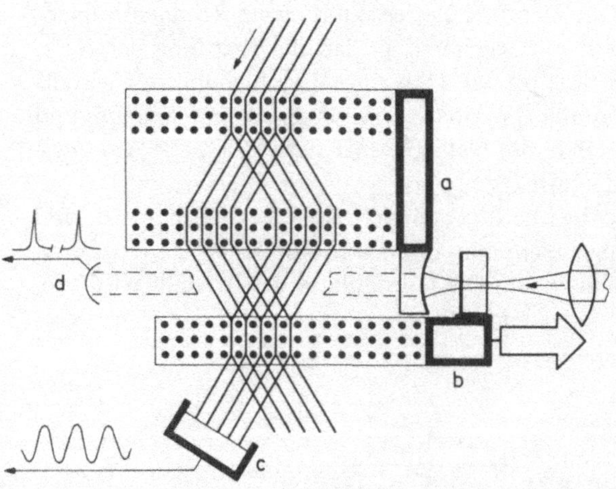

Bild 3.90

Prinzip des Verschiebeinterferometers für Röntgen- und Lichtstrahlen. Die Stege sind durch Punkte gekennzeichnet, a ist der feste Teil des Einkristalls, b wird gegen a in Pfeilrichtung verschoben. An a und b sind die Platten eines optischen Fabry-Perot-Interferometers befestigt, c ist der Empfänger für Röntgenstrahlen, d der Empfänger für Lichtstrahlen (Phys. Rev. Letters 31, 1973, p. 972)

schen dem zweiten und dritten Steg zerschnitten; mit Hilfe einer Mechanik wird der abgeschnittene Teil verschiebbar angeordnet. Die Verschiebung wird mit Hilfe von Interferenzen von Licht bekannter Wellenlänge gemessen.

Auf diese Weise ist Deslattes und Mitarbeitern die Bestimmung des Netzebenenabstandes d_{220} von Silizium mit einer relativen Meßunsicherheit von $0,3 \cdot 10^{-6}$ (einfache Standardabweichung) gelungen. Die Gitterkonstante a beträgt $a = d_{220} \cdot \sqrt{8} = 543{,}106\,46$ pm bei 25 °C[3] Messungen in der Physikalisch-Technischen Bundesanstalt bestätigen diese Ergebnisse bisher bis zur fünften geltenden Ziffer[1][2]. Die neuen Werte liegen außerhalb des 1960 angegebenen Mittelwertes (Bild 3.91).

Mit den beschriebenen Verfahren der Dichtemessung und der Messung des Gitterparameters von Silizium, die durch eine sehr genaue Messung der Isotopenzusammensetzung der untersuchten Kristalle ergänzt wurde, hat Deslattes mit einer Gruppe von Wissenschaftlern am National Bureau of Standards in Washington die Avogadrokonstante bestimmt. Ihr Ergebnis ist[3]:

$$N_A = 6{,}022\,094\,1 \cdot 10^{23} \text{ mol}^{-1}. \tag{174}$$

Die relative Meßunsicherheit beträgt $8{,}8 \cdot 10^{-7}$ (einfache Standardabweichung).

Deslattes vermutet, daß durch mögliche Verbesserungen der Meßmethoden die relative Unsicherheit auf 10^{-8} herabgesetzt werden kann. Wenn das der Fall ist, erreicht man die Größenordnung der Unsicherheit, mit der die Masseneinheit Kilogramm weitergegeben wird. Man gelangt dann an eine Grenze, die wegen des eingangs erwähnten Zusammenhanges zwischen den Einheiten Mol und Kilogramm nicht überschritten werden kann. Die Unsicherheit in der Weitergabe des Kilogramms ist auch die Unsicherheit in der „Darstellung" des Mols und die kleinste erreichbare Unsicherheit bei der Messung der Avogadrokonstante. Man kann dann die Frage stellen, ob Gleichung (156) als definierende Beziehung für das Gramm bzw. das Kilogramm gelten könnte. In einem solchen Fall würde man definieren:

Das Kilogramm ist das $\dfrac{\{N_A\}\text{kmol}^{-1}}{12}$ fache der Masse eines Atoms des Nuklids ^{12}C.

Dieser Satz ist heute schon richtig, aber damit er Aussicht hat, von den zuständigen Gremien angenommen zu werden, müßte man den Zahlenwert der Avogadrokonstante, der in diesem Satz durch sein Symbol vertreten wird, mit einer um mehrere Zehnerpotenzen kleineren Unsicherheit kennen. Außerdem ist die Realisierung aus heutiger Sicht nicht sehr **erfolgversprechend. Silizium ist so spröde, daß es kaum möglich sein dürfte, ein Normal aus einem solchen Kristall zu verwenden, bei dem die Anzahl N der Atome bei häufigem Gebrauch auf 10^{-8} unverändert bleibt.**

---

[1] Kind, D., Procès-Verbaux du Comité International des Poids et Mesures, 2e Série, Tome 45, (1977), S. B23–B33

[2] Becker, P., persönliche Mitteilung

[3] Deslattes, R. D., A. Henins, R. M. Schoonover, C. L. Carroll, H. A. Bowman, Phys. Rev. Letters 36 (1976), S. 898–900

3.7 Die Candela

3.7.1 Einleitung

Die Darstellung der Wirkung von Strahlung auf den Menschen bzw. auf die menschlichen Sinnesorgane erfolgt sehr unterschiedlich. Die einzelnen Gebiete, in denen physiologische Wirkungen eine Rolle spielen, haben sich weitgehend unabhängig voneinander entwickelt. Für die drei Hauptgebiete, die elektromagnetische Strahlung im optischen Bereich, den Schall und die ionisierende Strahlung, sind daher — historisch bedingt — noch heute unterschiedliche Arten der Beschreibung üblich. Dies hat die Verwendung unterschiedlicher Arten von Einheiten zur Folge.

Bei der ionisierenden Strahlung hat man geeignete Größen gebildet, die für die Strahlung und ihre Wirkung auf den Menschen charakteristisch sind. Man mißt diese Größen in SI-Einheiten. Allerdings gab man einigen bereits existierenden SI-Einheiten für dieses Gebiet besondere Namen (z. B. das Becquerel (s^{-1}) für die Aktivität). In der Akustik ist es üblich, die Eigenschaften des Schalls und seine Wirkung auf den Menschen weitgehend mit Hilfe von Größenverhältnissen oder logarithmierten Größenverhältnissen zu beschreiben. Man verwendet entweder SI-Einheiten oder einheitenähnliche Merkmale (wie Dezibel), die nicht zum SI gehören. Etwas anders ist die Entwicklung bei der elektromagnetischen Strahlung verlaufen. Als Gesamtphänomen wird sie mit Hilfe der Maxwellschen Gleichungen beschrieben. Aus ihnen kann man ableiten, daß mit jedem elektromagnetischen Wechselfeld, gekennzeichnet durch die elektrische Feldstärke $\vec{E}$ und die magnetische Feldstärke $\vec{H}$ ein Transport von Strahlungsenergie verbunden ist. Er wird mittels des Poynting-Vektors $\vec{S}$ beschrieben:

$$\vec{S} = \vec{E} \times \vec{H}. \tag{176}$$

Von dieser Basis ausgehend kann man die Phänomene der elektromagnetischen Strahlung ausreichend beschreiben. Dieses Gebiet heißt Strahlungsphysik mit der Radiometrie als Meßtechnik, die verwendeten Größen sind die radiometrischen Größen. Zu ihrer Kennzeichnung verwendet man in ihren Formelzeichen den Index e (für energetisch), um zum Ausdruck zu bringen, daß ein Integral über das ganze Spektrum gebildet wird. Die Beschreibung der quantitativen Zusammenhänge erfolgt mit Hilfe der SI-Einheiten Meter, Kilogramm, Sekunde und Steradiant.

Die elektromagnetische Strahlung des Spektralbereichs von etwa 380 nm bis 780 nm übt auf das menschliche Auge einen besonderen Reiz aus, dessen Empfindung wir Licht nennen. Dieser Bereich hat schon immer eine besondere Rolle gespielt und es ist verständlich, daß er besonders intensiv untersucht wurde. Hierbei haben die beiden Begriffe „Helligkeit" und „Farbe" eine wichtige Bedeutung. Es sind dies die beiden Merkmale, die der über lange Zeit wichtigste Empfänger auf diesem Gebiet, das menschliche Auge, liefert. Die in diesem eingeengten Spektralbereich unter Berücksichtigung der Eigenschaften des menschlichen Auges zu beschreibenden radiometrischen Phänomene werden im Gebiet der Lichttechnik, deren Meßtechnik die Photometrie ist, zusammengefaßt. Zur Kennzeichnung der photometrischen Größen verwendet man in ihren Formelzeichen den Index v (für visuell). Zum kohärenten Anschluß der photometrischen Größen an die übrigen physikalischen bedient man sich der zusätzlichen Basiseinheit Candela. Wir haben daher sowohl radiometrische als auch photometrische Aspekte zu behandeln.

Für die Beschreibung der elektromagnetischen Strahlung, insbesondere des Lichts gibt es charakteristische Merkmale beim Sender und beim Empfänger. Für beide Seiten des Geschehens sind Begriffsysteme entwickelt worden, die im folgenden behandelt werden. Diese Begriffsysteme gibt es sowohl in der radiometrischen als auch in der photometrischen Beschreibungsart.

3.7.2 Radiometrische Größen zur Beschreibung elektromagnetischer Strahlung

Eine Strahlung komme von einer Senderfläche A_S und treffe auf eine orientierte Empfängerfläche A_E, die im Abstand R aufgestellt sei (Bild 3.92), dann kann man die zu beschreibenden Phänomene mit folgenden Größen charakterisieren (s. auch DIN 5031).

R1 *Größen, die das Strahlungsfeld und die Strahlungseigenschaften des Senders beschreiben*

R1a) Die Strahlungsenergie W oder die Strahlungsmenge Q_e ist die als Strahlung ausgesandte, übertragene oder aufgefangene Energie.

R1b) Die Strahlungsleistung Φ_e (Strahlungsfluß) ist die zeitliche Änderung der Strahlungsenergie

$$\Phi_e = \frac{dW}{dt}. \tag{177}$$

R1c) Die spektrale Dichte der Strahlungsleistung $\Phi_{e\lambda}$ in einem Wellenlängenintervall $d\lambda$

$$\Phi_{e\lambda} = \frac{d\Phi_e}{d\lambda}, \quad \Phi_e = \int \Phi_{e\lambda}\, d\lambda. \tag{178}$$

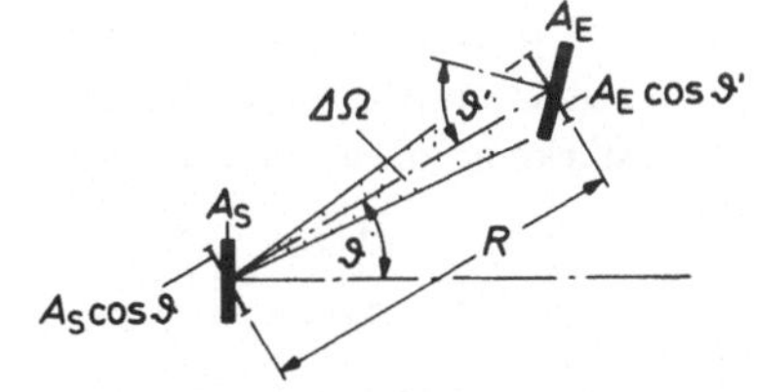

Bild 3.92 Zur Definition der radiometrischen Größen

A_S Senderfläche,
A_E Empfängerfläche

(nach Kamke/Krämer, Physikalische Grundlagen der Maßeinheiten, 1976)

Der Index λ soll zeigen, daß die Größe die Dimension eines Differentialquotienten nach der Wellenlänge hat. Der Ausdruck „spektrale Dichte" zeigt an, daß nicht nur eine Wellenlängenabhängigkeit, sondern auch eine spektrale Verteilungsfunktion im Sinne von Differentialquotienten nach der Wellenlänge vorliegt. Meist benützt man den einfacheren Ausdruck „spektraler Strahlungsfluß". Dies ist zulässig, wenn kein Mißverständnis bezüglich der Bedeutung des Wortes „spektral" bestehen kann.

R1d) Die Strahlstärke I_e (einer Strahlungsquelle in einer Richtung) ist der Differentialquotient aus der Strahlungsleistung der von der Strahlungsquelle in ein Raumwinkelelement $d\Omega$ um die betrachtete Richtung ausgestrahlt wird und diesem Raumwinkelelement:

$$I_e = \frac{d\Phi_e}{d\Omega}, \quad \Phi_e = \int I_e\, d\Omega. \tag{179}$$

Die Strahlstärke kann vom Emissionswinkel ϑ abhängen.

R1e) Die Strahldichte L_e (an einem Punkt einer strahlenden Fläche in einer Richtung):

$$L_e = \frac{d^2\Phi_e}{\cos\vartheta \cdot dA_S \cdot d\Omega}, \quad \Phi_e = \iint L_e \cos\vartheta\, dA_S\, d\Omega \tag{180}$$

Der Ausdruck $\cos\vartheta \cdot dA_s$ beschreibt die Orthogonalprojektion des Flächenelements dA_s auf eine Ebene senkrecht zur Strahlungsrichtung.

R1f) Die spezifische Ausstrahlung M_e (einer Fläche) ist der Differentialquotient aus deren Strahlungsleistung, der von diesem Flächenelement dA_s in den Halbraum ausgeht und diesem Flächenelement:

$$M_e = \frac{d\Phi_e}{dA_s}, \qquad \Phi_e = \int M_e \, dA_s. \tag{181}$$

R2 *Größen, die die auf dem Empfänger ankommende Strahlung beschreiben*

R2a) Die Bestrahlungsstärke E_e (an einem Punkt einer Fläche) ist der Quotient aus dem Strahlungsfluß, den ein diesen Punkt enthaltendes Flächenelement dA_E empfängt und diesem Flächenelement

$$E_e = \frac{d\Phi_e}{dA_E}, \qquad \Phi_e = \int E_e \, dA_E. \tag{182}$$

In der UV-Therapie und der Photobiologie wird diese Größe Bestrahlungsdosisleistung genannt.

R2b) Die Bestrahlung H_e (an einem Punkt einer Fläche) ist die Flächendichte der an diesem Punkt empfangenen Strahlungsmenge Q_e, d. h. das Zeitintegral über die Bestrahlungsstärke an diesem Punkt:

$$H_e = \frac{dQ_e}{dA_E} = \int E_e \, dt \tag{183}$$

In der UV-Therapie und der Photobiologie wird diese Größe Bestrahlungsdosis genannt.

3.7.3 Der spektrale Hellempfindlichkeitsgrad

Fällt Strahlung im sichtbaren Bereich auf das menschliche Auge, so übt diese auf die Netzhaut einen Reiz aus, der als Empfindung über den Sehnerv zum Gehirn weitergeleitet wird. Die Intensität der hervorgerufenen Wahrnehmung Helligkeit hängt von der Bestrahlungsstärke, der spektralen Verteilung sowie weiteren Parametern physikalischer, physiologischer und psychologischer Art ab. Den Einfluß aller dieser Parameter erfaßt man, wenn man mit monochromatischer Strahlung für verschiedene Wellenlängen diejenige Strahlungsleistung bestimmt, die die gleiche Helligkeitswahrnehmung auslöst. Bildet man die Kehrwerte dieser Strahlungsleistungen, so erhält man die relative spektrale Empfindlichkeit des menschlichen Auges. Im Bereich des Tagessehens wird diese als „Spektraler Hellempfindlichkeitsgrad" $V(\lambda)$ bezeichnet (s. Bild 3.93).

Die relative spektrale Empfindlichkeit des Auges ist recht komplex und hängt u. a. davon ab, ob man sie an einem helladaptierten Auge („Zäpfchensehen", photopischer Bereich), am dunkeladaptierten Auge („Stäbchensehen", skotopischer Bereich) oder im Zwischenbereich (mesoptischer Bereich) mißt. Die an einem größeren Personenkreis ausgeführten Messungen ergaben für den photopischen Bereich, daß die relative spektrale Empfindlichkeit in gewissen Helligkeitsbereichen bei einer Versuchsperson konstant ist. Der spektrale Hellempfindlichkeitsgrad ist in diesen Bereichen also unabhängig von der Bestrahlungsstärke auf der Netzhaut. Da aber bei verschiedenen Versuchspartnern individuelle Unterschiede sowohl der Abhängigkeit von der Bestrahlungsstärke als auch der Verteilungsspektren auftreten, hat man beschlossen, international vereinbarte einheitliche Werte für $V(\lambda)$ zu benutzen. Damit verfügt man in $V(\lambda)$ über ein einheitliches relatives Maß für die Wirksamkeit elektromagnetischer Strahlung unterschiedlicher Wellenlänge auf das menschliche Auge im Bereich des Tagessehens. Das Maximum von $V(\lambda)$ liegt bei der Wellenlänge 555 nm und wird auf den Wert 1 normiert. An den Grenzen 380 nm (violett) und 780 nm (rot) sind die Werte von der Größenordnung 10^{-5} (s. Tabelle 3.20).

Tabelle 3.20: Spektraler Hellempfindlichkeitsgrad für Tagessehen $V(\lambda)$ und für Nachtsehen $V'(\lambda)$

λ in nm	Tagessehen $V(\lambda)$	Nachtsehen $V'(\lambda)$	λ in nm	Tagessehen $V(\lambda)$	Nachtsehen $V'(\lambda)$	λ in nm	Tagessehen $V(\lambda)$	Nachtsehen $V'(\lambda)$
380	0,000 0	0,000 589	450	0,038	0,455	520	0,710	0,935
390	0,000 1	0,002 209	460	0,060	0,567	530	0,862	0,811
400	0,000 4	0,009 29	470	0,091	0,676	540	0,954	0,650
410	0,001 2	0,034 84	480	0,139	0,793	550	0,995	0,481
420	0,004 0	0,096 6	490	0,208	0,904	560	0,995	0,328 8
430	0,011 6	0,199 8	500	0,323	0,982	570	0,952	0,207 6
440	0,023	0,328 1	510	0,503	0,997	580	0,870	0,121 2

λ in nm	Tagessehen $V(\lambda)$	Nachtsehen $V'(\lambda)$	λ in nm	Tagessehen $V(\lambda)$	Nachtsehen $V'(\lambda)$	λ in nm	Tagessehen $V(\lambda)$	Nachtsehen $V'(\lambda)$
590	0,757	0,065 5	660	0,061	0,000 312 9	730	0,000 52	0,000 002 546
600	0,631	0,033 15	670	0,032	0,000 148 0	740	0,000 25	0,000 001 379
610	0,503	0,015 93	680	0,017	0,000 071 5	750	0,000 12	0,000 000 760
620	0,381	0,007 37	690	0,008 2	0,000 035 33	760	0,000 06	0,000 000 425
630	0,265	0,003 335	700	0,004 1	0,000 017 80	770	0,000 03	0,000 000 241
640	0,175	0,001 497	710	0,002 1	0,000 009 14	780	0,000 015	0,000 000 139
650	0,107	0,000 677	720	0,001 05	0,000 004 78			

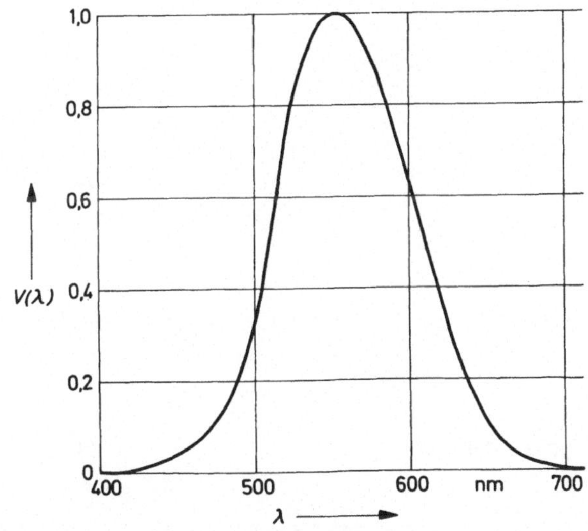

Bild 3.93

Spektraler Hellempfindlichkeitsgrad für Tagessehen $V(\lambda)$ des menschlichen Auges in Abhängigkeit von der Wellenlänge λ

Mit Hilfe der Funktion $V(\lambda)$ ist man in der Lage, jede spektral beliebig zusammengesetzte Strahlung entsprechend zu bewerten und auf diese Weise den auf die Netzhaut ausgeübten Lichtreiz anzugeben.

Hierbei wird allerdings vorausgesetzt, daß sich die einzelnen Teilbeträge der Strahlungen verschiedener Wellenlänge additiv zu einem Gesamtbetrag zusammensetzen. Erst die so „$V(\lambda)$-gemäß bewertete Strahlung" verdient im strengen Sinne die Bezeichnung Licht. Liegt eine die Strahlung charakterisierende Größe, z.B. die Strahlungsleistung Φ_e, vor, deren spektrale Verteilung durch die spektrale Dichte $\Phi_{e\lambda} = \dfrac{d\Phi_e}{d\lambda}$ gegeben ist, so erhält man die $V(\lambda)$-gemäß bewertete Strahlungsleistung Φ_v^* zu

$$\Phi_v^* = \int\limits_{\lambda = 380\,\text{nm}}^{\lambda = 780\,\text{nm}} \Phi_{e\lambda} \cdot V(\lambda)\, d\lambda. \tag{184}$$

Diese Größe, die man in Watt angeben kann, könnte man zur Charakterisierung der Lichtleistung verwenden. In der Praxis ist man aber — sowohl aus historischen als auch aus pragmatischen Gründen — anders vorgegangen. Man hat den zusätzlichen Faktor K_m und eine eigene Basiseinheit eingeführt (s. Abschnitt 3.7.6). Allerdings reicht der in Gl. (184) wiedergegebene Zusammenhang für die Grundaufgabe der Photometrie, den Vergleich zweier Helligkeiten, aus. Dabei sind nur Verhältnisse zu bilden, wobei zusätzliche Faktoren herausfallen.

3.7.4 Photometrische (lichttechnische) Größen zur Beschreibung des Lichts

Zu allen in Abschnitt 3.7.2 aufgeführten radiometrischen Größen gibt es entsprechende photometrische (lichttechnische), die die $V(\lambda)$-gemäße Bewertung enthalten. Verbindungsglied ist der Zusammenhang zwischen Strahlungsleistung und Lichtstrom.

P1a   Die Lichtmenge Q_v

$$Q_v = \int \Phi_v\, dt. \tag{185}$$

P1b   Der Lichtstrom Φ_v

$$\Phi_v = K_m \int V(\lambda)\, \Phi_{e\lambda}\, d\lambda. \tag{186}$$

P1c   Spektrale Dichte des Lichtstroms $\Phi_{v\lambda}$

$$\Phi_{v\lambda} = \frac{d\Phi_v}{d\lambda}, \quad \Phi_v = \int \Phi_{v\lambda}\, d\lambda. \tag{187}$$

P1d   Die Lichtstärke I_v

$$I_v = \frac{\Phi_v}{d\Omega}, \quad \Phi_v = \int I_v\, d\Omega. \tag{188}$$

P1e   Die Leuchtdichte L_v

$$L_v = \frac{d^2 \Phi_v}{\cos\delta\, dA_s\, d\Omega}, \quad \Phi_v = \iint L_v \cos\delta\, dA_s\, d\Omega. \tag{189}$$

P1f   Die spezifische Lichtausstrahlung M_v

$$M_v = \frac{d\Phi_v}{dA_s}, \quad \Phi_v = \int M_v \, dA_s. \tag{190}$$

P2a   Die Beleuchtungsstärke E_v

$$E_v = \frac{d\Phi_v}{dA_E}, \quad \Phi_v = \int E_v \, dA_E. \tag{191}$$

P2b   Die Belichtung H_v

$$H_v = \frac{dQ_v}{dA_E} = \int E_v \, dt. \tag{192}$$

Hinzu kommen die speziell in der Photometrie verwendeten Größen

P3a   Der spektrale Hellempfindlichkeitsgrad $V(\lambda)$ (s. Abschnitt 3.7.2)
       Da es sich hierbei um eine Zahl handelt, ist die Einheit „Eins" (1).
P3b   Das spektrale photometrische Strahlungsäquivalent $K(\lambda)$

$$K(\lambda) = K_m \cdot V(\lambda) \tag{193}$$

Einheit: $\dfrac{\text{Lumen}}{\text{Watt}} \left(\dfrac{\text{lm}}{\text{W}} \right)$

In Tabelle 3.21 sind die einander entsprechenden radiometrischen und photometrischen Größen übersichtlich zusammengestellt.

Tabelle 3.21: Radiometrische und photometrische Größen

Radiometrie			Photometrie		
Größe	Formel-zeichen	Einheit	Größe	Formel-zeichen	Einheit
Strahlungsenergie	Q_e	$W \cdot s = J$	Lichtmenge	Q_v	$lm \cdot s$
Strahlungsleistung	Φ_e	**W**	**Lichtstrom**	Φ_v	$lm = cd \cdot sr$
Strahlstärke	I_e	$W \cdot sr^{-1}$	Lichtstärke	I_v	cd
Strahldichte	L_e	$W \cdot sr^{-1} \, m^{-2}$	Leuchtdichte	L_v	$lx = cd \cdot m^{-2}$
Spezifische Ausstrahlung	M_e	$W \cdot m^{-2}$	Spezifische Lichtausstrahlung	M_v	lx
Bestrahlungsstärke	E_e	$W \cdot m^{-2}$	Beleuchtungsstärke	E_v	lx
Bestrahlung	H_e	$W \cdot m^{-2} \cdot s$	Belichtung	H_v	$lx \cdot s$

3.7.5 Die historische Entwicklung bei der Einführung einer photometrischen Basiseinheit

In der zweiten Hälfte des vorigen Jahrhunderts, als man sich mit der Lichtmessung eingehender zu beschäftigen begann, stand lediglich das menschliche Auge als genügend empfindlicher Empfänger zur Verfügung. Es war daher noch nicht möglich, mit ausreichender Genauigkeit spektrale Dichten von Strahlungsgrößen zu messen. Die Praxis stellte aber die Aufgabe, zur Beleuchtung verwendete Lichtquellen verschiedener Art miteinander zu vergleichen.

Die für eine Lichtquelle charakteristische Strahlungsgröße ist die Strahlstärke I_e, die man erhält, indem man die Strahlungsleistung Φ_e nach dem Raumwinkel Ω differenziert. Von gleicher Bedeutung ist der Lichtstrom. Führt man Strahlstärkevergleiche mit einem Photometer aus, das als Empfänger das menschliche Auge verwendet, so erhält man $V(\lambda)$-gemäß bewertete Ergebnisse. Diese können allerdings nur auf eine Normallichtquelle bezogene Verhältniszahlen sein. Man kann daher denjenigen Zeitpunkt als den Beginn der quantitativen Lichtmessung ansehen, zu dem eine internationale Absprache über eine solche Normallichtquelle erfolgte. Damit verbunden war die Notwendigkeit, der $V(\lambda)$-gemäßen Bewertung der Strahlung durch besondere Bezeichnungen Rechnung zu tragen.

Der 1881 in Paris abgehaltene Elektrikerkongreß empfahl für die Lichtstärke die Einheit „violle", das durch die Temperaturstrahlung einer Platinoberfläche am Schmelzpunkt definiert war. Die Reproduzierbarkeit dieser Einheit erwies sich jedoch als sehr schwierig. Die daraus entwickelte „Bougie dezimale", die 1896 gegen den Protest der deutschen Delegation empfohlen wurde, wurde nicht einheitlich angewandt und setzte sich daher nicht durch.

In Deutschland wurde die Einheit „Hefner-Kerze" verwendet, die seit 1884 bekannt war. Diese Einheit bezog sich auf die Strahlung einer unter genau definierten Bedingungen brennenden Flamme, die von reinem Amylazetat gespeist wurde. Die Einheit Hefner-Kerze wurde in einigen europäischen Ländern benützt.

Im Jahre 1909 vereinbarten England, Frankreich und USA die Verwendung der Einheit „International Candle Power". Ihr lagen drei Sätze von Glühlampen zugrunde. Die Verwendung dieser Einheit wurde 1921 von der Commission Internationale de l'Éclairage (CIE) unter der Bezeichnung „Internationale Kerze" empfohlen. Sie wurde in Deutschland nicht angewendet, das bei der Hefner-Kerze blieb, weil man diese für besser hielt.

Das allgemeine Bestreben war jedoch, zu einer Einheit zu kommen, die als „Primär-Normal" so festgelegt werden sollte, daß sie sich jederzeit und genügend genau möglichst unabhängig von anderen Größen darstellen ließ. Eine Möglichkeit dazu bot der bereits 1861 von Kirchhoff definierte Schwarze Strahler, bei dem allein die Temperatur die spektrale Strahlungsverteilung bestimmt, die mittels des Planckschen Strahlungsgesetzes beschrieben wird. Dieses lautet für die Ausstrahlung in das Vakuum und auf die spektrale Dichte der Strahldichte $L_{e\lambda} = \mathrm{d}L_e/\mathrm{d}\lambda$ bezogen,

$$L_{e\lambda} = \frac{c_1}{\lambda^5 \, \Omega_0} \, \frac{1}{e^{c_2/\lambda T} - 1} , \tag{194}$$

c_1, c_2 Konstanten, T thermodynamische Temperatur, $\Omega_0 = 1$ sr.

Im Jahre 1937 beschloß die CGPM ab 1.1.1940 die Einheit der Lichtstärke durch den Schwarzen Strahler beim Platin-Erstarrungspunkt festzulegen. Infolge des Ausbruchs des 2. Weltkrieges wurde 1939 empfohlen, die Ausführung dieses Beschlusses vorläufig auszusetzen.

Nur in Deutschland führte man die neue Einheit unter der Bezeichnung „Neue Kerze"-ein. Es dauerte aber noch bis 1946, ehe durch die CGPM der Beschluß von 1937 wieder aufgenommen und mit Wirkung vom 1.1.1948 in Kraft gesetzt wurde. In der Neufassung, die von der 13. CGPM im Jahre 1967 beschlossen wurde, lautet die Definition:

Die Candela ist die Lichtstärke senkrecht zu $\frac{1}{6} \cdot 10^{-5}$ m² der Oberfläche eines Schwarzen Strahlers bei der Temperatur des beim Druck 101 325 m⁻¹ kg·s⁻² erstarrenden Platins.

Hierzu sind einige Bemerkungen zu machen:

1. Die Bezugsgröße $\frac{1}{6} \cdot 10^{-5}$ m^2 = 1,67 mm^2 ist von der Größenordnung der bei der Darstellung der Candela üblicherweise verwendeten Strahlerflächen und dient der Anpassung an frühere Festlegungen.
2. Die Definition ist unabhängig vom Zahlenwert des Erstarrungspunktes von Platin, da er in der Definition nicht genannt wird (Unabhängigkeit von der Temperaturskala).
3. Die spektrale Verteilung ist bekannt. Die Strahlung des Hohlraumstrahlers wird durch das Plancksche Strahlungsgesetz für die Temperatur des erstarrenden Platins beschrieben.
4. Die Temperatur des Platin-Erstarrungspunktes von etwa 2042 K ist technologisch einigermaßen beherrschbar, aber eigentlich viel zu tief. Das Maximum der spektralen Leuchtdichteverteilung liegt im Roten und deckt sich in keiner Weise mit dem Maximum der $V(\lambda)$-Kurve im Grünen. Wollte man dies erreichen, wäre eine so hohe Temperatur (ca. 6 000 K) erforderlich. wie man sie technisch nicht ausreichend beherrscht. Dies ist ein unbefriedigender Aspekt der Candela-Definition.
5. Trotz aller dieser etwas unbefriedigenden Aspekte handelt es sich um einen echten Fundamentalanschluß.

3.7.6 Zusammenhang zwischen Strahlungsphysik und Lichttechnik

Bei den alten Einheiten für die Lichtstärke mußte über die spektrale Verteilung der Strahlung nichts ausgesagt werden, es interessierte lediglich die Lichtfarbe im Hinblick auf photometrische Messungen mit dem menschlichen Auge als Empfänger. Allerdings sind solche visuellen Messungen bezüglich der Helligkeit bei verschiedener Farbe der zu untersuchenden Lichtquellen recht schwierig. Eine Erleichterung bietet zunächst die heute vorhandene Möglichkeit, an Stelle des Auges einen physikalischen Empfänger zu benutzen, dessen relative spektrale Empfindlichkeit der spektralen Hellempfindlichkeit $V(\lambda)$ entspricht.

Schwierigkeiten entstanden nun von zwei Seiten her. Einerseits ist eine Anpassung der Empfänger an $V(\lambda)$ stets mit gewissen Fehlern behaftet. Andererseits sind heute Strahler in Gebrauch, deren Eigenschaften mit der üblichen Meßtechnik nicht mehr bestimmbar sind. Wurden zu Anfang der Lichttechnik überwiegend Kontinuumsstrahler verwendet, so haben heute solche Strahler große Bedeutung erlangt, bei denen dem Kontinuum Spektrallinien überlagert sind oder die reine Linienstrahler sind. Hier ist unter Umständen nur eine Messung der spektralen Dichte der Strahlungsgröße mit anschließender Berechnung der photometrischen Größe möglich. Dieser Weg ist jetzt begehbar, da die Definition der Candela eine quantitative Verbindung zwischen den strahlungsphysikalischen und den photometrischen Größen herstellt. In Gleichung (184) ist der prinzipielle Zusammenhang bereits dargestellt, doch muß der Festlegung der Einheit durch einen Koeffizienten K_m Rechnung getragen werden.

$$\Phi_v = K_m \cdot \Phi_e^* = K_m \int_{\lambda = 380\,nm}^{\lambda = 780\,nm} \Phi_{e\lambda} \cdot V(\lambda)\, d\lambda. \tag{195}$$

Eine entsprechende Beziehung gilt zwischen allen strahlungsphysikalischen und lichttechnischen Größen.

Das Produkt $K_m \cdot V(\lambda)$ wird „spektrales photometrisches Strahlungsäquivalent" genannt, das infolge der Bedingung $V(\lambda) \leqslant 1$ den Maximalwert K_m hat. Der Wert von K_m ergibt sich, indem man in Gl. (195) für ein Raumwinkelelement $d\Omega$ gemäß der Definition der Candela den Lichtstrom in Lumen (1 lm = 1 cd · sr) und für $\Phi_{e\lambda}$ die Werte der spektralen Dichte des Strahlungsflusses des Schwarzen Strahlers beim Platinpunkt einsetzt. Mit den Werten

$$c_1 = 2h \cdot c^2 = 1{,}191 \cdot 10^{-16} \text{ W} \cdot \text{m}^{-2}, \quad c_2 = \frac{hc}{k} = 1{,}44 \cdot 10^{-2} \text{ m} \cdot \text{K}$$

$$T_{Pt} \text{ (IPTS 68)} = 2045 \text{ K} \tag{196}$$

ergibt sich ohne Berücksichtigung der Brechzahl der Luft

$$K_m = 673 \text{ lm} \cdot \text{W}^{-1}. \tag{197}$$

Hierzu sind — in Anknüpfung an die Feststellungen am Schluß des Abschnitts 3.7.5 — folgende Bemerkungen zu machen:

1. Durch Benutzung eines Temperatur-Fixpunktes und des Schwarzen Strahlers geht als weitere Größe lediglich die Längeneinheit in die Candela-Definition ein. Sie ist also unabhängig von den jeweils geltenden Werten für den Platinpunkt und für die Konstanten des Planckschen Gesetzes. Die an ein Primärnormal zu stellenden Bedingungen sind also erfüllt.
2. Wenn man bei praktischen Messungen auf die rechnerische Ermittlung der photometrischen Größen aus spektralen Dichten von strahlungsphysikalischen Größen angewiesen ist, hängt das Ergebnis selbstverständlich vom Wert von K_m ab und damit von den Werten des Platinpunktes und der Konstanten des Planckschen Gesetzes.
   Infolge der Fortschritte in der Meßtechnik ergeben sich so laufend Änderungen des Zahlenwertes von K_m, was nicht voll befriedigend ist.
   So erhält man unter Verwendung neuerer Werte für die Temperatur des Platinpunktes, wenn zusätzlich die Brechzahl der Luft berücksichtigt wird

$$\begin{aligned} \text{für} \quad & T_{Pt} = 2040{,}75 \text{ K} \quad & K_m = 688 \text{ lm W}^{-1} \\ \text{und für} \quad & T_{Pt} = 2042 \text{ K}^{1)} \quad & K_m = 683 \text{ lm W}^{-1}. \end{aligned} \tag{198}$$

Die Unterschiede sind also beträchtlich.

3.7.7 Die Darstellung der Candela

Bild 3.94 zeigt die in der Physikalisch-Technischen Bundesanstalt verwendete Anordnung zur Darstellung der Candela. Ein unten geschlossenes Keramikröhrchen von etwa 2 mm Innendurchmesser, das senkrecht in ein Platin-Bad eintaucht, bildet den als Schwarzen Strahler wirkenden Hohlraum. Die Heizung erfolgt durch Induktion. Durch ein gleichzeitig als Konvexlinse ausgebildetes Prisma (Bild 3.95) wird die Hohlraumstrahlung vergrößert auf ein Photometer abgebildet. (Dieses kann gleichzeitig auch von einer als Sekundärnormal dienenden Glühlampe beleuchtet werden, die auf diese Weise an das Normal angeschlossen wird.) Eine dichte an dem Prisma angebrachte Blende begrenzt die wirksame Strahlerfläche.

Die wichtigsten Fehlerquellen bei der Messung sind die folgenden:

1. Der Emissionsgrad des Strahlers erreicht nie ganz den idealen Wert 1, da die Innenwände des Hohlraumes nicht völlig optisch schwarz sind und dieser eine kleine Öffnung hat.

$^{1)}$ Dieser Wert wird heute als der zuverlässigste angesehen.

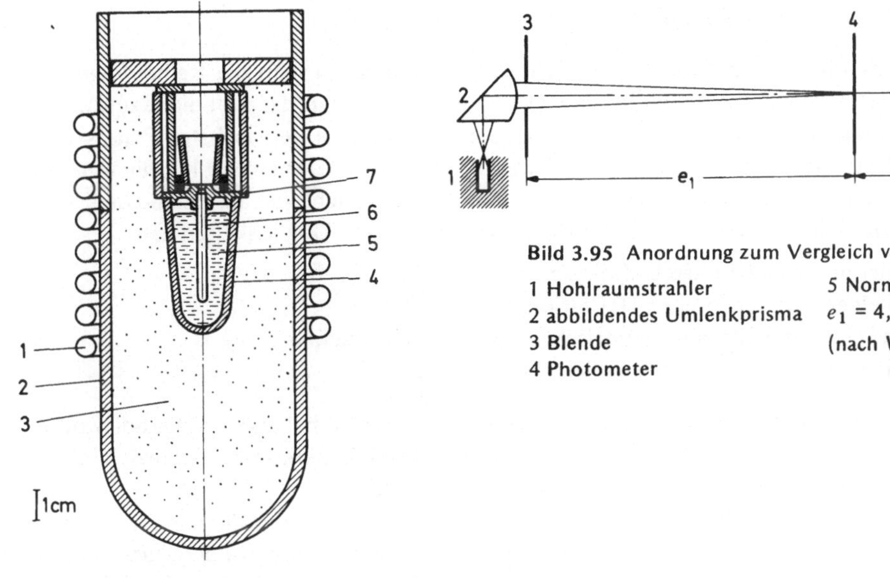

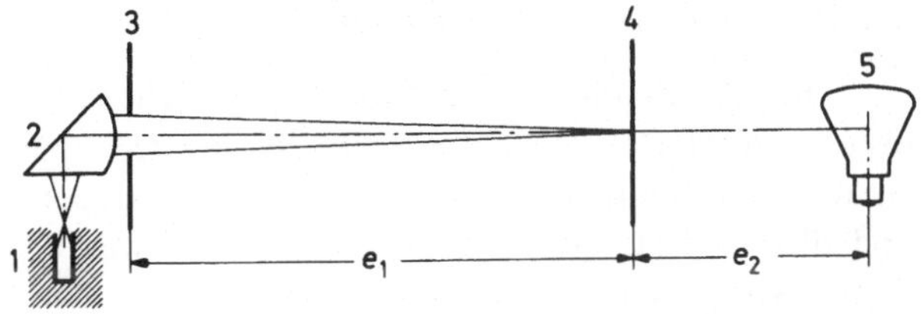

Bild 3.95 Anordnung zum Vergleich von Lichtstärken

1 Hohlraumstrahler   5 Normal-Lampe
2 abbildendes Umlenkprisma e_1 = 4,2 m, e_2 = 2 m
3 Blende   (nach Willenberg, 1965)
4 Photometer

Bild 3.94 Hohlraumstrahler der PTB zur Darstellung
der Lichtstärkeeinheit Candela

1 Induktionsspule   5 Platinbad
2 keramischer Behälter   6 Keramik-Röhrchen
3 thermisch isolierte Bettung   7 Tiegeldeckel
4 Keramiktiegel

2. Die Strahlertemperatur ist als Folge der Abstrahlungsverluste stets etwas niedriger als die Temperatur des Platinbades.

3. Es treten Lichtverluste vor allem durch Absorption im Prisma und durch Beugung an der Blende auf.

Die anzubringenden Korrektionen erreichen etwa 1 % des zu bestimmenden Wertes. Die Unsicherheit dieser **Korrektionen und die Unsicherheit bei der Bestimmung der wirk**-samen Blendenöffnung begrenzen im wesentlichen die Meßgenauigkeit. Bei Vergleichsmessungen zwischen den metrologischen Staatsinstituten ergaben sich im Durchschnitt relative Abweichungen von dem gemeinsamen Mittelwert um ± 0,4 %. Die Darstellung der Candela dürfte also zur Zeit mit einer relativen Unsicherheit von etwa $1 \cdot 10^{-2}$ behaftet sein. Allerdings sind bisher relativ wenige Darstellungen der Candela ausgeführt worden, da der Meßvorgang insbesondere infolge der langdauernden Heiz- und Abkühlungsprozesse umständlich und wegen der umfangreichen apparativen Hilfsmittel aufwendig ist. Ähnlich wie bei der Bewahrung der elektrischen Einheiten bedient man sich auch bei der Bewahrung der Candela vorwiegend sekundärer Normale, eines Satzes von angeschlossenen Normallampen, deren Konstanz durch Ringversuche überprüft wird. Hierbei wird eine Reproduzierbarkeit von etwa $1 \cdot 10^{-3}$ erreicht. Also auch hier ist die Reproduzierbarkeit der Einheit mittels sekundärer Normale derzeigt genauer als die Darstellung gemäß der Definition.

Als Sekundärstandards werden Wolfram-Glühlampen verwendet, die häufig so betrieben werden, daß ihre Strahlung die gleiche spektrale Verteilung (Farb- oder Verteilungstemperatur) wie ein Schwarzer Strahler der Temperatur T_{Pt} = 2042 K hat. Eventuell ungleiche Lichtstärke von Primärstandard und Sekundärstandard werden durch Abstandsänderung ausgeglichen.

3.7.8 Die weitere Entwicklung

Bei der Einführung des Mols als zusätzliche Basiseinheit hat man die Reihenfolge der bisher eingeführten sechs Basiseinheiten insofern geändert, als man das Mol nicht zusätzlich anfügte und ihm den siebenten Platz zuwies, sondern das Mol auf den sechsten Platz setzte und die Candela vom sechsten auf den siebenten Platz brachte. Der Grund hierfür war das Bewußtsein um die Problematik der Candela. Man hielt es nicht für ausgeschlossen, daß sich an dieser Basiseinheit wieder etwas ändert, wofür es mehrere Möglichkeiten gab:

a) Änderung der photometrischen Definition,
b) Einführung einer radiometrischen Definition,
c) Verwendung einer anderen photometrischen Einheit als Basiseinheit,
d) Aufgabe einer eigenen Basiseinheit in der Photometrie.

Alle diese Aspekte wurden in den vergangenen Jahren intensiv behandelt. Hierbei wollte man frei sein von Rückwirkungen auf die anderen SI-Basiseinheiten. Daher stellte man die Candela an den Schluß der Reihe.

Da die Methoden zur Messung von Strahlung im optischen Spektralbereich im letzten Jahrzehnt wesentlich verbessert werden konnten — und dies gilt insbesondere für spektral zerlegte Strahlung — lag es nahe, zunächst nur nach einem radiometrischen Darstellungsverfahren für die Candela in ihrer bisherigen Definition zu suchen. Hierfür gibt es die folgenden beiden Möglichkeiten:

1. Man benutzt einen Empfänger, dessen spektrale Empfindlichkeit bekannt und an $V(\lambda)$ angepaßt ist (das Auge ist also nicht beteiligt). Dieser Weg kann insbesondere bei Kontinuumsstrahlen (z. B. Glühlampen) beschritten werden.
2. Man führt spektral-radiometrische Messungen aus. Aus den erhaltenen Werten der spektralen Dichte der strahlungsphysikalischen Größen lassen sich nach Gl. (195) die lichttechnischen berechnen.

In beiden Fällen benötigt man die Werte des spektralen Hellempfindlichkeitsgrades $V(\lambda)$ und zum Anschluß an das bisherige lichttechnische System einen Wert von K_m.

Ein gewisses Ärgernis in diesem System ist der Faktor K_m, für den es außerdem immer wieder — je nach dem Stand der Meßtechnik — einen verbesserten Wert geben wird. Wollte man seinen Wert „einfrieren", so gäbe es folgende drei Möglichkeiten:

1. Einen festgelegten Größenwert, z. B. $K_\mathrm{m} = 683$ lm/W.
   Dann bleibt das System der photometrischen Größen erhalten, die Zahlenwerte der Größenwerte ändern sich nicht mehr. Allerdings wird etwas Spannung in den Anschluß der Candela an die übrigen SI-Basiseinheiten kommen.
2. Einen festgelegten Zahlenwert, z. B. $K_\mathrm{m} = 683$.
   Dann bleiben die Zahlenwerte von Größenwerten photometrischer Größen zwar erhalten, als Einheiten sind aber die anderen SI-Einheiten zu verwenden. Eine photometrische SI-Basiseinheit wird es nicht mehr geben.
3. Den festgelegten Zahlenwert $K_\mathrm{m} = 1$.
   Das hätte den Vorteil, daß man gemäß Gl. (184) arbeiten kann. Eine photometrische Basiseinheit gibt es dann nicht mehr. Außerdem ändern sich alle Zahlenwerte der bisherigen photometrischen Größen, z. B. um den Faktor 1/683.

Die Möglichkeiten 2 und 3 sehen zwar bestechend aus, man wird sie aber wohl aus pragmatischen Gründen nicht realisieren können. Eine Folge der Möglichkeit 3 wäre z. B., daß für eine Glühlampe zwei Leistungsangaben möglich sind, diejenige bezüglich der elektrischen Leistungsaufnahme und diejenige bezüglich des abgegebenen Strahlungsflusses. Wenn also lediglich eine Angabe in Watt gemacht wird, bleibt offen, welche Größe gemeint ist. Es ist zwar eine grundsätzliche Struktur des SI, daß gleichdimensionale Größen in derselben Einheit gemessen werden, aber hier empfindet man dies als störend und befürchtet Mißverständnisse. So wird es im Prinzip bei der Möglichkeit 1 bleiben.

Allerdings muß hier erwähnt werden, daß es außer der Wirkung auf das menschliche Auge noch eine ganze Reihe weiterer biologischer Strahlungswirkungen im optischen Bereich gibt. So ruft beispielsweise ultraviolette Strahlung auf der menschlichen Haut eine Rötung hervor, während am Auge Bindehautentzündung entstehen kann. Die Wellenlängenabhängigkeit dieser Strahlungswirkungen ist bekannt und durch spektrale Wirkungskurven ähnlich dem spektralen Hellempfindlichkeitsgrad darstellbar. Man könnte nun auch hier wirkungsbezogene Größen und Einheiten einführen. Bei der Weiterführung solcher Überlegungen würde sich eine große Zahl neuer Größen und Einheiten ergeben. Man ist sich daher heute einig (Empfehlung des CCPR im Jahre 1977), es bei den anderen Größen, bei denen die Wirkung elektromagnetischer Strahlung mittels eines biologischen Faktors beschrieben wird, bei den entsprechend der spektralen Wirkung bewerteten Strahlungsgrößen zu belassen und die üblichen energetischen Einheiten zu verwenden.

Eine andere Frage ist diejenige nach der zweckmäßigsten photometrischen Basiseinheit. Auch hier hat sich ein gewisser Wandel durch die Meßtechnik angebahnt. Zieht man das Auge als Empfänger heran, so ist die der Strahldichte entsprechende Leuchtdichte (angeben in cd/m^2) die maßgebende Größe. Jeder physikalische Empfänger spricht aber zunächst auf die Strahlungsleistung Φ_e an, aus der der Lichtstrom Φ_v und bei bekannter Empfängerfläche A_E die Beleuchtungsstärke (angegeben in lm/m^{-2}) berechnet werden können. Da heute ausschließlich mit physikalischen Empfängern gemessen wird, heißt dies, daß primär der Lichtstrom bzw. die Beleuchtungsstärke erhalten werden, aus denen dann die Lichtstärke über das Abstandsgesetz $\left(\sim \frac{1}{R^2} \right)$ ermittelt wird. Da dies infolge der räumlichen Ausdehnung der Lichtquelle stets nur annähernd gilt, erscheint es allein schon aus diesem Grund zweckmäßig, sich bei einer Neudefinition auf die Beleuchtungsstärke oder den Lichtstrom zu beziehen.

Im Jahre 1975 wurde im CCPR der erste Anlauf für eine Neudefinition der Candela auf radiometrischer Basis genommen. Bei dem Vorschlag wurde der monofrequenten elektromagnetischen Strahlung einer Frequenz $540 \cdot 10^{12}$ Hz (das entspricht etwa einer Wellenlänge von 555 nm) und einer Leistung von 1 W der Lichtstrom 1/680 Lumen zugeordnet. Im Jahre 1977 sind vom CCPR in dieser Angelegenheit nun folgende Beschlüsse gefaßt worden, an denen man die Tendenz des weiteren Vorgehens erkennen konnte:

1. Es wird empfohlen, im photopischen, skotopischen und mesopischen Bereich für das spektrale photometrische Strahlungsäquivalent $K(\lambda)$ einer monochromatischen Strahlung der Frequenz $540{,}0154 \cdot 10^{12}$ Hz (das entspricht genau der Wellenlänge von 555 nm) den Wert 683 lm/W zu verwenden. Damit wäre dieser Wert „eingefroren". Er ist als konventioneller Wert zu betrachten.

2. Es wird empfohlen, für das Lumen folgende Definition zu verwenden:
   Das Lumen ist der Lichtstrom einer monochromatischen Strahlung, deren Strahlungsfluß 1/683 W und deren Frequenz $540{,}0154 \cdot 10^{12}$ Hz beträgt.
   Das könnte eine Definition des Lumens als künftige SI-Basiseinheit sein. Zur Zeit sieht es aber so aus, als würde man die Candela als Basiseinheit beibehalten. Diese Empfehlung wird also wohl nicht wirksam werden.

3. Es wird empfohlen, für die Candela folgende Definition zu verwenden:
Die Candela ist die Lichtstärke eines monochromatischen Strahlers der Frequenz $540{,}0154 \cdot 10^{12}$ Hz, in der in Richtung der Strahlung die Strahlstärke 1/683 W/sr beträgt.

Es war nicht klar, ob die 3. Empfehlung nur eine Sekundärdefinition sein sollte, um den radiologischen Meßtechniken gerecht zu werden. Als Primärdefinition könnte dann weiterhin die in Abschnitt 3.7.5 aufgeführte gelten.

Diese drei Empfehlungen sind nicht alle miteinander verträglich. Es muß dabei beachtet werden, daß es sich nur um Vorschläge handelt, mit denen sich die dafür zuständigen anderen Gremien der Meterkonvention noch befassen mußten. Voraussetzung für diese Entwicklung war, daß die radiometrische Messung photometrischer Größen heute mit einer relativen Meßunsicherheit von $5 \cdot 10^{-3}$, also etwa mit derselben relativen Meßunsicherheit wie bei der photometrischen Messung, möglich geworden ist.

Inzwischen hat sich im Mai 1978 das CCU mit dieser Angelegenheit befaßt und sich für die 1. und 3. Empfehlung des CCPR entschieden. Dies veranlaßte das CIPM im September 1978 der 16. CGPM im Oktober 1979 die Annahme folgender Resolution zu empfehlen:

Die Sechzehnte Generalkonferenz für Maß und Gewicht
in Erwägung
— daß die Darstellung der Candela mit dem Schwarzen Strahler als Primärnormal ein undankbares Unternehmen ist, das mit begrenzter Genauigkeit und ohne Hoffnung auf fühlbare Verbesserungen ausgeführt werden kann,
— daß sich die radiometrischen Techniken rasch entwickeln und schon eine Genauigkeit zulassen, die der in der Photometrie vergleichbar ist, und daß diese Techniken bereits in einigen nationalen Laboratorien angewandt werden, um die Candela ohne Schwarzen Strahler darzustellen,
— daß das 1977 vom CIPM angenommene Verhältnis der photometrischen Größen zu den radiometrischen für eine monochromatische Strahlung von $540 \cdot 10^{12}$ Hertz mit 683 Lumen durch Watt von den interessierten Laboratorien als ausreichend genau angesehen wird,
— daß demnach jetzt die Zeit gekommen ist, der Candela eine Definition zu geben, die geeignet ist, die Darstellung der photometrischen Normale zu vereinfachen und ihre Genauigkeit zu erhöhen,

entscheidet:
1. Die Candela ist die Lichtstärke einer Strahlungsquelle, welche monochromatische Strahlung der Frequenz $540 \cdot 10^{12}$ Hertz in eine bestimmte Richtung aussendet, in der die Strahlstärke 1/683 Watt durch Steradiant beträgt.
2. Die so definierte Candela ist als Basiseinheit für photopische und skotopische Größen anwendbar sowie für Größen, die im mesopischen Bereich zu definieren sind.
3. Die Definition der Candela, seinerzeit Neue Kerze genannt, über die das CIPM 1946 aufgrund einer Ermächtigung durch die 8. CGPM 1933 entschieden hat und die von der 9. CGPM 1948 ratifiziert und von der 13. CGPM 1967 geändert wurde, ist aufgehoben.

Diese Definition soll dann die bisherige photometrische völlig ablösen. Damit würde die Definition der Candela unabhängig vom Schwarzen Strahler sein, über den in der Vergangenheit meßtechnische Komplikationen entstanden sind. Die Ziffern hinter dem Komma bei der Angabe der Frequenz hat man bewußt weggelassen, da sie willkürlich sind. Es wäre einerseits unlogisch, die gerundete Angabe von 555 nm bei der Angabe der Wellenlänge in eine exakte Angabe bei der Angabe der Frequenz umzurechnen, was außerdem eine nicht vorhandene Genauigkeit vortäuschen würde. Andererseits geht in die Umrechnung der Brechungsindex der Luft ein, der in den einzelnen Laboratorien verschieden ist. Da sich die Angabe 555 nm auf Luft und nicht auf Vakuum bezieht, entstünde also auch von dieser Seite her eine Willkürlichkeit.

Ein meßtechnischer Aspekt darf nicht vergessen werden: Photometrische Messungen auch auf der Basis der neuen Candeladefinition müssen die $V(\lambda)$-Kurve berücksichtigen.

3.7.9 Die Messung des Lichtstroms

Der möglichst genauen Messung des Lichtstroms Φ_V einer Lichtquelle kommt große technische und wirtschaftliche Bedeutung zu. Es bestehen jedoch erhebliche Diskrepanzen zwischen den Lichtstrom-Messungen verschiedener metrologischer Staatsinstitute. Sie können ihre Ursache darin haben, daß unterschiedliche Verfahren verwendet werden, um die Einheit des Lichtstroms, das Lumen, auf die SI-Basiseinheit der Lichtstärke, die Candela, zurückzuführen. Mit Hilfe eines Goniophotometers ist eine fundamentale Messung mit kleiner Meßunsicherheit möglich. Hierbei wird der Empfänger auf einer geschlossenen Fläche A um die feststehende Lichtquelle bewegt, wobei man als Hüllfläche zweckmäßig eine Kugel wählt (z. B. mit einem Durchmesser von 5 m).

Die so erhaltenen Meßwerte der Beleuchtungsstärke E werden mit den Werten der zugehörigen Flächenelemente ΔA_E entsprechend der Beziehung

$$\Phi_V = \sum_A E \cdot \Delta A_E \tag{199}$$

aufsummiert. Dies erfolgt heute mittels eines elektronischen Rechners. Als Empfänger verwendet man ein $V(\lambda)$-korrigiertes und im Kurzschlußstrom betriebenes Silizium-Photoelement. Der Anschluß an eine Lichtstärke-Normallampe ist mit einer relativen Unsicherheit von $2 \cdot 10^{-3}$ möglich. Also auch in diesem Bereich ist heute die Reproduzierbarkeit einer Messung bereits besser als die Darstellung der Einheit im SI.

4 Realisierung und Verbreitung des SI in Westeuropa

4.1 Einleitung

Der Stand der Meßtechnik ist in den einzelnen Staaten nicht einheitlich, so daß auch Unterschiede hinsichtlich der Realisierung, der Verbreitung und der Weitergabe physikalischer Einheiten bestehen. Mannigfache Faktoren sind hierfür verantwortlich:

gegenwärtige und vergangene Wirtschaftsstruktur, spezielle politische, wirtschaftliche und industrielle Bedürfnisse,
Größe und Struktur der nationalen metrologischen Institutionen.

Die heute zwischen den Staaten mit gegenseitiger enger wirtschaftlicher Bindung bestehenden metrologischen Bedürfnisse haben aber einen Angleichungsprozeß in Gang gesetzt. Vergleiche nationaler Normale untereinander oder der Anschluß von nationalen Sekundärnormalen an ein Primärnormal eines Nachbarstaates — wenn ein solches im eigenen Staat nicht vorhanden ist — sind üblich geworden. In mehreren Staaten, in denen entsprechende Möglichkeiten bisher nicht bestanden, sind deshalb jetzt staatliche Institutionen für das Meßwesen gegründet worden. In den sogenannten Entwicklungsländern besitzt der Aufbau eines metrologischen Dienstes hohe Priorität.

Damit die folgenden Abschnitte verständlich sind, müssen vorher einige auf diesem Gebiet übliche Begriffe erklärt werden.

Primärnormal (primary standard, étalon primaire oder étalon de base) ist die unmittelbare, direkte Realisierung einer Einheit (*Beispiel*: Darstellung des Meters mit der Engelhard-Lampe) oder auch die Realisierung höchster Präzision für die betreffende Einheit (*Beispiel*: Darstellung des Amperes mit der Stromwaage).

Sekundärnormal nimmt Bezug auf andere Größen und Einheiten oder eine andere als die der Einheitendefinition zugrunde liegende physikalische Situation und bedarf eines meßtechnischen Anschlusses an ein Primärnormal (*Beispiel*: End- oder Strichmaße für das Meter, Satz von Normalelementen für das Volt).

Die Stabilität und die Präzision der Weitergabe eines Sekundärnormals kann einem Primärnormal und der Präzision seiner Weitergabe überlegen sein.

Nationales Normal (étalon de départ) ist das genaueste nationale Normal, das an der Spitze der Hierarchie der Normale steht (unabhängig davon, ob es sich um ein Primärnormal oder ein Sekundärnormal handelt). Da die Physikalisch-Technische Bundesanstalt vom Gesetzgeber mit der Darstellung, Bewahrung und Weitergabe von Einheiten betraut wurde, ist für die Bundesrepublik Deutschland der Begriff „PTB-Normal" dem Begriff „Nationales Normal" gleichwertig.

Im Jahre 1973 wurde innerhalb der meisten westeuropäischen Staaten erstmals eine Umfrage zur metrologischen Situation durchgeführt. Ein Teil der Ergebnisse ist in den Abschnitten 4.2 bis 4.5 dargestellt. Das Ergebnis einer im Jahre 1978 erneut durchgeführten Umfrage innerhalb der westeuropäischen Staaten liegt jetzt vor und ist in die Tabellen der Abschnitte 4.2 bis 4.5 eingearbeitet. Die aufgeführten Werte beruhen auf Angaben der befragten Institute.

Ähnliche Informationen über andere Länder liegen nicht vor.

4.2 Die nationalen Normale für die SI-Basiseinheiten

In der Tabelle 4.1 wird eine Übersicht über die Art der Nationalen Normale in 13 westeuropäischen Staaten gegeben.

Tabelle 4.1: Übersicht über Normale für die Basiseinheiten, die in 13 westeuropäischen Ländern für die Weitergabe der Einheiten bereitgehalten werden

Einheit \ Land	A	B	D	DK	E	F	GB	I	IRL	N	NL	S	SF
Meter	s_n	s_n	p_n	s_n	$(p, s_n), 1$	p_n	p_n	p_n	s_n	s_n	$s, 1$	s_n	s_n
Kilogramm	p_n	p_n	p_n	p_n	p_n	p_n	p_n	p_n	p_n	p_n	p_n	p_n	p_n
Sekunde	p_n	s_n	p_n	1	p_n	p_n	p_n	p_n	s	1	p	p_n	
Ampere	s_n	s_n	s_n	1	1	s_n	p_n	s_n	s		s_n	s_n	s_n
Kelvin	p_n	p_n	p_n	s_n	1	p_n	p_n	p_n		1	p	s_n	s_n
Mol													
Candela	s_n	s_n	p_n	s	s	p_n	p_n	p_n			1	s_n	s_n

Für die Kennzeichnung der Staaten wurden folgende Kurzzeichen (gemäß den internationalen Kraftfahrzeugkennzeichen) verwendet:

A	Österreich	I	Italien
B	Belgien	IRL	Irland
D	Bundesrepublik Deutschland	N	Norwegen
DK	Dänemark	NL	Niederlande
E	Spanien	S	Schweden
F	Frankreich	SF	Finnland
GB	Vereinigtes Königreich		

Für die Kennzeichnung der Normale wurden folgende Kurzzeichen verwendet:

p_n Primärnormal, durch Rechtsvorschrift **verankert**
beim Kilogramm: im BIPM angeschlossenes nationales Prototyp,
beim Kelvin: Realisierung der thermodynamischen Temperaturskala oder der IPTS-68 in einem größeren Temperaturbereich,

s_n Sekundärnormal, durch Rechtsvorschrift verankert,

p, s   primäres oder sekundäres Normal vorhanden, aber nicht durch Rechtsvorschriften verankert,

(p_n), (s_n)
(p), (s) das Normal ist zwar vorhanden, dient aber nicht als Grundlage für die Weitergabe der Einheit

1   es ist kein nationales Normal vorhanden, es gibt aber mindestens ein Laboratorium, das in anderen Ländern (z. B. an deren nationale Normale) angeschlossene Normale besitzt und die Einheit auch weitergibt.

Während alle betrachteten Staaten gesetzlich verankerte, im BIPM angeschlossene nationale Prototype für die SI-Einheit der Masse besitzen, wurde in keinem dieser Länder im Zusammenhang mit der Darstellung und Weitergabe der SI-Einheit Mol die Avogadro-Konstante durch Präzisionsmessungen bestimmt. Die übrigen Basiseinheiten werden etwa

zur Hälfte mit Hilfe von Sekundärnormalen, etwa zu einem Drittel mit Hilfe von Primärnormalen und in einigen Fällen mit Hilfe von Normalen anderer Laboratorien (1) weitergegeben. In einigen wenigen Fällen ist keine Weitergabe von inländischen Normalen aus
möglich. Diese Verteilung wird wesentlich dadurch bestimmt, daß Ampere und Candela
überwiegend aufgrund von Sekundärnormalen weitergegeben werden. Wegen der großen
Unsicherheit der Primärnormale geschieht dies in einigen Fällen selbst dann, wenn Primärnormale vorhanden sind. Dies bringt mit zum Ausdruck, daß die Unterscheidung zwischen
Primärnormalen und Sekundärnormalen in obiger Tabelle zunächst nichts über Meßunsicherheiten bei der Weitergabe der Einheit aussagt. Grundsätzlich ist zwar die höchste Präzision
bei der Realisierung einer Einheit nur mit einem Primärnormal erreichbar. Die definitionsgemäße Realisierung gibt aber noch keine Gewähr für geringe Meßunsicherheit bei der Weitergabe der Einheit. Im BIPM oder in nationalen Staatsinstituten angeschlossene Sekundärnormale können Primärnormalen hinsichtlich der Unsicherheit bei der Weitergabe weit überlegen sein (*Beispiel*: Josephson-Effekt beim Volt). Hinzu kommt, daß die Weitergabe von
Vielfachen und Teilen einer Einheit von einem Primärnormal aus größere Probleme auf-
werfen kann als die definitionsgemäße Realisierung der Einheit selbst.

4.3 Rechtsgrundlagen für die Weitergabe der SI-Basiseinheiten

In den Ländern Westeuropas bestehen sehr unterschiedliche Organisationsformen und
Rechtsgrundlagen für die Weitergabe der Einheiten. In Tabelle 4.2 wird eine Übersicht über
die mit der Darstellung (a) und der Verbreitung (b) der Basiseinheiten befaßten Organisationen gegeben.

Für die Kennzeichnung der Länder wurden wieder die in Abschnitt 4.2 benutzten
Kurzzeichen verwendet. Die Institutionen wurden wie folgt gekennzeichnet:

A1:   Bundesamt für Eich- und Vermessungswesen (BEV)
B1:   Service de la Métrologie du Ministère des Affaires Economiques
B2:   Observatoire Royal de Belgique
B3:   Laboratoire du Comité Electrotechnique Belge
D1:   Physikalisch-Technische Bundesanstalt (PTB)
DK1:   Rigsprototypernes Opbevaring — Technische Hochschule Lyngby
DK2:   Justervaesenet
DK3:   Dansk Normaltid
DK4:   Scandinavian Airlines System
DK5:   Statsprøveanstalten
DK6:   Direktoratet for Statens Skibstilsyn
E1:   Instituto de Optica Daza de Valdés
E2:   Comisión Nacional de Metrología y Metrotecnia
E3:   Laboratorio y Taller de Precisión del Ejército
E4:   Instituto Nacional de Técnica Aeroespacial
E5:   Instituto y Observatorio de Marina de San Fernando
E6:   Centro de Investigaciones Físicas Leonardo Torres Quevebo
E7:   Instituto de Química Física Antonio de Gregorio Rocasolano
F1:   Institut National de Métrologie (Conservatoire National des Arts et Métiers) (INM)
F2:   Laboratoire National d'Essais

Tabelle 4.2: Mit der Darstellung (a) und der Verbreitung (b) der Basiseinheiten befaßte Organisationen in den westeuropäischen Ländern

Einheit / Land		A	B	D	DK	E	F	GB	I	IRL	N	NL	S	SF
Meter	(a)	A1	B1	D1	DK1	E1, 2	F1	GB1	I1	IRL1	N1	NL1	S1	SF1
	(b)	A1	B1	Q1	DK2	E3, 4	F1	GB1	I1, 2	IRL1	N1	NL1, 2, 3	S1	SF1
Kilogramm	(a)	A1	B1	D1	DK1	E2	F1, 2	GB1	I2	IRL1	N2	NL1	S1	SF1
	(b)	A1	B1	D1	DK2	E2	F1, 2	GB1	I1, 2	IRL1	N2	NL1	S1	SF1
Sekunde	(a)	A1	B1	D1	DK3	E4, 5, 6	F3	GB1	I3	IRL1		NL1, 6	S2	
	(b)	A1	B1, 2	D1	DK3		F3, 4, 5	GB1	I3			NL1, 6	S2	
Ampere	(a)	A1	B1	D1	DK4	E4, 6	F6	GB1	I3	IRL1		NL1	S1, 2	SF2
	(b)	A1	B1	D1	DK4	E4, 6	F6	GB1	I3	IRL1		NL1	S1, 2	SF2
Kelvin	(a)	A1	B1	D1	DK5	E4, 7	F1	GB1	I1			NL1, 4	S1	SF1
	(b)	A1	B1	D1	DK5		F1	GB1	I1			NL1, 4	S1	SF1
Mol	(a)							GB1						
	(b)			D1										
Candela	(a)	A1	B1	D1	DK6	E1	F1	GB1	I3			NL5	S1	SF2
	(b)	A1	B3	D1	DK6	E1	F1	GB1	I3			NL5	S1	SF2

F3:   Laboratoire National de l'Heure
F4:   Observatoire de Paris, Commission Nationale de l'Heure
F5:   Centre National d'Etudes des Télécommunications
F6:   Laboratoire Central des Industries Electriques (LCIE)
GB1:   National Physical Laboratory (NPL)
I1:   Istituto di Metrologia G. Colonnetti (IMGC)
I2:   Ufficio Metrico Centrale, Ministero dell'Industria, Commercio e Artigianato
I3:   Istituto Elettrotecnico Nazionale Galileo Ferraris (IEN)
IRL1:   Institute for Industrial Research and Standards — Abteilung für Physik
N1:   Justerdirektoratet
N2:   Kommisjonen for å føre tilsyn med riksprototypene
NL1:   Van Swinden-Laboratorium — Dienst van het Ijkwezen (VSL)
NL2:   Laboratorium für Längenmessungen der Technischen Hochschule Eindhoven
NL3:   Meßzentrum der TNO (Niederländische Organisation für angewandte wissenschaft-
        liche Forschungen)
NL4:   Kamerlingh Onnes-Laboratorium der Universität Leiden
NL5:   KEMA-Laboratorium
NL6:   Dr. Neher-Laboratorium des Postdienstes
S1:   Statens Provningsanstalt (SP)
S2:   Försvarets Forskningsanstalt (FOA)
SF1:   Vakaustoimisto (Hauptamt für Maß und Gewicht)
SF2:   Technische Forschungsanstalt Finnlands — Laboratorium für Elektrotechnik

Die Zuständigkeit für die verschiedenen Einheiten kann also bei einer oder bei mehreren Institutionen liegen. Falls die Weitergabe einer Einheit auf verschiedenen Genauigkeits-niveaus verschiedenen Institutionen zugeordnet ist, ist in Tabelle 4.2 nur die Weitergabe auf der hierarchisch ersten Stufe erfaßt, die im allgemeinen unmittelbar vom nationalen Normal ausgeht.

Noch ausgeprägter ist offensichtlich die Uneinheitlichkeit hinsichtlich der Rechts-grundlagen für die Weitergabe der Einheiten. Während Rechtsgrundlagen für die Darstellung der Einheiten in einer größeren Anzahl von Fällen vorhanden sind, trifft dies für die Ver-breitung und Weitergabe der Einheiten weniger zu. Die Situation ist so uneinheitlich, daß sie sich für eine Wiedergabe hier nicht eignet. Offensichtlich stellt man sich in einem Teil dieser Staaten auf den pragmatischen Standpunkt, daß die Dinge in der Praxis einigermaßen funk-tionieren.

4.4 Meßunsicherheiten bei der Weitergabe der SI-Basiseinheiten

a) Länge und Masse

Die Tabelle 4.3 gibt die Meßunsicherheiten bei der Weitergabe von Vielfachen und Teilen des Meters und des Kilogramms wieder (bezüglich der für einzelne Meßbereiche unter-schiedlichen Unsicherheit s. Abschnitt 3). Beim Vergleich der Angaben aus den verschiedenen Ländern ist zu beachten, daß in einigen Fällen die niedrigsten erreichbaren Unsicherheiten, in anderen Fällen die bei routinemäßigen Anschlüssen der obersten Genauigkeitsklasse anzu-setzenden Unsicherheiten angegeben sind. In den meisten Ländern erfolgt die Weitergabe der

Tabelle 4.3: Meßunsicherheiten bei der Weitergabe von Vielfachen und Teilen des Meters und des Kilogramms

Land		Längenbereich	Einheit		Massenbereich	Einheit
A	l	...1....... 30	m	m	...1...	kg
	Δl	..0,5...... 100	μm	$\Delta m/m$	$1,5 \cdot 10^{-8}$	
B	l	0,01 ...1...	m	m	10^{-6} ...1... 500	kg
	Δl	0,02 0,5	μm	$\Delta m/m$	10^{-3} $5 \cdot 10^{-8}$ $2 \cdot 10^{-6}$	
CH	l	$9 \cdot 10^{-4}$..1... 50	m	m	10^{-3} 1 10^4	kg
	Δl	0,03 ..0,25.. 100	μm	$\Delta m/m$	10^{-5} $5 \cdot 10^{-8}$ 10^{-5}	
D	l	0,001 ..1...10.. 50	m	m	$5 \cdot 10^{-6}$ ..0,1 ......1........ 10^5	kg
	Δl	0,02 0,01 3 25	μm	$\Delta m/m^2)$	$2 \cdot 10^{-3}$ $5 \cdot 10^{-7}$ 10^{-8} .... 10^{-5}	
DK	l	...1...	m	m	...1...	kg
	Δl	0,5	μm	$\Delta m/m$	$3 \cdot 10^{-8}$	
E	l	0,05 ...0,5 .. (1)	m	m	...1...	kg
	Δl	0,025 (0,01)	μm	$\Delta m/m$		
F	l	...1...	m	m	0,1 ......1...	kg
	Δl	0,01	μm	$\Delta m/m$	10^{-6} 10^{-8}	
GB	l	0,1 .....1....... 50	m	m	10^{-6} ... 0,05....... 1	kg
	Δl	0,05 0,2 50	μm	$\Delta m/m$	10^{-2} .. $2 \cdot 10^{-7}$............ $2 \cdot 10^{-7}$	
I	l	0,01 ....1... 10	m	m	10^{-3} ...1... 50	kg
	Δl	0,02 ...0,05 $10^{1})$	μm	$\Delta m/m$	10^{-5} $2 \cdot 10^{-8}$ $3 \cdot 10^{-7}$	
IRL	l	...1...	m	m	...1...	kg
	Δl		μm	$\Delta m/m$		
N	l	...1....... 50	m	m	...1...	kg
	Δl	0,5 100	μm	$\Delta m/m$	$2 \cdot 10^{-7}$	
NL	l	0,1 .....1... 30	m	m	10^{-2} ....0,1......1.. ... 100	kg
	Δl	0,02 3 200	μm	$\Delta m/m$	$2 \cdot 10^{-7}$ .. $2 \cdot 10^{-7}$.. 10^{-8}....$5 \cdot 10^{-7}$	
S	l	10^{-3} ...1... 10	m	m	10^{-6} ...1... $5 \cdot 10^4$	kg
	Δl	0,05 3 5	μm	$\Delta m/m$	$5 \cdot 10^{-4}$ 10^{-7} 10^{-4}	
SF	l	...1...	m	m	10^{-3} ...1... 20	kg
	Δl	0,15	μm	$\Delta m/m$	$5 \cdot 10^{-6}$ 10^{-6} 10^{-7}	

[1]) Neue Meßeinrichtungen sind im Aufbau
[2]) Relative Standardabweichung (Vertrauensbereich 68,3 %)

Längeneinheit anhand sekundärer Normale, also nicht entsprechend der Definition durch die Meterkonvention.

Die Tabelle 4.3 muß sich auf Teile des Meßbereichs beschränken, da beträchtliche Informationslücken bestehen.

b) Zeit

In den meisten europäischen Ländern erfolgt die Realisierung der Sekunde auf der Basis von Primärnormalen gemäß der Definition durch die Meterkonvention. Bei in den Staatsinstituten selbst gebauten Primärnormalen liegt die relative innere Unsicherheit der Realisierung der Sekunde im Bereich von 10^{-13}, bei kommerziellen Normalen (in den meisten Ländern) im Bereich von 10^{-11} bis 10^{-12}.

Die Weitergabe der Zeit und damit auch der Frequenz erfolgt über Zeitzeichensender. Die Differenz der nationalen Zeitskalen zur Zeitskala UTC des Bureau International de l'Heure (BIH) beträgt für die PTB maximal $\pm$ 3 μs, in anderen europäischen Ländern dürften Werte bis 100 μs üblich sein.

c) Elektrische Stromstärke

Da die dynamometrische Darstellung des Amperes gemäß Definition bis jetzt nur mit einer relativen Unsicherheit größer als $1 \cdot 10^{-6}$ möglich ist, wird es gewöhnlich indirekt über das Volt und das Ohm realisiert und weitergegeben. Die in einigen Laboratorien günstigstenfalls erreichbaren relativen Meßunsicherheiten bei der Weitergabe von Vielfachen und Teilen des Volts und des Ohms sind in Tabelle 4.4 zusammengestellt.

Tabelle 4.4: Günstigstenfalls erreichbare relative Unsicherheiten bei der Weitergabe von Vielfachen und Teilen des Volts und des Ohms von den nationalen Sekundärnormalen

Spannung U in V		10^{-8}	10^{-6}	10^{-4}	10^{-2}	1	10^3
	B		$5 \cdot 10^{-2}$	$2 \cdot 10^{-3}$	10^{-5}	$2 \cdot 10^{-6}$	10^{-5}
	CH		$5 \cdot 10^{-3}$	10^{-4}	10^{-5}	10^{-7}	$8 \cdot 10^{-6}$
	D		$5 \cdot 10^{-3}$	10^{-4}	$5 \cdot 10^6$	$4 \cdot 10^{-8}$	10^{-6}
	F			$2 \cdot 10^{-4}$	$3 \cdot 10^{-6}$	$2 \cdot 10^{-7}$	$5 \cdot 10^{-6}$
$\Delta U/U$	GB	1	10^{-2}	10^{-4}	10^{-5}	10^{-7}	10^{-6}
	I		$5 \cdot 10^{-3}$	10^{-4}	10^{-5}	10^{-7}	$8 \cdot 10^{-6}$
	NL		10^{-2}	$5 \cdot 10^{-4}$	10^{-5}	$5 \cdot 10^{-7}$	10^{-5}
	S	10^{-2}	10^{-2}	$5 \cdot 10^{-5}$	10^{-6}	$5 \cdot 10^{-7}$	$2 \cdot 10^{-6}$
	SF		10^{-2}	10^{-4}	$3 \cdot 10^{-5}$	$3 \cdot 10^{-6}$	$2 \cdot 10^{-5}$

Widerstand R in Ω		10^{-4}	10^{-2}	10^{-1}	1	10	10^3	10^5	10^7	10^9
	B	10^{-4}	10^{-5}	$5 \cdot 10^{-6}$	$2 \cdot 10^{-6}$	$3 \cdot 10^{-6}$	$5 \cdot 10^{-6}$	10^{-5}		
	D	10^{-6}	10^{-6}	$5 \cdot 10^{-7}$	10^{-7}	10^{-7}	$2 \cdot 10^{-7}$	10^{-6}	$5 \cdot 10^{-6}$	10^{-4}
	F		$2 \cdot 10^{-5}$	$2 \cdot 10^{-6}$	$2 \cdot 10^{-7}$	$2 \cdot 10^{-6}$	$2 \cdot 10^{-6}$	$5 \cdot 10^{-6}$	$5 \cdot 10^{-6}$	$5 \cdot 10^{-5}$
	GB	$5 \cdot 10^{-6}$	$2 \cdot 10^{-6}$	10^{-6}	$2 \cdot 10^{-7}$	$5 \cdot 10^{-7}$	10^{-6}	$3 \cdot 10^{-6}$	$3 \cdot 10^{-5}$	10^{-3}
$\Delta R/R$	I	10^{-6}	10^{-6}	10^{-6}	10^{-7}	10^{-7}	$2 \cdot 10^{-7}$	$5 \cdot 10^{-7}$	$5 \cdot 10^{-6}$	10^{-4}
	NL	10^{-6}	10^{-7}	10^{-7}	10^{-7}	10^{-7}	10^{-7}	$5 \cdot 10^{-6}$	10^{-5}	10^{-4}
	S	$5 \cdot 10^{-5}$	$2 \cdot 10^{-6}$	10^{-6}	$5 \cdot 10^{-7}$	$5 \cdot 10^{-7}$	10^{-6}	$5 \cdot 10^{-6}$	$3 \cdot 10^{-5}$	$5 \cdot 10^{-5}$
	SF		10^{-5}		10^{-6}	10^{-6}	10^{-6}	10^{-5}	10^{-4}	

d) Temperatur

Tabelle 4.5 bringt die Unsicherheiten bei der Weitergabe (a) und der Realisierung (b) der Internationalen Praktischen Temperaturskala (IPTS-68).

Tabelle 4.5: Unsicherheiten bei der Weitergabe der IPTS-68 (a)[1] und bei der Realisierung der IPTS-68 (b). Die in Zeile (a) angegebenen Werte sollen die Unsicherheit der Weitergabe auch für zwischen den Fixpunkten liegende Temperaturen wiedergeben

Land		T_{68}	13,8	17	27	54	90	273	373	505	693	904	1235	1337	2100	3000	K
A	(a)	$\pm \Delta T_{68}$															mK
	(b)	$\pm \Delta T_{68}$						0,2	1	2	2	10	100	100	$5 \cdot 10^3$	10^4	mK
B	(a)	$\pm \Delta T_{68}$						1	20	30	50	50	300	300			mK
	(b)	$\pm \Delta T_{68}$						0,1		10	20	30	100	100			mK
CH	(a)	$\pm \Delta T_{68}$					5	1			7						mK
	(b)	$\pm \Delta T_{68}$															mK
D	(a)	$\pm \Delta T_{68}$	3	17	2	2	1	2	2	2		3	300	200	$2 \cdot 10^3$	$4 \cdot 10^3$	mK
	(b)	$\pm \Delta T_{68}$	2	2	2	1	2	<0,2	<1	<1	<1		<100	<100	<200	<1000	mK
F	(a)	$\pm \Delta T_{68}$						1				200					mK
	(b)	$\pm \Delta T_{68}$				0,16	0,2	1				200	200				mK
GB	(a)	$\pm \Delta T_{68}$	5	3	3	3	2	1	1	2	2	3	300	300	$2 \cdot 10^3$	$6 \cdot 10^3$	mK
	(b)	$\pm \Delta T_{68}$	0,5	0,5	0,5	0,5	0,5	0,1	0,5	0,5	0,5		10	10	200	1000	mK
I	(a)	$\pm \Delta T_{68}$	1	1	1	1	1	0,1	0,5	0,5	1	5	200	200	$2 \cdot 10^3$	10^4	mK
	(b)	$\pm \Delta T_{68}$				0,2	0,2	0,1		0,2	0,2	2	10	50	200	1000	mK
NL	(a)	$\pm \Delta T_{68}$	2				1	0,1		1	1			500		10000	mK
	(b)	$\pm \Delta T_{68}$	1	1	1	1	0,3	0,1		0,3	0,3			300		4000	mK
S	(a)	$\pm \Delta T_{68}$					20	1	4	20	50	100	10^3	10^3	$8 \cdot 10^3$	10^4	mK
	(b)	$\pm \Delta T_{68}$						0,2		1	2			10^3			mK
SF	(a)	$\pm \Delta T_{68}$						20	20	200	500						mK
	(b)	$\pm \Delta T_{68}$															mK

1) Bereiche, in denen die IPTS-68 weitergegeben wird, ohne daß Unsicherheitsangaben für die Weitergabe gemacht wurden, sind punktiert (...).

Die meisten der zuständigen Organisationen verfügen über Einrichtungen zur Realisierung der Tripelpunktstemperatur des Wassers. Etwa die Hälfte der Staaten besitzt Einrichtungen für die Realisierung der darüber liegenden Fixpunkte bis zum Goldpunkt. Fixpunkte unterhalb 273 K sind in noch weniger Staaten vorhanden.

e) Stoffmenge

Wie Tabelle 4.1 entnommen werden kann, kann zur Zeit noch in keinem metrologischen Institut der westeuropäischen Staaten die Einheit der Stoffmenge direkt realisiert werden.

f) Lichtstärke

In den 4 europäischen Ländern Frankreich, Bundesrepublik Deutschland, Vereinigtes Königreich und Italien wird die Candela definitionsgemäß dargestellt. Die Schwierigkeiten, mit dem Primärnormal die Einheit mit ausreichender Genauigkeit darzustellen und auch zu reproduzieren, führten dazu, daß auch in diesen Ländern die Candela mit Hilfe eines Satzes von Normallampen aufbewahrt und von diesem Sekundärnormal aus weitergegeben wird. Solche Sekundärnormale sind in fast allen westeuropäischen Staaten als nationale Normale vorhanden.

Die relative Unsicherheit der Realisierung der Candela mittels Primärnormal wird zu etwa $1 \cdot 10^{-2}$ geschätzt. Für die Weitergabe der Candela vom nationalen Sekundärnormal wird meist eine relative Unsicherheit von ca. $2{,}5 \cdot 10^{-3}$ angegeben.

4.5 Meßunsicherheiten bei der Weitergabe weiterer Einheiten

Tabelle 4.6 gibt einen Überblick, welche weiteren SI-Einheiten aufgrund nationaler Normale weitergegeben werden. Hierbei sind Volt, Ohm und Hertz nicht in die Tabelle aufgenommen worden, da diese Einheiten bereits oben behandelt wurden. Bezüglich der Einheiten der dynamischen Viskosität (Einheit Pa·s), der kinematischen Viskosität (Einheit m^2/s), der Dichte (Einheit kg/m^3), des Volumens (Einheit m^3), der Durchflußstärke (Einheit m^3/s), der Induktivität (Einheit H), der elektrischen Leistung (Einheit W) und der elektrischen Arbeit (Einheit W·s) liegen keine ausreichenden Informationen vor.

Tabelle 4.7 gibt einen Überblick über die derzeit maximal realisierbaren Kräfte F_{max} und die bei der Weitergabe praktizierte relative Meßunsicherheit (die von der Art der Kraftnormale – unmittelbare Massenwirkung oder hydraulische Übersetzung – abhängt).[1]

---

[1] Vollständige Zusammenstellung siehe W. Weiler u. A. Sawla, Force Standard Machines of the National Institutes of Metrology, PTB-Bericht Me-22, August 1978 (ISSN 0341–6720).

Tabelle 4.6: Weitere Einheiten, die von nationalen Normalen aus weitergegeben werden

		A	D	DK	E	F	GB	I	N	NL	S	SF
Kraft	N	+	+			+	+	+		+	+	
Druck	Pa	+	+			+	+	+		+	+	
Kapazität	F	+	+				+	+		+	+	
Lichtstrom	lm	+	+		+		+	+	+		+	+
Standard-Ionendosis	C/kg, R		+			+	+	+	+		+	+
Energiedosis	J/kg, rad		+									+
Aktivität	s^{-1}, Ci		+	+	+	+	+					
Neutronen-flußdichte	$s^{-1} \cdot m^{-2}$		+	+		+	+					
Neutronen-quellstärke	s^{-1}		+				+					

Tabelle 4.7: Normalmeßeinrichtungen zur Weitergabe der Krafteinheit. F_{max}: Höchstkraft; $\Delta F/F$: relative Meßunsicherheit; a: Einrichtung mit unmittelbarer Massenwirkung; b: Einrichtung mit hydraulischer Übersetzung; c: Parallelschaltung von Kraftmeßdosen

Land:	A			CH		D		F			
F_{max}	0,02	0,2	5	0,1	2	1	16,5	0,05	0,3	7,5	$\cdot 10^6$ N
$\Delta F/F$	0,1	0,1	0,5	0,1	0,1	0,01	0,1	0,02	0,05	1	$\cdot 10^{-3}$
a	+					+		+	+		
b		+	+	+	+		+			+	
c											
Institution	Bundesamt für Eich- und Vermessungswesen			Eidgenössisches Amt für Maß und Gewicht		PTB		Laboratoire National d'Essais			

Land:	GB				I			NL				S			
F_{max}	0,5	5	12	30	0,1	1	9	0,025	0,25	0,55	1	0,1	1	18	$\cdot 10^6$ N
$\Delta F/F$	0,02	1	4	10	0,02	0,1	1	0,01	0,01	0,05	0,2	0,01	0,1	20	$\cdot 10^{-3}$
a	+				+			+		+		+	+		
b		+				+			+						
c			+	+			+				+			+	
Institution	NPL				IMGC			Van Swinden-Laboratorium		TNO		Statens Provnings-anstalt			

Schließlich bringt die Tabelle 4.8 die relativen Unsicherheiten bei der Weitergabe der Druckeinheit Pascal.

Tabelle 4.8: Darstellung und Weitergabe der Druckeinheit

Land	Druck p in Pa	Unsicherheit der Realisierung $\Delta p/p$	Δp in Pa	Unsicherheit der Weitergabe $\Delta p/p$	Δp in Pa	Bemerkungen	
A	$2 \cdot 10^8$	$2 \cdot 10^{-3}$		$2 \cdot 10^{-3}$			A1
B	10^5	10^{-4}		10^{-4}		b	
D	$5 \cdot 10^6$	$2 \cdot 10^{-5}$	2	$3 \cdot 10^{-5}$	2	a	D1
	10^7	$3 \cdot 10^{-5}$		$5 \cdot 10^{-5}$		b	D1
	10^9	10^{-4}		$2 \cdot 10^{-4}$		b	D1
	10^{-6}	10^{-2}		10^{-2}		c	D1
	10^{-7}	10^{-1}		10^{-1}		d	D1
	$10^{-3} .. 10^2$	$2 \cdot 10^{-2}$		$3 \cdot 10^{-2}$		e	D1
F	10^5		1		2	a	F1
		10^{-3}		$5 \cdot 10^{-3}$		e	F1
GB	$5 \cdot 10^8$	10^{-4}		$2 \cdot 10^{-4}$		b	GB1
	10^7	$2 \cdot 10^{-5}$		$3 \cdot 10^{-5}$		b	GB1
	10^5	$5 \cdot 10^{-6}$		10^{-5}		a	GB1
	10^{-3}	$7 \cdot 10^{-3}$		10^{-2}		c	GB1
	10^{-7}	$7 \cdot 10^{-2}$		10^{-1}		d	GB1
I	10^5					a	I1
	10^9	ca. 10^{-4}		$3 \cdot 10^{-4}$		b	I1
	$5 \cdot 10^6$	$3 \cdot 10^{-5}$		$5 \cdot 10^{-5}$		b	I1
	$10^{-5} .. 10^{-1}$	$2 \cdot 10^{-2}$				c	I1
	$10^{-1} .. 10^{-2}$	$2 \cdot 10^{-3}$		$5 \cdot 10^{-3}$		d	I3
NL	$4 \cdot 10^6$	$2 \cdot 10^{-5}$				a	
	$3 \cdot 10^7$	$3 \cdot 10^{-5}$				b	
	$5 \cdot 10^7$	$5 \cdot 10^{-5}$				b	
	$3 \cdot 10^8$	10^{-4}				b	
S	$1,5 \cdot 10^{-3} .. 15$		$4 \cdot 10^{-4} .. \; .. 4 \cdot 10^{-2}$			a	
	$10^{-1} .. 1,5 \cdot 10^3$		$5 \cdot 10^{-2}$			a	
	$2,5 \cdot 10^{-1} .. 5 \cdot 10^3$		$2,5 \cdot 10^{-1}$			a	
	$2 \cdot 10^3 .. 3,5 \cdot 10^4$	$2 \cdot 10^{-5}$				b	
	$10^4 .. 3,5 \cdot 10^5$	$4 \cdot 10^{-5}$				b	
	$10^5 .. 3,5 \cdot 10^6$	$7 \cdot 10^{-5}$				b	
	$2,5 \cdot 10^5 .. 1,15 \cdot 10^8$	$3 \cdot 10^{-4}$				b	

a: Quecksilbersäule

b: Kolbenmanometer

c: statisches Expansionsverfahren (für Edelgase, N_2, CH_4)

d: Druckteiler-Expansionsverfahren

e: Schalldruckmessung; die angegebene Unsicherheit gilt für 1000 Hz

4.6 Referenzsubstanzen

Die Darstellung der SI-Basiseinheiten kann nicht im immateriellen Raum erfolgen. Man benötigt hierzu Substanzen. Nur unter der Voraussetzung ihrer Reinheit und Einheitlichkeit lassen sich einheitliche Ergebnisse erzielen. Bei der Darstellung der SI-Basiseinheiten werden die in Tabelle 4.9 aufgeführten Substanzen verwendet.

Tabelle 4.9: Referenzsubstanzen
für SI-Basiseinheiten

SI-Basiseinheit	Substanz
Meter	^{86}Kr
Sekunde	^{133}Cs
Kelvin	$H_2O^1)$
Mol	^{12}C
Candela	Pt

1) Das zu benutzende Wasser muß dieselbe Isotopenzusammensetzung wie Ozeanwasser besitzen.

Für die Realisierung der definierenden Fixpunkte der Internationalen Praktischen Temperaturskala (IPTS-68) sind zu verwenden: Wasserstoff, Helium, Sauerstoff, Zinn, Zink, Silber und Gold. Für die Realisierung des Drucks von 101 325 Pa (Normalatmosphäre) benötigt man Quecksilber.

Diese Substanzen werden Referenz-Materialien genannt. Der Bedarf an den oben erwähnten Substanzen ist relativ gering. Gewöhnlich werden sie von den Staatslaboratorien bereitgestellt und untereinander ausgetauscht. Im BIPM werden Aufzeichnungen darüber geführt, wie diese Materialien in den verschiedenen Ländern hergestellt werden.

Die hier angeschnittene Problematik ist nur ein kleiner Teilaspekt der sogenannten „zertifizierten Referenz-Materialien", die heute eine große Rolle spielen. Sie werden zum Kalibrieren, Kontrollieren oder Prüfen von Geräten verwendet. Mittels eines zertifizierten Referenz-Materials ist beispielsweise eine integrale Überprüfung eines komplizierten Meßgerätes (z. B. chemisches Analysengerät) möglich, die häufig einfacher ist als eine Funktionskontrolle der Einzelteile. Es existieren internationale Organisationen, welche die Zuständigkeit von Laboratorien für die Zertifizierung klären. Ein Zertifikat erklärt, daß eine bestimmte Probe im Rahmen der gegebenen Genauigkeitswerte eine bestimmte chemische Zusammensetzung oder eine bestimmte physikalische Eigenschaft aufweist. Für gewisse Teilbereiche (z. B. bei organischen Substanzen) ist die zeitliche Konstanz der Zusammensetzung oder der Eigenschaft noch nicht immer befriedigend geklärt.

Zertifizierte Referenzmaterialien werden von internationalen, supranationalen (z. B. der EG) und nationalen Institutionen vertrieben. Es gibt hierüber umfangreiche Tabellenwerke. Im ISO-Guide Nr. 6 (1.6.1977) „Mention of reference materials in International Standards" werden die Bedingungen festgelegt, unter denen in ISO-Normen auf Referenzmaterialien Bezug genommen wird. Neben Begriffsdefinitionen werden technische Kriterien für die Auswahl von Referenzmaterialien und Anforderungen an die Prüf- bzw. Vertriebslaboratorien festgelegt.

Die PTB vertreibt als Standardsubstanzen Normalöle für Viskositätsmessungen und radioaktive Standardsubstanzen in Form von Lösungen und Festkörperpräparaten, die in erster Linie zur Kalibrierung von Meßanlagen oder als Bezugsnormale bei Relativmessungen gedacht sind.

Folgende Werte gelten für wichtige Referenzsubstanzen in der Metrologie:

Quecksilber
a) Normdichte (0 °C, 101 325 N/m²) ρ_n (Hg) = 13,595 08 kg dm^{-3}
b) für die Internationale Praktische Temperaturskala 1948 (IPTS 48) war festgelegt

$$\rho_{(IPTS\ 48)} \text{(Hg)} = 13,595\ 1 \text{ kg dm}^{-3}$$

c) Relative Dichte zu Wasser bei 4 °C

$$\rho_n \text{(Hg)}/\rho_{max} \text{(H}_2\text{O)} = 13,595\ 46$$

Wasser
Maximale Dichte (4 °C, 101 325 N/m², luftfrei)

$$\rho_{max} \text{(H}_2\text{O)} = (0,999\ 972 \pm 0,000\ 003) \text{ kg dm}^{-3}$$

Schweres Wasser
Maximale Dichte (11,23 °C, 101 325 N/m², 100 % D$_2$O, luftfrei)

$$\rho_{max} \text{(D}_2\text{O)} = 1,105\ 93 \text{ kg dm}^{-3}$$

Luft
a) Normdichte (0 °C, 101 325 N/m², kohlensäurefrei, trocken)

$$\rho_n \text{(Luft)} = 1,292\ 8 \cdot 10^{-3} \text{ kg dm}^{-3}$$

b) Normbedingungen der spektroskopischen „Normalluft":

15 °C, 101 325 N/m², 0,03 % CO$_2$, trocken.

4.7 Kalibrierdienst

Für die industrielle Praxis ist es natürlich von Wichtigkeit, daß nicht nur die erste Stufe der Weitergabe der Einheiten vom nationalen Normal aus mit möglichst geringer Meßunsicherheit erfolgt, sondern daß auch die nächsten Schritte, die häufig mit größerer Meßunsicherheit zulässig sind, möglichst frei von systematischen Fehlern sind. Nur so ist z. B. moderne Technik mit dezentralisierter Fertigung im Rahmen des Austauschbaus möglich.

Um optimale Verhältnisse im Rahmen einer hierarchischen Kette zu realisieren, haben einige Staaten sogenannte Kalibrierdienste aufgebaut (oder sind im Begriff, es zu tun). Die Rechtsstruktur (staatlich, halbstaatlich, privatrechtlich) ist zwar recht unterschiedlich, doch ist dies von untergeordneter Bedeutung. Im Rahmen des Kalibrierdienstes werden bestehende Laboratorien (in Industrie, beim Staat) unter gewissen Bedingungen anerkannt und autorisiert, Prüfungen im Rahmen der dort möglichen Meßunsicherheit auszuführen und darüber ein Zertifikat auszustellen. Die zu erfüllenden Bedingungen sind:

1. Anschluß der zu verwendenden Normale beim nationalen metrologischen Staatsinstitut oder bei einem Kalibrierdienst-Laboratorium mit höherer Genauigkeit,
2. zur Verfügungstellung geeigneter Räumlichkeiten (z. B. Klimatisierung, Licht),
3. zur Verfügungstellung fachkundigen Personals.

Die Laboratorien mit der höchsten Genauigkeit schließen ihre Normale beim nationalen metrologischen Staatsinstitut an die nationalen Normale an. Ein Laboratorium mit geringerer Genauigkeit schließt dann seine Normale bei einem Laboratorium höherer Genauigkeit an. So wird erreicht, daß sich über hierarchische Ketten immer mehr Meßgeräte auf das nationale Normal beziehen. Es entsteht also ein System für die Weitergabe der im nationalen metrologischen Staatsinstitut dargestellten Einheiten.

In der Bundesrepublik Deutschland ist der Deutsche Kalibrierdienst (DKD) ins Leben gerufen worden, dessen Leitung bei der Physikalisch-Technischen Bundesanstalt (PTB) liegt. Eine Reihe von Laboratorien ist bereits anerkannt. Die Meßgeräte sind an die nationalen Normale bei der PTB angeschlossen. Im Rahmen des DKD werden privatrechtliche Verträge zwischen den Trägern dieser Laboratorien und der PTB abgeschlossen. Zur Klärung wichtiger Fragen bei der Arbeit des Deutschen Kalibrierdienstes und zur Beratung seiner Leitung wurde im Jahre 1978 ein Beirat konstituiert, in dem Vertreter aus Industrie, Staat und von Verbänden unter Beteiligung des Bundesverbandes der Deutschen Industrie (BDI) zusammenkommen. Die fachlichen Probleme werden in sogenannten Fachkreisen besprochen, von denen bereits folgende bestehen:

1. Länge
2. Masse, Kraft, Druck
3. Gleichstrom und Niederfrequenz
4. Hoch- und Höchstfrequenz.

Bei den Messungen im Rahmen des Deutschen Kalibrierdienstes handelt es sich um Bereiche außerhalb des gesetzlichen Meßwesens (s. Abschnitt 5). Allerdings gibt es Berührungspunkte.

Es ist wünschenswert, daß ein im Staat I erteiltes Zertifikat auch im Staat II anerkannt wird. Dies ist im Rahmen der heutigen wirtschaftlichen Verflechtung sogar unerläßlich. Da an der Spitze der Kalibrierdienste die nationalen metrologischen Staatsinstitute stehen, die wissen, daß sie einander vertrauen können, wird man sich auf gelegentliche Ringmessungen beschränken können. Dieses Problem wird zur Zeit in einem Arbeitsausschuß des Western European Metrology Club (WEMC) diskutiert. Die Klärung ist im Gange.

5 Das gesetzliche Meßwesen

5.1 Das Eichgesetz

Das sogenannte gesetzliche Meßwesen (Eichwesen) dient in erster Linie dem Verbraucherschutz und hat mit der in den Abschnitten 3 und 4 behandelten Meßtechnik hoher Präzision zunächst weniger zu tun. Trotzdem gilt für ein Meßgerät die Tatsache, daß es „geeicht" ist (so heißt der Fachausdruck für die vorgeschriebene amtliche Prüfung) häufig als eine Qualitätsaussage.

Neben dem Gesetz über Einheiten im Meßwesen vom 2. Juli 1969 bildet das Gesetz über das Meß- und Eichwesen (Eichgesetz) vom 11. Juli 1969 (Bundesgesetzblatt I, S. 759), das auf diesem Gebiet das Maß- und Gewichtsgesetz von 1935 ersetzt hat, die Grundlage des gesetzlichen Meßwesens. Dazu gehört ein umfangreiches Verordnungswerk. Das Gesetz regelt den Umfang der Eichpflicht, die auf bestimmten Gebieten des geschäftlichen und amtlichen Verkehrs besteht.

Paragraph 1 schreibt in Absatz (1) vor:

„Eichpflicht im geschäftlichen Verkehr"

„(1) Meßgeräte zur unmittelbaren oder mittelbaren Bestimmung
1. der Länge, der Fläche, des Volumens, der Masse, der thermischen oder elektrischen Energie, der thermischen oder elektrischen Leistung, der Durchflußstärke von Flüssigkeiten oder Gasen sowie der Dichte von Flüssigkeiten oder der aus einer Dichtemessung abgeleiteten Gehaltsangaben,
2. des Wassergehalts von Speisefetten, des Feuchtegehalts von Getreide- und Ölfrüchten, der Schüttdichte von Getreide, des Fettgehalts von Milch und Milcherzeugnissen, des Stärkegehalts von Kartoffeln, des Schmutzgehalts von Feldfrüchten sowie des Trockengewichts von Spinnstoffen,
3. des Fahrpreises bei Kraftdroschken

müssen geeicht sein, wenn sie im geschäftlichen Verkehr verwendet oder so bereitgehalten werden, daß sie ohne besondere Vorbereitung in Gebrauch genommen werden können."

Eichpflicht besteht auch für Meßgeräte für die amtliche Überwachung des Straßenverkehrs und für Meßgeräte zur Prüfung des Reifendrucks an Kraftfahrzeugen, die in öffentlichen Tankstellen oder in Betrieben des Kraftfahrzeuggewerbes verwendet werden.

Eichpflicht im amtlichen Verkehr besteht für die oben unter § 1 Abs. 1 aufgeführten Geräte sowie für Meßgeräte zur Bestimmung des Drucks von Flüssigkeiten oder Gasen und der Temperatur, wenn sie für folgende Zwecke verwendet werden:
1. für Messungen nach dem Zoll- und Steuerrecht sowie dem Branntweinmonopolrecht,
2. zur Bestimmung von Beförderungsgebühren,

3. zur Schiffsvermessung und Schiffseichung,
4. zur Durchführung öffentlicher Überwachungsaufgaben,
5. zur Erstattung von Gutachten für staatsanwaltliche oder gerichtliche Verfahren, Schiedsverfahren oder für andere amtliche Zwecke oder
6. zur Erstattung von Schiedsgutachten.

Im Bereich der Heilkunde und der Herstellung und Prüfung von Arzneimitteln besteht Eichpflicht auch für Meßgeräte zur Bestimmung der Masse, des Volumens, des Drucks, der Dichte oder der aus einer Dichtemessung abgeleiteten Gehaltsangabe, für Thermometer, Blutdruckmeßgeräte und Augentonometer.

Unter geschäftlichem Verkehr versteht man hier praktisch den Bereich, in dem mittels eines Meßwertes ein Verkaufspreis festgelegt wird. Der amtliche Verkehr beschreibt die Tätigkeit von Ämtern und Behörden. Das Eichgesetz wird ergänzt durch eine Reihe von Verordnungen, auf die hier nicht näher eingegangen werden kann. Einige formale und meßtechnische Aspekte sind aber für uns von Interesse.

Von dem großen Bereich der Meßtechnik in der Medizin wird gegenwärtig nur ein verhältnismäßig kleiner Bereich angesprochen. Es ist zu erwarten, daß sich dieser Bereich in Zukunft ausweitet. Diese Aufgabe ist allerdings nicht einfach und bedarf der Zusammenarbeit von Medizinern und von Metrologen.

Andere große Bereiche, wie zum Beispiel die Meßtechnik im Umweltschutz und die Meßtechnik zum Immissionsschutz sind bisher im Eichgesetz nur am Rande angesprochen. Auch hier kann man Ausweitungen erwarten.

5.2 Die Eichordnung

Die Eichordnung (EO, die wichtigste im Zusammenhang mit dem Eichgesetz erlassene Verordnung) ist ein umfangreiches technisches Regelwerk, in dem die Bauvorschriften und Fehlergrenzen für die eichpflichtigen Meßgeräte zusammengestellt sind. Sie ist in folgende Abschnitte gegliedert:

Band AV			Allgemeine Vorschriften
Band 1	Anlage	1	Längenmeßgeräte
	Anlage	2	Flächenmeßgeräte
	Anlage	3	Raummeßgeräte für feste Meßgüter
Band 2	Anlage	4	Meßgeräte für die Volumenmessung von Flüssigkeiten in ruhendem Zustand
Band 3	Anlage	5	Meßgeräte zur Ermittlung des Volumens oder der Masse von strömenden Flüssigkeiten (außer Wasser)
Band 4	Anlage	6	Meßgeräte für die Volumenmessung von strömendem Wasser
	Anlage	7	Meßgeräte für Gas
Band 5	Anlage	8	Gewichtstücke
	Anlage	9	Nichtselbsttätige Waagen
Band 6	Anlage	10	Selbsttätige Waagen
	Anlage	11	Meßgeräte zur Bewertung von Getreide
Band 7	Anlage	12	Volumenmeßgeräte für Laboratoriumszwecke
	Anlage	13	Dichte-, Gehalts- und Konzentrationsmeßgeräte
	Anlage	14	Temperaturmeßgeräte

Band	8	Anlage 15	Meßgeräte für die Heilkunde
		Anlage 16	Überdruckmeßgeräte
		Anlage 17	Meßgeräte für milchwirtschaftliche Untersuchungen
Band	9	Anlage 18	Meßgeräte im Straßenverkehr
		Anlage 19	Zeitzähler
		Anlage 21	Schallpegelmesser
Band	10	Anlage 20	Meßgeräte für Elektrizität

Außerdem steht in der Eichordnung, ob eine Meßgeräteart „allgemein zur Eichung zugelassen" ist, d. h., ob die Einzelgeräte von den Eichbehörden direkt geeicht werden können (diesen Weg beschreitet man im allgemeinen bei den einfacheren Meßgeräten) oder ob eine Meßgerätebauart „der besonderen Zulassung zur Eichung" bedarf. Hierzu wird die Bauart eingehend von der Physikalisch-Technischen Bundesanstalt geprüft. Nach erteilter Zulassung können die Einzelgeräte bei den Eichbehörden geeicht werden. Diesen zweiten Weg geht man im allgemeinen mit komplizierten oder neuartigen Meßgeräten.

Die Bauvorschriften machen im allgemeinen Aussagen über zu verwendende Materialien, über einzuhaltende Konstruktionsprinzipien, die eine einwandfreie Funktion des Gerätes sicherstellen sollen sowie über die Gestaltung der Ausgabe und Anzeige von Meßwerten. Die Fehlergrenzen — die zwar manchmal gar nicht so leicht einzuhalten sind — orientieren sich primär am Schutzbedürfnis des Verbrauchers und an Fragen der Wirtschaftlichkeit. Wichtiger als hohe Präzision ist die Langzeitbeständigkeit. Die zulässige Fehlergrenze eines Meßgeräts liegt also im allgemeinen wesentlich oberhalb der theoretisch erreichbaren, innerhalb dieser Fehlergrenze muß aber die Anzeige des Meßgeräts während einer festgelegten Zeitdauer (im allgemeinen 2 Jahre) garantiert bleiben. Das ist häufig eine recht harte Forderung, und ihre Einhaltung erfordert eine gute Qualität der Meßgeräte.

Als Beispiel werden im folgenden die für Handelsmaße geltenden Fehlergrenzen aufgeführt (s. Eichordnung Anlage 1 (Längenmeßgeräte) Abschnitt 1 (Handelsmaße) Nr. 9):

9.   Fehlergrenzen für Handelsmaße

Die Eichfehlergrenzen betragen

9.1   für den Abstand der Endbegrenzung von der Nullbegrenzung (Gesamtlänge), für den Abstand irgendeiner Meterbegrenzung von der Nullbegrenzung und für den Abstand irgendeiner Abschnittsbegrenzung von der nächstvorhergehenden Meterbegrenzung,

9.1.1 bei aus Metall oder Glas hergestellten Maßstäben aus einem Stück sowie bei Meßbändern mit Strichmarken $\pm (0,2 + 0,2\ L)$ mm

9.1.2 bei Meßbändern mit Punkt-, Niet- oder Lochmarken $\pm (0,4 + 0,2\ L)$ mm

9.1.3 bei Gliedermaßstäben aus Metall $\pm 0,5\ L$ mm

9.1.4 bei aus Holz hergestellten Maßstäben aus einem Stück $\pm 0,7\ L$ mm

9.1.5 bei Gliedermaßstäben aus Holz oder Kunststoff $\pm 1\quad L$ mm

9.1.6 bei Einlegemaßen $\pm 1\quad L$ mm

— für L ist die ganze Zahl einzusetzen, welche die aufgerundete Solllänge des zu prüfenden Abstandes in Meter angibt —;

9.2   für den Abstand zweier aufeinanderfolgender Zentimeter-, Halbzentimeter- oder Millimeterbegrenzungen voneinander bei allen Maßen $\pm 0,2$ mm;

9.3   für den Unterschied benachbarter Millimeterabschnitte

9.3.1 bei Maßstäben aus einem Stück und bei Meßbändern mit Strichmarken $\pm 0,1$ mm

9.3.2 bei Gliedermaßstäben $\pm 0,2$ mm;

9.4   für den Abstand der gleichen Teilstriche auf zwei aufeinanderfolgenden Gliedern

9.4.1 bei Gliedermaßstäben aus Metall ± 0,3 mm
9.4.2 bei Gliedermaßstäben aus Holz oder Kunststoff ± 0,5 mm.

Die im Vergleich hierzu wiedergegebenen Fehlergrenzen für Präzisionsmaße (s. Eichordnung Anlage 1 Abschnitt 2 (Präzisionsmaße) Nr. 9) sind zwar kleiner, aber natürlich immer noch wesentlich größer als die in der Präzisions-Längenmessung erreichbaren Unsicherheiten.

9. Fehlergrenzen für Präzisionsmaße
Die Eichfehlergrenzen betragen

9.1 für den Abstand der Endbegrenzung von der Nullbegrenzung (Gesamtlänge), für den Abstand irgendeiner Meterbegrenzung von der Nullbegrenzung und für den Abstand irgendeiner Abschnittsbegrenzung von der nächstvorhergehenden Meterbegrenzung
bei Präzisionsmaßstäben und Präzisionsmeßbändern ± (0,1 + 0,1 L) mm
— für L ist die ganze Zahl einzusetzen, welche die aufgerundete Solllänge des zu prüfenden Abstandes in Meter angibt —;

9.2 für den Abstand zweier aufeinanderfolgender Zentimeter-, Halbzentimeter- oder Millimeterbegrenzungen voneinander bei allen Maßen ± 0,05 mm;

9.3 für den Unterschied benachbarter Millimeterabschnitte
a) bei Präzisionsmaßstäben ± 0,05 mm
b) bei Präzisionsmeßbändern ± 0,1 mm.

Bei der Bauartzulassung unterscheidet man zwischen der innerstaatlichen Zulassung zur Eichung — sie gilt nur für den Geltungsbereich des Eichgesetzes (Bundesrepublik Deutschland und Land Berlin) — und der EWG-Bauartzulassung zur EWG-Ersteichung. Die EWG-Bauartzulassung erfolgt von einem der national zuständigen meßtechnischen Staatsinstitute anhand harmonisierter Bestimmungen. Diese Zulassung gilt dann für den ganzen EG-Bereich. Am auf dem Meßgerät oder dem beigefügten Prüfungsschein aufgebrachten Zeichen kann man die Art der Zulassung erkennen (Bild 5.1).

Die in Tabelle 5.1 zusammengestellten bisher verabschiedeten EG-Richtlinien mußten aufgrund der bestehenden Verträge innerhalb von 18 Monaten in nationales Recht überführt werden. Mit Ausnahme der Richtlinie über Einheiten und der Nr. 7 und Nr. 20 sind diese Richtlinien in die Eichvorschriften eingearbeitet worden.

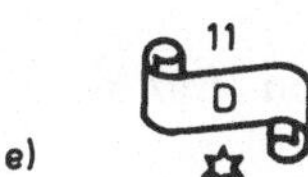

Bild 5.1
Symbol
a) für die innerstaatliche Zulassung der Bauart eines Meßgeräts zur Eichung
b) für die innerstaatliche Zulassung für die Bauart einer Zusatzeinrichtung zur Eichung
c) für die EWG-Zulassung in der Bundesrepublik Deutschland im Jahre 1974
d) für die EWG-Ersteichung in der Bundesrepublik Deutschland (in die freien Felder werden Kennzahlen eingetragen)
e) Eichzeichen einer Eichaufsichtsbehörde (11 ist die Ordnungszahl für Nordrhein-Westfalen)

Tabelle 5.1: Verabschiedete EWG-Richtlinien (Stand 31.12.1977)

1.	Rahmenrichtlinie	71/316/EWG
	1. Ergänzung zur Rahmenrichtlinie	72/427/EWG
2.	Blockgewichte der mittleren Fehlergrenzenklasse	71/317/EWG
3.	Volumengaszähler	71/318/EWG
	1. Ergänzung	74/331/EWG
4.	Zähler für Flüssigkeiten (außer Wasser)	71/319/EWG
5.	Schüttdichte von Getreide	71/347/EWG
6.	Zusatzeinrichtungen zu Zählern für Flüssigkeiten	71/348/EWG
7.	Vermessung von Schiffsbehältern	71/349/EWG
8.	Einheiten	71/354/EWG
	1. Ergänzung	76/770/EWG
9.	Nichtselbsttätige Waagen	73/360/EWG
	1. Ergänzung	76/696/EWG
10.	Verkörperte Längenmaße	73/362/EWG
11.	Wägestücke von 1 mg bis 50 kg	74/148/EWG
12.	Kaltwasserzähler	75/ 33/EWG
13.	Abfüllung bestimmter Flüssigkeiten nach Volumen in Fertigpackungen	75/106/EWG
14.	Flaschen als Maßbehältnisse	75/107/EWG
15.	Förderbandwaagen	75/410/EWG
16.	Abfüllung bestimmter Erzeugnisse nach Gewicht oder Volumen in Fertigpackungen	76/211/EWG
17.	Medizinische Quecksilberglasthermometer mit Maximumvorrichtung[1]	76/764/EWG
18.	Alkoholometer und Aräometer	76/765/EWG
19.	Alkoholtafeln	76/766/EWG
20.	Druckbehälter	76/767/EWG
21.	Elektrizitätszähler	76/891/EWG
22.	Taxameter	77/ 95/EWG
23.	Meßanlagen für Flüssigkeiten (außer Wasser)	77/313/EWG

---

[1] noch nicht übernommen

Der Einzug der Elektronik in das Eichwesen hat besondere Probleme aufgeworfen.

Bei den klassischen mechanischen Meßgeräten (z. B. einer mechanischen Waage) gibt es praktisch nur zwei Betriebsarten:

a) das System ist funktionsfähig, d. h., das Meßgerät liefert innerhalb der zulässigen Fehlergrenzen ein richtiges Meßergebnis

c) das System ist ausgefallen, d. h., die Messung kann nicht ausgeführt werden. Ein Meßergebnis wird nicht ausgewiesen.

Auch durch Abnutzung, Reibung usw. können Fehlergrenzen überschritten werden. Diese Alterungsvorgänge sind in der Mechanik aber beherrschbar.

Bei Meßgeräten mit elektronischen Bauteilen kommt noch eine zwischen a) und c) liegende gefährliche Betriebsart b) hinzu:

b) das System ist arbeitsfähig, d. h., es erfolgt eine Messung, das Meßergebnis liegt aber außerhalb der Fehlergrenzen.

Diese Betriebsart liegt beispielsweise vor, wenn ein Widerstand infolge Alterung oder Schädigung langsam seinen Wert geändert hat. Geräte mit dieser Betriebsart können aber auch bereits beim Übergang vom Prototyp zur Serienproduktion oder mitten in der Serienproduktion entstehen, wenn beispielsweise angeblich gleichwertige Bauteile eines anderen Lieferanten verwendet werden. Das charakteristische an der Betriebsart b) ist, daß sie im allgemeinen eintritt, ohne daß der Operateur etwas merkt.

Die Betriebsart b) läßt sich mit Hilfe zweier unterschiedlicher Methoden vermeiden. Bei der einen Methode werden Bauteile erhöhter Zuverlässigkeit, wie sie z. B. aus der Raumfahrt zur Verfügung stehen, verwendet. Dadurch wird die Wahrscheinlichkeit für das Eintreten der Betriebsart b) sehr klein. Dieser Weg bedingt aber einen verhältnismäßig großen Aufwand, da einerseits diese Bauteile teurer sind als die normalen und da andererseits der Umfang der Prüfung für eine solche Bauart beträchtlich ist. Die unbedingt notwendige Untersuchung des zeitlichen Verhaltens erfordert eine lange Prüfdauer. Durch erschwerte Bedingungen, z. B. Prüfung bei erhöhter Temperatur, kann man dieses Zeitintervall abkürzen. Hinzu kommt aber neben der Untersuchung mehrerer Prüfmuster noch die regelmäßige Überwachung der Serie.

Neben dieser Methode, bei der die Zuverlässigkeit untersucht wird, gibt es noch eine andere, für die man den Namen „Funktionsfehler-Erkennbarkeit" geprägt hat. Bei dieser Methode wird dafür gesorgt, daß Funktionsfehler angezeigt werden. Welcher Aufwand hierbei nötig ist, hängt vom Anwendungsgebiet des Meßgeräts ab. Erfolgt die Bedienung nicht durch fachkundiges Personal, müssen die Kontrollvorgänge i. a. automatisch ablaufen.

Der einfachste Weg zur Realisierung der Funktionsfehler-Erkennbarkeit ist die Verdoppelung der elektronischen Baugruppen. Bild 5.2a zeigt ein typisches Beispiel (z. B. eine

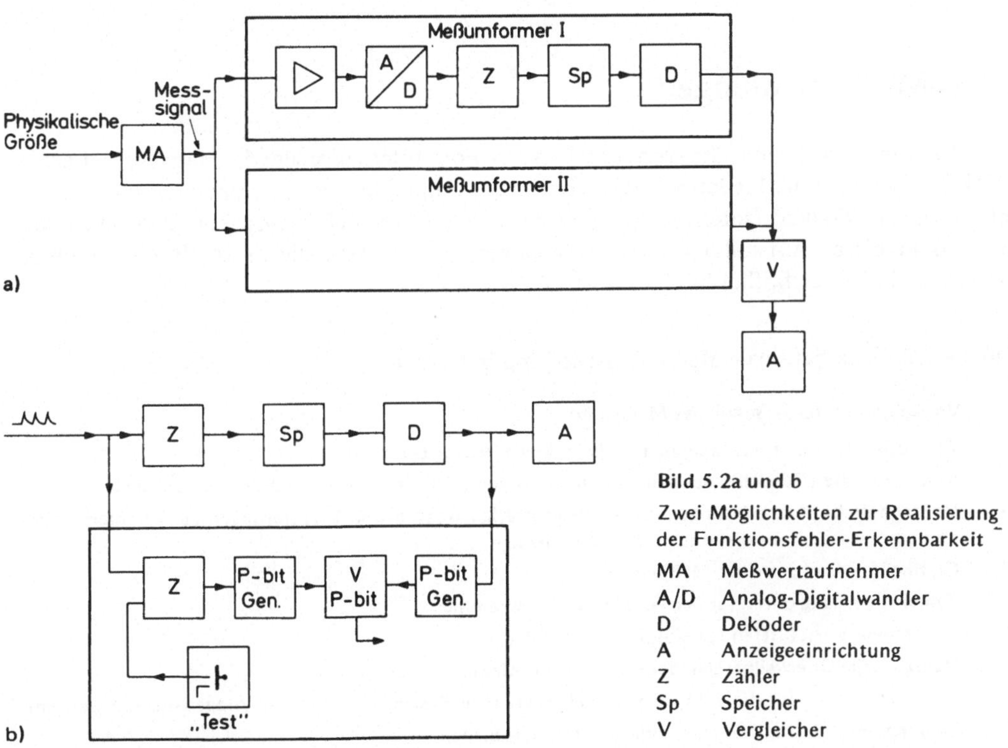

Bild 5.2a und b

Zwei Möglichkeiten zur Realisierung der Funktionsfehler-Erkennbarkeit

MA   Meßwertaufnehmer
A/D Analog-Digitalwandler
D   Dekoder
A   Anzeigeeinrichtung
Z   Zähler
Sp   Speicher
V   Vergleicher

elektromechanische Waage; der Meßwertaufnehmer ist dann eine Wägezelle). Das Meß-
signal läuft unabhängig über beide Kanäle. Die Anzeige wird nur freigegeben, wenn die der
Anzeigeeinrichtung A zufließenden beiden Signale identisch sind. Im Falle der Anzeige mit
Hilfe von Nixieröhren ist ein Vergleicher nicht notwendig, da die beiden Signale — falls sie
unterschiedlich sind — eine doppelte Anzeige ergeben, was sofort erkannt wird. Ein anderer
Weg zur Realisierung der Funktionsfehlererkennbarkeit ist in Bild 5.2b dargestellt. Die in
Form von Impulsen ankommende Information wird im Zähler gezählt, dann gespeichert,
dekodiert und schließlich angezeigt. (Hierbei arbeitet man meist im sogenannten BCD-Code;
für jede Dekade sind also 4 Verbindungsleitungen erforderlich.) Die Richtigkeit der Speicherung und Dekodierung wird durch das Hinzufügen eines Prüfbits für jede Ziffer überprüft.
Der Vergleich erfolgt in der Regel automatisch. Zur Überprüfung der Vergleichseinrichtung
selbst kann mittels eines Prüfknopfs („Test") manuell ein Signal simuliert werden.

Bei dem zur Realisierung der Funktionsfehler-Erkennbarkeit am meisten praktizierten
Verfahren werden zwischen zwei Messungen Testmessungen ausgeführt. Hierbei wird ein
Prüfprogramm abgewickelt, das für verschiedene Baugruppen gleichzeitig ablaufen kann.
Je nach Einzelfall und Vorbildung des Operateurs kann dies manuell ausgelöst werden — z. B.
vor jeder ersten Messung eines Tages oder bei Verdacht — oder vollautomatisch vor jeder
Messung. Der prüftechnische Aufwand ist recht gering. Ob das Prinzip der Funktionsfehler-
Erkennbarkeit eingehalten ist, kann an Schaltplänen nachgeprüft werden. Zusätzlich ist eine
Funktionskontrolle an einem Mustergerät nötig. Der zeitliche Aufwand hierfür ist meist
gering.

Bei den meisten Meßgeräten werden beide oben erwähnten Prinzipien verwendet:
Die digitalen Schaltkreise werden meist nach dem Prinzip der Funktionsfehler-Erkennbarkeit abgesichert, die Meßwertaufnehmer mit Bauelementen erhöhter Zuverlässigkeit.

5.3 OIML-Empfehlungen

In Tabelle 5.2 sind die von der Organisation Internationale de Métrologie Légale
(OIML) bisher verabschiedeten meßtechnischen Empfehlungen zusammengestellt. Da in
den einzelnen Mitgliedstaaten der Bereich des gesetzlichen Meßwesens sehr unterschiedlich
ist, sind in dieser Aufstellung auch Meßgerätearten enthalten, die in der Bundesrepublik
Deutschland nicht eichpflichtig sind.

Tabelle 5.2: Internationale Meßtechnische Empfehlungen

Vokabularium für Gesetzliches Meßwesen

1 Zylindrische Gewichtstücke von 1 g bis 10 kg (mittlerer Genauigkeit)
2 Blockgewichte (Gewichtstücke in Quaderform) von 5 kg bis 50 kg (mittlerer Genauigkeit)
3 Meßtechnische Anforderungen an nichtselbsttätige Waagen und Erläuterungen über Fehlerbestim-
   mung bei Waagen mit diskontinuierlicher Anzeige
4 Glasmeßkolben (mit einer Meßmarke)
5 Zähler für Flüssigkeiten (außer Wasser) mit Meßkammern
6 Allgemeine Vorschriften für Volumen-Gaszähler
7 Medizinische Quecksilberglasthermometer mit Maximumvorrichtung
8 Normalverfahren für die Prüfung von Meßgeräten zur Bestimmung des Feuchtegehalts von Getreide
9 Eichung und Prüfung von Härteprüfplatten nach Brinell

10	Eichung und Prüfung von Härteprüfplatten nach Vickers
11	Eichung und Prüfung von Härteprüfplatten nach Rockwell B
12	Eichung und Prüfung von Härteprüfplatten nach Rockwell C
13	Mathematisches Zeichen für „entspricht" (Korrespondenzzeichen)
14	Polarimetrische Saccharimeter
15	Bestimmung der Schüttdichte von Getreide
16	Druckanzeiger von Blutdruckmeßgeräten
17	Manometer-Vakuummeter-Manovakuummeter mit elastischem Meßglied und unmittelbarer Anzeige durch Zeiger und Skale (Klasse Arbeitsgeräte)
18	Optische Glühfadenpyrometer
19	Manometer-Vakuummeter-Manovakuummeter „Schreibgeräte" mit elastischen Meßgliedern und unmittelbarer Aufzeichnung durch Stift und Diagramm (Klasse Arbeitsgeräte)
20	Gewichtstücke der Präzisionsklassen $E_1 E_2 F_1 F_2 M_1$ von 50 kg bis 1 mg
21	Taximeter
22	Alkoholometrie, Alkoholtafeln
23	Reifenluftdruckmeßgeräte
24	Gebrauchsnormalmaßstab in einem Stück für Eichbeamte zum Prüfen von Längenmeßgeräten — 1 Meter Länge —
25	Gewichtstücke als Gebrauchsnormale für Eichbeamte
26	Medizinische Spritzen
27	Zähler für Flüssigkeiten (außer Wasser) — Zusatzeinrichtungen —
28	„Technische" Anforderungen an nichtselbsttätige Waagen
29	Schankgefäße
30	Parallelendmaße zur Längenmessung
31	Gaszähler mit verformbaren Trennwänden (Balgengaszähler)
32	Drehkolbengaszähler und Turbinenradgaszähler
33	Konventioneller Wägewert bei Wägungen in Luft
34	Genauigkeitsklassen für Meßgeräte
34	Längenmaße für den allgemeinen Gebrauch
36	Eichung von Eindringkörpern bei Härteprüfgeräten
37	Eichung von Härteprüfgeräten — System Brinell
38	Eichung von Härteprüfgeräten — System Vickers
39	Eichung von Härteprüfgeräten — System Rockwell B, F, T, C, A, N
40	Normalpipetten zum Eichen
41	Normalbüretten zum Eichen
42	Metallstempel zum Eichen
43	Eichkolben mit einer Skale zum Eichen
44	Alkoholometer und Aräometer für Alkohol
45	Tonnen und Fässer
46	Zähler für elektrische Energie mit direkter Abzweigung
47	Normalgewichtstücke für die Kontrolle von Waagen großer Höchstlast
48	Wolfram-Bandlampen für die Eichung von optischen Pyrometern Wasserzähler

6 Dimension, Größe, Einheit, Zahlenwert

6.0 Allgemeines

Wenn man beginnt, sich mit dem Gebiet der physikalischen Größen zu befassen, wird man mit einer Reihe von Fachausdrücken wie Dimension, Größenart, Größe, Größenwert, Einheit und Zahlenwert konfrontiert, so daß man häufig zunächst etwas ratlos ist. Mit den folgenden Ausführungen soll daher eine Klärung der Begriffsinhalte versucht werden. Es werden die notwendigen und üblichen Definitionen und Konventionen behandelt. Die Definitionen bleiben ohne Zweifel vom Wort her gelegentlich etwas unbefriedigend, doch wird dann anhand von Beispielen deutlich gemacht, was gemeint ist. Einen Teil des Stoffes findet der Leser in DIN 1313 „Physikalische Größen und Gleichungen; Begriffe, Schreibweisen" Ausgabe 1978. Dem Leser soll aber auch nicht verschwiegen werden, daß es gerade auf dem Gebiet der Größenlehre eine große Anzahl sehr persönlicher Meinungen gibt. Das spiegelte sich bei den Beratungen zur Neufassung von DIN 1313 wieder. In fast jedem Lehrbuch über die Größenlehre wird eine etwas persönlich gefärbte Version geboten. Die folgenden Ausführungen halten sich in starkem Maße an die für die Neufassung von DIN 1313 erarbeiteten Unterlagen, die von der Mehrheit der Mitarbeiter auch vertreten wird. Auf die bei der Neuformulierung bestehenden Schwierigkeiten wird an den entsprechenden Stellen hingewiesen.

In vielen Lehrbüchern über die Größenlehre ist den Größensystemen ein großer Teil der Ausführungen gewidmet. Das ist der Ausdruck dessen, daß in den vergangenen Jahrzehnten sehr intensive Diskussionen über dieses Thema notwendig waren und stattgefunden haben. Der Selektionsprozeß ist aber nun erfolgt: Wir haben das SI und das diesem zugeordnete Größensystem. Infolgedessen wird hier auf die Behandlung des Themas Größensystem weitgehend verzichtet. Allerdings erfolgt die Behandlung der Begriffe „vom System aus", weil dadurch einiges einfacher wird.

Die Gliederung erfolgt insofern systematisch, als beim allgemeinen Begriff begonnen und mit dem spezielleren Begriff abgeschlossen wird. Dieses Schema wird trotz der Schwierigkeit eingehalten, gelegentlich Begriffe verwenden zu müssen, die erst später definiert werden. Dies dürfte aber insofern unproblematisch sein, als diese Begriffe im allgemeinen bekannt sind.

6.1 Dimension, Größenart

Unter der Dimension einer physikalischen Größe verstehen wir den Anteil, der nur ihre Qualität (also nicht ihre Quantität) enthält. Dimensionen dienen daher nur zur Beschreibung der *qualitativen* Eigenschaften physikalischer Größen. Man erhält die Dimension einer physikalischen Größe, indem man von ihrem Vektor- oder Tensorcharakter, allen numerischen

Faktoren einschließlich des Vorzeichens und eventuell bestehenden Sachbezügen absieht. So haben beispielsweise

Länge, Breite, Höhe, Radius, Durchmesser, Kurvenlänge

alle die Dimension Länge (trotz der verschiedenen Sachbezüge). Numerische Faktoren sind beispielsweise bei der Größe

$2\pi\,\mathrm{m}$

die Zahlenwerte 2 und π. Die Größe $2\pi\,\mathrm{m}$ hat die Dimension Länge. (Gelegentlich ist der Sprachgebrauch etwas unterschiedlich. Die einen sagen: ... hat die Dimension Länge; die anderen sagen: ... hat die Dimension einer Länge. Beides soll dasselbe zum Ausdruck bringen). Allerdings muß man sich dabei im klaren sein, daß — unabhängig von den Feinheiten in obiger Formulierung — die Begriffe wie Länge, Masse, Zeit usw. sowohl zur Bezeichnung von Dimensionen als auch zur Bezeichnung von Größen (s. Abschnitt 6.2) verwendet werden. Es dürfte im Einzelfall aber kaum jemals einem Zweifel unterliegen, was gemeint ist.

Zur bequemeren Darstellung sind Symbole für Dimensionen in Gebrauch. Obwohl dieses Problem erst weiter unten geschlossen behandelt wird, sollen hier schon die beiden hauptsächlichen Schreibweisen erwähnt werden (dann wird das folgende bequemer darstellbar).

1. Großbuchstaben

Beispiel: L für Dimension Länge

2. Zeichen „dim" vor dem Symbol der Größe

Beispiel: dim *l* für Dimension Länge.

Da die Bezeichnung *Gleichung* der Gleichheitsbeziehung zwischen *Quantitäten* vorbehalten sein sollte, sollten die weiter unten mit Hilfe des Gleichheitszeichens geschriebenen Zusammenhänge zwischen den *Qualitäten* „Dimension" nur als *Beziehungen* bezeichnet werden. Betrachtet man nun ein Dimensionssystem, so bildet in ihm eine bestimmte und geeignet ausgewählte Anzahl von Dimensionen, die voneinander unabhängig sind, einen Satz von *Basisdimensionen* für das ganze System. Alle anderen Dimensionen dieses Systems nennt man dann *abgeleitete Dimensionen*. Sie sind aus den Basisdimensionen mittels algebraischer Beziehungen (Potenzprodukte) ableitbar. Für die Kinetik können beispielsweise die Dimensionen Länge (L), Zeit (T) und Masse (M) als Basisdimensionen gewählt werden. Die Dimension Geschwindigkeit $V = L\,T^{-1}$ und die Dimension Kraft $F = L\,M\,T^{-2}$ sind dann abgeleitete Dimensionen. In der anderen Schreibweise mit dem Zeichen dim ergibt sich ein Zusatzproblem. Ehe man die Beziehung

$$\dim v = \dim (l\,t^{-1}) \tag{1}$$

hinschreibt, muß die Vereinbarung getroffen werden, daß

$$\dim l \cdot \dim t^{-1} = \dim (l \cdot t^{-1}) \tag{2}$$

gilt. Nicht selten findet man übrigens auch die Schreibweise

$$\dim v = L\,T^{-1}. \tag{3}$$

Diese Gleichung ist folgendermaßen zu lesen: „Das Dimensionsprodukt der Dimension Geschwindigkeit ist Länge mal Zeit hoch minus eins".

Die bisherigen Beispiele bringen einen wesentlichen Aspekt noch nicht zur Geltung: Abgeleitete Dimensionen können nicht nur mit Hilfe der Basisdimensionen gebildet werden. Man kann dazu selbstverständlich auch abgeleitete Dimensionen verwenden. So gilt beispielsweise für die Dimension Beschleunigung

$$\dim a = \mathsf{L\,T^{-2}} = \mathsf{V\,T^{-1}} \tag{4}$$

oder für die Dimension Kraft

$$\dim F = \mathsf{L\,M\,T^{-2}} = \mathsf{M\,V\,T^{-1}} = \mathsf{M\,A}. \tag{5}$$

Man kann die Faktoren des Potenzproduktes der Dimension immer dem speziellen Problem anpassen.

Das für eine physikalische Größe aus den Basisdimensionen gebildete Potenzprodukt wird als ihr *Dimensionsprodukt* — oder manchmal auch vereinfacht ihre Dimension — in Bezug auf den (gewählten) Satz der Basisdimensionen bezeichnet. Dabei spielt es keine Rolle, ob das Potenzprodukt direkt aus den Basisdimensionen oder aus mit ihnen gebildeten abgeleiteten Dimensionen gebildet wird. Beim Bilden des Dimensionsproduktes einer physikalischen Größe wird ein zu ihrer Ableitung verwendeter Differentialquotient durch den entsprechenden Quotienten, ein Integral durch das entsprechende Produkt ersetzt.

Beispiele: $\quad \dim \dfrac{\mathrm{d}s}{\mathrm{d}t} = \dim \dfrac{s}{t} = \mathsf{L\,T^{-1}}, \quad \dim \left(\int v\,\mathrm{d}t \right) = \dim \left(v\,t \right) = \mathsf{V\,T}$

Die in den Dimensionsprodukten vorkommenden Exponenten heißen *Dimensionsexponenten*. Ein Spezialfall des Dimensionsproduktes macht bezüglich seiner Terminologie etwas Schwierigkeiten. Dies ist bei solchen physikalischen Größen der Fall, in deren Dimensionsprodukt alle Dimensionsexponenten null sind wie beispielsweise beim ebenen Winkel und bei der Dehnung (in beiden Fällen durch Länge) oder — um einen etwas komplizierteren Fall zu nennen — bei der relativen Dichte ($\mathsf{L^{-3}\,M/L^{-3}\,M}$). Solche Größen nennt man Größen mit dem *Dimensionsprodukt 1*. Leider sind noch zwei nicht zweckmäßige Bezeichnungen in Gebrauch. Die eine macht Gebrauch von der — in anderen Fällen harmlosen — Vereinfachung, statt des etwas umständlichen Wortes „Dimensionsprodukt" das einfachere Wort „Dimension" zu verwenden (s. o.). Da aber die Zahl 1 nicht Element der Menge der Basisdimensionen ist, ist beispielsweise der Satz „Die physikalische Größe Dehnung hat die Dimension 1." nicht ganz richtig. Man überträgt hierbei die in der Mathematik gültige Definition, daß jede *Zahl* hoch Null eins ergibt, auf Dimensionen, was nicht korrekt ist. Eine noch unzweckmäßigere Bezeichnung benutzt das Wort „dimensionslos". Die Größen, deren Dimension das Dimensionsprodukt 1 ergibt, haben ohne Zweifel eine Dimension. Sie ist nämlich aus Basisdimensionen zusammengesetzt. Man sollte das Wort „dimensionslos" nur dann verwenden, wenn man die Dimension einer physikalischen Größe angeben will, und das Dimensionsprodukt gar nicht aus den Elementen des Satzes der Basisdimensionen bilden kann wie beispielsweise bei einer Anzahl.

Nun wollen wir uns den Schreibweisen zuwenden. Die allgemeine Schreibweise des Dimensionsprodukts der physikalischen Größe Z ist also

$$\dim Z = \mathsf{X}_1^\alpha\,\mathsf{X}_2^\beta \ldots \mathsf{X}_n^\nu, \tag{6}$$

wobei X_1 bis X_n die Basisdimensionen und $\alpha, \beta, \ldots, \nu$ die Dimensionsexponenten sind.

Sind nun L, M, T, I, Θ, N, J die Symbole der Basisdimensionen Länge, Masse, Zeit, elektrische Stromstärke, thermodynamische Temperatur, Stoffmenge und Lichtstärke, so wird

$$\dim Z = L^{\alpha} M^{\beta} T^{\gamma} I^{\delta} \Theta^{\epsilon} N^{\zeta} J^{\eta}. \tag{7}$$

Es handelt sich hierbei um das dem Internationalen Einheitensystem zugeordnete Dimensionssystem. In ihm sind die Dimensionsexponenten meist ganzzahlig. In der Schreibweise der Gleichung (1) lautet (7)

$$\dim Z = \dim (l^{\alpha} m^{\beta} t^{\gamma} I^{\delta} \Theta^{\epsilon} n^{\zeta} I_v^{\eta}) \tag{8}$$

Diese Schreibweise wird in DIN 1313 empfohlen. Verwendet man für die Symbole der Dimensionen Großbuchstaben, so werden diese im Druck — unabhängig von der Schriftart des umgebenden Textes — senkrecht (steil) wiedergegeben, im Gegensatz zur Schreibweise von Größensymbolen, die kursiv gedruckt werden. Wenn Verwechslungen zu befürchten sind, z. B. deswegen, weil senkrecht stehende Großbuchstaben für einige Einheiten international festgelegt sind (z. B. N für Newton, J für Joule, T für Tesla), kann auf eine vom übrigen Text abweichende Schriftart, insbesondere auf serifenlose Linear-Antiqua bei einem in Antiqua gesetzten Text, ausgewichen werden, z. B.

$$\dim Z = L^{\alpha} M^{\beta} T^{\gamma} I^{\delta} \Theta^{\epsilon} N^{\zeta} J^{\eta}. \tag{9}$$

Die Anwendungsmöglichkeit der in Gl. (7) benutzten Schreibweise ist allerdings begrenzt, da es nur für die Basisdimensionen festgelegte eigene Symbole gibt. Hinzu kommen die Symbole für eine Anzahl abgeleiteter Dimensionen, bei denen sich der Gebrauch dieser Symbole eingebürgert hat (z. B. U für die Dimension elektrische Spannung). Es ist unüblich, bei denjenigen abgeleiteten Größen, deren Symbol ein griechischer Buchstabe ist, ein besonderes Symbol für die Dimension zu verwenden. Hat man beispielsweise in einem größeren Term den Quotienten Dichte ρ durch dynamische Viskosität η, so ist es bei einer Dimensionsbetrachtung wohl meist instruktiver, die Schreibweise der Gl. (8) zu verwenden:

$$\dim (\rho \, \eta^{-1})$$

und nicht $L^{-3} M/L^{-1} M T^{-1}$ oder gar $L^{-2} T$. Nicht immer ist die **Rückführung auf die Basisdimensionen erwünscht oder besonders informativ.**

Die ursprüngliche Bedeutung des Wortes Dimension war Abmessung in geometrischem Sinne: Eine Länge ist geometrisch eindimensional, eine Fläche geometrisch zweidimensional, ein Volumen geometrisch dreidimensional. Die Zahlen 1, 2 und 3 sind hier zugleich die Dimensionsexponenten der Dimension Länge. Die Physik verwendet das Wort seit langem in erweitertem Sinne.

Gelegentlich werden die Begriffe Dimension und Einheit fälschlicherweise miteinander vermischt oder gar einander gleichgesetzt. Daher noch einmal die betonte Aussage:

Mit Hilfe von Dimensionen erfolgen qualitative Aussagen.
Mit Hilfe von Einheiten erfolgen qualitative und quantitative Aussagen.

Selbstverständlich kann man die sogenannte Dimensionsprobe zur Kontrolle einer Rechnung häufig ebensogut mit Einheiten wie mit Dimensionen ausführen. Man muß sich aber über den begrifflichen Unterschied im klaren sein. Häufig werden zur Darstellung der Dimension fälschlicherweise eckige Klammern um das Symbol der physikalischen Größe gemacht. Diese Schreibweise war nie genormt und sie steht im Widerspruch zur Festlegung über die Bedeutung der eckigen Klammer in DIN 1313. Die Gewohnheit, das Einheitenzeichen in eckige Klammern zu schreiben, ist ein selten klares Beispiel dafür, in wie starkem Maße offensichtlich seit Jahrzehnten ein Autor den anderen beeinflußt.

Zu den qualitativen Begriffen gehört die „Größenart". Er wurde früher gern bei der Einführung in die Physik benutzt, taucht aber heute in den Lehrbüchern nur noch selten auf. Er ist wohl nie genau definiert worden. Meist wird darunter etwas verstanden, was man aus einer physikalischen Größe erhält, wenn man von allen numerischen Faktoren absieht, aber Vektor- und Tensorcharakter sowie Sachbezüge beibehält. Der Begriff der Größenart ist also spezieller als derjenige der Dimension. Zu einer Dimension können mehrere Größenarten gehören (aber nicht umgekehrt). So haben beispielsweise Arbeit und Drehmoment dieselbe Dimension, sie werden aber häufig als unterschiedliche Größenarten angesehen.

Wenn man den Begriff der Größenart einführt, muß man ein Verfahren vereinbaren, wie man unterschiedliche Größenarten unterscheiden kann. In jahrzehntelangen Diskussionen ist dies aber nicht befriedigend gelungen. Man glaubte zunächst, mit dem Satz

„Gleichartige Größen sind solche, von denen physikalisch sinnvoll Summen oder Differenzen gebildet werden können"

ein Unterscheidungskriterium gefunden zu haben. Inzwischen wurde erkannt, daß „physikalisch sinnvoll" ein dehnbarer Begriff ist. Die Summe Länge plus Breite eines rechteckigen Tisches ist sicher sinnvoll, wenn der Umfang bestimmt werden soll. Das bedeutet, daß Länge und Breite in diesem Fall als Größen „gleicher Art" aufgefaßt werden können. Es gibt auf der anderen Seite aber auch Fälle, bei denen nicht eindeutig zu entscheiden ist, ob zwei Größen von gleicher Art sind oder nicht. So wird man zum Beispiel annehmen, daß die Aktivität einer radioaktiven Substanz und eine Frequenz Größen verschiedener Art sind. Andererseits werden Aktivitäten gemessen, indem die Anzahl der Zerfälle innerhalb einer gewissen Zeit gezählt wird. Die Zeit wird durch Abzählen der Schwingungen einer Frequenz gezählt. Somit können Aktivitäten und Frequenzen wohl addiert oder subtrahiert werden, und sie können daher auch im Sinne der obigen Definition als gleichartige Größen angesehen werden. Nur im jeweiligen Zusammenhang ist zu beurteilen, ob nach der obigen Definition zwei Größen von gleicher oder verschiedener Art sind. Allgemein ist das nicht zu entscheiden. So könnte es auch in einem Spezialfall durchaus physikalisch sinnvoll sein, die Summe der Zahlenwerte einer Arbeit und eines Drehmomentes zu bilden.

Wenn man sich über diese Schwierigkeiten hinwegsetzt, so bleibt aber die Tatsache, daß die Anzahl der Größenarten sehr viel größer ist als die der Dimensionen. Das System der Dimensionen ist also einfacher und dürfte für die in der Praxis anfallenden Probleme meist ausreichen. Sollte gelegentlich innerhalb einer Dimension doch noch zwischen zwei Größen unterschieden werden müssen, so ist es wesentlich einfacher, die notwendigen Unterscheidungsmerkmale (z. B. Sachbezüge) nachträglich und nur für diesen speziellen Anwendungsfall einzuführen und nicht von vornherein ein komplizierteres System aufzubauen. Damit ist in keiner Weise ausgeschlossen, daß für Grundlagendiskussionen im Zusammenhang mit dem Größenkalkül der Begriff der Größenart zweckmäßig oder gar notwendig ist. Für die in der Praxis anfallenden Probleme sollte man aber möglichst einfache Begriffe zur Verfügung stellen, und das ist die Dimension.

Der Begriff Größenart wurde häufig im Zusammenhang mit dem CGS-System verwendet. Da im CGS-System beispielsweise sowohl die Länge als auch die elektrische Kapazität in Zentimeter gemessen werden, ist das Raster der Dimension in der Tat häufig zu grob und daher das Raster „Größenart" angemessener. Im SI sind aber durch die Existenz der 7 Basiseinheiten in dieser Beziehung günstigere Verhältnisse vorhanden.

6.2 Physikalische Größe

Zur *qualitativen und quantitativen* Beschreibung der Zusammenhänge in Physik und Technik bedient man sich der physikalischen Größen, häufig auch nur Größen genannt. Dabei geht es um die quantitative Beschreibung von Eigenschaften und Merkmalen von Dingen, Zuständen oder Vorgängen. Größen können Skalare, Vektoren oder Tensoren sein. Für die Darstellung dieser Quantitäten benutzt man entweder Symbole (Formelzeichen) oder Produkte aus Zahlenwert und Einheit. Im Bereich der klassischen Physik dürften die mit Symbolen dargestellten Größen im speziellen Anwendungsfall immer meßbar, also in einem Produkt aus Zahlenwert und Einheit konkretisierbar sein. Ob dies in anderen Bereichen immer der Fall ist, soll hier nicht untersucht werden. Wir beschränken uns auf den oben erwähnten Bereich. Bei der Angabe einer Größe in der Form eines Produktes aus Zahlenwert und Einheit tritt gegenüber der Angabe als Symbol oft ein Verlust an Qualitätsmerkmalen ein, da Sachbezüge verloren gehen können und die Einheiten Skalare sind.

Beispiele: für eine physikalische Größe: 5 m als spezieller Wert einer Länge $\vec{l}$. Sowohl $\vec{l}$ als auch 5 m sind Größen. Die Angabe in der Form 5 m läßt nicht mehr erkennen, daß die Größe $\vec{l}$ einen Richtungscharakter hat.

Auch bei der Angabe „Die Länge dieses Tisches beträgt 5 m." ist bei der Angabe 5 m ein Informationsverlust (die Angabe des Objekts, an dem gemessen wird) eingetreten. Die Angabe 5 m läßt auch keinen Rückschluß auf das Meßverfahren oder die eventuelle Mittelbildung zu. Man erkennt damit auch, daß in der vereinbarten Schreibweise

$$l_{\text{Tisch}} = 5 \text{ m} \tag{10}$$

genau genommen beiderseits des Gleichheitszeichens nicht Angaben mit genau identischem Informationsgehalt stehen. Trotzdem hat sich diese Schreibweise bewährt.

Da es sich bei Größen meist um eine Variable mit unendlich großem Wertevorrat an speziellen Werten handelt (z. B. kann die Größe l die Werte 1,85 m, 27 m oder 167,30 km usw. annehmen), spricht man häufig im Fall der Angabe eines speziellen Wertes vom *Größenwert*. Dies ist zur sprachlichen Klarheit oft zweckmäßig. Im obigen Beispiel kann also der spezielle Wert 5 m auch als Größenwert bezeichnet werden. Es ist also auch immer Größenwert = Zahlenwert mal Einheit.

Mit allen diesen Ausführungen ist ohne Zweifel noch immer nicht definiert, was eine physikalische Größe ist. Dies soll auch im folgenden nicht geschehen, da dies voll befriedigend und alle Leser zufriedenstellend nicht möglich ist. An den Beispielen dürfte ohnehin verständlich sein, was eine Größe ist. Trotzdem soll aber darauf hingewiesen werden, daß physikalische Größen gewisse allgemeine Eigenschaften haben und daß bestimmte Rechenregeln für sie gelten. Man kann dann mit einer gewissen Berechtigung im Umkehrschluß sagen: Alles das, was diese Eigenschaften aufweist und diese Rechenregeln einhält, ist eine physikalische Größe.

Die wichtigste Eigenschaft einer physikalischen Größe ist ihre Invarianz gegen einen Einheitenwechsel.

Beispiel: Die Länge l_{Tisch} eines bestimmten Tisches ist unabhängig davon, ob die Angabe 5 m oder 500 cm erfolgt. Es handelt sich um denselben Größenwert. Hierbei verhalten sich Zahlenwert und Einheit eines Größenwertes gegenläufig, nämlich wie die Faktoren eines konstanten Produkts.

In etwas abgewandelter Form läßt sich dies auch als sogenanntes Bridgman-Axiom formulieren: Das Verhältnis zweier Größen gleicher Dimension ist von der gewählten Einheit unabhängig.

Beispiel: Es seien die Länge l eines Tisches $l = 5$ m $= 500$ cm und seine Breite $b = 2$ m $= 200$ cm, dann ist immer

$$\frac{l}{b} = \frac{5}{2} = 2,5, \tag{11}$$

unabhängig davon, in welcher Einheit l und b angegeben werden. Selbstverständlich ist hierbei, daß l und b nicht in unterschiedlichen Einheiten angegeben werden.

Hierbei bleibt also etwas zahlenmäßig konstant, was dem mathematischen Begriff der Invarianz vielleicht etwas näher kommt.

Als Symbole (Formelzeichen) für Größen werden Buchstaben benutzt. Diese Buchstaben werden im Druck — unabhängig von der Schriftart des umgebenden Textes — kursiv (schräg) wiedergegeben (s. DIN 1338 „Formelschreibweise und Formelsatz").

Beispiele: l für Länge allgemein, oder d für Dicke,
h für Höhe, s für Strecke, r für Radius.

Eine umfangreiche Sammlung von Formelzeichen, die für alle Gebiete in Naturwissenschaft und Technik empfohlen werden, sind in DIN 1304 zusammengestellt. Symbole für Größen sollen nur aus einem Buchstaben bestehen. Aus mehreren Buchstaben bestehende Symbole könnten leicht als Produkte von mehreren Größen mißdeutet werden. (Für Geräte mit beschränktem Zeichenvorrat wie Schreibmaschinen und EDV-Ausgabegeräte gelten Sonderregelungen). Die Mehrzahl der Symbole besteht aus großen oder kleinen lateinischen und griechischen Buchstaben, hinter denen kein Punkt steht. Trotzdem wird fast jeder dieser Buchstaben für mehrere Größenbezeichnungen verwendet. Um möglichst wenig Überschneidungen und Mißverständnisse aufkommen zu lassen, ist daher die Zuordnung der Symbole und Größen international in ISO 31 und national in DIN 1304 genormt. In diesen weitgehend aufeinander abgestimmten Normen sind aber nur die wichtigsten Größen erfaßt. In Normen über Größen für Spezialgebiete sind darüber hinaus Formelzeichen für die dort vorkommenden Größen genormt. Bei der internationalen Festlegung eines Symbols geht man häufig von der Bezeichnung der Größe in einer toten Sprache aus.

Beispiel: v für Geschwindigkeit vom lateinischen velocitas.

Mit Hilfe der kursiven Schreibweise der Größensymbole kann man viele Verwechslungen vermeiden. So kann man beispielsweise auch zwischen dem m für die Größe „Masse" und dem m für den SI-Vorsatz „Milli" oder die Einheit Meter unterscheiden.

Auf einen wichtigen Punkt ist noch hinzuweisen: Ein Symbol für eine Größe darf keinen Hinweis auf eine Einheit enthalten. Ein solcher Hinweis wäre ein Widerspruch zur Invarianzeigenschaft. Es widerspricht daher auch dem Sinn des Rechnens mit Größen, wenn man für ein und dieselbe Größe verschiedene Symbole verwendet, um auf diese Weise die Verwendung bestimmter Einheiten vorzuschreiben.

Bei Größenwerten wird zwischen den Zahlenwerten und das Einheitenzeichen kein Multiplikationszeichen gesetzt. Das Einheitenzeichen wird vom Zeichen für den Zahlenwert oder von der diesen ausdrückenden Zahl lediglich durch einen Zwischenraum getrennt, bei Schreibmaschinenschrift durch einen halben oder ganzen Leertastenanschlag, im Druck durch einen entsprechenden Ausschluß.

Beispiel: 5 m, aber nicht 5m, 5·m oder 5 X m.

Gelegentlich benötigt man für eine allgemeine Darstellung eines beliebigen Größenwertes aus Zahlenwert und Einheit (wenn es also weder auf den konkretisierten Zahlenwert noch auf die konkretisierte Einheit ankommt) ein besonderes Zeichen. Man setzt dann für

den Zahlenwert das Symbol der Größe in geschweifte Klammern (s. Abschnitt 6.4) und für
die Einheit das Symbol der Größe in eckige Klammern (s. Abschnitt 6.3).

Beispiel: Ein beliebiger Größenwert der Größe Länge ist

$$l = \{l\} \cdot [l]. \tag{12}$$

In diesem Falle wird ein Multiplikationszeichen verwendet.

Zur weiteren Differenzierung der Größensymbole werden häufig zusätzliche Zeichen
wie Stern (*), Strich (') und Indizes (Buchstaben, Zahlen) verwendet. Mit ihnen kann man
beispielsweise bestimmte Zustände, Zuordnungen oder Meßverfahren kennzeichnen.

Beispiele: v_r Radialgeschwindigkeit

v_{max} Maximalgeschwindigkeit

c_p spezifische Wärmekapazität bei konstantem Druck.

In DIN 1304 (Allgemeine Formelzeichen) ist eine große Liste empfohlener Zeichen für
Indizes enthalten, die nach folgenden Gesichtspunkten ausgesucht wurden:

1. möglichst Eindeutigkeit,
2. möglichst systematisch und leicht zu merken,
3. möglichst nicht mehr Buchstaben als notwendig.

Wie man sieht, sind dies recht allgemeine Gesichtspunkte, die man allerdings auch beachten sollte, wenn man glaubt, von dieser Empfehlung abweichen oder sie ergänzen zu
müssen. Für die Schreibweise der Indizes gelten folgende Regeln

1. Indizes werden unmittelbar rechts neben das Formelzeichen tief (in selteneren Fällen
    hoch) gesetzt.
2. Indizes werden in einer kleineren Type als das Hauptzeichen gedruckt.
3. Meist werden Indizes steil gesetzt. Stellt der Index das Formelzeichen einer Größe
    dar oder einen Buchstaben, der für eine Zahl steht, kann er auch kursiv gesetzt werden.
4. Wenn keine Mißverständnisse zu befürchten sind, können Indizes, die aus mehreren
    Buchstaben bestehen, bis auf den Anfangsbuchstaben gekürzt werden.
5. **Doppelindizes stehen auf derselben Schreiblinie. Sie können durch einen Zwischen-
    raum oder ein Komma getrennt werden.**
6. Indizes von Indizes sind zu vermeiden.
7. Wenn mehr als zwei Indizes zu verwenden sind, sollte man eine andere Schreibweise
    wählen und diese Zusatzkennzeichnungen in eine runde Klammer hinter das Formel-
    zeichen setzen (Beispiel: $l(p_0, T_0, \text{min}, \text{Al})$).
8. Zur Kennzeichnung von Werkstoffen können die Symbole für die entsprechenden
    chemischen Elemente oder Verbindungen verwendet werden (Beispiel: c_{Al} für spez.
    Wärmekapazität von Aluminium, ρ_{H_2O} für Dichte des Wassers).
9. Indizes von Hochzahlen sollte man vermeiden und stattdessen die Schreibweise mit
    dem Symbol „exp" wählen. Beispiel:

    nicht e^{p_1/p_2} sondern $\exp(p_1/p_2)$.

10. Zeichen wie Strich ('), Stern (*), Tilde ($\sim$) sollten nur über oder unmittelbar hochge-
    setzt hinter das Formelzeichen gesetzt werden.

Es ist anzustreben, daß die Unterscheidung durch Indizes nur auf Größen gleicher
Dimension angewandt wird. In einigen Fachgebieten ist es allerdings üblich, einen Größen-

quotienten mit Hilfe eines Index zu kennzeichnen (es ändert sich also die Dimension!). Dies muß eindeutig zum Ausdruck gebracht werden (Beispiel: V Volumen, V_m molares Volumen).

Zum Schluß dieses Abschnitts muß noch auf eine kleine Schwierigkeit bzw. Inkonsequenz aufmerksam gemacht werden, die sich wohl durch alle Darstellungen einschließlich der Normen zieht. Der seit Jahrzehnten bestehende Lehrsatz heißt:

Größe gleich Zahlenwert mal Einheit.

Schreibt man ein Beispiel hin, so sieht dies so aus:

$$l = 5\ \text{m}$$
$$\text{bzw. } l = \{l\} \cdot [l]. \tag{13}$$

Man kommt dann in die Schwierigkeit, fragen zu müssen: Wie lautet die Einheit der Länge: Meter, das Meter oder ein Meter? Man kann zwar Sätze formulieren wie „Die Einheit der Länge ist das Meter". Wenn man den Sachverhalt als Gleichung hinschreiben muß, so kann diese Gleichung nur heißen

$$l_E = 1\ \text{m}. \tag{14}$$

Der Zahlenwert 1 taucht aber in den obigen Gleichungen nicht auf. Und wenn man beispielsweise eine Gleichung wie

$$m = 5\ \text{kg} \tag{15}$$

anders schreiben will, so muß man eine „1" hineinmogeln:

$$\frac{m}{5} = 1\ \text{kg} \quad \text{oder} \quad \frac{m}{1\ \text{kg}} = 5. \tag{16}$$

Nicht anders verhält es sich mit dem Symbol $[l]$. Es steht streng genommen nur für das Einheitenzeichen. Die Einheit ist dann

$$l_E = 1\ [l]. \tag{17}$$

Aus der Tatsache, daß $[l]$ manchmal die Bedeutung des Einheitenzeichens und manchmal die der Einheit hat, ergeben sich gelegentlich leichte Ungereimtheiten. Auch dieses Buch ist nicht frei davon.

6.3 Einheit

In einem Dimensionssystem kann jeder Basisdimension eine *Basiseinheit* zugeordnet werden. Eine Basiseinheit ist eine aus der Menge der Größen gleicher Dimension bezüglich ihres Größenwertes ausgewählte und festgelegte Größe. Dabei wird bei der ausgewählten Größe von ihrer Vektor- oder Tensoreigenschaft, ihrem Vorzeichen und ihrer Orientierung abgesehen. Einheiten sind also immer Skalare.

Damit ist die Voraussetzung für die Angabe der Quantität einer Größe geschaffen. Man stellt fest, welcher Teil oder welches Vielfache der Einheit die zu bestimmende Größe ist. Dieses quantitative Vergleichen zweier Größen ist das Grundprinzip des Messens.

Die Basiseinheiten eines Einheitensystems müssen nicht unbedingt völlig unabhängig voneinander sein. Die Unabhängigkeit der Basisdimensionen des zugeordneten Dimensionssystems muß allerdings erfüllt sein. So ist beispielsweise im SI das Mol, die Einheit der Stoffmenge, nicht unabhängig vom Kilogramm, der Einheit der Masse. Würde man die eine Einheit ändern, würde sich auch die andere entsprechend ändern. Auch die Candela, die Einheit der Lichtstärke, ist nicht ganz unabhängig vom Watt, der Einheit der Leistung, also letzten Endes den Basiseinheiten Meter, Kilogramm und Sekunde. Dies gilt auch bei der sich anbahnenden Entwicklung, nach der vielleicht Meter und Sekunde vom gleichen atomaren Übergang *eines* Nuklids abgeleitet werden.

Die Basiseinheiten bilden die Grundlage eines Einheitensystems. Die den abgeleiteten Dimensionen zugeordneten *abgeleiteten Einheiten* ergeben sich dadurch, daß man im Dimensionsprodukt die Basisdimensionen durch die ihnen entsprechenden Basiseinheiten ersetzt.

Beispiel: Für die Einheit der Kraft ergibt sich wegen der Beziehung

$$\dim F = L\,M\,T^{-2} \text{ die Einheit } [F]_{SI} = 1\ m \cdot kg \cdot s^{-2}. \tag{18}$$

Ein Einheitensystem heißt *kohärent*, wenn zu ihm außer den Basiseinheiten nur solche abgeleiteten Einheiten gehören, die als Potenzprodukt aus den Basiseinheiten entstehen und in deren Ableitungsgleichungen kein von 1 verschiedener Faktor auftritt.

Beispiel   für eine zu den SI-Basiseinheiten kohärente Einheit:

$$1\ N = 1\ kg \cdot m \cdot s^{-2} \tag{19}$$

Beispiele   für zum SI nicht kohärente Einheiten:

$$1\ h = 3\,600\ s \tag{20}$$
$$1\ eV = 1{,}602\,19 \cdot 10^{19}\ J. \tag{21}$$

An einem weiteren Beispiel soll die Bildung abgeleiteter Einheiten in einem kohärenten Einheitensystem noch einmal erläutert werden. Man kann von der Definitionsgleichung der Größe ausgehen. Für die kinetische Energie ist dies bekanntlich

$$E = \frac{1}{2}\,m\,(ds/dt)^2. \tag{22}$$

Da in einem kohärenten Einheitensystem für die Definition der Einheiten kein von 1 abweichender Faktor erscheint, ist damit die Einheit der Energie

$$[E]_{SI} = 1\ kg \cdot m^2/s^2 = 1\ J \tag{23}$$

Man kann ebensogut vom Dimensionsprodukt ausgehen, hier also

$$\dim E = L^2\,M\,T^{-2} \tag{24}$$

und bildet einfach das entsprechende Einheitenprodukt, hier also

$$m^2 \cdot kg \cdot s^{-2}. \tag{25}$$

Dieses Beispiel zeigt deutlich — und deshalb ist es auch so ausführlich dargestellt worden — daß man zwischen dem Einheitenausdruck und einer Situation, in der eine Größe gleich der Einheit ist, unterscheiden muß. So ist im SI die Einheit der Energie $1\ J = 1\ m^2 \cdot kg \cdot s^{-2}$, die aber doppelt so groß ist wie die kinetische Energie eines Körpers mit der Masse 1 kg, der sich mit einer Geschwindigkeit von 1 m/s bewegt.

Das Internationale Einheitensystem (SI) hat deshalb seine besondere Bedeutung erlangt, weil es ein kohärentes Einheitensystem ist. Dies hat man z. B. dadurch erreicht, daß man eine elektrische Einheit — hier das Ampere — als zusätzliche Basiseinheit einführte, so daß die durch die Anbindung an die Mechanik im CGS-System auftretenden gebrochenen Exponenten entfallen. Durch das Einführen geeigneter Basiseinheiten kann man also ganze Gebiete der Physik kohärent an das SI anschließen.

Für die Einheitennamen und Einheitenzeichen gibt es eine Reihe von Schreibregeln:

1. Die Namen der in Deutschland gebräuchlichen Einheiten sind Substantive und daher groß zu schreiben. Jeder Einheit ist zur formelmäßigen Darstellung ein Einheitenzeichen — meist durch Beschluß internationaler Gremien — zugeordnet (s. DIN 1301). Bei denjenigen Einheitenzeichen, bei denen der Name der Einheit von dem Eigennamen einer Persönlichkeit hergeleitet ist, ist der Anfangsbuchstabe des Einheitenzeichens groß zu schreiben. Alle übrigen Einheitenzeichen werden in der Regel klein geschrieben. Einheitenzeichen, die aus Buchstaben bestehen, werden im Druck — unabhängig von der Schriftart des umgebenden Textes — senkrecht (steil) wiedergegeben (s. DIN 1338). Hinter Einheitenzeichen steht kein Punkt.

Beispiele:	das Meter	(Einheitenzeichen: m)
	die Sekunde	(Einheitenzeichen: s)
	das Volt	(Einheitenzeichen: V), benannt nach dem italienischen Physiker A. Volta, 1745—1827
	das Siemens	(Einheitenzeichen: S), benannt nach W. von Siemens, 1816—1892
	das Pascal	(Einheitenzeichen: Pa), benannt nach B. Pascal, 1623--1662
	die Minute	(Einheitenzeichen: min)
	das Mol	(Einheitenzeichen: mol)

Bei den Ausnahmen, die man an dieser Stelle anführen könnte:

Kt für das metrische Karat und

AE für die astronomische Einheit

handelt es sich um Kurzzeichen für Einheiten, die nicht international vereinbart sind.

2. Die Namen der Einheiten sind meist sächlich, z. B. das Meter, das Kelvin, das Weber. Es gibt aber eine ganze Reihe von Ausnahmen:

weiblich sind z. B.   die Sekunde, die Minute, die Stunde,
die Candela, die Tonne, die Dioptrie,
die atomare Masseneinheit,
die Astronomische Einheit;
männlich sind z. B. der Radiant, der Steradiant, der Vollwinkel,
der Grad, der Tag, der Grad Celsius.

3. Die Einheitennamen und Einheitenzeichen bleiben im Plural unverändert (sie erhalten also im Plural kein „s").

4. Der dezimale Vorsatz und der Name einer Einheit werden zusammengeschrieben (s. auch Abschnitt 1.5).

Beispiele:	Nanowatt	(nW)
	Mikrometer	(μm)

5. Die Namen abgeleiteter Einheiten in der Form von Produkten werden zu einem Substantiv zusammengezogen, dessen Artikel der des Multiplikators ist.

Beispiele: das Newton · die Sekunde = die Newtonsekunde
das Kilowatt · die Stunde = die Kilowattstunde.

6. Das Produkt aus zwei oder mehreren Einheiten kann in einer der folgenden Weisen gekennzeichnet werden:

N · m   oder   N m.

7. Die Namen abgeleiteter Einheiten in der Form von Quotienten werden oft mit einem
    Bruchstrich geschrieben, der „durch" auszusprechen ist. Der Artikel einer Quotient-
    Einheit ist der des Dividenden.

Beispiel:

$$\frac{\text{der Radiant}}{\text{die Sekunde}} = \text{der Radiant durch Sekunde}$$

In diesem Zusammenhang ist darauf hinzuweisen, daß die in der Umgangssprache
häufig benutzte Bezeichnung „Stundenkilometer" zur Angabe einer Geschwindigkeit
unrichtig ist. Richtig ist Kilometer durch Stunde.

8. Die Darstellung einer abgeleiteten Einheit in der Form eines Quotienten kann mittels
    der Einheitenzeichen in einer der folgenden Weisen erfolgen:

$$m \cdot s^{-1}, \quad \frac{m}{s} \quad \text{oder} \quad m/s.$$

9. Um jede Mehrdeutigkeit auszuschließen, sollte man nicht mehr als einen schrägen
    Bruchstrich für eine abgeleitete Einheit verwenden. Im Zweifelsfalle sollte man
    Klammern oder negative Potenzexponenten verwenden.

Beispiele: m/s^2 oder $m \cdot s^{-2}$, aber nicht $m/s/s$
            $m \cdot kg/(s^3 \cdot A)$ oder $m \cdot kg \cdot s^{-3} \cdot A^{-1}$, aber nicht $m \cdot kg/s^3/A$.

10. Kennzeichen (z. B. Indizes) zum Hinweis darauf, daß es sich um eine Beschränkung
     einer Größe auf einen speziellen Bezug, d. h. auf spezielle Dinge, Vorgänge oder Zu-
     stände handelt, gehören an das Formelzeichen für die Größe, aber nicht an das Ein-
     heitenzeichen. Dies gilt z. B. für die Art einer Leistung oder bei Wechselvorgängen für
     den Effektivwert oder den Größtwert.

Beispiel: P_{el} $= 100$ MW, aber nicht $P = 100$ MW$_{el}$
            I_{eff} $= 6$ A, aber nicht $I = 6$ A$_{eff}$
            $p_{max} = 80$ Pa, aber nicht $p = 80$ Pa$_{max}$.

An einem ganz einfachen Beispiel soll diese Problematik noch einmal erläutert werden.
Ein Ort A und ein Ort B seien mit Hilfe einer Straße und mit Hilfe einer Eisenbahnlinie miteinander verbunden, die aber — wie es üblich ist — verschieden lang sind. Es
gibt also verschiedene Angaben über die Entfernung l der beiden Orte.

1. der Abstand l (Luftlinie),
2. die Entfernung $l_{\text{Straße}}$ längs der Straße gemessen,
3. die Entfernung l_{Bahn} längs der Eisenbahnlinie gemessen.

In allen drei Fällen benutzt man für die Angabe der Größenwerte die Längeneinheit
Meter oder ein dezimales Vielfaches davon, also z. B.

$$l_{\text{Straße}} = 473 \text{ km} \qquad\qquad\qquad (26)$$
$$l_{\text{Bahn}} = 446 \text{ km}.$$

Es wäre falsch, von Straßenkilometern oder Bahnkilometern zu sprechen oder zu
schreiben.

$$l = 473 \text{ km}_{\text{Straße}} \qquad\qquad\qquad (27)$$
$$l = 446 \text{ km}_{\text{Bahn}}.$$

Wenn man nicht die beiden Größen (d. h. in diesem Fall die Strecken) unterscheidet, sondern den Unterschied in den Einheiten ausdrückt, besteht die Gefahr, daß man aus den beiden Angaben eine falsche Beziehung zwischen den Einheiten ableitet:

$$1 \text{ km}_{Bahn} = 1{,}06 \text{ km}_{Straße} \tag{28}$$

Leider wird dieser Fehler in nicht ganz so leicht überschaubaren Fällen immer wieder gemacht. Würden wir diesem Gebrauch folgen, ergäbe sich eine enorme Komplizierung unseres Systems. Wir könnten uns vor kennzeichnenden Indizes an Einheiten kaum retten. Vor obigem Fehler muß also sehr gewarnt werden.

Bezüglich der oben behandelten Problematik gibt es allerdings einige Ausnahmen. Folgende Einheiten geben Hinweise auf spezielle Größen:

das Hertz $\left(1 \text{ Hz} = \dfrac{1}{s} \right)$ für periodische Vorgänge

das Becquerel $\left(1 \text{ Bq} = \dfrac{1}{s} \right)$ für die Aktivität

der Grad Celsius $(1\ °C = 1 \text{ K})$ für die Celsius-Temperatur.

Auch die einheitenähnlichen Hinweiszeichen dB und Np gehören in diesem Zusammenhang erwähnt.

Besonders häufig werden die folgenden unrichtigen Bezeichnungen verwendet:

a) *Normkubikmeter* $(N\,m^3)$ sollen z. B. in der Gaswirtschaft das Volumen des erzeugten oder gelieferten Leuchtgases in Kubikmeter (m^3) bezeichnen, wobei trockenes Leuchtgas auf seinen physikalischen *Normzustand* $(0\ °C,\ 101\,325 \text{ Pa})$ reduziert ist. Statt $100\,N\,m^3$ Leuchtgas muß es heißen: $100\ m^3$ Leuchtgas im Normzustand (vgl. auch Abschnitt 1.16).

b) *Normliter* (Nl) sollen das Volumen eines Stoffes in Liter (l) bezeichnen, wobei der Stoff auf seinen physikalischen *Normzustand* reduziert ist. Statt 50 Nl Benzin muß es heißen: 50 l Benzin im Normzustand.

c) *Atmosphären-Überdruck* (atü) wurde früher verwendet, um den in technischen Atmosphären (at) gemessenen Überdruck gegenüber dem umgebenden Luftdruck zu bezeichnen. Da die technische Atmosphäre nicht mehr verwendet werden soll, entfällt somit auch das Symbol atü. Statt 5 atü schreibt man heute z. B.: Ein Überdruck von ca. 5 bar oder ein Druck von ca. 6 bar.

11. Ein allgemeines Zeichen für eine Einheit ist das in eckige Klammern gesetzte Symbol dieser Größe.

Beispiele: Es bedeuten [G] eine Einheit der Größe G

[l] eine Längeneinheit.

Durch einen Index an der eckigen Klammer kann darauf hingewiesen werden, daß eine Einheit einem bestimmten Einheitensystem angehört.

Beispiele: Es bedeuten [G]$_{SI}$ die SI-Einheit der Größe G

[l]$_{SI}$ die SI-Längeneinheit, also das Meter.

Nach diesen Ausführungen wird deutlich, daß eckige Klammern um Einheitenzeichen nicht verwendet werden dürfen. Das Zeichen [km] ergibt keinen Sinn, da es die Bedeutung „die Einheit der Einheit Kilometer" hätte.

12. In Systemen mit beschränktem Schriftzeichenvorrat (z. B. EDV-Anlagen) kann es vor-
     kommen, daß nicht alle Einheitenzeichen wiedergegeben werden können. Zum Daten-
     austausch in solchen Systemen können die in DIN 66 030 ,,Darstellungen der Einheiten-
     namen in Systemen mit beschränktem Schriftzeichenvorrat'' (s. Anhang 1.8) aufge-
     führten Zeichen — in Abweichung von DIN 1301 verwendet werden. Die dort aufge-
     führten und von DIN 1301 abweichenden Zeichen sollte man nicht in Veröffentlichun-
     gen verwenden.
13. Die angelsächsischen Einheiten werden in der Regel kleingeschrieben, desgleichen ihre
     Einheitenzeichen. Eine Ausnahme bildet zum Beispiel das British thermal unit (Ein-
     heitenzeichen: Btu), weil ,,British'' stets großgeschrieben wird. Im Deutschen sind die
     angelsächsischen Einheiten ausnahmslos Neutra.

Beispiele: das foot   (Einheitenzeichen: ft)
               das foot poundal   (Einheitenzeichen: ft pdl)
               das foot per second   (Einheitenzeichen: ft/s)
               das nautical mile   (Einheitenzeichen: n mile).

14. Im Englischen werden auch die nicht-angelsächsischen Einheiten in der Regel klein-
     geschrieben. Das Einheitenzeichen wird jedoch wie im Deutschen dann großge-
     schrieben, wenn der Name der Einheit von einem Personennamen hergeleitet ist.

Beispiele: the metre   (Einheitenzeichen: m)
               the volt   (Einheitenzeichen: V)
               the joule per second   (Einheitenzeichen: J/s).

15. In Großbritannien und USA werden die Namen einiger Einheiten gelegentlich etwas
     unterschiedlich geschrieben.

Beispiel: metre   in Großbritannien
               meter   in USA.

Auch die Schreibweise von kilogram oder kilogramme ist manchmal verschieden. Be-
strebungen zur Vereinheitlichung sind im Gange.

6.4 Zahlenwert

Der Zahlenwert einer skalaren Größe ist das Verhältnis dieser Größe zur gewählten
Einheit:

$$\text{Zahlenwert} = \frac{\text{skalare Größe}}{\text{gewählte Einheit}}.$$

Für Größen mit Vektor- oder Tensorcharakter gilt diese Aussage bezüglich deren Koordinaten oder deren Betrag. Wenn die Größe komplex ist, gilt die Gleichung für den Betrag
dieser Größe oder für den Realteil oder Imaginärteil getrennt. Es hat sich eingebürgert,
hierfür das Wort ,,Zahlenwert'' zu verwenden, um es deutlich vom Begriff der Zahl abzu-
heben. Der Zahlenwert ist also immer ein Teil der physikalischen Größe. Wenn das Wort
Zahlenwert auftaucht, weiß man daher immer, daß er mit einer Einheit zu einer Größe ergänzt werden soll. Das bekommt insbesondere bei den Größenverhältnissen Bedeutung
(s. Abschnitt 6.6). Der Zahlenwert gibt an, welches Vielfache oder welcher Bruchteil der
Einheit die skalare Größe ist.

Beispiel: Der Zahlenwert der Größe 5 m ist 5,
               der Zahlenwert der Größe $2\,\pi\,$m ist $2\,\pi$.

Der Zahlenwert einer Größe kann auch in Bruchform dargestellt werden mit dem Formelzeichen im Zähler und dem Einheitenzeichen im Nenner.

Beispiele: $\dfrac{l}{m}$ oder l/m.

Kann man z. B. wie bei der üblichen Schreibmaschinenschrift nicht zwischen kursiver und steiler Schrift unterscheiden, könnte der Ausdruck l/m anstatt als eine in Meter angegebene Länge fälschlicherweise als Quotient Länge durch Masse aufgefaßt werden. Häufig ist es auch schwierig, zwischen den Typen l und 1 zu unterscheiden. In solchen Fällen werden Fehler vermieden, wenn man vor das Einheitenzeichen eine 1 setzt:

$$\frac{l}{1\ \text{m}} \qquad \text{oder} \qquad l/(1\ \text{m}).$$

Die Schreibweise des Zahlenwertes in Bruchform eignet sich insbesondere zur Zahlenwertkennzeichnung an Koordinaten bei graphischen Darstellungen sowie für die Köpfe von Zahlenwert-Spalten in Tabellen.

Eine andere Möglichkeit in Tabellenköpfen — die sich auch für Zahlenwertgleichungen bewährt hat — besteht darin, z. B. „t in h" zu schreiben. Die Angabe bedeutet dann, daß sich die Zahlenwerte der aufgelisteten oder einzusetzenden Größen auf die Einheit Stunden beziehen. Keineswegs benutzt werden dürfen eckige Klammern um das Einheitenzeichen zur Kennzeichnung eines Zahlenwertes, z. B. „t [h]". Hier wird nämlich fälschlicherweise anstelle des für Zahlenwert-Angaben verwendbaren Bruchs ein Produkt (t mal [h]) verwendet. Außerdem wird noch gegen die in Abschnitt 6.3 aufgestellten Regeln verstoßen, daß nämlich das Einheitenzeichen nicht in eckige Klammern gesetzt werden kann. Leider wird gerade dagegen in der Literatur sehr häufig verstoßen. Es wäre ein großer Fortschritt, wenn sich allgemein die Angaben in Tabellenköpfen mit Hilfe der oben erwähnten Bruchform oder mit Hilfe des Wörtchens „in" und ohne Verwendung einer eckigen Klammer durchsetzen würden.

Für die Schreibweise von Zahlenwerten, insbesondere in Zahlenwertgleichungen, wird gelegentlich auch das Formelzeichen mit der Einheit als Index verwendet.

Beispiel: l_m ist der Zahlenwert einer in Meter gemessenen Länge.

Der Index ist in diesem Fall, da er von einem Einheitensymbol abgeleitet wird, immer steil zu setzen. Und da Einheitensymbole sonst als Indizes nicht vorkommen, kann ein Mißverständnis über die Bedeutung des ganzen Symbols nicht entstehen.

6.5 Gleichungen

Physikalische Gleichungen geben Beziehungen

zwischen physikalischen Größen oder
zwischen Einheiten oder
zwischen Zahlenwerten

in einer vereinbarten Schreibweise wieder. In den Gleichungen stehen Zeichen (Symbole), die entweder physikalische Größen, Einheiten oder Zahlenwerte bedeuten. Man unterscheidet daher

a) Größengleichungen (in ihnen stehen nur Größen),
b) Einheitengleichungen (sie geben Beziehungen zwischen Einheiten wieder),
c) Zahlenwertgleichungen (in ihnen stehen nur Zahlenwerte).

Hinsichtlich der Art ihrer Aussage kann man unterscheiden

α) Definitionsgleichungen. In ihnen definieren zwei bekannte Größen (die Basisgrößen oder abgeleitete Größen sein können) eine dritte neue abgeleitete Größe.

Beispiel: $F = m \cdot a$.

β) Physikalische Gesetze. In ihnen werden naturgesetzliche Zusammenhänge — häufig zwischen mehr als drei Größen — angegeben.

Beispiel: Gravitationsgesetz $F = G \dfrac{m_1 m_2}{r^2}$

γ) Objektgebundene Gleichungen. In ihnen werden Relationen und Eigenschaften beschrieben.

Beispiel: $m_{\text{Erde}} = 81 \cdot m_{\text{Mond}}$

δ) Angabegleichungen. Mit ihnen wird ein quantitatives Ergebnis formuliert.

Beispiel: $m_{\text{Mond}} = 73 \cdot 10^{21}$ kg.

ϵ) Einheitengleichungen.

Beispiele: $1 \text{ N} = 1 \text{ m} \cdot \text{kg} \cdot \text{s}^{-2}$
$1 \text{ eV} = 1{,}602\,189\,2 \cdot 10^{-19}$ J.

In Größengleichungen werden Beziehungen zwischen Größen dargestellt. Die Größengleichungen gelten daher unabhängig von der Wahl der Einheiten und sollten deshalb auch bevorzugt angewendet werden.

Beispiel: Die Auswertung der Größengleichung $v = \dfrac{s}{t}$ liefert bei einem bestimmten Vorgang immer das gleiche Ergebnis, unabhängig davon, in welchen Einheiten eine spezielle Weglänge und eine bestimmte Zeitspanne gemessen worden sind:

a) $s = 450 \text{ m}$, $t = 30 \text{ s}$, $v = \dfrac{450 \text{ m}}{30 \text{ s}} = 15 \text{ m/s}$

b) $s = 0{,}45 \text{ km}$, $t = 0{,}5 \text{ min}$, $v = \dfrac{0{,}45 \text{ km}}{0{,}5 \text{ min}} = 0{,}9 \text{ km/min} = 15 \text{ m/s}$

c) $s = 0{,}45 \text{ km}$, $t = \dfrac{1}{120} \text{ h}$, $v = \dfrac{0{,}45 \text{ km}}{(1/120) \text{ h}} = 54 \text{ km/h} = 15 \text{ m/s}$

Die erhaltenen drei Ergebnisse sind aufgrund der Einheitengleichungen

$1 \text{ h} = 60 \text{ min} = 3600 \text{ s}$
$1 \text{ km} = 1\,000 \text{ m}$

einander gleich.

Verwendet man bei der Auswertung einer Größengleichung nur Einheiten eines kohärenten Einheitensystems, z. B. SI-Einheiten, so erhält man das Ergebnis in einer Einheit desselben Einheitensystems.

Beispiel: $F = m \cdot a$
mit $m = 5 \text{ kg}$ und $a = 3 \text{ m/s}^2$ ergibt sich
$F = 15 \text{ N}$.

Neben der Größengleichung, in der nur Symbole für Größen stehen, gibt es noch die spezielle Art, in der auch Produkte aus Zahlenwert und Einheit stehen. Dazu gehören die Angabegleichungen, in denen Ergebnisse dargestellt werden, und Einheitengleichungen, in denen die quantitativen Beziehungen zwischen Einheiten mitgeteilt werden.

Die auf bestimmte Einheiten zugeschnittene Größengleichung unterscheidet sich von der oben erwähnten Größengleichung dadurch, daß jede Größe durch die ihr zugeordnete Einheit dividiert auftritt.

Beispiel: $\quad \dfrac{U}{kV} = 10^{-3}\,\dfrac{I}{A}\cdot\dfrac{R}{\Omega}.$

Solche Gleichungen können wiederholt auszuführende Rechnungen abkürzen.

Zahlenwertgleichungen geben Beziehungen zwischen Zahlenwerten von Größen wieder – und nicht zwischen den Größen. Zahlenwertgleichungen erfordern daher immer die zusätzliche Angabe der Einheiten, für die die Zahlenwerte gelten, sonst sind sie für den Benutzer wertlos. Um Mißverständnisse auszuschließen, sollte man Zahlenwertgleichungen auch immer als solche kennzeichnen. Da es für die Zahlenwerte keine besonderen Symbole gibt, sind gewisse „Spielregeln" einzuhalten.

In Zahlenwertgleichungen stehen daher Zahlzeichen wie 2,15 oder π und in geschweifte Klammern gesetzte Symbole von Größen als Zahlenwerte in allgemeiner Schreibweise.

Beispiel: $\quad \{v\} = 3{,}6\,\dfrac{\{s\}}{\{t\}}$

v in km/h
s in m
t in s

Mit

$\{s\} = 450$ und $\{t\} = 30$

ergibt sich

$\{v\} = 3{,}6\,\dfrac{450}{30} = 54.$

Das Ergebnis darf nicht „54 km/h" geschrieben werden, da das Ergebnis einer Zahlenwertgleichung ein Zahlenwert ist. Allenfalls kann man dann in einer zusätzlichen Zeile hinzufügen

„also $v = 54$ km/h".

Die mathematische Bedeutung des Wörtchens „in" ist also „geteilt durch".

Die Schreibweise mit den geschweiften Klammern ist stets zu benutzen, wenn in einer Abhandlung sowohl Größengleichungen als auch Zahlenwertgleichungen benutzt werden.

Wenn jedes Mißverständnis ausgeschlossen ist, kann man die geschweiften Klammern auch weglassen.

Beispiel: $\quad v = 3{,}6\,\dfrac{s}{t}$

v in km/h
s in m
t in s.

Falsch ist die manchmal anzutreffende Schreibweise

$$v = 3{,}6 \frac{s}{t} \; [\text{km/h}],$$

da einerseits eckige Klammern um Einheitensymbole keinen Sinn haben und andererseits unklar bleibt, für welche Einheiten die einzelnen Zahlenwerte der Gleichung gelten. Zum Beispiel kann obige Zahlenwertgleichung unmißverständlich geschrieben werden

$$v_{\text{km/h}} = 3{,}6 \, s_{\text{m}}/t_{\text{s}}.$$

Zahlenwertgleichungen sollte man nicht mehr für die Darstellung physikalischer Gesetze verwenden. Im Rahmen von Auswertungen und zur Darstellung gewisser meßtechnischer Zusammenhänge haben sie nach wie vor ihre Berechtigung und bringen Vorteile. Benutzt man für die Größen, deren Zahlenwerte in die Zahlenwertgleichung eingesetzt werden, Einheiten eines kohärenten Einheitensystems, so werden die Zahlenwertgleichungen gleichlautend wie die zugehörigen Größengleichungen. Mischgleichungen, in denen also sowohl Größen als auch Zahlenwerte vorkommen, sollte man tunlichst vermeiden. Sie sind eine Quelle ständiger Mißverständnisse.

Mit Hilfe der Gleichung

$$G = \{G\}_{\text{b}} \cdot [G]_{\text{b}} = \{G\}_{\text{a}} \cdot [G]_{\text{a}} \tag{29}$$

rechnet man die Größe G, die in der Einheit $[G]_{\text{a}}$ angegeben ist, in die Einheit $[G]_{\text{b}}$ um. Solche Umrechnungen sind insbesondere dann notwendig, wenn $[G]_{\text{a}}$ eine veraltete Einheit ist. Da bei solchen Umrechnungen oft Fehler gemacht werden, sollen an einem Beispiel die beiden üblichen, aber zu unterscheidenden Rechenverfahren gezeigt werden.

Beispiel: Gegeben ist die Wärmeleitfähigkeit λ

$$\lambda = 10 \frac{\text{kcal}}{\text{m} \cdot \text{h} \cdot \text{grd}}$$

Dieser Größenwert, der die veralteten Einheiten cal und grd enthält, soll in SI-Einheiten umgerechnet werden.

1. **Umrechnen durch Einsetzen der Einheitengleichungen**

$$1 \text{ kcal} = 4\,186{,}8 \text{ W} \cdot \text{s}, \quad 1 \text{ h} = 3600 \text{ s} \quad \text{und} \quad 1 \text{ grd} = 1 \text{ K}$$

$$\lambda = 10 \frac{4\,186{,}8 \text{ W} \cdot \text{s}}{\text{m} \cdot 3600 \text{ s} \cdot \text{K}} = 11{,}63 \frac{\text{W}}{\text{m} \cdot \text{K}}$$

2. **Umrechnen durch Erweitern mit den Einheitenverhältnissen**

$$\frac{4\,186{,}8 \text{ W} \cdot \text{s}}{\text{kcal}} = \frac{1 \text{ h}}{3600 \text{ s}} = \frac{1 \text{ grd}}{1 \text{ K}} = 1$$

$$\lambda = 10 \frac{\text{kcal}}{\text{m} \cdot \text{h} \cdot \text{grd}} \cdot \frac{4\,186{,}8 \text{ W} \cdot \text{s}}{\text{kcal}} \cdot \frac{1 \text{ h}}{3600 \text{ s}} \cdot \frac{1 \text{ grd}}{1 \text{ K}} = 11{,}63 \frac{\text{W}}{\text{m} \cdot \text{K}} .$$

6.6 Größenquotienten

Dividiert man zwei Größen A und B durcheinander, so entsteht eine neue Größe. Sind hierbei A und B Größen *verschiedener Dimension*, so nennt man den Bruch einen *Größenquotienten*. Hierbei können Zählergröße und Nennergröße Potenzprodukte von Größen sein.

Beispiele: $\text{Dichte} = \dfrac{\text{Masse}}{\text{Volumen}}, \qquad \rho = \dfrac{m}{V}$

$$\text{Druck} = \frac{\text{Kraft}}{\text{Fläche}} = \frac{\text{Masse} \cdot \text{Beschleunigung}}{\text{Fläche}}$$

$$= \frac{\text{Masse} \cdot \text{Länge}}{(\text{Zeit})^2 \cdot (\text{Länge})^2}$$

$$p = \frac{m}{t^2 \cdot l} \cdot$$

Die Sprechweise für den Größenquotienten lautet:

„Zählergröße *durch* Nennergröße".

Beispiel: Dichte gleich Masse *durch* Volumen.

Die häufig noch benützten Wörter „je" und „pro" sollte man vermeiden, da solchen Bildungen andere Bedeutung gegeben werden kann und da man die in der Mathematik für die Angabe von Brüchen übliche Bezeichnung verwenden sollte. So bedeuten beispielsweise die Benennungen „Masse je Volumen" oder „Masse pro Volumen" nicht die Dichte, sondern lediglich die Masse eines Körpers, der ein bestimmtes Volumen hat.

Häufig werden auch noch falsche Ausdrucksweisen wie beispielsweise „Dichte ist Masse durch die Volumeneinheit" oder „Dichte ist Masse durch Kubikmeter" oder gar „Dichte ist Masse je Volumeneinheit" verwendet. Diese Ausdrucksweisen sind deswegen falsch, weil alle abgeleiteten Größen ausschließlich durch Größen und nicht durch Einheiten definiert sind. Außerdem ergibt sich ein falsches Ergebnis, wenn man im Rechenvorgang diesen Definitionen folgt. Wenn beispielsweise die Masse eines Körpers 16 kg und sein Volumen 2 dm^3 betragen, ergäbe sich der falsche Größenwert ρ'

$$\rho' = \frac{16\ \text{kg}}{1\ \text{m}^3} = 16\ \text{kg/m}^3$$

anstelle des richtigen Größenwertes ρ

$$\rho = \frac{16\ \text{kg}}{2\ \text{dm}^3} = 8 \cdot 10^3\ \text{kg/m}^3 \,.$$

Für Größenquotienten gibt es gelegentlich eigene Namen wie Geschwindigkeit, Dichte und magnetische Induktion.

Von „*bezogenen Größen*" spricht man, wenn Zähler- und Nennergröße zwei Merkmale desselben physikalischen Sachverhalts sind, wobei der begriffliche Schwerpunkt bei der im Zähler stehenden Größe liegt. Die im Nenner stehende Größe heißt *Bezugsgröße* (s. DIN 5490). Zum Beispiel: Stoffmengenbezogene Masse.

Viele bezogene Größen haben eigene Namen, wie z. B. Leitfähigkeit für den auf den Querschnitt und die reziproke Länge bezogenen Leitwert. Weitere Beispiele sind: Widerstandsbelag ist der auf die Länge bezogene Widerstand; Massenbedeckung ist die auf die Fläche bezogene Masse; Energiedichte ist die auf das Volumen bezogene Energie.

Wenn eine Größe auf die Masse bezogen ist, wird häufig das Wort „spezifisch" benutzt.

Beispiele: Das spezifische Volumen ist das auf die Masse bezogene Volumen, die spezifische Wärmekapazität ist die auf die Masse bezogene Wärmekapazität. Eine Ausnahme von dieser Regel bildet zum Beispiel der spezifische Widerstand, der den auf die Länge und den Kehrwert des Querschnitts bezogenen Widerstand bezeichnet.

Gelegentlich sind eigene Namen für Größenquotienten zwar infolge ihrer Kürze bequem, infolge des Informationsverlustes aber manchmal auch von Nachteil. So sind beispielsweise die Bezeichnungen Molarität (inzwischen aufgegeben) und Molalität von überzeugender Kürze. Doch wer weiß schon zuverlässig, daß es sich im ersten Fall um eine Stoffmengenkonzentration (gemessen in mol/m^3) und im zweiten Fall um die massenbezogene Stoffmenge (gemessen in mol/kg) handelt. Die ausführlichen Bezeichnungen sind zwar umständlich, aber klar. So ist es auch häufig instruktiver, Bezeichnungen mit Hilfe des Wortes Koeffizient und bei den in Abschnitt 6.7 behandelten Größenverhältnissen mit Hilfe der Wörter Zahl, Faktor, Grad und Maß zu bilden und auf eigene Namen zu verzichten. Der Gebrauch von Wortverbindungen mit den Wörtern Konstante, Koeffizient, Zahl, Faktor, Grad und Maß sind in DIN 5485 festgelegt.

Wenn unter bestimmten Bedingungen eine Größe A proportional einer Größe B ist, so kann dies mit Hilfe der Beziehung

$$A = k \cdot B$$

ausgedrückt werden. Wenn die Größen A und B verschiedene Dimensionen haben, sollte für k der Name *Koeffizient* verwendet werden.

Beispiele: linearer Ausdehnungskoeffizient α: $\quad \dfrac{d\,l}{l} = \alpha\,d\,T$

Diffusionskoeffizient D: $\qquad \vec{J} = -\,D\,\mathrm{grad}\,n.$

6.7 Größenverhältnisse

Dividiert man zwei Größen A und B durcheinander und sind A und B Größen *gleicher Dimension*, so nennt man den Bruch V ein *Größenverhältnis*. Hierbei können Zählergröße und Nennergröße Potenzprodukte von Größen sein.

Beispiele: ebener Winkel $= \dfrac{\text{Länge des Bogens eines Kreises um den Scheitel}}{\text{Radius des Kreises}}$

$$\alpha = \frac{l}{r}$$

Dehnung $= \dfrac{\text{Endlänge} - \text{Anfangslänge}}{\text{Anfangslänge}}$

$$\epsilon = \frac{\Delta l}{l_1}$$

Reynolds-Zahl $= \dfrac{\text{charakt. Geschwindigkeit} \cdot \text{charakt. Länge}}{\text{kinematische Viskosität}}$

$$Re = \frac{w \cdot l}{v}$$

In der Fachliteratur findet man gelegentlich auch noch den Ausdruck Verhältnisgröße anstatt Größenverhältnis. Alle Größenverhältnisse haben das Dimensionsprodukt 1. Dies ergibt sich allerdings auch bei einigen Größenprodukten, z. B. bei Winkel α.

Es ist

$$\alpha = \omega \cdot t,$$

wobei ω die Kreisfrequenz und t die Zeit sind. Die folgenden Ausführungen für Größenverhältnisse gelten analog für Größenprodukte mit dem Dimensionsprodukt 1.
Da

$$V = \frac{A}{B} = \frac{\{A\} \cdot [A]}{\{B\} \cdot [B]} = \frac{\{A\}}{\{B\}} \cdot \frac{[A]}{[B]} \tag{30}$$

ist, ist der Zahlenwert eines Größenverhältnisses das Verhältnis des Zahlenwerts des Zählers zu dem des Nenners; die zugeordnete Einheit ist gleich dem Verhältnis aus der Zählereinheit und der Nennereinheit gleicher Dimension, kurz auch *Einheitenverhältnis* genannt.

Beispiel: Ist bei einer Dehnung ϵ

$$\Delta l = 4 \text{ mm}, \quad l = 2 \text{ m},$$

so ist

$$\epsilon = \frac{4 \text{ mm}}{2 \text{ m}} = \frac{4}{2} \frac{\text{mm}}{\text{m}} = 2 \frac{\text{mm}}{\text{m}}.$$

Sind bei einem Größenverhältnis Zählereinheit und Nennereinheit nicht nur von gleicher Dimension, sondern auch gleich, so kann dieses besondere Einheitenverhältnis durch 1 ersetzt werden.

Beispiel: Dehnung $\epsilon = 2 \frac{\text{mm}}{\text{m}} = 2 \cdot 10^{-3} \frac{\text{m}}{\text{m}} = 2 \cdot 10^{-3}.$

Jedes andere Einheitenverhältnis muß aber angegeben werden. Einheitenverhältnisse ungleich eins, also aus Einheiten, die nicht einander gleich sind, ergeben manchmal bequeme und anschauliche Zahlenwerte.

Beispiele: Dehnung $\epsilon = 2 \frac{\text{mm}}{\text{m}}$

Gang G einer Uhr : $G = \frac{20 \text{ s}}{4 \text{ d}} = 5 \frac{\text{s}}{\text{d}} \, (= 57{,}9 \cdot 10^{-6} \text{ s/s}).$

Größenverhältnisse mit dem besonderen Einheitenverhältnis 1 können recht unterschiedlich angegeben werden: als Produkt aus Zahlenwert mal Einheit oder nur als Zahlenwert.

Beispiele: Verstärkungsfaktor $A = 3\,000 \text{ V/V}$

Volumengehalt $x = 38 \frac{\text{cl}}{\text{l}} = 38 \, \%$

relative Meßunsicherheit $u_\text{r} = 5{,}4 \cdot 10^{-6}.$

Manchmal, insbesondere bei Einzelangaben kann eine zusätzliche Information wie m/m oder s/s wertvoll sein. In einigen Fällen gibt es für dieses besondere Einheitenverhältnis eigene Namen, wie z. B. Radiant für das Einheitenverhältnis m/m des ebenen Winkels. Beim Rechnen können diese besonderen Einheiten weggelassen werden.

Für die Bezeichnung von Größenverhältnissen gibt es in DIN 5485 (Wortzusammensetzungen mit den Wörtern Konstante, Koeffizient, Zahl, Faktor, Grad, Maß, Pegel) und in DIN 5490 (Gebrauch der Wörter bezogen, spezifisch, relativ, normiert und reduziert) eine Reihe von terminologischen Empfehlungen, die wir kurz behandeln wollen.

1. Das Wort „Zahl" wird in Wortverbindungen vorzugsweise zur Bezeichnung von Stoff-kenngrößen oder als Kenngröße für Zustände verwendet.

Beispiel: $\text{Brechzahl} = \dfrac{\text{Lichtgeschwindigkeit im Vakuum}}{\text{Lichtgeschwindigkeit im Medium}}$

$\text{Prandtl-Zahl} = \dfrac{\text{kinematische Viskosität}}{\text{Temperaturleitfähigkeit}}$.

2. Das Wort „Grad" wird in Wortverbindungen dann benutzt, wenn ausgedrückt werden soll, daß ein Größtwert höchstens eins (100 %) werden kann.

Beispiel: $\text{Wirkungsgrad} = \dfrac{\text{abgegebene Leistung}}{\text{zugeführte Leistung}}$.

3. Das Wort „Maß" wird in Wortverbindungen benutzt, um den Logarithmus des Verhält-nisses zweier Größen gleicher Dimension zu kennzeichnen (s. u.).

Beispiele: Übertragungsmaß
Dämpfungsmaß.

4. „Relative" Größen sind Verhältnisse zweier Größen gleicher Dimension, wenn ein fest-gelegter Wert der im Nenner stehenden Bezugsgröße benutzt wird.

Beispiel: Relative Dichte.

5. Wird eine Größe auf eine solche gleicher Dimension, aber von Fall zu Fall wechselnden Betrags bezogen, so wird an Stelle des Wortes relativ auch das Wort „normiert" benutzt.

Beispiel: Normierte Frequenz.

Die Größenverhältnisse haben auch deshalb eine besondere Bedeutung, weil sie ge-legentlich in transzendente Funktionen eingesetzt werden. Da transzendente Funktionen nur für Zahlen definiert sind, müssen die Zahlenwerte eines Größenverhältnisses, die in eine transzendente Funktion eingesetzt werden, das Einheitenverhältnis 1 haben.

Beispiele: 1. $T = 20\ \text{ms}, \quad t = 10\ \text{ms}$

$$\cos 2\pi\, \frac{t}{T} = \cos 2\pi\, \frac{10\ \text{ms}}{20\ \text{ms}} = \cos \pi = -1$$

2. $U_1 = 1{,}103\ \text{mV}, \quad U_2 = 2{,}236\ \text{V}$

$$\lg U_2/U_1 = \lg \frac{\mathbf{2{,}236\ V}}{1{,}103\ \text{mV}} = \lg 2{,}027 \cdot 10^3\, \frac{V}{V} = \lg 2{,}027 \cdot 10^3 \approx 3{,}307.$$

Das Einsetzen eines Größenverhältnisses in eine transzendente Funktion liefert zwar eine Zahl, doch kann diese Zahl als Zahlenwert einer Größe mit dem Dimensionsprodukt 1 aufgefaßt werden. Im allgemeinen besteht keine Notwendigkeit, dies in den Formeln be-sonders zum Ausdruck zu bringen.

Zum Winkel als Verhältnisgröße sind besondere Erläuterungen notwendig:

Im Zusammenhang mit den Größen „ebener Winkel" und „räumlicher Winkel" gibt es häufig eine Reihe von Mißverständnissen. Der ebene Winkel kennzeichnet den *Richtungs-unterschied* zweier von einem Punkt ausgehender Strahlen (s. auch DIN 1315 „Winkel, Begriffe, Einheiten" (März 1974)). Damit ist keine Bewegung (Rotation) verknüpft. Die Meßvorschrift (Definition) „Länge des von den Schenkeln begrenzten Bogens durch Radius" ist nur eine von mehreren möglichen. Für den im Nenner stehenden Radius könnte auch jede ihm proportionale Bezugslänge (z. B. der Kreisumfang $u = 2\pi r$) gewählt werden. Die ge-wählte Definition, die sich in Mathematik und Physik eingebürgert hat, hat allerdings den Vorzug, daß das Differential $d\alpha$ des Winkels α zugleich das Differential der relativen Änderung eines Vektors senkrecht zu dessen Richtung darstellt (Bild 6.1). Dadurch werden viele Formeln besonders einfach.

Die SI-Einheit rad des ebenen Winkels kann in bestimmten Fällen (z. B. beim Auswerten von Formeln) durch 1 ersetzt werden. Man sollte die Einheit rad nicht weglassen, wenn bei einer Angabe nicht mehr erkennbar ist, daß ein Winkel gemeint ist, diese Information aber wichtig ist (z. B. α = 0,2 rad, wenn α auch eine andere Bedeutung als Winkel hat).

Weiterhin muß man zwischen Zusammenhängen zwischen physikalischen Größen und der modellmäßigen Darstellung beispielsweise in Zeigerdiagrammen unterscheiden. Durch letzteres werden gelegentlich fälschlicherweise Winkelbeziehungen in die Dinge hineingebracht, die mit den naturgesetzlichen Zusammenhängen nichts zu tun haben (die elektrische Stromstärke steht nicht senkrecht auf der elektrischen Spannung!).

Der Steradiant hat in einigen Bereichen der Physik (z. B. der Strahlungsphysik) den Charakter einer Basiseinheit. Dort soll man bei auf den Raumwinkel bezogenen Größen die Einheit sr nicht durch 1 ersetzen.

Beispiel: Strahlstärke (Einheit: Watt durch Steradiant, W/sr).

Im Abschnitt 6.3 wurde schon auf die Unsitte hingewiesen, Kennzeichnungen, die zur jeweiligen Größe gehören, an die Einheit anzufügen. Das Volt effektiv (V_{eff}) und das Blindwatt sind Beispiele hierfür. Solche Hinweise an den Einheiten sind deshalb unrichtig, weil sich die Einheiten mit Hinweisen nicht von den jeweiligen Einheiten ohne Hinweise unterscheiden. So ist ein Volt effektiv gleich einem Volt, und das Blindwatt unterscheidet sich nicht von seinem „sehenden Bruder". Durch die Verwendung besonderer Kennzeichen an den Einheiten möchte man sich die korrekte Größenbenennung ersparen. Da Größenverhältnisse sehr oft ohne Einheiten nur als Zahlen angegeben werden, gibt es in diesen Fällen keine Einheit, an die ein Hinweis angefügt werden kann. Für Größenverhältnisse haben sich daher „einheitenähnliche Hinweise" eingebürgert, die nur die Funktion haben, auf die jeweilige Größe hinzuweisen. Dazu gehört zum Beispiel der Grad Zucker (Symbol: °S), der von der International Commission for Uniform Methods of Sugar Analysis (ICUMSA) geschaffen wurde. Angaben in Grad Zucker sind eigentlich Angaben des Massengehaltes einer Zuckerlösung an Saccharose in Prozent, wenn der Gehalt nach polarimetrischen Verfahren unter festgelegten Bedingungen gemessen wird. Der Grad Zucker ist ein Hinweis auf die gemessene Größe und das genormte Verfahren.

Ein besonderes Problem bilden die einheitenähnlichen Hinweise für logarithmierte Größenverhältnisse, wie zum Beispiel Dezibel und Neper, die in der Akustik und Nachrichtentechnik verwendet werden. Bei den Größen, deren Verhältnisse logarithmiert werden, unterscheidet man zwischen Leistungsgrößen und Feldgrößen. Leistungsgrößen sind der Leistung proportional. Neben der elektrischen und akustischen Leistung gehören die entsprechenden Leistungsdichten dazu. Größen, deren Quadrate einer Leistung proportional sind, werden Feldgrößen genannt. Beispiele sind: Spannung, Strom, Schalldruck, Kraft und Geschwindigkeit. In der Nachrichtentechnik und Akustik sind zwei Arten von Logarithmen gebräuchlich:

    der natürliche Logarithmus ln
    und der Zehnerlogarithmus lg.

Es gilt als vereinbart, daß (zunächst) der natürliche Logarithmus auf das Verhältnis zweier Feldgrößen F_1 und F_2 und der Zehnerlogarithmus auf das Verhältnis zweier Leistungsgrößen P_1 und P_2 angewendet wird. Bezeichnet man das logarithmierte Größenverhältnis mit a, so ergeben sich zwei verschiedene logarithmierte Größenverhältnisse:

$$a_\mathrm{I} = \ln \frac{F_1}{F_2} \tag{31}$$

und

$$a_\mathrm{II} = \lg \frac{P_1}{P_2}. \tag{32}$$

Besteht zwischen der Leistungsgröße P und der Feldgröße F die Beziehung $P = F^2$, so gilt

$$a_\mathrm{II} = \lg \frac{F_1^2}{F_2^2} = 2\lg \frac{F_1}{F_2}. \tag{33}$$

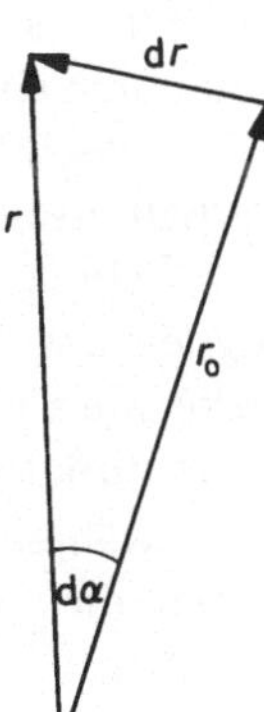

Bild 6.1
Zum Differential
$d\alpha$ des Winkels α

Um auf den jeweils verwendeten Logarithmus hinzuweisen, ist es üblich, bei Verwendung des natürlichen Logarithmus den Hinweis Neper (Kurzzeichen: Np) und bei Verwendung des Zehnerlogarithmus den Hinweis Bel (Kurzzeichen: B) anzufügen. Als Beispiel soll das Spannungsdämpfungsmaß a_u, das logarithmierte Verhältnis zweier elektrischer Spannungen U_1 und U_2 gebildet werden. Aus Gl. (31) folgt

$$a_\mathrm{u,I} = \ln \frac{U_1}{U_2} \ \mathrm{Np} \tag{34}$$

und aus Gl. (33) wird

$$a_\mathrm{u,II} = 2\lg \frac{U_1}{U_2} \ \mathrm{B}. \tag{35}$$

in der Praxis wird meist nicht das Bel, sondern der zehnte Teil, das Dezibel (dB) verwendet. Statt Gl. (35) gilt dann

$$a_\mathrm{u,II} = 20\lg \frac{U_1}{U_2} \ \mathrm{dB}. \tag{36}$$

Nimmt man jetzt an, daß $a_\mathrm{u,I}$ und $a_\mathrm{u,II}$ nicht verschieden definierte Größen sind, sondern daß es nur ein Spannungsdämpfungsmaß a_u gibt, das einmal in der „Einheit Neper" und zum anderen in der „Einheit Dezibel" gemessen wird, so kann man schreiben:

$$a_\mathrm{u} = \ln \frac{U_1}{U_2} \ \mathrm{Np} = 20\lg \frac{U_1}{U_2} \ \mathrm{dB}. \tag{37}$$

Gl. (37) setzt voraus, daß Np und dB nicht nur Hinweise auf die jeweilige Art des Logarithmus sind, sondern daß es auch Faktoren sind — manchmal wird auch gesagt Einheiten —, zwischen denen folgende Beziehung besteht:

$$1\,\mathrm{Np} = \left(\frac{20}{\ln 10}\right)\mathrm{dB} = 8{,}686\ \mathrm{dB} \tag{38}$$

$$1\,\mathrm{dB} = \frac{\ln 10}{20} \ \mathrm{Np} = 0{,}115\ \mathrm{Np}. \tag{39}$$

Beim Rechnen mit Dezibel und Neper muß man beachten, daß die jeweiligen Größenverhältnisse multipliziert werden, wenn man Größenwerte in Dezibel oder Neper addiert.

Der Name Bel wurde zu Ehren von Alexander Graham Bell, dem Erfinder des Telefons gewählt, der Name Neper nach dem schottischen Mathematiker John Napier, der 1614 in Edinburgh eine Arbeit über die Logarithmen zur Basis e veröffentlichte.

„Pegel" werden logarithmierte Größenverhältnisse genannt, wenn der Nenner des Verhältnisses eine festgelegte Bezugsgröße ist. Beim Schalldruckpegel ist die Bezugsgröße zum Beispiel $2 \cdot 10^{-5}$ Pa. Beim elektrischen Leistungspegel im Fernsprechnetz wurde die Bezugsleistung 1 mW festgelegt. Bei den Pegeln wird deutlich, daß die einheitenähnlichen Hinweise wie Dezibel und Neper eine genaue Angabe der Größe nicht ersetzen können, weil sie keine Auskunft über den jeweils gültigen Bezugswert geben.

Während die oben erwähnten Hinzufügungen an Einheitenzeichen die Aufgabe haben, die Größe näher festzulegen, erfüllen Dezibel und Neper diese Funktion nur unvollkommen. Dezibel und Neper weisen nur auf die Basis des jeweiligen Logarithmus hin. Dagegen enthalten sie keinen Hinweis auf den Bezugswert bei den Pegeln oder auf sonstige Randbedingungen. In der IEC-Publikation 27-3 wird daher die Möglichkeit eingeräumt, mit Anfügungen an Dezibel und Neper nähere Auskunft über die jeweilige Meßgröße zu geben.

Die Anfügungen an Dezibel und Neper sind nicht ganz unproblematisch, weil Dezibel und Neper selber schon die Aufgabe von Anfügungen erfüllen. Es handelt sich demnach um Anfügungen zu den Anfügungen. Daran ist zu erkennen, daß die Stellung der einheitenähnlichen Hinweise noch nicht endgültig geklärt ist. Einmal werden Dezibel und Neper wie Einheiten behandelt, die den Einheiten eines Einheitensystems vergleichbar sind, und die als Ergänzung zu ihnen angesehen werden können, zum anderen sollen sie als Hinweise auf genormte Meßverfahren dienen.

In der Technik werden sehr häufig quantitative Angaben für Phänomene gemacht, bei denen Anfangs- oder Randbeziehungen zusätzlich festgelegt werden, oder bei denen Beziehungen zwischen Größen hergestellt werden, die sich nicht aus einem Sachzusammenhang, sondern aus einer Vereinbarung ergeben. Derartige Angaben könnte man als empirische Größen bezeichnen. Typische Beispiele dafür sind die Härte und die Lichtempfindlichkeit von fotografischem Material. Bei der Messung der Härte wird ein Körper, dessen Form und Material genormt sind, mit einer Kraft F auf die zu untersuchende Probe gedrückt. Dabei entsteht die Eindruckfläche A. Bei der Prüfung nach Brinell und Vickers wird als Härte der Quotient F/A bezeichnet.

Die Härte ist deshalb eine empirische Größe, weil der Flächeninhalt A und damit der Quotient F/A nicht nur von der Kraft und den Eigenschaften der Probe abhängen, sondern auch von der Form und dem Material des Eindringkörpers.

Die fotografische Empfindlichkeit S ist nach DIN 4512 Blatt 1 die Zahl

$$S = 10 \lg \frac{H_0}{H_\mathrm{M}} . \tag{40}$$

Dabei ist H_M die Belichtung, die erforderlich ist, um mit einer genormten Entwicklung eine bestimmte Schwärzung des Filmmaterials zu erzielen. $H_0 = 1$ lx $\cdot$ s ist der Bezugswert. Die fotografische Empfindlichkeit ist daher eine Größe von der Art eines Pegels. Angaben der Empfindlichkeit werden z. B. in folgender Form gemacht: 17 DIN. Hier wird das Kurzzeichen DIN zumindest formal wie eine Einheit verwendet. Neben den Angaben mit dem Symbol DIN gibt es noch die Angaben der fotografischen Empfindlichkeit mit den Symbolen ASA und ГОСТ, wobei sich die beiden zuletzt genannten Symbole auf nicht logarithmierte

Größenverhältnisse beziehen. Die Normenorganisationen stellen hier die Kurzzeichen ihrer Namen als einheitenähnliche Symbole für die fotografische Empfindlichkeit zur Verfügung. Größen, die wie in den angegebenen Beispielen nach so detaillierten Festlegungen ermittelt werden, lassen sich nicht in ein System einordnen. Ein Kurzzeichen wie zum Beispiel DIN weist in diesem Fall auf die Festlegungen hin. Die „Einheit" DIN kann deshalb auch nicht einem Einheitensystem zugeordnet werden. Bei diesen einheitenähnlichen Hinweiszeichen ist die Diskussion um die Begriffsbildung noch nicht zu einem Abschluß gekommen. Die Dinge sind noch im Fluß. Zur Klärung der damit zusammenhängenden Fragen beabsichtigt das Deutsche Institut für Normung, ein Beiblatt herauszugeben, in dem neben Dezibel, Neper und DIN auch andere wie Einheiten verwendete Namen und Zeichen aufgenommen werden sollen.

Zu den logarithmierten Größenverhältnissen gehört auch die astronomische Größenklasse. Zwei Sterne sind in zwei benachbarten astronomischen Größenklassen (scheinbare Größe) n und $n + 1$, wenn für die am Ort des Beobachters von den Sternen hervorgerufenen Beleuchtungsstärken E_1 und E_2 gilt

$$\frac{E_1}{E_2} = \sqrt[5]{100}$$

oder

$$\lg \frac{E_1}{E_2} = \frac{1}{5} \lg 100 = 0{,}4. \tag{41}$$

Das Vorzeichen ist dabei so festgelegt, daß der Zahlenwert der Größenklasse für den Stern 2 höher ist, wenn $E_1 > E_2$.

Als Verhältniseinheit in Anwendung auf das Intervallmaß zweier Frequenzen f_1 und f_2 dient die Oktave (oct)

$$i = \frac{1}{\lg 2} \lg \frac{f_1}{f_2} \text{ oct} \tag{42}$$

Beispiel: $i = 1$ oct heißt $f_1 = 2 f_2$.

6.8 Systeme

Nach einer Zeit großer Vielfalt auf dem Gebiet der Einheitensysteme beginnt sich durch die Einführung des SI eine Vereinfachung durchzusetzen. Die Diskussionen über dieses Gebiet haben daher größtenteils nur noch historisches Interesse. Wir wollen uns daher hier auf wenige Dinge beschränken.

Einige früher selbständige Einheitensysteme können heute als Teilsysteme des SI betrachtet werden:

das MKS-System für die Mechanik mit den Basiseinheiten
   Meter, Kilogramm und Sekunde,
das MKSA-System für die Elektrodynamik und die Mechanik mit den Basiseinheiten
   Meter, Kilogramm, Sekunde und Ampere,
das m-kg-s-°K-System für die Thermodynamik mit den Basiseinheiten
   Meter, Kilogramm, Sekunde und Grad Kelvin,

das m-s-J-sr-System für die physikalische Strahlungslehre mit den Basiseinheiten

Meter, Sekunde, Joule und Steradiant,

das m-s-cd-sr-System für die Photometrie mit den Basiseinheiten

Meter, Sekunde, Candela und Steradiant.

Große Bedeutung — insbesondere auch in der theoretischen Physik — hatte das CGS-System mit den Basiseinheiten Zentimeter, Gramm und Sekunde und mit einer verhältnismäßig großen Anzahl von abgeleiteten Einheiten mit eigenen Namen (wie Gal, Dyn, Erg). Es brachte allerdings wegen des Fehlens einer elektrischen Basiseinheit abgeleitete Einheiten, deren Potenzprodukte gebrochene Exponenten (z. B. für das Maxwell 1 Mx = $= 1 \text{ cm}^{3/2} \cdot \text{g}^{1/2} \cdot \text{s}^{-1}$) enthielten.

In technischen Bereichen waren das

cm-p-s-System mit der Basiseinheit Pond und das

m-kp-s-System mit der Basiseinheit Kilopond

in Gebrauch. Diese beiden Systeme unterschieden sich durch zwei Besonderheiten von den anderen, oben erwähnten Systemen:

1. Es wird eine Basiseinheit der Kraft und nicht der Masse verwendet. Die Einheit der Masse ist dann eine abgeleitete Einheit.
2. Die Basiseinheiten p und kp sind über die Normfallbeschleunigung definiert. Viele Einheitengleichungen enthalten daher den Faktor 9,80665, der die Beziehungen kompliziert.

Der Vollständigkeit halber sei erwähnt, daß es in den englischsprechenden Ländern natürlich angelsächsische Einheitensysteme gab oder gibt, z. B. das

yd-lb-s-System mit den Basiseinheiten yard, pound (für die Masse) und Sekunde und das

in-lbf-s-System mit den Basiseinheiten inch, pound-force (für die Kraft) und Sekunde.

Wie schon mehrfach betont, ist beim SI die Anzahl der benutzten Basiseinheiten keine Prinzipien-, sondern eine Zweckmäßigkeitsfrage. Im Bedarfsfalle wird — zum kohärenten Anschluß der Einheiten eines zusätzlichen Bereichs — eine zusätzliche Basiseinheit eingeführt. Es lohnt sich aber, einmal beim zugeordneten Dimensionssystem der Frage nachzugehen, inwieweit man in der Wahl der Basisdimensionen frei ist oder — anders formuliert — ob jeder beliebige Satz von Basisdimensionen zur Beschreibung der Gesetzmäßigkeiten eines abgeschlossenen Gebiets genommen werden kann. Es ist günstiger, diese Betrachtung am Dimensionssystem und nicht am Einheitensystem anzustellen, da man dort frei von numerischen Faktoren ist und die Basisdimensionen voneinander unabhängig sind.

Zur Verknüpfung von Größen in Größengleichungen sind Multiplikation und Division, Integration und Differentiation, Addition und Subtraktion dimensionsgleicher Größen, das Potenzieren einer Größe mit einer rationalen Zahl, bei Berücksichtigung des Vektorcharakters von Größen auch skalare Multiplikation von Vektoren und Vektormultiplikation sinnvoll und zulässig. Nach Übergang von Größengleichungen auf Beziehungen zwischen den zugehörigen Dimensionen bleiben von diesen Operationen nur Multiplikation und Division von Dimensionen und das Potenzieren einer Dimension mit einer rationalen Zahl übrig.

Systeme solcher Dimensionsgleichungen lassen sich in verschiedener Weise für ein bestimmtes Teilgebiet der Physik (oder auch die gesamte Physik) aufstellen. Sind die Gleichungen eines solchen Systems voneinander unabhängig, das heißt, ist es unmöglich, eine Gleichung aus den anderen zu erhalten, dann ist, wie sich zeigt, die Anzahl n der Gleichungen stets kleiner als die Anzahl p der in diesen vorkommenden Dimensionen. Das bedeutet, es gibt genau $p - n$ Dimensionen, die sich nicht aus den anderen der n Dimensionen erhalten lassen, sondern als gegebene „Basisdimensionen" angesehen werden müssen. Dann kann — und dies ist die „Lösung" des Gleichungssystems — jede der n Dimensionen als Potenzprodukt aus den $p - n$ Basisdimensionen dargestellt werden.

Beispiel: Für die Mechanik seien folgende Dimensionsgleichungen aufgestellt:

$$\text{Fläche} = \text{Länge} \cdot \text{Länge} \qquad\qquad \dim A = \dim (l \cdot l) \qquad (43)$$

$$\text{Volumen} = \text{Länge} \cdot \text{Fläche} \qquad\qquad \dim V = \dim (A \cdot l) \qquad (44)$$

$$\text{Geschwindigkeit} = \text{Länge} : \text{Zeit} \qquad\qquad \dim v = \dim (l/t) \qquad (45)$$

$$\text{Beschleunigung} = \text{Geschwindigkeit} : \text{Zeit} \qquad \dim a = \dim (v/t) \qquad (46)$$

$$\text{Energie} = \text{Masse} \cdot \text{Geschwindigkeit} \cdot \text{Geschwindigkeit} \qquad \dim E = \dim (m \cdot v^2) \qquad (47)$$

$$\text{Kraft} = \text{Masse} \cdot \text{Beschleunigung} \qquad\qquad \dim F = \dim (m \cdot a) \qquad (48)$$

$$\text{Energie} = \text{Kraft} \cdot \text{Länge} \qquad\qquad \dim E = \dim (F \cdot l) \qquad (49)$$

In diesen 7 Gleichungen kommen 9 Dimensionen vor. Aber für die Auflösung dieses Gleichungssystems reicht es nicht aus, $9 - 7 = 2$ Dimensionen als Basisdimensionen zu verwenden, weil die 7 Gleichungen nicht voneinander unabhängig sind. Denn Gl. (47) ergibt sich durch Einsetzen der Gln. (48), (46) und (45) (in dieser Reihenfolge) in Gl. (49). Die Gln. (43) bis (48) bilden ein unabhängiges System mit $p = 9$ und $n = 6$, also $p - n = 3$. Es müssen also 3 Basisdimensionen gewählt werden, und üblicherweise nimmt man Länge, Masse und Zeit. Nach Einsetzen der verbliebenen Gleichungen ineinander lassen sich alle p Dimensionen als Potenzprodukte aus den Basisdimensionen ausdrücken, hier für Länge, Masse und Zeit als Basisdimensionen:

$$\dim A = \dim l^2 \qquad\qquad\qquad\qquad\qquad\qquad\qquad\qquad (50)$$

$$\dim V = \dim l^3 \qquad \text{aus den Gln. (43) und (44)} \qquad (51)$$

$$\dim v = \dim (l/t) \qquad\qquad\qquad\qquad\qquad\qquad\qquad\quad (52)$$

$$\dim a = \dim (l/t^2) \qquad \text{aus den Gln. (45) und (46)} \qquad (53)$$

$$\dim F = \dim (m \cdot l/t^2) \qquad \text{aus den Gln. (45), (46) und (48)} \qquad (54)$$

$$\dim E = \dim (m \cdot l^2/t^2) \qquad \text{aus den Gln. (45) und (47)} \qquad (55)$$

Das im letzten Beispiel aufgestellte System von Basisdimensionen gestattet es, alle (bisher) üblichen Dimensionen der Mechanik durch Multiplikation und Division aus den Basisdimensionen darzustellen, das heißt, daß keine unganzen Dimensionsexponenten auftreten. Wählt man statt der Länge das Volumen als Basisdimension, so wird für die Zurückführung der Dimensionen Fläche und Länge auf diese geänderte Basis das Potenzieren mit rationalen Exponenten (Radizieren) als weitere Rechenoperation notwendig; nur dann läßt sich aus Gl. (51) die abgeleitete Dimension Länge isolieren, das heißt als Potenzprodukt aus den Basisdimensionen darstellen:

$$\text{Länge} = (\text{Volumen})^{1/3}, \qquad\qquad\qquad\qquad\qquad\qquad (56)$$

und ferner ist

$$\text{Fläche} = (\text{Volumen})^{2/3}. \qquad\qquad\qquad\qquad\qquad\qquad (57)$$

Nicht jede Auswahl von $p - n$ Dimensionen ist zur Darstellung aller p Dimensionen geeignet. Beispielsweise sind die Dimensionen Länge, Geschwindigkeit und Zeit voneinander abhängig, das heißt je 2 dieser Dimensionen können die dritte ersetzen, weil alle 3 Dimensionen in Gl. (45) miteinander verbunden sind. Energie, Kraft und Masse lassen sich nicht aus diesen drei gewählten Dimensionen darstellen, diese bilden also keine Basis, obwohl sie $p - n$ Stück sind. Basisdimensionen müssen voneinander unabhängig sein, das bedeutet, keine Basisdimension darf sich als Potenzprodukt aus den anderen Basisdimensionen darstellen lassen, sonst liegt keine Basis vor.

Wir wollen nun das Wesentliche über Basen kurz zusammenfassen. Ein bestimmtes Teilgebiet der Physik werde mit Größen in Größengleichungen derart beschrieben, daß die zugehörigen p Dimensionen in n unabhängigen Gleichungen vorkommen. Dann ist stets p größer als n, und wählt man $p - n$ unabhängige Dimensionen als Basisdimensionen aus, so lassen sich die übrigen n Dimensionen über die n Gleichungen als Potenzprodukte mit rationalen Exponenten aus den Basisdimensionen darstellen. Diese Darstellung ist eindeutig; wären nämlich mit der Basis A, B, C, ... und rationalen a, b, c, ..., α, β, γ, ... die Potenzprodukte $A^a \cdot B^b \cdot C^c \cdots$ und $A^\alpha \cdot B^\beta \cdot C^\gamma \cdots$ verschiedene Darstellungen ein und derselben Dimension, also etwa $b \neq \beta$, dann folgt:

$$B^{b-\beta} = A^{\alpha-a} \cdot C^{\gamma-c} \cdots \tag{58}$$

und weiter

$$B = A^{(\alpha-a)/(b-\beta)} \cdot C^{(\gamma-c)/(b-\beta)} \cdots, \tag{59}$$

weil $b - \beta \neq 0$ ist. Das hieße aber gerade, daß die Basisdimensionen im Widerspruch zum Begriff Basis voneinander abhängig wären.

Der Vergleich zweier Dimensionssysteme zeigt, daß in manchen Fällen ein und derselben Dimension in einem System unterschiedliche Dimensionen in einem anderen System entsprechen. Beispielsweise ist die Länge im elektrostatischen CGS-System mit der Länge und der abgeleiteten Dimension elektrische Kapazität im Dimensionssystem des SI vergleichbar. Dann kann der Übergang vom „mehrdeutigen" System zum anderen nicht in geschlossener mathematischer Form angegeben werden, aber der Übergang in umgekehrter Richtung kann möglich sein. Um den Übergang von einem Dimensionssystem zu einem anderen darzustellen, betrachten wir zwei Dimensionssysteme mit den Basisdimensionen A_1, A_2, A_3 und B_1, B_2, B_3.

Die Basisdimensionen von B lassen sich als abgeleitete Dimensionen im System A darstellen:

$$B_1 = A_1^{\alpha_{11}} \cdot A_2^{\alpha_{12}} \cdot A_3^{\alpha_{13}}$$

$$B_2 = A_1^{\alpha_{21}} \cdot A_2^{\alpha_{22}} \cdot A_3^{\alpha_{23}} \tag{60}$$

$$B_3 = A_1^{\alpha_{31}} \cdot A_2^{\alpha_{32}} \cdot A_3^{\alpha_{33}} .$$

Betrachten wir jetzt eine beliebige abgeleitete Dimension X, die als Potenzprodukt der Basis B gegeben sei:

$$X = B_1^{b_1} \cdot B_2^{b_2} \cdot B_3^{b_3} . \tag{61}$$

Setzt man Gl. (60) in Gl. (61) ein, so wird X in der Basis A ausgedrückt durch

$$X = A_1^{\alpha_{11}b_1} \cdot A_2^{\alpha_{12}b_1} \cdot A_3^{\alpha_{13}b_1} \cdot A_1^{\alpha_{21}b_2} \cdot A_2^{\alpha_{22}b_2} \cdot A_3^{\alpha_{23}b_2} \cdot A_1^{\alpha_{31}b_3} \cdot A_2^{\alpha_{32}b_3} \cdot A_3^{\alpha_{33}b_3} \tag{62}$$

$$X = A_1^{\alpha_{11}b_1 + \alpha_{21}b_2 + \alpha_{31}b_3} \cdot A_2^{\alpha_{12}b_1 + \alpha_{22}b_2 + \alpha_{32}b_3} \cdot A_3^{\alpha_{13}b_1 + \alpha_{23}b_2 + \alpha_{33}b_3} . \tag{63}$$

Sehen wir uns die Exponenten der Dimension von X in der Basis A genauer an, so erkennen wir, daß es sich um das Produkt zweier Matrizen handelt. Die Exponenten der Dimensionen A lassen sich als Produkt $b \cdot \alpha$ aus dem Zeilenvektor b und der Übergangsmatrix α darstellen.

$$b \cdot \alpha = (b_1, b_2, b_3) \begin{pmatrix} \alpha_{11} & \alpha_{12} & \alpha_{13} \\ \alpha_{21} & \alpha_{22} & \alpha_{23} \\ \alpha_{31} & \alpha_{32} & \alpha_{33} \end{pmatrix} = \tag{64}$$

$$(\alpha_{11}b_1 + \alpha_{21}b_2 + \alpha_{31}b_3, \alpha_{12}b_1 + \alpha_{22}b_2 + \alpha_{32}b_3, \alpha_{13}b_1 + \alpha_{23}b_2 + \alpha_{33}b_3)$$

Die Übergangsmatrix α beschreibt also den Übergang einer Dimension X, die im System der Basis B gegeben ist, in die Basis A. Der Vektor der Dimensionsexponenten in A ergibt sich dann als Matrizenprodukt aus dem Vektor der Dimensionsexponenten in B multipliziert mit der Übergangsmatrix α.

Wenden wir diese allgemeine Formel auf ein praktisches Beispiel an. In der Technik wurde früher ein System verwendet, in dem Länge, Masse und Kraft die Basis waren. Um die Darstellung von Gl. (60) zu verwenden, bezeichnen wir im technischen System

$$\begin{aligned} \dim l &= A_1 \\ \dim F &= A_2 \\ \dim t &= A_3 \end{aligned} \tag{65}$$

und im Dimensionssystem des SI

$$\begin{aligned} \dim l &= B_1 = A_1^1 \cdot A_2^0 \cdot A_3^0 \\ \dim m &= B_2 = A_1^{-1} \cdot A_2^1 \cdot A_3^2 \\ \dim t &= B_3 = A_1^0 \cdot A_2^0 \cdot A_3^1, \end{aligned} \tag{66}$$

das heißt die Übergangsmatrix α ist

$$\alpha = \begin{pmatrix} 1 & 0 & 0 \\ -1 & 1 & 2 \\ 0 & 0 & 1 \end{pmatrix}. \tag{67}$$

Zur Kontrolle bestimmen wir die Dimension der Kraft, die im Dimensionssystem des SI durch das Produkt Länge mal Masse durch Zeit zum Quadrat oder den Zeilenvektor $b = (1, 1, -2)$ dargestellt wird.

$$b \cdot \alpha = (1, 1, -2) \begin{pmatrix} 1 & 0 & 0 \\ -1 & 1 & 2 \\ 0 & 0 & 1 \end{pmatrix} = (0, 1, 0) \tag{68}$$

Das Trägheitsmoment $J = \int r^2 \, dm$ wird durch $b = (2, 1, 0)$ beschrieben. Im technischen System ergeben sich die Dimensionsexponenten

$$b \cdot \alpha = (2, 1, 0) \begin{pmatrix} 1 & 0 & 0 \\ -1 & 1 & 2 \\ 0 & 0 & 1 \end{pmatrix} = (1, 1, 2), \tag{69}$$

das bedeutet, im technischen System ist $\dim J = \dim(l \cdot F \cdot t^2)$. Die Dimension der Dichte ist im Internationalen System $\dim \rho = \dim(l^{-3} \cdot m \cdot t^0)$ oder

$$b = (-3, 1, 0) \tag{70}$$

$$b \cdot \alpha = (-3, 1, 0) \begin{pmatrix} 1 & 0 & 0 \\ -1 & 1 & 2 \\ 0 & 0 & 1 \end{pmatrix} = (-4, 1, 2), \tag{71}$$

das heißt, im technischen System ist

$$\dim \rho = \dim(l^{-4} \cdot F \cdot t^2) \tag{72}$$

Wollen wir umgekehrt vom technischen System in das Internationale übergehen, müssen wir die Übergangsmatrix suchen, die nach der Multiplikation mit dem Produkt $b \cdot \alpha$ den Vektor b als Ergebnis liefert. Diese Matrix ist α^{-1}, die Inverse zu α.

Die Komponenten einer inversen Matrix α^{-1} werden aus den Komponenten von α nach folgender Formel berechnet

$$(\alpha^{-1})_{ik} = \frac{(-1)^{(i+k)} A_{ki}}{|\alpha|} \, . \tag{73}$$

$|\alpha|$ bezeichnet dabei die Determinante der Koeffizienten von α. A_{ki} ist die Determinante, die nach Streichung der k-ten Zeile und der i-ten Spalte aus dem Koeffizientenschema α gebildet wird. Wenden wir Gl. (73) auf die Übergangsmatrix (67) an, so ergibt sich $|\alpha| = 1$ und

$$\alpha^{-1} = \begin{pmatrix} 1 & 0 & 0 \\ 1 & 1 & -2 \\ 0 & 0 & 1 \end{pmatrix}. \tag{74}$$

Multiplizieren wir jetzt die Vektoren, die die Dimensionsexponenten im System Länge, Kraft, Zeit für die drei untersuchten Dimensionen darstellen mit α^{-1}, so ergibt sich:
Für die Kraft

$$(0, 1, 0) \begin{pmatrix} 1 & 0 & 0 \\ 1 & 1 & -2 \\ 0 & 0 & 1 \end{pmatrix} = (1, 1, -2), \tag{75}$$

für die Dichte

$$(-4, 1, 2) \begin{pmatrix} 1 & 0 & 0 \\ 1 & 1 & -2 \\ 0 & 0 & 1 \end{pmatrix} = (-3, 1, 0), \tag{76}$$

und für das Trägheitsmoment

$$(1, 1, 2) \begin{pmatrix} 1 & 0 & 0 \\ 1 & 1 & -2 \\ 0 & 0 & 1 \end{pmatrix} = (2, 1, 0). \tag{77}$$

Der Vergleich mit (68), (70) und (69) zeigt, daß der beschriebene Formalismus zu richtigen Ergebnissen führt.

Unter allen Dimensionssystemen sind die besonders hervorgehoben, bei denen die Dimensionsexponenten ganze Zahlen sind. Daß beim Übergang von einem System B zu einem anderen System A die Dimensionsexponenten ganzzahlig bleiben, äußert sich darin, daß die Koeffizienten α_{ik} in der Übergangsmatrix α ganzzahlig sind.

Damit nun auch die Dimensionsexponenten bei der Rücktransformation vom System A in das System B ganzzahlig bleiben, müssen auch die Koeffizienten von α^{-1} ganzzahlig sein. Wir erinnern uns jetzt daran, daß das Produkt $\alpha \cdot \alpha^{-1}$ die Einheitsmatrix E liefert

$$\alpha \cdot \alpha^{-1} = E \tag{78}$$

Die Einheitsmatrix besitzt als Elemente in der Hauptdiagonalen (von links oben nach rechts unten) nur Einsen, während alle anderen Elemente null sind. Für die Determinante $|E|$ gilt

$$|E| = 1. \tag{79}$$

Damit ist auch

$$|\alpha| \cdot |\alpha^{-1}| = 1 \tag{80}$$

Diese Bedingung ist mit ganzzahligen Koeffizienten in α und α^{-1} nur zu erfüllen, wenn

$$|\alpha| = |\alpha^{-1}| = \pm 1 \tag{81}$$

ist.

Die Bedingung dafür, daß beim Übergang von einem Dimensionssystem zu einem anderen in beiden Richtungen nie ganzzahlige Dimensionsexponenten in gebrochene überführt werden, ist, daß die Determinante der Übergangsmatrix 1 ist.

Als Beispiel für eine Transformation, bei der gebrochene Exponenten auftreten können, betrachten wir den Übergang vom Dimensionssystem Impuls, Leistung, Wirkung zum System Länge, Masse, Zeit.

Aus den Beziehungen zwischen den Basisdimensionen

$$\begin{aligned}
\dim I &= \dim (l^1 \cdot m^1 \cdot t^{-1}) \\
\dim P &= \dim (l^2 \cdot m^1 \cdot t^{-3}) \\
\dim S &= \dim (l^2 \cdot m^1 \cdot t^{-1})
\end{aligned} \tag{82}$$

ergibt sich die Übergangsmatrix α:

$$\alpha = \begin{pmatrix} 1 & 1 & -1 \\ 2 & 1 & -3 \\ 2 & 1 & -1 \end{pmatrix}. \tag{83}$$

Die Determinante $|\alpha|$ hat den Wert $|\alpha| = -2$.

α beschreibt den Übergang vom Dimensionssystem $\dim (I, P, S)$ zum Dimensionssystem des SI $\dim (l, m, t)$.

Weil die Koeffizienten von α nur aus ganzen Zahlen bestehen, lassen sich alle Dimensionen, die im System $\dim (I, P, S)$ ganzzahlige Dimensionsexponenten haben, auch im System $\dim (l, m, t)$ durch ganzzahlige Exponenten darstellen. Da die Determinante $|\alpha|$ nicht den Betrag 1 hat, ist zu erwarten, daß bei der Transformation in umgekehrter Richtung, das heißt vom System $\dim (l, m, t)$ in das System $\dim (I, P, S)$, gebrochene Exponenten auftreten.

Die Inversion von $\boldsymbol{\alpha}$ nach Formel (73) liefert

$$\boldsymbol{\alpha}^{-1} = \begin{pmatrix} -1 & 0 & 1 \\ 2 & -\dfrac{1}{2} & -\dfrac{1}{2} \\ 0 & -\dfrac{1}{2} & \dfrac{1}{2} \end{pmatrix}. \tag{84}$$

Die Übergangsmatrix $\boldsymbol{\alpha}^{-1}$ ermöglicht es, Dimensionen, die im System $\dim(l, m, t)$ gegeben sind, im System $\dim(I, P, S)$ anzugeben. Zum Beispiel berechnen wir die Dimension der Zeit im System $\dim(I, P, S)$

$$(0, 0, 1) \begin{pmatrix} -1 & 0 & 1 \\ 2 & -\dfrac{1}{2} & -\dfrac{1}{2} \\ 0 & -\dfrac{1}{2} & \dfrac{1}{2} \end{pmatrix} = \left(0, -\dfrac{1}{2}, \dfrac{1}{2}\right) \tag{85}$$

Das Ergebnis lautet $\dim t = \dim(I^0\, P^{-1/2}\, S^{1/2})$, was mit Hilfe von Gl. (82) nachgeprüft werden kann.

In der Astronomie wird ein Einheitensystem mit Basiseinheiten für Länge, Masse und Zeit verwendet. Basiseinheit für die Zeit ist der Tag, Basiseinheit für die Masse ist die Masse der Sonne, und Basiseinheit der Länge (Entfernung) ist die in Tabelle 1.11 angegebene astronomische Einheit (AE). Die Definition legt ungefähr die mittlere Entfernung zwischen Erde und Sonne als astronomische Einheit fest. Der erwähnte Körper in der Definition der Einheit benötigt nämlich $T = \dfrac{2\pi}{\omega} = 365{,}256\,898\,4$ Tage, um einen Vollwinkel zu durchlaufen.

Durch die Wahl dieser drei besonderen Einheiten soll berücksichtigt werden, daß die Gravitationskonstante G und damit auch die Masse der Sterne nicht sehr genau bekannt sind. Genauer bekannt sind die Produkte aus Masse und Gravitationskonstante. Für einen Planeten mit der Masse m_1, der auf einer Kreisbahn mit dem Radius r mit der Winkelgeschwindigkeit ω um ein Zentralgestirn mit der Masse m_2 umläuft, wird die Gravitationskraft durch die Fliehkraft kompensiert.

$$G\frac{m_1 m_2}{r^2} = m_1\, \omega^2\, r \tag{86}$$

$$G\, m_2 = \omega^2\, r^3. \tag{87}$$

Abstände und Umlaufzeiten der Himmelskörper, das heißt die Größen auf der rechten Seite von Gl. (87), lassen sich sehr genau messen und damit auch das Produkt $G \cdot m_2$.

Aus Gl. (87) folgt

$$G\, m_2 = \omega^2\, r^3 = 4\pi^2\, \frac{r^3}{T^2} = k^2 \cdot m_2. \tag{88}$$

$\dfrac{4\pi^2}{k^2 m_2}$ ist die Konstante im 3. Keplerschen Gesetz, nach dem sich die Quadrate der Umlaufzeit verhalten wie die Kuben der mittleren Entfernung. k wird in der Astronomie Gaußsche Gravitationskonstante genannt. Diesen Namen verdankt sie dem Umstand, daß in Beziehung (88) für das Sonnensystem die Zahlenwerte von $\sqrt{G}$, ω und k gleich sind, wenn die Masse der Sonne, die astronomische Einheit AE und der Tag als Einheiten verwendet werden.

Der Wert $\omega = 0{,}017\,202\,098\,95$ rad/d, wie er in der Definition der astronomischen Einheit erscheint, beruht nicht auf neueren Messungen, sondern wurden von Gauß aus älteren Grundlagen berechnet. Da der Wert für k durch Vereinbarung festgelegt ist, ist die astronomische Einheit AE nur näherungsweise gleich dem mittleren Abstand Sonne — Erde. Im System der astronomischen Konstanten hat das Produkt $G \cdot m$ für die Sonne den Wert

$$G \cdot m = 1{,}327\,124\,38 \cdot 10^{20} \text{ m}^3 \text{ s}^{-2} \tag{89}$$

Damit und aus dem Wert für ω aus der Definition der AE kann man aus Gl. (87) die Einheitenbeziehung

$$1 \text{ AE} = 1{,}495\,978\,7 \cdot 10^{11} \text{ m} \tag{90}$$

errechnen.

6.9 Zahlen

Bei der Angabe von Größenwerten sind auch Zahlenangaben zu machen. Hierfür gibt es eine Reihe von Regeln, die in DIN 1333 Teil 1 „Zahlenangaben; Dezimalschreibweisen", DIN 1333 Teil 2 „Zahlenangaben; Runden" und DIN 5477 „Prozent, Promille; Begriffe, Anwendung" niedergelegt sind.

6.9.1 Das Dezimalzeichen

Das Komma als Dezimalzeichen hat sich noch nicht in allen Ländern durchgesetzt. In vielen englisch sprechenden Ländern wird noch der Punkt als Dezimalzeichen verwendet. Die 9. Generalkonferenz hat 1948 zu dieser Frage festgestellt, daß das Komma französischem Brauch und der Punkt britischem Brauch entsprechen. Über die Bräuche in anderen Signatarstaaten der Meterkonvention wird nichts ausgesagt, und auch später hat die Generalkonferenz hierzu keine Resolution gefaßt. Etwas deutlicher ist die Festlegung in ISO 31 Teil 0. Dort heißt es: Das Dezimalzeichen ist ein Komma auf der Linie. In englischsprachigen Texten darf **ein Komma oder ein Punkt auf der Linie verwendet werden.** Diese Regelung gibt zwar weltweit dem Komma eindeutig den Vorzug als Dezimalzeichen; die Ausnahme, die für englische Texte gemacht wird, ist aus mehreren Gründen unbefriedigend. Da nur Punkt und Komma als Dezimalzeichen in Frage kommen, bedeutet die Angabe beider Möglichkeiten in einer Norm, daß man in diesem Fall auf eine Normung verzichtet. Die Festlegung eines Dezimalzeichens kann auch nicht als eine rein interne Angelegenheit der englisch sprechenden Länder angesehen werden. Die englische Sprache hat im Bereich der Wissenschaften die Rolle übernommen, die in früheren Jahrhunderten das Latein hatte. Viele naturwissenschaftliche Zeitschriften — auch solche, die in deutschen Verlagen von deutschen Herausgebern herausgegeben werden und in denen vorwiegend in Deutschland arbeitende Autoren veröffentlichen — erscheinen in englischer Sprache. Bei dieser Sachlage ist die Schreibweise des Dezimalzeichens auch in englischen Texten eine international interessierende Frage. Eine abschließende Klärung ist auch deshalb dringend, weil Meßgeräte mit elektronischer oder gedruckter Anzeige sowie auch druckende Registrierkassen und Drucker für mit EDV hergestellte Belege von weltweit exportierenden Herstellern für angelsächsische Märkte nicht in einer anderen Ausführung hergestellt werden können als für die übrige Welt.

In einer überarbeiteten Version von ISO 31 Teil 0, die voraussichtlich im Jahre 1980 erscheinen wird, wird vermutlich folgende Empfehlung ausgesprochen:

> Das vorzugsweise zu verwendende Dezimalzeichen ist das Komma auf der Linie. Es kann jedoch auch ein Punkt auf der Linie verwendet werden.

Diese Regelung hat den Vorteil, daß weder ein sprachlich noch ein sachlich abgegrenzter Bereich direkt angesprochen wird. Zu einer Vereinheitlichung dürfte es aber mit dieser Empfehlung kaum kommen.

Um die Zahlenwerte besser lesbar zu gestalten, dürfen die Zahlen vom Dezimalzeichen ausgehend in Gruppen von je drei Ziffern aufgeteilt werden. Die Gruppen werden unter keinen Umständen durch Punkte oder Kommata getrennt.

Dieser Teil der Resolution 7 der 9. Generalkonferenz (1948) ist bei Zahlenangaben, die sich auf Geldbeträge beziehen, umstritten. Von den Geldinstituten wird eine Leerstelle zwischen den Zahlengruppen oft mit dem Argument abgelehnt, daß Fälscher in diese Leerstellen Ziffern einsetzen und damit die angegebenen Geldbeträge verändert werden könnten. In den Kontoauszügen drucken die Banken daher zwischen die Zifferngruppen meist Punkte, wenn das Komma als Dezimalzeichen verwendet wird oder Kommata, wenn der Punkt als Dezimalzeichen dient. Man erkennt auch hieran, daß eine weltweite einheitliche Regelung über das Dezimalzeichen wünschenswert ist. Bei der derzeitigen Lage können Irrtümer, vor allem bei Angaben von Geldbeträgen in fremden Währungen, nicht ausgeschlossen werden.

Manchmal ist es erforderlich und oft fördert es die Lesbarkeit, eine Zahl als Produkt aus einem Faktor in Dezimalschreibweise und einer Zehnerpotenz mit ganzzahligem Exponenten zu schreiben. Der in Dezimalschreibweise geschriebene Faktor sollte zwischen 0,1 und 1 000 liegen. Unter den hiernach verfügbaren Kommastellungen sind diejenigen zu bevorzugen, die einen durch 3 teilbaren Zehnerexponenten ergeben.

Beispiel: Zu bevorzugen ist $0{,}827\,346 \cdot 10^6$

oder $827{,}346 \cdot 10^3$,

nicht zu bevorzugen ist $8{,}273\,46 \cdot 10^5$.

6.9.2 Schreibweise von Zahlen

In den oben angegebenen Normen sind Regeln enthalten, wie Zahlen anzugeben sind. Wenn die anzeigende Zahl sicher ist, schreibt man

bei rationalen Zahlen entweder alle errechneten Ziffern, z. B.

$2{,}413 \cdot 1{,}089 = 2{,}627\,757$,

oder man schreibt nur die dienlichen Ziffern und dahinter 3 Punkte, z. B.

$2{,}413 \cdot 1{,}089 = 2{,}627\ldots$.

Bei periodischen Dezimalzahlen schreibt man einen Strich über die Periode, z. B.

$442/70 = 6{,}3\overline{142857}$

oder

$442/70 = 6{,}3\overline{14}\ldots$.

Soll eine Zahl mit endlich vielen Dezimalzahlen als exakt gelten, so wird die letzte Ziffer fett gedruckt (in Hand- oder Maschinenschrift unterstrichen). Dies gilt insbesondere für konventionell festgelegte Werte, z. B.

$1/4 = 0{,}2\mathbf{5}$

$g_n = 9{,}806\,65 \ \text{m/s}^2$ (Normwert der Fallbeschleunigung).

Bei irrationalen Zahlen schreibt man die dienlichen Ziffern und 3 Punkte, z. B.

$\pi = 3{,}1415 \ldots$

6.9.3 Runden

Beim Runden wird die letzte Stelle, die nach dem Runden noch bei der Zahl verbleibt, Rundestelle genannt. Für das Runden gilt heute folgende Regel:

Steht rechts neben der Rundestelle eine der Ziffern von 0 bis 4, so wird abgerundet, steht rechts neben der Rundestelle eine der Ziffern von 5 bis 9, so wird aufgerundet.

Beispiele:	zu rundende Zahl:	8,579 413	8,579 613
	Rundestelle:	↑	↑
	Rundeverfahren:	Abrunden	Aufrunden
	gerundete Zahl:	8,579	8,580

Nach dieser Regel wird eine 5 also immer aufgerundet. Diese Regel löst die früher gültige sogenannte Gerade-Zahl-Regel ab. Wenn rechts von der Rundestelle eine 5 stand, wurde so auf- oder abgerundet, daß in der Rundestelle eine gerade Zahl steht. Zum Beispiel wird die Zahl 6,2585 nach der jetzt gültigen Regel zu 6,259 gerundet, wenn die Rundestelle die dritte Ziffer nach dem Komma sein soll. Nach der Gerade-Zahl-Regel wäre die Zahl mit 6,258 nach dem Runden anzugeben.

Der Gerade-Zahl-Regel liegt die Vorstellung zugrunde, daß rechts von der Rundestelle nur eine Ziffer steht, die darüber hinaus auch noch genau ist. Wenn rechts von der Rundestelle eine 0 steht, handelt es sich demnach nicht um eine Abrundung. Abgerundet werden also nur die vier Ziffern 1 bis 4, und damit das Verfahren symmetrisch bleibt, sollten auch nur die vier Ziffern 6 bis 9 aufgerundet werden, und eine besondere Regel für die 5 sollte sicherstellen, daß die 5 gleich wahrscheinlich auf- oder abgerundet wird.

Die neue Festlegung nach DIN 1333 Teil 2 geht von der Vorstellung aus, daß die Ziffer rechts von der Rundestelle nicht genau ist, sondern daß ihr noch weitere Ziffern folgen. Steht rechts von der Rundestelle eine 0, so wird nach dieser Vorstellung abgerundet. Die Regel ist deshalb wieder symmetrisch, weil die fünf Ziffern 0 bis 4 abgerundet werden und die fünf Ziffern 5 bis 9 aufgerundet.

6.9.4 Runden mit Unsicherheit

Durch das Runden wird eine Größenangabe verkürzt. Die Entscheidung darüber, an welcher Stelle gerundet werden soll, erfordert eine Abschätzung darüber, wie genau die Angabe ist oder mit welcher Genauigkeit sie vom Anwender benötigt wird. Eine solche Abschätzung ist nicht erforderlich, wenn ein Meßwert mit Angabe der Meßunsicherheit vorliegt. Bei Unsicherheiten gilt für das Runden die Regel, daß die Unsicherheit an der ersten von 0 verschiedenen Ziffer gerundet werden soll, außer wenn diese eine 1 oder 2 ist. In einem solchen Fall ist an der Stelle rechts daneben zu runden. An der gleichen Stelle wie die Unsicherheit ist auch der Meßwert zu runden.

Beispiel: $U = 5{,}384\,12\ \text{V} \pm 0{,}046\,9\ \text{V}.$

Das Ergebnis soll an der ersten von 0 verschiedenen Stelle der Unsicherheit gerundet werden, außer wenn es sich um eine 1 oder eine 2 handelt. In dem Beispiel ist die erste von 0 verschiedene Ziffer in der Unsicherheit eine 4. Die Rundestelle ist demnach die zweite Stelle nach dem Komma. Der gerundete Wert der Spannung ist also $U = 5{,}38$ V. Die Unsicherheit soll nach DIN 1333 Teil 1 an der gleichen Stelle nur *aufgerundet* werden. Mit Unsicherheit ist nach dem Runden daher anzugeben $U = (5{,}38 \pm 0{,}05)$ V.

Die Empfehlung, eine Unsicherheit nur aufzurunden, soll verhindern, daß durch Abrunden der Meßunsicherheit eine höhere Genauigkeit vorgetäuscht wird. Zur Erläuterung betrachten wir folgendes Beispiel:

$$l = (6{,}284\,74 \pm 0{,}001\,32)\ \text{mm}.$$

Die erste von 0 verschiedene Ziffer in der Unsicherheit ist die 1. Damit wird an der Stelle rechts neben ihr, d. h. an der vierten Stelle nach dem Komma gerundet. Die Unsicherheit soll an der gleichen Stelle *auf*gerundet werden. Obwohl in der Unsicherheit nach der 3 eine 2 folgt, wird aus der 3 eine 4. Das Ergebnis nach dem Runden lautet:

$$l = (6{,}284\,7 \pm 0{,}001\,4)\ \text{mm}.$$

Kann oder will man die Unsicherheit nicht mitteilen, so ist an einer der Dezimalstellen weiter links als in obigen Beispielen zu runden, um Ziffern zweifelhafter Sicherheit an den letzten Stellen zu vermeiden. Die Unsicherheit wird hierdurch auf ungefähr den 3-fachen Rundestellenwert vergrößert. Darauf macht man aufmerksam, indem man die letzte Ziffer der Ergebniszahl tief stellt oder in kleinerem Schriftgrad auf der Linie druckt.

Beispiel: $m = 8{,}5_8$ oder $8{,}5_8$

Aus fast allen besprochenen Beispielen geht hervor, daß beim Umrechnen von Einheiten Unsicherheiten oder Fehler durch das kaum zu vermeidende Runden entstehen. Man sollte daher nur am Ende einer Rechnung runden und nicht Zwischenergebnisse, mit denen dann weitergerechnet wird.

6.9.5 Runden nach dem Umrechnen in andere Einheiten

Beim Umrechnen von Größenwerten, die in veralteten Einheiten angegeben sind, spielt die Frage, wie genau soll der umgerechnete Wert angegeben werden und wie soll nach der Umrechnung gerundet werden, eine wichtige Rolle. Dabei sollte man drei Fälle unterscheiden:

1. Es handelt sich um die Angabe eines Meßwertes mit einer Unsicherheit.
2. Es handelt sich um einen festgelegten Wert mit einer Toleranz oder einer Fehlergrenze.
3. Es handelt sich um eine Angabe oder einen festgelegten Wert ohne Mitteilung über eine Unsicherheit oder eine Toleranz.

Der wichtigste Unterschied zwischen einer Toleranz und einer Meßunsicherheit ist der, daß die Meßunsicherheit keine „feste" Grenze ist. Das Meßergebnis sollte mit einer gewissen Sicherheit innerhalb der Grenzen liegen, die durch die Meßunsicherheit gegeben sind. In die Angabe einer Meßunsicherheit gehen subjektive Beurteilungen des Beobachters mit ein. Bei der Umrechnung von Meßergebnissen mit Meßunsicherheit in eine andere Einheit können die gleichen Regeln angewendet werden wie bei den bisher betrachteten Angaben von Größenwerten mit einer Unsicherheit. Als Beispiel betrachten wir eine Leistungsangabe

$$P = (75{,}0 \pm 0{,}5)\ \text{PS}.$$

Die Umrechnung mit der Beziehung

$$1\ \text{PS} = 0{,}735\,498\,75\ \text{kW}$$

liefert

$$P = (55{,}162\,406\,25 \pm 0{,}367\,749\,375)\ \text{kW}.$$

Für praktische Fälle empfiehlt es sich, eine solche Angabe zu runden. Nach den angegebenen Regeln geschieht das an der ersten Stelle nach dem Komma, wobei die Unsicherheit nur aufgerundet werden soll. Nach dem Runden ergibt sich

$$P = (55{,}2 \pm 0{,}4)\ \text{kW}.$$

Etwas schwieriger ist die Umrechnung bei Größenangaben mit Toleranzen oder Fehlergrenzen. Toleranzen und Fehlergrenzen sind festgesetzte Grenzen, die nicht überschritten werden sollen. Obwohl sie selber mit dem Zeichen ± angegeben werden, z. B.

$$l = (8{,}537 \pm 0{,}002)\ \text{mm},$$

dürfen diese Grenzen nicht mit der eben erwähnten Meßunsicherheit verwechselt werden. Damit die Grenzen eingehalten werden können, müssen sie mit einer Unsicherheit gemessen werden, die deutlich kleiner als die angegebene Toleranz ist. Wenn diese z. B. mit relativ 20 % angenommen wird, könnte die obige Angabe vollständig lauten:

$$l = [(8{,}537\,0 \pm 0{,}000\,4) \pm (0{,}002\,0 \pm 0{,}000\,4)]\ \text{mm}.$$

Nach dem Umrechnen in andere Einheiten wird das Ergebnis dann entsprechend den oben beschriebenen Regeln für das Runden mit Unsicherheit gerundet. Spezielle Einzelheiten über Toleranzen können den Normen DIN 2257, DIN 7152, DIN 7150 und DIN 7161 entnommen werden. Schwierig ist die Umrechnung einer Größenangabe, für die keine Unsicherheit angegeben wird. Wenn es sich um **ein Meßergebnis handelt, muß** abgeschätzt werden, wie genau der Meßwert sein könnte oder mit welcher Genauigkeit er vom Anwender benötigt wird. Von den genannten Meßwerten zu unterscheiden sind Größenangaben, die auf Festsetzungen beruhen. Festgesetzt werden meist einfache Zahlenwerte. Bei der Umrechnung in andere Einheiten ergeben sich dann unbequeme Zahlenwerte, die auch durch Runden nicht bequemer werden. Hier lassen sich in den meisten Fällen neue Festsetzungen nicht umgehen. Zum Beispiel gilt in englischen Städten eine Geschwindigkeitsbeschränkung für Autos von 30 Meilen durch Stunde. Rechnet man diesen Wert um, so ergeben sich 48,28032 km/h. Man kann wohl vermuten, daß dieser Wert im Verlauf der Einheitenumstellung im Vereinigten Königreich mit 50 km/h neu festgelegt wird.

Beim Runden nach einer Einheitenumrechnung entsteht ein Fehler, der besonders groß wird, wenn auch der Umrechnungsfaktor für die Einheit gerundet wird. Hier ist es auf jeden Fall notwendig abzuschätzen, ob sich der Fehler bei einem solchen Verfahren in vertretbaren Grenzen halten läßt. Zum Beispiel werden im Bauwesen Kräfte, die in Kilopond angegeben sind, mit dem Faktor 10 in Newton umgerechnet, obwohl die genaue Beziehung

1 kp = 9,806 65 N lautet. Bei der Beschränkung auf ein Gebiet, wie zum Beispiel das Bauwesen, kann ein solches Vorgehen zweckmäßig sein, wenn die Toleranzen und Meßunsicherheiten entsprechend groß sind.

6.9.6 Prozent, Promille

Bei der Angabe von Größenverhältnissen (Quotienten aus Größen gleicher Dimension, s. Abschnitt 6.7) darf der Zahlenwert dieses Verhältnisses dadurch ungeformt werden, daß ein Faktor 10^{-2} oder 10^{-3} abgespalten wird. Statt des abgespaltenen Faktors 10^{-2} schreibt man das Zeichen % (gesprochen „Prozent") statt des abgespaltenen Faktors 10^{-3} das Zeichen ‰ (gesprochen Promille).

Beispiel:

$$\text{Dehnung} = \frac{\text{Verlängerung}}{\text{Ausgangslänge}} = \frac{182\,\mu m}{100\,mm} = 1,82\,\frac{\mu m}{mm}$$

$$= 1,82 \cdot 10^{-3}\,\frac{mm}{mm} = 1,82 \cdot 10^{-3} = 1,82\,‰ .$$

Die Zeichen % und ‰ bedeuten zwar immer die Zahlen $1/100 = 0,01 = 10^{-2}$ und $1/1\,000 = 0,001 = 10^{-3}$; doch ist es weder üblich noch empfehlenswert, in jedem beliebigen Zusammenhang, in dem eine dieser Zahlen vorkommt, für sie das Zeichen % oder ‰ zu schreiben. Z. B. schreibt niemand 2,3 ‰ m statt $2,3 \cdot 10^{-3}$ m = 2,3 mm, und es schreibt niemand 3,6 % mg statt $3,6 \cdot 10^{-2}$ mg. Vollends anfechtbar ist das in der chemischen Literatur verbreitete, etwas ganz anderes als mg $\cdot 10^{-2}$ bedeutende „Milligrammprozent mg %".

Die Massenangabe „(8,580 ± 0,004) kg = 8,580 kg $\cdot$ (1 ± 0,000 5)" kann auch „8,580 kg $\cdot$ (1 ± 0,05 %)" oder „8,580 kg $\cdot$ (1 ± 0,5 ‰)" geschrieben werden. In dieser Schreibweise darf nicht durch Weglassen der Klammer verkürzt werden wie in „8,580 kg ± 0,05 %", weil Masse und Zahl nicht addierbar sind.

Bei Angaben in Prozent sollten keine Zweifel möglich sein, worauf sich die Angabe bezieht. So ist zum Beispiel die Angabe 3 % Arbeitslosigkeit mehrdeutig, weil nicht ersichtlich ist, ob die Anzahl der Arbeitslosen bezogen wurde auf die Anzahl der arbeitsfähigen oder der arbeitswilligen oder der arbeitstätigen Einwohner.

Die relative Feuchte (62 ± 3) % = 62 % $\cdot$ (1 ± 0,05) = 62 % $\cdot$ (1 ± 5 %) liegt zwischen (62 − 3) % = 59 % und (62 + 3) % = 65 %, aber nicht zwischen (62 − 5) % = 57 % und (62 + 5) % = 67 %, wie es die verkürzte Schreibweise „62 % ± 5 %" vortäuschen würde.

In Angaben der Differenz $V_2 - V_1$ zweier aufeinander folgender Verhältnisse V_1 und V_2 bürgert es sich ein, „Prozentpunkt" statt „Prozent" zu sagen. Damit wird die Differenz von der relativen Differenz $(V_2 - V_1)/V_1$ unterschieden.

Beispiel: Der Massenanteil w = 54 % einer Legierung mit dem Sollanteil w_S = 50 % liegt um $w - w_S$ = 54 % − 50 % = 4 %-Punkte über ihrem Sollwert, ist also um 8 % zu hoch.

7 Meßtechnische Grundbegriffe

7.0 Einleitung

Die Metrologie ist die Wissenschaft vom Messen und umfaßt sowohl die damit verbundenen Bereiche der wissenschaftlichen Grundlagen als auch Probleme des praktischen Messens. Wichtige Gebiete der Metrologie sind:

Definition und Darstellung von Einheiten und Normalen,
Bestimmung physikalischer Konstanten und von Materialeigenschaften,
Theorie und Anwendung von Meßmethoden,
Eigenschaften von Meßgeräten,
Probleme des Messens und des Auswertens.

Die Metrologie stellt bezüglich ihrer Grundlagen einen Teilaspekt der gesamten Physik unter Einbeziehung der modernen Theorien dar und berührt bezüglich der praktischen Meßprobleme weite Bereiche der Technik und schließt die dort gewonnenen Erkenntnisse und Erfahrungen mit ein. Der Bereich der Metrologie läßt sich nach recht unterschiedlichen Gesichtspunkten untergliedern. Solche Möglichkeiten sind:

a) nach der betrachteten physikalischen Größe, z. B.
   Zeitmeßtechnik,
   Längenmeßtechnik,
   elektrische Spannungsmeßtechnik,
b) nach dem wissenschaftlichen Anwendungsgebiet, z. B.
   physikalisches Meßwesen,
   astronomisches Meßwesen,
   medizinisches Meßwesen,
c) nach allgemeinen Bereichen der Anwendung:
   industrielles Meßwesen,
   gesetzliches Meßwesen.

Die in den nun folgenden Abschnitten 7.1 bis 7.5 behandelten Begriffe sind in DIN 1319 (Grundbegriffe der Meßtechnik) und der VDI/VDE-Richtlinie 2600 (Metrologie, Meßtechnik) ausführlich beschrieben. Die im Text gegebenen Definitionen lehnen sich stark an die in diesen Publikationen gegebenen an.

7.1 Der Begriff des Messens und das Meßergebnis

Unter *Messen* versteht man das Ermitteln des speziellen Wertes (Meßwert) einer physikalischen Größe (Meßgröße) als Vielfaches eines Bezugswertes, z. B. einer Einheit. Dies geschieht mit Hilfe eines experimentellen Vorgangs, der in einfacher Weise als *Vergleich* des Meßwertes mit dem Bezugswert gedeutet werden kann. Der Vergleich, zu dem man sich einer Meßeinrichtung bedient, kann direkt oder indirekt erfolgen (s. Abschnitt 7.2). Der im allgemeinen mit Fehlern behaftete Meßwert wird als Produkt aus Zahlenwert und Einheit angegeben (z. B. Länge l = 5 m; elektrische Spannung U = 8,2 V; thermodynamische Temperatur T = 273,15 K).

Das Ziel einer Messung ist das *Meßergebnis*. Man erhält es aus mehreren Meßwerten einer Meßgröße mit Hilfe einer Rechenoperation (z. B. Mittelwertbildung) oder aus Meßwerten unterschiedlicher physikalischer Größen mit Hilfe einer vorgegebenen eindeutigen Beziehung (z. B. Geschwindigkeit $v = \frac{5\,\text{m}}{2\,\text{s}}$ = 2,5 m/s, Wirkungsgrad η = 0,8). Ein einzelner Meßwert kann im einfachsten Fall natürlich bereits das Meßergebnis darstellen.

Der Begriff „messen" umfaßt also auch die Auswertung (z. B. auch das Anbringen von Korrektionen) bis zum Meßergebnis. Die Anwendung (z. B. die Entscheidung, ob eine Fehlergrenze eingehalten ist) und Weiterverarbeitung (z. B. die Summenbildung in einer elektrischen Datenverarbeitungsanlage) eines Meßergebnisses zählen aber nicht mehr dazu. Bei modernen Meß- und Meßwertverarbeitungsanlagen zieht man daher meist an dieser Stelle die Trennung zwischen Meßeinrichtung und Rechner. In speziellen Bereichen wird anstelle des Wortes „messen" auch „bestimmen" oder „beobachten" benutzt.

Bei einer Messung muß gelegentlich der *Meßort*, der Ort, an dem sich die Meßeinrichtung befindet, genau angegeben werden. Häufig wird es dabei allerdings nur auf den Ort des Aufnehmers ankommen, während sich die anderen Bestandteile des Meßgeräts anderswo befinden können.

Auch der Zeitpunkt, zu dem die zu messende physikalische Größe am Meßort erfaßt wird (Meßzeitpunkt), ist gelegentlich von Bedeutung. Hiervon zu unterscheiden ist der Zeitpunkt, zu dem ein Meßwert zur weiteren Verarbeitung aus einem Speicher ausgegeben wird.

Die Angabe eines Meßergebnisses erfordert neben der Nennung eines Wertes auch die quantitative Angabe der Bedingungen, die es beeinflussen (z. B. Temperatur, Druck, Anzahl der Messungen) sowie der *Meßunsicherheit* oder der *Fehlergrenze*.

Beispiele für Meßergebnisse:

a) Meßwerte einer einzelnen physikalischen Größe mit Angabe der Meßunsicherheit:

die Länge l eines Stabes bei der Temperatur 20 °C ist
$$l = 0,369 \text{ m} \pm 0,001 \text{ m} \text{ oder}$$
$$l = (0,369 \pm 0,001) \text{ m};$$

die Masse m eines Körpers beträgt
$$m = 350,00 \text{ g} \pm 0,005 \text{ g};$$

die durchschnittliche Geschwindigkeit v eines Autos beträgt
$$v = (92 \pm 3) \text{ km/h}.$$

b) Meßergebnisse aus Meßwerten unterschiedlicher physikalischer Größen:

die elektrische Leitfähigkeit γ von Kupfer wurde bei 20 °C an einem mechanisch nicht beanspruchten Drahtstück aus seiner Länge l, seinem konstanten Querschnitt A und seinem elektrischen Widerstand R gemäß der Gleichung $\gamma = \frac{l}{A \cdot R}$ zu

$$\gamma = (54,24 \pm 0,052) \text{ S m/mm}^2$$
$$= 54,24 \, (1 \pm 0,001) \text{ S m/mm}^2$$
$$= 54,24 \cdot 10^6 \, (1 \pm 0,001) \text{ S m/m}^2$$

bestimmt;

die Wärmeleitfähigkeit λ einer Probe aus Kupfer mit einer Reinheit von 99,9 % und geringfügigen Beimengungen aus Blei und Zinn wurde bei 30 °C aus Wärmestrom, Temperaturdifferenz, Länge und Querschnitt zu

$$\lambda = 53,6 \ W/(K \cdot m)$$

bei einer Meßunsicherheit von 3 % bestimmt.

c) Funktionaler Zusammenhang zwischen physikalischen Größen: Variiert man bei mehreren physikalischen Größen, die voneinander abhängen, eine davon systematisch (oder einen Parameter, wie man oft sagt) und mißt diskontinuierlich oder kontinuierlich, so läßt sich der Werteverlauf der gesuchten Größe über dem Parameter in Form einer Wertetabelle oder einer Kurve darstellen. Daraus kann man den *funktionalen Zusammenhang* erkennen und z. B. in einer physikalischen Gleichung angeben.

Beispiele:

Die Temperaturabhängigkeit der Dichte ρ

$$\rho = f(T);$$

die empirische Zustandsgleichung bei einem realen Gas

$$v = \Phi(p, T) \quad \text{oder}$$

$$\frac{pv}{R_s T} = \Psi(p, T) = 1 + Bp + Cp^2$$

mit dem Druck p, dem spezifischen Volumen v, der Temperatur T, der speziellen Gaskonstanten R_s und den temperaturabhängigen Konstanten B und C.

Das Meßergebnis wird im technischen Bereich und insbesondere bei Verkörperungen (z. B. bei einem Endmaß) häufig auch *Maß* genannt. Vor dem Anbringen von Korrektionen spricht man oft vom „*rohen Meßergebnis*", danach vom „berichtigten Meßergebnis".

Mit dem „Messen" verwandte Begriffe:
a) *Zählen*
Hierbei ermittelt man die Anzahl von jeweils in bestimmter Hinsicht gleichartigen Elementen oder Ereignissen (z. B. Personen, Dinge, Gegenstände, elektrische Impulse, Umdrehungen, Partikeln beim radioaktiven Zerfall), die bei einem Vorgang in Erscheinung treten.
Je nach Problemstellung erfolgt die Zählung mittels Sinneswahrnehmung oder notfalls **Zähleinrichtungen (Zählwerk, Zähler). Dabei wird die Anzahl gleicher Elemente während** eines Vorgangs oder innerhalb eines vorgegebenen Zeitintervalls ermittelt.

Beispiele: Anzahl der Kraftfahrzeuge, die eine Kontrollstelle passieren;
Verkehrsdichte aus der Anzahl der Kraftfahrzeuge, die eine Kontrollstelle innerhalb eines Zeitintervalls passieren;
Radioaktiver Zerfall durch Zählen der in einem Zeitintervall emittierten α-Teilchen mit Hilfe einer Ionisationskammer und eines elektronischen Zählers.

In der modernen Meßtechnik bedient man sich zunehmend des Zählens als Mittel zum Messen einer physikalischen Größe.

Beispiele: Messen der Frequenz einer Schwingung durch Zählen der Perioden während eines Zeitintervalls;
Messen der zurückgelegten Wegstrecke eines Kraftfahrzeugs durch Zählen der Radumdrehungen;
Messen des Volumens, das durch einen Zähler mit beweglicher Trennwand geht, durch Zählen der umgesetzten Meßkammerinhalte.

Gelegentlich wird aber auch das Zählen durch Messen ersetzt, z. B. beim Bestimmen der Stückzahl von Schrauben über die Bestimmung der Masse durch eine Wägung.

b) *Prüfen*

Prüfen heißt feststellen und durch vergleichen entscheiden, ob ein Prüfgegenstand (Probe, Meßgerät) eine vereinbarte, vorgeschriebene oder erwartete Bedingung erfüllt. Diese Prüfung kann qualitativ oder quantitativ, subjektiv (nur mit Sinnesorganen) oder objektiv (aufgrund einer Messung) erfolgen. Insbesondere wird dabei untersucht, ob eine Toleranz oder eine Fehlergrenze eingehalten wird.

Beispiele für qualitative Prüfungen:
das Tuch hat einen Webfehler (Sichtprüfung);
die Gasleitung ist undicht (Geruchsprüfung).

Beispiele für quantitative Prüfungen:
der Inhalt einer Packung Schrauben ist nicht vollständig (Sichtprüfung);
die Maschine ist zu laut (Hörprüfung oder Messung);
der Kondensator hat bei einer Prüfspannung von 10 kV die gegebene Prüfbedingung erfüllt;
der elektrische Widerstand eines Schichtwiderstandes liegt innerhalb der vorgeschriebenen Fehlergrenze von 100 $\Omega \pm 1\ \Omega$;
die geforderte maximale Länge eines Werkstücks wird um mehr als das Doppelte der zulässigen Fehlergrenze überschritten;
die Geschwindigkeit eines Kraftfahrzeugs lag um 15 km/h über der zulässigen Maximalgeschwindigkeit;
die vorgeschriebene Raumtemperatur von 23,0 °C wird auf $\pm$ 0,2 K eingehalten;
der Probestab hat eine Zugfestigkeit von mindestens 400 N/mm^2.

Eine spezielle Art des quantitativen Prüfens ist das Lehren. Hierbei wird mittels einer Lehre (Maß- oder Formverkörperung) festgestellt, ob ein Prüfgegenstand (z. B. Winkel, Länge, Form eines Werkstücks) die von der Lehre vorgegebene Grenze einhält und gegebenenfalls in welche Richtung die Abweichung geht. Der Betrag der Abweichung wird hierbei nicht festgestellt. Will man beispielsweise überwachen, ob bei der Produktion eines Werkstücks eine festgelegte Toleranz um einen Sollwert, also ein oberes und ein unteres Grenzmaß eingehalten wird, so sind zwei Lehren notwendig. Es gibt feste und einstellbare Lehren. Während des Lehrens wird die Einstellung nicht geändert.

c) *Sortieren*

Beim Sortieren (Auslesen, Einteilen, Trennen) wird ein Kollektiv, z. B. ein Gemisch aus verschiedenartigen Bestandteilen, nach bestimmten Sorten, Arten oder Merkmalen getrennt und eingeteilt. Auch dies kann subjektiv (nur mit Sinnesorganen) oder objektiv (z. B. unter Zuhilfenahme einer Sortiereinrichtung) erfolgen.

Beispiele: Trennen von Gegenständen nach Farbe;
Trennen von Flüssigkeit und Schwebeteilchen mit einem Filter;
Sortieren von Schraubenmuttern nach der Gestalt (Vierkant- oder Sechskantmuttern);
Sortieren von Eiern nach ihrer Masse;
Sortieren von Kugeln nach ihrem Durchmesser.

Wie man sieht, kann das Kollektiv aus verschiedenartigen Bestandteilen bestehen (Aussondern von Metallteilen aus dem Müll). Im Bereich der Meßtechnik handelt es sich aber im allgemeinen um das Sortieren von „Dingen" gleicher Art, die sich in einem charakteristischen Maß unterscheiden.

d) *Klassieren*

Beim Klassieren wird ein Kollektiv von gleichartigen Elementen nach bestimmten Merkmalen in vorgegebene oder vereinbarte Klassen eingeteilt und die Häufigkeitsverteilung bestimmt.

Beispiele: Klassieren von Meßwerten nach ihrer Abweichung vom Mittelwert;
Ermitteln der Häufigkeit, mit der ein regellos veränderliches Meßsignal bestimmte Amplituden erreicht.

Durch die Wahl unterschiedlicher Zählmethoden können verschiedene statistische Häufigkeitswerte erhalten werden, die oft auch zeitlich veränderlich sind.

e) *Dosieren*

Beim Dosieren wird eine Menge im Rahmen vorgegebener Toleranzgrenzen in Teilmengen von bestimmtem Betrag abgeteilt. Mittels Dosieren werden auch Gemische bestimmter Zusammensetzung oder bestimmter Eigenschaften durch Zugabe geeigneter Komponenten hergestellt.

Beispiele: Dosieren einer Menge nach Masse mit Hilfe einer selbsttätigen Waage (Zugabe von Zucker in Fruchtsaftflaschen);
Dosieren nach Volumen mit Hilfe einer Maßfüllmaschine (Füllen von Flaschen);
Herstellen von Normallösungen.

f) *Kalibrieren*

Unter Kalibrieren versteht man in der Meßtechnik im allgemeinen die mit Messungen erfolgende Zuordnung der Teilungsmarken einer Skala zu den Werten einer physikalischen Größe. Allgemeiner heißt dies, den Zusammenhang zwischen den Werten der Eingangsgröße und den Werten der Ausgangsgröße eines Meßgerätes herstellen. Darunter fällt auch das Bestimmen der Fehler einer benannten Skala oder einer Maßverkörperung.

Beispiele: Bestimmen des Skalenwerts einer Balkenwaage;
Bestimmen der Skalenkonstante eines Spannungsmessers;
Ermitteln der Fehler der Anzeige eines mit Skala versehenen Manometers für bestimmte Werte des Druckes;
Einmessen eines Thermoelements (Vergleich der Anzeige bei der Messung der Thermospannung mit der Temperatur);
Ermitteln des Härtewertes von Härtevergleichsplatten.

g) *Justieren (Abgleichen)*

Beim Justieren wird ein Meßgerät so eingestellt oder abgeglichen, daß die Anzeige der Ausgangsgröße vom richtigen oder für richtig geltenden Wert so wenig wie möglich abweicht oder daß die Abweichung innerhalb der zulässigen Fehlergrenze liegt. Beim Justieren erfolgt also ein Eingriff in das Meßgerät oder die Maßverkörperung mit dem Ziel einer bleibenden Veränderung.

Beispiele: Justieren eines Gewichtstückes auf den Nennwert seiner Masse durch Abfeilen oder Einfüllen von Bleischrot;
Justieren eines elektrischen Widerstandes auf den richtigen Wert durch Ändern seiner Drahtlänge;
Justieren des Nullpunktes einer Waage;
Justieren des Trägheitsmomentes einer Unruhe durch Anbohren, damit sie ausgewuchtet ist und das Schwingsystem die gewünschte Frequenz hat;
Justieren eines Elektrizitätszählers auf die gewünschte Anzahl von Umdrehungen je Kilowattstunde.

Das Wort Justieren wird allerdings oft auch in anderem Sinne verwendet, z. B. für „funktionsfähig machen eines Meßgeräts" und in der Optik für das „Einrichten einer Meßanordnung".

h) *Eichen*

Das Wort „Eichen" hat zwei unterschiedliche Bedeutungen. Im allgemeinen Sprachgebrauch der Technik versteht man darunter „kalibrieren" im Sinne von Abschnitt f). Um keine unnötigen Verwechslungen heraufzubeschwören, ist es zweckmäßig, für Tätigkeiten nach Abschnitt f) das Wort kalibrieren zu verwenden. Das hat zudem den Vorteil, daß man sich innerhalb der auch im Ausland üblichen Wortfamilie bewegt (engl.: calibration, franz.: calibration).

Beim Eichen im amtlichen Sinne wird ein Meßgerät oder eine Maßverkörperung gemäß den gesetzlichen Vorschriften und Anforderungen geprüft und gestempelt. Durch die Prüfung wird festgestellt, ob das vorgelegte Meßgerät den Vorschriften und Anforderungen entspricht, d. h. ob es den an seine Beschaffenheit und seine meßtechnischen Eigenschaften zu stellenden Forderungen genügt, insbesondere ob es die Eichfehlergrenzen einhält. Durch die Stempelung wird beurkundet, daß das Meßgerät im Zeitpunkt der Prüfung diesen Forderungen genügt hat und daß zu erwarten ist, daß es bei einer Handhabung entsprechend den Regeln der Technik auch innerhalb der Nacheichfrist meßtechnisch richtig bleibt.

Beispiele: Eichen von Waagen und Gewichtsstücken;
              Eichen von Benzinzapfsäulen;
              Eichen von Fieberthermometern;
              Eichen von Radargeräten für den Straßenverkehr.

7.2 Meßverfahren

Jede Messung beruht auf einem bestimmten *Meßprinzip*; dieses verdeutlicht die charakteristische physikalische Erscheinung, die der Messung zugrunde liegt.

Beispiele:

Physikalische Größe	Meßprinzip
Länge	Lichtinterferenz, Kapazitätsmessung
Temperatur	Längenausdehnung, thermoelektrischer Effekt, Änderung des elektrischen Widerstandes
Kraft	elastische Verformung
Druck	elastische Verformung, piezoelektrischer Effekt
elektrische Stromstärke	Ablenkung einer Drehspule im Magnetfeld, Erwärmung durch den elektrischen Strom.

Die praktische Anwendung eines Meßprinzips führt im allgemeinen auf ein direktes oder indirektes *Meßverfahren*. Bei den *direkten Meßverfahren* wird der gesuchte Wert einer Größe durch unmittelbaren Vergleich mit einem Bezugswert derselben Größe gewonnen. Andere Bezeichnungen hierfür sind daher auch Vergleichsverfahren und relative Meßverfahren.

Beispiele: Messen einer Masse mit justierten Gewichtstücken;
              Messen der Viskosität eines Mineralöls durch Vergleich mit der Viskosität einer Referenzflüssigkeit;
              Messen eines elektrischen Widerstandes durch Vergleich mit Normalwiderständen in einer Meßbrücke (Nullabgleich).

Unter die direkten Meßverfahren kann man auch diejenigen Messungen einordnen, bei denen der Meßwert unmittelbar (ohne ergänzende Rechnung) aus der Anzeige eines Meßgeräts erhalten wird. Da man hierbei an einer kalibrierten Skala abliest, steht hinter dieser Prozedur ein vorher oder nachher durchgeführter Vergleich mit einem Normal.

Beispiele: Messen der Temperatur aus der Anzeige eines Thermometers;
              Messen der elektrischen Spannung aus der Anzeige eines Drehspulinstruments.

Bei den *indirekten Meßverfahren* wird der gesuchte Wert einer Größe auf andere physikalische Größen zurückgeführt und unter Verwendung physikalischer Zusammenhänge ermittelt.

Beispiele: Bestimmen der Dichte aus Masse und Volumen;
Bestimmen der Dicke einer aufgedampften Schicht aus der Versetzung von Interferenzstreifen;
Bestimmen der Wärmeleitfähigkeit aus den geometrischen Abmessungen der Probe (Länge und Querschnitt), der Temperaturdifferenz und dem Wärmestrom.

Es gibt Meßverfahren, über deren Zuordnung man streiten kann.

Beispiel: Messen der Länge mit einem induktiven Längenmeßtaster (Induktivitätsänderung einer Spule).

Unstrittig ist aber, daß die *Fundamentalverfahren* zum Messen der abgeleiteten Größen indirekte Verfahren sind. Es ist noch vielfach üblich, zwischen analogen und digitalen Meßverfahren zu unterscheiden, obwohl dieser Unterschied immer weniger von Bedeutung ist, da es einerseits immer mehr Mischformen gibt und andererseits fast in jedem Falle geeignete Umformer in beiden Richtungen zur Verfügung stehen. Außerdem bezieht sich eine solche Unterscheidung manchmal fälschlich nur auf die Art der Anzeige (hierzu s. Abschnitt 7.4).

Man nennt ein Meßverfahren analog, eine Meßeinrichtung und ein Meßgerät analog arbeitend, wenn der zu messenden Größe (Eingangsgröße) durch das Verfahren, die Einrichtung oder das Gerät eine Ausgabe (Ausgangsgröße) zugeordnet wird, die mindestens im Idealfall eine eindeutige und punktweise stetige Darstellung der zu messenden Größe ist. Bei analog arbeitenden Meßgeräten mit Skalenanzeige erscheint daher der Meßwert innerhalb des Meßbereichs als stetig verschiebbare Stellung einer Marke gegenüber einer Skala. Die im Idealfall eindeutige und stetige (kontinuierliche) Zuordnung zwischen Eingangsgröße und Ausgangsgröße wird im realen Fall meist durch Unvollkommenheiten der Meßeinrichtungen (Reibung, Spiel, Hysterese) in eine nicht ganz kontinuierliche Zuordnung verwandelt. Bei den meisten Meßeinrichtungen ist außerdem eine endliche Änderung der Eingangsgröße für eine Änderung der Ausgangsgröße erforderlich, zumindest am Anfang des Meßbereichs.

Beispiele für analog arbeitende Meßeinrichtungen:
Federwaage;
Spannungsmesser (Drehspulinstrument).

Man nennt ein Meßverfahren digital, eine Meßeinrichtung oder ein Meßgerät digital arbeitend, wenn der zu messenden Größe (Eingangsgröße) durch das Verfahren, die Einrichtung oder das Gerät eine Ausgabe (Ausgangsgröße) zugeordnet wird, die eine mit fest gegebenem kleinstem Schritt quantisierte, zahlenmäßige Darstellung der zu messenden Größe ist.

Bei digitalen Meßverfahren wird also einem ganzen Wertebereich der Eingangsgröße als Ganzes ein Meßwert zugeordnet. Bei digital arbeitenden Meßgeräten erscheint der Meßwert unstetig als Summe von Quantisierungseinheiten (bei Skalenanzeige also mit einem ruckartig bewegten Zeiger) oder als aufsummierte Anzahl von Impulsen, z. B. in einer Ziffernfolge oder codiert.

Die Charakterisierung „analog" bzw. „digital" bezieht sich also nur auf das Meßverfahren und hat nichts mit der Art der Anzeige zu tun (s. Abschnitt 7.4). Eine Digitaluhr trägt dann ihren Namen zurecht, wenn er auf das Prinzip dieser Uhr, die Uhrzeit durch das Aufsummieren von Schwingungsdauern zu gewinnen, hinweisen soll. Da fast alle in Gebrauch befindlichen Uhren nach diesem Prinzip arbeiten, sind also fast alle Uhren Digitaluhren, ob sie eine Skalenanzeige oder Ziffernanzeige haben. Die früher üblich gewesene Verwendung des Begriffs „digital" auch für die Ziffernanzeige ist wieder aufgegeben worden.

Beispiele: für digital arbeitende Meßeinrichtungen:
Messen der elektrischen Spannung mit einem Digitalspannungsmesser;
Dosierpumpe.

Das nach einem bestimmten Meßprinzip ausgewählte Meßverfahren wird in einer *Meßeinrichtung* verwirklicht. Sie besteht aus einem *Meßgerät* oder mehreren zusammenwirkenden Meßgeräten und Zusatzeinrichtungen. Sie umfaßt also die Gesamtheit aller Meßgeräte und Hilfsgeräte, die zum Aufnehmen einer physikalischen Größe, zum Weitergeben und Anpassen eines Meßsignals und zum Ausgeben eines Meßwertes erforderlich sind.

Beispiele: Die Dicke eines Werkstückes wird mit Hilfe eines Feinzeigers durch Vergleich mit Parallel-Endmaßen gemessen (direktes Verfahren);
der elektrische Widerstand eines Schichtwiderstandes wird mit Hilfe einer Wheatstone-Brücke mit Nullgalvanometer gemessen (direktes Verfahren);
die Dichte einer Flüssigkeit wird mit Hilfe eines Pyknometers, eines Thermostaten und einer Präzisions-Waage ermittelt (indirektes Verfahren);
der Druck in einer Leitung wird mit Hilfe eines Manometers gemessen (direktes Verfahren) und zusätzlich an einer entfernten Stelle digital angezeigt.

Bild 7.1 zeigt das Beispiel einer Meßeinrichtung nach dem indirekten Verfahren, die aus mehreren Meßgeräten und mehreren Ausgaben besteht. Eine Großeinrichtung, die aus mehreren, meist voneinander unabhängigen Meßeinrichtungen bestehen kann, wird oft als *Meßanlage* bezeichnet. Die einzelnen Meßeinrichtungen können nämlich getrennt sein, stehen aber in einem funktionalen Zusammenhang.

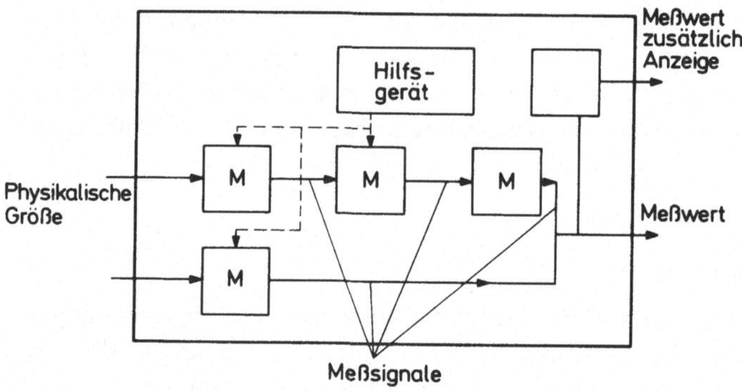

Bild 7.1

Beispiel einer Meßeinrichtung nach dem indirekten Verfahren, die zwei Möglichkeiten für die Ausgabe des Meßwertes vorsieht

M Meßgeräte

7.3 Meßgeräte

Ein Meßgerät liefert oder verkörpert Meßwerte, auch die Verknüpfung mehrerer voneinander unabhängiger Meßwerte (z. B. das Verhältnis von Meßwerten). Zu den Meßgeräten gehören also sowohl die mit einer Ausgabe versehenen (anzeigenden Meßgeräte) als auch Maßverkörperungen.

Die wesentliche Aufgabe einer Meßeinrichtung (oft mit beweglichen Teilen) ist die *Aufnahme* einer den Meßwert repräsentierenden physikalischen Größe, deren Weiterleitung, Anpassung, Umformung und die *Ausgabe* des gesuchten Meßwertes.

Im speziellen Fall kann schon ein einziges Meßgerät die Meßeinrichtung darstellen. Im allgemeinen wendet man den Begriff Meßgerät aber nur auf die im Signalfluß liegenden Teile (Glieder) einer Meßeinrichtung an. In diesem Sinn bezeichnet man eine Meßeinrichtung auch als Meßkette.

Der *Aufnehmer* nimmt an seinem Eingang die zu messende Größe auf und gibt an seinem Ausgang ein entsprechendes Meßsignal ab. Der Aufnehmer ist das erste Glied in der Meßkette, wenn die zu messende Größe selbst das Meßsignal darstellt.

Beispiele: Tastbolzen einer Meßuhr, Spule eines Strommeßgeräts, gekapselte Dose eines Barometers.

Die *Ausgabe* ist die durch das Meßgerät in irgendeiner Form ausgegebene Information über den gesuchten Meßwert. Diese Information kann direkt als Anzeige oder indirekt ohne Anzeige ausgegeben werden.

Zwischen Aufnehmer und Ausgeber kann eine Reihe von *Übertragungsgliedern* liegen. Im Verstärker wird ein für die Weiterverarbeitung zu schwaches Signal geeignet verstärkt, oft auch angepaßt. In Rechengeräten werden für die Weiterverarbeitung der Signale notwendige Rechenoperationen ausgeführt. Hierbei unterscheidet man Rechengeräte, die

1. Signale gemäß den Grundrechenarten miteinander verknüpfen:

$$x_a = k\,(x_{e1} + x_{e2})$$
$$x_a = k\,(x_{e1} - x_{e2})$$
$$x_a = k\,(x_{e1} \cdot x_{e2})$$
$$x_a = k\,(x_{e1}/x_{e2});$$

2. Signale gemäß einer Funktion umformen, z. B.:

$$x_a = k\,\sqrt{x_e}$$
$$x_a = k\,\sin x_e$$
$$x_a = k\,\lg(x_e/x_0);$$

3. Signale zeitabhängig umformen:

$$x_a = k\,\frac{dx_e}{dt}$$

$$x_a = k\int_0^t x_e\,dt;$$

x_e Eingangssignal x_0 Bezugsgröße
x_a Ausgangssignal k Konstante
t Zeit.

In Umformern wird ein analoges Meßsignal in ein eindeutig damit zusammenhängendes Ausgangssignal umgeformt. Wenn es sich am Eingang und am Ausgang um dieselbe physikalische Größe handelt und der Umformer ohne Hilfsenergie arbeitet, wird hierfür auch das Wort Wandler benutzt (z. B. Stromwandler, Druckwandler, Drehmomentwandler). Doch ist dieser Brauch nicht einheitlich (z. B. Spannungs-Frequenz-Umwandler).

Als Umsetzer bezeichnet man Geräte, die am Eingang und Ausgang verschiedenartige Signalstruktur haben (digital-analog oder analog-digital) oder nur digitale Signalstruktur haben (Codeumsetzer).

Die nicht in der Meßkette liegenden Teile eines Meßgerätes, die häufig für die meßtechnischen Eigenschaften nicht so entscheidend sind, werden Hilfsgeräte genannt. Zu ihnen gehören die Strom- bzw. Spannungsversorgung sowie beispielsweise Steuergeräte.

Zur Charakterisierung der meßtechnischen Eigenschaften eines Meßgeräts ist eine Reihe von Fachausdrücken in Gebrauch, die im folgenden erläutert werden.

a) *Der Skalenwert*

Unter dem Skalenwert (oft auch Teilungswert genannt) versteht man bei einem Meßgerät mit Skalenanzeige die Änderung der Meßgröße, die eine Verschiebung der Marke um einen Skalenteil verursacht. Bei einem Meßgerät mit Ziffernanzeige tritt an die Stelle des Skalenteils ein Ziffernschritt der letzten Stelle.

Der Skalenwert wird z. B. bei folgenden Meßgeräten als kennzeichnende Größe verwendet: Flüssigkeitsthermometer, Längenmeßgeräte, Volumenmeßgeräte mit Skale, Aräometer. Bei Indikatoren, mit denen man nur einen „Nullabgleich" macht, gibt es keinen Skalenwert. Das meßtechnische Verhalten wird dann mit Hilfe der Empfindlichkeit charakterisiert.

b) *Die Skalenkonstante*

Die Skalenkonstante (Gerätekonstante) ist bei Meßgeräten mit Skalenanzeige derjenige physikalische Größenwert k, mit dem der angezeigte Wert (Zahlenwert) multipliziert werden muß, um den gesuchten Meßwert (physikalische Größe) x zu erhalten.

$$x = k \cdot y.$$

Die Skalenkonstante wird vorwiegend bei elektrischen Meßgeräten benutzt.

Der Unterschied zwischen Skalenwert und Skalenkonstante wird an Bild 7.2 und Tabelle 7.1 deutlich. Hierbei stehe der Zeiger an den drei Skalenbildern jeweils an der Stelle y.

Tabelle 7.1: Skalenwert und Skalenkonstante

Skala	Anzeige y		Meßbereich z. B.	Skalenwert	Skalen-konstante k	Meßwert x bei der Anzeige y
	Zahlenwert	Skalenteile				
a	18,0	18	0 … 6 mA	0,2 mA	0,2 mA	3,6 mA
b	4,8	24	0 … 6 mA	0,2 mA	1,0 mA	4,8 mA
c	6,4	–	0 … 1 A	–	0,1 A	0,64 A

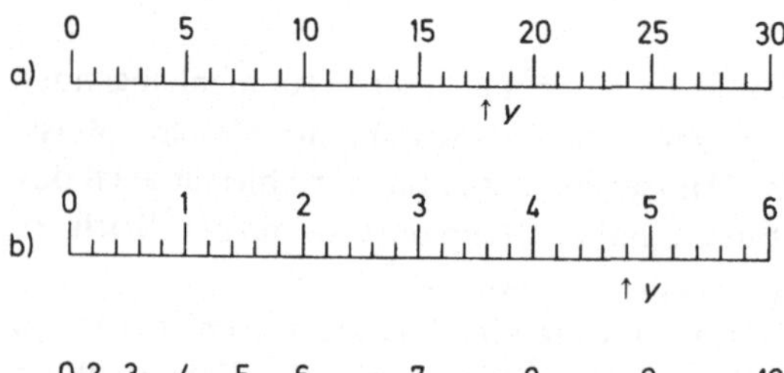

Bild 7.2
Verschiedene Skalen (nach DIN 1319, Teil 2)

Beim Skalenbild a sind die Skalenteile fortlaufend gezählt, und jeder fünfte ist beziffert. Bei einer gleichmäßig geteilten Skala stimmen also Skalenwert und Skalenkonstante überein, wenn die Bezifferung die Anzahl der Skalenteile angibt. Beim Skalenbild b sind Gruppen von 10 Skalenteilen fortlaufend gezählt und beziffert. Deshalb ist hier der Skalenwert von der Skalenkonstante verschieden. Der Meßwert x an der Stelle y ergibt sich aus

$$4,8 \cdot 1 \text{ mA} = 48 \cdot 0,1 \text{ mA zu } 4,8 \text{ mA.}$$

Beim Skalenbild c mit nichtlinearer Teilung ist die Unterteilung der Skala zwischen den (langen) bezifferten Teilstrichen am Anfang größer als am Ende. In den verschiedenen Anzeigebereichen gelten daher unterschiedliche Skalenwerte:

Anzeigebereich	Skalenwert
0 ... 1	0,1 A
1 ... 3	0,05 A
3 ... 6	0,02 A
6 ... 10	0,01 A.

Deshalb kann in solchen Fällen nur die Skalenkonstante benutzt werden, die immer unabhängig von der Skalenteilung ist.

Bei Mehrbereich-Meßgeräten sollte für jeden Bereich der zugehörige Skalenwert oder die zugehörige Skalenkonstante angegeben werden. Allerdings begnügt man sich oft mit der Angabe des Meßwertes für den Skalenendwert.

c) *Anzeigebereich, Meßbereich*
Unter dem Anzeigebereich eines anzeigenden Meßgeräts versteht man den Bereich aller Werte der betrachteten Meßgröße, die an einem Meßgerät abgelesen werden können. Davon zu unterscheiden ist der Meßbereich. Innerhalb dieses Bereichs werden vorgegebene, vereinbarte oder garantierte Fehlergrenzen nicht überschritten. Allerdings können für die einzelnen Meßbereiche, z. B. bei Mehrbereichsmeßgeräten unterschiedliche Fehlergrenzen gelten. Bei anzeigenden Meßgeräten ist also der Meßbereich immer nur ein Teil des Anzeigebereichs, im Grenzfall können sie deckungsgleich sein.

Der Anfangswert und der Endwert des Meßbereichs werden häufig ausdrücklich angegeben, z. B. Mindestdurchfluß durch einen Volumenzähler, Höchstlast einer Waage.

d) *Empfindlichkeit*
Die Empfindlichkeit eines Meßgeräts ist der Quotient aus einer beobachteten Änderung des Ausgangssignals (der Ausgabe), dividiert durch die sie verursachende Änderung des Eingangssignals (der Meßgröße). Dieser Begriff wird vorwiegend bei anzeigenden Meßgeräten verwendet.

Die Empfindlichkeit eines Meßgeräts muß nicht konstant sein innerhalb eines Meßbereichs. Sie ist dann eine Funktion in Abhängigkeit von der Skalenlänge. Bei Meßgeräten mit Skalenanzeige ist die Empfindlichkeit E

$$E = \frac{\text{Änderung } \Delta L \text{ der Anzeige}}{\text{verursachende Änderung } \Delta M \text{ der Meßgröße}} \; .$$

Beispiel: Empfindlichkeit eines Galvanometers 100 mm/μA
Empfindlichkeit einer Waage   8,7 Skt/mg.

Bezeichnet man den Teilstrichabstand einer Strichskala mit l, den Skalenwert mit s, so ist

$$E = \frac{\Delta L}{\Delta M} = \frac{l}{s}.$$

Die Empfindlichkeit ist also von der Beschaffenheit der Teilung unabhängig.

Da bei Längenmeßgeräten sowohl die Änderung der Anzeige als auch die Meßgröße Längen sind, ist die Empfindlichkeit das Verhältnis zweier Längen.

Beispiel: Bei einem Feinzeiger mit der Übersetzung $1:1000$ beträgt die Empfindlichkeit $E = 1\,\text{mm}/1\,\mu\text{m}$.
Bei Meßgeräten mit Ziffernanzeige beträgt die Empfindlichkeit E

$$E = \frac{\Delta Z}{\Delta M},$$

wobei ΔZ die Anzahl der Ziffernschritte der letzten Stelle bei der sie verursachenden Änderung ΔM der Meßgröße ist.

Neben der oben angegebenen — differentiell definierten — Empfindlichkeit gibt es noch die Gesamtempfindlichkeit E_G

$$E_G = \frac{Y}{X}$$

wobei Y die Ausgangsgröße (Anzeige) und X die Eingangsgröße (Wert der Meßgröße) sind. Die Gesamtempfindlichkeit, die der Kehrwert der Skalenkonstante k ist ($E_G = 1/k$), wird beispielsweise in der optischen Strahlungsphysik und der Lichttechnik verwendet.

Ein mit der Empfindlichkeit verwandter, aber recht unbestimmter Begriff ist die *Ansprechschwelle*. Darunter versteht man den Quotienten aus einem ersten, deutlich erkennbaren Unterschied der Anzeige und der sie verursachenden Änderung der Meßgröße.

In manchen Bereichen der Meßtechnik wird der Kehrwert der Ansprechschwelle benutzt und als Auflösung bezeichnet: Die *Auflösung* ist die erforderliche Änderung der Eingangsgröße, um eine festgelegte geringe Änderung der Anzeige zu bewirken. Auch dieser Begriff ist recht unbestimmt.

e) *Umkehrspanne*

Infolge Reibung, totem Gang, elastischen Nachwirkungen, Remanenz, Hysterese usw. haben praktisch alle Meßgeräte eine Umkehrspanne x_u, die noch eine Funktion des zu messenden Größenwertes x_e sein kann. Es ist

$$x_u = x_a' - x_a,$$

wobei x_a die dem Größenwert x_e zugeordnete Anzeige ist, wobei die Messung von kleineren Werten ausgeht, während sie bei x_a' von größeren Werten ausgeht. Die relative Umkehrspanne ist dann

$$\frac{x_a' - x_a}{x_a}.$$

Besonders aufschlußreich für das Verhalten eines Meßgeräts ist die Messung der Umkehrspanne an den Grenzen des Meßbereichs. Häufig werden nur obere Grenzen angegeben, die sicher nicht überschritten werden. Bei quantitativen Angaben sollte immer auch das Meßverfahren genau angegeben werden.

f) *Anlaufwert*

Der Anlaufwert eines integrierenden Meßgeräts ist derjenige Wert der Meßgröße, über die integriert wird, bei der am Meßgerät die erste eindeutige Anzeige erkennbar ist.

Beispiel: Anlaufwert bei einem Elektrizitätszähler.

Es spielt keine Rolle, wie groß der Fehler bei dieser Anzeige ist.

Maßverkörperungen repräsentieren einzelne Werte oder eine Folge von Meßwerten einer Größe. Dabei entspricht die Aufschrift (der Nennwert der Größe) der Anzeige.

Beispiele: Endmaße, Maßstäbe; Gewichtstücke; Maßkolben; Widerstandsnormale.

Bei einem Teil der Maßverkörperungen („nichtselbständige") ist zum Ausführen einer Messung noch zusätzlich ein Meßgerät erforderlich.

Beispiel: Gewichtstücke in Verbindung mit einer Waage.

Bei dem anderen Teil („selbständige Maßverkörperungen") sind Messungen unmittelbar mit den Maßverkörperungen möglich.

Beispiel: Maßstäbe, Raummaße.

Die Maßverkörperungen haben im allgemeinen keine während der Messung beweglichen Teile, insbesondere keinen Zeiger. Die Anzeige erfolgt entweder an einer Markierung der Maßverkörperung (z. B. einem Strich eines Strichmaßstabs), einem Zeiger des in Zusammenhang mit der Maßverkörperung verwendeten Meßgeräts (z. B. der Waage) oder durch den zu messenden Körper selbst (z. B. durch den Meniskus einer Flüssigkeit im kalibrierten Hals eines Raummaßes).

Eine Maßverkörperung kann einen einzigen Wert repräsentieren (z. B. Endmaß, Normalwiderstand), mehrere unterschiedliche Werte wiedergeben (z. B. Kaliber für die beiden Grenzwerte einer Abmessung) oder auch Werte in kontinuierlicher Folge (z. B. Strichmaßstab) darstellen.

7.4 Die Ausgabe (Anzeige)

Die vom Ausgeber abzugebende Information kann sehr unterschiedlich gestaltet sein. Im einfachen Fall ist man in der Lage, diese Information unmittelbar mit den menschlichen Sinnen aufzunehmen. Dann spricht man von direkter Ausgabe oder von *direkter Anzeige* (Sichtausgabe). Eine besondere Rolle spielt hierbei die mit dem Auge wahrnehmbare visuelle Anzeige, die mit Skalen oder Ziffern erfolgen kann. Die Anzeige kann aber auch akustisch (z. B. Zeitzeichen im Rundfunk, Glockenschlag bei Uhren), als Lichtsignal oder über Schreiber oder Drucker vermittelt werden.

Bei *indirekter Ausgabe* wird die Information über den Meßwert ohne jede Anzeige weitergegeben oder in einer ohne besondere Vorrichtungen nicht ausdeutbaren Form an nachgeschaltete — nicht mehr zur Meßeinrichtung gehörende — Einrichtungen übertragen. Indirekte Ausgabe ist also entweder die Weitergabe des Meßwertes am Ausgang eines Meßumformers mit Hilfe von Meßsignalen (z. B. elektrische Stromstärke, elektrische Spannung oder pneumatischer Druck) oder die Darstellung des Meßwerts auf Datenträgern (z. B. Lochkarte, Lochstreifen, Magnetband) zwecks Speicherung oder Weiterverarbeitung.

Die Meßgeräte mit direkter Anzeige, oft auch anzeigende Meßgeräte genannt, gestatten, die angebotene Information unmittelbar abzulesen oder abzunehmen. Vielfach wird neben der direkten Sichtanzeige noch eine Zusatzinformation gegeben, z. B. durch Grenz-wertmelder oder Signalgeber. Weiterhin ist es oft üblich, den zeitlichen Verlauf der Informa-tion mittels eines *registrierenden Meßgeräts* (Schreiber oder Drucker) zu erfassen. Mit einem *Schreiber* werden die Meßwerte — vorwiegend proportional zur Zeit — aufgezeichnet. Bei einem Linienschreiber werden die Meßwerte kontinuierlich abgebildet, bei einem Punkt-schreiber diskontinuierlich in periodischen Abständen. *XY*-Schreiber gestatten die Erfassung der funktionellen Abhängigkeit einer zu messenden Größe von einer anderen Größe, die auch die Zeit sein kann.

Bei schnell verlaufenden Vorgängen wird im allgemeinen für die Darstellung des Ver-laufs eines Meßwerts ein Oszillograph benutzt. Bei Speicheroszillographen kann man die spezielle Meßkurve zur Auswertung oder zum Photographieren für längere Zeit festhalten. Drucker werden für die Registrierung digitaler Werte verwendet.

Zählende Meßgeräte (meist kurz Zähler genannt) zählen Stückzahlen, Impulse oder quantisierte Größenwerte und geben als Meßwert eine Summe oder ein Integral aus. Nicht immer erfolgt die Anzeige mit Ziffern. Beispielsweise werden Stoppuhren (Zähler von Halb-schwingungen der Unruh) im allgemeinen mit Skalen ausgestattet, auf denen sich der Zeiger oder die Zeiger diskontinuierlich bewegen. Sie müssen nach einer bestimmten Anzahl von Schritten wieder auf einem Strich der Skala stehen (z. B. bei einer Stoppuhr mit einer Halb-schwingungsdauer von 1/30 s muß der Zeiger auf die 1/10-s-Teilstriche der Skala treffen).

Maßverkörperungen (z. B. Endmaße, Meßkolben) haben keine während der Messung bewegliche Marke. Ihre Maßaufschrift ist die Anzeige (z. B. die Bezifferung auf einem Meter-stab).

Bei den Meßgeräten mit *Skalenanzeige* stellt sich ein Indikator (z. B. eine bestimmte Stelle eines körperlichen Zeigers oder eines Lichtzeigers, ein Noniusstrich, eine Kante, der Meniskus einer Flüssigkeitssäule, die bezeichnete Stelle eines Schaulochs) meist kontinuier-lich auf eine Stelle der Skala (Teilung) der Anzeigevorrichtung ein oder die Skala wird darauf eingestellt. Es ist unwesentlich, ob sich der Indikator oder die Skala bewegt. Es gibt Anzeige-vorrichtungen mit mehreren Skalen. Ein Teil dieser Skalen kann durch eine Anzeige mittels Ziffernfolge ersetzt sein. Oft erfolgt nur die Anzeige der letzten Stelle mittels einer Skala. Ein Meßinstrument mit Skalenanzeige kann mehrere Skalen haben.

Bei Meßgeräten mit *Ziffernanzeige* erfolgt die Angabe meist diskontinuierlich als Summe von Quantisierungseinheiten oder von Impulsen, z. B. in einer Ziffernfolge. Solche Meßgeräte haben daher keine stetig ablesbare Skala. Häufig ist die Ziffernfolge durch einen automatischen Vorgang dekadisch bewertet.

Die früher häufig übliche Unterscheidung zwischen analoger und digitaler Anzeige ist unzweckmäßig, ja eigentlich sogar unrichtig. Das Ziel ist sowohl bei Skalen- als auch bei Ziffernanzeige die Gewinnung eines zahlenmäßig (digital) darstellbaren Ergebnisses.

7.5 Skalen

Eine Strichskala ist die Aufeinanderfolge einer größeren Anzahl von Teilungszeichen (Teilungsmarken), z. B. Teilstrichen oder Punkten, auf einem Skalenträger. Strichskalen sind bevorzugt in regelmäßigen Abständen beziffert und meist für eine kontinuierliche Anzeige von Meßwerten bestimmt. Man unterscheidet auf einem ebenen Skalenträger angeordnete gerade, bogenförmige und kreisförmige Skalen sowie solche, die sich auf einem gekrümmten Skalenträger befinden.

Eine genaue Ablesung ist nur mit Strichen als Teilungsmarken möglich, die außerdem gerade und in sich gleich breit sind. Für bequemes Ablesen sind meist einzelne Teilstriche durch andere Strichlänge, Strichbreite oder Bezeichnung hervorgehoben. Die Breite der Striche sollte höchstens um den Faktor 2 unterschiedlich sein. Von den hervorgehobenen Strichen werden gelegentlich einzelne weiter hervorgehoben (Bild 7.3). Bewährt haben sich Hervorhebungen durch unterschiedliche Strichlängen oder Strichbreiten, die nach dem

> zweifachen
>
> fünffachen oder
>
> zehnfachen

der Einheit fortschreiten. Meist ist es üblich, diese hervorgehobenen Striche – oder wenigstens einen Teil davon – zu beziffern. Man sollte erkennen, ob es sich dabei um Skalenteile oder um Vielfache oder Teile einer Einheit handelt.

Die Spitze des Zeigers sollte bei jeder Skala den kürzesten Teilstrich wenigstens teilweise überdecken. Die Breite der Zeigerspitze sollte etwa der Strichbreite der Skala entsprechen. Der Abstand zwischen Zeiger und Skalenoberfläche sollte einen halben Teilstrichabstand nicht überschreiten, falls nicht mit Hilfe eines Spiegels parallaxenfrei abgelesen werden kann.

Unter der Skalenlänge (Gesamtlänge) einer Strichskala versteht man den längs des Weges der Marke in Längeneinheiten gemessenen Abstand zwischen dem Anfangsstrich und dem Endstrich der Skala. Bei einer gebogenen Skala ist dieser Weg längs eines Bogens zu messen, der durch die Mitte der kürzesten Teilstriche verläuft. Bei einer Kreis- oder Bogenskala auf ebenem Skalenträger wird oft auch der Skalenwinkel angegeben.

Der Teilstrichabstand einer Strichskala ist der in Längen- oder Winkeleinheiten gemessene Abstand zweier benachbarter Teilstriche. Bei Teilstrichabständen unter 0,7 mm ermüdet der Beobachter relativ rasch. Außerdem ist die Zehntelschätzung erschwert und die Beobachtung daher unsicher. Für Skalen mit angebauter optischer Vergrößerung gelten die oben erwähnten 0,7 mm für den scheinbaren Teilstrichabstand. Der Skalenteil einer Strichskala ist ihre kleinste Teilungseinheit ohne Berücksichtigung der Bezifferung.

Bei der Angabe eines Ergebnisses in Skalenteilen faßt man den Teilstrichabstand als Zähleinheit „Skalenteil" auf. Dies sollte allerdings nur bei linearer Skalenteilung geschehen. Bei einer Ziffernskala entspricht der Sprung zwischen zwei aufeinanderfolgenden Zahlen der letzten Stelle dem Skalenteil bei einer Strichskala.

Eine Ziffernskala (z. B. bei einem Zähler) ist eine Folge von Ziffern (meist 0 bis 9) auf einem Skalen- oder Ziffernträger, wobei meist nur die abzulesende Ziffer sichtbar ist. Die mehrstellige Ziffernskala besteht aus mehreren, nebeneinander angeordneten einstelligen Ziffernskalen mit z. B. hinter Schaulöchern ablesbaren Ziffern. Meist sind hierbei die einzelnen Ziffernskalen dezimal aufeinander abgestuft.

0   10   20   30   40   50   60

Bild 7.3
Hervorheben von Strichen in Skalen

8 Konsistenter Satz von Fundamentalkonstanten

In Physik und Chemie spielen die Fundamentalkonstanten seit langem eine beträchtliche Rolle. Hierzu rechnet man insbesondere die zur atomaren Beschreibung notwendigen und mit hoher Präzision meßbaren Konstanten wie die Ladung e des Elektrons und das Plancksche Wirkungsquantum h. Hierbei besteht folgende Situation:

Einerseits sind die meisten Konstanten über die grundlegenden physikalischen Theorien untereinander verknüpft, andererseits differieren — natürlicherweise — die experimentellen Bestimmungen der Konstanten, wenn man sie direkt oder auf Grund der Verknüpfungen indirekt mißt.

Es ist nun jedoch vorteilhaft, allen Physikern und Chemikern einen einzigen Satz von Fundamentalkonstantenwerten zur Verfügung zu stellen, der in sich konsistent mit der Bedingung ist, daß die anzugebenden Unsicherheiten auf der Basis der vorliegenden Experimente die geringstmöglichen sind. ,,Konsistent'' heißt dabei, daß in den Tabellenwerten die Verknüpfungen der Konstanten untereinander berücksichtigt sind. So gilt beispielsweise für die Sommerfeldsche Feinstrukturkonstante α:

$$\alpha^{-1} = C_1 \left(\frac{1}{\gamma_p} \frac{2e}{h} \right)^{1/2}$$

$$\alpha^{-1} = C_2 \left(\frac{1}{F} \frac{1}{\mu_p/\mu_m} \frac{2e}{h} \right)^{1/2} \quad \text{oder}$$

$$\alpha^{-1} = C_3 \left(\frac{1}{\lambda_C} \right)^{1/2},$$

wobei C_1, C_2, C_3 bekannte Größen, e die elektrische Elementarladung, h das Plancksche Wirkungsquantum, γ_p des gyromagnetische Verhältnis des Protons, μ_p das magnetische Moment des Protons, μ_m das Kernmagneton und λ_C die Compton-Wellenlänge des Elektrons sind.

Die Tabellenwerte müssen nun so beschaffen sein, daß eine Berechnung der rechten Seiten mit den entsprechenden Tabellenwerten jeweils mit dem Tabellenwert für α^{-1} zusammenpaßt, wobei dies auch für die Unsicherheiten gelten muß.

Dieses Ziel erreicht man durch eine Ausgleichsrechnung nach der Methode der kleinsten Quadrate für die experimentell vorliegenden Ergebnisse unter Berücksichtigung der bekannten Verknüpfungen. Voraussetzung dafür allerdings ist, daß die verschiedenen experimentellen Bestimmungen für eine bestimmte Konstante statistisch gesehen untereinander verträglich sind, sich also nicht signifikant unterscheiden. Leider treten aber solche Inkompatibilitäten immer wieder auf und man muß dann eine nicht immer einfache Entscheidung darüber treffen, welche Experimente hierfür verantwortlich sind, um diese zu eliminieren. Wenn man andererseits sicher ist, daß die einzelnen experimentellen Bestimmungen zur Erklärung auftretender Inkonsistenzen nicht in Frage kommen, so muß dies zu einer Überprüfung des Theorien-Gebäudes führen. Hierdurch allein schon ist auch der notwendige große materielle Aufwand für die Präzisionsbestimmung der Fundamentalkonstanten bzw. deren Kombinationen gerechtfertigt.

Die in Tabelle 8.1 wiedergegebenen Werte sind die vom Commitee on Data for Science and Technology (CODATA) im International Council of Scientific Unions (ICSU) im Jahre 1973 zum allgemeinen Gebrauch empfohlenen Werte. Die Angaben in Tabelle 8.1 sind so zu lesen, daß der für eine Konstante angegebene Wert mit der statistischen Sicherheit von 68,3 % innerhalb des mittels der relativen Standardabweichung angegebenen Intervalls liegt (1-σ-Regel). Da die Werte nach der Ausgleichung miteinander korreliert sind, berechnen sich die Unsicherheiten von Kombinationen von Konstanten nach einem komplizierten Verfahren.

Bei der Benutzung der Werte der Tabelle 8.1 muß man sich immer im klaren darüber sein, daß es sich hierbei um die „besten" Werte im Rahmen einer Ausgleichung handelt und daß diese wiederum, wie oben dargelegt, auch auf einer Begutachtung des vorliegenden experimentellen Materials beruht. Diese Begutachtung kann grundsätzlich zu Fehlentscheidungen über die auszuschaltenden Experimente führen. Daraus folgt, daß durch eine erstellte Tabelle weitere Präzisionsmessungen in keiner Weise ausgeschlossen werden, sondern sogar erwünscht sind. Neue Präzisionsbestimmungen werden zu neuen konsistenten Tabellenwerten mit immer kleineren Unsicherheiten führen.

Wenn durch Neubestimmungen bisher bestehende Diskrepanzen geklärt und einige Werte besser als bisher bekannt sein werden, wird man eine neue Ausgleichung durchführen. In der Regel liegt zwischen der Erstellung zweier Tabellen ein Zeitraum von vier bis sechs Jahren. Die nächste Ausgleichsrechnung ist für das Jahr 1979 geplant.

Tabelle 8.1: Konsistenter Satz von Fundamentalkonstanten

Name	Symbol	Zahlenwert ohne Zehner-potenz	Zehnerpotenz und SI-Einheit	relative Standardabweichung in 10^{-6}
Vakuumlichtgeschwindigkeit (Speed of Light in Vacuum)	c	$2{,}997\,924\,58$	10^8 m $\cdot$ s^{-1}	0,004
	$1/c$	$3{,}335\,640\,95$	10^{-9} m^{-1} $\cdot$ s	0,004
	c^2	$8{,}987\,551\,79$	10^{16} m^2 $\cdot$ s^{-2}	0,006
	$1/c^2$	$1{,}112\,650\,06$	10^{-17} m^{-2} $\cdot$ s^2	0,006
magnetische Feldkonstante (Permeability of Vacuum)	$\mu_0 = 1/\epsilon_0 c^2$	$4\pi = 12{,}566\,370\,614\,4$	10^{-7} H $\cdot$ m^{-1}	
elektrische Feldkonstante (Permittivity of Vacuum)	$\epsilon_0 = 1/\mu_0 c^2$	$8{,}854\,187\,82$	10^{-12} F $\cdot$ m^{-1}	0,008
Gravitationskonstante (Gravitational Constant)	G	$6{,}672\,0$	10^{-11} N $\cdot$ m^2 $\cdot$ kg^{-2}	615
universelle (molare) Gaskonstante (Molar Gas Constant)	$R = p_0 V_0 / T_0$	$8{,}314\,41$	J $\cdot$ mol^{-1} $\cdot$ K^{-1}	31
molares Volumen des idealen Gases (Molar Volume, Ideal Gas) $T_0 = 273{,}15$ K, $p_0 = 101\,325$ Pa	$V_0 = R T_0 / p_0$	$2{,}241\,383$	10^{-2} m^3 $\cdot$ mol^{-1}	31
Avogadro-Konstante (Avogadro Constant)	N_A	$6{,}022\,045$	10^{23} mol^{-1}	5,1
Boltzmann-Konstante (Boltzmann Constant)	$k = R/N_A$	$1{,}380\,662$	10^{-23} J $\cdot$ K^{-1}	32
Elementarladung (Elementary Charge)	e	$1{,}602\,189\,2$	10^{-19} C	2,9
spezifische Elektronenladung (Specific Electron Charge)	e/m_e	$1{,}758\,804\,7$	10^{11} C $\cdot$ kg^{-1}	2,8
Atommassenkonstante (Atomic Mass Unit)	$1\,\mathrm{u} = m\,(^{12}\mathrm{C})/12$	$1{,}660\,565\,5$	10^{-27} kg	5,1

Name	Symbol	Zahlenwert ohne Zehner-potenz	Zehnerpotenz und SI-Einheit	relative Standardabweichung in 10^{-6}
Ruhemasse des Elektrons (Electron Rest Mass)	m_e	9,109 534	10^{-31} kg	5,1
Ruhemasse des Myons (Muon Rest Mass)	m_μ	1,883 566	10^{-28} kg	5,6
Ruhemasse des Protons (Proton Rest Mass)	m_p	1,672 648 5	10^{-27} kg	5,1
Ruhemasse des Neutrons (Neutron Rest Mass)	m_n	1,674 954 3	10^{-27} kg	5,1
Verhältnis Ruhemasse des Protons zu Ruhemasse des Elektrons (Ratio, Proton Mass to Electron Mass)	m_p/m_e	1,836 151 52	10^3	0,38
Verhältnis Ruhemasse des Myons zu Ruhemasse des Elektrons (Ratio, Muon Mass to Electron Mass)	m_μ/m_e	2,067 686 5	10^2	2,3
Faraday-Konstante (Faraday Constant)	$F = N_A e$	9,648 456	10^4 C·mol^{-1}	2,8
Sommerfeld-Feinstrukturkonstante (Fine Structure constant)	$\alpha = \mu_0 c e^2/2h$	7,297 350 6	10^{-3}	0,82
	$1/\alpha$	1,370 360 4	10^2	0,82
	α^2	5,325 133	10^{-5}	1,16
Planck-Konstante (Planck Constant)	h	6,626 176	10^{-34} J·s	5,4
	$\hbar = h/2\pi$	1,054 588 7	10^{-34} J·s	5,4
Fluxoidquantum (Magnetic Flux Quantum)	$\Phi_0 = h/2e$	2,067 850 6	10^{-15} Wb	2,6
	h/e	4,135 701	10^{-15} J·s·C^{-1}	2,6
Josephson-Frequenz-Spannungs-Quotient (Josephson Frequency-Voltage Ratio)	$2e/h$	4,835 939	10^{14} Hz·V^{-1}	2,6
erste Planck-Strahlungskonstante (First Radiation Constant)	$c_1 = 2\pi hc^2$	3,741 832	10^{-16} W·m^2	5,4

Fortsetzung

Name	Symbol	Zahlenwert ohne Zehnerpotenz	Zehnerpotenz und SI-Einheit	relative Standardabweichung in 10^{-6}
zweite Planck-Strahlungskonstante (Second Radiation Constant)	$c_2 = hc/k$	1,438 786	10^{-2} m · K	31
Stefan-Boltzmann-Strahlungskonstante (Stefan-Boltzmann-Constant)	$\sigma = (\pi^2/60)\, k^4/\hbar^3 c^2$	5,670 32	10^{-8} W · m^{-2} · K^{-4}	125
Rydberg-Konstante eines Atoms unendlicher Kernmasse (Rydberg Constant)	R_∞	1,097 373 177	10^7 m^{-1}	0,075
Bohr-Radius (Bohr Radius)	a_0	5,291 770 6	10^{-11} m	0,82
Compton-Wellenlänge des Elektrons (Electron Compton Wavelength)	$\lambda_{C,e} = \alpha^2/2\, R_\infty$	2,426 308 9	10^{-12} m	1,6
	$\lambda\!\!\!^-_{C,e} = \lambda_{C,e}/2\,\pi$	3,861 590 5	10^{-13} m	1,6
Compton-Wellenlänge des Protons (Proton Compton Wavelength)	$\lambda_{C,p} = h/m_p c$	1,321 409 9	10^{-15} m	1,7
	$\lambda\!\!\!^-_{C,p} = \lambda_{C,p}/2\,\pi$	2,103 089 2	10^{-16} m	1,7
Compton-Wellenlänge des Neutrons (Neutron Compton Wavelength)	$\lambda_{C,n} = h/m_n c$	1,319 590 9	10^{-15} m	1,7
	$\lambda\!\!\!^-_{C,n} = \lambda_{C,n}/2\,\pi$	2,100 194 1	10^{-16} m	1,7
Elektronenradius (Classical Electron Radius)	$r_e = \alpha\, \lambda\!\!\!^-_{C,e}$	2,817 938 0	10^{-15} m	2,5
Bohr-Magneton (Bohr Magneton)	$\mu_B = e\hbar/2 m_e$	9,274 078	10^{-24} J · T^{-1}	3,9
Kernmagneton (Nuclear Magneton)	$\mu_N = e\hbar/2 m_p$	5,050 824	10^{-27} J · T^{-1}	3,9
magnetisches Moment des Elektrons (Electron Magnetic Moment)	μ_e	9,284 832	10^{-24} J · T^{-1}	3,9
magnetisches Moment des Protons (Proton Magnetic Moment)	μ_p	1,410 617 1	10^{-26} J · T^{-1}	3,9
magnetisches Moment des Myons (Muon Magnetic Moment)	μ_μ	4,490 474	10^{-26} J · T^{-1}	3,9

Name	Symbol	Zahlenwert ohne Zehner-potenz	Zehnerpotenz und SI-Einheit	relative Standardabweichung in 10^{-6}
Verhältnis magnetisches Moment des Elektrons zum magnetischen Moment des Protons (Ratio, Electron to Proton Magnetic Moments)	μ_e/μ_p	6,582 106 880	10^2	0,010
Verhältnis magnetisches Moment des Myons zum magnetischen Moment des Protons (Ratio, Muon to Proton Magnetic Moments)	μ_μ/μ_p	3,183 340 2		2,3
magnetisches Moment des Protons in Bohr-Magnetonen (Proton Magnetic Moment in Bohr Magnetons)	μ_p/μ_B	1,521 032 209		0,011
magnetisches Moment des Protons in Kernmagnetonen (Proton Magnetic Moment in Nuclear Magnetons)	μ_p/μ_N	2,792 845 6		0,38
magnetisches Moment des Protons in Kernmagnetonen in einer kugelförmigen Probe destillierten Wassers (Proton Magnetic Moment in Nuclear Magnetons (Uncorrected))	μ_p'/μ_N	2,792 774 0		0,38
gyromagnetisches Verhältnis des Protons (Proton Gyromagnetic Ratio)	γ_p	2,675 198 7	$10^8\ s^{-1}\cdot T^{-1}$	2,8
gyromagnetisches Verhältnis des Protons in einer kugelförmigen Probe destillierten Wassers (Proton Gyromagnetic Ratio (Uncorrected))	γ_p'	2,675 130 1	$10^8\ s^{-1}\cdot T^{-1}$	2,8

9 Literatur

Baehr, H. D.: Physikalische Größen und ihre Einheiten 1. Aufl. Düsseldorf, Bertelsmann Universitätsverlag 1974

Bender, D. und *E. Pippig*: Einheiten, Meßwesen, SI 1. Aufl., Braunschweig, Friedr. Vieweg & Sohn 1973

Fleischmann, R.: Einführung in die Physik, Physik Verlag, Verlag Chemie 1973

German, S. und *J. Hoppe-Blank*: Physikalische und technische Einheiten im Taschenbuch der Feinwerktechnik (IG 2.2); herausgegeben von K. H. Sieker, Berlin, C. F. Winter'sche Verlagshandlung, Prien 1964

Görtler, H.: Dimensionsanalyse, Springer Verlag Berlin, Heidelberg, New York 1975

Gröhn, K., W. Raulsen, A. Reinhard und *J. Timm*: Die Gesetzlichen Einheiten in Technik und fachbezogener Naturwissenschaft, Handwerk und Technik, Hamburg 1975

Haeder, W. und *E. Gärtner*: Die gesetzlichen Einheiten in der Technik, Beuth-Vertrieb GmbH, Berlin, Köln, Frankfurt (Main), 4. Aufl. 1974

Hahnemann, H. W.: Die Umstellung auf das Internationale Einheitensystem in Mechanik und Wärmetechnik, 2. Aufl. — Düsseldorf, VDI-Verlag 1977

Hoppe, U. und *B. Mönter*: Das Internationale Einheitensystem SI Messen mit Maßen — Maße zum Messen, Verlagsgesellschaft Schulfernsehen, Köln 1978

Hoppe-Blank, J.: Vom Metrischen System zum Internationalen Einheitensystem — 100 Jahre Meterkonvention, PTB-Bericht ATWD-5, 1975

Kamke, D. und *K. Krämer*: Physikalische Grundlagen der Maßeinheiten, 1. Aufl., Stuttgart, B. G. Teubner, 1977

von Klein-Wiesenberg, A., K.-G. von Boroviczény und *R. Merten*: Medizin und Einheitengesetz, Instand Schriftenreihe, Heft 2, Triltsch Druck und Verlag, Düsseldorf 1977

Kohlrausch, F.: Praktische Physik, 22. Aufl., B. G. Teubner, Stuttgart 1968

Lippert, H.: SI-Einheiten in der Medizin, Urban und Schwarzenberg, München — Wien — Baltimore 1976

Moreau, H.: Le Système Métrique, Des anciennes mesures au Système International d'Unités, Chiron, Paris, 1975

Oberdorfer, G.: Das Internationale Maßsystem und die Kritik seines Aufbaus, 1. Aufl., Leipzig, VEB Fachbuchverlag 1969

Petzold, M. und *J. Gensheimer*: Wie rechnet man in SI-Einheiten um? C. Hanser-Verlag, München, Wien 1974

Rümcker, B.: SI-Einheiten/Gesetzliche Einheiten und ihre Anwendungspflicht in der Praxis ab 1978, Weka-Verlag 1978

Sacklowski, A.: Einheitenlexikon, Begriffe, Größen, Einheiten in Physik und Technik unter Berücksichtigung des neuen Einheitengesetzes, 4. Aufl., Stuttgart, Deutsche Verlagsanstalt GmbH 1973

Stille, U.: Messen und Rechnen in der Physik, 2. Auflage, Friedr. Vieweg & Sohn, Braunschweig 1961

Strecker, A.: Eichgesetz, Einheitengesetz; Kommentar, Deutscher Eichverlag GmbH, Braunschweig 1971

Strecker, A.: Eichgesetz, Einheitengesetz und Durchführungsverordnungen, Deutscher Eichverlag Braunschweig 1977

Winter, F. W.: Die neuen Einheiten im Meßwesen. Verlag W. Girardet, Essen 1974 (2. Aufl.)

Die SI-Basiseinheiten; Definition, Entwicklung, Realisierung. Herausgegeben von der PTB Braunschweig und Berlin 1975

Le Bureau International des Poids et Mesures 1875—1975 cent ans de métrologie, Herausgeber BIPM, Sèvres 1975

SI, Das Internationale Einheitensystem; Übersetzung der vom Internationalen Büro für Maß und Gewicht herausgegebenen Schrift „Le système international d'Unités (SI)", 3. Aufl. 1977, herausgegeben vom Amt für Standardisierung, Meßwesen und Warenprüfung der Deutschen Demokratischen Republik, Bundesamt für Eich- und Vermessungswesen, Österreich, Eidgenössisches Amt für Maß und Gewicht, Schweiz, Physikalisch-Technische Bundesanstalt, Bundesrepublik Deutschland. 1. Aufl., Friedr. Vieweg & Sohn, Braunschweig 1977

The SI for the Health Professions, Weltgesundheitsorganisation (WHO), Genf 1977, ISBN 92 4 154059 1

Anhang

Anhang 1

Gesetz über Einheiten im Meßwesen (Einheitengesetz — EinhG) vom 2. Juli 1969 (BGBl. I S. 709), geändert durch

1. Gesetz zur Änderung des Gesetzes über Einheiten im Meßwesen vom 6. Juli 1973 (BGBl. I S. 720)
2. Artikel 287 Nr. 48 des Einführungsgesetzes zum Strafgesetzbuch vom 2. März 1974 (BGBl. I S. 469)
3. Gesetz über die Zeitbestimmung vom 25. Juli 1978 (BGBl. I S. 1110)

§ 1 Anwendungsbereich

(1) Im geschäftlichen Verkehr sind Größen in gesetzlichen Einheiten anzugeben, wenn für sie Einheiten nach den §§ 2 bis 4 oder nach einer auf Grund des § 5 Abs. 1 erlassenen Rechtsverordnung festgesetzt sind; für die gesetzlichen Einheiten sind die Namen und Einheitenzeichen sowie Abkürzungen zu verwenden, die nach den §§ 3, 4 und 6 sowie nach einer auf Grund des § 5 erlassenen Rechtsverordnung zulässig sind.

(2) Absatz 1 gilt auch für den amtlichen Verkehr.

(3) Die Absätze 1 und 2 sind nicht anzuwenden auf den geschäftlichen und amtlichen Verkehr, der von und nach dem Ausland stattfindet oder mit der Einfuhr oder Ausfuhr unmittelbar zusammenhängt. Die Bundesregierung wird ermächtigt, durch Rechtsverordnung mit Zustimmung des Bundesrates zu bestimmen, daß dieses Gesetz auch auf den geschäftlichen und amtlichen Verkehr anzuwenden ist, der von und nach Mitgliedstaaten der Europäischen Gemeinschaften stattfindet oder mit der Einfuhr aus oder der Ausfuhr nach diesen Staaten unmittelbar zusammenhängt, soweit dies zur Durchführung von Richtlinien des Rates der Europäischen Gemeinschaften erforderlich ist und der Anwendung gleicher Einheiten im Verkehr zwischen den Mitgliedstaaten dient.

(4) Die Verwendung anderer, auf internationalen Übereinkommen beruhender Einheiten sowie ihrer Namen oder Einheitenzeichen im Schiffs-, Luft- und Eisenbahnverkehr bleibt unberührt.

§ 2 Gesetzliche Einheiten im Meßwesen

Gesetzliche Einheiten im Meßwesen (Einheiten) sind

1. die für die Basisgrößen nach § 3 festgesetzten Basiseinheiten des Internationalen Einheitensystems (SI),
2. die nach § 4 festgesetzten atomphysikalischen Einheiten,
3. die aus den Einheiten nach den Nummern 1 und 2 abgeleiteten und nach § 5 festgesetzten Einheiten,
4. die durch Vorsätze nach § 6 bezeichneten dezimalen Vielfachen und Teile der in den Nummern 1 bis 3 aufgeführten Einheiten.

§ 3 Basisgrößen und Basiseinheiten

(1) Basisgrößen und Basiseinheiten im Sinne dieses Gesetzes sind

1. Basisgröße Länge
    mit der Basiseinheit Meter (Einheitenzeichen: m),
2. Basisgröße Masse
    mit der Basiseinheit Kilogramm (Einheitenzeichen: kg),
3. Basisgröße Zeit
    mit der Basiseinheit Sekunde (Einheitenzeichen: s),
4. Basisgröße elektrische Stromstärke
    mit der Basiseinheit Ampere (Einheitenzeichen: A),
5. Basisgröße thermodynamische Temperatur
    mit der Basiseinheit Kelvin (Einheitenzeichen: K),
6. Basisgröße Stoffmenge
    mit der Basiseinheit Mol (Einheitenzeichen: mol),
7. Basisgröße Lichtstärke
    mit der Basiseinheit Candela (Einheitenzeichen: cd).

(2) Die Basiseinheit 1 Meter ist das 1 650 763,73fache der Wellenlänge der von Atomen des Nuklids ^{86}Kr beim Übergang vom Zustand $5d_5$ zum Zustand $2p_{10}$ ausgesandten, sich im Vakuum ausbreitenden Strahlung.

(3) Die Basiseinheit 1 Kilogramm ist die Masse des Internationalen Kilogrammprototyps.

(4) Die Basiseinheit 1 Sekunde ist das 9 192 631 770fache der Periodendauer der dem Übergang zwischen den beiden Hyperfeinstrukturniveaus des Grundzustandes von Atomen des Nuklids ^{133}Cs entsprechenden Strahlung.

(5) Die Basiseinheit 1 Ampere ist die Stärke eines zeitlich unveränderlichen elektrischen Stromes, der, durch zwei im Vakuum parallel im Abstand 1 Meter voneinander angeordnete, geradlinige, unendlich lange Leiter von vernachlässigbar kleinem, kreisförmigem Querschnitt fließend, zwischen diesen Leitern je 1 Meter Leiterlänge die Kraft $2 \cdot 10^{-7}$ Newton hervorrufen würde.

(6) Die Basiseinheit 1 Kelvin ist der 273,16te Teil der thermodynamischen Temperatur des Tripelpunktes des Wassers.

(7) Die Basiseinheit 1 Mol ist die Stoffmenge eines Systems, das aus ebensoviel Einzelteilchen besteht, wie Atome in $\frac{12}{1\,000}$ Kilogramm des Kohlenstoffnuklids ^{12}C enthalten sind.

Bei Verwendung des Mol müssen die Einzelteilchen des Systems spezifiziert sein und können Atome, Moleküle, Ionen, Elektronen sowie andere Teilchen oder Gruppen solcher Teilchen genau angegebener Zusammensetzung sein.

(8) Die Basiseinheit 1 Candela ist die Lichtstärke, mit der $\frac{1}{600\,000}$ Quadratmeter der Oberfläche eines Schwarzen Strahlers bei der Temperatur des beim Druck 101 325 Newton durch Quadratmeter erstarrenden Platins senkrecht zu seiner Oberfläche leuchtet.

§ 4 Atomphysikalische Einheiten für Masse und Energie

(1) Atomphysikalische Einheit der Masse für die Angabe von Teilchenmassen ist die atomare Masseneinheit (Einheitenzeichen: u). 1 atomare Masseneinheit ist der 12te Teil der Masse eines Atomes des Nuklids ^{12}C.

(2) Atomphysikalische Einheit der Energie ist das Elektronvolt (Einheitenzeichen: eV). 1 Elektronvolt ist die Energie, die ein Elektron bei Durchlaufen einer Potentialdifferenz von 1 Volt im Vakuum gewinnt.

§ 5 Abgeleitete Einheiten, Ermächtigungen

(1) Die Bundesregierung wird ermächtigt, zur Gewährleistung der Einheitlichkeit im Meßwesen nach Anhörung der beteiligten Kreise von Wissenschaft und Wirtschaft durch Rechtsverordnung mit Zustimmung des Bundesrates weitere Einheiten für besonders genannte Größen oder aus diesen ableitbare Größen als gesetzliche Einheiten mit Namen und Einheitenzeichen sowie Abkürzungen festzusetzen. Diese Einheiten müssen sich als mit einem festen Zahlenfaktor multiplizierte Produkte aus Potenzen der Basiseinheiten nach § 3 und der atomphysikalischen Einheiten nach § 4 ableiten lassen.

(2) Der Bundesminister für Wirtschaft wird ermächtigt, zur Gewährleistung der Einheitlichkeit im Meßwesen durch Rechtsverordnung, die nicht der Zustimmung des Bundesrates bedarf, die Schreibweise der Zahlenwerte zu bestimmen und Abkürzungen von Einheitennamen festzusetzen, die für bestimmte Anwendungen im Bereich der Datenverarbeitung in Systemen mit beschränktem Zeichenvorrat an Stelle der gesetzlichen Einheitenzeichen verwendet werden dürfen.

§ 6 Vorsätze und Vorsatzzeichen

(1) Die folgenden dezimalen Vielfachen und Teile von Einheiten (§ 2 Nr. 4) können durch Vorsetzen von Vorsilben (Vorsätze) vor den Namen der Einheit bezeichnet werden. Vorsätze und deren Vorsatzzeichen sind:

für das Trillionenfache (1 000 000 000 000 000 000 oder 10^{18} fache)
    der Einheit: Exa (Vorsatzzeichen: E),
für das Billiardenfache (1 000 000 000 000 000 oder 10^{15} fache)
    der Einheit: Peta (Vorsatzzeichen: P),
für das Billionenfache (1 000 000 000 000 oder 10^{12} fache)
    der Einheit: Tera (Vorsatzzeichen: T),
für das Milliardenfache (1 000 000 000 oder 10^{9} fache)
    der Einheit: Giga (Vorsatzzeichen: G),
für das Millionenfache (1 000 000 oder 10^{6} fache)
    der Einheit: Mega (Vorsatzzeichen: M),
für das Tausendfache (1 000 oder 10^{3} fache)
    der Einheit: Kilo (Vorsatzzeichen: k),
für das Hundertfache (100 oder 10^{2} fache)
    der Einheit: Hekto (Vorsatzzeichen: h),
für das Zehnfache (10 oder 10^{1} fache)
    der Einheit: Deka (Vorsatzzeichen: da),
für das Zehntel (0,1 oder 10^{-1} fache)
    der Einheit: Dezi (Vorsatzzeichen: d),
für das Hundertstel (0,01 oder 10^{-2} fache)
    der Einheit: Zenti (Vorsatzzeichen: c),
für das Tausendstel (0,001 oder 10^{-3} fache)
    der Einheit: Milli (Vorsatzzeichen: m),
für das Millionstel (0,000 001 oder 10^{-6} fache)
    der Einheit: Mikro (Vorsatzzeichen: μ),
für das Milliardstel (0,000 000 001 oder 10^{-9} fache)
    der Einheit: Nano (Vorsatzzeichen: n),
für das Billonstel (0,000 000 000 001 oder 10^{-12} fache)
    der Einheit: Piko (Vorsatzzeichen: p),

für das Billiardstel (0,000 000 000 000 001 oder 10^{-15} fache)
     der Einheit: Femto (Vorsatzzeichen: f),
für das Trillionstel (0,000 000 000 000 000 001 oder 10^{-18} fache)
     der Einheit: Atto (Vorsatzzeichen: a).

(2)   Zur Bezeichnung eines dezimalen Vielfachen oder Teiles einer Einheit nach Absatz 1 dürfen nicht mehr als ein Vorsatz benutzt werden.

(3)   Der Vorsatz ist ohne Zwischenraum vor den Namen der Einheit, das Vorsatzzeichen ohne Zwischenraum vor das Einheitenzeichen zu setzen. Hochzeichen (Potenzexponenten) bei derart zusammengesetzten Kurzzeichen müssen sich auf das ganze Kurzzeichen beziehen.

(4)   Wird eine Einheit als Produkt oder als Quotient aus dezimalen Vielfachen oder Teilen anderer Einheiten gebildet, so dürfen diese mit den in Absatz 1 genannten Vorsätzen und deren Vorsatzzeichen bezeichnet werden.

§ 7 Aufgaben der Physikalisch-Technischen Bundesanstalt

Die Physikalisch-Technische Bundesanstalt hat

1. die gesetzlichen Einheiten darzustellen,
2. die Temperaturskala nach der Internationalen Praktischen Temperaturskala der Internationalen Meterkonvention darzustellen,
3. die Prototype der Bundesrepublik Deutschland sowie die Einheitenverkörperungen und Normale an die internationalen Prototype oder Etalons nach der Internationalen Meterkonvention anzuschließen oder anschließen zu lassen,
4. die Prototype der Bundesrepublik Deutschland sowie die Einheitenverkörperungen und Normale aufzubewahren,
5. die Verfahren bekanntzumachen, nach denen nicht verkörperte Einheiten, einschließlich der Zeiteinheiten und der Zeitskalen sowie der Temperatureinheit und Temperaturskalen, dargestellt werden,
6. eine „Tafel der gesetzlichen Einheiten" bekanntzumachen.

§ 8 Zuständige Behörden

Die Landesregierungen oder die von ihnen bestimmten Stellen bestimmen die für die Durchführung dieses Gesetzes zuständigen Behörden, soweit nicht die Physikalisch-Technische Bundesanstalt zuständig ist.

§ 9 Auskünfte

Die für die Einhaltung der Vorschriften dieses Gesetzes verantwortlichen Personen haben der zuständigen Behörde die für die Durchführung dieses Gesetzes und der auf Grund des § 5 erlassenen Vorschriften erforderlichen Auskünfte zu erteilen. Der zur Auskunft Verpflichtete kann die Auskunft über solche Fragen verweigern, deren Beantwortung ihn selbst oder einen der in § 383 Abs. 1 Nr. 1 bis 3 der Zivilprozeßordnung bezeichneten Angehörigen der Gefahr strafgerichtlicher Verfolgung oder eines Verfahrens nach dem Gesetz über die Ordnungswidrigkeiten aussetzen würde.

§ 10 (gestrichen)

§ 11 Bußgeldvorschrift

(1) Ordnungswidrig handelt, wer

1. im geschäftlichen Verkehr entgegen § 1 Abs. 1 zur Angabe von Größen nach § 3 oder § 4 nicht die gesetzlichen Einheiten verwendet,
2. entgegen § 9 eine Auskunft nicht, nicht rechtzeitig, unvollständig oder unrichtig erteilt oder
3. einer Vorschrift einer nach § 5 ergangenen Rechtsverordnung zuwiderhandelt, soweit die Rechtsverordnung für einen bestimmten Tatbestand auf diese Bußgeldvorschrift verweist.

(2) Die Ordnungswidrigkeit kann mit einer Geldbuße geahndet werden.

§ 12 Übergangsvorschrift

(1) § 1 ist nicht auf Größenangaben anzuwenden, die vor Inkrafttreten dieses Gesetzes im geschäftlichen oder amtlichen Verkehr gemacht worden sind. Das gleiche gilt für Meßgeräte, die vor dem Inkrafttreten dieses Gesetzes geeicht, eichamtlich beglaubigt, amtlich beglaubigt oder amtlich geprüft worden sind.

(2) Für die Dauer von 5 Jahren nach Inkrafttreten dieses Gesetzes darf die Basiseinheit Kelvin nach § 3 auch als Grad Kelvin mit dem Einheitenzeichen °K bezeichnet werden.

§ 13 Außerkrafttreten von Vorschriften

Mit dem Inkrafttreten dieses Gesetzes treten außer Kraft

1. die §§ 1 bis 5 des Gesetzes betreffend die elektrischen Maßeinheiten vom 1. Juni 1898 (Reichsgesetzbl. S. 905),
2. der Abschnitt I der Bestimmungen zur Ausführung des Gesetzes betreffend die elektrischen Maßeinheiten vom 6. Mai 1901 (Reichsgesetzbl. S. 127),
3. die §§ 1 und 2 des Gesetzes über die Temperaturskale und die Wärmeeinheit vom 7. August 1924 (Reichsgesetzbl. I S. 679),
4. die Bekanntmachung über die gesetzliche Temperaturskale vom 1. März 1950 (Amtsblatt der Physikalisch-Technischen Anstalt Nr. 1 S. 3) und die Bekanntmachung über die Einheit der Wärmemenge vom 1. März 1950 (Amtsblatt der Physikalisch-Technischen Anstalt Nr. 1 S. 4),
5. die §§ 1 bis 8 des Maß- und Gewichtsgesetzes vom 13. Dezember 1935 (Reichsgesetzbl. I S. 1499).

§ 14 Geltung in Berlin

Dieses Gesetz gilt nach Maßgabe des § 13 Abs. 1 des Dritten Überleitungsgesetzes vom 4. Januar 1952 (Bundesgesetzbl. I S. 1) auch im Land Berlin. Rechtsverordnungen, die auf Grund dieses Gesetzes erlassen werden, gelten im Land Berlin nach § 14 des Dritten Überleitungsgesetzes.

§ 15 Inkrafttreten

Dieses Gesetz tritt ein Jahr nach seiner Verkündung in Kraft; § 5 tritt am Tage nach der Verkündung in Kraft.

Anmerkung: Das Gesetz wurde am 5.7.1969 verkündet.

Anhang 2

Ausführungsverordnung zum Gesetz über Einheiten im Meßwesen vom 26. Juni 1970 (BGBl. I S. 981), geändert durch

1. Verordnung zur Änderung der Ausführungsverordnung zum Gesetz über Einheiten im Meßwesen vom 27. November 1973 (BGBl. I S. 1761)
2. Zweite Verordnung zur Änderung der Ausführungsverordnung zum Gesetz über Einheiten im Meßwesen vom 12. Dezember 1977 (BGBl. I S. 2537)

Auf Grund des § 5 Abs. 1 des Gesetzes über Einheiten im Meßwesen vom 2. Juli 1969 (Bundesgesetzbl. I S. 709) verordnet die Bundesregierung mit Zustimmung des Bundesrates:

Erster Abschnitt: Allgemeine Vorschriften

§ 1 Gesetzliche abgeleitete Einheiten

(1) Gesetzliche abgeleitete Einheiten gemäß § 2 Nr. 3 des Gesetzes über Einheiten im Meßwesen sind

1. für Größen, die in dieser Verordnung genannt sind, die in dieser Verordnung mit Namen und Einheitenzeichen oder Abkürzung festgesetzten Einheiten,
2. für Größen, die aus den in dieser Verordnung sowie im Gesetz über Einheiten im Meßwesen genannten Größen ableitbar sind, die aus den Einheiten nach Nummer 1 sowie nach den §§ 3 und 4 des Gesetzes mit dem Zahlenfaktor 1 gebildeten zusammengesetzten Einheiten.

(2) Die abgeleiteten Einheiten mit eingeschränktem Anwendungsbereich in §§ 47 bis 50 und § 52 dürfen nicht zur Bildung abgeleiteter Einheiten mit uneingeschränktem Anwendungsbereich verwendet werden.

§ 2 Namen und Einheitenzeichen

Außer den in dieser Verordnung festgesetzten Namen und Einheitenzeichen sind für abgeleitete Einheiten, die als Potenzen oder Produkte von Potenzen aus anderen Einheiten abgeleitet sind, auch die die Potenzen oder Produkte von Potenzen ausdrückenden Benennungen und Einheitenzeichen zulässig.

Zweiter Abschnitt: Gesetzliche abgeleitete Einheiten

§ 3 Fläche

(1) 1. Die abgeleitete SI-Einheit der Fläche ist das Quadratmeter oder Meterquadrat (Einheitenzeichen: m^2).
    2. 1 Quadratmeter ist gleich der Fläche eines Quadrates von der Seitenlänge 1 m.

(2) Abgeleitete Einheiten der Fläche sind auch alle Einheiten, die als Quadrat eines dezimalen Vielfachen oder eines dezimalen Teiles des Meter gebildet werden.

§ 4 Volumen

(1) 1. Die abgeleitete SI-Einheit des Volumens ist das Kubikmeter (Einheitenzeichen: m^3).
   2. 1 Kubikmeter ist gleich dem Volumen eines Würfels von der Kantenlänge 1 m.

(2) Abgeleitete Einheiten des Volumens sind auch alle Einheiten, die als Kubus eines dezimalen Vielfachen oder eines dezimalen Teiles des Meter gebildet werden.

(3) 1. Besonderer Name für das nach Absatz 2 gebildete Kubikdezimeter (Einheitenzeichen: dm^3) ist das Liter (Einheitenzeichen: l).
   2. 1 Liter ist gleich $\frac{1}{1\,000}$ m^3.

§ 5 Ebener Winkel (Winkel)

(1) 1. Die abgeleitete SI-Einheit des ebenen Winkels ist der Radiant (Einheitenzeichen: rad).
   2. 1 Radiant ist gleich dem ebenen Winkel, der als Zentriwinkel eines Kreises vom Halbmesser 1 m aus dem Kreis einen Bogen der Länge 1 m ausschneidet.

(2) Abgeleitete Einheiten des ebenen Winkels sind auch:

   1. a) der Vollwinkel,
      b) 1 Vollwinkel ist gleich 2π rad;
   2. a) der Grad (Einheitenzeichen: °) als 360ster Teil des Vollwinkels,
      b) 1 Grad ist gleich $\frac{\pi}{180}$ rad;
   3. a) die Minute (Einheitenzeichen: ') als sechzigster Teil des Grad,
      b) 1 Minute ist gleich $\frac{\pi}{10\,800}$ rad;
   4. a) die Sekunde (Einheitenzeichen: ") als sechzigster Teil der Minute,
      b) 1 Sekunde ist gleich $\frac{\pi}{648\,000}$ rad;
   5. a) das Gon (Einheitenzeichen: gon) als 400ster Teil des Vollwinkels,
      b) 1 Gon ist gleich $\frac{\pi}{200}$ rad.

(3) Bezeichnungen nach § 6 des Gesetzes über Einheiten im Meßwesen sind nicht auf dezimale Vielfache und dezimale Teile der Winkeleinheiten nach Absatz 2 Nummern 1 bis 4 anzuwenden.

§ 6 Räumlicher Winkel (Raumwinkel)

(1) Die abgeleitete SI-Einheit des räumlichen Winkels ist der Steradiant (Einheitenzeichen: sr).

(2) 1 Steradiant ist gleich dem räumlichen Winkel, der als gerader Kreiskegel mit der Spitze im Mittelpunkt einer Kugel vom Halbmesser 1 m aus der Kugeloberfläche eine Kalotte der Fläche 1 m^2 ausschneidet.

§ 7 Masse

(1) 1. Das Gramm (Einheitenzeichen: g) ist der tausendste Teil des Kilogramm.
   2. 1 Gramm ist gleich $\frac{1}{1\,000}$ kg.

(2) 1. Besonderer Name für das Megagramm (Einheitenzeichen: Mg) ist die Tonne (Einheitenzeichen: t).

     2. 1 Tonne ist gleich 1 000 kg.

(3) Bezeichnungen dezimaler Vielfacher und dezimaler Teile unter Verwendung von Vorsätzen sind nicht auf das Kilogramm anzuwenden.

(4) Einheiten des Gewichts als einer im geschäftlichen Verkehr bei der Angabe von Warenmengen benutzten Bezeichnung für die Masse sind die Masseneinheiten.

§ 8 Längenbezogene Masse

(1) 1. Die abgeleitete SI-Einheit der längenbezogenen Masse ist das Kilogramm durch Meter (Einheitenzeichen: kg/m).

     2. 1 Kilogramm durch Meter ist gleich der längenbezogenen Masse eines homogenen Körpers, der bei konstantem Querschnitt über seine Gesamtlänge auf je 1 m Länge die Masse 1 kg hat.

(2) Abgeleitete Einheiten der längenbezogenen Masse sind auch alle anderen Quotienten, die aus einer gesetzlichen Masseneinheit und einer gesetzlichen Längeneinheit gebildet werden.

§ 9 Flächenbezogene Masse

(1) 1. Die abgeleitete SI-Einheit der flächenbezogenen Masse ist das Kilogramm durch Quadratmeter (Einheitenzeichen: kg/m^2).

     2. 1 Kilogramm durch Quadratmeter ist gleich der flächenbezogenen Masse eines homogenen Körpers, der bei konstanter Dicke über seine Gesamtfläche auf je $1\ m^2$ Fläche die Masse 1 kg hat.

(2) Abgeleitete Einheiten der flächenbezogenen Masse sind auch alle anderen Quotienten, die aus einer gesetzlichen Masseneinheit und einer gesetzlichen Flächeneinheit gebildet werden.

§ 10 Dichte

(1) 1. Die abgeleitete SI-Einheit der Dichte ist das Kilogramm durch Kubikmeter (Einheitenzeichen: kg/m^3).

     2. 1 Kilogramm durch Kubikmeter ist gleich der Dichte eines homogenen Körpers, der bei der Masse 1 kg das Volumen $1\ m^3$ einnimmt.

(2) Abgeleitete Einheiten der Dichte sind auch alle anderen Quotienten, die aus einer gesetzlichen Masseneinheit und einer gesetzlichen Volumeneinheit gebildet werden.

§ 11 Zeit (Zeitspanne)

(1) Abgeleitete Einheiten der Zeit sind:

     1. a) die Minute (Einheitenzeichen: min) als Sechzigfaches der Sekunde,
        b) 1 Minute ist gleich 60 s;

     2. a) die Stunde (Einheitenzeichen: h) als Sechzigfaches der Minute,
        b) 1 Stunde ist gleich 3 600 s;

     3. a) der Tag (Einheitenzeichen: d) als Vierundzwanzigfaches der Stunde,
        b) 1 Tag ist gleich 86 400 s.

(2) Bezeichnungen nach § 6 des Gesetzes über Einheiten im Meßwesen sind nicht auf dezimale Vielfache und dezimale Teile der Zeiteinheiten nach Absatz 1 anzuwenden.

§ 12 Frequenz

(1) Die abgeleitete SI-Einheit der Frequenz ist das Hertz (Einheitenzeichen: Hz).

(2) 1 Hertz ist gleich der Frequenz eines periodischen Vorganges der Periodendauer 1 s.

§ 13 Geschwindigkeit

(1) 1. Die abgeleitete SI-Einheit der Geschwindigkeit ist das Meter durch Sekunde (Einheitenzeichen: m/s).

2. 1 Meter durch Sekunde ist gleich der Geschwindigkeit eines sich gleichförmig und geradlinig bewegenden Körpers, der während der Zeit 1 s die Strecke 1 m zurücklegt.

(2) Abgeleitete Einheiten der Geschwindigkeit sind auch alle anderen Quotienten, die aus einer gesetzlichen Längeneinheit und einer gesetzlichen Zeiteinheit gebildet werden.

§ 14 Beschleunigung

(1) 1. Die abgeleitete SI-Einheit der Beschleunigung ist das Meter durch Sekundenquadrat (Einheitenzeichen: m/s^2).

2. 1 Meter durch Sekundenquadrat ist gleich der Beschleunigung eines sich geradlinig bewegenden Körpers, dessen Geschwindigkeit sich während der Zeit 1 s gleichmäßig um 1 m/s ändert.

(2) Abgeleitete Einheiten der Beschleunigung sind auch alle anderen Quotienten, die aus einer gesetzlichen Längeneinheit und dem Quadrat einer oder dem Produkt zweier gesetzlicher Zeiteinheiten gebildet werden.

§ 15 Winkelgeschwindigkeit

(1) 1. Die abgeleitete SI-Einheit der Winkelgeschwindigkeit ist der Radiant durch Sekunde (Einheitenzeichen: rad/s).

2. 1 Radiant durch Sekunde ist gleich der Winkelgeschwindigkeit eines gleichförmig rotierenden Körpers, der sich während der Zeit 1 s um den Winkel 1 rad um die Rotationsachse dreht.

(2) Abgeleitete Einheiten der Winkelgeschwindigkeit sind auch alle anderen Quotienten, die aus einer gesetzlichen Winkeleinheit und einer gesetzlichen Zeiteinheit gebildet werden.

§ 16 Winkelbeschleunigung

(1) 1. Die abgeleitete SI-Einheit der Winkelbeschleunigung ist der Radiant durch Sekundenquadrat (Einheitenzeichen: rad/s^2).

2. 1 Radiant durch Sekundenquadrat ist gleich der Winkelbeschleunigung eines Körpers, dessen Winkelgeschwindigkeit sich während der Zeit 1 s gleichmäßig um 1 rad/s ändert.

(2) Abgeleitete Einheiten der Winkelbeschleunigung sind auch alle anderen Quotienten, die aus einer gesetzlichen Winkeleinheit und dem Quadrat einer gesetzlichen Zeiteinheit gebildet werden.

§ 17 Volumenstrom, Volumendurchfluß

(1) 1. Die abgeleitete SI-Einheit des Volumenstroms oder Volumendurchflusses ist das Kubikmeter durch Sekunde (Einheitenzeichen: m^3/s).

2. 1 Kubikmeter durch Sekunde ist gleich dem Volumenstrom oder Volumendurchfluß eines homogenen Fluids mit dem Volumen 1 m³, das während der Zeit 1 s gleichförmig durch einen Strömungsquerschnitt fließt.
(2) Abgeleitete Einheiten des Volumenstroms oder Volumendurchflusses sind auch alle
anderen Quotienten, die aus einer gesetzlichen Volumeneinheit und einer gesetzlichen Zeiteinheit gebildet werden.

§ 18 Massenstrom, Massendurchfluß

(1) 1. Die abgeleitete SI-Einheit des Massenstroms oder Massendurchflusses ist das Kilogramm durch Sekunde (Einheitenzeichen: kg/s).
2. 1 Kilogramm durch Sekunde ist gleich dem Massenstrom oder Massendurchfluß
eines homogenen Fluids mit der Masse 1 kg, das während der Zeit 1 s gleichförmig
durch einen Strömungsquerschnitt fließt.
(2) Abgeleitete Einheiten des Massenstroms oder Massendurchflusses sind auch alle anderen
Quotienten, die aus einer gesetzlichen Masseneinheit und einer gesetzlichen Zeiteinheit gebildet werden.

§ 19 Kraft

(1) 1. Die abgeleitete SI-Einheit der Kraft ist das Newton (Einheitenzeichen: N).
2. 1 Newton ist gleich der Kraft, die einem Körper der Masse 1 kg die Beschleunigung
1 m/s^2 erteilt.
(2) Abgeleitete Einheiten der Kraft sind auch alle Produkte, die aus einer gesetzlichen
Masseneinheit und einer gesetzlichen Beschleunigungseinheit gebildet werden.
(3) Einheiten des Gewichts als Kraftgröße (Gewichtskraft) im Sinne des Produktes aus
Masse und Fallbeschleunigung sind die Krafteinheiten.

§ 20 Druck, mechanische Spannung

(1) 1. Die abgeleitete SI-Einheit des Druckes oder der mechanischen Spannung ist das
Pascal (Einheitenzeichen: Pa).
2. 1 Pascal ist gleich dem auf eine Fläche gleichmäßig wirkenden Druck, bei dem
senkrecht auf die Fläche 1 m² die Kraft 1 N ausgeübt wird.
(2) Abgeleitete Einheiten des Druckes oder der mechanischen Spannung sind auch alle
Quotienten, die aus einer gesetzlichen Krafteinheit und einer gesetzlichen Flächeneinheit
gebildet werden.
(3) 1. Besonderer Name für den zehnten Teil des Megapascal (Einheitenzeichen: MPa)
ist das Bar (Einheitenzeichen: bar).
2. 1 Bar ist gleich 100 000 Pa.

§ 21 Dynamische Viskosität

(1) 1. Die abgeleitete SI-Einheit der dynamischen Viskosität ist die Pascalsekunde (Einheitenzeichen: Pa · s).
2. 1 Pascalsekunde ist gleich der dynamischen Viskosität eines laminar strömenden,
homogenen Fluids, in dem zwischen zwei ebenen, parallel im Abstand 1 m angeordneten Schichten mit dem Geschwindigkeitsunterschied 1 m/s die Schubspannung
1 Pa herrscht.

(2) Abgeleitete Einheiten der dynamischen Viskosität sind auch alle durch eine gesetzliche Flächeneinheit dividierten Produkte aus einer gesetzlichen Krafteinheit und einer gesetzlichen Zeiteinheit.

§ 22 Kinematische Viskosität

(1) 1. Die abgeleitete SI-Einheit der kinematischen Viskosität ist das Quadratmeter durch Sekunde (Einheitenzeichen: m^2/s).
    2. 1 Quadratmeter durch Sekunde ist gleich der kinematischen Viskosität eines homogenen Fluids der dynamischen Viskosität $1\ Pa \cdot s$ und der Dichte $1\ kg/m^3$.

(2) Abgeleitete Einheiten der kinematischen Viskosität sind auch alle anderen Quotienten, die aus einer gesetzlichen Flächeneinheit und einer gesetzlichen Zeiteinheit gebildet werden.

§ 23 Energie, Arbeit und Wärmemenge

(1) 1. Die abgeleitete SI-Einheit der Energie, Arbeit und Wärmemenge ist das Joule (Einheitenzeichen: J).
    2. 1 Joule ist gleich der Arbeit, die verrichtet wird, wenn der Angriffspunkt der Kraft 1 N in Richtung der Kraft um 1 m verschoben wird.

(2) Abgeleitete Einheiten der Energie, Arbeit und Wärmemenge sind auch alle Produkte, die gebildet werden

a) aus einer gesetzlichen Krafteinheit und einer gesetzlichen Längeneinheit,

b) aus einer gesetzlichen Leistungseinheit und einer gesetzlichen Zeiteinheit.

§ 24 Leistung, Energiestrom und Wärmestrom

(1) 1. Die abgeleitete SI-Einheit der Leistung, des Energiestroms und des Wärmestroms ist das Watt (Einheitenzeichen: W).
    2. 1 Watt ist gleich der Leistung, bei der während der Zeit 1 s die Energie 1 J umgesetzt wird.

(2) Abgeleitete Einheiten der Leistung, des Energiestroms und des Wärmestroms sind auch alle Quotienten, die aus einer gesetzlichen Einheit der Energie, Arbeit und Wärmemenge und einer gesetzlichen Zeiteinheit gebildet werden.

(3) 1. Bei der Angabe von elektrischen Scheinleistungen darf das Watt auch als Voltampere (Einheitenzeichen: VA) bezeichnet werden.
    2. Bei der Angabe von elektrischen Blindleistungen darf das Watt auch als Var (Einheitenzeichen: var) bezeichnet werden.

§ 25 Elektrische Spannung, elektrische Potentialdifferenz

(1) Die abgeleitete SI-Einheit der elektrischen Spannung oder elektrischen Potentialdifferenz ist das Volt (Einheitenzeichen: V).

(2) 1 Volt ist gleich der elektrischen Spannung oder elektrischen Potentialdifferenz zwischen zwei Punkten eines fadenförmigen, homogenen und gleichmäßig temperierten metallischen Leiters, in dem bei einem zeitlich unveränderlichen elektrischen Strom der Stärke 1 A zwischen den beiden Punkten die Leistung 1 W umgesetzt wird.

§ 26 Elektrischer Widerstand

(1) Die abgeleitete SI-Einheit des elektrischen Widerstandes ist das Ohm (Einheitenzeichen: Ω).

(2) 1 Ohm ist gleich dem elektrischen Widerstand zwischen zwei Punkten eines fadenförmigen, homogenen und gleichmäßig temperierten metallischen Leiters, durch den bei der elektrischen Spannung 1 V zwischen den beiden Punkten ein zeitlich unveränderlicher elektrischer Strom der Stärke 1 A fließt.

§ 27 Elektrischer Leitwert

(1) Die abgeleitete SI-Einheit des elektrischen Leitwertes ist das Siemens (Einheitenzeichen: S).

(2) 1 Siemens ist gleich dem elektrischen Leitwert eines Leiters vom elektrischen Widerstand 1 Ω.

§ 28 Elektrizitätsmenge, elektrische Ladung

(1) 1. Die abgeleitete SI-Einheit der Elektrizitätsmenge oder elektrischen Ladung ist das Coulomb (Einheitenzeichen: C).

2. 1 Coulomb ist gleich der Elektrizitätsmenge, die während der Zeit 1 s bei einem zeitlich unveränderlichen elektrischen Strom der Stärke 1 A durch den Querschnitt eines Leiters fließt.

(2) Abgeleitete Einheiten der Elektrizitätsmenge oder elektrischen Ladung sind auch alle Produkte, die aus einer gesetzlichen Einheit der elektrischen Stromstärke und einer gesetzlichen Zeiteinheit gebildet werden.

§ 29 Elektrische Kapazität

(1) Die abgeleitete SI-Einheit der elektrischen Kapazität ist das Farad (Einheitenzeichen: F).

(2) 1 Farad ist gleich der elektrischen Kapazität eines Kondensators, der durch die Elektrizitätsmenge 1 C auf die elektrische Spannung 1 V aufgeladen wird.

§ 30 Elektrische Flußdichte, Verschiebung

(1) 1. Die abgeleitete SI-Einheit der elektrischen Flußdichte oder Verschiebung ist das Coulomb durch Quadratmeter (Einheitenzeichen: C/m^2).

2. 1 Coulomb durch Quadratmeter ist gleich der elektrischen Flußdichte oder Verschiebung in einem Plattenkondensator, dessen beide im Vakuum parallel zueinander angeordnete, unendlich ausgedehnte Platten je Fläche 1 m^2 gleichmäßig mit der Elektrizitätsmenge 1 C aufgeladen wären.

(2) Abgeleitete Einheiten der elektrischen Flußdichte oder Verschiebung sind auch alle anderen Quotienten, die aus einer gesetzlichen Einheit der Elektrizitätsmenge und einer gesetzlichen Flächeneinheit gebildet werden.

§ 31 Elektrische Feldstärke

(1) 1. Die abgeleitete SI-Einheit der elektrischen Feldstärke ist das Volt durch Meter (Einheitenzeichen: V/m).

2. 1 Volt durch Meter ist gleich der elektrischen Feldstärke eines homogenen elektrischen Feldes, in dem die Potentialdifferenz zwischen zwei Punkten im Abstand 1 m in Richtung des Feldes 1 V beträgt.

(2) Abgeleitete Einheiten der elektrischen Feldstärke sind auch alle anderen Quotienten, die aus einer gesetzlichen Einheit der elektrischen Spannung und einer gesetzlichen Längeneinheit gebildet werden.

§ 32 Magnetischer Fluß

(1) 1. Die abgeleitete SI-Einheit des magnetischen Flusses ist das Weber (Einheitenzeichen: Wb).
    2. 1 Weber ist gleich dem magnetischen Fluß, bei dessen gleichmäßiger Abnahme während der Zeit 1 s auf null in einer ihn umschlingenden Windung die elektrische Spannung 1 V induziert wird,
(2) Das Weber darf auch als Voltsekunde (Einheitenzeichen: Vs) bezeichnet werden.

§ 33 Magnetische Flußdichte, Induktion

(1) 1. Die abgeleitete SI-Einheit der magnetischen Flußdichte oder Induktion ist das Tesla (Einheitenzeichen: T).
    2. 1 Tesla ist gleich der Flächendichte des homogenen magnetischen Flusses 1 Wb, der die Fläche $1\ \mathrm{m}^2$ senkrecht durchsetzt.
(2) Abgeleitete Einheiten der magnetischen Flußdichte oder Induktion sind auch alle Quotienten, die aus einer gesetzlichen Einheit des magnetischen Flusses und einer gesetzlichen Flächeneinheit gebildet werden.

§ 34 Induktivität

(1) Die abgeleitete SI-Einheit der Induktivität ist das Henry (Einheitenzeichen: H).
(2) 1 Henry ist gleich der Induktivität einer geschlossenen Windung, die, von einem elektrischen Strom der Stärke 1 A durchflossen, im Vakuum den magnetischen Fluß 1 Wb umschlingt.

§ 35 Magnetische Feldstärke

(1) 1. Die abgeleitete SI-Einheit der magnetischen Feldstärke ist das Ampere durch Meter (Einheitenzeichen: A/m).
    2. 1 Ampere durch Meter ist gleich der magnetischen Feldstärke, die ein durch einen **unendlich langen, geraden Leiter von kreisförmigem Querschnitt** fließender elektrischer Strom der Stärke 1 A im Vakuum außerhalb des Leiters auf dem Rand einer zum Leiterquerschnitt konzentrischen Kreisfläche vom Umfang 1 m hervorrufen würde.
(2) Abgeleitete Einheiten der magnetischen Feldstärke sind auch alle anderen Quotienten, die aus einer gesetzlichen Einheit der elektrischen Stromstärke und einer gesetzlichen Längeneinheit gebildet werden.

§ 36 Temperatur

Besonderer Name für das Kelvin (Einheitenzeichen: K) nach § 3 des Gesetzes über Einheiten im Meßwesen bei der Angabe von Celsius-Temperaturen ist der Grad Celsius (Einheitenzeichen: °C).

§ 37 Leuchtdichte

(1) 1. Die abgeleitete SI-Einheit der Leuchtdichte ist die Candela durch Quadratmeter
(Einheitenzeichen: cd/m²).

    2. 1 Candela durch Quadratmeter ist gleich dem 600 000sten Teil der Leuchtdichte
eines Schwarzen Strahlers bei der Temperatur des beim Druck 101 325 Pa erstarrenden Platins.

(2) Abgeleitete Einheiten der Leuchtdichte sind auch alle anderen Quotienten, die aus
einer gesetzlichen Lichtstärkeeinheit und einer gesetzlichen Flächeneinheit gebildet werden.

§ 38 Lichtstrom

(1) Die abgeleitete SI-Einheit des Lichtstroms ist das Lumen (Einheitenzeichen: lm).

(2) 1 Lumen ist gleich dem Lichtstrom, den eine punktförmige Lichtquelle mit der Lichtstärke 1 cd gleichmäßig nach allen Richtungen in den Raumwinkel 1 sr aussendet.

§ 39 Beleuchtungsstärke

(1) 1. Die abgeleitete SI-Einheit der Beleuchtungsstärke ist das Lux (Einheitenzeichen: lx).

    2. 1 Lux ist gleich der Beleuchtungsstärke, die auf einer Fläche herrscht, wenn auf 1 m²
der Fläche gleichmäßig verteilt der Lichtstrom 1 lm fällt.

(2) Abgeleitete Einheiten der Beleuchtungsstärke sind auch alle Quotienten, die aus einer
gesetzlichen Lichtstromeinheit und einer gesetzlichen Flächeneinheit gebildet werden.

§ 40 Aktivität einer radioaktiven Substanz

(1) Die abgeleitete SI-Einheit der Aktivität einer radioaktiven Substanz ist das Becquerel
(Einheitenzeichen: Bq).

(2) 1 Becquerel ist gleich der Aktivität einer Menge eines radioaktiven Nuklids, in der der
Quotient aus dem statistischen Erwartungswert für die Anzahl der Umwandlungen oder
isomeren Übergänge und der Zeitspanne, in der diese Umwandlungen oder Übergänge statt-
finden, dem Grenzwert 1/s bei abnehmender Zeitspanne zustrebt.

§ 41 Energiedosis, Äquivalentdosis

(1) 1. Die abgeleitete SI-Einheit der Energiedosis ist das Gray (Einheitenzeichen: Gy).

    2. 1 Gray ist gleich der Energiedosis, die bei der Übertragung der Energie 1 J auf homo-
gene Materie der Masse 1 kg durch ionisierende Strahlung einer räumlich konstanten
spektralen Energiefluenz entsteht.

(2) Abgeleitete Einheiten der Energiedosis sind auch alle Quotienten, die aus einer gesetzlichen Energieeinheit und einer gesetzlichen Masseneinheit gebildet werden.

(3) Die abgeleitete SI-Einheit der Äquivalentdosis im Sinne eines für Strahlenschutzzwecke
verwendeten Produktes aus der Energiedosis und einem dimensionslosen Bewertungsfaktor
ist das Joule durch Kilogramm (Einheitenzeichen: J/kg).

(4) Abgeleitete Einheiten der Äquivalentdosis sind auch alle anderen Quotienten, die aus
einer gesetzlichen Energieeinheit und einer gesetzlichen Masseneinheit gebildet werden.

§ 42 Energiedosisrate, Energiedosisleistung, Äquivalentdosisrate, Äquivalentdosisleistung

(1) 1. Die abgeleitete SI-Einheit der Energiedosisrate oder -leistung ist das Gray durch
Sekunde (Einheitenzeichen: Gy/s).

2. 1 Gray durch Sekunde ist gleich der Energiedosisrate oder -leistung, bei der durch eine ionisierende Strahlung zeitlich unveränderlicher Energieflußdichte die Energiedosis 1 Gy während der Zeit 1 s entsteht.

(2) Abgeleitete Einheiten der Energiedosisrate oder -leistung sind auch alle anderen Quotienten, die aus einer gesetzlichen Einheit der Energiedosis und einer gesetzlichen Zeiteinheit gebildet werden.

(3) Die abgeleitete SI-Einheit der Äquivalentdosisrate oder -leistung ist das Watt durch Kilogramm (Einheitenzeichen: W/kg).

(4) Abgeleitete Einheiten der Äquivalentdosisrate oder -leistung sind auch alle anderen Quotienten, die aus einer gesetzlichen Einheit der Äquivalentdosis und einer gesetzlichen Zeiteinheit gebildet werden.

§ 43 Ionendosis

(1) 1. Die abgeleitete SI-Einheit der Ionendosis ist das Coulomb durch Kilogramm (Einheitenzeichen: C/kg).

2. 1 Coulomb durch Kilogramm ist gleich der Ionendosis, die bei der Erzeugung von Ionen eines Vorzeichens mit der elektrischen Ladung 1 C in Luft der Masse 1 kg durch ionisierende Strahlung räumlich konstanter Energieflußdichte entsteht.

(2) Abgeleitete Einheiten der Ionendosis sind auch alle anderen Quotienten, die aus einer gesetzlichen Einheit der elektrischen Ladung und einer gesetzlichen Masseneinheit gebildet werden.

§ 44 Ionendosisrate, Ionendosisleistung

(1) 1. Die abgeleitete SI-Einheit der Ionendosisrate oder -leistung ist das Ampere durch Kilogramm (Einheitenzeichen: A/kg).

2. 1 Ampere durch Kilogramm ist gleich der Ionendosisrate oder -leistung, bei der durch eine ionisierende Strahlung zeitlich unveränderlicher Energieflußdichte die Ionendosis 1 C/kg während der Zeit 1 s entsteht.

(2) Abgeleitete Einheiten der Ionendosisrate oder -leistung sind auch alle anderen Quotienten, die aus einer gesetzlichen Einheit der Ionendosis und einer gesetzlichen Zeiteinheit gebildet werden.

§ 45 Stoffmengenbezogene Masse, molare Masse

(1) 1. Die abgeleitete SI-Einheit der stoffmengenbezogenen Masse oder molaren Masse ist das Kilogramm durch Mol (Einheitenzeichen: kg/mol).

2. 1 Kilogramm durch Mol ist gleich der stoffmengenbezogenen Masse oder molaren Masse eines homogenen Stoffes, der bei der Masse 1 kg die Stoffmenge 1 mol hat.

(2) Abgeleitete Einheiten der stoffmengenbezogenen Masse oder molaren Masse sind auch alle anderen Quotienten, die aus einer gesetzlichen Masseneinheit und einer gesetzlichen Stoffmengeneinheit gebildet werden.

§ 46 Stoffmengenkonzentration, Molarität

(1) 1. Die abgeleitete SI-Einheit der Stoffmengenkonzentration oder Molarität ist das Mol durch Kubikmeter (Einheitenzeichen: mol/m^3).

2. 1 Mol durch Kubikmeter ist gleich der Stoffmengenkonzentration oder Molarität einer Komponente in einem homogenen Stoffgemisch, wenn die Komponente die Stoffmenge 1 mol hat und das Stoffgemisch das Volumen 1 m^3 einnimmt.

(2) Abgeleitete Einheiten der Stoffmengenkonzentration oder Molarität sind auch alle anderen Quotienten, die aus einer gesetzlichen Stoffmengeneinheit und einer gesetzlichen Volumeneinheit gebildet werden.

Dritter Abschnitt: Gesetzliche abgeleitete Einheiten mit eingeschränktem Anwendungsbereich

§ 47 Brechkraft von optischen Systemen

(1) Besonderer Name für die Einheit der Brechkraft von optischen Systemen ist die Dioptrie (Abkürzung: dpt).

(2) 1 Dioptrie ist gleich der Brechkraft eines optischen Systems mit der Brennweite 1 m in einem Medium der Brechzahl 1.

§ 48 Fläche von Grundstücken und Flurstücken

(1) 1. Besonderer Name für die nach § 3 Abs. 2 gebildete Flächeneinheit Quadratdekameter (Einheitenzeichen: dam^2) bei der Angabe der Fläche von Grundstücken und Flurstücken ist das Ar (Einheitenzeichen: a).

2. 1 Ar ist gleich 100 m^2.

(2) Das Hundertfache des Ar wird als Hektar (Einheitenzeichen: ha) bezeichnet.

§ 49 Masse von Edelsteinen

(1) Besonderer Name für den fünftausendsten Teil des Kilogramm (Einheitenzeichen: kg) bei der Angabe der Masse von Edelsteinen ist das metrische Karat (Abkürzung: Kt).

(2) 1 metrisches Karat ist gleich $\frac{1}{5\,000}$ kg.

§ 50 Längenbezogene Masse von textilen Fasern und Garnen

(1) Besonderer Name für das nach § 8 Abs. 2 gebildete Gramm durch Kilometer (Einheitenzeichen: g/km) bei der Angabe der längenbezogenen Masse von textilen Fasern und Garnen ist das Tex (Einheitenzeichen: tex).

(2) 1 Tex ist gleich $\frac{1}{1\,000\,000}$ kg/m.

Vierter Abschnitt: Übergangsvorschriften

§ 51 Abgeleitete Einheiten

(1) Bis zum 31. Dezember 1974 dürfen auch die folgenden abgeleiteten Einheiten verwendet werden:

1. für die Leistung

   a) im amtlichen Verkehr das internationale Watt (Einheitenzeichen: W_{int}; oder Abkürzung: int. W),

b) 1 internationales Watt ist gleich

$$\frac{1{,}000\,34^2}{1{,}000\,49}\ \text{W};$$

2. für die elektrische Stromstärke
   a) im amtlichen Verkehr das internationale Ampere (Einheitenzeichen: A_{int}; oder Abkürzung: int. A),
   b) 1 internationales Ampere ist gleich

$$\frac{1{,}000\,34}{1{,}000\,49}\ \text{A};$$

3. für die elektrische Spannung
   a) im amtlichen Verkehr das internationale Volt (Einheitenzeichen: V_{int}; oder Abkürzung: int. V),
   b) 1 internationales Volt ist gleich 1,000 34 V;
4. für den elektrischen Widerstand
   a) im amtlichen Verkehr das internationale Ohm (Einheitenzeichen: Ω_{int}; oder Abkürzung: int. Ω),
   b) 1 internationales Ohm ist gleich 1,000 49 Ω;
5. für die elektrische Kapazität
   a) im amtlichen Verkehr das internationale Farad (Einheitenzeichen: F_{int}; oder Abkürzung: int. F),
   b) 1 internationales Farad ist gleich

$$\frac{1}{1{,}000\,49}\ \text{F};$$

6. für die Induktivität
   a) im amtlichen Verkehr das internationale Henry (Einheitenzeichen: H_{int}; oder Abkürzung: int. H),
   b) 1 internationales Henry ist gleich 1,000 49 H;
7. für die Leuchtdichte
   a) das Stilb (Einheitenzeichen: sb),
   b) 1 Stilb ist gleich 10 000 cd/m^2.

(2) Bis zum 31. Dezember 1977 dürfen auch die folgenden abgeleiteten Einheiten verwendet werden:

1. für die Länge
   a) das Ångström (Einheitenzeichen: Å),
   b) 1 Ångström ist gleich $\frac{1}{10\,000\,000\,000}$ m;
2. für den ebenen Winkel
   a) aa) die Neuminute (Einheitenzeichen: ^{c}) als hundertster Teil des Gon nach § 5 Abs. 2 Nr. 5,
      bb) 1 Neuminute ist gleich $\frac{\pi}{20\,000}$ rad;
   b) aa) die Neusekunde (Einheitenzeichen: ^{cc}) als hundertster Teil der Neuminute nach Buchstabe a,
      bb) 1 Neusekunde ist gleich $\frac{\pi}{2\,000\,000}$ rad;

3. für die Masse

alle Quotienten, die aus dem Pond nach Nummer 4 Buchstabe b und einer gesetzlichen Beschleunigungseinheit gebildet werden;

4. für die Kraft

a) aa) das Dyn (Einheitenzeichen: dyn),

bb) 1 Dyn ist gleich $\frac{1}{100\,000}$ N;

b) aa) das Pond (Einheitenzeichen: p),

bb) 1 Pond ist gleich $\frac{980\,665}{100\,000\,000}$ N;

5. für den Druck und die mechanische Spannung

a) alle Quotienten, die aus dem Pond nach Nummer 4 Buchstabe b und einer gesetzlichen Flächeneinheit gebildet werden;

b) aa) die technische Atmosphäre (Einheitenzeichen: at) als besonderer Name für das nach Buchstabe a gebildete Kilopond durch Quadratzentimeter (Einheitenzeichen: kp/cm^2),

bb) 1 technische Atmosphäre ist gleich 98 066,5 Pa;

c) aa) die physikalische Atmosphäre (Einheitenzeichen: atm),

bb) 1 physikalische Atmosphäre ist gleich 101 325 Pa;

d) aa) das Torr (Einheitenzeichen: Torr) als besonderer Name für den siebenhundertsechzigsten Teil der physikalischen Atmosphäre nach Buchstabe c,

bb) 1 Torr ist gleich $\frac{101\,325}{760}$ Pa;

e) aa) die konventionelle Meter-Wassersäule (Einheitenzeichen: mWS) als besonderer Name für den zehnten Teil der technischen Atmosphäre nach Buchstabe b,

bb) 1 konventionelle Meter-Wassersäule ist gleich 9 806,65 Pa;

f) aa) die konventionelle Millimeter-Quecksilbersäule (Einheitenzeichen: mmHg),

bb) 1 konventionelle Millimeter-Quecksilbersäule ist gleich 133,322 Pa;

6. für die dynamische Viskosität

a) das Poise (Einheitenzeichen: P) als besonderer Name für die Dezipascalsekunde (Einheitenzeichen: dPa · s),

b) 1 Poise ist gleich $\frac{1}{10}$ Pa · s;

7. für die kinematische Viskosität

a) das Stokes (Einheitenzeichen: St) als besonderer Name für das Quadratzentimeter durch Sekunde (Einheitenzeichen: cm^2/s) nach § 20 Abs. 2,

b) 1 Stokes ist gleich $\frac{1}{10\,000}$ m^2/s;

8. für die Energie, Arbeit und Wärmemenge

a) alle Produkte, die aus dem Pond nach Nummer 4 Buchstabe b und einer gesetzlichen Längeneinheit gebildet werden;

b) aa) das Erg (Einheitenzeichen: erg),

bb) 1 Erg ist gleich $\frac{1}{10\,000\,000}$ J;

c) aa) die Kalorie (Einheitenzeichen: cal),

bb) 1 Kalorie ist gleich 4,186 8 J;

9. für die Leistung

a) die Pferdestärke (Einheitenzeichen: PS),

b) 1 Pferdestärke ist gleich 735,498 75 W.

(3) Bis zum 31. Dezember 1985 dürfen auch die folgenden abgeleiteten Einheiten verwendet werden:

1. für die Aktivität einer radioaktiven Substanz
   a) das Curie (Einheitenzeichen: Ci) als besonderer Name für das Siebenunddreißigfache
      des Gigabecquerel (Einheitenzeichen: GBq),
   b) 1 Curie ist gleich 37 000 000 000 Bq;
2. für die Energie- oder Äquivalentdosis
   a) aa) das Rad (Einheitenzeichen: rd) als besonderer Name für das Zentigray (Ein-
          heitenzeichen: cGy),
      bb) 1 Rad ist gleich $\frac{1}{100}$ Gy;
   b) aa) das Rem (Einheitenzeichen: rem) bei der Angabe von Werten der Äquivalent-
          dosis als besonderer Name für das Zentijoule durch Kilogramm (Einheitenzeichen:
          cJ/kg),
      bb) 1 Rem ist gleich $\frac{1}{100}$ J/kg;
3. für die Ionendosis
   a) das Röntgen (Einheitenzeichen: R) als besonderer Name für das Zweihundertachtund-
      fünfzigfache des Mikrocoulomb durch Kilogramm (Einheitenzeichen: μC/kg),
   b) 1 Röntgen ist gleich $\frac{258}{1\,000\,000}$ C/kg.

§ 52 Abgeleitete Einheiten mit eingeschränktem Anwendungsbereich

(1) Bis zum 31. Dezember 1974 darf auch die folgende abgeleitete Einheit in dem bezeichneten Anwendungsbereich verwendet werden:

für die Angabe der Fläche von gegerbten Häuten
a) das square foot (Einheitenzeichen: ft^2; oder Abkürzung: qfs),
b) 1 square foot ist gleich 0,092 903 04 m^2.

(2) Bis zum 31. Dezember 1977 dürfen auch die folgenden abgeleiteten Einheiten in dem
jeweils bezeichneten Anwendungsbereich verwendet werden:

1. für satztechnische Längenangaben im Druckereigewerbe
   a) der typographische Punkt (Einheitenzeichen: p),
   b) 1 typographischer Punkt ist gleich

$$\frac{1\,000\,333}{2\,660\,000\,000}\ \text{m};$$

2. für die Angabe des Wirkungsquerschnitts von Teilchen in der Atom- und Kernphysik
   a) das Barn (Einheitenzeichen: b),
   b) 1 Barn ist gleich 10^{-28} m^2;
3. für die Angabe des Volumens von Langholz und Schichtholz in der Forst- und Holzwirtschaft
   a) aa) das Festmeter (Abkürzung: Fm) als besonderer Name für das Kubikmeter (Ein-
          heitenzeichen: m^3) bei Volumenangaben für Langholz, errechnet aus Stammlänge
          und Stammdurchmesser,
      bb) 1 Festmeter ist gleich 1 m^3;
   b) aa) das Raummeter (Abkürzung: Rm) als besonderer Name für das Kubikmeter (Ein-
          heitenzeichen: m^3) bei Volumenangaben für geschichtetes Holz einschließlich der
          Luftzwischenräume,
      bb) 1 Raummeter ist gleich 1 m^3;

4. für die Angabe von Werten der Fallbeschleunigung

   a) das Gal (Einheitenzeichen: Gal) als besonderer Name für die Beschleunigungseinheit Zentimeter durch Sekundenquadrat (Einheitenzeichen: cm/s^2),

   b) 1 Gal ist gleich $\frac{1}{100}$ m/s^2.

(3) Bis zum 31. Dezember 1979 darf auch die folgende abgeleitete Einheit verwendet werden:

für den Blutdruck

a) die konventionelle Millimeter-Quecksilbersäule (Einheitenzeichen: mmHg),

b) 1 mmHg ist gleich 133,322 Pa.

§ 53 Bezeichnungen für abgeleitete Einheiten

Bis zum 31. Dezember 1974 dürfen auch die folgenden Bezeichnungen für abgeleitete Einheiten verwendet werden:

1. ebener Winkel:

   für das Gon nach § 5 Abs. 2 Nr. 5 die Bezeichnung Neugrad (Einheitenzeichen: ^{g});

2. Leistung:

   im amtlichen Verkehr für das Watt nach § 24 die Bezeichnung absolutes Watt (Einheitenzeichen: W_{abs}; oder Abkürzung: abs. W);

3. elektrische Stromstärke:

   im amtlichen Verkehr für das Ampere nach § 3 des Gesetzes über Einheiten im Meßwesen die Bezeichnung absolutes Ampere (Einheitenzeichen: A_{abs}; oder Abkürzung: abs. A);

4. elektrische Spannung:

   im amtlichen Verkehr für das Volt nach § 25 die Bezeichnung absolutes Volt (Einheitenzeichen: V_{abs}; oder Abkürzung: abs. V);

5. elektrischer Widerstand:

   im amtlichen Verkehr für das Ohm nach § 26 die Bezeichnung absolutes Ohm (Einheitenzeichen: Ω_{abs}; oder Abkürzung: abs. Ω);

6. elektrische Kapazität:

   im amtlichen Verkehr für das Farad nach § 29 die Bezeichnung absolutes Farad (Einheitenzeichen: F_{abs}; oder Abkürzung: abs. F);

7. Induktivität:

   im amtlichen Verkehr für das Henry nach § 34 die Bezeichnung absolutes Henry (Einheitenzeichen: H_{abs}; oder Abkürzung: abs. H);

8. Temperatur:

   für das Kelvin nach § 3 des Gesetzes über Einheiten im Meßwesen bei der Angabe von Kelvin-Temperaturdifferenzen und für den Grad Celsius nach § 36 bei der Angabe von Celsius-Temperaturdifferenzen die Bezeichnung Grad (Einheitenzeichen: grd).

§ 54 Abkürzungen für abgeleitete Einheiten

(1) Bis zum 31. Dezember 1974 dürfen auch die folgenden Abkürzungen für abgeleitete Einheiten verwendet werden:

1. Fläche:

   die Abkürzung qm für das Einheitenzeichen m^2,

   die Abkürzung qkm für das Einheitenzeichen km^2,

   die Abkürzung qdm für das Einheitenzeichen dm^2,

   die Abkürzung qcm für das Einheitenzeichen cm^2,

   die Abkürzung qmm für das Einheitenzeichen mm^2;

2. Volumen:
   die Abkürzung cbm für das Einheitenzeichen m^3,
   die Abkürzung cdm für das Einheitenzeichen dm^3,
   die Abkürzung ccm für das Einheitenzeichen cm^3,
   die Abkürzung cmm für das Einheitenzeichen mm^3.

(2) Bis zu einer gesonderten Regelung durch Rechtsverordnung, mit der Abkürzungen für gesetzliche Einheiten zur Benutzung in Datenverarbeitungsanlagen mit beschränktem Zeichenvorrat festgesetzt werden, darf in diesen Anlagen von der Schreibweise der in dieser Verordnung festgesetzten Einheitenzeichen abgewichen werden.

§ 55 Größenangaben

§ 1 des Gesetzes über Einheiten im Meßwesen ist nicht auf Größenangaben anzuwenden, die vor Ablauf der Übergangsfristen der §§ 51 bis 54 im geschäftlichen oder amtlichen Verkehr gemacht worden sind. Das gleiche gilt für Meßgeräte, die vor Ablauf dieser Übergangsfristen geeicht oder beglaubigt worden sind.

Fünfter Abschnitt: Ordnungswidrigkeiten

§ 56 Ordnungswidrigkeiten

Ordnungswidrig im Sinne des § 11 Abs. 1 Nr. 3 des Gesetzes über Einheiten im Meßwesen handelt, wer im geschäftlichen Verkehr zur Angabe von Größen, für die
1. in den §§ 3 bis 52 Einheiten festgesetzt sind (§ 1 Abs. 1 Nr. 1) oder
2. aus den Einheiten nach den §§ 3 bis 52 dieser Verordnung sowie den §§ 3 und 4 des Gesetzes mit dem Zahlenfaktor 1 zusammengesetzte Einheiten gebildet werden (§ 1 Abs. 1 Nr. 2),
nicht diese gesetzlichen abgeleiteten Einheiten verwendet.

Sechster Abschnitt: Schlußvorschriften

§ 57 Geltung in Berlin

Diese Verordnung gilt nach § 14 des Dritten Überleitungsgesetzes vom 4. Januar 1952 (Bundesgesetzbl. I S. 1) in Verbindung mit § 14 Satz 2 des Gesetzes über Einheiten im Meßwesen auch im Land Berlin.

§ 58 Inkrafttreten

Diese Verordnung tritt am 5. Juli 1970 in Kraft.

Anhang 3

Bekanntmachung

Aufgrund des § 7 Nr. 6 des Gesetzes über Einheiten im Meßwesen vom 2. Juli 1969 (BGBl. I S. 709), zuletzt geändert durch das Gesetz über die Zeitbestimmung vom 25. Juli 1978 (BGBl. I S. 1110, 1262), gebe ich die folgende „Tafel der gesetzlichen Einheiten" bekannt.

Braunschweig, den 2.1.1979

Der Präsident
der Physikalisch-Technischen Bundesanstalt

Tafel der gesetzlichen Einheiten
Ausgabe vom Januar 1979

I Allgemeines

I.1 Rechtsvorschriften über Einheiten im Meßwesen

(A) Gesetz über Einheiten im Meßwesen vom 2. Juli 1969 (BGBl. I S. 709).

(B) Gesetz zur Änderung des Gesetzes über Einheiten im Meßwesen vom 6. Juli 1973 (BGBl. I S. 720).

(C) Gesetz über die Zeitbestimmung (Zeitgesetz — ZeitG) vom 25. Juli 1978 (BGBl. I S. 1110), berichtigt am 8. August 1978 (BGBl. I S. 1262).

(D) Ausführungsverordnung zum Gesetz über Einheiten im Meßwesen vom 26. Juni 1970 (BGBl. I S. 981).

(E) Verordnung zur Änderung der Ausführungsverordnung zum Gesetz über Einheiten im Meßwesen vom 27. November 1973 (BGBl. I S. 1761).

(F) Zweite Verordnung zur Änderung der Ausführungsverordnung zum Gesetz über Einheiten im Meßwesen vom 12. Dezember 1977 (BGBl. I S. 2537).

Anmerkung: Mit den Buchstaben A bis F wird bei den nachfolgenden Angaben von Fundstellen auf die jeweilige Rechtsvorschrift verwiesen.

Beispiel: Die Fundstellen für die SI-Basiseinheiten sind „A, § 3; B, Art. 1, Nr. 4".

I.2 Richtlinie der Europäischen Gemeinschaften über Einheiten im Meßwesen

Richtlinie des Rates vom 18. Oktober 1971 zur Angleichung der Rechtsvorschriften der Mitgliedstaaten über die Einheiten im Meßwesen (71/354/EWG), Amtsblatt der EG Nr. L243 vom 29.10.1971, S. 29–37.

Vertrag und Beschluß vom 22. Januar 1972 über den Beitritt des Königreichs Dänemark, Irlands, des Königreichs Norwegen und des Vereinigten Königreichs Großbritannien und Nordirland zur Europäischen Wirtschaftsgemeinschaft, zur Europäischen Atomgemeinschaft und zur Europäischen Gemeinschaft für Kohle und Stahl vom 2. Oktober 1972, BGBl. II

S. 1125, hier insbesondere Seite 1293 und 1294, und Amtsblatt der EG Nr. L73 vom 27.3.1972 S. 119 und 120; siehe hierzu auch: Ergänzungen zu bereits erlassenen EWG-Richtlinien auf dem Gebiet des gesetzlichen Meßwesens, PTB-Mitt. **82** (1972) S. 402 und 403.
Richtlinie des Rates vom 27. Juli 1976 zur Änderung der Richtlinie 71/354/EWG zur Angleichung der Rechtsvorschriften der Mitgliedstaaten über die Einheiten im Meßwesen (76/770/EWG) Amtsblatt der EG Nr. L262 vom 27.9.1976, S. 204–216.

I.3 Literatur:

A. Strecker; Eichgesetz, Einheitengesetz und Durchführungsverordnungen, Deutscher Eichverlag GmbH, Braunschweig 1977, ISBN 3 8064 9960 8
Das Internationale Einheitensystem (SI). Übersetzung der vom Internationalen Büro für Maß und Gewicht herausgegebenen Schrift „Le Système International d'Unités (SI)", 3. Auflage 1977. Friedr. Vieweg & Sohn, Braunschweig, 1978
DIN 1301 Teil 1 „Einheiten; Einheitennamen, Einheitenzeichen", Ausgabe Oktober 1978
DIN 1301 Teil 2 „Einheiten; Allgemein angewendete Teile und Vielfache", Ausgabe Februar 1978
DIN 1313 „Physikalische Größen und Gleichungen; Begriffe, Schreibweisen", Ausgabe April 1978

I.4 Gesetzliche Einheiten im Meßwesen sind

1. für Größen, die in den Rechtsvorschriften über Einheiten im Meßwesen genannt sind, die in diesen Rechtsvorschriften mit Namen und Einheitenzeichen oder Abkürzung festgesetzten Einheiten. Diese Einheiten sind ohne Ausnahme in der Tafel aufgeführt.
2. für Größen, die aus den in den Rechtsvorschriften über Einheiten im Meßwesen genannten Größen ableitbar sind, aus den Einheiten unter Nr. 1 gebildete zusammengesetzte Einheiten. Für diese Einheiten sind in der Tafel Beispiele angegeben.
3. die durch Vorsätze bezeichneten dezimalen Vielfachen und Teile von Einheiten unter Nrn. 1 und 2. Die Vorsätze und Beispiele für damit bezeichnete dezimale Vielfache und Teile von Einheiten sind in der Tafel aufgeführt.
4. durch Kombination aus den Einheiten unter Nrn. 1 bis 3 gebildete weitere Einheiten. Für diese Einheiten sind in der Tafel Beispiele angegeben.

II SI-Einheiten

Alle Einheiten des Internationalen Einheitensystems (Abkürzung: SI) sind in der Bundesrepublik Deutschland gesetzliche Einheiten.

II.1 SI-Basiseinheiten

Grundlage des Internationalen Einheitensystems sind die sieben SI-Basiseinheiten: das Meter, das Kilogramm, die Sekunde, das Ampere, das Kelvin, das Mol und die Candela. Sie sind sieben Basisgrößen zugeordnet, die hinsichtlich ihrer Dimension unabhängig voneinander sind.

Tabelle 1

Größe Definition der Einheit	SI-Basiseinheit		Fundstelle
	Name	Einheiten- zeichen	
Länge Meter m Die Basiseinheit 1 Meter ist das 1 650 763,73fache der Wellenlänge der von Atomen des Nuklids ^{86}Kr beim Übergang vom Zustand $5d_5$ zum Zustand $2p_{10}$ ausgesandten, sich im Vakuum ausbreitenden Strahlung.			A, § 3
Masse Kilogramm[1]) kg Die Basiseinheit 1 Kilogramm ist die Masse des Internationalen Kilogrammprototyps.			A, § 3
Zeit Sekunde s Die Basiseinheit 1 Sekunde ist das 9 192 631 770fache der Periodendauer der dem Übergang zwischen den beiden Hyperfeinstrukturniveaus des Grundzustandes von Atomen des Nuklids ^{133}Cs entsprechenden Strahlung.			A, § 3
Elektrische Stromstärke Ampere A Die Basiseinheit 1 Ampere ist die Stärke eines zeitlich unveränderlichen elektrischen Stromes, der, durch zwei im Vakuum parallel im Abstand 1 Meter voneinander angeordnete, geradlinige, unendlich lange Leiter von vernachlässigbar kleinem, kreisförmigem Querschnitt fließend, zwischen diesen Leitern je 1 Meter Leiterlänge die Kraft $2 \cdot 10^{-7}$ Newton hervorrufen würde.			A, § 3 B, Art. 1, Nr. 4
Thermodynamische Temperatur Kelvin K Die Basiseinheit 1 Kelvin ist der 273,16te Teil der thermodynamischen Temperatur des Tripelpunktes des Wassers.			A, § 3 und B, Art. 1, Nr. 4
Stoffmenge Mol mol Die Basiseinheit 1 Mol ist die Stoffmenge eines Systems, das aus ebensoviel Einzelteilchen besteht, wie Atome in 12/1 000 Kilogramm des Kohlenstoffnuklids ^{12}C enthalten sind. Bei Verwendung des Mol müssen die Einzelteilchen des Systems spezifiziert sein und können Atome, Moleküle, Ionen, Elektronen sowie andere Teilchen oder Gruppen solcher Teilchen genau angegebener Zusammensetzung sein.			B, Art. 1, Nr. 4
Lichtstärke Candela[2]) cd Die Basiseinheit 1 Candela ist die Lichtstärke, mit der 1/600 000 Quadratmeter der Oberfläche eines Schwarzen Strahlers bei der Temperatur des beim Druck 101 325 Newton durch Quadratmeter erstarrenden Platins senkrecht zu seiner Oberfläche leuchtet.			A, § 3 B, Art. 1, Nr. 4

[1]) Über dezimale Vielfache und Teile der Basiseinheit 1 Kilogramm, s. Abschnitt II.3
[2]) Das Internationale Komitee für Maß und Gewicht hat der 16. Generalkonferenz für Maß und Gewicht im Jahre 1979 die Annahme einer neuen Definition für die Candela vorgeschlagen: Die Candela ist die Lichtstärke einer Strahlungsquelle, welche monochromatische Strahlung der Frequenz $540 \cdot 10^{12}$ Hertz in eine bestimmte Richtung aussendet, in der die Strahlstärke 1/683 Watt durch Steradiant beträgt.

II.2 Abgeleitete SI-Einheiten

Abgeleitete Einheiten eines kohärenten Einheitensystems sind aus den Basiseinheiten dieses Systems ausschließlich mit dem Zahlenfaktor 1 gebildete Potenzprodukte. Sie werden als solche oder auch als algebraische Ausdrücke unter Benutzung der mathematischen Zeichen für Multiplikation und Division dargestellt.

Verschiedene abgeleitete SI-Einheiten haben einen besonderen Namen und ein besonderes Einheitenzeichen erhalten. Mit ihnen können weitere abgeleitete SI-Einheiten gebildet werden.

II.2.1

Tabelle 2: In den Rechtsvorschriften über Einheiten im Meßwesen mit Namen und Einheitenzeichen festgesetzte abgeleitete SI-Einheiten, die durch SI-Basiseinheiten ausgedrückt werden.

Größe Definition der Einheit	abgeleitete SI-Einheit			Fundstelle
	Name	Einheiten- zeichen	Schreibweise als Potenzprodukt	
Fläche (s. a. Tabelle 9)	Quadratmeter oder Meterquadrat	m^2	m^2	D, § 3
Die abgeleitete SI-Einheit 1 Quadratmeter ist gleich der Fläche eines Quadrates von der Seitenlänge 1 m.				
Volumen (s. a. Tabelle 8)	Kubikmeter	m^3	m^3	D, § 4
Die abgeleitete SI-Einheit 1 Kubikmeter ist gleich dem Volumen eines Würfels von der Kantenlänge 1 m.				
Längenbezogene Masse (s. a. Tabelle 9)	Kilogramm durch Meter	kg/m	$m^{-1} \cdot kg$	D, § 8
Die abgeleitete SI-Einheit 1 Kilogramm durch Meter ist gleich der längenbezogenen Masse eines homogenen Körpers, der bei konstantem Querschnitt über seine Gesamtlänge auf je 1 m Länge die Masse 1 kg hat.				
Flächenbezogene Masse	Kilogramm durch **Quadratmeter**	kg/m^2	$m^{-2} \cdot kg$	D, § 9
Die abgeleitete SI-Einheit 1 Kilogramm durch Quadratmeter ist gleich der flächenbezogenen Masse eines homogenen Körpers, der bei konstanter Dicke über seine Gesamtfläche auf je 1 m^2 Fläche die Masse 1 kg hat.				
Dichte	Kilogramm durch **Kubikmeter**	kg/m^3	$m^{-3} \cdot kg$	D, § 10
Die abgeleitete SI-Einheit 1 Kilogramm durch Kubikmeter ist gleich der Dichte eines homogenen Körpers, der bei der Masse 1 kg das Volumen 1 m^3 einnimmt.				
Geschwindigkeit	Meter durch Sekunde	m/s	$m \cdot s^{-1}$	D, § 13
Die abgeleitete SI-Einheit 1 Meter durch Sekunde ist gleich der Geschwindigkeit eines sich gleichförmig und geradlinig bewegenden Körpers, der während der Zeit 1 s die Strecke 1 m zurücklegt.				
Beschleunigung	Meter durch **Sekundenquadrat**	m/s^2	$m \cdot s^{-2}$	D, § 14
Die abgeleitete SI-Einheit 1 Meter durch Sekundenquadrat ist gleich der Beschleunigung eines sich geradlinig bewegenden Körpers, dessen Geschwindigkeit sich während der Zeit 1 s gleichmäßig um 1 m/s ändert.				

Fortsetzung Tab. 2

Größe Definition der Einheit	abgeleitete SI-Einheit			Fundstelle
	Name	Einheiten- zeichen	Schreibweise als Potenzprodukt	
Volumenstrom, **Volumendurchfluß**	**Kubikmeter durch** **Sekunde**	m^3/s	$m^3 \cdot s^{-1}$	**D, § 17**
Die abgeleitete SI-Einheit 1 Kubikmeter durch Sekunde ist gleich dem Volumenstrom oder Volumendurchfluß eines homogenen Fluids mit dem Volumen 1 m^3, das während der Zeit 1 s gleichförmig durch einen Strömungsquerschnitt fließt.				
Massenstrom, **Massendurchfluß**	**Kilogramm durch** **Sekunde**	kg/s	$kg \cdot s^{-1}$	**D, § 18**
Die abgeleitete SI-Einheit 1 Kilogramm durch Sekunde ist gleich dem Massenstrom oder Massendurchfluß eines homogenen Fluids mit der Masse 1 kg, das während der Zeit 1 s gleichförmig durch einen Strömungsquerschnitt fließt.				
Kinematische Viskosität	Quadratmeter durch Sekunde	m^2/s	$m^2 \cdot s^{-1}$	**D, § 22**
Die abgeleitete SI-Einheit 1 Quadratmeter durch Sekunde ist gleich der kinematischen Viskosität eines homogenen Fluids der dynamischen Viskosität 1 Pa·s und der Dichte 1 kg/m^3.				
Magnetische Feldstärke	Ampere durch Meter	A/m	$m^{-1} \cdot A$	**D, § 35**
Die abgeleitete SI-Einheit 1 Ampere durch Meter ist gleich der magnetischen Feldstärke, die ein durch einen unendlich langen, geraden Leiter von kreisförmigem Querschnitt fließender elektrischer Strom der Stärke 1 A im Vakuum außerhalb des Leiters auf dem Rand einer zum Leiterquerschnitt konzentrischen Kreisfläche vom Umfang 1 m hervorrufen würde.				
Leuchtdichte	Candela durch Quadratmeter	cd/m^2	$m^{-2} \cdot cd$	**D, § 37**
Die abgeleitete SI-Einheit 1 Candela durch Quadratmeter ist gleich dem 600 000sten Teil der Leuchtdichte eines Schwarzen Strahlers bei der Temperatur des beim Druck 101 325 Pa erstarrenden Platins.				
lonendosisrate, lonendosisleistung (s. a. Abschnitt III.3)	Ampere durch Kilogramm	A/kg	$kg^{-1} \cdot A$	**D, § 44**
Die abgeleitete SI-Einheit 1 Ampere durch Kilogramm ist gleich der lonendosisrate oder -leistung, bei der durch eine ionisierende Strahlung zeitlich unveränderlicher Energieflußdichte die lonendosis 1 C/kg während der Zeit 1 s entsteht.				
Stoffmengenbezogene Masse, **Molare Masse**	**Kilogramm durch** **Mol**	kg/mol	$kg \cdot mol^{-1}$	**D, § 45**
Die abgeleitete SI-Einheit 1 Kilogramm durch Mol ist gleich der stoffmengenbezogenen Masse oder molaren Masse eines homogenen Stoffes, der bei der Masse 1 kg die Stoffmenge 1 mol hat.				
Stoffmengenkonzentration, **Molarität**	**Mol durch** **Kubikmeter**	mol/m^3	$m^{-3} \cdot mol$	**D, § 46**
Die abgeleitete SI-Einheit 1 Mol durch Kubikmeter ist gleich der Stoffmengenkonzentration oder Molarität einer Komponente in einem homogenen Stoffgemisch, wenn die Komponente die Stoffmenge 1 mol hat und das Stoffgemisch das Volumen 1 m^3 einnimmt.				

II.2.2

Gemäß § 1 Abs. 1 Nr. 2 der Ausführungsverordnung zum Gesetz über Einheiten im Meßwesen in der Fassung der Änderungsverordnung vom 27. November 1973 (E, Art. 1, Nr. 1) dürfen für Größen, die aus den in den Rechtsvorschriften über Einheiten im Meßwesen genannten Größen ableitbar sind, weitere durch SI-Basiseinheiten ausgedrückte abgeleitete SI-Einheiten gebildet werden. Beispiele für solche gesetzlichen abgeleiteten SI-Einheiten sind in Tabelle 3 aufgeführt.

Tabelle 3: Beispiele für abgeleitete SI-Einheiten nach **E**, Art. 1, Nr. 1, ausgedrückt durch SI-Basiseinheiten

Größe	abgeleitete SI-Einheit		
	Name	Einheiten-zeichen	Schreibweise als Potenzprodukt
Trägheitsmoment	Kilogramm mal Quadratmeter	$kg \cdot m^2$	$m^2 \cdot kg$
spezifisches Volumen	Kubikmeter durch Kilogramm	m^3/kg	$m^3 \cdot kg^{-1}$
Drehzahl	reziproke Sekunde	s^{-1}	s^{-1}
Drehimpuls	Kilogramm mal Quadratmeter durch Sekunde	$kg \cdot m^2/s$	$m^2 \cdot kg \cdot s^{-1}$
Diffusionskoeffizient	Quadratmeter durch Sekunde	m^2/s	$m^2 \cdot s^{-1}$
(elektro)magnetisches Moment	Ampere mal Quadratmeter	$A \cdot m^2$	$m^2 \cdot A$
elektrische Stromdichte	Ampere durch Quadratmeter	A/m^2	$m^{-2} \cdot A$
molares Volumen	Kubikmeter durch Mol	m^3/mol	$m^3 \cdot mol^{-1}$
molare Masse	Kilogramm durch Mol	kg/mol	$kg \cdot mol^{-1}$
Molalität	Mol durch Kilogramm	mol/kg	$kg^{-1} \cdot mol$
(thermischer) Längenausdehnungs-koeffizient, (thermischer) Spannungskoeffizient	reziprokes Kelvin	K^{-1}	K^{-1}

II.2.3

Verschiedene abgeleitete SI-Einheiten haben einen besonderen Namen und ein besonderes Einheitenzeichen erhalten. Sie sind sämtlich in den Rechtsvorschriften über Einheiten im Meßwesen festgesetzt und in Tabelle 4 aufgeführt. Diese abgeleiteten SI-Einheiten dürfen sowohl unter Benutzung ihres besonderen Namens (Spalten 2 u. 3) als auch unter Benutzung der Namen der SI-Basiseinheiten (Spalte 5) oder durch Kombination von beiden (Spalte 4) ausgedrückt werden.

Grundsätzlich sind die besonderen Namen und die besonderen Einheitenzeichen zu bevorzugen. Zur Unterscheidung zwischen Größen gleicher Dimension werden in der Normung Abweichungen von dieser Regel empfohlen (vgl. auch Energiedosis (Tabelle 4) und Äquivalentdosis (Tabelle 5) sowie Energiedosisrate und Äquivalentdosisrate (Tabelle 5)).

Tabelle 4: Abgeleitete SI-Einheiten, die einen besonderen Namen haben

Größe Definition der Einheit	abgeleitete SI-Einheit				Fundstelle
	Name	Einheiten-zeichen	durch andere SI-Einheiten ausgedrückt	durch SI-Basis-einheiten aus-gedrückt	
1	2	3	4	5	6
ebener Winkel (Winkel) (s. a. Tabelle 8)	Radiant	rad		$m \cdot m^{-1} = 1$ [1])	D, § 5
Die abgeleitete SI-Einheit 1 Radiant ist gleich dem ebenen Winkel, der als Zentriwinkel eines Kreises vom Halbmesser 1 m aus dem Kreis einen Bogen der Länge 1 m aus-schneidet.					
räumlicher Winkel, Raumwinkel	Steradiant	sr		$m^2 \cdot m^{-2} = 1$ [1])	D, § 6
Die abgeleitete SI-Einheit 1 Steradiant ist gleich dem räumlichen Winkel, der als gera-der Kreiskegel mit der Spitze im Mittelpunkt einer Kugel vom Halbmesser 1 m aus der Kugeloberfläche eine Kalotte der Fläche 1 m^2 ausschneidet.					
Frequenz	Hertz	Hz		s^{-1}	D, § 12
Die abgeleitete SI-Einheit 1 Hertz ist gleich der Frequenz eines periodischen Vorganges der Periodendauer 1 s.					
Kraft	Newton	N		$m \cdot kg \cdot s^{-2}$	D, § 19
Die abgeleitete SI-Einheit 1 Newton ist gleich der Kraft, die einem Körper der Masse 1 kg die Beschleunigung 1 m/s^2 erteilt.					
Druck, mechanische Spannung (s. a. Tabelle 8; u. Abschnitt III.3)	Pascal	Pa	N/m^2	$m^{-1} \cdot kg \cdot s^{-2}$	D, § 20
Die abgeleitete SI-Einheit 1 Pascal ist gleich dem auf eine Fläche gleichmäßig wirken-den Druck, bei dem senkrecht auf die Fläche 1 m^2 die Kraft 1 N ausgeübt wird.					
Energie, Arbeit und Wärmemenge (s. a. Tabelle 9)	Joule	J	$N \cdot m$ $W \cdot s$	$m^2 \cdot kg \cdot s^{-2}$	D, § 23
Die abgeleitete SI-Einheit 1 Joule ist gleich der Arbeit, die verrichtet wird, wenn der Angriffspunkt der Kraft 1 N in Richtung der Kraft um 1 m verschoben wird.					
Leistung, Energiestrom und Wärmestrom	Watt[2])	W	J/s	$m^2 \cdot kg \cdot s^{-3}$	D, § 24
Die abgeleitete SI-Einheit 1 Watt ist gleich der Leistung, bei der während der Zeit 1 s die Energie 1 J umgesetzt wird.					
elektrische Spannung, elektrische Potential-differenz	Volt	V	W/A	$m^2 \cdot kg \cdot s^{-3} \cdot A^{-1}$	D, § 25
Die abgeleitete SI-Einheit 1 Volt ist gleich der elektrischen Spannung oder elektrischen Potentialdifferenz zwischen zwei Punkten eines fadenförmigen, homogenen und gleichmäßig temperierten metallischen Leiters, in dem bei einem zeitlich unveränder-lichen elektrischen Strom der Stärke 1 A zwischen den beiden Punkten die Leistung 1 W umgesetzt wird.					

Fortsetzung Tabelle 4

| Größe
Definition der Einheit | abgeleitete SI-Einheit | | | | Fundstelle |
	Name	Einheitenzeichen	durch andere SI-Einheiten ausgedrückt	durch SI-Basiseinheiten ausgedrückt	
1	2	3	4	5	6
elektrischer Widerstand	Ohm	Ω	V/A	$m^2 \cdot kg \cdot s^{-3} \cdot A^{-2}$	D, § 26
Die abgeleitete SI-Einheit 1 Ohm ist gleich dem elektrischen Widerstand zwischen zwei Punkten eines fadenförmigen, homogenen und gleichmäßig temperierten metallischen Leiters, durch den bei der elektrischen Spannung 1 V zwischen den beiden Punkten ein zeitlich unveränderlicher elektrischer Strom der Stärke 1 A fließt.					
elektrischer Leitwert	Siemens	S	A/V	$m^{-2} \cdot kg^{-1} \cdot s^3 \cdot A^2$	D, § 27
Die abgeleitete SI-Einheit 1 Siemens ist gleich dem elektrischen Leitwert eines Leiters vom elektrischen Widerstand 1 Ω.					
Elektrizitätsmenge, Elektrische Ladung	Coulomb	C		$s \cdot A$	D, § 28
Die abgeleitete SI-Einheit 1 Coulomb ist gleich der Elektrizitätsmenge, die während der Zeit 1 s bei einem zeitlich unveränderlichen elektrischen Strom der Stärke 1 A durch den Querschnitt eines Leiters fließt.					
elektrische Kapazität	Farad	F	C/V	$m^{-2} \cdot kg^{-1} \cdot s^4 \cdot A^2$	D, § 29
Die abgeleitete SI-Einheit 1 Farad ist gleich der elektrischen Kapazität eines Kondensators, der durch die Elektrizitätsmenge 1 C auf die elektrische Spannung 1 V aufgeladen wird.					
magnetischer Fluß	Weber	Wb	$V \cdot s$	$m^2 \cdot kg \cdot s^{-2} \cdot A^{-1}$	D, § 32
Die abgeleitete SI-Einheit 1 Weber ist gleich dem magnetischen Fluß, bei dessen gleichmäßiger Abnahme während der Zeit 1 s auf null in einer ihn umschlingenden Windung die elektrische Spannung 1 V induziert wird.					
magnetische Flußdichte, Induktion	Tesla	T	Wb/m^2	$kg \cdot s^{-2} \cdot A^{-1}$	D, § 33
Die abgeleitete SI-Einheit 1 Tesla ist gleich der Flächendichte des homogenen magnetischen Flusses 1 Wb, der die Fläche 1 m^2 senkrecht durchsetzt.					
Induktivität	Henry	H	Wb/A	$m^2 \cdot kg \cdot s^{-2} \cdot A^{-2}$	D, § 34
Die abgeleitete SI-Einheit 1 Henry ist gleich der Induktivität einer geschlossenen Windung, die, von einem elektrischen Strom der Stärke 1 A durchflossen, im Vakuum den magnetischen Fluß 1 Wb umschlingt.					
Celsius-Temperatur	Grad Celsius	°C		K	D, § 36
Die Einheit Grad Celsius ist gleich der SI-Basiseinheit Kelvin. In Grad Celsius wird die Celsius-Temperatur angegeben; auch Celsius-Temperaturintervalle und Celsius-Temperaturdifferenzen dürfen in Grad Celsius angegeben werden.					
Lichtstrom	Lumen	lm		$cd \cdot sr$ [3])	D, § 38
Die abgeleitete SI-Einheit 1 Lumen ist gleich dem Lichtstrom, den eine punktförmige Lichtquelle mit der Lichtstärke 1 cd gleichmäßig nach allen Richtungen in den Raumwinkel 1 sr aussendet.					
Beleuchtungsstärke	Lux	lx	lm/m^2	$m^{-2} \cdot cd \cdot sr$ [3])	D, § 39
Die abgeleitete SI-Einheit 1 Lux ist gleich der Beleuchtungsstärke, die auf einer Fläche herrscht, wenn auf 1 m^2 der Fläche gleichmäßig verteilt der Lichtstrom 1 lm fällt.					

Fortsetzung Tabelle 4

Größe Definition der Einheit	Name	abgeleitete SI-Einheit			Fundstelle
		Einheiten- zeichen	durch andere SI-Einheiten ausgedrückt	durch SI-Basis- einheiten aus- gedrückt	
1	2	3	4	5	6
Aktivität einer radio- aktiven Substanz (s. a. Tabelle 10)	Becquerel	Bq		s^{-1}	D, § 40 F, Art. 1, Nr. 1
Die abgeleitete SI-Einheit 1 Becquerel ist gleich der Aktivität einer Menge eines radio-aktiven Nuklids, in der der Quotient aus dem statistischen Erwartungswert für die An-zahl der Umwandlungen oder isomeren Übergänge und der Zeitspanne, in der diese Umwandlungen oder Übergänge stattfinden, dem Grenzwert 1/s bei abnehmender Zeitspanne zustrebt.					
Energiedosis[4] (s. a. Tabelle 10)	Gray	Gy	J/kg	$m^2 \cdot s^{-2}$	D, § 41 F, Art. 1, Nr. 1
Die abgeleitete SI-Einheit 1 Gray ist gleich der Energiedosis, die bei der Übertragung der Energie 1 J auf homogene Materie der Masse 1 kg durch ionisierende Strahlung einer räumlich konstanten spektralen Energiefluenz entsteht.					

[1] Die abgeleiteten SI-Einheiten Radiant und Steradiant können in bestimmten Fällen durch die Zahl 1 ersetzt werden. Näheres hierzu siehe die Norm DIN 1315 „Winkel; Begriffe, Einheiten", Ausgabe März 1974.

[2] Bei der Angabe von elektrischen Scheinleistungen darf das Watt auch als Voltampere (Einheiten-zeichen: VA) und bei der Angabe von elektrischen Blindleistungen darf das Watt auch als Var (Ein-heitenzeichen: var) bezeichnet werden.

[3] In diesen Potenzprodukten wird der Steradiant (sr) wie eine Basiseinheit behandelt.

[4] Für Angaben der dimensionsgleichen Größe Äquivalentdosis dürfen der besondere Einheitenname Gray und das besondere Einheitenzeichen Gy nicht benutzt werden (s. Tabelle 5).

II.2.4

Ebenso wie einige abgeleitete SI-Einheiten mit besonderem Namen auch durch andere SI-Einheiten ausgedrückt werden können (Tabelle 4, Spalte 4), dürfen ganz allgemein die besonderen Namen von abgeleiteten SI-Einheiten dazu benutzt werden, weitere abgeleitete Einheiten auf einfachere Weise zu bilden, als wenn man von den SI-Basiseinheiten ausgeht. Die in den Rechtsvorschriften über Einheiten im Meßwesen mit Namen und Einheitenzeichen festgesetzten Einheiten dieser Gruppe sind in Tabelle 5 zusammengestellt.

Tabelle 5: In den Rechtsvorschriften über Einheiten im Meßwesen mit Namen und Einheitenzeichen festgesetzte abgeleitete SI-Einheiten, die mit Hilfe von besonderen Namen ausgedrückt werden.

| Größe
Definition der Einheit | abgeleitete SI-Einheit | | | Fundstelle |
	Name	Einheiten- zeichen	durch SI-Basisein- heiten ausgedrückt	
Winkelgeschwindigkeit	Radiant durch Sekunde	rad/s		D, § 15
Die abgeleitete SI-Einheit 1 Radiant durch Sekunde ist gleich der Winkelgeschwindigkeit eines gleichförmig rotierenden Körpers, der sich während der Zeit 1 s um den Winkel 1 rad um die Rotationsachse dreht.				
Winkelbeschleunigung	Radiant durch Sekundenquadrat	rad/s^2		D, § 16
Die abgeleitete SI-Einheit 1 Radiant durch Sekundenquadrat ist gleich der Winkelbeschleunigung eines Körpers, dessen Winkelgeschwindigkeit sich während der Zeit 1 s gleichmäßig um 1 rad/s ändert.				
dynamische Viskosität	Pascalsekunde	$Pa \cdot s$	$m^{-1} \cdot kg \cdot s^{-1}$	D, § 21
Die abgeleitete SI-Einheit 1 Pascalsekunde ist gleich der dynamischen Viskosität eines laminar strömenden, homogenen Fluids, in dem zwischen zwei ebenen, parallel im Abstand 1 m angeordneten Schichten mit dem Geschwindigkeitsunterschied 1 m/s die Schubspannung 1 Pa herrscht.				
elektrische Flußdichte, Verschiebung	Coulomb durch Quadratmeter	C/m^2	$m^{-2} \cdot s \cdot A$	D, § 30
Die abgeleitete SI-Einheit 1 Coulomb durch Quadratmeter ist gleich der elektrischen Flußdichte oder Verschiebung in einem Plattenkondensator, dessen beide im Vakuum parallel zueinander angeordnete, unendlich ausgedehnte Platten je Fläche 1 m² gleichmäßig mit der Elektrizitätsmenge 1 C aufgeladen wären.				
elektrische Feldstärke	Volt durch Meter	V/m	$m \cdot kg \cdot s^{-3} \cdot A^{-1}$	D, § 31
Die abgeleitete SI-Einheit 1 Volt durch Meter ist gleich der elektrischen Feldstärke eines homogenen elektrischen Feldes, in dem die Potentialdifferenz zwischen zwei Punkten im Abstand 1 m in Richtung des Feldes 1 V beträgt.				
Äquivalentdosis (s. a. Tabelle 10)	Joule durch Kilogramm [1])	J/kg	$m^2 \cdot s^{-2}$	D, § 41 F, Art, 1, Nr. 1
Die abgeleitete SI-Einheit der Äquivalentdosis im Sinne eines für Strahlenschutzzwecke verwendeten Produktes aus der Energiedosis (s. Tabelle 4) und einem dimensionslosen Bewertungsfaktor ist das Joule durch Kilogramm.				

Fortsetzung, Tabelle 5

| Größe
Definition der Einheit | abgeleitete SI-Einheit | | | Fundstelle |
	Name	Einheiten- zeichen	durch SI-Basisein- heiten ausgedrückt	
Energiedosisrate, Energiedosisleistung (s. a. Abschnitt III.3)	Gray durch Sekunde	Gy/s	$m^2 \cdot s^{-3}$	D, § 42 F, Art. 1, Nr. 1
Die abgeleitete SI-Einheit 1 Gray durch Sekunde ist gleich der Energiedosisrate oder -leistung, bei der durch eine ionisierende Strahlung zeitlich unveränderlicher Energieflußdichte die Energiedosis 1 Gy während der Zeit 1 s entsteht.				
Äquivalentdosisrate, Äquivalentdosisleistung (s. a. Abschnitt III.3)	Watt durch Kilogramm	W/kg	$m^2 \cdot s^{-3}$	D, § 42 F, Art. 1, Nr. 1
Ionendosis (s. a. Tabelle 10)	Coulomb durch Kilogramm	C/kg	$kg^{-1} \cdot s \cdot A$	D, § 43
Die abgeleitete SI-Einheit 1 Coulomb durch Kilogramm ist gleich der Ionendosis, die bei der Erzeugung von Ionen eines Vorzeichens mit der elektrischen Ladung 1 C in Luft der Masse 1 kg durch ionisierende Strahlung räumlich konstanter Energieflußdichte entsteht.				

[1]) Das Internationale Komitee für Maß und Gewicht hat der 16. Generalkonferenz für Maß und Gewicht im Jahre 1979 die Annahme des Einheitennamens Sievert (Einheitenzeichen: Sv) für das Joule durch Kilogramm bei Angaben der Äquivalentdosis oder des Äquivalentdosisindex im Bereich des Strahlenschutzes vorgeschlagen.

II.2.5

Gemäß § 1 Abs. 1 Nr. 2 der Ausführungsverordnung zum Gesetz über Einheiten im Meßwesen in der Fassung der Änderungsverordnung vom 27. November 1973 (E, Art. 1, Nr. 1) dürfen auch für Größen, die aus den in den Rechtsvorschriften über Einheiten im Meßwesen genannten Größen ableitbar sind, unter Benutzung der besonderen Namen für abgeleitete SI-Einheiten weitere Einheiten auf einfachere Weise gebildet werden, als wenn man von den SI-Basiseinheiten ausgeht. Beispiele für solche zu bildenden gesetzlichen abgeleiteten SI-Einheiten sind in Tabelle 6 zusammengestellt.

Tabelle 6: Beispiele für abgeleitete SI-Einheiten nach **E**, Art. 1, Nr. 1, die unter Benutzung der besonderen Namen für abgeleitete SI-Einheiten (Tabelle 4) gebildet werden.

Größe	abgeleitete SI-Einheit		
	Name	Einheiten-zeichen	durch SI-Basiseinheiten ausgedrückt
Impuls	Newtonsekunde	$N \cdot s$	$m \cdot kg \cdot s^{-1}$
Moment einer Kraft, Drehmoment	Newtonmeter	$N \cdot m$	$m^2 \cdot kg \cdot s^{-2}$
Oberflächenspannung	Newton durch Meter	N/m	$kg \cdot s^{-2}$
mechanische Schallimpedanz	Newtonsekunde durch Meter	$N \cdot s/m$	$kg \cdot s^{-1}$
spezifische Schallimpedanz	Pascalsekunde durch Meter	$Pa \cdot s/m$	$m^{-2} \cdot kg \cdot s^{-1}$
akustische Impedanz	Pascalsekunde durch Kubikmeter	$Pa \cdot s/m^3$	$m^{-4} \cdot kg \cdot s^{-1}$
Schallintensität	Watt durch Quadratmeter	W/m^2	$kg \cdot s^{-3}$
Wärmestromdichte, Bestrahlungsstärke	Watt durch Quadratmeter	W/m^2	$kg \cdot s^{-3}$
Wärmekapazität, Entropie	Joule durch Kelvin	J/K	$m^2 \cdot kg \cdot s^{-2} \cdot K^{-1}$
spezifische Wärmekapazität, spezifische Entropie	Joule durch Kilogramm und durch Kelvin	$J/(kg \cdot K)$	$m^2 \cdot s^{-2} \cdot K^{-1}$
spezifische Energie	Joule durch Kilogramm	J/kg	$m^2 \cdot s^{-2}$
Wärmeleitfähigkeit	Watt durch Meter und durch Kelvin	$W/(m \cdot K)$	$m \cdot kg \cdot s^{-3} \cdot K^{-1}$
Wärmeübergangskoeffizient	Watt durch Quadratmeter und durch Kelvin	$W/(m^2 \cdot K)$	$kg \cdot s^{-3} \cdot K^{-1}$
Energiedichte	**Joule durch Kubikmeter**	J/m^3	$m^{-1} \cdot kg \cdot s^{-2}$
spezifischer elektrischer Widerstand	Ohm mal Meter	$\Omega \cdot m$	$m^3 \cdot kg \cdot s^{-3} \cdot A^{-2}$
elektrische Leitfähigkeit	Siemens durch Meter	S/m	$m^{-3} \cdot kg^{-1} \cdot s^3 \cdot A^2$
elektrisches Dipolmoment	Coulombmeter	$C \cdot m$	$m \cdot s \cdot A$
elektrische Flächenladungsdichte, Ladungsbedeckung	Coulomb durch Quadratmeter	C/m^2	$m^{-2} \cdot s \cdot A$
elektrische Polarisation	Coulomb durch Quadratmeter	C/m^2	$m^{-2} \cdot s \cdot A$
magnetisches Vektorpotential	Weber durch Meter	Wb/m	$m \cdot kg \cdot s^{-2} \cdot A^{-1}$
Permittivität, Dielektrizitätskonstante	Farad durch Meter	F/m	$m^{-3} \cdot kg^{-1} \cdot s^4 \cdot A^2$

Fortsetzung, Tabelle 6

| Größe | abgeleitete SI-Einheit | | |
	Name	Einheitenzeichen	durch SI-Basiseinheiten ausgedrückt
Permeabilität	Henry durch Meter	H/m	$m \cdot kg \cdot s^{-2} \cdot A^{-2}$
Lichtausbeute	Lumen durch Watt	lm/W	$m^{-2} \cdot kg^{-1} \cdot s^3 \cdot cd \cdot sr$ [1]
spezifische Lichtausstrahlung	Lumen durch Quadratmeter	lm/m^2	$m^{-2} \cdot cd \cdot sr$ [1]
Belichtung	Luxsekunde	$lx \cdot s$	$m^{-2} \cdot s \cdot cd \cdot sr$ [1]
(elektromagnetische) Strahlstärke	Watt durch Steradiant	W/sr	$m^2 \cdot kg \cdot s^{-3} \cdot sr^{-1}$ [1]
(elektromagnetische) Strahldichte	Watt durch Steradiant und durch Quadratmeter	$W/(sr \cdot m^2)$	$kg \cdot s^{-3} \cdot sr^{-1}$ [1]
(elektromagnetische) Bestrahlungsstärke	Watt durch Quadratmeter	W/m^2	$kg \cdot s^{-3}$
Stoffmengenbezogene (molare) innere Energie	Joule durch Mol	J/mol	$m^2 \cdot kg \cdot s^{-2} \cdot mol^{-1}$
Stoffmengenbezogene (molare) Wärmekapazität	Joule durch Mol und durch Kelvin	$J/(mol \cdot K)$	$m^2 \cdot kg \cdot s^{-2} \cdot K^{-1} \cdot mol^{-1}$

[1] In diesen Potenzprodukten wird der Steradiant wie eine Basiseinheit behandelt.

II.3 Dezimale Vielfache und Teile von Einheiten

Durch die Bildung von bestimmten dezimalen Vielfachen und Teilen mit Hilfe von Vorsätzen wird die Anzahl der SI-Einheiten bezüglich ihrer Werte vervielfacht. Wenn zwischen diesen dezimalen Vielfachen und Teilen und der kohärenten Gesamtheit der SI-Einheiten unterschieden werden soll, sind erstere mit ihrem vollen Namen ,,Dezimale Vielfache und Teile von SI-Einheiten'' zu bezeichnen.

Der Vorsatz ist ohne Zwischenraum vor den Namen der Einheit, das Vorsatzzeichen ohne Zwischenraum vor das Einheitenzeichen zu setzen.

Beispiele: Kilometer (Einheitenzeichen: km)
              Millivolt (Einheitenzeichen: mV).

Zusammengesetzte Vorsätze und zusammengesetzte Vorsatzzeichen dürfen nicht verwendet werden. Hochzeichen (Potenzexponenten) beziehen sich mit auf das Vorsatzzeichen.

Beispiele: $1\ cm^3\ = (10^{-2}\ m)^3\ = 10^{-6}\ m^3$
              $1\ cm^{-1} = (10^{-2}\ m)^{-1} = 10^2\ m^{-1}$
              $1\ \mu s^{-1}\ = (10^{-6}\ s)^{-1}\ = 10^6\ s^{-1}.$

Bei einer zusammengesetzten Einheit, die als Produkt oder Quotient aus zwei oder mehreren Einheiten gebildet ist, darf ein Vorsatz vor jede der benutzten Einheiten gesetzt werden.

Beispiele: Millipascalsekunde   (Einheitenzeichen: mPa·s)
         Newtonmillimeter   (Einheitenzeichen: N·mm)
         Mikroohmzentimeter (Einheitenzeichen: $\mu\Omega$·cm)
         Pikofarad durch Zentimeter (Einheitenzeichen: pF/cm)
         Ampere durch Zentimeter (Einheitenzeichen: A/cm)
         Milliwatt durch Quadratzentimeter und durch Kilohertz (Einheitenzeichen: $mW/(cm^2 \cdot kHz)$).

Aus historischen Gründen enthält die SI-Basiseinheit Kilogramm bereits einen Vorsatz. Die Namen der dezimalen Vielfachen und Teile des Kilogramm werden deshalb durch Voransetzen der Vorsätze vor das Wort „Gramm" gebildet; 1 Gramm (Einheitenzeichen: g) = 0,001 Kilogramm (Einheitenzeichen: kg) (s. **D**, § 7).

Beispiele: Megagramm (Einheitenzeichen: Mg), $1\ Mg = 10^6\ g = 10^3\ kg$
         Milligramm (Einheitenzeichen: mg), $1\ mg = 10^{-3}\ g = 10^{-6}\ kg$.

Tabelle 7:   Vorsätze und Vorsatzzeichen (der Name Vorsatzzeichen festgesetzt in **B**, Art. 1, Nr. 7)

Vorsatz	Vorsatz-zeichen	Faktor, mit dem die Einheit multipliziert wird			Fundstelle
		als Zehner-potenz	in Ziffern	in Buchstaben	
Exa	E	10^{18}	1 000 000 000 000 000 000	eine Trillion	C, § 4
Peta	P	10^{15}	1 000 000 000 000 000	eine Billiarde	
Tera	T	10^{12}	1 000 000 000 000	eine Billion	
Giga	G	10^{9}	1 000 000 000	eine Milliarde	
Mega	M	10^{6}	1 000 000	eine Million	A, § 6
Kilo	k	10^{3}	1 000	Tausend	
Hekto	h	10^{2}	100	Hundert	
Deka	da	10^{1}	10	Zehn	
Dezi	d	10^{-1}	0,1	ein Zehntel	
Zenti	c	10^{-2}	0,01	ein Hundertstel	
Milli	m	10^{-3}	0,001	ein Tausendstel	
Mikro	μ	10^{-6}	0,000 001	ein Millionstel	A, § 6
Nano	n	10^{-9}	0,000 000 001	ein Milliardstel	
Piko	p	10^{-12}	0,000 000 000 001	ein Billionstel	
Femto	f	10^{-15}	0,000 000 000 000 001	ein Billiardstel	
Atto	a	10^{-18}	0,000 000 000 000 000 001	ein Trillionstel	

III Gesetzliche Einheiten außerhalb des Internationalen Einheitensystems

In Wirtschaft und Technik werden zusätzlich zu den SI-Einheiten und deren durch Vorsätze gebildeten dezimalen Vielfachen und Teilen bestimmte weitere Einheiten im Meßwesen benötigt, die zwar zum Internationalen Einheitensystem systemfremd sind, jedoch in Größenangaben eine beträchtliche Rolle spielen und weit verbreitet sind. Soweit nicht ausdrücklich davon ausgenommen, dürfen auf die Einheiten in den Tabellen 8 bis 10 die Vorsätze nach Abschnitt II.3 angewendet werden.

III.1

Einige dieser Einheiten außerhalb des SI sind allgemein anwendbar und dürfen zusammen mit den SI-Einheiten benutzt werden. Die Verbindung dieser Einheiten mit SI-Einheiten durch Bildung von zusammengesetzten Einheiten soll nur in begrenzten Fällen erfolgen, damit die Vorteile der Kohärenz der SI-Einheiten nicht verloren gehen.

Tabelle 8: Gesetzliche Einheiten außerhalb des SI, die allgemein anwendbar sind

Größe	Einheiten-name	Einheiten-zeichen	Beziehung	Fundstelle
Volumen (s. a. Tabelle 2)	Liter	l	$1\ l = (1/1\,000)\,m^3$	D, § 4
ebener Winkel (Winkel) (s. a. Tabelle 4)	Vollwinkel[1][2]		1 Vollwinkel = $2\,\pi$ rad	D, § 5
	Grad[2]	°	$1° = (1/360)$ Vollwinkel $= (\pi/180)$ rad	D, § 5 und E, Art. 1, Nr. 2
	Minute[2]	'	$1' = (1/60)° = (\pi/10\,800)$ rad	D, § 5
	Sekunde[2]	''	$1'' = (1/60)' = (\pi/648\,000)$ rad	D, § 5
	Gon	gon	1 gon = $(1/400)$ Vollwinkel $= (\pi/200)$ rad	D, § 5 und E, Art. 1, Nr. 2
Masse (s. a. Tabelle 1)	Tonne	t	1 t = 1 000 kg	D, § 7
Zeit (Zeitspanne) (s. a. Tabelle 1)	Minute[2]	min	1 min = 60 s	D, § 11
	Stunde[2]	h	1 h = 60 min = 3 600 s	D, § 11
	Tag[2]	d	1 d = 24 h = 86 400 s	D, § 11
Druck, mechanische Spannung (s. a. Tabelle 4)	Bar	bar	1 bar = 0,1 MPa = 100 000 Pa	D, § 20

[1]) Für diese Einheit ist kein Einheitenzeichen festgelegt.
[2]) Für diese Einheiten dürfen keine dezimalen Vielfachen und Teile mit Vorsätzen nach Abschnitt II.3 gebildet werden.

Beispiele für das Bilden dezimaler Vielfacher und Teile mit Vorsätzen nach Abschnitt II.3:
Hektoliter (Einheitenzeichen: hl); Zentiliter (Einheitenzeichen: cl);
Megatonne (Einheitenzeichen: Mt); Dezitonne (Einheitenzeichen: dt);
Millibar (Einheitenzeichen: mbar).

Beispiele für zusammengesetzte Einheiten aus Einheiten in Tabelle 8 und SI-Einheiten:
Kilometer durch Stunde (Einheitenzeichen: km/h);
Kilowattstunde (Einheitenzeichen: kW · h).

III.2

Einige Einheiten außerhalb des SI sind nur für bestimmte Anwendungsbereiche zugelassen. Die Verbindung dieser Einheiten mit anderen gesetzlichen Einheiten ist nur im Rahmen des jeweiligen Anwendungsbereichs der Einheit erlaubt.

Tabelle 9: Gesetzliche Einheiten außerhalb des SI und mit eingeschränktem Anwendungsbereich

Größe und Anwendungsbereich	Einheitenname	Einheitenzeichen	Definition	Fundstelle
Masse in der Atomphysik	atomare Masseneinheit	u	1 atomare Masseneinheit ist der 12te Teil der Masse eines Atoms des Nuklids ^{12}C: 1 u = 1,660 565 5 · 10^{-27} kg (σ = ± 8,6 · 10^{-33} kg)	A, § 4 [1]
Energie in der Atomphysik	Elektronvolt	eV	1 Elektronvolt ist die Energie, die ein Elektron bei Durchlaufen einer Potentialdifferenz von 1 Volt im Vakuum gewinnt. 1 eV = 1,602 189 2 · 10^{-19} J (σ = ± 4,6 · 10^{-25} J)	A, § 4 [1]
Brechkraft von optischen Systemen	Dioptrie	dpt [2]	1 Dioptrie ist gleich der Brechkraft eines optischen Systems mit der Brennweite 1 m in einem Medium der Brechzahl 1. 1 dpt = 1 m^{-1}	D, § 47
Fläche von Grundstücken und Flurstücken	Ar Hektar	a ha	1 a = 100 m^2 1 ha = 100 a = 10 000 m^2	D, § 48
Masse von Edelsteinen	metrisches Karat	Kt [2]	1 Kt = 0,000 2 kg = 0,2 g	D, § 49
längenbezogene Masse von textilen Fasern und Garnen	Tex	tex	1 tex = 10^{-6} kg/m = 1 mg/m = = 1 g/km	D, § 50

[1] Die Beziehung dieser Einheit zur SI-Einheit und die angegebene Standardabweichung σ werden in dem vom „Committee on Data for Science and Technology" des „International Council of Scientific Unions" zuletzt 1973 ermittelten konsistenten Satz von Werten der Fundamentalkonstanten empfohlen (CODATA-Bulletin Nr. 11, Dezember 1973).

[2] Dieses Einheitenzeichen ist international nicht genormt.

Beispiele für das Bilden dezimaler Vielfacher und Teile mit Vorsätzen nach Abschnitt II.3:

für die atomare Masseneinheit: 1 mu = 10^{-3} u; 1 μu = 10^{-6} u;

für das Elektronvolt: 1 GeV = 10^9 eV; 1 MeV = 10^6 eV; 1 keV = 10^3 eV;

für das Tex: 1 ktex = 10^3 tex; 1 mtex = 10^{-3} tex.

III.3

Die nachstehend aufgeführten Einheiten sind nur noch befristet für den geschäftlichen und amtlichen Verkehr zugelassen. Der Anwendungsbereich der Druckeinheit konventionelle Millimeter-Quecksilbersäule ist auf Blutdruckangaben in der Medizin eingeschränkt.

Tabelle 10: Gesetzliche Einheiten außerhalb des SI, die befristet zugelassen sind

Größe	Einheitenname	Einheitenzeichen	Beziehung	zugelassen bis, Fundstelle
Blutdruck	konventionelle Millimeter-Quecksilber-säule[1])	mmHg	1 mmHg = 133,322 Pa	31.12.1979 F, Art. 1, Nr. 3
Aktivität einer radioaktiven Substanz (s. a. Tabelle 4)	Curie	Ci	1 Ci = 37 GBq	31.12.1985 F, Art. 1, Nr. 2
Energiedosis (s. a. Tabelle 4)	Rad	rd	1 rd = 0,01 Gy	31.12.1985 F, Art. 1, Nr. 2
Äquivalentdosis (s. a. Tabelle 5)	Rem	rem	1 rem = 0,01 J/kg	31.12.1985 F, Art. 1, Nr. 2
Ionendosis (s. a. Tabelle 5)	Röntgen	R	1 R = 258 μC/kg	31.12.1985 F, Art. 1, Nr. 2

[1]) Von dieser Einheit dürfen keine dezimalen Vielfachen oder Teile mit Vorsätzen nach Abschnitt II.3 gebildet werden.

Gebräuchliche dezimale Vielfache und Teile mit Vorsätzen nach Abschnitt II.3 sind zum Beispiel

für das Curie: $1\ \mu\text{Ci} = 10^{-6}\ \text{Ci}$; $1\ \text{pCi} = 10^{-12}\ \text{Ci}$;
für das Röntgen: $1\ \text{mR} = 10^{-3}\ \text{R}$.

Für die Dauer der Gültigkeit der Einheiten der Tabelle 10 dürfen aus ihnen und SI-Einheiten sowie Einheiten der Tabelle 8 zusammengesetzte Einheiten gebildet werden, zum Beispiel

für die Energiedosisrate, -leistung: $1\ \text{rd} \cdot \text{s}^{-1} = 10^{-2}\ \text{Gy} \cdot \text{s}^{-1}$;
für die Äquivalentdosisrate, -leistung: $1\ \text{rem} \cdot \text{s}^{-1} = 10^{-2}\ \text{W} \cdot \text{kg}^{-1}$.

Anhang 4

Einheiten, die gemäß

Ausführungsverordnung zum Gesetz über Einheiten im Meßwesen

und der

Richtlinie des Rates der EG zur Angleichung der Rechtsvorschriften der Mitgliedstaaten über die Einheiten im Meßwesen

ab einem bestimmten Datum nicht mehr verwendet werden sollen.

| Name der Einheit | Einheitenzeichen | Was ist abgelaufen? | | | ersetzt durch | | soll nicht mehr verwendet werden ab | | Äquivalent im SI |
		Verwendung der Einheit und des Einheitenzeichens	Verwendung des Einheitennamens	Verwendung des speziellen Einheitenzeichens	Einheitenname	Einheitenzeichen	in der Bundesrepublik Deutschland	gemäß der EG-Richtlinie	
Länge:									
Ångström	Å	X					31.12.1977	31.12.1979	$1\ \text{Å} = 10^{-10}\ \text{m}$
typographischer Punkt	p	X					31.12.1977		$1\ \text{p} = \dfrac{1{,}000\,333\ \text{m}}{2\,660}$
Mikron	µ	X					05.07.1970		$1\ \mu = 10^{-6}\ \text{m}$
Millimikron	mµ	X					05.07.1970		$1\ \text{m}\mu = 10^{-9}\ \text{m}$
Fläche:									
Quadratkilometer	qkm			X		km²	31.12.1974		
Quadratmeter	qm			X		m²	31.12.1974		
Quadratdezimeter	qdm			X		dm²	31.12.1974		
Quadratzentimeter	qcm			X		cm²	31.12.1974		
Quadratmillimeter	qmm			X		mm²	31.12.1974		
Barn	b	X					31.12.1977	31.12.1979	$1\ \text{b} = 10^{-28}\ \text{m}^2$
square foot	ft², qfs	X					31.12.1974	geprüft vor 31.12.1979	$1\ \text{ft}^2 = 0{,}092\,903\,04\ \text{m}^2$
Volumen:									
Kubikmeter	cbm			X		m³	31.12.1974		
Kubikdezimeter	cdm			X		dm³	31.12.1974		
Kubikzentimeter	ccm			X		cm³	31.12.1974		
Kubikmillimeter	cmm			X		mm³	31.12.1974		
Festmeter	Fm		X	X	Kubikmeter	m³	31.12.1977	31.12.1977	$1\ \text{Fm} = 1\,\text{m}^3$
Raummeter	Rm		X	X	Kubikmeter	m³	31.12.1977	31.12.1977	$1\ \text{Rm} = 1\ \text{m}^3$
Ster	st		X	X	Kubikmeter	m³		31.12.1979	$1\ \text{st} = 1\ \text{m}^3$
Winkel:									
Rechter Winkel	∟			X			30.11.1973		$1^{\llcorner} = \dfrac{\pi}{2}\ \text{rad}$
Neugrad	g		X	X	Gon	gon	31.12.1974		$1^{\text{g}} = \dfrac{\pi}{200}\ \text{rad} = 1\ \text{gon}$
Neuminute	c		X	X	Zentigon	cgon	31.12.1977		$1^{\text{c}} = 10^{-2}\ \text{gon}$
Neusekunde	cc		X	X			31.12.1977		$1^{\text{cc}} = 10^{-4}\ \text{gon}$
Mechanik:									
Gal	Gal	X					31.12.1977	31.12.1979	$1\ \text{Gal} = 10^{-2}\ \text{m} \cdot \text{s}^{-2}$
Dyn	dyn	X					31.12.1977	31.12.1979	$1\ \text{dyn} = 10^{-5}\ \text{N}$
Kilopond	kp	X						31.12.1977	$1\ \text{kp} = 9{,}806\,65\ \text{N}$
Pond	p	X					31.12.1977		$1\ \text{p} = 9{,}806\,65 \cdot 10^{-3}\ \text{N}$
Erg	erg	X					31.12.1977	31.12.1979	$1\ \text{erg} = 10^{-7}\ \text{J}$

Pferdestärke	PS	X					31.12.1977	31.12.1977	1 PS = 735,498 75 W
Kalorie	cal	X					31.12.1977	31.12.1977	1 cal = 4,186 8 J
Torr	Torr	X					31.12.1977	31.12.1977	$1\ \text{Torr} = \dfrac{101\ 325\ \text{Pa}}{760}$
physikalische Atmosphäre	atm	X					31.12.1977	31.12.1977	1 atm = 101 325 Pa
technische Atmosphäre	at	X					31.12.1977		1 at = 98 066,5 Pa
konventionelle Meter-Wassersäule	mWS	X					31.12.1977	31.12.1977	1 mWS = 9 806,65 Pa
konventionelle Millimeter-Quecksilbersäule	mmHg	X					31.12.1979	31.12.1979	1 mmHg = 133,322 Pa
Grad Kelvin	°K		X	X	Kelvin	K	05.07.1975	31.12.1977	
Grad	grd		X	X	Kelvin, Grad Celsius	K, °C	31.12.1974		
metrisches Karat	k			X		Kt	05.07.1970		$1\ \kappa = 2 \cdot 10^{-4}\ \text{kg}$
Licht:									
Stilb	sb	X					31.12.1974	31.12.1977	$1\ \text{sb} = 10^4\ \text{cd} \cdot \text{m}^{-2}$
radiologische Einheiten:									
Curie	Ci	X					31.12.1985	geprüft vor 31.12.1979	$1\ \text{Ci} = 3{,}7 \cdot 10^{10}\ \text{Bq}$
Rad	rd	X					31.12.1985	geprüft vor 31.12.1979	$1\ \text{rd} = 10^{-2}\ \text{Gy}$
Rem	rem	X					31.12.1985	geprüft vor 31.12.1979	$1\ \text{rem} = 10^{-2}\ \text{J} \cdot \text{kg}^{-1}$
Röntgen	R	X					31.12.1985	geprüft vor 31.12.1979	$1\ \text{R} = 258 \cdot 10^{-6}\ \text{C} \cdot \text{kg}^{-1}$
elektrische Einheiten:									
absolutes Watt	W_{abs}		X	X	Watt	W	31.12.1974		
internationales Watt	W_{int}	X					31.12.1974		$1\ W_{int} = \dfrac{1,000\ 342}{1,000\ 49}\ \text{W}$
absolutes Ampere	A_{abs}		X	X	Ampere	A	31.12.1974		
internationales Ampere	A_{int}	X					31.12.1974		$1\ A_{int} = \dfrac{1,000\ 34}{1,000\ 49}\ \text{A}$
absolutes Volt	V_{abs}		X	X	Volt	V	31.12.1974		
internationales Volt	V_{int}	X					31.12.1974		$1\ V_{int} = 1,000\ 34\ \text{V}$
absolutes Ohm	Ω_{abs}		X	X	Ohm	Ω	31.12.1974		
internationales Ohm	Ω_{int}	X					31.12.1974		$1\ \Omega_{int} = 1,000\ 49\ \Omega$
absolutes Farad	F_{abs}		X	X	Farad	F	31.12.1974		
internationales Farad	F_{int}	X					31.12.1974		$1\ F_{int} = \dfrac{1}{1,000\ 49}\ \text{F}$
absolutes Henry	H_{abs}		X	X	Henry	H	31.12.1974		
internationales Henry	H_{int}	X					31.12.1974		$1\ H_{int} = 1,000\ 49\ \text{H}$

Anhang 5

Rechtsvorschriften für die Umrechnung früherer Landesmaße in Deutschland in metrische Einheiten

(*Altenburg*) siehe Sachsen-Altenburg

Anhalt, Herzogthum
Bekanntmachung vom 24. Februar 1869

Bayern, Königreich
Bekanntmachung des kgl. Staatsministeriums des Handels und der öffentlichen Arbeiten, den Vollzug des Gesetzes vom 29. April 1869, die Maaß= und Gewichts=Ordnung betreffend. Vom 13. August 1869. (Regierungs=Blatt, 1869, S. 1521)

(*Bayern*, 1866 zu Preußen gekommene Gebietsteile) siehe Preußen

Braunschweig, Herzogthum
Bekanntmachung, die Umrechnung der bisherigen Landes=Maaße und Gewichte auf das metrische System betreffend. Braunschweig, den 5. April 1869. (Gesetz= und Verordnungs= Sammlung für die Herzoglich Braunschweigischen Lande, 56. Jahrg., 1869, S. 115)

Bremen, freie Hansestadt
Bekanntmachung der Commission für Maß und Gewicht, die Umrechnung der Bremischen Maße und Gewichte in Norddeutsche Maße und Gewichte betreffend. Bremen, den 22. März 1869. (Gesetzblatt der freien Hansestadt Bremen, 1869, S. 135)

Coburg, Herzogthum
Verordnung zur Ausführung des Artikels 21 der Maaß= und Gewichtsordnung für den Norddeutschen Bund vom 17. August 1868. Coburg, den 16. September 1869. (Gesetzsammlung für das Herzogthum Coburg Nr. 692, 1869, S. 201)

(*Darmstadt*) siehe Hessen, Großherzogthum

(*Detmold*) siehe Lippe, Fürstenthum

(*Eisenach*) siehe Sachsen-Weimar-Eisenach

(*Frankfurt am Main*, freie Stadt) siehe Preußen

(*Gera*) siehe Reuß jüngere Linie

Gotha, Herzogthum
Verordnung zur Ausführung des Artikels 21 der Maaß= und Gewichtsordnung für den Norddeutschen Bund vom 17. August 1868. Gotha, den 9. September 1869. (Gesetz=Sammlung für das Herzogthum Gotha 1869, Nr. 34, S. 131)

(*Greiz*) siehe Reuß ältere Linie

Hamburg, freie und Hansestadt
Bekanntmachung, betreffend Maaß= und Gewichtsordnung. Gegeben in der Versammlung des Senats, Hamburg, den 2. April 1869. (Gesetzsammlung der freien und Hansestadt Hamburg, amtl. Ausgabe, Bd. 5, 1869, Abt. I, Nr. 7, S. 43)

(*Hannover*, Königreich) siehe Preußen

Hessen, Großherzogthum
Bekanntmachung, die Maß= und Gewichtsordnung betreffend. Darmstadt, den 18. September 1869. (Großherzoglich Hessisches Regierungsblatt 1869, Nr. 45, S. 805)

(*Hessen*, Kurfürstenthum) siehe Preußen

(*Hessen-Homburg*, Landgrafschaft) siehe Preußen

(*Hohenzollernsche Lande*) siehe Preußen

(*Holstein*, Herzogthum) siehe Preußen

(*Kassel*, Kurfürstenthum Hessen) siehe Preußen

Lauenburg, Herzogthum
Bekanntmachung, betreffend Maaß= und Gewichtsordnung. Ratzeburg, den 28. April 1869. (Officielles Wochenblatt für das Herzogthum Lauenburg, 1869, Nr. 32, S. 222)

Lippe, Fürstenthum
Verordnung vom 14. April 1869.

(*Lippe*) siehe Schaumburg-Lippe

Lübeck, freie und Hansestadt
Bekanntmachung, die Umrechnung der Lübeckischen Maaße und Gewichte in Norddeutsche Maaße und Gewichte betreffend. Gegeben Lübeck, in der Versammlung des Senates, am 5. Mai 1869. (Sammlung der Lübeckischen Verordnungen und Bekanntmachungen, Bd. 36 (1869), S. 42)

(*Lüneburg*) siehe Braunschweig

Mecklenburg-Schwerin, Großherzogthum
Bekanntmachung, betreffend die Verhältnißzahlen für die Umrechnung der bisherigen Landesmaaße und Gewichte in die durch die Maaß= und Gewichtsordnung für den Norddeutschen Bund vom 17ten August 1868 vorgeschriebenen Maaße und Gewichte. Schwerin, den 19ten April 1869. (Regierungs=Blatt für das Großherzogthum Mecklenburg-Schwerin, 1869, Nr. 33, S. 281)

Mecklenburg-Strelitz, Großherzogthum
Bekanntmachung vom 4. Mai 1869. (Officieller Anzeiger 1869, Nr. 14, S. 113)

(*Meiningen*) siehe Sachsen-Meiningen

(*Nassau*, Herzogthum) siehe Preußen

Oldenburg, Herzogthum
Bekanntmachung Nr. 24 des Staatsministeriums, betreffend die Umrechnung der Oldenburgischen Maaße und Gewichte in Norddeutsche Maaße und Gewichte. Oldenburg, den 2. Juli 1869. (Gesetzblatt für das Herzogthum Oldenburg, Bd. 21, 1869, 18. Stück, S. 69)

Sachsen-Altenburg, Herzogthum
Bekanntmachung Nr. 35 des Herzogl. Ministeriums, Abtheilung des Innern, die Umrechnung der im Herzogthum Sachsen=Altenburg gebräuchlichen Maaße und Gewichte in die nach der Maaß= und Gewichtsordnung für den Norddeutschen Bund vom 17. August 1868 künftig zu gebrauchenden Maaße und Gewichte betreffend. Vom 17. Juni 1869. (Gesetz-Sammlung für das Herzogthum Sachsen-Altenburg auf das Jahr 1869, S. 104)

(*Sachsen-Coburg-Gotha*, Herzogthum) siehe Coburg, siehe Gotha

Sachsen-Meiningen, Herzogthum
Ausschreiben des Herzoglichen Staatsministeriums, Abtheilung des Innern, vom 1. November 1869, betreffend das Verhältniß der bisherigen zu den durch die Bundes=Maaß= und Gewichts=Ordnung eingeführten Maaßen und Gewichten. (Sammlung der Ausschreiben der landesherrlichen Oberbehörden, Band 4 (1868—69), Nr. 46, S. 423)

Sachsen-Weimar-Eisenach, Großherzogthum
Ministerial=Bekanntmachung. Verhältnißzahlen für die Umrechnung der im Großherzogthum Sachsen bisher gebräuchlichen Maße und Gewichte in die neuen durch das Bundesgesetz vom 17. August 1868 vorgeschriebenen. Weimar, am 17. Juni 1869. (Regierungs=Blatt für das Großherzogthum Sachsen=Weimar=Eisenach, 1869, Nr. 14, S. 225)

Schaumburg-Lippe, Fürstenthum
Höhere Bekanntmachung Nr. 69, das Verhältniß der inlandischen Maße und Gewichte zu der Maß= und Gewichtsordnung für den Norddeutschen Bund vom 17. August 1868 betreffend. Bückeburg, den 9. März 1869. (Schaumburg-Lippische Landesverordnungen, 1869, Nr. 4, S. 481)

(*Schleswig*, Herzogthum) siehe Preußen

Schwarzburg-Rudolstadt, Fürstenthum
Ministerial=Bekanntmachung Nr. 9, die Maaß= und Gewichts=Ordnung für den Norddeutschen Bund betreffend. Rudolstadt, den 6. April 1869. (Gesetzsammlung für das Fürstenthum Schwarzburg=Rudolstadt, 1869, 6. Stück, S. 33)

Schwarzburg-Sondershausen, Fürstenthum
Ministerialverordnung Nr. 23, die Feststellung der Verhältnißzahlen für die Umrechnung der in dem Fürstenthume gebräuchlichen Landesmaaße und Gewichte in die neuen der Maaß= und Gewichtsordnung für den Norddeutschen Bund vom 17. August 1868 betreffend. Sondershausen, den 21. August 1869. (Gesetz=Sammlung für das Fürstenthum Schwarzburg=Sondershausen, 1869, 10. Stück, S. 73)

(*Schwerin*) siehe Mecklenburg-Schwerin

(*Strelitz*) siehe Mecklenburg-Strelitz

Württemberg, Königreich
Bekanntmachung, betreffend die Verhältnißzahlen für die Umrechnung der bisherigen württembergischen Landes=Maaße und Gewichte in die durch die neue Maaß= und Gewichts=Ordnung festgestellten neuen Maaße und Gewichte. Stuttgart, den 6. Mai 1871. (Regierungs=Blatt für das Königreich Württemberg, 1871, Nr. 10, S. 117)

(*Plauen*) siehe Reuß ältere Linie

Preußen, Königreich
Bekanntmachung, betreffend die Verhältniszahlen für die Umrechnung der bisherigen Landesmaaße und Gewichte in die durch die Maaß= und Gewichtsordnung für den Norddeutschen Bund festgestellten neuen Maaße und Gewichte. Vom 13. Mai 1869. (Gesetzsammlung für die Königlichen Preußischen Staaten, 1869, Nr. 7428, S. 746)

Gebietsteile: I   Provinzen, in welchen die Maaß= und Gewichts=Ordnung vom 16. Mai
                        1816 Gültigkeit hat.
                   II   Hohenzollernsche Lande
                  III   Vormalige Herzogthümer Schleswig und Holstein
                   IV   Vormaliges Königreich Hannover
                    V   Vormaliges Kurfürstenthum Hessen
                   VI   Vormaliges Herzogthum Nassau
                  VII   Vormalige freie Stadt Frankfurt am Main
                        Vormalige Landgrafschaft Hessen-Homburg:
                 VIII   a) Amt Homburg
                   IX   b) Ober-Amt Meisenheim
                    X   Vormalige Bayerische Gebietstheile
                   XI   Vormalige Großherzoglich hessische Gebietstheile

Ratzeburg, Fürstenthum
Bekanntmachung vom 4. Mai 1869. (Officieller Anzeiger 1869, Nr. 14, S. 101)

Reuß ältere Linie, Fürstenthum
Bekanntmachung. In Verfolg des Art. 21 der Maß= und Gewichtsordnung für den Norddeutschen Bund vom 17. August 1868 (Bundesgesetzblatt S. 477) werden nachstehend die Verhältnißzahlen, welche zur Umrechnung der zeitherigen Maße und Gewichte in die neuen dienen, zur öffentlichen Kenntniß gebracht. Greiz, den 27. März 1869. (Fürstl. Reuß= Plauisches Amts- und Nachrichtsblatt, 1869, Nr. 35, S.·207)
Berichtigung eines Druckfehlers in der in Nr. 35 des Amts- und Nachrichtsblattes abgedruckten Regierungsbekanntmachung vom 27. März d. J. (Fürstl. Reuß=Plauisches Amts- und Nachrichtsblatt, 1869, Nr. 36)

Reuß jüngere Linie, Fürstenthum
Unter Bezugnahme auf Art. 21 der Maß= und Gewichtsordnung für den Norddeutschen Bund vom 17. August 1868 (Bundesgesetzblatt S. 477) werden die Verhältnißzahlen, welche zur Umrechnung der zeitherigen Maße und Gewichte in die neuen dienen, nachstehend zur öffentlichen Kenntniß gebracht. Gera, am 20. März 1869. (Amts- und Verordnungsblatt für das Fürstenthum Reuß jüngere Linie, 1869, Nr. 12, S. 89)

(*Rudolstadt*) siehe Schwarzburg-Rudolstadt

Sachsen, Königreich
Verordnung Nr. 40, die Umrechnung der in Sachsen geltenden Maaße und Gewichte in die nach der Maß= und Gewichtsordnung für den Norddeutschen Bund vom 17. August 1868 künftig zu gebrauchenden Maaße und Gewichte betreffend. Vom 7. Mai 1869. (Gesetz- und Verordnungsblatt für das Königreich Sachsen, 1869, 9. Stück, S. 149)

Anhang 6

Gesetz über die Zeitbestimmung (Zeitgesetz — ZeitG) vom 25. Juli 1978 (BGBl. I S. 1110) in der Fassung der Berichtigung vom 8. August 1978 (BGBl. I S. 1262)

§ 1 Gesetzliche Zeit

(1) Im amtlichen und geschäftlichen Verkehr werden Datum und Uhrzeit nach der gesetzlichen Zeit verwendet.

(2) Die gesetzliche Zeit ist die mitteleuropäische Zeit. Diese ist bestimmt durch die koordinierte Weltzeit unter Hinzufügung einer Stunde.

(3) Die koordinierte Weltzeit ist bestimmt durch eine Zeitskala mit folgenden Eigenschaften:

1. Sie hat am 1. Januar 1972, 0 Uhr, dem Zeitpunkt 31. Dezember 1971, 23 Uhr 59 Minuten 59,96 Sekunden, der mittleren Sonnenzeit des Nullmeridians entsprochen.
2. Das Skalenmaß ist die Basiseinheit Sekunde nach § 3 Abs. 4 des Gesetzes über Einheiten im Meßwesen vom 2. Juli 1969 (BGBl. I S. 709), zuletzt geändert durch Artikel 287 Nr. 48 des Gesetzes vom 2. März 1974 (BGBl. I S. 469), in Meereshöhe.
3. Die Zeitskala der koordinierten Weltzeit wird entweder durch Einfügen einer zusätzlichen Sekunde oder durch Auslassen einer Sekunde mit einer Abweichung von höchstens einer Sekunde in Übereinstimmung mit der mittleren Sonnenzeit des Nullmeridians gehalten.

(4) Für den Zeitraum ihrer Einführung ist die mitteleuropäische Sommerzeit die gesetzliche Zeit. Die mitteleuropäische Sommerzeit ist bestimmt durch die koordinierte Weltzeit unter Hinzufügung zweier Stunden.

§ 2 Darstellung und Verbreitung der gesetzlichen Zeit

Die gesetzliche Zeit wird von der Physikalisch-Technischen Bundesanstalt dargestellt und verbreitet.

§ 3 Ermächtigung zur Einführung der mitteleuropäischen Sommerzeit

(1) Die Bundesregierung wird ermächtigt, zur besseren Ausnutzung der Tageshelligkeit und zur Angleichung der Zeitzählung an diejenige benachbarter Staaten durch Rechtsverordnung für einen Zeitraum zwischen dem 1. März und dem 20. Oktober die mitteleuropäische Sommerzeit einzuführen.

(2) Die mitteleuropäische Sommerzeit soll jeweils an einem Sonntag beginnen und enden. Die Bundesregierung bestimmt in der Rechtsverordnung nach Absatz 1 den Tag und die Uhrzeit, zu der die mitteleuropäische Sommerzeit beginnt und endet, sowie die Bezeichnung der am Ende der mitteleuropäischen Sommerzeit doppelt erscheinenden Stunde.

§ 4 Andere Vorschriften

(1) Dieses Gesetz berührt nicht das Gesetz über die Aufgaben des Bundes auf dem Gebiet der Seeschiffahrt vom 24. Mai 1965 (BGBl. II S. 833), zuletzt geändert durch Artikel 2 des Gesetzes zu dem Übereinkommen vom 20. Oktober 1972 über die internationalen Regeln zur Verhütung von Zusammenstößen auf See vom 29. Juni 1976 (BGBl. 1976 II S. 1017), sowie die Verwendung auf internationalen Übereinkommen beruhender Zeit.

(2) Das Gesetz über Einheiten im Meßwesen wird wie folgt geändert:

1. In § 6 Abs. 1 Satz 2 werden nach den Worten „Vorsätze und deren Vorsatzzeichen sind:" die Worte

    „für das Trillionenfache
    (1 000 000 000 000 000 000 oder 10^{18}fache)
    der Einheit:

    Exa (Vorsatzzeichen: E),

    für das Billiardenfache
    (1 000 000 000 000 000 oder 10^{15}fache)
    der Einheit:

    Peta (Vorsatzzeichen: P),"

    eingefügt.

2. In § 7 Nr. 2 werden die Worte „sowie die Zeitskala nach der Internationalen Atomzeitskala der Internationalen Meterkonvention darzustellen und unbeschadet der Aufgaben anderer Bundesbehörden zu verbreiten" gestrichen.

§ 5 Berlin-Klausel

Dieses Gesetz gilt nach Maßgabe des § 13 Abs. 1 des Dritten Überleitungsgesetzes auch im Land Berlin. Rechtsverordnungen, die auf Grund dieses Gesetzes erlassen werden, gelten im Land Berlin nach § 14 des Dritten Überleitungsgesetzes.

§ 6 Inkrafttreten; Außerkrafttreten anderer Vorschriften

Dieses Gesetz tritt am Tage nach der Verkündung in Kraft. Gleichzeitig tritt das Gesetz betreffend die Einführung einer einheitlichen Zeitbestimmung in der im Bundesgesetzblatt Teil III, Gliederungsnummer 7141-1, veröffentlichten bereinigten Fassung außer Kraft.

Anhang 7

Beispiel eines Bulletins über den Zeitzeichensender DCF 77

PHYSIKALISCH-TECHNISCHE
BUNDESANSTALT LAB.1.21

33 Braunschweig
Bundesallee 100

Sender DCF 77 Aussendung von Zeitmarken nach der Amtlichen Zeitskala der PTB sowie der Trägerfrequenz 77,5 kHz als Normalfrequenz				
1		2	3	4
Datum 1977	11^hUTC MJD	τ μs	$\Delta f/f$ 10^{-12}	Zeitmarken von DCF 77 nach der Amtlichen Zeitskala MEZ (PTB) = UTC (PTB) + 1 h (ZM = Zeit der Zeitmarken von DCF 77)
29.07.	43 353	5,4		1. Unsicherheit der ZM < 0,000 05 s
30.07.	43 354	5,4		
31.07.	43 355	5,2		2. Differenz zwischen ZM und TAI:
01.08.	43 356	5,3	0,0	$TAI - ZM + 1\ h = \Delta t$
02.08.	43 357	5,3		ab 01.01.75 0^hUTC $\Delta t = 14{,}000\ 0$ s
03.08.	43 358	5,4		ab 01.01.76 0^hUTC $\Delta t = 15{,}000\ 0$ s
04.08.	43 359	5,4		ab 01.01.77 0^hUTC $\Delta t = 16{,}000\ 0$ s
05.08.	43 360	5,4		
06.08.	43 361	5,4		3. Differenz zwischen ZM und UT1:
07.08.	43 362	5,3		$UT1 - ZM + 1\ h \approx DUT1$
08.08.	43 363	5,5	$-0{,}1$	ab 23.06.77 0^hUTC DUT1 = + 0,1 s
09.08.	43 364	5,4		ab 25.08.77 0^hUTC DUT1 = 0,0 s
10.08.	43 365	5,5		ab 29.09.77 0^hUTC DUT1 = − 0,1 s
11.08.	43 366	5,5		
12.08.	43 367	5,4		4. |UTC − UTC (PTB)| < 3 μs
13.08.	43 368	5,5		
14.08.	43 369	5,4		UTC Koordinierte Weltzeit ab 1972
15.08.	43 370	5,3	0,1	MJD Modifiziertes Julianisches Datum
16.08.	43 371	5,4		τ = UTC (PTB) − (Phasenzeit von DCF 77)
17.08.	43 372	5,5		Die Werte beruhen auf Empfang des Trägers in Braun-
18.08.	43 373	5,5		schweig (300 km vom Sendeort) und enthalten die Aus- breitungsschwankungen
19.08.	43 374	−		
20.08.	43 375	5,5		$\Delta f/f$ Relative Frequenzabweichung (Wochenmittel) der
21.08.	43 376	5,6		Trägerfrequenz von der Normalfrequenz der PTB, die
22.08.	43 377	5,5	0,3	der Skala UTC (PTB) zugrunde liegt, berechnet aus
23.08.	43 378	5,5		Spalte 2; $\Delta f/f$ ist positiv, wenn die Trägerfrequenz
24.08.	43 379	5,4		höher ist
25.08.	43 380	5,3		Die Werte in Spalte 4 beziehen sich auf den Sendeort
26.08.	43 381	5,6		
27.08.	43 382	5,6		
28.08.	43 383	5,5		
29.08.	43 384	5,6	$-0{,}4$	
30.08.	43 385	5,5		
31.08.	43 386	5,4		
01.09.	43 387	5,5		

Senderabschaltung:

Vom 06.08.77 23.47 bis 07.08.77 00.33 Uhr UTC Vom 13.08.77 13.55 bis 13.08.77 14.22 Uhr UTC
Vom 07.08.77 01.15 bis 07.08.77 01.35 Uhr UTC Vom 19.08.77 07.26 bis 19.08.77 07.53 Uhr UTC
Vom 07.08.77 18.12 bis 07.08.77 18.58 Uhr UTC Vom 23.08.77 13.01 bis 23.08.77 13.12 Uhr UTC

Anhang 8

Zeitzeichensender, die in Mitteleuropa bequem empfangen werden können

(Auszug aus Dokument 7/80 — E vom 3. Mai 1976 des CCIR)

Name	Ort	geographische Länge geographische Breite	Sendeleistung in kW	Betriebsdauer		Normalfrequenz		relative Unsicherheit der Frequenz in 10^{-10}	DUT 1-Kode
				Tage/ Woche	Stunden/ Tag	Träger in kHz	Modulation in Hz		
DCF 77	Mainflingen Bundesrepublik Deutschland	50° 01′ N 09° 00′ O	38	7	24	77,5	1	± 0,005	—
GBR	Rugby England	52° 22′ N 01° 11′ W	750 60	7	22	15,95 16,00	1	± 0,02	ja
HBG	Prangins Schweiz	46° 24′ N 06° 15′ O	20	7	24	75	1	± 0,2	—
MSF	Rugby England	52° 22′ N 01° 11′ W	25	7	24	60	1	± 0,02	ja
OMA	Podebrady Tschechoslowakei	50° 08′ N 15° 08′ O	5	7	24	50	1	± 10	—
Loran C SL 3-M	Ejde Färöer-Inseln	62° 18,0′ N 07° 04,5′ W	400	7	24	100	0,079 700	± 0,01	—
Loran C SL 3-W	Sylt Bundesrepublik Deutschland	54° 48,5′ N 08° 17,6′ O	300	7	24	100	0,079 700	± 0,01	—
Loran C SL 1-X	Lampedusa Italien	35° 31,3′ N 12° 31,5′ O	400	7	24	100	0,079 700	± 0,01	—

Anhang 9

Verbreitung des metrischen Systems

Die Jahreszahlen geben das Datum der Annahme oder Einführung des metrischen Systems in den verschiedenen Ländern an. Die Jahreszahlen in Klammern beziehen sich auf das Inkrafttreten von Rechtsvorschriften oder auf die praktische Einführung des metrischen Systems (Angaben nach H. Moreau).

M Metrische Länder, bei denen das Datum der Einführung unbekannt ist
+ Länder, die sich zur Zeit auf metrische Einheiten umstellen oder sich zu einer Umstellung entschlossen haben
F Länder, die die metrischen Einheiten bisher nur fakultativ eingeführt haben
N Nichtmetrische Länder

	Afghanistan	1926
	Ägypten	1939 (1951–61)
	Albanien	1951
	Algerien	1843
	Andorra	M
	Angola	1905 (1910)
	Äquatorialguinea	M
	Argentinien	1863 (1887)
	Äthiopien	1963
+	Australien	1961 F; 1970
	Azoren	1852
+	Bahamas	
+	Bahrain	1969
	Bangladesch	N
+	Barbados	1973
	Belgien	1816 (1820)
	Benin	1884–91
+	Bermuda	1971
+	Bhutan	
	Birma	1920 F
	Bolivien	1868 (1871)
+	Botsuana	1969–70 (1973)
	Brasilien	1862 (1874)
	Bulgarien	1888 (1892)
	Burundi	M
	Chile	1848 (1865)
	China	1929 (1930)

+	Cookinseln		
	Costa Rica		1881 (1912)
	Dänemark		1907 (1912)
	Deutsche Demokratische Republik	}	1871 (1872)
	Deutschland, Bundesrepublik		
	Dominikanische Republik		1849 (1942—55)
	Ecuador		1865—71
	Elfenbeinküste		1884—90
	El Salvador		1910 (1912)
+	Fidschi		1972
	Finnland		1886 (1892)
	Frankreich		1795 (1840)
	überseeische Departments	Guadeloupe	1844
		Guyana	1840
		Martinique	1844
		Reunion	1839
	überseeische Territorien	Französisches Afar- und Issa-Territorium	1898
		Französisch-Polynesien	1847
		Komoren	1914
		Neukaledonien	1862
		St. Pierre und Miquelon	1824—39
	Gabun		1884—1907
+	Gambia		
+	Ghana		1972 (1975)
+	Gibraltar		1970
+	Gilbert- und Ellice-Inseln		
	Griechenland		1836 F; 1959
	Guatemala		1910 (1912)
	Guinea		1901—06
	Guinea-Bissau		1905 (1910)
+	Guyana (Republik)		1971
	Haiti		1920 (1922)
	Honduras		1910 (1912)
+	Hongkong		
	Indien		1920 F; 1956
	Indonesien		1923 (1938)
	Irak		1931 F; 1960
	Iran		1933 (1935—49)
+	Irland		1897 F; 1968—69
	Island		1907
	Israel		1947 (1954)
	Italien		1861 (1863)
+	Jamaika		1973
	Japan		1893 F; 1951 (1959—66)

	Jemen, Arabische Republik	N
	Jemen, Demokratischer	
	Jordanien	1953 (1954)
	Jugoslawien	1873 (1883)
	Kamputschea	1914
	Kamerun	1894
+	Kanada	1871 F; 1970
	Kap Verde	1891
+	Katar	
+	Kenia	1951 F; 1967–68
	Kolumbien	1853
	Kongo	1884–1907
	Korea (Demokratische Volksrepublik)	1947
	Korea (Republik)	1949
	Kuba	1882 (1960)
	Kuwait	1961 (1964)
	Laotische Demokratische Volksrepublik	M (Ende des 19. Jhdts.)
+	Lesotho	1970
	Libanon	1935
	Liberia	N
	Libyen	1927
	Liechtenstein	1875 (1876)
	Luxemburg	1816 (1820)
	Macau	1957
	Madagaskar	1897
	Madeira	1852
	Malawi	F
+	Malaysia	1971–72
+	Malediven	
	Mali	1884–1907
	Malta	1910 (1921)
	Marokko	1923
	Mauretanien	1884–1907
	Mauritius	1876 (1878)
	Mexiko	1857 (1896)
	Monaco	1854
	Mongolei	M
	Mosambik	1905 (1910)
+	Namibia	1967
+	Nauru	1973
	Nepal	1963 (1966–71)
+	Neuseeland	1925 F; 1969
	Nicaragua	1910 (1912)
	Niederlande	1816 (1832)
	Niederländische Antillen	1875 (1876)
	Niger	1884–1907

+	Nigeria	1971–73
+	Niue	
	Norwegen	1875 (1882)
	Obervolta	1884–1907
+	Oman	
	Österreich	1871 (1876)
+	Pakistan	1967–72
	Panama	1916
+	Papua-Neuguinea	1970
	Paraguay	1899
	Peru	1862 (1869)
	Philippinen	1906 (1973–75)
	Polen	1919
	Portugal	1852 (1872)
	Portugiesisch-Timor	1957
	Puerto Rico	1849
	Ruanda	M
	Rumänien	1864 (1884)
+	Salomonen	1970
+	Sambia	1937 F; 1970
	San Marino	1907
	Sao Tome und Principe	1891
	Saudi-Arabien	1962 (1964)
	Schweden	1878 (1889)
	Schweiz	1868 (1877)
	Senegal	1840
	Seychellen	1880
+	Sierra Leone	
+	Singapur	1968–70
+	Somalia	1950 F; 1972
	Sowjetunion	1899 F; 1918 (1927)
	Spanien (mit Besitzungen)	1849 (1871)
+	Sri Lanka	**1970 (1974)**
+	Südafrika	1922 F; 1967 (1974)
	Sudan	1955
+	Südrhodesien	1969
	Südvietnam	1911
	Surinam	1871 (1916)
+	Swasiland	1969 (1973)
	Syrien	1935
	Taiwan	1954
+	Tansania	1967–69
	Thailand	1923 (1936)
	Togo	1924
+	Tokelau-Inseln	

+	Tonga	1975
+	Trinidad und Tobago	1970–71
	Tschad	1884–1907
	Tschechoslowakei	1871 (1876)
	Tunesien	1895
	Türkei	1931 (1933)
+	Uganda	1950 F; 1967–69
	Ungarn	1874 (1876)
	Uruguay	1862 (1894)
	Venezuela	1857 (1912–14)
+	Vereinigte Arabische Emirate	
+	Vereinigtes Königreich	1897 F; 1965
	Vereinigte Staaten	1866 F
	Vietnam, Demokratische Republik	1950
+	Westsamoa	
	Zaire	1910
	Zentralafrikanisches Kaiserreich	1884–1907
+	Zypern	1972–74

Anhang 10

Abkürzungen von Organisationen

AEF	Normenausschuß Einheiten und Formelgrößen (im DIN)
BIH	Bureau International de l'Heure
BIPM	Bureau International des Poids et Mesures
BMWi	Bundesministerium für Wirtschaft
CCDM	Comité Consultatif pour la Definition du Mètre
CCDS	Comité Consultatif pour la Definition de la Seconde
CCE	Comité Consultatif d'Electricité
CCEMRI	Comité Consultatif pour les Etalons de Mesure de Rayonnements Ionisants
CCIR	Comité Consultatif International des Radiocommunications
CCPR	Comité Consultatif de Photometrie et Radiometrie
CCT	Comité Consultatif de Thermométrie
CCU	Comité Consultatif des Unités
CGPM	Conférence Générale des Poids et Mesures
CIE	Internationale Beleuchtungskommission
CIPM	Comité International des Poids et Mesures
CODATA	Committee on Data for Science and Technology
DHI	Deutsches Hydrographisches Institut
DIN	Deutsches Institut für Normung
DKE	Deutsche Elektrotechnische Kommission im DIN und VDE
DPG	Deutsche Physikalische Gesellschaft
EG	Europäische Gemeinschaften
FTZ	Fernmeldetechnisches Zentralamt der Deutschen Bundespost
IAEA	International Atomic Energy Agency
IAG	International Association for Geodesy
IAU	International Astronomical Union
ICAO	International Civil Aviation Organization
ICRU	International Commission on Radiological Units and Measurements
ICSH	International Committee for Standardization in Hematology
ICSU	International Council of Scientific Unions
IEC	International Electrotechnical Commission
IFCC	International Federation of Clinical Chemistry
IGU	International Gas Union
INPM	Instituto Nacional de Pesos e Medidas (Brasilien)
INTI	Instituto Nacional de Tecnologia Industrial (Argentinien)
ISO	International Organization for Standardization
IUGG	International Union for Geodesy and Geophysics
IUPAC	International Union of Pure and Applied Chemistry
IUPAP	International Union of Pure and Applied Physics

NBS	National Bureau of Standards (USA)
NPL	National Physical Laboratory
NPRL	National Physical Research Laboratory (Südafrika)
NRC	National Research Council (Canada)
NRLM	National Research Laboratory of Metrology (Japan)
NSL	National Standards Laboratory (Australien)
OIML	Organisation Internationale de Métrologie Légale
PTB	Physikalisch-Technische Bundesanstalt
PTR	Physikalisch-Technische Reichsanstalt
SUN	Commission for Symbols, Units and Nomenclature (in der IUPAP)
UIC	Internationaler Eisenbahnverband
URSI	Union Radio-Scientifique Internationale
VDE	Verband Deutscher Elektrotechniker
VDI	Verein Deutscher Ingenieure
WASP	World Association of Societies of (Anatomic and Clinical) Pathology
WEMC	Western European Metrology Club
WHO	World Health Organization
WNIIM	Wissenschaftliches Allunions-Institut für Metrologie „D. J. Mendelejew"

Anhang 11

OIML-Dokument: UNITÉS de MESURE LÉGALES

PREAMBULE

Le présent Document International a pour objet de faciliter l'élaboration des règlements nationaux relatifs aux unités de mesure légales.

Ce Document International est établi selon les principes suivants:

1° le Système International d'Unités (SI) sanctionné par la Conférence Générale des Poids et Mesures (CGPM) sera pris comme base des réglementations nationales concernant les unités de mesure légales;

2° en règle générale, les unités hors SI devraient être éliminées. Toutefois, il est pratiquement nécessaire de conserver certaines d'entre elles;

3° les définitions verbales qui figurent dans le présent Document International, et qui ont été données ou ratifiées par la CGPM, ont été reproduites exactement[1]. Les autres définitions verbales sont énoncées ici pour les besoins de la métrologie légale, sous la forme la plus habituellement acceptée.

Les définitions verbales ne doivent pas être obligatoirement reprises dans la réglementation nationale basée sur ce Document.

Le Document est divisé en six parties:

Titre I: DISPOSITIONS GENERALES
Classification et domaines d'emploi des unités de mesure légales.
Titre II: UNITES SI
Catalogue des préfixes SI. Règles de formation des multiples et sous-multiples décimaux des que de besoin.
Titre III: MULTIPLES et SOUS-MULTIPLES DECIMAUX des UNITES SI
Catalogue des rpéfixes SI. Règles de formation des multiples et sous-multiples décimaux des unités SI au moyen des préfixes SI.
Titre IV: AUTRES UNITES
Liste d'unités qui sont conservées pour des raisons pratiques bien qu'elles soient en dehors du Système International d'Unités, ou qu'elles ne soient pas reconnues par la CGPM.
Cette liste n'est pas unifiée sur le plan international mais il est souhaitable de la considérer comme limitative pour faciliter l'expansion du Système International d'Unités.

---

[1] Il s'agit des définitions des articles 2.2.3., 2.2.7., 2.3.1., 2.3.5., 2.3.9., 2.3.10., 2.4.1., 2.5.1., 2.5.2., 2.5.3., 2.5.5., 2.5.7., 2.5.8., 2.5.9., 2.6.1., 2.7.2., 2.7.4.

ANNEXE I: Unités de mesure et dénominations qui peuvent être utilisées temporairement jusqu'à une date qui reste à fixer par la réglementation nationale mais qui ne doivent pas être introduites là où elles ne sont pas en usage.

ANNEXE II: Unités de mesure et dénominations qui doivent disparaître dès que possible là où elles sont en usage et qui ne doivent pas être introduites là où elles ne sont pas en usage.

Les listes des annexes doivent être complétées suivant les besoins ou habitudes de chaque pays.

UNITÉS de MESURE LÉGALES

Titre I

1.   DISPOSITIONS GENERALES
1.1.   Les unités de mesure légales sont:
1.1.1.   Les unités SI dénommées et définies au Titre II.
1.1.2.   Les multiples et sous-multiples décimaux des unités SI formés selon le Titre III.
1.1.3.   Les autres unités dénommées et définies au Titre IV.
1.1.4.   Les unités composées constituées en combinant les unités des articles 1.1.1., 1.1.2. et 1.1.3.
1.2.   Les unités de mesure mentionnées en Annexes peuvent être utilisées jusqu'à des dates qui restent à fixer par la réglementation nationale.
1.3.   L'obligation d'emploi des unités de mesure légales concerne:
            — les instruments de mesure utilisés,
            — les résultats des mesurages effectués,
            — les indications de quantités qui s'expriment en unités de mesure,
            dans les circuits économiques, dans les domaines de la santé et de la sécurité publiques, dans l'enseignement, dans la normalisation ainsi que dans les opérations à caractère administratif.
1.4.   Le présent Document n'affecte pas l'emploi d'unités autres que celles qu'il rend obligatoires, mais qui sont prévues par des conventions ou accords internationaux entre gouvernements dans les domaines de la navigation maritime et aérienne et du trafic par voie ferrée.
1.5.   Une unité de mesure légale ne peut être exprimée que:
            — soit par son nom légal ou son symbole légal spécifiés dans le présent Document,
            — soit en utilisant des noms légaux ou des symboles légaux d'unités, combinés suivant la définition de l'unité considérée.
Il est interdit d'ajouter aux noms légaux ou aux symboles légaux d'unités des adjectifc ou des signes quelconques[1]).
1.6.   Les symboles des unités sont imprimés en caractères droits. Ces symboles ne sont pas suivis d'un point; ils restent invariables au pluriel.

---

[1]) Par exemple: une puissance électrique s'exprime en watts, W, non en watts électriques, W_e.

Titre II

2.   UNITES SI
2.1.   DISPOSITIONS GENERALES
2.1.1.   Les unités SI appartiennent au Système International d'Unités, dont l'abréviation internationale du nom est «SI».
2.1.2.   Les unités SI sont:

>   les unités de base
>   les unités supplémentaires
>   les unités dérivées.

2.1.3.   Les noms et les symboles des unités de base sont respectivement

			définis à l'art.
pour la longueur	le mètre	m	2.2.3.
pour la masse	le kilogramme	kg	2.3.1.
pour le temps	la seconde	s	2.2.7.
pour l'intensité de courant électrique	l'ampère	A	2.5.1.
pour la température thermodynamique	le kelvin	K	2.4.1.
pour la quantité de matière	la mole	mol	2.6.1.
pour l'intensité lumineuse	la candela	cd	2.7.2.

2.1.4.   Les noms et les symboles des unités supplémentaires sont respectivement

			définis à l'art.
pour l'angle plan	le radian	rad	2.2.1.
pour l'angle solide	le stéradian	sr	2.2.2.

2.1.5.   Les unités dérivées sont définies de telle sorte qu'elles soient cohérentes aux unités de base et, le cas échéant, aux unités supplémentaires, c'est-à-dire qu'elles se définissent par des expressions algébriques sous la forme de produits de puissances des unités de base ou supplémentaires, avec un facteur numérique égal à un.
2.1.6.   Les unités supplémentaires peuvent être traitées:
      — soit comme des unités de base
      — soit comme des unités dérivées.
2.2.   ESPACE et TEMPS
2.2.1.   Angle plan: le radian (symbole: rad).
      Le radian est l'angle plan compris entre deux rayons qui, sur la circonférence d'un cercle, interceptent un arc de longueur égale à celle du rayon

$$\left(1 \text{ rad} = \frac{1 \text{ m}}{1 \text{ m}} = 1 \right) . \text{ }^{1)}$$

2.2.2.   Angle solide: le stéradian (symbole: sr).
      Le stéradian est l'angle solide qui, ayant son sommet au centre d'une sphère, découpe sur la surface de cette sphère une aire égale à celle d'un carré ayant pour côté le rayon de la sphère

$$\left(1 \text{ sr} = \frac{1 \text{ m}^2}{1 \text{ m}^2} = 1 \right) . \text{ }^{1)}$$

---

[1]) Les identités données entre parenthèses aux articles 2.2.1. et 2.2.2. sont valables lorsque ces unités sont traitées comme unités dérivées.

2.2.3. Longueur: le mètre (symbole: m).
Le mètre est la longueur égale à 1 650 763,73 longueurs d'onde dans le vide de la radiation correspondant à la transition entre les niveaux $2p_{10}$ et $5d_5$ de l'atome de krypton 86.

2.2.4. Nombre d'ondes: 1 par mètre (symbole: m^{-1}).
1 par mètre est le nombre d'ondes d'une radiation monochromatique dont la longueur d'onde est égale à 1 mètre

$$\left(1 \ m^{-1} = \frac{1}{1 \ m} \right).$$

2.2.5. Aire, superficie: le mètre carré (symbole: m^2).
Le mètre carré est l'aire d'un carré de 1 mètre de côté

$$(1 \ m^2 = 1 \ m \cdot 1 \ m).$$

2.2.6. Volume: le mètre cube (symbole: m^3).
Le mètre cube est le volume d'un cube de 1 mètre de côté

$$(1 \ m^3 = 1 \ m \cdot 1 \ m \cdot 1 \ m).$$

2.2.7. Temps: la seconde (symbole: s).
La seconde est la durée de 9 192 631 770 périodes de la radiation correspondant à la transition entre les deux niveaux hyperfins de l'état fondamental de l'atome de césium 133.

2.2.8. Fréquence: le hertz (symbole: Hz).
Le hertz est la fréquence d'un phénomène périodique dont la période est 1 seconde

$$\left(1 \ Hz = 1 \ s^{-1} = \frac{1}{1 \ s} \right).$$

2.2.9. Vitesse angulaire: le radian par seconde (symbole: rad/s ou $rad \cdot s^{-1}$).
Le radian par seconde est la vitesse angulaire d'un corps qui, animé d'une rotation uniforme autour d'un axe fixe, tourne, en 1 seconde, de 1 radian

$$\left(1 \ rad/s = \frac{1 \ rad}{1 \ s} \right).$$

2.2.10. Accélération angulaire: le radian par seconde carrée
(symbole: rad/s^2 ou $rad \cdot s^{-2}$).
Le radian par seconde carrée est l'accélération angulaire d'un corps, animé d'une rotation uniformément variée autor d'une axe fixe, dont la vitesse angulaire varie, en 1 seconde, de 1 radian par seconde

$$\left(1 \ rad/s^2 = \frac{1 \ rad/s}{1 \ s} \right).$$

2.2.11. Vitesse: le mètre par seconde (symbole: m/s ou $m \cdot s^{-1}$).
Le mètre par seconde est la vitesse d'un corps qui, animé d'un mouvement uniforme, parcourt 1 mètre en 1 seconde

$$\left(1 \ m/s = \frac{1 \ m}{1 \ s} \right).$$

2.2.12. Accélération: le mètre par seconde carrée (symbole: m/s^2 ou $m \cdot s^{-2}$).
Le mètre par seconde carrée est l'accélération d'un corps, animé d'un mouvement uniformément varié, dont la vitesse varie, en 1 seconde, de 1 mètre par seconde

$$\left(1 \ m/s^2 = \frac{1 \ m/s}{1 \ s} \right).$$

2.3. MECANIQUE

2.3.1. Masse: le kilogramme (symbole: kg).
Le kilogramme est l'unité de masse; il est égal à la masse du prototype international du kilogramme.[1]

2.3.2. Masse linéique: le kilogramme par mètre (symbole: kg/m ou $kg \cdot m^{-1}$).
Le kilogramme par mètre est la masse linéique d'un corps homogène de section uniforme dont la masse est de 1 kilogramme et la longueur est de 1 mètre

$$\left(1 \ kg/m = \frac{1 \ kg}{1 \ m} \right).$$

2.3.3. Masse surfacique: le kilogramme par mètre carré (symbole: kg/m^2 ou $kg \cdot m^{-2}$).
Le kilogramme par mètre carré est la masse surfacique d'un corps homogène d'épaisseur uniforme dont la masse est de 1 kilogramme et l'aire de 1 mètre carré

$$\left(1 \ kg/m^2 = \frac{1 \ kg}{1 \ m^2} \right).$$

2.3.4. Masse volumique: le kilogramme par mètre cube (symbole: kg/m^3 ou $kg \cdot m^{-3}$).
Le kilogramme par mètre cube est la masse volumique d'un corps homogène dont la masse est de 1 kilogramme et le volume de 1 mètre cube

$$\left(1 \ kg/m^3 = \frac{1 \ kg}{1 \ m^3} \right).$$

2.3.5. Force: le newton (symbole: N).
Le newton est la force qui, appliquée à un corps ayant une masse de 1 kilogramme, lui communique une accélération de 1 mètre par seconde carrée

$$(1 \ N = 1 \ kg \cdot 1 \ m/s^2).$$

2.3.6. **Pression, Contrainte: le pascal (symbole: Pa).**
Le pascal est la pression uniforme qui, agissant sur une surface plane de 1 mètre carré, exerce perpendiculairement à cette surface une force totale de 1 newton.
C'est aussi la contrainte uniforme qui, agissant sur une surface de 1 mètre carré, exerce sur cette surface une force totale de 1 newton

$$\left(1 \ Pa = \frac{1 \ N}{1 \ m^2} \right).$$

---

[1] Ce prototype a été sanctionné en 1889 par la Première Conférence Générale des Poids et Mesures et est conservé au Bureau International des Poids et Mesures à Sèvres.

2.3.7.   Viscosité dynamique: le pascal seconde (symbole: Pa · s).

Le pascal seconde est la viscosité dynamique d'un fluide homogène dans lequel le mouvement rectiligne et uniforme d'une surface plane de 1 mètre carré donne lieu à une force retardatrice de 1 newton, lorsqu'il y a une différence de vitesse de 1 mètre par seconde entre deux plans parallèles séparés par 1 mètre de distance

$$\left(1 \text{ Pa} \cdot \text{s} = \frac{1 \text{ Pa} \cdot 1 \text{ m}}{1 \text{ m/s}} \right).$$

2.3.8.   Viscosité cinématique: le mètre carré par seconde (symbole: m²/s ou m² · s⁻¹).

Le mètre carré par seconde est la viscosité cinématique d'un fluide dont la viscosité dynamique est de 1 pascal seconde et dont la masse volumique est de 1 kilogramme par mètre cube

$$\left(1 \text{ m}^2/\text{s} = \frac{1 \text{ Pa} \cdot \text{s}}{1 \text{ kg/m}^3} \right).$$

2.3.9.   Travail, Energie, Quantité de chaleur: le joule (symbole: J).

Le joule est le travail effectué lorsque le point d'application d'une force de 1 newton se déplace d'une distance égale à 1 mètre dans la direction de la force

$$(1 \text{ J} = 1 \text{ N} \cdot 1 \text{ m}).$$

2.3.10.   Puissance[1]), Flux énergétique, Flux thermique: le watt (symbole: W).

Le watt est la puissance qui donne lieu à une production d'énergie égale à 1 joule par seconde

$$\left(1 \text{ W} = \frac{1 \text{ J}}{1 \text{ s}} \right).$$

2.3.11.   Débit volumique: le mètre cube par seconde (symbole: m³/s ou m³ · s⁻¹).

Le mètre cube par seconde est le débit volumique d'un écoulement uniforme tel qu'une substance de 1 mètre cube de volume traverse en 1 seconde la section envisagée

$$\left(1 \text{ m}^3/\text{s} = \frac{1 \text{ m}^3}{1 \text{ s}} \right).$$

---

[1]) En électrotechnique, l'unité SI s'appelle:
- dans le cas de la puissance active: le watt (W)
- dans le cas de la puissance apparente: le voltampère (VA) et
- dans le cas de la puissance réactive: le var (var).

Note du BIML: une enquête parmi les Etats membres de l'OIML sur la place du voltampère et du var a donné les résultats suivants (à la date d'impression de ce Document):

maintien du voltampère en note à l'article 2.3.10. du Titre II: 9 Etats

maintien du var en note à l'article 2.3.10. du Titre II: 8 Etats

transfert du voltampère au Titre IV: 13 Etats

transfert du var au Titre IV: 14 Etats

autres propositions: 2 Etats

non réponse: 18 Etats.

2.3.12.   Débit massique: le kilogramme par seconde (symbole: kg/s ou $kg \cdot s^{-1}$).

Le kilogramme par seconde est le débit massique d'un écoulement uniforme tel qu'une substance de 1 kilogramme de masse traverse en 1 seconde la section envisagée

$$\left(1 \text{ kg/s} = \frac{1 \text{ kg}}{1 \text{ s}} \right).$$

2.4.   CHALEUR

2.4.1.   Température thermodynamique, Intervalle de température: le kelvin (symbole: K).

Le kelvin, unité de température thermodynamique, est la fraction 1/273,16 de la température thermodynamique du point triple de l'eau.

Remarque — En dehors de la température thermodynamique (symbole T), exprimée en kelvins, on utilise aussi la température Celsius (symbole t) définie par l'équation:

$$t = T - T_0$$

où $T_0 = 273,15$ K par définition. L'unité «degré Celsius» est égale à l'unité «kelvin», mais «degré Celsius» est un nom spécial au lieu de «kelvin» pour exprimer la température Celsius. Un intervalle ou une différence de température Celsius peuvent s'exprimer aussi bien en degrés Celsius qu'en kelvins.

2.4.2.   Entropie: le joule par kelvin (symbole: J/K ou $J \cdot K^{-1}$).

Le joule par kelvin est l'augmentation de l'entropie d'un système recevant une quantité de chaleur de 1 joule à la température thermodynamique constante de 1 kelvin, pourvu qu'aucun changement irréversible n'ait lieu dans le système

$$\left(1 \text{ J/K} = \frac{1 \text{ J}}{1 \text{ K}} \right).$$

2.4.3.   Chaleur massique: le joule par kilogramme kelvin (symbole: $J/(kg \cdot K)$ ou $J \cdot kg^{-1} \cdot K^{-1}$).

Le joule par kilogramme kelvin est la chaleur massique d'un corps homogène d'une masse de 1 kilogramme dans lequel l'apport d'une quantité de chaleur de 1 joule produit une élévation de température de 1 kelvin

$$\left(1 \text{ J/(kg} \cdot \text{K)} = \frac{1 \text{ J}}{1 \text{ kg} \cdot 1 \text{ K}} \right).$$

2.4.4.   Conductivité thermique: le watt par mètre kelvin (symbole: $W/(m \cdot K)$ ou $W \cdot m^{-1} \cdot K^{-1}$).

Le watt par mètre kelvin est la conductivité thermique d'un corps homogène dans lequel une différence de température de 1 kelvin entre deux plans parallèles d'une aire de 1 mètre carré et distants de 1 mètre produits entre ces plans un flux thermique de 1 watt

$$\left(1 \text{ W/(m} \cdot \text{K)} = \frac{1 \text{ W/m}^2}{1 \text{ K/1 m}} \right).$$

2.5.   ELECTRICITE et MAGNETISME

2.5.1.   Intensité de courant électrique: l'ampère (symbole: A).

L'ampère est l'intensité d'un courant constant qui, maintenu dans deux conducteurs parallèles, rectilignes, de longueur infinie, de section circulaire négligeable et placés à une distance de 1 mètre l'un de l'autre dans le vide, produirait entre ces conducteurs une force égale à 2×10^{-7} newton par mètre de longueur.

2.5.2.   Quantité d'électricité, Charge électrique: le coulomb (symbole: C).

Le coulomb est la quantité d'électricité transportée en 1 seconde par un courant de 1 ampère

$$(1 \text{ C} = 1 \text{ A} \cdot 1 \text{ s} = 1 \text{ A} \cdot \text{s}).$$

2.5.3.   Potentiel électrique, Tension électrique, Force électromotrice: le volt (symbole: V).

Le volt est la différence de potentiel électrique qui existe entre deux points d'un fil conducteur transportant un courant constant de 1 ampère, lorsque la puissance dissipée entre ces points est égale à 1 watt

$$\left(1 \text{ V} = \frac{1 \text{ W}}{1 \text{ A}} \right).$$

2.5.4.   Intensité de champ électrique: le volt par mètre (symbole: V/m).

Le volt par mètre est l'intensité d'un champ électrique exerçant une force de 1 newton sur un corps chargé d'une quantité d'électricité de 1 coulomb

$$\left(1 \text{ V/m} = \frac{1 \text{ N}}{1 \text{ C}} \right).$$

2.5.5.   Résistance électrique: l'ohm (symbole: Ω).

L'ohm est la résistance électrique qui existe entre deux points d'un conducteur lorsqu'une différence de potentiel constante de 1 volt, appliquée entre ces deux points, produit, dans ce conducteur, un courant de 1 ampère, ce conducteur n'étant le siège d'aucune force électromotrice

$$\left(1 \, \Omega = \frac{1 \text{ V}}{1 \text{ A}} \right).$$

2.5.6.   Conductance: le siemens (symbole: S).

Le siemens est la conductance d'un conducteur ayant une résistance électrique de 1 ohm

$$\left(1 \text{ S} = 1 \, \Omega^{-1} = \frac{1}{1 \, \Omega} \right).$$

2.5.7.   Capacité électrique: le farad (symbole: F).

Le farad est la capacité d'un condensateur électrique entre les armatures duquel apparaît une différence de potentiel électrique de 1 volt, lorsqu'il est chargé d'une quantité d'électricité égale à 1 coulomb

$$\left(1 \text{ F} = \frac{1 \text{ C}}{1 \text{ V}} \right).$$

2.5.8.   Inductance: le henry (symbole: H).
Le henry est l'inductance électrique d'un circuit fermé dans lequel une force électromotrice de 1 volt est produite lorsque le courant électrique qui parcourt le circuit varie uniformément à raison de 1 ampère par seconde

$$\left(1\ H = \frac{1\ V \cdot 1\ s}{1\ A}\right).$$

2.5.9.   Flux magnétique, Flux d'induction magnétique: le weber (symbole: Wb).
Le weber est le flux magnétique qui, traversant un circuit d'une seule spire, y produirait une force électromotrice de 1 volt, si on l'amenait à zéro en 1 seconde par décroissance uniforme

$$(1\ Wb = 1\ V \cdot 1\ s).$$

2.5.10.   Induction magnétique, Densité de flux magnétique: le tesla (symbole: T).
Le tesla est l'induction magnétique uniforme qui, répartie normalement sur une surface de 1 mètre carré, produit à travers cette surface un flux magnétique total de 1 weber

$$\left(1\ T = \frac{1\ Wb}{1\ m^2}\right).$$

2.5.11.   Force magnétomotrice: l'ampère (symbole: A).
L'ampère est la force magnétomotrice le long d'une courbe fermée quelconque qui entoure une seule fois un conducteur électrique parcouru par un courant électrique de 1 ampère.

2.5.12.   Intensité de champ magnétique: l'ampère par mètre (symbole: A/m ou $A \cdot m^{-1}$).
L'ampère par mètre est l'intensité de champ magnétique produite dans le vide le long de la circonférence d'un cercle d'une circonférence de 1 mètre, par un courant électrique d'intensité de 1 ampère, maintenu dans un conducteur rectiligne de longueur infinie, de section circulaire négligeable, formant l'axe du cercle mentionné

$$\left(1\ A/m = \frac{1\ A}{1\ m}\right).$$

2.6.   CHIMIE PHYSIQUE et PHYSIQUE MOLECULAIRE
2.6.1.   Quantité de matière: la mole (symbole: mol).
1°   La mole est la quantité de matière d'un système contenant autant d'entités élémentaires qu'il y a d'atomes dans 0,012 kilogramme de carbone 12.
2°   Lorsqu'on emploie la mole, les entités élémentaires doivent être spécifiées et peuvent être des atomes, des molécules, les ions, des électrons, d'autres particules ou des groupements spécifiés de telles particules.
2.7.   RAYONNEMENTS et LUMIERE
2.7.1.   Intensité énergétique: le watt par stéradian (symbole: W/sr ou $W \cdot sr^{-1}$).
Le watt par stéradian est l'intensité énergétique d'une source ponctuelle envoyant uniformément un flux énergétique de 1 watt dans un angle solide de 1 stéradian

$$\left(1\ W/sr = \frac{1\ W}{1\ sr}\right).$$

2.7.2.   Intensité lumineuse: la candela (symbole: cd).
La candela est l'intensité lumineuse, dans la direction perpendiculaire, d'une surface de 1/600 000 mètre carré d'un corps noir à la température de congélation du platine sous la pression de 101 325 newtons par mètre carré.

2.7.3.   Luminance lumineuse: la candela par mètre carré (symbole: cd/m^2 ou $cd \cdot m^{-2}$).
La candela par mètre carré est la luminance lumineuse perpendiculaire à la surface plane de 1 mètre carré d'une source dont l'intensité lumineuse perpendiculaire à cette surface est 1 candela

$$\left(1\ cd/m^2 = \frac{1\ cd}{1\ m^2} \right).$$

2.7.4.   Flux lumineux: le lumen (symbole: lm).
Le lumen est le flux lumineux émis dans l'angle solide de 1 stéradian par une source ponctuelle uniforme ayant une intensité lumineuse de 1 candela

$$(1\ lm = 1\ cd \cdot 1\ sr).$$

2.7.5.   Eclairement lumineux: le lux (symbole: lx).
Le lux est l'éclairement lumineux d'une surface recevant un flux lumineux de 1 lumen, uniformément réparti sur 1 mètre carré de la surface

$$\left(1\ lx = \frac{1\ lm}{1\ m^2} \right).$$

2.8.   RAYONNEMENTS IONISANTS

2.8.1.   Activité (d'une source radioactive): le becquerel (symbole Bq).
Le becquerel est l'activité d'une source radioactive dans laquelle se produit 1 transformation ou 1 transition nucléaire par seconde

$$\left(1\ Bq = \frac{1}{1\ s} \right).$$

2.8.2.   Dose absorbée: le gray (symbole: Gy).
Le gray est la dose absorbée dans un élément de matière de masse de 1 kilogramme auquel l'énergie de 1 joule est communiquée par des rayonnements ionisants dont la fluence énergétique est constante

$$\left(1\ Gy = \frac{1\ J}{1\ kg} \right).$$

2.8.3.   Exposition: le coulomb par kilogramme (symbole: C/kg ou $C \cdot kg^{-1}$).
Le coulomb par kilogramme est l'exposition d'un rayonnement ionisant photonique qui peut produire dans une quantité d'air de masse 1 kilogramme des ions de même signe portant une charge totale de 1 coulomb, la fluence énergétique étant uniforme dans la quantité d'air envisagée.

Titre III

3.   MULTIPLES et SOUS-MULTIPLES DECIMAUX des UNITES SI

3.1.   Les multiples et sous-multiples décimaux des unités SI sont formés au moyen des facteurs numériques décimaux énumérés à l'art. suivant, par lesquels l'unité SI en question est multipliée.

3.2.   Les noms des multiples et sous-multiples décimaux des unités SI sont formés au moyen des préfixes SI désignant des facteurs numériques décimaux.

Facteur	Préfixe SI	Symbole
$1\,000\,000\,000\,000\,000\,000 = 10^{18}$	exa	E
$1\,000\,000\,000\,000\,000 = 10^{15}$	peta	P
$1\,000\,000\,000\,000 = 10^{12}$	téra	T
$1\,000\,000\,000 = 10^{9}$	giga	G
$1\,000\,000 = 10^{6}$	méga	M
$1\,000 = 10^{3}$	kilo	k
$100 = 10^{2}$	hecto	h
$10 = 10^{1}$	déca	da
$0{,}1 = 10^{-1}$	déci	d
$0{,}01 = 10^{-2}$	centi	c
$0{,}001 = 10^{-3}$	milli	m
$0{,}000\,001 = 10^{-6}$	micro	μ
$0{,}000\,000\,001 = 10^{-9}$	nano	n
$0{,}000\,000\,000\,001 = 10^{-12}$	pico	p
$0{,}000\,000\,000\,000\,001 = 10^{-15}$	femto	f
$0{,}000\,000\,000\,000\,000\,001 = 10^{-18}$	atto	a

3.3.   Un préfixe est considéré comme combiné au nom de l'unité auquel il est directement lié.

3.4.   Le symbole du préfixe doit être placé devant le symbole de l'unité sans espace intermédiaire; l'ensemble forme le symbole du multiple ou sous-multiple de l'unité. Le symbole du préfixe est aussi considéré comme combiné avec le symbole de l'unité auquel il est directement lié, formant avec lui un nouveau symbole d'unité qui peut être élevé à une puissance positive ou négative et qui peut être combiné avec d'autres symboles d'unités pour former des symboles d'unités composés.

3.5.   Les préfixes composés, formés par la juxtaposition de plusieurs préfixes SI, ne sont pas admis.

3.6.   Les noms et les symboles des multiples et sous-multiples décimaux de l'unité de masse sont formés par l'adjonction des préfixes SI au mot «gramme» (symbole: g). $1\ \text{g} = 0{,}001\ \text{kg} = 10^{-3}\ \text{kg}$.

3.7.   Pour désigner des multiples et sous-multiples décimaux d'une unité dérivée dont l'expression se présente sous forme d'une fraction, un préfixe peut être lié indifféremment aux unités qui figurent soit au numérateur, soit au dénominateur, soit dans ces deux termes.

Titre IV

AUTRES UNITES

4.1.   Angle plan:

4.1.1.   le tour 1 tour = 2π rad

4.1.2.   le degré (symbole: °) $1° = \dfrac{\pi}{180}$ rad

4.1.3.   la minute (symbole: ′) $1' = \left(\dfrac{1}{60}\right)° = \dfrac{\pi}{10\,800}$ rad

4.1.4.   la seconde (symbole: ″) $1'' = \left(\dfrac{1}{60}\right)' = \dfrac{\pi}{648\,000}$ rad

4.1.5.   le grade (symbole: ^{g}) ou le gon $1^g = \dfrac{\pi}{200}$ rad

4.2.   Vergence des systèmes optiques:

4.2.1.   la dioptrie 1 dioptrie = $1\ m^{-1}$.

4.3.   Aire ou superficie des surfaces agraires et des fonds:

4.3.1.   l'are (symbole: a)   1 a = $100\ m^2 = 10^2\ m^2$.

4.3.2.   l'hectare (symbole: ha) 1 ha = $10\,000\ m^2 = 10^4\ m^2$.

4.4.   Volume:

4.4.1.   le litre (symbole: l) et les multiples et sous-multiples du litre formés suivant l'art.3.2.
            $1\ l = 1\ dm^3 = 10^{-3}\ m^3$.

4.5.   Temps:

4.5.1.   la minute (symbole: min) 1 min = 60 s

4.5.2.   l'heure (symbole: h)   1 h = 60 min =   3 600 s

4.5.3.   le jour (symbole: d)   1 d = 24 h   = 86 400 s

4.5.4.   la semaine, le mois et l'an du calendrier grégorien.

4.6.   Masse:

4.6.1.   la tonne (symbole: t) et les multiples de la tonne formés suivant l'art. 3.2. 1 t =
            $1\ Mg = 10^3$ kg.

4.6.2.   l'unité de masse atomique (symbole: u) égale à la fraction 1/12 de la masse d'un
            atome du nucléide ^{12}C. Valeur approximative: 1 u = $1,660\,57 \times 10^{-27}$ kg.
            Son emploi est autorisé seulement en chimie et physique.

4.6.3.   le carat métrique 1 carat métrique = $0,000\,2$ kg = 2×10^{-4} kg. Son emploi est
            autorisé seulement pour l'indication de la masse des pierres précieuses.

4.7.   Masse linéique des fibres et textiles:

4.7.1.   le tex (symbole: tex) et les multiples et sous-multiples du tex formés suivant l'art.
            3.2.[1]. 1 tex = 1 g/km = 10^{-6} kg/m.

4.8.   Pression des fluides:

4.8.1.   le bar (symbole: bar) et les multiples et sous-multiples du bar formés suivant l'art.
            3.2.[1]. 1 bar = 100 000 Pa = 10^5 Pa.

---

[1] Note du BIML. Une enquête parmi les Etats Membres de l'OIML sur la place du tex et du bar a donné
les résultats suivants (à la date d'impression de ce Document):

    maintien du tex au Titre IV: 14 Etats
    transfert du tex à l'Annexe I: 10 Etats
    non réponse: 18 Etats
    maintien du bar au Titre IV: 11 Etats
    transfert du bar à l'Annexe I: 13 Etats
    non réponse: 18 Etats

4.9.   Travail, Energie, Quantité de chaleur:
4.9.1.   le wattheure (symbole: Wh) et les multiples et sous-multiples du wattheure formés
         suivant l'art. 3.2. 1 Wh = $3,6 \times 10^3$ J
4.9.2.   l'électronvolt (symbole: eV) égal à l'énergie cinétique acquise par un électron en
         traversant une différence de potentiel de 1 volt dans le vide, et les multiples et sous-
         multiples de l'électronvolt formés suivant l'art. 3.2.
         Valeur approximative: 1 eV = $1,602\,19 \times 10^{-19}$ J.
         Son emploi est autorisé seulement dans des domaines spécialisés.

Annexe I

Unités de mesure et dénominations qui peuvent être utilisées temporairement jusqu'à une
date qui reste à fixer par la réglementation nationale mais qui ne doivent pas être introduites
là où elles ne sont pas en usage.

1. Aire, Superficie: le barn (symbole: b) 1 b = 100 fm^2 = 10^{-28} m^2
   Son emploi est autorisé seulement en physique atomique et nucléaire.
2. Viscosité dynamique:
   le poise (symbole: P). 1 P = 0,1 Pa·s = 10^{-1} Pa·s
   le centipoise (symbole: cP) 1 cP = 1 mPa·s = 10^{-3} Pa·s
3. Viscosité cinématique:
   le stokes (symbole: St) 1 St = 100 mm^2/s = 10^{-4} m^2/s
   le centistokes (symbole: cSt) 1 cSt = 1 mm^2/s = 10^{-6} m^2/s
4. Activité (d'une source radioactive):
   le curie (symbole: Ci), et ses multiples et sous-multiples formés suivant l'art. 3.2.
   1 Ci = $3,7 \times 10^{10}$ Bq
5. Dose absorbée:
   le rad (symbole: rd), et ses multiples et sous-multiples formés suivant l'art. 3.2.
   1 rd = 0,01 Gy = 10^{-2} Gy
6. Exposition:
   le röntgen (symbole: R), et ses multiples et sous-multiples formés suivant l'art. 3.2.
   1 R = $2,58 \times 10^{-4}$ C/kg

Annexe II

Unités de mesure et dénominations qui doivent disparaître dès que possible là où elles sont
en usage et qui ne doivent pas être introduites là où elles ne sont pas en usage.

1. Longueur:
   l'angström (symbole: Å) 1 Å = 0,1 nm = 10^{-10} m.
2. Volume (économie forestière et commerce du bois):
   le stère (symbole: st) 1 st = 1 m^3
3. Masse:
   le quintal (symbole: q) 1 q = 100 kg = 10^2 kg
4. Force:
   le kilogramme-force (symbole: kgf); le kilopond (symbole: kp) et leurs multiples et sous-
   multiples décimaux. 1 kgf = 1 kp = 9,806 65 N

5. Pression, Tension:

l'atmosphère normale (symbole: atm) 1 atm = 101 325 Pa

l'atmosphère technique (symbole: at) 1 at = 98 066,5 Pa

le torr (symbole: Torr) 1 torr = $\dfrac{101\,325}{760}$ Pa

le mètre d'eau (symbole: mH_2O) 1 mH_2O = 9 806,65 Pa

le millimètre de mercure (symbole: mmHg) 1 mmHg = 133,322 Pa

6. Travail, Energie, Quantité de chaleur:

le kilogramme-force-mètre (symbole: kgf·m); le kilopond-mètre (symbole: kp·m)
1 kgf·m = 1 kp·m = 9,806 65 J

la calorie (symbole: cal) et ses multiples et sous-multiples décimaux 1 cal = 4,186 8 J

7. Puissance:

le cheval-vapeur 1 cheval-vapeur = 75 × 9,806 65 W = 735,498 75 W

8. Luminance:

le stilb (symbole: sb) 1 sb = 10^4 cd/m²

Anhang 12

Verzeichnis von Normen über Einheiten in anderen Ländern

In der folgenden Tabelle sind Normen über Einheiten in anderen Ländern zusammengestellt. Die Aufstellung ist lückenhaft, da nicht mehr Informationen mit einfachem Aufwand zu erhalten sind. Da alle Normen laufend überarbeitet werden, wird es zu einigen der aufgeführten Norm-Blätter neue Ausgaben geben.

Land	Norm Bezeichnung	Norm Name	Bemerkung
Australien	Australian Standard 1000	The International System (SI) Units and their application	entspricht etwa DIN 1301 Teil 1 und 2
Bolivien	N.E.-1.2-001	Sistema Internacional de Unidades (SI)	entspricht etwa DIN 1301 Teil 1
Kanada	CAN-3-001-01-73 CSA Z 234.2-1973	The International System of Units (SI)	entspricht etwa der Broschüre der Meterkonvention
DDR	TGL 31 548	Einheiten physikalischer Größen	Ähnlichkeit zum Einheitengesetz und zur Einheitenverordnung, aber ausführlicher
Finnland	SFS 2300	Suureet ja yksiköt (Größen und Einheiten; Regeln für die Anwendung der SI-Einheiten)	entspricht etwa DIN 1301 Teil 1 und 2
Frankreich	NF X 02-006	Le Système International d'Unités, Description et Règles d'Emploi, Choix et Multiples et de Sous-Multiples.	entspricht etwa DIN 1301 Teil 1 und 2
Großbritannien	BS 3763	The International System of Units (SI)	entspricht etwa dem 1. Teil der **Broschüre der Meterkonvention**
	PD 5686	The use of SI-Units	entspricht etwa DIN 1301 Teil 2
	BS 5555	SI units and recommendations for the use of their multiples and of certain other units	entspricht etwa ISO 1000
Italien	CNR-UNI 10 003	Sistema internazionale di unità di misura fondamentali	entspricht etwa DIN 1301 Teil 1 und 2
Niederlande	NEN 950	(Größen, SI-Einheiten und ihre Formel- und Einheitenzeichen, Allgemeine Grundlagen des SI)	siehe auch NEN 1222 1223 1224 1225 1226 SI-Einheiten auf Teilgebieten
	NEN 1000	Regeln für den Gebrauch des Internationalen Einheitensystem (SI)	

Fortsetzung Normenverzeichnis

| Land | Norm | | Bemerkung |
	Bezeichnung	Name	
Norwegen			Normung auf der Basis des SI
Österreich	ÖNORM A 6401	Zeichen für Größen und Einheiten, Formelzeichen und Einheitenzeichen	weitgehend kurzer Auszug aus ISO 31
Schweden	SIS 01 61 32	Storbeter och enbeter, Grundenbeter. Härledda Enbeter. Tilläggsenbeter (Größen und Einheiten. Basiseinheiten, abgeleitete Einheiten, ergänzende Einheiten)	entspricht etwa DIN 1301 Teil 1
Spanien	UNE 5002 h 1	Regles para el empleo de las unidades del sistema internacional de unidades y de sus múltiplos y submúltiplos decimales, Generalidades (Regeln für die Anwendung der Einheiten des Internationalen Einheitensystems und ihrer dezimalen Vielfachen und Teile; Allgemeines)	entspricht etwa DIN 1301 Teil 1
Südafrika	—	Basic Guide to the metric system in South Africa	entspricht etwa DIN 1301 Teil 1 und 2
UdSSR	GOST 9867	(das Internationale Einheitensystem)	Ähnlichkeit zu DIN 1301 Teil 1
USA	—	the International System of Units (SI)	englische Übersetzung der SI-Broschüre der Meterkonvention
	ANSI E 380-72	Metric Practice Guide	
	ANSI Z 210.2-1973	Rules for the Use of Units of the International System of Units	Ausführliche Darstellungen für die Umstellung auf das SI
	—	ASTM — Metric Practice Guide	

Anhang 13

Verzeichnis der DIN-Normen und Norm-Entwürfe über Größen, Einheiten und Formelzeichen

Stand: August 1978

Das nachstehende Verzeichnis enthält die Zusammenstellung der grundlegenden Normen des Normenausschusses Einheiten und Formelgrößen (AEF) über Begriffe, Formelzeichen und Einheiten für physikalische Größen. Auch eine Reihe von Normen für spezielle Fachgebiete, die nicht vom AEF bearbeitet sind, sind aufgenommen worden.

Hinweise für die Anwendung

Auf Beschluß des Präsidiums des DIN Deutsches Institut für Normung e.V. ist — in Anlehnung an die regionalen und internationalen Gepflogenheiten — für DIN-Nummern die bisherige Benennung „Blatt" durch „Teil" ersetzt worden. Weil diese durch DIN 820 Teil 3 dokumentierte terminologische Änderung beschleunigt eingeführt werden soll, wird auch beim Zitieren älterer Normen und Norm-Entwürfe die Benennung „Teil" angegeben, wenn im Nummerfeld der Norm oder des Norm-Entwurfes noch die Benennung „Blatt" enthalten ist. In diesem Verzeichnis ist deshalb bei DIN-Nummern generell die Abkürzung „T" für die Benennung „Teil" angegeben; sie steht in den betreffenden Fällen synonym für „Blatt".
Die in Verbindung mit einer DIN-Nummer und einem Ausgabedatum verwendeten Abkürzungen und Zeichen bedeuten:

E   Entwurf
V   Vornorm
T   Teil
Bbl. Beiblatt
*   Kreuzausgabe für gültige Norm mit geringfügigen Änderungen

Fremdsprachige Übersetzungen werden hinter dem Titel durch

(E) = Englisch
(F) = Französisch

gekennzeichnet.

1 Physikalische Größen und Einheiten

1301	T 1	10.78	Einheiten; Einheitennamen, Einheitenzeichen
1301	T 2	2.78	Einheiten; Allgemein angewendete Teile und Vielfache
E 1301	T 3	7.77	Einheiten; Umrechnungen für nicht mehr zu verwendende Einheiten
1313		4.78	Physikalische Größen und Gleichungen; Begriffe, Schreibweisen
5475	T 1	12.71	Komplexe Größen; Benennungen

5493		8.72	Logarithmierte Größenverhältnisse (Pegel, Maße)
58122		2.78	Größen, Einheiten, Formelzeichen; Übersicht für den Unterricht
58122	Bbl. 1	2.78	Größen, Einheiten, Formelzeichen; Erläuterungen für den Unterricht
V 66030		1.73	Darstellungen der Einheitennamen in Systemen mit beschränktem Schriftzeichenvorrat
E 66030		3.78	Darstellungen der Einheitennamen in Systemen mit beschränktem Schriftzeichenvorrat

2 Benennungsgrundsätze

4898		11.75	Gebrauch der Wörter dual, invers, reziprok, äquivalent, komplementär
5476		4.78	Zeitbezogene Größen; Bilden von Benennungen
5479		5.78	Übersetzung bei physikalischen Größen; Begriffe, Formelzeichen
5485		5.77	Wortzusammensetzungen mit den Wörtern Konstante, Koeffizient, Zahl, Faktor, Grad, Maß, Pegel
5490		4.74	Gebrauch der Wörter bezogen, spezifisch, relativ, normiert und reduziert

3 Formelzeichen, Allgemeines

1304		2.78	Allgemeine Formelzeichen
1338		7.77	Formelschreibweise und Formelsatz
1338	Bbl. 1	5.68	Buchstaben, Ziffern und Zeichen im Formelsatz; Form der Schriftzeichen
1338	Bbl. 2	5.68	Buchstaben, Ziffern und Zeichen im Formelsatz; Ausschluß in Formeln
E 1338	Bbl. 3	10.77	Formelschreibweise und Formelsatz; Formeln in maschinenschriftlichen Veröffentlichungen

4 Mathematik, Zahlenrechnung

1302		2.68	Mathematische Zeichen
E 1302		6.78	Mathematische Zeichen und Begriffe
1303		8.59*	Schreibweise von Tensoren (Vektoren)
1333	T 1	2.72	Zahlenangaben; Dezimalschreibweisen
E 1333	T 1	3.78	Zahlenangaben; Dezimalschreibweisen
1333	T 2	2.72	Zahlenangaben; Runden
4895	T 1	11.77	Orthogonale Koordinatensysteme; Allgemeine Begriffe
4895	T 2	11.77	Orthogonale Koordinatensysteme; Differentialoperatoren der Vektoranalysis
5473		6.76	Zeichen und Begriffe der Mengenlehre; Mengen, Relationen, Funktionen
5474		9.73	Zeichen der mathematischen Logik
E 5477		3.78	Prozent, Promille; Begriffe, Anwendung

5486		12.62	Schreibweise von Matrizen
5487		11.67	Fourier-Transformation und Laplace-Transformation; Formelzeichen
13302		6.78	Mathematische Strukturen; Zeichen und Begriffe
66000		6.75	Mathematische Zeichen der Schaltalgebra

5 Graphische Darstellung

461		3.73	Graphische Darstellung in Koordinatensystemen
5478		10.73	Maßstäbe in graphischen Darstellungen

6 Raum und Zeit

1312		3.72	Geometrische Orientierung
1315		3.74	Winkel; Begriffe, Einheiten
1355	T 1	3.75	Zeit; Kalender, Wochennumerierung, Tagesdatum, Uhrzeit
5483		2.74	Zeitabhängige Größen; Formelzeichen
5488		1.69	Zeitabhängige Größen; Benennungen der Zeitabhängigkeit

7 Mechanik

868		12.76	Allgemeine Begriffe und Bestimmungsgrößen für Zahnräder, Zahnradpaare und Zahnradgetriebe
1080		11.61	Zeichen für statische Berechnungen im Bauingenieurwesen
1080	T 1	6.76	Begriffe, Formelzeichen und Einheiten im Bauingenieurwesen; Grundlagen
E 1080	T 2	9.76	Begriffe, Formelzeichen und Einheiten im Bauingenieurwesen; Statik
E 1080	T 3	9.76	Begriffe, Formelzeichen und Einheiten im Bauingenieurwesen; Beton- und Stahlbetonbau, Mauerwerksbau
E 1080	T 4	9.76	Begriffe, Formelzeichen und Einheiten im Bauingenieurwesen; Stahlbau, Stahlverbundbau und Stahlträger in Beton
E 1080	T 5	9.76	Begriffe, Formelzeichen und Einheiten im Bauingenieurwesen; **Holzbau**
E 1080	T 6	9.76	Begriffe, Formelzeichen und Einheiten im Bauingenieurwesen; Bodenmechanik und Grundbau
E 1080	T 7	9.76	Begriffe, Formelzeichen und Einheiten im Bauingenieurwesen; Wasserwesen
E 1080	T 9	10.77	Begriffe, Formelzeichen und Einheiten im Bauingenieurwesen; Bahnbau
1305		5.77	Masse, Kraft, Gewichtskraft, Gewicht, Last; Begriffe
1306		12.71	Dichte; Begriffe
1314		2.77	Druck; Grundbegriffe, Einheiten
1342		12.71	Viskosität newtonscher Flüssigkeiten
2401	T 1	5.77	Innen- oder außendruckbeanspruchte Bauteile; Druck- und Temperaturangaben, Begriffe, Nenndruckstufen

2413		6.72	Stahlrohre; Berechnung der Wanddicke gegen Innendruck
V 2505		10.64	Berechnung von Flanschverbindungen
4015		10.71	Bodenmechanik und Grundbau; Fachausdrücke, Formelzeichen
4044		1.63	Hydromechanik im Wasserbau; Fachausdrücke und Begriffserklärungen
4045		12.64	Abwasserwesen; Fachausdrücke und Begriffserklärungen
4046		4.60	Wasserversorgung; Fachausdrücke und Begriffserklärungen
4047	T 1	3.73	Landwirtschaftlicher Wasserbau; Begriffe, Allgemeine Begriffe, Ausbau von Gewässern, Bewässerung, Dränung
4048		5.57	Wasserkraft- und Stauanlagen; Fachausdrücke und Begriffserklärungen
4049	T 1	3.54	Gewässerkunde; Fachausdrücke und Begriffsbestimmungen, Teil 1: quantitativ
5492		11.65	Formelzeichen der Strömungsmechanik
5497		12.68	Mechanik; Starre Körper, Formelzeichen
E 13316		5.78	Mechanik ideal elastischer Körper; Begriffe, Größen, Formelzeichen
13342		6.76	Nicht-newtonsche Flüssigkeiten; Begriffe, Stoffgesetze
24260		6.71	Kreiselpumpen und Kreiselpumpenanlagen; Begriffe, Zeichen, Einheiten
V 24312		11.77	Fluidtechnik; Druck, genormte Druckwerte, Begriffe
24315		3.67	Ölhydraulik und Pneumatik; Einheiten-Vergleich
28400	T 1	1.72	Vakuumtechnik; Benennungen und Definitionen, Grundbegriffe, Einheiten, Vakuumbereiche, -kenngrößen, Grundlagen
E 28400	T 1	1.78	Vakuumtechnik; Benennungen und Definitionen, Allgemeine Benennungen
28402		12.76	Vakuumtechnik; Größen, Formelzeichen, Einheiten, Übersicht
30051		2.61	Kurz- und Formelzeichen für Schienenfahrzeuge
50281		10.77	Reibung in Lagerungen; Begriffe, Arten, Zustände, physikalische Größen
74250	T 1	11.75	Formelzeichen und Einheiten für Bremsausrüstungen
E 74250	T 2	5.78	Formelzeichen und Einheiten für Bremsausrüstungen; Indizes

8 Schwingungslehre

1311	T 1	2.74	Schwingungslehre; Kinematische Begriffe
1311	T 2	12.74	Schwingungslehre; Einfache Schwinger
1311	T 3	12.74	Schwingungslehre; Schwingungssysteme mit endlich vielen Freiheitsgraden
1311	T 4	2.74	Schwingungslehre; Schwingende Kontinua, Wellen

9 Akustik

1320		10.69	Akustik; Grundbegriffe
1332		10.69	Akustik; Formelzeichen

E 13320		7.77	Akustik; Spektren und Übertragungskurven, Begriffe, Darstellung
45570	T 1	5.76	Lautsprecher; Begriffe, Formelzeichen, Einheiten
45580		6.75	Kopfhörer; Begriffe, Formelzeichen, Einheiten
45590		3.74	Mikrophone; Begriffe, Formelzeichen, Einheiten
45630	T 1	12.71	Grundlagen der Schallmessung; Physikalische und subjektive Größen von Schall

10 Optik und Lichttechnik

1335		7.75	Technische Strahlenoptik in der Photographie; Zeichen, Benennungen
1349	T 1	6.72	Durchgang optischer Strahlung durch Medien; Optisch klare Stoffe, Größen, Formelzeichen und Einheiten
1349	T 2	4.75	Durchgang optischer Strahlung durch Medien; Optisch trübe Stoffe, Begriffe
5031	Bbl.	1.71	Strahlungsphysik im optischen Bereich und Lichttechnik; Inhaltsübersicht über Größen, Formelzeichen und Einheiten sowie Stichwortverzeichnis zu DIN 5031 Blatt 1 bis Blatt 7
5031	T 1	10.76	Strahlungsphysik im optischen Bereich und Lichttechnik; Größen, Formelzeichen und Einheiten der Strahlungsphysik
5031	T 2	5.77	Strahlungsphysik im optischen Bereich und Lichttechnik; Strahlungsbewertung durch Empfänger
5031	T 3	5.77	Strahlungsphysik im optischen Bereich und Lichttechnik; Größen, Formelzeichen und Einheiten der Lichttechnik
5031	T 4	8.76	Strahlungsphysik im optischen Bereich und Lichttechnik; Wirkungsgrade
5031	T 5	8.76	Strahlungsphysik im optischen Bereich und Lichttechnik; Temperaturbegriffe
5031	T 6	4.75	Strahlungsphysik im optischen Bereich und Lichttechnik; Pupillen-Lichtstärke als Maß für die Netzhautbeleuchtung
5031	T 7	9.76	Strahlungsphysik im optischen Bereich und Lichttechnik; Benennung der Wellenlängenbereiche
5031	T 8	5.77	Strahlungsphysik im optischen Bereich und Lichttechnik; Strahlungsphysikalische Begriffe und Konstanten
5031	T 9	8.76	Strahlungsphysik im optischen Bereich und Lichttechnik; Lumineszenz-Begriffe
58185	T 1	4.74	Optische Übertragungsfunktion; Formelzeichen, Begriffe, Mathematische Zusammenhänge

11 Wärmetechnik und physikalische Chemie

| 1310 | | 9.70 | Zusammensetzung von Mischphasen (Gasgemische, Lösungen, Mischkristalle); Grundbegriffe |
| E 1310 | | 8.77 | Zusammensetzung von Mischphasen (Gasgemische, Lösungen, Mischkristalle); Grundbegriffe |

1341		11.71	Wärmeübertragung; Grundbegriffe, Einheiten, Kenngrößen
1343		11.75	Normzustand, Normvolumen
1345		9.75	Thermodynamik; Formelzeichen, Einheiten
1940		12.76	Verbrennungsmotoren; Hubkolbenmotoren, Begriffe, Formelzeichen, Einheiten
4896		9.73	Einfache Elektrolytlösungen; Formelzeichen
5491		9.70	Stoffübertragung; Diffusion und Stoffübergang, Grundbegriffe, Größen, Formelzeichen, Kenngrößen
5496		7.71	Temperaturstrahlung
5496	T 2	7.77	Temperaturstrahlung; Volumenstrahler
5499		1.72	Brennwert und Heizwert; Begriffe
8941		10.70	Formelzeichen und Indizes für die Kältetechnik
13345		8.78	Thermodynamik und Kinetik chemischer Reaktionen; Formelzeichen
E 13346		4.78	Temperatur, Temperaturdifferenz; Grundbegriffe, Einheiten
E 32625		7.77	Größen und Einheiten in der Chemie; Stoffmenge und davon abgeleitete Größen, Begriffe und Definitionen
V 32625		3.76	Molarität, Normalität, Molalität, Titer; Begriffe, Kennzeichnung, Vorzugswerte

12 Elektrotechnik

1323		2.66	Elektrische Spannung, Potential, Zweipolquelle, elektromotorische Kraft; Begriffe
1324		1.72	Elektrisches Feld; Begriffe
1325		1.72	Magnetisches Feld; Begriffe
1326	T 1	7.71	Gasentladungen, Stationäre Entladungen; Begriffe
1326	T 2	11.67	Gasentladungen, Übergangsentladungen; Begriffe
1326	T 3	3.74	Gasentladungen; Benennungen, Formelzeichen
1339		11.71	Einheiten magnetischer Größen
1344		12.73	Elektrische Nachrichtentechnik; Formelzeichen
1357		11.71	Einheiten elektrischer Größen
4897		12.73	Elektrische Energieversorgung; Formelzeichen
4899		9.78	Lineare elektrische Mehrtore
5489		11.68	Vorzeichen- und Richtungsregeln für elektrische Netze
E 13321		4.78	Elektrische Energietechnik; Komponenten in Drehstromnetzen; Begriffe, Größen, Formelzeichen
40108		5.78	Elektrische Energietechnik, Stromsysteme; Begriffe, Größen, Formelzeichen
40110		10.75	Wechselstromgrößen
40121		12.75	Elektromaschinenbau; Formelzeichen
40146	T 1	12.73	Begriffe der Nachrichtenübertragung; Grundbegriffe
E 40146	T 2	11.75	Begriffe der Nachrichtenübertragung; Ortsbezogene Pegel, Nutzpegel, Dynamik, Meßpegel, Störpegel, Störabstand

40148	T 1	11.78	Übertragungssysteme und Vierpole; Begriffe und Größen
40148	T 2	3.70	Übertragungssysteme und Vierpole; Symmetrieeigenschaften von linearen Vierpolen und Klemmenpaaren
40148	T 3	11.71	Übertragungssysteme und Vierpole; Spezielle Dämpfungsmaße
E 40148	T 4	8.76	Übertragungssysteme und Vierpole; Meß- und Prüfsignale
41785	T 1	10.69	Halbleiterbauelemente; Kurzzeichen zur Verwendung in Datenblättern, Aufbau der Kurzzeichen
41785	T 2	6.76	Halbleiterbauelemente; Kurzzeichen zur Verwendung in Datenblättern, Kurzzeichen für Halbleiterbauelemente der Nachrichtentechnik
41785	T 3	2.75	Halbleiterbauelemente; Kurzzeichen zur Verwendung in Datenblättern, Kurzzeichen für Halbleiterbauelemente der Leistungselektronik
41785	T 4	3.72	Halbleiterbauelemente; Kurzzeichen zur Verwendung in Datenblättern, Kurzzeichen für digitale binäre Mikroschaltungen
41785	T 5	9.72	Halbleiterbauelemente; Kurzzeichen zur Verwendung in Datenblättern, Kurzzeichen für lineare integrierte Verstärker
44401		5.71	Formelzeichen in Datenblättern für Elektronenröhren
45020		11.65	Elektrische Nachrichtentechnik; Begriffe aus dem Gebiet der Wellenausbreitung

13 Meteorologie und Geophysik

1358		7.71	Meteorologie und Geophysik; Formelzeichen

14 Kerntechnik und Radiologie

6814	T 2	4.70	Begriffe und Benennungen in der radiologischen Technik; Strahlenphysik
E 6814	T 2	10.77	Begriffe und Benennungen in der radiologischen Technik; Strahlenphysik
6814	T 3	6.72	Begriffe und Benennungen in der radiologischen Technik; Dosisgrößen und Dosiseinheiten
E 6814	T 3	11.77	Begriffe und Benennungen in der radiologischen Technik; Dosisgrößen und Dosiseinheiten
25404		9.76	Kerntechnik; Formelzeichen

15 Meß- und Regelungstechnik

1319	T 1	11.71	Grundbegriffe der Meßtechnik; Messen, Zählen, Prüfen
E 1319	T 2	3.78	Grundbegriffe der Meßtechnik; Begriffe für die Anwendung von Meßgeräten
1319	T 2	12.68	Grundbegriffe der Meßtechnik, Begriffe für die Anwendung von Meßgeräten
1319	T 3	1.72	Grundbegriffe der Meßtechnik; Begriffe für die Fehler beim Messen

16 Umrechnungstabellen

4890	2.75	Inch — Millimeter ; Grundlagen für die Umrechnung
4892	2.75	Inch — Millimeter; Umrechnungstabellen
4893	3.65	Millimeter — Zoll; Umrechnungstafeln von 1 bis 10 000 mm
66034	8.67	Kilopond — Newton, Newton — Kilopond; Umrechnungstabellen (E)
66035	3.74	Kalorie — Joule, Joule — Kalorie; Umrechnungstabellen
66036	8.76	Pferdestärke — Kilowatt, Kilowatt — Pferdestärke; Umrechnungstabellen
66037	8.67	Kilopond je Quadratzentimeter — Bar, Bar — Kilopond je Quadratzentimeter; Umrechnungstabellen (E)
66038	4.71	Torr — Millibar, Millibar — Torr; Umrechnungstabellen
66039	4.71	Kilokalorie — Wattstunde, Wattstunde — Kilokalorie; Umrechnungstabellen

Anhang 14

Darstellung der Einheitennamen in Systemen mit beschränktem Schriftzeichenvorrat

Einheitenname	Einheiten-zeichen	Darstellung Form I		Form II
Ampere	A	A	a	A
Ar	a	a	ar	AR[1]
atomare Masseneinheit	u	u	u	U
Bar	bar	bar	bar	BAR
Becquerel	Bq	Bq	bq	BQ
Candela	cd	cd	cd	CD
Coulomb	C	C	c	C
Dioptrie	dpt	dpt	dpt	DPT
Elektronvolt	eV	eV	ev	EV
Farad	F	F	f	F
Gon	gon	gon	gon	GON
Grad (Winkel)	°	deg	deg	DEG[2]
Grad Celsius	°C	Cel	cel	CEL
Gramm	g	g	g	G
Gray	Gy	Gy	gy	GY
Hektar	ha	ha	har	HAR
Henry	H	H	h	H
Hertz	Hz	Hz	hz	HZ
Jahr	a	a	ann	ANN[3]
Joule	J	J	j	J
Kelvin	K	K	k	K
Kilogramm	kg	kg	kg	KG
Liter	l	l	l	L
Lumen	lm	lm	lm	LM
Lux	lx	lx	lx	LX
Meter	m	m	m	M
metrisches Karat	Kt	Kt	kt	KT
Minute (Winkel)	′	′	mnt	MNT
Minute (Zeit)	min	min	min	MIN
Mol	mol	mol	mol	MOL
Newton	N	N	n	N
Ohm	Ω	Ohm	ohm	OHM
Pascal	Pa	Pa	pa	PA
Radiant	rad	rad	rad	RAD
Sekunde (Winkel)	″	″	sec	SEC
Sekunde (Zeit)	s	s	s	S
Siemens	S	S	sie	SIE
Steradiant	sr	sr	sr	SR
Stunde	h	h	hr	HR[4]
Tag	d	d	d	D[5]
Tesla	T	T	t	T
Tex	tex	tex	tex	TEX
Tonne	t	t	tne	TNE
Volt	V	V	v	V
Watt	W	W	w	W
Weber	Wb	Wb	wb	WB

[1] International steht hier nach der englischen und französischen Benennung are bzw. ARE.

[2] Aus französisch „degré" und englisch „degree"

[3] Aus lateinisch „annus"

[4] Aus lateinisch „hora"

[5] Aus lateinisch „dies"

Darstellungen der Vorsätze

Vorsatz	Zehnerpotenz	Vorsatzzeichen	Darstellung		
			Form I	Form II	
Exa	10^{18}	E	E	ex	EX
Peta	10^{15}	P	P	pe	PE
Tera	10^{12}	T	T	t	T
Giga	10^{9}	G	G	g	G
Mega	10^{6}	M	M	ma	MA
Kilo	10^{3}	k	k	k	K
Hekto	10^{2}	h	h	h	H
Deka	10^{1}	da	da	da	DA
Dezi	10^{-1}	d	d	d	D
Zenti	10^{-2}	c	c	c	C
Milli	10^{-3}	m	m	m	M
Mikro	10^{-6}	μ	u	u	U
Nano	10^{-9}	n	n	n	N
Piko	10^{-12}	p	p	po	PO
Femto	10^{-15}	f	f	f	F
Atto	10^{-18}	a	a	a	A

Ein positiver Exponent wird durch die entsprechende Zahl ohne zusätzliches Zeichen direkt hinter der Darstellung des Einheitennamens angegeben.

Beispiele: M2 für m^2; cm3 für cm^3.

Ein negativer Exponent wird durch ein Minuszeichen (Bindestrich), gefolgt von der entsprechenden Zahl, direkt hinter der Darstellung des Einheitennamens angegeben.

Beispiel: m$-$3 für m^{-3}

Die Form I ist für Systeme bestimmt, die sowohl Großbuchstaben als auch Kleinbuchstaben, die Ziffern und zumindest die Sonderzeichen Apostroph ('), Anführungszeichen ("), Bindestrich (—), Punkt (.) und Schrägstrich (/) in ihrem Schriftzeichenvorrat enthalten, jedoch nicht die griechischen Buchstaben Ω und μ, das Zeichen ° und Zeichen in hochgesetzter Lage (Exponenten).

Die Form II ist für Systeme bestimmt, die nur Großbuchstaben oder nur Kleinbuchstaben, die Ziffern und zumindest die Sonderzeichen Bindestrich (—), Punkt (.) und Schrägstrich (/) in ihrem Schriftzeichenvorrat enthalten. Die Form II ist vorzugsweise für maschinelle Datenverarbeitungssysteme und den Verkehr zwischen solchen Systemen vorgesehen. Sie darf nicht in Veröffentlichungen oder anderen Formen der öffentlichen Informationsübermittlung erscheinen. In diesen Fällen sind entweder die korrekten Einheitenzeichen zu verwenden oder der Einheitenname soll vollständig ausgeschrieben werden.

Anhang 15

Bekanntmachung über Temperaturskalen

Die Physikalisch-Technische Bundesanstalt hat am 1. Dezember 1970 und am 1. Oktober 1977 auf Grund § 7 des Einheitengesetzes Bekanntmachungen über Temperaturskalen veröffentlicht. (PTB-Mitt. **81** (1971) S. 31 bis 43 und PTB-Mitt. **87** (1977) S. 497 bis 510).

Danach gelten folgende Festlegungen:

a) Thermodynamische Kelvin-Temperaturskala

Die Basiseinheit der thermodynamischen oder Kelvin-Temperatur T in der thermodynamischen Kelvin-Temperaturskala ist das Kelvin (Einheitenzeichen: K) gemäß § 3 Einheitengesetz. Gemäß § 12 Abs. 2 Einheitengesetz darf das Kelvin bis zum 5. Juli 1975 auch als Grad Kelvin (Einheitenzeichen: °K) bezeichnet werden.

Die thermodynamische Kelvin-Temperaturskala ist durch den „absoluten" Nullpunkt der Thermodynamik, $T = 0$ K, und durch den Tripelpunkt des Wassers $T_{tr} = 273{,}16$ K festgelegt (10. Generalkonferenz für Maß und Gewicht 1954, Resolution 3).

In der thermodynamischen Kelvin-Temperaturskala ist das Kelvin auch Intervalleinheit für die Angabe von Temperaturdifferenzen (13. Generalkonferenz für Maß und Gewicht 1967/68, Resolution 3). Gemäß § 53 Nr. 8 der Ausführungsverordnung zum Gesetz über Einheiten im Meßwesen (AusführungsVO zum Einheitengesetz) vom 26. Juni 1970 (Bundesgesetzbl. I S. 981) darf das Kelvin bei der Angabe von Temperaturdifferenzen in der thermodynamischen Kelvin-Temperaturskala bis zum 31. Dezember 1974 auch noch als Grad (Einheitenzeichen: grd) bezeichnet werden.

b) Thermodynamische Celsius-Temperaturskala

Besonderer Name für das Kelvin bei der Angabe von Celsius-Temperaturen t in der thermodynamischen Celsius-Temperaturskala ist **gemäß § 36 AusführungsVO zum Einheitengesetz** der Grad Celsius (Einheitenzeichen: °C).

Der Nullpunkt der thermodynamischen Celsius-Temperaturskala $t_0 = 0$ °C hat die thermodynamische Temperatur $T_0 = 273{,}15$ K. Die Differenz zweier Celsius-Temperaturen $t_2 - t_1$ ist gleich der Differenz der zugehörigen thermodynamischen Temperaturen $T_2 - T_1$:

$$t_2 - t_1 = \Delta t = \Delta T = T_2 - T_1.$$

In der thermodynamischen Celsius-Temperaturskala darf die Intervalleinheit Kelvin bei der Angabe von Temperaturdifferenzen auch als Grad Celsius bezeichnet werden (13. Generalkonferenz für Maß und Gewicht 1967/68, Resolution 3). Gemäß § 53 Nr. 8 AusführungsVO zum Einheitengesetz darf der Grad Celsius bei der Angabe von Temperaturdifferenzen in der thermodynamischen Celsius-Temperaturskala bis zum 31. Dezember 1974 auch noch als Grad (Einheitenzeichen: grd) bezeichnet werden.

c) Internationale Praktische Temperaturskala von 1968 (IPTS-68)

Für alle praktischen Temperaturmessungen dient die Internationale Praktische Temperaturskala von 1968 (IPTS-68) in der Fassung von 1975.

Die IPTS-68 in der verbesserten Ausgabe von 1975 wurde von der 15. Generalkonferenz für Maß und Gewicht im Jahre 1975 angenommen. Sie stellt lediglich eine geänderte Fassung der Internationalen Praktischen Temperaturskala von 1968 und keine neue Skala dar. Da die den definierenden Fixpunkten zugeordneten Werte und die Interpolationsmethoden gleich sind, bleiben die gemessenen Temperaturen T_{68} unverändert. Abgesehen von einigen kleinen redaktionellen Änderungen unterscheidet sich die vorliegende Ausgabe der IPTS-68 von 1975 von der bisherigen Fassung vor allem in folgenden Punkten:

Als möglicher Ersatz für den Siedepunkt des Sauerstoffs wurde der Tripelpunkt des Argons eingeführt.

Die einigen sekundären Bezugspunkten zugeordneten Werte in der Internationalen Praktischen Temperaturskala von 1968 sind geändert.

Die in der ursprünglichen Fassung der IPTS-68 enthaltene Tabelle „Geschätzte Unsicherheiten der den Fixpunkten zugeordneten Werte, bezogen auf ihre thermodynamische Temperatur" wurde gestrichen.

Der Hinweis auf die Heliumdampfdruckskalen „^{4}He-Skala 1958" und „^{3}He-Skala 1962", mit dem die Verwendung dieser Skalen für tiefe Temperaturen empfohlen wurde, ist entfallen.

Die Internationale Praktische Temperaturskala von 1968 in der verbesserten Ausgabe von 1975 gilt vom Tage nach ihrer Bekanntmachung an.

Internationale Praktische Temperaturskala von 1968

Verbesserte Ausgabe von 1975

Die in diesem Dokument vorgelegte Skala wurde 1974 vom *Internationalen Komitee für Maß und Gewicht* vorgeschlagen und 1975 von der 15. Generalkonferenz für Maß und Gewicht angenommen. Sie stellt lediglich eine geänderte Fassung der Internationalen Praktischen Temperaturskala von 1968 (IPTS-68) und keine neue Skala dar.

Die gemessenen Temperaturen T_{68} werden durch diese neue Abfassung der IPTS-68 nicht verändert.

I Einführung

Die Einheit der physikalischen Basisgröße thermodynamische Temperatur mit dem Formelzeichen T ist das Kelvin mit dem Einheitenzeichen K, das als der 273,16te Teil der thermodynamischen Temperatur des Tripelpunktes des Wassers definiert ist[1]).

Aus historischen Gründen, die mit der ursprünglichen Definition der Temperaturskalen im Zusammenhang stehen, ist es allgemein üblich, eine Temperatur als Differenz dieser Temperatur und der eines thermischen Zustandes auszudrücken, der 0,01 Kelvin tiefer ist als

---

[1]) Protokoll der Sitzungen der 13. Generalkonferenz für Maß und Gewicht (1967–1968), Resolutionen 3 und 4, Seite 104

der Tripelpunkt des Wassers. Eine derart ausgedrückte thermodynamische Temperatur T wird Celsius-Temperatur mit dem Formelzeichen t genannt, welche durch

$$t = T - 273,15 \text{ K} \tag{1}$$

definiert ist.

Die Einheit der Celsius-Temperatur ist der Grad Celsius, Einheitenzeichen °C, der nach Definition gleich groß wie die Einheit Kelvin ist. Eine Temperaturdifferenz kann in Kelvin oder in Grad Celsius angegeben werden.

Die Internationale Praktische Temperaturskala von 1968 (IPTS-68) ist so gewählt worden, daß ein in dieser Skala bestimmter Temperaturwert die ihm entsprechende thermodynamische Temperatur sehr genau annähert. Außerdem sind Messungen in dieser Skala leicht durchzuführen und sehr reproduzierbar, wohingegen direkte Messungen thermodynamischer Temperaturen sowohl schwierig als auch ungenau sind.

Die IPTS-68 verwendet sowohl Internationale Praktische Kelvin-Temperaturen, Formelzeichen T_{68}, und Internationale Praktische Celsius-Temperaturen, Formelzeichen t_{68}. Die Beziehung zwischen T_{68} und t_{68} ist die gleiche wie zwischen T und t, d. h.

$$t_{68} = T_{68} - 273,15 \text{ K}. \tag{2}$$

Die Einheiten von T_{68} und t_{68} sind — wie im Falle der thermodynamischen Temperatur T und der Celsius-Temperatur t — das Kelvin mit dem Einheitenzeichen K und der Grad Celsius mit dem Einheitenzeichen °C.

Die IPTS-68 ist vom Internationalen Komitee für Maß und Gewicht in seiner Sitzung im Jahre 1968 auf Grund der Ermächtigung angenommen worden, die ihm durch die Resolution 8 der 13. Generalkonferenz für Maß und Gewicht erteilt worden war. Diese Skala hat die Internationale Praktische Temperaturskala von 1948 (verbesserte Ausgabe von 1960) ersetzt.

II Definition der Internationalen Praktischen Temperaturskala von 1968 (IPTS-68)[1]

1 Grundlagen der IPTS-68 und definierende Fixpunkte

Die IPTS-68 beruht auf einer Anzahl von reproduzierbaren Gleichgewichtszuständen (definierenden Fixpunkten), denen bestimmte Temperaturwerte zugeordnet worden sind, und auf festgelegten Normalgeräten, die bei diesen Temperaturen kalibriert werden. Diese Gleichgewichtszustände und die ihnen zugeordneten Werte der Internationalen Praktischen Temperatur sind in Tabelle 1 aufgeführt. Die Interpolation zwischen den Fixpunkttemperaturen wird mit Hilfe von Formeln vorgenommen, welche die Beziehung zwischen den Anzeigen dieser Normalgeräte und den Werten der Internationalen Praktischen Temperatur herstellen.

Als Normalgerät wird im Bereich von 13,81 K bis 630,74 °C das Platin-Widerstandsthermometer verwendet. Der Meßwiderstand des Thermometers muß aus reinem, thermisch

---

gealtertem Platin bestehen, das frei von mechanischen Spannungen ist. Das Widerstandsverhältnis $W(T_{68})$, definiert durch

$$W(T_{68}) = R(T_{68})/R(273{,}15\ \text{K}), \tag{3}$$

in dem R Widerstand ist, darf bei $T_{68} = 373{,}15$ K nicht kleiner als 1,392 50 sein. Unterhalb 0 °C ergibt sich die Beziehung zwischen Widerstand und Temperatur des Thermometers aus einer Bezugsfunktion und aus festgelegten Abweichungsfunktionen. Im Bereich von 0 °C bis 630,74 °C wird die Beziehung zwischen Widerstand und Temperatur durch zwei Polynome dargestellt.

Im Bereich von 630,74 °C bis 1 064,43 °C wird als Normalgerät das Platinrhodium (10 % Rhodium)/Platin-Thermopaar verwendet, wobei die Beziehung zwischen Thermospannung und Temperatur durch eine quadratische Gleichung dargestellt wird.

Oberhalb 1 064,43 °C wird die Internationale Praktische Temperatur von 1968 durch das *Planck*sche Strahlungsgesetz mit 1 064,43 °C (1 337,58 K) als Bezugstemperatur und einem Wert von 0,014 388 Meter · Kelvin für Strahlungskonstante c_2 definiert.

2 Definition der Internationalen Praktischen Temperatur von 1968 in den verschiedenen Temperaturbereichen

a) Bereich von 13,81 K bis 273,15 K

Von 13,81 K bis 273,15 K wird die Temperatur T_{68} durch die Beziehung

$$W(T_{68}) = W_{\text{CCT-68}}(T_{68}) + \Delta W_{\mathrm{i}}(T_{68}) \tag{4}$$

definiert, wobei $W_{\text{CCT-68}}(T_{68})$ das Widerstandsverhältnis ist, das durch die Bezugsfunktion[1])

$$T_{68} = \sum_{j=0}^{20} a_{\mathrm{j}} \left(\frac{\ln W_{\text{CCT-68}}(T_{68}) + 3{,}28}{3{,}28} \right)^{\mathrm{j}} \text{K} \tag{5}$$

gegeben ist.

Die Koeffizienten a_{j} dieser Bezugsfunktion werden in Tabelle 2 angegeben. Die Abweichungen $\Delta W_{\mathrm{i}}(T_{68})$ bei den Temperaturen der definierenden Fixpunkte erhält man aus den gemessenen Werten von $W(T_{68})$ und den entsprechenden Werten von $W_{\text{CCT-68}}(T_{68})$ (s. Tabelle 4). Zur Bestimmung von $\Delta W_{\mathrm{i}}(T_{68})$ bei Zwischentemperaturen werden Interpolationsformeln benutzt. Der Bereich zwischen 13,81 K und 273,15 K wird in vier Teilbereiche unterteilt. In jedem dieser Teilbereiche wird $\Delta W_{\mathrm{i}}(T_{68})$ durch ein Polynom in T_{68} definiert. Die Konstanten der Polynome werden aus den $\Delta W_{\mathrm{i}}(T_{68})$-Werten an den Fixpunkten und der Bedingung bestimmt, daß der Differentialquotient $\mathrm{d}\,\Delta W_{\mathrm{i}}(T_{68})/\mathrm{d}\,T_{68}$ beim Übergang zwischen den Temperaturbereichen stetig sein muß[2]).

---

[1]) Gl. (5) ist eine Neuformulierung von Gl. (22) der ursprünglichen Fassung der IPTS-68. Werte von T_{68}, die mit den beiden Gleichungen berechnet werden, sind praktisch identisch (innerhalb von weniger als ± 10 μK). Die ursprüngliche Bezugsfunktion kann deshalb auch verwendet werden.

[2]) Kleine Unstetigkeiten in $\mathrm{d}^2\,\Delta W_{\mathrm{i}}(T_{68})/\mathrm{d}\,T_{68}^2$ treten beim Übergang bei 20,28 K, 54,361 K und 90,188 K auf. Diese Unstetigkeiten sind so gering, daß sie bei Messungen von thermophysikalischen Größen mit höchster Präzision bei 20,28 K und 54,361 K nicht und bei 90,188 K kaum feststellbar sind.

Von 13,81 K bis 20,28 K gilt die Abweichungsfunktion

$$\Delta W_1 \, (T_{68}) = A_1 + B_1 \, T_{68} + C_1 \, T_{68}^2 + D_1 \, T_{68}^3 . \tag{6}$$

Die Konstanten dieser Funktion werden aus den am Tripelpunkt des Gleichgewichtswasserstoffs, bei der Temperatur 17,042 K und am Siedepunkt des Gleichgewichtswasserstoffs gemessenen Abweichungen sowie aus der ersten Ableitung der Abweichungsfunktion nach Gl. (7) am Siedepunkt des Gleichgewichtswasserstoffs bestimmt.

Von 20,28 K bis 54,361 K gilt die Abweichungsfunktion

$$\Delta W_2 \, (T_{68}) = A_2 + B_2 \, T_{68} + C_2 \, T_{68}^2 + D_2 \, T_{68}^3 . \tag{7}$$

Die Konstanten dieser Funktion werden aus den am Siedepunkt des Gleichgewichtswasserstoffs und des Neons und am Tripelpunkt des Sauerstoffs gemessenen Abweichungen sowie aus der ersten Ableitung der Abweichungsfunktion nach Gl. (8) am Tripelpunkt des Sauerstoffs bestimmt.

Von 54,361 K bis 90,188 K gilt die Abweichungsfunktion

$$\Delta W_3 \, (T_{68}) = A_3 + B_3 \, T_{68} + C_3 \, T_{68}^2 . \tag{8}$$

Die Konstanten dieser Funktion werden aus den am Tripelpunkt und am Taupunkt des Sauerstoffs (oder Tripelpunkt des Argons, s. Anmerkung d) zu Tabelle 1) gemessenen Abweichungen sowie aus der ersten Ableitung der Abweichungsfunktion nach Gl. (9) am Taupunkt des Sauerstoffs bestimmt.

Von 90,188 K bis 273,15 K gilt die Abweichungsfunktion

$$\Delta W_4 \, (T_{68}) = b_4 \, (T_{68} - 273,15 \text{ K}) + e_4 \, (T_{68} - 273,15 \text{ K})^3 \cdot (T_{68} - 373,15) . \tag{9}$$

Die Konstanten dieser Funktion werden aus den am Taupunkt des Sauerstoffs (oder Tripelpunkt des Argons, s. Anmerkung d), Tabelle 1) und am Siedepunkt des Wassers gemessenen Abweichungen bestimmt[1].

b) Bereich von 0 °C (273,15 K) bis 630,74 °C

Von 0 °C bis 630,74 °C ist die Temperatur t_{68} definiert durch

$$t_{68} = t' + 0,045 \left(\frac{t'}{100 \text{ °C}} \right) \left(\frac{t'}{100 \text{ °C}} - 1 \right) \left(\frac{t'}{419,58 \text{ °C}} - 1 \right) \cdot \left(\frac{t'}{630,74 \text{ °C}} - 1 \right) \text{ °C}, \tag{10}$$

in der t' durch die Gleichung

$$t' = \left\{ \frac{1}{\alpha} \, [W(t') - 1] + \delta \left(\frac{t'}{100 \text{ °C}} \right) \left(\frac{t'}{100 \text{ °C}} - 1 \right) \right\} \text{ °C} \tag{11a}$$

mit $W(t') = R\,(t')/R\,(0 \text{ °C})$ definiert ist.

Die Konstanten $R\,(0 \text{ °C})$, α und δ werden durch Widerstandsmessungen am Tripelpunkt des Wassers, am Siedepunkt des Wassers (oder am Erstarrungspunkt des Zinns, s. Anmerkung e), Tabelle 1) und am Erstarrungspunkt des Zinks bestimmt.

---

[1] Wenn der Erstarrungspunkt des Zinns (s. Anmerkung e) zu Tabelle 1) anstelle des Siedepunktes des Wassers als Fixpunkt verwendet wird, wird $W(100 \text{ °C})$ für das Platin-Widerstandsthermometer nach den Gln. (10) und (11) berechnet.

Gleichung (11a) ist gleichwertig mit der Gleichung

$$W(t') = 1 + A t' + B t'^2, \tag{11b}$$

in der $A = \alpha\,(1 + \delta/100\ °C)$ und $B = -10^{-4}\,\alpha\,\delta\ °C^{-2}$ ist.

c) Bereich von 630,74 °C bis 1064,43 °C

Von 630,74 °C bis 1064,43 °C ist die Temperatur t_{68} definiert durch die Gleichung

$$E(t_{68}) = a + b\,t_{68} + c\,t_{68}^2. \tag{12}$$

$E(t_{68})$ ist die Thermospannung eines Normal-Thermopaares Platinrhodium (10 % Rhodium)/ Platin, wenn sich die Vergleichsstelle auf der Temperatur $t_{68} = 0\ °C$ und die Meßstelle auf der Temperatur t_{68} befindet. Die Konstanten a, b und c werden aus den Werten von $E(t_{68})$ bei 630,74 °C ± 0,2 °C, wobei die Temperatur mit einem Platin-Widerstandsthermometer gemessen wird, sowie bei den Erstarrungspunkten von Silber (t_{68}(Ag)) und Gold (t_{68}(Au)) bestimmt.

Der Platindraht eines Normal-Thermopaares muß so rein sein, daß das Widerstandsverhältnis $W(100\ °C)$ nicht kleiner als 1,3920 ist. Der Platinrhodium-Draht soll einen nominellen Massengehalt von 10 % Rhodium und 90 % Platin besitzen. Das Thermopaar muß bezüglich der Thermospannungen $E(630,74\ °C)$, $E(t_{68}$(Ag)) und $E(t_{68}$(Au)) folgenden Bedingungen genügen:

$$E(t_{68}(\text{Au})) = 10\,334\ \mu V \pm 30\ \mu V \tag{13}$$

$$E(t_{68}(\text{Au})) - E(t_{68}(\text{Ag})) = 1\,186\ \mu V + 0{,}17\,[E(t_{68}(\text{Au})) - 10\,334\ \mu V] \pm 3\ \mu V \tag{14}$$

$$E(t_{68}(\text{Au})) - E(630,74\ °C) = 4\,782\ \mu V + 0{,}63\,[E(t_{68}(\text{Au})) - 10\,334\ \mu V] \pm 5\ \mu V \tag{15}$$

d) Bereich oberhalb von 1064,43 °C

Oberhalb von 1064,43 °C (1337,58 K) wird die Temperatur $t_{68}\ (= T_{68} - 273{,}15\ \text{K})$ durch die Gleichung

$$\frac{L_\lambda(T_{68})}{L_\lambda(T_{68}(\text{Au}))} = \frac{\exp\left[\dfrac{c_2}{\lambda\,T_{68}(\text{Au})}\right] - 1}{\exp\left[\dfrac{c_2}{\lambda\,T_{68}}\right] - 1} \tag{16}$$

definiert.

In dieser Gleichung sind $L_\lambda(T_{68})$ und $L_\lambda(T_{68}(\text{Au}))$ die spektralen Strahldichten der Strahlung eines Schwarzen Körpers bei der Temperatur T_{68} und bei der Temperatur T_{68}(Au) des Erstarrungspunktes des Goldes bei der auf das Vakuum bezogenen Wellenlänge λ; $c_2 = 0{,}014\,388\ \text{m} \cdot \text{K}$.

In der Praxis ist es nicht erforderlich, den Wert der bei den Messungen verwendeten Wellenlänge anzugeben, da T_{68}(Au) der thermodynamischen Temperatur des Erstarrungspunktes des Goldes hinreichend nahe kommt und der angegebene Wert von c_2 dem tatsächlichen Wert der zweiten Strahlungskonstanten des *Planckschen* Gesetzes hinreichend nahe kommt, so daß jede Wellenlängenabhängigkeit von T_{68} vernachlässigbar ist.

III Ergänzende Hinweise

Die in diesem Abschnitt beschriebenen Apparate, Methoden und Arbeitsverfahren entsprechen dem gegenwärtigen Stand der Meßtechnik.

1 Normal-Widerstandsthermometer

Ein Platin-Widerstandsthermometer, das auf die folgende Art hergestellt und verwendet wird, wird ausreichend stabil sein und eine in hohem Maße reproduzierbare Temperaturskala liefern.

Der Meßwiderstand des Thermometers muß ein mit vier Anschlüssen versehener Widerstand aus Platindraht sein, der spannungsfrei in einem gasdicht abgeschlossenen Schutzrohr montiert ist. Ein kurzes, unmittelbar an den Meßwiderstand grenzendes Stück der Zuleitungen muß aus Platin bestehen, um etwaige Verunreinigung und *Peltier*-Erwärmung zu vermeiden. Andere Materialien in der Nähe des Meßwiderstandes müssen so gewählt werden, daß sie das Platin möglichst wenig verunreinigen. Das abgeschlossene Schutzrohr sollte mit trockenem Gas gefüllt werden, das genügend Sauerstoff enthält, damit die vorhandenen Verunreinigungen im oxidierten Zustand bleiben.

Der Meßwiderstand sollte bei einer Temperatur, die über der vorgesehenen höchsten Verwendungstemperatur liegt, auf jeden Fall aber mindestens 450 °C beträgt, ausgeheizt werden. Hierdurch beseitigt man die meisten Fehler des Kristallgitters und bringt die chemischen Verunreinigungen im Platindraht in einen stabilen Zustand.

Während des Gebrauchs des Thermometers können zusätzliche Fehler durch mechanischen Stoß oder durch schnelles Abkühlen (Abschrecken) von Temperaturen über 450 °C verursacht werden; diese Fehler können durch eine erneute Wärmebehandlung beseitigt werden.

Die Thermometer sollten unbedingt so gebaut und verwendet werden, daß Fehler aufgrund von elektrischen Verlusten in den Isolatoren, von Verlusten durch Wärmestrahlung und Wärmeleitung sowie von Wärmezufuhr durch den Meßstrom herabgesetzt werden.

Ein nützliches Kriterium für die Beurteilung der Zuverlässigkeit eines Thermometers ist die Konstanz seines Widerstandes und seines Widerstandsverhältnisses bei festgelegten Bezugstemperaturen. Der Widerstand eines Normalthermometers beim Tripelpunkt des Wassers sollte sich je Betriebsstunde oberhalb 200 °C weniger ändern, als 1 mK entspricht (bei 0 °C). Bei Temperaturen unterhalb 0 °C dürfen die Widerstandsänderungen ein Viertel dieses Betrages nicht überschreiten.

2 Normal-Thermopaare

Geeignete Normal-Thermopaare werden aus Drähten mit einem gleichmäßigen Durchmesser von 0,35 mm bis 0,65 mm hergestellt. Die Thermoschenkel müssen vor Gebrauch vollständig ausgeglüht werden. Hierzu muß der Platindraht auf **mindestens 1100 °C und der Platin-Rhodium-Draht** auf mindestens 1450 °C erhitzt werden. Wenn vor dem Einbau in die Schutzrohre ausgeglüht wurde, muß das fertige Thermopaar noch einmal so lange auf mindestens 1100 °C erhitzt werden, bis sich seine Thermospannung stabilisiert hat und die durch mechanische Spannungen verursachten örtlichen Inhomogenitäten verschwunden sind. Wenn so ausgeglüht wurde, werden die in den Gln. (14) bzw. (15) angegebenen Grenzen von $\pm 3\,\mu V$ und $\pm 5\,\mu V$ für die Differenzen $E(t_{68}(Au)) - E(t_{68}(Ag))$ und $E(t_{68}(Au)) - E(630,74\,°C)$ eingehalten. Jedoch können diese Vorsichtsmaßnahmen bei laufendem Gebrauch wegen der dauernd wechselnden chemischen und physikalischen Inhomogenitäten in den Drähten im Bereich der Temperaturgradienten keine geringere Meßunsicherheit als $\pm 0,2\,°C$ gewährleisten.

3 Druck

Drücke können ausreichend genau entweder mit einem Kolbenmanometer oder einer Quecksilbersäule gemessen werden. Im Temperaturbereich von 0 °C bis 40 °C erhält man bei den für diese Messungen in Frage kommenden Drücken die mittlere Dichte von reinem Quecksilber bei t_{68} in einer barometrischen Säule, die dem zu messenden Druck p das Gleichgewicht hält, mit ausreichender Genauigkeit nach folgender Beziehung:

$$\rho\left(t_{68}, \frac{p}{2}\right) = \frac{\rho\,(20\,°C, p_0)}{[1 + A\,(t_{68} - 20\,°C) + B\,(t_{68} - 20\,°C)^2] \times \left[1 - \chi\left(\frac{p}{2} - p_0\right)\right]} \tag{17}$$

mit
$A = 18\,115 \times 10^{-8}\ °C^{-1}$
$B = 0{,}8 \times 10^{-8}\ °C^{-2}$
$\chi = 4 \times 10^{-11}\ Pa^{-1}$;

$\rho\,(20\,°C, p_0) = 13\,545{,}87\ kg\,m^{-3}$ ist die von reinem Quecksilber bei $t_{68} = 20\,°C$ unter einem Druck $p_0 = 101\,325\ Pa$ (= 1 atm). Einen genügend genauen Wert der örtlichen Fallbeschleunigung erhält man durch Anwendung des „Réseau Gravimétrique International Unifié 1971 (IGSN-71)" der „Union Géodésique et Géophysique Internationale"[1].

Der hydrostatische Druck in den Fixpunktgefäßen ruft kleine, aber nicht zu vernachlässigende Temperatureffekte hervor; diese sind in Tabelle 5 zusammengefaßt.

4 Tripelpunkt des Wassers

Die Temperatur des Tripelpunkts des Wassers kann in einem zugeschmolzenen Glasgefäß dargestellt werden, das nur Wasser von hoher Reinheit enthält, dessen Isotopenzusammensetzung im wesentlichen der des Ozeanwassers entsprechen muß. In einer Tiefe h unter der Flüssigkeits-Dampf-Oberfläche ergibt sich die Temperatur t_{68} des Gleichgewichts zwischen dem Eis und dem flüssigen Wasser nach der Beziehung

$$t_{68} = A + Bh \tag{18}$$

mit $A = 0{,}01\ °C$ und $B = -7 \times 10^{-4}\ m^{-1}\ °C$.

Zur Vorbereitung einer Tripelpunktzelle für die Messung empfiehlt es sich, durch Abkühlen von innen her um das Innenrohr herum eine dicke Eisschicht zu erzeugen und von dieser, wiederum von innen her, einen genügenden Teil schmelzen zu lassen, um auf diese Weise eine neue Wasser-Eis-Grenzfläche in unmittelbarer Nähe des Innenrohres zu erhalten. Die Temperatur im Innenrohr steigt in den ersten Stunden nach dem Herrichten der Zelle ziemlich rasch um einige zehntausendstel Kelvin an und wird nach 1 bis 3 Tagen konstant. Die Zelle sollte vor Strahlung geschützt werden. Mit einem so vorbereiteten und in einem Eisbad aufbewahrten Tripelpunktgefäß läßt sich eine auf ungefähr 0,1 mK konstante Temperatur über mehrere Monate halten. Die Temperaturunterschiede zwischen in geeigneter Weise hergestellten Zellen verschiedenen Ursprungs dürfen 0,2 mK nicht überschreiten.

Abweichungen in der Isotopenzusammensetzung des natürlich vorkommenden Wassers verursachen nachweisbare Differenzen der Tripelpunkttemperatur. Ozeanwasser enthält

---

[1] Procès-Verbaux C.I.P.M., 40, 1972 p. 29 Recommandation 2 (CI-1972)

ungefähr 0,16 mmol ^{2}H je mol Wasserstoff ^{1}H und 0,4 mmol ^{17}O und 2 mmol ^{18}O je mol ^{16}O. Dieser Anteil an schweren Isotopen ist praktisch der höchste, der in natürlich vorkommendem Wasser gefunden wird. Kontinentales Oberflächenwasser enthält normalerweise ungefähr 0,15 mmol ^{2}H je mol ^{1}H; Wasser aus Polarschnee enthält manchmal nur 0,1 mmol ^{2}H je mol ^{1}H.

Die Reinigung des Wassers kann seine Isotopenzusammensetzung geringfügig ändern; die Isotopenzusammensetzung an einer Eis-Wasser-Grenzfläche hängt etwas von der Art der Eiserzeugung ab.

Eine Zunahme um 10 μmol ^{2}H je mol ^{1}H entspricht einem Anstieg der Temperatur des Tripelpunkts um 40 μK. Dies ist die Differenz der Temperaturen der Tripelpunkte, die man mit Ozeanwasser und mit dem normal vorkommenden kontinentalen Oberflächenwasser erhält. Die größte Differenz der Tripelpunkttemperaturen natürlich vorkommender Wassersorten beträgt 0,25 mK.

5 Tripelpunkt, 17,042-K-Punkt und Siedepunkt des Gleichgewichtswasserstoffs

Wasserstoff hat zwei, durch die Vorsilben ,,Ortho'' und ,,Para'' bezeichnete, molekulare Modifikationen. Die im Gleichgewicht herrschende Zusammensetzung der Ortho-Para-Mischung ist temperaturabhängig. Sie beträgt bei Raumtemperatur 75 % Orthowasserstoff und 25 % Parawasserstoff (,,Normalwasserstoff''). Bei der Verflüssigung ändert sich die Zusammensetzung langsam mit der Zeit, und es treten entsprechende Änderungen in den physikalischen Eigenschaften auf. Beim Siedepunkt beträgt die Gleichgewichtszusammensetzung 0,21 % Ortho- und 99,79 % Parawasserstoff und die Temperatur ist um etwa 0,12 K niedriger als die des Normalwasserstoffes. Der Ausdruck ,,Gleichgewichtswasserstoff'' bedeutet in diesem Text, daß der Wasserstoff bei der betreffenden Temperatur seine Ortho-Para-Gleichgewichtszusammensetzung hat. Um bei der Darstellung dieser Fixpunkte durch eine unbekannte Zusammensetzung verursachte Fehler zu vermeiden, ist es ratsam, daß immer ein Katalysator, z. B. aktiviertes Eisenhydroxid, vorhanden ist, um die Gleichgewichtszusammensetzung des Wasserstoffes aufrechtzuerhalten.

Als Folge der Fraktionierung der Isotope besteht ein Unterschied von ungefähr 0,4 mK zwischen dem Taupunkt (verschwindend kleiner Flüssigkeitsanteil) und dem Siedepunkt (verschwindend kleiner Dampfanteil) von Gleichgewichtswasserstoff. Die normale Isotopenzusammensetzung von Wasserstoff ist 0,15 mmol ^{2}H je mol ^{1}H.

Für den Bereich von 13,81 K bis 23 K gibt folgende Gleichung die Temperatur T_{68} in Abhängigkeit von dem Dampfdruck p des Gleichgewichtswasserstoffes mit einer Unsicherheit von einigen Millikelvin wieder

$$\lg \frac{p}{p_0} = A + \frac{B}{T_{68}} + CT_{68} + DT_{68}^2 \tag{19}$$

mit

$$A = 1,711\,466 \qquad B = -\,44,010\,46 \text{ K}$$
$$C = 0,023\,590\,9 \text{ K}^{-1} \qquad D = -\,0,000\,048\,017 \text{ K}^{-2}$$
$$p_0 = 101\,325 \text{ Pa.}$$

6 Siedepunkt des Neons

Die normale Isotopenzusammensetzung des Neons ist 2,7 mmol ^{21}Ne und 92 mmol ^{22}Ne auf 0,905 mol ^{20}Ne. Wie bei Wasserstoff besteht ein Unterschied von ungefähr 0,4 mK zwischen dem Taupunkt und dem Siedepunkt des normalen Neons.

Für den Bereich von 27 K bis 27,2 K gibt folgende Gleichung die Temperatur T_{68} in Abhängigkeit von dem Neon-Dampfdruck mit einer Unsicherheit von $\pm\,0,2$ mK wieder

$$T_{68} = \left[27,102 + 3,314\,4\left(\frac{p}{p_0} - 1\right) - 1,24\left(\frac{p}{p_0} - 1\right)^2 + 0,74\left(\frac{p}{p_0} - 1\right)^3\right]\text{K}. \tag{20}$$

7 Tripelpunkt der Argons

Verunreinigungen durch N_2, CO, O_2 und CH_4 mit einem Anteil von $1 \cdot 10^{-6}$ ändern die Gleichgewichtstemperatur um bis zu $-30\,\mu\text{K}$.

8 Tripelpunkt und Taupunkt des Sauerstoffs

In diesem Fall zieht man den Taupunkt dem Siedepunkt vor, weil der Taupunkt relativ unabhängig vom Grad der Verunreinigung mit flüchtigen Substanzen ist.

Große Sorgfalt sollte angewandt werden, um eine Verunreinigung durch Argon zu vermeiden, da diese den Taupunkt senken kann, ohne die Temperaturdifferenz zwischen dem Taupunkt und dem Siedepunkt merklich zu verändern. Diese Differenz wird aber allgemein als ungefährer Hinweis auf den Verunreinigungsgrad herangezogen.

Für den Bereich von 90,1 K bis 90,3 K gibt folgende Gleichung die Temperatur T_{68} in Abhängigkeit von dem Dampfdruck p des Sauerstoffs mit einer Unsicherheit von $\pm\,0,1$ mK wieder

$$T_{68} = \left[90,188 + 9,564\,8\left(\frac{p}{p_0} - 1\right) - 3,69\left(\frac{p}{p_0} - 1\right)^2 + 2,22\left(\frac{p}{p_0} - 1\right)^3\right]\text{K}. \tag{21}$$

9 Siedepunkt des Wassers

Für den Bereich von 99,9 °C bis 100,1 °C gibt die folgende Gleichung die Temperatur t_{68} in Abhängigkeit von dem Dampfdruck p des Wassers mit einer Unsicherheit von $\pm\,0,1$ mK wieder

$$t_{68} = \left[100 + 28,021\,6\left(\frac{p}{p_0} - 1\right) - 11,642\left(\frac{p}{p_0} - 1\right)^2 + 7,1\left(\frac{p}{p_0} - 1\right)^3\right]\,°\text{C}. \tag{22}$$

Die Isotopenzusammensetzung sollte die des Ozeanwassers sein. Eine Änderung in dem ^{2}H-Anteil des Wassers führt zu einer Änderung der Temperatur des Wassersiedepunktes in derselben Richtung, aber dreimal geringer als bei der Temperatur des Tripelpunktes.

10 Erstarrungspunkte des Zinns und des Zinks

Sehr gut reproduzierbare Temperaturen kann man dadurch verwirklichen, daß man während des langsamen Erstarrens von sehr reinen Metallen den horizontalen Teil der Temperatur-Zeit-Kurve beobachtet.

Bei der Bestimmung von Erstarrungspunkten ist durch ein geeignetes Abkühlverfahren dafür zu sorgen, daß der Temperaturfühler so nahe wie möglich von einer Grenzfläche festflüssig umgeben wird und daß er sich mit dieser im thermischen Gleichgewicht befindet. Kurz nach dem Beginn der Kristallisation muß sich entweder an der Tiegelwandung eine sich verstärkende vollständige feste Hülle oder auf dem Schutzrohr für das Thermometer ein vollständiger fester Mangel befinden. Die Temperatur des Gleichgewichts zwischen festem und flüssigem Metall ändert sich etwas mit dem Druck. Die Werte für diese Änderungen sind in Tabelle 5 aufgeführt.

11 Erstarrungspunkte des Silbers und des Goldes

Die Temperaturen des Gleichgewichts zwischen den festen und flüssigen Phasen des Silbers und des Goldes können in abgedeckten Schmelztiegeln aus sehr reinem künstlichen Graphit, aus keramischem Material oder aus Quarzglas dargestellt werden.

Der Erstarrungspunkt des Silbers wird durch relativ kleine Sauerstoffmengen, die sich in der flüssigen Phase lösen können, herabgesetzt. Daher soll die Silberschmelze von einer inerten oder reduzierenden Atmosphäre umgeben sein.

12 Sekundäre Bezugstemperaturen

Zusätzlich zu den in Tabelle 1 angegebenen definierenden Fixpunkten der IPTS-68 kennt man weitere Bezugstemperaturen. In Tabelle 6 sind einige davon aufgeführt.

13 Die geschichtliche Entwicklung der Internationalen Temperaturskalen

Um die praktischen Schwierigkeiten der direkten Darstellung thermodynamischer Temperaturen mit Hilfe von Gasthermometern zu überwinden und um die bestehenden nationalen Temperaturskalen zu vereinheitlichen, wurde im Jahre 1927 die Internationale Temperaturskala angenommen. Sie ist von der 7. Generalkonferenz für Maß und Gewicht mit dem Ziel eingeführt worden, eine praktische Temperaturskala zur Verfügung zu stellen, die leicht und genau reproduzierbar war und eine möglichst genaue Annäherung an die thermodynamischen Temperaturen, wie sie zu jener Zeit bestimmt werden konnten, lieferte.

Die Internationale Temperaturskala von 1927 ist 1948 revidiert worden. Die experimentellen Verfahren für die Realisierung der Internationalen Temperaturskala blieben nahezu gleich; jedoch wurden zwei Änderungen an der Definition der Skala vorgenommen, die zu merklichen Änderungen der den gemessenen Temperaturen zugeordneten Zahlenwerte führten. Die Änderung des Temperaturwertes des Erstarrungspunkts des Silbers von 960,5 $^\circ$C auf 960,8 $^\circ$C führte zu einer Änderung der mit dem Normalthermopaar (Bereich 630 $^\circ$C bis 1063 $^\circ$C) gemessenen Temperaturen; die größte Differenz betrug ungefähr 0,4 K in der Nähe von 800 $^\circ$C. Die Annahme des Wertes von 0,014 38 m · K anstelle von 0,014 32 m · K für die Strahlungskonstante c_2 führte zu einer Änderung sämtlicher Temperaturen oberhalb des Erstarrungspunkts des Goldes, während die Verwendung der *Planck*schen Strahlungsformel anstelle der *Wien*schen Formel sich bei sehr hohen Temperaturen auswirkte. Temperaturen oberhalb des Erstarrungspunkts des Goldes wurden z. B. um 2,2 K bei 1500 $^\circ$C und um 6 K bei 2000 $^\circ$C erniedrigt. Neben der Annahme dieser Revision der Internationalen Temperaturskala von 1948 beschloß die 9. Generalkonferenz für Maß und Gewicht, um eine international einheitliche Nomenklatur sicherzustellen, die Worte „centigrade" und sein Äquivalent „centésimal" zugunsten des Wortes „Celsius" aufzugeben. So erhielt von da an das Einheitenzeichen „$^\circ$C" die Bedeutung von „Grad Celsius".

Eine verbesserte Ausgabe der Skala von 1948 wurde von der 11. Generalkonferenz für Maß und Gewicht unter dem neuen Namen „Internationale Praktische Temperaturskala von 1948 (verbesserte Ausgabe von 1960)" angenommen, mit der abgekürzten Bezeichnung IPTS-48. Alle Zahlenwerte der Temperaturen blieben dieselben wie 1948. Die neue Ausgabe enthielt die neue Definition des Kelvin (damals Grad Kelvin). Weil man zu diesem Zeitpunkt außerdem erkannt hatte, daß die IPTS die thermodynamischen Temperaturen nicht mehr so genau wie möglich wiedergab, enthielt der Text einen Abschnitt über die Unterschiede zwischen den beiden Skalen.

Um diese Unterschiede wieder in die Unsicherheitsgrenzen zu bringen, mit denen damals (1967) die thermodynamischen Temperaturen bekannt waren, und die Skala zu tiefen Temperaturen hin auszudehnen, wurde die IPTS-68 geschaffen.

Die IPTS-68 unterscheidet sich von der IPTS-48 in den folgenden Punkten: Anstelle von 90,18 K ist die untere Grenze jetzt 13,81 K. Die einer Anzahl von definierenden Fixpunkten zugeordneten Werte sind geändert worden. Die einzigen zahlenmäßig unverändert gebliebenen Punkte der IPTS-48 sind der Tripelpunkt des Wassers, der durch Definition endgültig festgelegt ist, und der Siedepunkt des Wassers. Die Interpolationsinstrumente bleiben dieselben wie vorher, aber bei dem Platin-Widerstandsthermometer muß das Widerstandsverhältnis W(100 °C) jetzt mindestens 1,3925 anstelle von 1,3920 betragen. Im Temperaturbereich von 90,188 K bis 273,15 K wird die *Callendar-Van-Dusen*-Gleichung nicht mehr für die Interpolation benutzt. Statt dessen wird die Bezugsfunktion W_{CCT-68} (T_{68}) verwendet. Oberhalb von 0 °C ist die *Callendar*-Gleichung so abgeändert worden, daß die interpolierten Temperaturwerte besser mit den Werten der thermodynamischen Temperatur übereinstimmen. Schließlich hat man einen genaueren Wert der Konstanten c_2, nämlich 0,014388 m · K, der *Planck*schen Gleichung zur Bestimmung von Temperaturen oberhalb des Erstarrungspunkts des Goldes eingeführt. Die Auswirkungen aller dieser Änderungen sind in Tabelle 7 zusammengefaßt.

Im Bereich von 13,81 K bis 90,188 K beruht die IPTS-68 auf dem Mittel von vier „nationalen Skalen" und auf den „besten" Temperaturen, die für die definierenden Fixpunkte ausgewählt wurden. Jede dieser sehr gut reproduzierbaren nationalen Skalen ist mit Hilfe von Platin-Widerstandsthermometern definiert worden, die mit einem Gasthermometer kalibriert worden waren.

Die Unterschiede zwischen der IPTS-68 und den nationalen Skalen sind in Metrologia 5 (1969), S. 47 veröffentlicht.

Der vorliegende Text ist eine verbesserte Fassung des Textes der IPTS-68 aus dem Jahre 1968. Die den definierenden Fixpunkten zugeordneten Werte und die Interpolationsmethoden bleiben gleich. Abgesehen von einigen kleinen redaktionellen Verbesserungen, unterscheidet sich der vorliegende Text von dem Text von 1968 in den folgenden Punkten:

Als möglicher Ersatz für den Siedepunkt des Sauerstoffs wurde der Tripelpunkt des Argons eingeführt.

Die Bezugsfunktion W_{CCT-68} für den Bereich unterhalb von 0 °C wird in verbesserter Form angegeben (Gl. (5), die die Gl. (22) im Text von 1968 ersetzt). Die aus diesen beiden Gleichungen sich ergebenden Werte von T_{68} sind praktisch gleich (auf ± 10 μK). Deshalb kann die Fassung im Text von 1968 weiterhin verwendet werden.

Die Kriterien für die Auswahl der Thermopaare (Gln. (13) bis (15) des vorliegenden Textes) wurden geändert.

Einige Widersprüchlichkeiten und Mängel in den Ergänzenden Hinweisen (Abschnitt III) wurden gestrichen und zusätzliche Informationen hinzugefügt.

Die Werte einiger sekundärer Bezugspunkte (Tabelle 6) wurden geändert.

Die in der ursprünglichen Fassung der IPTS-68 enthaltene Tabelle, die angab, mit welchen geschätzten Unsicherheiten die den definierenden Fixpunkten zugeordneten Werte ihren thermodynamischen Temperaturen entsprachen, wurde gestrichen. Diese Unsicherheiten waren, ausgehend von den besten Ergebnissen, über die man zum Zeitpunkt der Abfassung der IPTS-68 verfügte, ermittelt worden. Seitdem haben neue Arbeiten erkennen lassen, daß die IPTS-68 oberhalb 0,01 °C, sowohl an den definierenden Fixpunkten als auch zwischen ihnen wahrscheinlich um mehr als die angegebenen Unsicherheiten von der thermodynamischen Temperatur abweicht. Das Comité Consultatif de Thermométrie (CCT) wird deshalb von Zeit zu Zeit neue Abschätzungen dieser Unsicherheiten veröffentlichen.

Eine Anzahl kürzlich durchgeführter Messungen zeigt, daß die Temperaturen T_{58} und T_{62}, die in der „^{4}He-Skala 1958" bzw. in der „^{3}He-Skala 1962" angegeben werden, sich beträchtlich von den entsprechenden thermodynamischen Temperaturen unterscheiden. Deshalb wurde der Hinweis im Text, mit dem die Verwendung dieser Skalen für tiefe Temperaturen empfohlen wurde, weggelassen. Es ist zu erwarten, daß das CCT für tiefe Temperaturen andere Skalen empfehlen wird, die in der Zeitschrift Metrologia veröffentlich werden sollen.

Tabelle 1: Definierende Fixpunkte der IPTS-68[a]

Gleichgewichtszustand	Zugeordnete Werte der Internationalen Praktischen Temperatur	
	T_{68}/K	$t_{68}/°C$
Gleichgewicht zwischen der festen, flüssigen und dampfförmigen Phase des Gleichgewichtswasserstoffs (Tripelpunkt des Gleichgewichtswasserstoffs)[b]	13,81	−259,34
Gleichgewicht zwischen der flüssigen und dampfförmigen Phase des Gleichgewichtswasserstoffs beim Druck 33 330,6 Pa (= 25/76 atm)[b, c]	17,042	−256,108
Gleichgewicht zwischen der flüssigen und dampfförmigen Phase des Gleichgewichtswasserstoffs (Siedepunkt des Gleichgewichtswasserstoffs)[b, c]	20,28	−252,87
Gleichgewicht zwischen der flüssigen und dampfförmigen Phase des Neons (Siedepunkt des Neons)[c]	27,102	−246,048
Gleichgewicht zwischen der festen, flüssigen und dampfförmigen Phase des Sauerstoffs (Tripelpunkt des Sauerstoffs)	54,361	−218,789
Gleichgewicht zwischen der festen, flüssigen und dampfförmigen Phase des Argons (Tripelpunkt des Argons)[d]	83,798	−189,352
Gleichgewicht zwischen der flüssigen und dampfförmigen Phase des Sauerstoffs (Taupunkt des Sauerstoffs)[c, d]	90,188	−182,962
Gleichgewicht zwischen der festen, flüssigen und dampfförmigen Phase des Wassers (Tripelpunkt des Wassers)	273,16	0,01
Gleichgewicht zwischen der flüssigen und dampfförmigen Phase des Wassers (Siedepunkt des Wassers)[e]	373,15	100
Gleichgewicht zwischen der festen und flüssigen Phase des Zinns (Erstarrungspunkt des Zinns)[e]	505,1181	231,9681
Gleichgewicht zwischen der festen und flüssigen Phase des Zinks (Erstarrungspunkt des Zinks)	692,73	419,58
Gleichgewicht zwischen der festen und flüssigen Phase des Silbers (Erstarrungspunkt des Silbers)	1 235,08	961,93
Gleichgewicht zwischen der festen und flüssigen Phase des Goldes (Erstarrungspunkt des Goldes)	1 337,58	1 064,43

s. Fußnoten Seite 376

a) Mit Ausnahme der Tripelpunkte und eines Fixpunkts des Gleichgewichtswasserstoffs (17,042 K) entsprechen die zugeordneten Temperaturwerte Gleichgewichtszuständen bei einem Druck $p_0 =$ = 101 325 Pa (= 1 atm). Tabelle 5 zeigt die Auswirkungen kleiner Abweichungen von diesem Druck. In den Fällen, wo eine unterschiedliche Isotopenzusammensetzung die Temperatur des Fixpunkts entscheidend beeinflussen könnte, muß die in Abschnitt III angegebene Zusammensetzung verwendet werden.

b) Der Begriff Gleichgewichtswasserstoff wird in Abschnitt III, 5 definiert.

c) Wegen der Fraktionierung der Isotope oder der Verunreinigungen müssen für Wasserstoff und Neon die Siedepunkte (verschwindend kleiner Dampfanteil) und für Sauerstoff der Taupunkt (verschwindend kleiner Flüssigkeitsanteil) verwendet werden (s. Abschnitt III).

d) Der Tripelpunkt des Argons kann anstelle des Taupunkts des Sauerstoffs verwendet werden.

e) Der Erstarrungspunkt des Zinns ($t' = 231{,}929\,2\,°C$ (s. Gl. 10)) kann anstelle des Siedepunkts des Wassers verwendet werden.

Tabelle 2: Koeffizienten a_j der Bezugsfunktion für Platin-Widerstandsthermometer für den Temperaturbereich von 13,81 K bis 273,15 K

j	a_j	j	a_j
0	38,592 76	10	239,502 85
1	43,448 37	11	524,649 44
2	39,108 87	12	− 319,799 81
3	38,693 52	13	− 787,606 86
4	32,568 83	14	179,547 82
5	24,701 58	15	700,428 32
6	53,038 28	16	29,486 66
7	77,357 67	17	− 335,243 78
8	− 95,751 03	18	− 77,256 60
9	− 223,528 92	19	66,762 92
		20	24,449 11

Bei $T_{68} = 373{,}15$ K ist der Wert von $W_{CCT\text{-}68}$ (T_{68}) 1,392 596 68.

Bei $T_{68} = 273{,}15$ K haben die Bezugsfunktion $W_{CCT\text{-}68}$ (T_{68}) beziehungsweise ihre erste und zweite Ableitung die gleichen Werte wie die Funktion $W(t_{68})$, die definiert ist durch die Gln. (10) und (11) mit $\alpha = 3{,}925\,966\,8 \cdot 10^{-3}\,°C^{-1}$ und $\delta = 1{,}496\,334\,°C$, sowie deren erste und zweite Ableitung.

Eine Tabelle dieser Bezugsfunktion, die so fein gestuft ist, daß eine lineare Interpolation mit einer Unsicherheit von 0,1 mK möglich ist, kann vom *Bureau International des Poids et Mesures*, F-92310 Sèvres, Frankreich, bezogen werden. Tabelle 3 ist ein Auszug aus dieser Tabelle.

Tabelle 3: Werte des Widerstandsverhältnisses $W_{CCT\text{-}68}$ (T_{68}) entsprechend Gl. (5) bei ganzzahligen Werten von T_{68}

$\dfrac{T_{68}}{K}$	$W_{CCT\text{-}68}\,(T_{68})$	$\dfrac{T_{68}}{K}$	$W_{CCT\text{-}68}\,(T_{68})$	$\dfrac{T_{68}}{K}$	$W_{CCT\text{-}68}\,(T_{68})$	$\dfrac{T_{68}}{K}$	$W_{CCT\text{-}68}\,(T_{68})$
13	0,001 230 63						
14	0,001 459 74						
15	0,001 745 42	80	0,199 582 13	145	0,477 696 81	210	0,745 730 27
16	0,002 094 75	81	0,203 917 13	146	0,481 884 56	211	0,749 798 46
17	0,002 515 12	82	0,208 254 41	147	0,486 069 86	212	0,753 865 19
18	0,003 014 29	83	0,212 593 49	148	0,490 252 74	213	0,757 930 48
19	0,003 599 62	84	0,216 933 90	149	0,494 433 23	214	0,761 994 32
20	0,004 277 80	85	0,221 275 23	150	0,498 611 35	215	0,766 056 74
21	0,005 054 94	86	0,225 617 10	151	0,502 787 12	216	0,770 117 73
22	0,005 936 68	87	0,229 959 15	152	0,506 960 59	217	0,774 177 30
23	0,006 928 05	88	0,234 301 04	153	0,511 131 76	218	0,778 235 46
24	0,008 033 15	89	0,238 642 47	154	0,515 300 67	219	0,782 292 21
25	0,009 255 05	90	0,242 983 17	155	0,519 467 34	220	0,786 347 56
26	0,010 595 85	91	0,247 322 86	156	0,523 631 80	221	0,790 401 52
27	0,012 056 90	92	0,251 661 33	157	0,527 794 06	222	0,794 454 09
28	0,013 639 02	93	0,255 998 34	158	0,531 954 16	223	0,798 505 27
29	0,015 342 62	94	0,260 333 69	159	0,536 112 11	224	0,802 555 08
30	0,017 167 67	95	0,264 667 22	160	0,540 267 95	225	0,806 603 51
31	0,019 113 64	96	0,268 998 74	161	0,544 421 68	226	0,810 650 58
32	0,021 179 45	97	0,273 328 12	162	0,548 573 33	227	0,814 696 29
33	0,023 363 45	98	0,277 655 20	163	0,552 722 93	228	0,818 740 64
34	0,025 663 36	99	0,281 979 88	164	0,556 870 49	229	0,822 783 64
35	0,028 076 45	100	0,286 302 04	165	0,561 016 04	230	0,826 825 29
36	0,030 599 53	101	0,290 621 57	166	0,565 159 59	231	0,830 865 61
37	0,033 229 13	102	0,294 938 40	167	0,569 301 16	232	0,834 904 59
38	0,035 961 58	103	0,299 252 43	168	0,573 440 78	233	0,838 942 24
39	0,038 793 05	104	0,303 563 60	169	0,577 578 46	234	0,842 978 57
40	0,041 719 69	105	0,307 871 85	170	0,581 714 21	235	0,847 013 57
41	0,044 737 61	106	0,312 177 13	171	0,585 848 06	236	0,851 047 26
42	0,047 842 92	107	0,316 479 38	172	0,589 980 02	237	0,855 079 64
43	0,051 031 77	108	0,320 778 58	173	0,594 110 12	238	0,859 110 71
44	0,054 300 35	109	0,325 074 68	174	0,598 238 36	239	0,863 140 48
45	0,057 644 87	110	0,329 367 66	175	0,602 364 76	240	0,867 168 95
46	0,061 061 59	111	0,333 657 50	176	0,606 489 34	241	0,871 196 12
47	0,064 546 82	112	0,337 944 18	177	0,610 612 12	242	0,875 222 01
48	0,068 096 93	113	0,342 227 69	178	0,614 733 10	243	0,879 246 61
49	0,071 708 34	114	0,346 508 02	179	0,618 852 30	244	0,883 269 93
50	0,075 377 58	115	0,350 785 17	180	0,622 969 74	245	0,887 291 97
51	0,079 101 22	116	0,355 059 14	181	0,627 085 43	246	0,891 312 73
52	0,082 875 95	117	0,359 329 93	182	0,631 199 38	247	0,895 332 23
53	0,086 698 57	118	0,363 597 55	183	0,635 311 61	248	0,899 350 46
54	0,090 565 98	119	0,367 862 01	184	0,639 422 13	249	0,903 367 42
55	0,094 475 19	120	0,372 123 32	185	0,643 530 95	250	0,907 383 13
56	0,098 423 37	121	0,376 381 49	186	0,647 638 08	251	0,911 397 57
57	0,102 407 77	122	0,380 636 54	187	0,651 743 54	252	0,915 410 77
58	0,106 425 83	123	0,384 888 49	188	0,655 847 33	253	0,919 422 71
59	0,110 475 06	124	0,389 137 36	189	0,659 949 47	254	0,923 433 40
60	0,114 553 15	125	0,393 383 17	190	0,664 049 98	255	0,927 442 85
61	0,118 657 89	126	0,397 625 94	191	0,668 148 85	256	0,931 451 05
62	0,122 787 20	127	0,401 865 69	192	0,672 246 10	257	0,935 458 02
63	0,126 939 14	128	0,406 102 45	193	0,676 341 74	258	0,939 463 74
64	0,131 111 86	129	0,410 336 25	194	0,680 435 78	259	0,943 468 23
65	0,135 303 64	130	0,414 567 11	195	0,684 528 24	260	0,947 471 48
66	0,139 512 87	131	0,418 795 06	196	0,688 619 11	261	0,951 473 51
67	0,143 738 04	132	0,423 020 13	197	0,692 708 41	262	0,955 474 29
68	0,147 977 72	133	0,427 242 34	198	0,696 796 15	263	0,959 473 85
69	0,152 230 60	134	0,431 461 73	199	0,700 882 34	264	0,963 472 19
70	0,156 495 43	135	0,435 678 32	200	0,704 966 98	265	0,967 469 29
71	0,160 771 07	136	0,439 892 14	201	0,709 050 09	266	0,971 465 17
72	0,165 056 44	137	0,444 103 22	202	0,713 131 67	267	0,975 459 82
73	0,169 350 52	138	0,448 311 59	203	0,717 211 73	268	0,979 453 25
74	0,173 652 39	139	0,452 517 29	204	0,721 290 28	269	0,983 445 45
75	0,177 961 17	140	0,456 720 33	205	0,725 367 32	270	0,987 436 43
76	0,182 276 04	141	0,460 920 75	206	0,729 442 87	271	0,991 426 18
77	0,186 596 26	142	0,465 118 58	207	0,733 516 94	272	0,995 414 71
78	0,190 921 11	143	0,469 313 85	208	0,737 589 52	273	0,999 402 01
79	0,195 249 93	144	0,473 506 58	209	0,741 660 63		

Tabelle 4: Werte des Widerstandsverhältnisses W_{CCT-68} (T_{68}) bei den Fixpunkttemperaturen nach der in Tabelle 2 angegebenen Bezugsfunktion

Fixpunkt	T_{68}/K	$t_{68}/^{\circ}C$	W_{CCT-68}
Tripelpunkt des Gleichgewichtswasserstoffs	13,81	− 259,34	0,001 412 06
Siedetemperatur des Gleichgewichtswasserstoffs beim Druck 33330,6 Pa (= 25/76 atm)	17,042	− 256,108	0,002 534 44
Siedepunkt des Gleichgewichtswasserstoffs	20,28	− 252,87	0,004 485 17
Siedepunkt des Neons	27,102	− 246,048	0,012 212 72
Tripelpunkt des Sauerstoffs	54,361	− 218,789	0,091 972 52
Tripelpunkt des Argons	83,798	− 189,352	0,216 057 05
Taupunkt des Sauerstoffs	90,188	− 182,962	0,243 799 09
	273,15	0	1
Siedepunkt des Wassers	373,15	100	1,392 596 68

Tabelle 5: Druckeinfluß auf die Temperaturen einiger definierender Fixpunkte und sekundärer Bezugspunkte

Stoffe	T_{68}/K	Druckkoeffizient	
		Millikelvin je 101 325 Pa (= 1 atm)	Millikelvin je Meter Flüssigkeit
	Zugeordneter Wert der Gleichgewichtstemperatur		
Gleichgewichtswasserstoff	13,81*	34	0,25
Sauerstoff	54,361*	12	1,5
Argon	83,798*	25	3,3
Wasser	273,16*	− 7,5	− 0,7
Zinn	505,118 1**	3,3	2,2
Zink	692,73**	4,3	2,7
Silber	1 235,08**	6,0	5,4
Gold	1 337,58**	6,1	10
Neon	24,561*	16	1,9
Quecksilber	234,314**	5,4	7,1
Indium	429,784**	4,9	3,3
Wismut	544,592**	− 3,5	− 3,4
Cadmium	594,258**	6,2	4,8
Blei	600,652**	8,0	8,2
Antimon	903,905**	0,85	0,5

* Tripelpunkt
** Erstarrungspunkt bei 101 352 Pa (= 1 atm)

Tabelle 6: Sekundäre Bezugspunkte[a]

Gleichgewichtszustand[b]	Werte der Internationalen Praktischen Temperatur	
	T_{68}/K	$t_{68}/°\text{C}$
Gleichgewicht zwischen der festen, flüssigen und dampfförmigen Phase des Normalwasserstoffs (Tripelpunkt des Normalwasserstoffs)	13,956	− 259,194
Gleichgewicht zwischen der flüssigen und dampfförmigen Phase des Normalwasserstoffs (Siedepunkt des Normalwasserstoffs)	20,397	− 252,753

$$\lg \frac{p}{p_0} = A + \frac{B}{T_{68}} + CT_{68} + DT_{68}^2 \qquad (23)$$

$$A = 1,734\,791 \qquad B = -44,623\,68 \text{ K}$$
$$C = 0,023\,186\,9 \text{ K}^{-1} \qquad D = -0,000\,048\,017 \text{ K}^{-2}$$

für den Temperaturbereich von 13,956 K bis 30 K

Gleichgewicht zwischen der festen, flüssigen und dampfförmigen Phase des Neons (Tripelpunkt des Neons)	24,561	− 248,589
Gleichgewicht zwischen der flüssigen und dampfförmigen Phase des Neons		

$$\lg \frac{p}{p_0} = A + \frac{B}{T_{68}} + CT_{68} + DT_{68}^2 \qquad (24)$$

$$A = 4,611\,52 \qquad B = -106,385\,1 \text{ K}$$
$$C = -0,036\,833\,1 \text{ K}^{-1} \qquad D = 4,248\,92 \cdot 10^{-4} \text{ K}^{-2}$$

für den Temperaturbereich von 24,561 K bis 40 K

Gleichgewicht zwischen der festen, flüssigen und dampfförmigen Phase des Stickstoffs (Tripelpunkt des Stickstoffs)	63,146	− 210,004
Gleichgewicht zwischen der flüssigen und dampfförmigen Phase des Stickstoffs (Siedepunkt des Stickstoffs)	77,344	− 195,806

$$\lg \frac{p}{p_0} = A + \frac{B}{T_{68}} + C \lg \frac{T_{68}}{T_0} + DT_{68} + ET_{68}^2 \qquad (25)$$

$$A = 5,893\,271 \qquad B = -403,960\,46 \text{ K}$$
$$C = -2,366\,8 \qquad D = -0,014\,281\,5 \text{ K}^{-1}$$
$$E = 72,587\,2 \cdot 10^{-6} \text{ K}^{-2} \qquad T_0 = 77,344 \text{ K}$$

für den Temperaturbereich von 63,146 K bis 84 K

Gleichgewicht zwischen der flüssigen und dampfförmigen Phase des Argons (Siedepunkt des Argons)	87,294	− 185,856
Gleichgewicht zwischen der flüssigen und dampfförmigen Phase des Sauerstoffs		

$$\lg \frac{p}{p_0} = A + \frac{B}{T_{68}} + C \lg \frac{T_{68}}{T_0} + DT_{68} + ET_{68}^2 \qquad (26)$$

$$A = 5,961\,546 \qquad B = -467,455\,76 \text{ K}$$
$$C = -1,664\,512 \qquad D = -0,013\,213\,01 \text{ K}^{-1}$$
$$E = 50,804\,1 \cdot 10^{-6} \text{ K}^{-2} \qquad T_0 = 90,188 \text{ K}$$

für den Temperaturbereich von 54,361 K bis 94 K

Fortsetzung, Tabelle 6

Gleichgewichtszustand[b]	Werte der Internationalen Praktischen Temperatur	
	T_{68}/K	$t_{68}/°\text{C}$
Gleichgewicht zwischen der festen und dampfförmigen Phase des Kohlendioxids (Sublimationspunkt des Kohlendioxids) $$T_{68} = \left[194{,}674 + 12{,}264\left(\frac{p}{p_0} - 1\right) - 9{,}15\left(\frac{p}{p_0} - 1\right)^2\right]\text{K} \quad (27)$$ für den Temperaturbereich von 194 K bis 195 K	194,674	− 78,476
Gleichgewicht zwischen der festen und flüssigen Phase des Quecksilbers (Erstarrungspunkt des Quecksilbers)[c]	234,314	− 38,836
Gleichgewicht zwischen Eis und luftgesättigtem Wasser (Erstarrungspunkt des Wassers)[d]	273,15	0
Gleichgewicht zwischen der festen, flüssigen und dampfförmigen Phase des Diphenyläthers (Tripelpunkt des Diphenyläthers)	300,02	26,87
Gleichgewicht zwischen der festen, flüssigen und dampfförmigen Phase der Benzoesäure (Tripelpunkt der Benzoesäure)	395,52	122,37
Gleichgewicht zwischen der festen und flüssigen Phase des Indiums (Erstarrungspunkt des Indiums)[c]	429,784	156,634
Gleichgewicht zwischen der festen und flüssigen Phase des Wismuts (Erstarrungspunkt des Wismuts)[c]	544,592	271,442
Gleichgewicht zwischen der festen und flüssigen Phase des Cadmiums (Erstarrungspunkt des Cadmiums)[c]	594,258	321,108
Gleichgewicht zwischen der festen und flüssigen Phase des Bleis (Erstarrungspunkt des Bleis)[c]	600,652	327,502
Gleichgewicht zwischen der flüssigen und dampfförmigen Phase des Quecksilbers (Siedepunkt des Quecksilbers) $$t_{68} = \left[356{,}66 + 55{,}552\left(\frac{p}{p_0} - 1\right) - 23{,}03\left(\frac{p}{p_0} - 1\right)^2 + \right.$$ $$\left. + 14{,}0\left(\frac{p}{p_0} - 1\right)^3\right]°\text{C} \quad (28)$$ für p = 90 kPa bis 104 kPa	629,81	356,66
Gleichgewicht zwischen der flüssigen und dampfförmigen Phase des Schwefels (Siedepunkt des Schwefels) $$t_{68} = \left[444{,}674 + 69{,}010\left(\frac{p}{p_0} - 1\right) - \right.$$ $$\left. - 27{,}48\left(\frac{p}{p_0} - 1\right)^2 + 19{,}14\left(\frac{p}{p_0} - 1\right)^3\right]°\text{C} \quad (29)$$ für p = 90 kPa bis 104 kPa	717,824	444,674
Gleichgewicht zwischen der festen und flüssigen Phase des Kupfer-Aluminium-Eutektikums	821,41	548,26
Gleichgewicht zwischen der festen und flüssigen Phase des Antimons (Erstarrungspunkt des Antimons)[c]	903,905	630,755
Gleichgewicht zwischen der festen und flüssigen Phase des Aluminiums (Erstarrungspunkt des Aluminiums)	933,61	660,46
Gleichgewicht zwischen der festen und flüssigen Phase des Kupfers (Erstarrungspunkt des Kupfers)	1 358,03	1 084,88

Fortsetzung, Tabelle 6

Gleichgewichtszustand[b]	Werte der Internationalen Praktischen Temperatur	
	T_{68}/K	$t_{68}/°C$
Gleichgewicht zwischen der festen und flüssigen Phase des Nickels (Erstarrungspunkt des Nickels)	1 728	1 455
Gleichgewicht zwischen der festen und flüssigen Phase des Kobalts (Erstarrungspunkt des Kobalts)	1 768	1 495
Gleichgewicht zwischen der festen und flüssigen Phase des Palladiums (Erstarrungspunkt des Palladiums)	1 827	1 554
Gleichgewicht zwischen der festen und flüssigen Phase des Platins (Erstarrungspunkt des Platins)	2 042	1 769
Gleichgewicht zwischen der festen und flüssigen Phase des Rhodiums (Erstarrungspunkt des Rhodiums)	2 236	1 963
Gleichgewicht zwischen der festen und flüssigen Phase des Aluminiumoxids, Al_2O_3 (Schmelztemperatur des Aluminiumoxids)	2 327	2 054
Gleichgewicht zwischen der festen und flüssigen Phase des Iridiums (Erstarrungspunkt des Iridiums)	2 720	2 447
Gleichgewicht zwischen der festen und flüssigen Phase des Niobiums (Schmelztemperatur des Niobiums)	2 750	2 477
Gleichgewicht zwischen der festen und flüssigen Phase des Molybdäns (Schmelztemperatur des Molybdäns)	2 896	2 623
Gleichgewicht zwischen der festen und flüssigen Phase des Wolframs (Schmelztemperatur des Wolframs)	3 695	3 422

a) Die in dieser Tabelle aufgeführten Temperaturen sind die besten, die zum Zeitpunkt der Zusammenstellung vorlagen. Es ist gegenwärtig nicht möglich, diesen Temperaturen Meßunsicherheiten zuzuordnen; die Fehler können einige Einheiten der letzten angegebene Stelle betragen. Man beabsichtigt, Schätzungen der Unsicherheiten dieser Temperaturen durchzuführen, und sie von Zeit zu Zeit unter Aufsicht des *Comité International des Poids et Mesures* zu veröffentlichen.

b) Mit Ausnahme der Tripelpunkte und der Fälle, wo ein bestimmter Druckbereich ausdrücklich zugelassen ist, gelten die Gleichgewichtszustände in dieser Tabelle für einen Druck p_0 = 101 325 Pa (= 1 atm).

c) Der Druckeinfluß auf diesen Erstarrungspunkt ist in Tabelle 5 angegeben.

d) Der Eispunkt ist eine sehr gute Annäherung an die Temperatur, für die der Wert 10 mK unterhalb des Tripelpunkts des Wassers festgelegt ist.

Tabelle 7: Näherungswerte für die Differenzen $(t_{68} - t_{48})$ in Kelvin

a. Bereich zwischen $-180\,°C$ und $0\,°C$

$t_{68}/°C$	0	-10	-20	-30	-40	-50	-60	-70	-80	-90	-100
-100	+ 0,022	+ 0,013	+ 0,003	− 0,006	− 0,013	− 0,013	− 0,005	+ 0,007	+ 0,012		
0	0,000	+ 0,006	+ 0,012	+ 0,018	+ 0,024	+ 0,029	+ 0,032	+ 0,034	+ 0,033	+ 0,029	+ 0,022

b. Bereich zwischen $0\,°C$ und $1070\,°C$

$t_{68}/°C$	0	10	20	30	40	50	60	70	80	90	100
0	0,000	− 0,004	− 0,007	− 0,009	− 0,010	− 0,010	− 0,010	− 0,008	− 0,006	− 0,003	0,000
100	0,000	+ 0,004	+ 0,007	+ 0,012	+ 0,016	+ 0,020	+ 0,025	+ 0,029	+ 0,034	+ 0,038	+ 0,043
200	0,043	0,047	0,051	0,054	0,058	0,061	0,064	0,067	0,069	0,071	0,073
300	0,073	0,074	0,075	0,076	0,077	0,077	0,077	0,077	0,077	0,076	0,076
400	0,076	0,075	0,075	0,075	0,074	0,074	0,074	0,075	0,076	0,077	0,079
500	0,079	0,082	0,085	0,089	0,094	0,100	0,108	0,116	0,126	0,137	0,150
600	0,150	0,165	0,182	0,200	0,23	0,25	0,28	0,31	0,34	0,36	0,39
700	0,39	0,42	0,45	0,47	0,50	0,53	0,56	0,58	0,61	0,64	0,67
800	0,67	0,70	0,72	0,75	0,78	0,81	0,84	0,87	0,89	0,92	0,95
900	0,95	0,98	1,01	1,04	1,07	1,10	1,12	1,15	1,18	1,21	1,24
1 000	1,24	1,27	1,30	1,33	1,36	1,39	1,42	1,44			

c. Bereich zwischen $1100\,°C$ und $4000\,°C$

$t_{68}/°C$	0	100	200	300	400	500	600	700	800	900	1 000
1 000		1,5	1,7	1,8	2,0	2,2	2,4	2,6	2,8	3,0	3,2
2 000	3,2	3,5	3,7	4,0	4,2	4,5	4,8	5,0	5,3	5,6	5,9
3 000	5,9	6,2	6,5	6,9	7,2	7,5	7,9	8,2	8,6	9,0	9,3

Anhang 16

Chemische Elemente
Namen, Symbole und Atommassen (Stand 1973)

Element	Symbol	Protonen-zahl	Atommasse in u	Element	Symbol	Protonen-zahl	Atommasse in u
Actinium	Ac	89	(227)	Natrium (Sodium)	Na	11	22,989 77
Aluminium	Al	13	26,981 54	Neodym	Nd	60	144,24[+]
Americium	Am	95	(243)	Neon	Ne	10	20,179[+]
Antimon	Sb	51	121,75[+]	Neptunium	Np	93	[237,048 2]
Argon	Ar	18	39,948[+]	Nickel	Ni	28	58,70
Arsen	As	33	74,921 6	Niob	Nb	41	92,906 4
Astatin	At	85	(210)	Nobelium	No	102	(255)
Barium	Ba	56	137,34[+]	Osmium	Os	76	190,2
Berkelium	Bk	97	(247)	Palladium	Pd	46	106,4
Beryllium	Be	4	9,012 18	Phosphor	P	15	30,973 76
Blei(Lead)	Pb	82	207,2	Platin	Pt	78	195,09[+]
Bor	B	5	10,81	Plutonium	Pu	94	(244)
Brom	Br	35	79,904	Polonium	Po	84	(209)
Cadmium	Cd	48	112,40	Praseodym	Pr	59	140,907 7
Caesium	Cs	55	132,905 4	Promethium	Pm	61	(145)
Calcium	Ca	20	40,08	Protactinium	Pa	91	[231,035 9]
Californium	Cf	98	(251)	Quecksilber (Mercury)	Hg	80	200,59[+]
Cer	Ce	58	140,12	Radium	Ra	88	[226,0254]
Chlor	Cl	17	35,453	Radon	Rn	86	(222)
Chrom	Cr	24	51,996	Rhenium	Re	75	186,207
Cobalt	Co	27	58,933 2	Rhodium	Rh	45	102,905 5
Curium	Cm	96	(247)	Rubidium	Rb	37	85,467 8[+]
Dysprosium	Dy	66	162,50[+]	Ruthenium	Ru	44	101,07[+]
Einsteinium	Es	99	(254)	Samarium	Sm	62	150,4
Eisen (Iron)	Fe	26	55,847[+]	Sauerstoff (Oxygen)	O	8	15,999 4[+]
Erbium	Er	68	167,26[+]	Scandium	Sc	21	44,955 9
Europium	Eu	63	151,96	Schwefel (Sulfur)	S	16	32,06
Fermium	Fm	100	(257)	Selen	Se	34	78,96[+]
Fluor	F	9	18,998 40	Silber	Ag	47	107,868
Francium	Fr	87	(223)	Silicium	Si	14	28,086[+]
Gadolinium	Gd	64	157,25[+]	Stickstoff (Nitrogen)	N	7	14,006 7
Gallium	Ga	31	69,72	Strontium	Sr	38	87,62
Germanium	Ge	32	72,59[+]	Tantal	Ta	73	180,947 9[+]
Gold	Au	79	196,966 5	Technetium	Tc	43	[98,906 2]
Hafnium	Hf	72	178,49[+]	Tellur	Te	52	127,60[+]
Hahnium	Ha ◊	105	(262)	Terbium	Tb	65	158,925 4
Helium	He	2	4,002 60	Thallium	Tl	81	204,37[+]
Holmium	Ho	67	164,930 4	Thorium	Th	90	[232,038 1]
Indium	In	49	114,82	Thulium	Tm	69	168,934 2
Iridium	Ir	77	192,22[+]	Titan	Ti	22	47,90[+]
Jod	I	53	126,904 5	Uran	U	92	238,029
Kalium (Potassium)	K	19	39,098[+]	Vanadium	V	23	50,941 4[+]
Kohlenstoff (Carbon)	C	6	12,011	Wasserstoff (Hydrogen)	H	1	1,007 9
Krypton	Kr	36	83,80	Wismut	Bi	83	208,980 4
Kupfer	Cu	29	63,546[+]	Wolfram (Tungsten)	W	74	183,85[+]
Kurtschatovium	Kt◊	104	(260)	Xenon	Xe	54	131,30
Lanthan	La	57	138,905 5[+]	Ytterbium	Yb	70	173,04[+]
Lawrencium	Lr	103	(256)	Yttrium	Y	39	88,905 9
Lithium	Li	3	6,941[+]	Zink	Zn	30	65,38
Lutetium	Lu	71	174,97	Zinn	Sn	50	118,69[+]
Magnesium	Mg	12	24,305	Zirkon	Zr	40	91,22
Mangan	Mn	25	54,938 0				
Mendelevium	Md	101	(257)				
Molybdän	Mo	42	95,94[+]				

Es sind bei denjenigen Elementen, bei denen die deutschen Namen nicht fast gleichlautend mit den englischen sind, diese in Klammer dazugesetzt.

Bei den Atommassen handelt es sich um die von der IUPAC 1973 empfohlenen Werte.
Sie sind auf den genauen Wert 12 u für die Atommasse des Kohlenstoffisotops ^{12}C bezogen.
Die Unsicherheit beträgt ± 1 in der letzten Stelle, ± 3 bei den mit dem Zeichen + versehenen.
Werte in runden Klammern geben die Nukleonenzahl (oder Massenzahl) des stabilsten be-
kannten Isotops an, Werte in eckigen Klammern die Atommassen des bekanntesten Isotops.

Bei den mit dem Zeichen $^\diamond$ versehenen Elementen sind die Namen und die Symbole
noch nicht international anerkannt.

Für die Nomenklatur zur Bezeichnung der Elemente mit Atomnummern größer als
hundert ist für wissenschaftliche Diskussionen und für den Fall, daß noch kein besonderer
Name festgelegt wurde, von der IUPAC ein Vorschlag gemacht worden. Man geht hierbei
von folgenden Bezeichnungsbausteinen aus:

0 = nil	3 = tri	6 = hex	9 = enn
1 = un	4 = quad	7 = sept	
2 = bi	5 = pent	8 = oct	

und baut daraus Namen zusammen, die von der Atomnummer ausgehen (unter Berücksichtigung der bereits erfolgten Festlegungen):

100 Fermium	Fm
101 Mendelevium (Unnilunium)	Md
102 Nobelium (Unnilbium)	No
103 Lawrencium (Unniltrium)	Lr
104 Unnilquadium	Unq
105 Unnilpentium	Unp
106 Unnilhexium	Unh
107 Unnilseptium	Uns
108 Unniloctium	Uno
109 Unnilennium	Une
110 Ununnilium	Uun

Man wird abwarten müssen, ob sich diese Bezeichnungsweise durchsetzt.

Die Symbole für chemische Elemente werden nach DIN 1338 ,,Formelschreibweise
und Formelsatz" im Druck in senkrechter Schrift wiedergegeben. Dem Symbol folgt kein
Punkt.

Beispiel: N   He

Zusätzliche Angaben über die Eigenschaften eines Nuklids oder Moleküls können mit
Indizes gemacht werden, für die folgende Positionen üblich sind:

a) die Nukleonenzahl (Massenzahl) eines Nuklids links oben (z. B. ^{14}N);
b) die Anzahl der Atome eines Nuklids in einem Molekül rechts unten (z. B. $^{14}N_2$);
c) die Protonenzahl (Ordnungszahl, Kernladungszahl) eines Nuklids links unten (z. B. $_{64}Gd$);
d) der Ionisierungszustand und der Anregungszustand rechts oben (z. B. PO_4^{3-}, He^*).

Tabellen: Größenbenennungen in Deutsch, Englisch und Französisch, Formelzeichen, Einheiten

1 Zeitabhängige Größen

Bei Übereinstimmung der Formelzeichen wird nur das eine angegeben, bei Unterschieden in drei getrennten Zeilen in der Reihenfolge ISO, DIN, IEC aufgeführt.

Größe	Formelzeichen ISO/31, DIN, IEC	SI		CGS		m-kp-s	
		Einheit	Zurückführung auf die Basiseinheit	Einheit	Äquivalent im SI	Einheit	Äquivalent im SI
Periodendauer period periodic time période	T	s	s	s	1 s	s	1 s
Zeitkonstante time const. of an exp. varying quantity constante de temps d'une grandeur variant exponentiellement	τ, T	s	s	s	1 s	s	1 s
Frequenz frequency fréquence	f, ν	Hz	s^{-1}	s^{-1}	$1\ s^{-1}$	s^{-1}	$1\ s^{-1}$
Drehzahl rotational frequency fréquence de rotation	n	s^{-1}	s^{-1}	s^{-1}	$1\ s^{-1}$	s^{-1}	$1\ s^{-1}$
Kreisfrequenz circular } frequency angular } (pulsatance) pulsation	ω	s^{-1}	s^{-1}	s^{-1}	$1\ s^{-1}$	s^{-1}	$1\ s^{-1}$

Fortsetzung

Größe	Formelzeichen ISO, DIN, IEC	SI		CGS		m-kp-s	
		Einheit	Zurückführung auf die Basiseinheit	Einheit	Äquivalent im SI	Einheit	Äquivalent im SI
Wellenlänge wavelength longeur d'onde	λ	m	m	cm	10^{-2} m	m	1 m
Wellenzahl wave number nombre d'onde	σ	m^{-1}	m^{-1}	cm^{-1}	$10^2\ m^{-1}$	m^{-1}	$1\ m^{-1}$
Kreiswellenzahl circular wave number nombre d'onde angulaire	k	m^{-1}	m^{-1}	cm^{-1}	$10^2\ m^{-1}$	m^{-1}	$1\ m^{-1}$
Abklingkoeffizient damping coefficient coefficient d'amortissement	δ	s^{-1}	s^{-1}	s^{-1}	$1\ s^{-1}$	s^{-1}	$1\ s^{-1}$
Dämpfungskoeffizient attenuation coefficient affaiblissement linéique	$\alpha,\ a$	1	1	1	1	1	1
Phasenkoeffizient phase coefficient d´ephasage linéique	$\beta,\ b$	m^{-1}	m^{-1}	cm^{-1}	$10^2\ m^{-1}$	m^{-1}	$1\ m^{-1}$
Ausbreitungskoeffizient propagation coefficient exposant linéique de propagation	$\gamma,\ P$	1	1	1	1	1	1

2 Mechanik

Größe	Formelzeichen nach ISO, DIN, und IEC	SI		CGS		m-kp-s	
		Einheit	Zurückführung auf die Basiseinheit	Einheit	Äquivalent im SI	Einheit	Äquivalent im SI
Winkelgeschwindigkeit angular velocity vitesse angulaire	ω ω, Ω ω, Ω	rad/s	$m \cdot m^{-1} \cdot s^{-1}$	rad/s	1 rad/s	rad/s	1 rad/s
Geschwindigkeit velocity vitesse	u, v, w, c v, u v	m/s	$m \cdot s^{-1}$	cm/s	10^{-2} m/s	m/s	1 m/s
Beschleunigung acceleration accélération	a	m/s^2	$m \cdot s^{-2}$	Gal	10^{-2} m/s^2	m/s^2	1 m/s^2
Winkelbeschleunigung angular acceleration accélération angulaire	α	rad/s^2	$m \cdot m^{-1} \cdot s^{-2}$	rad/s^2	1 rad/s^2	rad/s^2	1 rad/s^2
ebener Winkel plane angle angle plan	$\alpha, \beta, \gamma, \Theta, \varphi$ α, β, γ	rad	$m \cdot m^{-1} = 1$	rad	1 rad	rad	1 rad
Raumwinkel solid angle angle solide	$\Omega, (\omega)$	sr	$m^2 \cdot m^{-2} = 1$	sr	1 sr	sr	1 sr
Länge length longeur	l, L l l	m	m	cm	10^{-2} m	m	1 m
Fläche area aire	A, S	m^2	m^2	cm^2	10^{-4} m^2	m^2	1 m^2
Volumen volume volume	$V, (\tau)$ V, τ V, ν	m^3	m^3	cm^3	10^{-6} m^3	m^3	1 m^3

Fortsetzung

Größe	Formelzeichen nach ISO, DIN und IEC	SI		CGS		m-kp-s	
		Einheit	Zurückführung auf die Basiseinheit	Einheit	Äquivalent im SI	Einheit	Äquivalent im SI
Masse mass masse	m	kg	kg	g	10^{-3} kg	$m^{-1} \cdot kp \cdot s^2$	9,806 65 kg
Dichte (mass) density masse volumique	ρ ρ, ρ_m ρ	kg/m³	$m^{-3} \cdot kg$	g/cm³	10^3 kg/m³	$m^{-4} \cdot kp \cdot s^2$	9,806 65 kg/m³
Impuls momentum quantité de mouvement	$p, (I)$ p, I p	N · s	$m \cdot kg \cdot s^{-1}$	dyn · s	10^{-5} N · s	kp · s	9,806 65 N · s
Drehimpuls angular momentum moment cinétique	L	N · m · s	$m^2 \cdot kg \cdot s^{-1}$	erg · s	10^{-7} N · m · s	m · kp · s	9,806 65 N · m · s
Trägheitsmoment moment of inertia moment d'inertie	I, J J I, J	kg · m²	$m^2 \cdot kg$	g · cm²	10^{-7} kg · m²	m · kp · s²	9,806 65 kg · m²
Kraft force force	F	N	$m \cdot kg \cdot s^{-2}$	dyn	10^{-5} N	kp	9,806 65 N
Gewichtskraft weight poids	$G, (P, W)$ G, F_G G, P, W	N	$m \cdot kg \cdot s^{-2}$	dyn	10^{-5} N	kp	9,806 65 N
Drehmoment, Kraft-moment moment of force moment d'une force	M	N · m	$m^2 \cdot kg \cdot s^{-2}$	dyn · cm	10^{-7} N · m	m · kp	9,806 65 N · m
Torsionsmoment torque moment d'un couple	T	N · m	$m^2 \cdot kg \cdot s^{-2}$	dyn · cm	10^{-7} N · m	m · kp	9,806 65 N · m
Druck pressure pression	p	Pa	$m^{-1} \cdot kg \cdot s^{-2}$	dyn · cm⁻²	10^{-1} Pa	$m^{-2} \cdot kp$	9,806 65 Pa

Fortsetzung

Größe	Formelzeichen nach ISO, DIN und IEC	SI		CGS		m-kp-s	
		Einheit	Zurückführung auf die Basiseinheit	Einheit	Äquivalent im SI	Einheit	Äquivalent im SI
Normalspannung normal stress tension normale	σ —	$N \cdot m^{-2}$ (Pa)	$m^{-1} \cdot kg \cdot s^{-2}$	$dyn \cdot cm^{-2}$	10^{-1} Pa	$m^{-2} \cdot kp$	9,806 65 Pa
Schubspannung shear stress contrainte tangentielle	τ —	$N \cdot m^{-2}$ (Pa)	$m^{-1} \cdot kg \cdot s^{-2}$	$dyn \cdot cm^{-2}$	10^{-1} Pa	$m^{-2} \cdot kp$	9,806 65 Pa
Elastizitätsmodul modulus of elasticity (Young) module d'élasticité	E —	Pa	$m^{-1} \cdot kg \cdot s^{-2}$	$dyn \cdot cm^{-2}$	10^{-1} Pa	$m^{-2} \cdot kp$	9,806 65 Pa
Kompressibilität compressibility coefficient de compressibilité volumique sous pression hydrostatique	κ κ, χ —	Pa^{-1}	$m \cdot kg^{-1} \cdot s^2$	$dyn^{-1} \cdot cm^2$	10 Pa^{-1}	$m^2 \cdot kp^{-1}$	$(9{,}806\,65)^{-1} Pa^{-1}$
(axiales) Flächen(trägheits)moment 2. Grades second (axial) moment of area moment quadratique d'une aire plane	I_a, I I	m^4	m^4	cm^4	$10^{-8}\ m^4$	m^4	$1\ m^4$
polares Flächenträgheitsmoment second polar moment of area moment quadratique polaire d'une aire plane	I_P	m^4	m^4	cm^4	$10^{-8}\ m^4$	m^4	$1\ m^4$

Fortsetzung

Größe	Formelzeichen nach ISO, DIN und IEC	SI		CGS		m-kp-s	
		Einheit	Zurückführung auf die Basiseinheit	Einheit	Äquivalent im SI	Einheit	Äquivalent im SI
dynamische Viskosität viscosity viscosité	$\eta\,(\mu)$ η —	$Pa \cdot s$	$m^{-1} \cdot kg \cdot s^{-1}$	P	$10^{-1}\ Pa \cdot s$	$kp \cdot s/m^2$	$9{,}806\,65\ Pa \cdot s$
kinematische Viskosität kinematic viscosity viscosité cinématique	ν —	m^2/s	$m^2 \cdot s^{-1}$	St	$10^{-4}\ m^2/s$	m^2/s	$1\ m^2/s$
Oberflächenspannung surface tension tension superficielle	γ, σ σ, γ —	N/m	$kg \cdot s^{-2}$	dyn/cm	$10^{-3}\ N/m$	$m^{-1} \cdot kp$	$9{,}806\,65\ N/m$
Arbeit work travail	$W\,(A)$	J	$m^2 \cdot kg \cdot s^{-2}$	erg	$10^{-7}\ J$	$m \cdot kp$	$9{,}806\,65\ J$
Energie energy energie	$E\,(W)$	J	$m^2 \cdot kg \cdot s^{-2}$	erg	$10^{-7}\ J$	$m \cdot kp$	$9{,}806\,65\ J$
potentielle ⎫ kinetische ⎬ Energie	E_P, V, Φ	J	$m^2 \cdot kg \cdot s^{-2}$	erg	$10^{-7}\ J$	$m \cdot kp$	$9{,}806\,65\ J$
potential ⎫ kinetic ⎬ Energy	E_k, K, T						
energie ⎫ potentielle ⎬ cinétique	E_P, W_P E_k, W_k						
Leistung power puissance	P	W	$m^2 \cdot kg \cdot s^{-3}$	erg/s	$10^{-7}\ W$	$m \cdot kp \cdot s^{-1}$	$9{,}806\,65\ W$
Massenstrom mass flow rate débitmasse	q_m $\dot{m}, q, q_m$ —	kg/s	$kg \cdot s^{-1}$	g/s	$10^{-3}\ kg/s$	$m^{-1} \cdot kp \cdot s$	$9{,}806\,65\ kg/s$
Volumenstrom volume flow rate débitvolume	q_v $\dot{v}, Q, q_v$ —	m^3/s	$m^3 \cdot s^{-1}$	cm^3/s	$10^{-6}\ m^3/s$	$m^3 \cdot s^{-1}$	$1\ m^3/s$

5 Elektrizität und Magnetismus

Größe	Formelzeichen ISO, DIN, IEC	SI		CGS		m s V_{int} A_{int}	
		Einheit	Zurückführung auf die Basiseinheit	Einheit e.s.E.	Äquivalent im SI[1])	Einheit	Äquivalent im SI
elektrische Stromstärke electric current courant électrique	I	A	A	$cm^{3/2} \cdot g^{1/2} \cdot s^{-2}$	$3{,}335\,64 \cdot 10^{-10}$	A_{int}	$0{,}999\,85$ A
elektrische Ladung electric charge charge électrique	Q	C	$s \cdot A$	$cm^{3/2} \cdot g^{1/2} \cdot s^{-1}$	$3{,}335\,64 \cdot 10^{-10}$	C_{int}	$0{,}999\,85$ C
Raumladungsdichte volume density of charge charge volumique	ρ, η	C/m^3	$m^{-3} \cdot s \cdot A$	$cm^{-3/2} \cdot g^{1/2} \cdot s^{-1}$	$3{,}335\,64 \cdot 10^{-4}$	C_{int}/m^3	$0{,}999\,85$ C/m^3
Flächenladungsdichte surface density of charge charge surfacique	σ	C/m^2	$m^{-2} \cdot s \cdot A$	$cm^{-1/2} \cdot g^{1/2} \cdot s^{-1}$	$3{,}335\,64 \cdot 10^{-6}$	C_{int}/m^2	$0{,}999\,85$ C/m^2
elektrische Feldstärke electric field strength champ électrique	E, K E E, K	V/m	$m \cdot kg \cdot s^{-3} \cdot A^{-1}$	$cm^{-1/2} \cdot g^{1/2} \cdot s^{-1}$	$2{,}997\,925 \cdot 10^4$	V_{int}/m	$1{,}000\,34$ V/m
elektrisches Potential electric potential potentiel électrique	V, φ φ V, φ, Φ	V	$m^2 \cdot kg \cdot s^{-3} \cdot A^{-1}$	$cm^{1/2} \cdot g^{1/2} \cdot s^{-1}$	$2{,}997\,925 \cdot 10^2$	V_{int}	$1{,}000\,34$ V
elektrische Spannung potential difference différence de potential	U, V U U, V	V	$m^2 \cdot kg \cdot s^{-3} \cdot A^{-1}$	$cm^{1/2} \cdot g^{1/2} \cdot s^{-1}$	$2{,}997\,925 \cdot 10^2$	V_{int}	$1{,}000\,34$ V
elektrische Flußdichte electric flux density déplacement	D	C/m^2	$m^{-2} \cdot s \cdot A$	$cm^{-1/2} \cdot g^{1/2} \cdot s^{-1}$	$2{,}654\,42 \cdot 10^{-7}$	C_{int}/m^2	$0{,}999\,85$ C/m^2

[1]) In der Elektrodynamik sind wegen der Dimensionsverschiedenheit von SI-Einheiten (4 Basiseinheiten) und CGS-Einheiten (3 Basiseinheiten) diese nicht einfach mit Zahlenfaktoren ineinander umzurechnen. Daher sind in dieser Spalte die Umrechnungsfaktoren b und b' angegeben, um den Zahlenwert einer nicht rational eingeführten Dreiergröße X_e bzw. X_m (gemessen in ihrer elektrostatischen bzw. elektromagnetischen CGS-Einheit) zu dem entsprechenden Zahlenwert der rational eingeführten Vierergröße X (gemessen im MKSA-System) umzurechnen:

$$\frac{X}{\text{SI-Einheit}} = b\,\frac{X_e}{esE} \quad \text{bzw.} \quad \frac{X}{\text{SI-Einheit}} = b'\,\frac{X_m}{emE} \;.$$

Fortsetzung

| Größe | Formelzeichen ISO, DIN, IEC | SI | | CGS | | m s V_{int} A_{int} | |
		Einheit	Zurückführung auf die Basiseinheit	Einheit e.s.E.	Äquivalent im SI	Einheit	Äquivalent im SI
elektrischer Fluß electric flux flux électrique	Ψ Ψ, Ψ_e Ψ	C	$s \cdot A$	$cm^{3/2} \cdot g^{1/2} \cdot s^{-1}$	$2{,}654\,42 \cdot 10^{-11}$	C_{int}	$0{,}999\,85$ C
elektrische Kapazität capacitance capacité	C	F	$m^{-2} \cdot kg^{-1} \cdot s^4 \cdot A^2$	cm	$1{,}112\,65 \cdot 10^{-12}$	F_{int}	$0{,}999\,51$ F
Permittivität permittivity permittivité	ϵ ϵ $\epsilon, \in$	F/m	$m^{-3} \cdot kg^{-1} \cdot s^4 \cdot A^2$	1	1	F_{int}/m	$0{,}999\,51$ F/m
elektrische Feldkon- stante electric constant constante diélectrique	ϵ_0 ϵ_0 $\epsilon_0, \in_0$	F/m	$m^{-3} \cdot kg^{-1} \cdot s^4 \cdot A^2$	1	1	F_{int}/m	$0{,}999\,51$ F/m
Permittivitätszahl relative permittivity permittivité relative	ϵ_r ϵ_r $\epsilon_r, \in_r$	1	1	1	1	1	1
elektrische Susceptibili- tät electric susceptibility susceptibilité électrique	χ, χ_e χ_e, χ χ, χ_e	1	1	1	4π	1	1
elektrische Polarisation electric polarization polarisation électrique	P P P, D_i	C/m^2	$m^{-2} \cdot s \cdot A$	$cm^{-1/2} \cdot g^{1/2} \cdot s^{-1}$	$3{,}335\,64 \cdot 10^{-6}$	C_{int}/m^2	$0{,}999\,85$ C/m²
elektrisches Dipolmo- moment electric dipole moment moment de dipôle electrique	P, P_e	$C \cdot m$	$m \cdot s \cdot A$	$cm^{5/2} \cdot g^{1/2} \cdot s^{-1}$	$3{,}335\,64 \cdot 10^{-12}$	$C_{int} \cdot m$	$0{,}999\,85$ C/m

Fortsetzung

Größe	Formelzeichen ISO, DIN, IEC	SI		CGS		m s V_{int} A_{int}	
		Einheit	Zurückführung auf die Basiseinheit	Einheit e.s.E./e.m.E.	Äquivalent im SI	Einheit	Äquivalent im SI
elektrische Stromdichte current density densité de courant	J, S	A/m^2	$m^{-2} \cdot A$	$cm^{-1/2} \cdot g^{1/2} \cdot s^{-2}$	$3{,}335\,64 \cdot 10^{-6}$	A_{int}/m^2	$0{,}999\,85$ A/m^2
elektrischer Strom-belag linear current density densité linéique de courant	A, α	A/m	$m^{-1} \cdot A$	$cm^{1/2} \cdot g^{1/2} \cdot s^{-2}$	$3{,}335\,64 \cdot 10^{-8}$	A_{int}/m	$0{,}999\,85$ A/m
magnetische Feldstärke magnetic field strength champ magnétique	H	A/m	$m^{-1} \cdot A$	$cm^{-1/2} \cdot g^{1/2} \cdot s^{-1}$ (Oe)	$79{,}577\,5$	A_{int}/m	$0{,}999\,85$ A/m
magnetische Spannung magnetic potential difference différence de potentiel magnétique	U_m V U, U_m, $\mathscr{U}$	A	A	(Gb) $cm^{1/2} \cdot g^{1/2} \cdot s^{-1}$	$0{,}795\,775$	A_{int}	$0{,}999\,85$ A
magnetische Flußdichte magnetic flux density magnétique induction induction magn.	B	T	$kg \cdot s^{-2} \cdot A^{-1}$	$cm^{-1/2} \cdot g^{1/2} \cdot s^{-1}$ (Gs)	10^{-4}	$Wb_{int} \cdot m^{-2}$	$1{,}000\,34$ T
magnetischer Fluß magnetic flux flux d'induction magnétique	Φ	Wb	$m^2 \cdot kg \cdot s^{-2} \cdot A^{-1}$	$cm^{3/2} \cdot g^{1/2} \cdot s^{-1}$ (Mx)	10^{-8}	Wb_{int}	$1{,}000\,34$ Wb
magnetisches Vektor-potential magnetic vector potential potentiel vecteur magnétique	A	Wb/m	$m \cdot kg \cdot s^{-2} \cdot A^{-1}$	$cm^{1/2} \cdot g^{1/2} \cdot s^{-1}$	10^{-6}	Wb_{int}/m	$1{,}000\,34$ Wb/m

Fortsetzung

Größe	Formelzeichen ISO, DIN, IEC	SI		CGS		$m\,s\,V_{int}\,A_{int}$	
		Einheit	Zurückführung auf die Basiseinheit	Einheit e.m.E.	Äquivalent im SI	Einheit	Äquivalent im SI
Induktivität self inductance inductance propre	L	H	$m^2 \cdot kg \cdot s^{-2} \cdot A^{-2}$	cm	10^{-9}	H_{int}	1,000 49 H
gegenseitige Induktivität mutual inductance inductance mutuelle	M, L_{12} L_{mn} M, L_{mn}	H	$m^2 \cdot kg \cdot s^{-2} \cdot A^{-2}$	cm	10^{-9}	H_{int}	1,000 49 H
elektromagnetisches Moment electromagnetic moment moment magnétique	m	$A \cdot m^2$	$m^2 \cdot A$	$cm^{5/2} \cdot g^{1/2} \cdot s^{-1}$	10^{-3}	$A_{int}\,m^2$	0,999 85 $A \cdot m^2$
Magnetisierung magnetization aimantation	H_i, M M, H_i H_i, M	A/m	$m^{-1} \cdot A$	$cm^{-1/2} \cdot g^{1/2} \cdot s^{-1}$	10^3	A_{int}/m	0,999 85 A/m
magnetische Polarisation magnetic polarization polarisation magnétique	B_i, J J, B_i B_i, J	T	$kg \cdot s^{-2} \cdot A^{-1}$	$cm^{-1/2} \cdot g^{1/2} \cdot s^{-1}$ (Gs)	$1{,}256\,64 \cdot 10^{-3}$	Wb_{int}/m^2	1,000 34 T
Poynting-Vektor Poynting vector vecteur de Poynting	S	W/m^2	$kg \cdot s^{-3}$	$g \cdot s^{-3}$	10^{-3}	W_{int}/m^2	1,000 19 W/m^2
Permeabilität permeability perméabilité	μ						
magnetische Feldkonstante permeability of vacuum perméabilité du vide	μ_0	H/m	$m \cdot kg \cdot s^{-2} \cdot A^{-2}$	1		$H_{int} \cdot m^{-1}$	1,000 49 $H \cdot m^{-1}$

Fortsetzung

Größe	Formelzeichen ISO, DIN, IEC	SI		CGS		m s V_{int} A_{int}	
		Einheit	Zurückführung auf die Basiseinheit	Einheit e.m.E.	Äquivalent im SI	Einheit	Äquivalent im SI
Lichtgeschwindigkeit velocity of electro-magnetic waves in vacuum vitesse de propagation des ondes électro-magnétique dans le vide	c	m/s	$m \cdot s^{-1}$	cm/s	10^{-2}	m/s	1 m/s
elektrischer Widerstand resistance (d.c.) résistance	R	Ω	$m^2 \cdot kg \cdot s^{-3} \cdot A^{-2}$	$cm \cdot s^{-1}$	10^{-9}	Ω_{int}	1,000 49 Ω
elektrischer Leitwert conductance (d.c.) conductance	G	S	$m^{-2} \cdot kg^{-1} \cdot s^3 \cdot A^2$	$cm^{-1} \cdot s$	10^9	$1/\Omega_{int}$	0,999 51 S
spezifischer elektrischer Widerstand resistivity résistivité	ρ	$\Omega \cdot m$	$m^3 \cdot kg \cdot s^{-3} \cdot A^{-2}$	$cm^2 \cdot s^{-1}$	10^{-11}	$\Omega_{int} \cdot m$	1,000 49 Ω
elektrische Leitfähigkeit conductivity conductivité	γ, σ γ, σ, κ γ, σ	S/m	$m^{-3} \cdot kg^{-1} \cdot s^3 \cdot A^2$	$cm^{-2} \cdot s$	10^{11}	$1/(\Omega_{int} \cdot m)$	0,999 51 S/m
magnetischer Widerstand reluctance réluctance	R, R_m R_m $R, R_m, \mathscr{R}$	H^{-1}	$m^{-2} \cdot kg^{-1} \cdot s^2 \cdot A^2$	cm^{-1}	$7,957\,75 \cdot 10^7$	H_{int}^{-1}	0,999 51 H^{-1}
magnetischer Leitwert permeance perméance	Λ, P Λ Λ, P	H	$m^2 \cdot kg \cdot s^{-2} \cdot A^{-2}$	cm	$1,256\,64 \cdot 10^{-8}$	H_{int}	1,000 49 H

Fortsetzung

Größe	Formelzeichen ISO, DIN, IEC	SI		CGS		m s V_{int} A_{int}	
		Einheit	Zurückführung auf die Basiseinheit	Einheit e.m.E.	Äquivalent im SI	Einheit	Äquivalent im SI
Phasenverschiebungs-winkel phase difference différence de phase	φ φ $\varphi, \vartheta, F, \Theta$	rad	$m \cdot m^{-1}$	rad	1	rad	1 rad
Leistung power puissance	P, P_i P P	W	$m^2 \cdot kg \cdot s^{-3}$	$erg \cdot s^{-1}$	10^{-7}	W_{int}	1,000 19 W

4 Thermodynamik

Größe	Formelzeichen ISO, DIN, IEC	SI		CGS	
		Einheit	Zurückführung auf die Basiseinheit	Einheit	Äquivalent im SI
thermodynamische Temperatur thermodynamic temperature température thermodynamique	T, Θ	K	K	K	1 K
Celsius-Temperatur Celsius-temperature température Celsius	t, θ t, ϑ t, ϑ, θ	°C		°C	1 °C
thermischer Längenausdehnungskoeffizient linear expansion coefficient coefficient de dilatation linéique	α_l α, α_l α	K^{-1}	K^{-1}	K^{-1}	1 K^{-1}
thermischer Volumenausdehnungs- koeffizient cubic expansion coefficient coefficient de dilatation volumique	α_V, γ α_V, γ α	K^{-1}	K^{-1}	K^{-1}	1 K^{-1}
thermischer Spannungskoeffizient relative pressure coefficient coefficient relatif de pression	α_P α_P α	K^{-1}	K^{-1}	K^{-1}	1 K^{-1}
Spannungskoeffizient pressure coefficient coefficient de pression	β	Pa/K	$m^{-1} \cdot kg \cdot s^{-2} \cdot K^{-1}$	$dyn \cdot cm^{-2} \cdot K^{-1}$	10^{-1} Pa/K
Kompressibilität compressibility coefficient de compressibilité	κ	Pa^{-1}	$m \cdot kg^{-1} \cdot s^2$	$dyn^{-1} \cdot cm^2$	10 Pa^{-1}
Wärme quantity of heat quantité de chaleur	Q	J	$m^2 \cdot kg \cdot s^{-2}$	erg	10^{-7} J
Wärmestrom heat flow rate flux thermique	Φ $\Phi, \dot{Q}$ —	W	$m^2 \cdot kg \cdot s^{-3}$	$erg \cdot s^{-1}$	10^{-7} W

Fortsetzung

Größe	Formelzeichen ISO, DIN, IEC	SI		CGS	
		Einheit	Zurückführung auf die Basiseinheit	Einheit	Äquivalent im SI
Wärmestromdichte density of heat flow rate densité de flux thermique	q, φ q —	W/m^2	$kg \cdot s^{-3}$	$erg \cdot cm^{-2} \cdot s^{-1}$	$10^{-3}\ W/m^2$
Wärmeleitfähigkeit thermal conductivity conductivité thermique	λ, k λ λ, k	$W/(m \cdot K)$	$m \cdot kg \cdot s^{-3} \cdot K^{-1}$	$erg \cdot cm^{-1} \cdot s^{-1} \cdot K^{-1}$	$10^{-5}\ W/(m \cdot K)$
Wärmeübergangskoeffizient coefficient of heat transfer coefficient de transmission thermique	h, k, K, α α, h —	$W/(m^2 \cdot k)$	$kg \cdot s^{-3} \cdot K^{-1}$	$erg \cdot cm^{-2} \cdot s^{-1} \cdot K^{-1}$	$10^{-3}\ W/(m^2 \cdot K)$
Wärmewiderstand thermal resistance résistance thermique	R R_{th} —	$W^{-1} \cdot K$	$m^{-2} \cdot kg^{-1} \cdot s^3 \cdot K$	$erg^{-1} \cdot s \cdot K$	$10^7\ W^{-1} \cdot K$
Temperaturleitfähigkeit thermal diffusivity diffusivité thermique	a, α, κ a —	$m^2 \cdot s^{-1}$	$m^2 \cdot s^{-1}$	$cm^2 \cdot s^{-1}$	$10^{-4}\ m^2 \cdot s^{-1}$
Wärmekapazität heat capacity capacité thermique	C	J/K	$m^2 \cdot kg \cdot s^{-2} \cdot K^{-1}$	$erg \cdot K^{-1}$	$10^{-7}\ J/K$
spezifische Wärmekapazität specific heat capacity capacité thermique massique	c und: c_P (konst. Druck) c_V (konst. Volumen)	$J/(kg \cdot K)$	$m^2 \cdot s^{-2} \cdot K^{-1}$	$erg \cdot g^{-1} \cdot K^{-1}$	$10^{-4}\ J/(kg \cdot K)$
Entropie entropy entropie	S	J/K	$m^2 \cdot kg \cdot s^{-2} \cdot K^{-1}$	$erg \cdot K^{-1}$	$10^{-7}\ J/K$
spezifische Entropie specific entropy entropie massique	s — —	$J/(kg \cdot K)$	$m^2 \cdot s^{-2} \cdot K^{-1}$	$erg \cdot g^{-1}\ K^{-1}$	$10^{-4}\ J/(kg \cdot K)$
innere Energie internal energy énergie interne	$U, (E)$ U —	J	$m^2 \cdot kg \cdot s^{-2}$	erg	$10^{-7} J$

Fortsetzung

Größe	Formelzeichen ISO, DIN, IEC	SI		CGS	
		Einheit	Zurückführung auf die Basiseinheit	Einheit	Äquivalent im SI
Enthalpie enthalpy enthalpie	$H, (I)$ H —	J	$m^2 \cdot kg \cdot s^{-2}$	erg	10^{-7} J
freie Energie Helmholtz function énergie libre	A, F F —	J	$m^2 \cdot kg \cdot s^{-2}$	erg	10^{-7} J
freie Enthalpie Gibb's function enthalpie libre	G — —	J	$m^2 \cdot kg \cdot s^{-2}$	erg	10^{-7} J
spezifische innere Energie specific internal energy énergie interne massique	$u, (e)$ u —	J/kg	$m^2 \cdot s^{-2}$	$erg \cdot g^{-1}$	10^{-4} J/kg
spezifische Enthalpie specific enthalpy enthalpie massique	$h, (i)$ h —	J/kg	$m^2 \cdot s^{-2}$	$erg \cdot g^{-1}$	10^{-4} J/kg
spezifische freie Energie specific Helmholtz function énergie libre massique	a, f f —	J/kg	$m^2 \cdot s^{-2}$	$erg \cdot g^{-1}$	10^{-4} J/kg
spezifische freie Enthalpie specific Gibb's function enthalpie libre massique	g — —	J/kg	$m^2 \cdot s^{-2}$	$erg \cdot g^{-1}$	10^{-4} J/kg
Massieu function	J	J/K	$m^2 \cdot kg \cdot s^{-2} \cdot K^{-1}$	$erg \cdot K^{-1}$	10^{-7} J/K
Planck function	Y	J/K	$m^2 \cdot kg \cdot s^{-2} \cdot K^{-1}$	$erg \cdot K^{-1}$	10^{-7} J/K

5 Optik

Größe	Formelzeichen ISO, DIN, IEC	SI		CGS	
		Einheit	Zurückführung auf die Basiseinheit	Einheit	Äquivalent im SI
Frequenz frequency fréquence	f, ν	Hz	s^{-1}	s^{-1}	$1\ s^{-1}$
Kreisfrequenz circular frequency pulsation	ω	s^{-1}	s^{-1}	s^{-1}	$1\ s^{-1}$
Wellenlänge wavelength longeur d'onde	λ	m	m	cm	10^{-2} m
Wellenzahl wave number nombre d'ondes linéiques	σ	m^{-1}	m^{-1}	cm^{-1}	$10^2\ m^{-1}$
Kreiswellenzahl circular wave number nombre d'ondes circulaires	k	m^{-1}	m^{-1}	cm^{-1}	$10^2\ m^{-1}$
Lichtgeschwindigkeit im leeren Raum velocity of light in vacuo vitesse de propagation des ondes électromagnétique dans le vide	c, c_0 c_0 c_0	m/s	$m \cdot s^{-1}$	cm/s	10^{-2} m/s
Strahlungsenergie radiant energy énergie rayonnante	$Q, W, (U, Q_e)$ Q_e, W Q, W, Q_e, U	J	$m^2 \cdot kg \cdot s^{-2}$	erg	10^{-7} J
Strahlungsenergiedichte radiant energy density énergie rayonnante volumique	w, u w, u w	J/m^3	$m^{-1} \cdot kg \cdot s^{-2}$	erg/cm^3	$10^{-1}\ J/m^3$
spectral radiant energy density	w_λ	J/m^4	$m^{-2} \cdot kg \cdot s^{-2}$	$erg/(cm^3 \cdot nm)$	$10^8\ J/m^4$

Fortsetzung

Größe	Formelzeichen ISO, DIN, IEC	SI		CGS	
		Einheit	Zurückführung auf die Basiseinheit	Einheit	Äquivalent im SI
Strahlungsfluß **radiant flux** flux énergétique	P, Φ, Φ_e Φ, P Φ, P, Φ_e	W	$m^2 \cdot kg \cdot s^{-3}$	erg/s	10^{-7} W
Strahlungsflußdichte radiant flux density densité de flux énergétique	φ, Ψ φ, Ψ —	W/m^2	$kg \cdot s^{-3}$	$erg/cm^2 \cdot s$	10^{-3} W/m^2
Strahlstärke radiant intensity intensité énergétique	I, I_e	W/sr	$m^2 \cdot kg \cdot s^{-3}$	$erg/sr \cdot s$	10^{-7} W/sr
Strahldichte radiance luminance énergétique	L, L_e	$W/(sr \cdot m^2)$	$kg \cdot s^{-3}$	$erg/cm^2 \cdot sr$	10^{-3} $W/(sr \cdot m^2)$
spezifische Ausstrahlung radiant exitance exitance énergétique	M, M_e	W/m^2	$kg \cdot s^{-3}$	$g \cdot s^{-3}$	10^{-3} W/m^2
Bestrahlungsstärke irradiance éclairement énergétique	E, E_e	W/m^2	$kg \cdot s^{-3}$	$g \cdot s^{-3}$	10^{-3} W/m^2
Stefan-Boltzmannkonstante Stefan-Boltzmann constant constante de Stefan-Boltzmann	σ —	$W/(m^2 \cdot K^4)$	$kg \cdot s^{-3} \cdot K^{-4}$	$g \cdot s^{-3} \cdot K^{-4}$	10^{-3} $W/(m^2 \cdot K^4)$
erste Plancksche Strahlungskonstante first radiation constant première constante de rayonnement	c_1 —	$W \cdot m^2$	$m^4 \cdot kg \cdot s^{-3}$	$erg \cdot cm^2/s$	10^{-11} $W \cdot m^2$
zweite Plancksche Strahlungskonstante second radiation constant seconde constante de rayonnement	c_2 —	$m \cdot K$	$m \cdot K$	$cm \cdot K$	10^{-2} $m \cdot K$
Emissionsgrad emissivity émissivité	ϵ — —	1	1	1	1

Fortsetzung

Größe	Formelzeichen ISO, DIN, IEC	SI		CGS	
		Einheit	Zurückführung auf die Basiseinheit	Einheit	Äquivalent im SI
Lichtstärke luminous intensity intensité lumineuse	I, I_v	cd	cd	cd	1 cd
Lichtstrom luminous flux flux lumineux	Φ, Φ_v	lm	cd $\cdot$ sr	lm	1 lm
Lichtmenge quantity of light quantité de lumière	Q, Q_v	lm $\cdot$ s	s $\cdot$ cd $\cdot$ sr	lm $\cdot$ s	1 lm $\cdot$ s
Leuchtdichte luminance luminance	L, L_v	cd/m^2	m$^{-2} \cdot$ cd	cd/cm^2	10^4 cd/m^2
spezifische Lichtausstrahlung luminous exitance exitance lumineuse	M, M_v	lm/m^2	m$^{-2} \cdot$ cd $\cdot$ sr	lm/cm^2	10^4 lm/m^2
Beleuchtungsstärke illuminance éclairement lumineux	E, E_v	lx	m$^{-2} \cdot$ cd $\cdot$ sr	lm/cm^2	10^4 lx
Belichtung light exposure exposition lumineuse	H H, H_v	lx $\cdot$ s	m$^{-2} \cdot$ s $\cdot$ cd $\cdot$ sr	lm $\cdot$ s/cm^2	10^4 lx $\cdot$ s
photometrisches Strahlungsäquivalent luminous efficacy efficacité lumineuse	K	lm/W	m$^{-2} \cdot$ kg$^{-1} \cdot$ s$^3 \cdot$ cd $\cdot$ sr	lm $\cdot$ s/erg	10^7 lm/W
spektrales photometrisches Strahlungsäquivalent spectral luminous efficacy efficacité lumineuse spectrale	$K(\lambda)$	lm/W	m$^{-2} \cdot$ kg$^{-1} \cdot$ s$^3 \cdot$ cd $\cdot$ sr	lm $\cdot$ s/erg	10^7 lm/W
Hellempfindlichkeitsgrad luminous efficiency efficacité lumineuse relative	V	1	1	1	1

Fortsetzung

Größe	Formelzeichen ISO, DIN, IEC	SI		CGS	
		Einheit	Zurückführung auf die Basiseinheit	Einheit	Äquivalent im SI
spektraler Hellempfindlichkeitsgrad spectral luminous efficiency efficacité lumineuse relative spectrale	$V(\lambda)$	1	1	1	1
Absorptionsgrad spectral absorptance facteur spectral d'adsorption	$\alpha(\lambda)$ α —	1	1	1	1
Reflexionsgrad spectral reflectance facteur spectral de réflexion	$\rho(\lambda)$ ρ	1	1	1	1
Transmissionsgrad spectral transmittance facteur spectral de transmission	$\tau(\lambda)$ τ —	1	1	1	1
Brechzahl refractive index indice de réfraction	n —	1	1	1	1

6.1 Akustik

Größe	Formelzeichen ISO, DIN, IEC	SI		CGS	
		Einheit	Zurückführung auf die Basiseinheit	Einheit	Äquivalent im SI
Periodendauer period période	T	s	s	s	1 s
Frequenz frequency fréquence	f, ν	Hz	s^{-1}	s^{-1}	1 s^{-1}
Kreisfrequenz angular frequency pulsation	ω	s^{-1}	s^{-1}	s^{-1}	1 s^{-1}
Wellenlänge wavelength longeur d'onde	λ	m	m	cm	10^{-2} m
Kreiswellenzahl circular wave number nombre d'onde angulaire	k	m^{-1}	m^{-1}	cm^{-1}	10^2 m^{-1}
Dichte density (mass density) masse volumique	ρ	kg/m^3	$m^{-3} \cdot kg$	g/cm^3	10^3 kg/m^3
Schalldruck (instantaneous) sound pressure pression acoustique	p, p_a p p, p_a	Pa	$m^{-1} \cdot kg \cdot s^{-2}$	dyn/cm^2	10^{-1} Pa
Schallausschlag (instantaneous) sound particle displacement élongation d'une particule	ξ, x ξ, η, ζ s, ξ	m	m	cm	10^{-2} m
Schallschnelle (instantaneous) sound particle velocity vitesse acoustique d'une particule	u, v v v	m/s	$m \cdot s^{-1}$	cm/s	10^{-2} m/s

Fortsetzung

Größe	Formelzeichen ISO, DIN, IEC	SI		CGS	
		Einheit	Zurückführung auf die Basiseinheit	Einheit	Äquivalent im SI
Schallteilchen-Beschleunigung (instantaneous) sound particle acceleration accélération acoustique d'une particle	a	m/s^2	$m \cdot s^{-2}$	cm/s^2	$10^{-2}\ m/s^2$
Schallfluß (instantaneous) volume flow rate volume velocity flux de vitesse acoustique	q, U q q, u	m^3/s	$m^3 \cdot s^{-1}$	cm^3/s	$10^{-6}\ m^3/s$
Schallgeschwindigkeit velocity of sound célérité	c, c_a c c, c_a	m/s	$m \cdot s^{-1}$	cm/s	$10^{-2}\ m/s$
Schallenergiedichte sound energy density énergie volumique acoustique	w, w_a, E w, E w, w_a	J/m^3	$m^{-1} \cdot kg \cdot s^{-2}$	erg/cm^3	$10^{-1}\ J/m^3$
Schalleistung sound energy flux, sound power flux d'énergie acoustique	P, P_a P_a, P P, P_a	W	$m^2 \cdot kg \cdot s^{-3}$	erg/s	$10^{-7}\ W$
Schallintensität sound intensity intensité acoustique	I, J J J, J_a	W/m^2	$kg \cdot s^{-3}$	$erg/(s \cdot cm^2)$	$10^{-3}\ W/m^2$
spezifische Schallimpedanz specific acoustic impedance impédance acoustique spécifique	Z_s Z_s, Z Z_0, Z_s	$Pa \cdot s/m$	$m^{-2} \cdot kg \cdot s^{-1}$	$dyn \cdot s/cm^3$	$10\ Pa \cdot s/m$
akustische Impedanz acoustic impedance impédance acoustique	Z_a Z_a, ι Z, Z_a	$Pa \cdot s/m^3$	$m^{-4} \cdot kg \cdot s^{-1}$	$dyn \cdot s/cm^5$	$10^5\ Pa \cdot s/m^3$
mechanische Impedanz mechanical impedance impédance méchanique	Z_m Z_m, z Z, Z_m	$N \cdot s/m$	$kg \cdot s^{-1}$	$dyn \cdot s/cm$	$10^{-3}\ N \cdot s/m$

Fortsetzung

Größe	Formelzeichen ISO, DIN, IEC	SI		CGS	
		Einheit	Zurückführung auf die Basiseinheit	Einheit	Äquivalent im SI
Abklingkoeffizient damping coefficient coefficient d'amortissement	δ	s^{-1}	s^{-1}	s^{-1}	$1\ s^{-1}$
Zeitkonstante time constant constante de temps	τ	s	s	s	1 s
äquivalente Absorptionsfläche equivalent absorption area of surface object aire d'absorption équivalent d'une surface	A —	m^2	m^2	cm^2	$10^{-4}\ m^2$
Nachhallzeit reverberation time durée de réverbération	T —	s	s	s	1 s

6.2 Akustische Größen mit dem Dimensionsprodukt 1

Name der Größe	Formelzeichen	SI-Einheit	Bemerkung
Schalldruckpegel sound pressure level niveau de pression acoustique	L_p	1	$L_p = \ln (p/p_0)$ Praktisch benutzte Einheit: Dezibel (dB)
Schalleistungspegel sound power level niveau de puissance acoustique	L_P	1	$L_P = 0,5 \ln (P/P_0)$ Praktisch benutzte Einheit: Dezibel (dB)
logarithmisches Dekrement logarithmic decrement décrément logarithmique	Λ	1	$\Lambda = \ln (\xi_n/\xi_{n+1})$ Praktisch benutzte Einheit: Neper (Np)
Schalldissipationsgrad dissipation coefficient facteur de dissipation	δ	1	$\delta = P_d/P_i$
Schallreflexionsgrad reflection coefficient facteur de réflexion	ρ	1	$\rho = P_r/P_i$
Schalltransmissionsgrad transmission coefficient facteur de transmission	τ	1	$\tau = P_t/P_i$
Schallabsorptionsgrad acoustique absorption coefficient facteur d'absorption acoustique	α	1	$\alpha = P_\alpha/P_i$
Schalldämm-Maß sound reduction index indice d'affaiblissement acoustique	R	1	$R = 0,5 \ln (1/\tau)$ Praktisch benutzte Einheit: Dezibel (dB)
Lautstärkepegel loudness level niveau d'isosonie	L_N	1	$L_N = \ln (p_{eff}/p_{0,eff})$ 1 kHz Praktisch benutzte Einheit: phon
Lautheit loudness sonie	N	1	Praktisch benutzte Einheit: sone

7 Begriffe und Benennungen in der Radiologischen Technik

Der Bereich der Radiologie, also der Bereich, der sich mit ionisierender Strahlung befaßt, ist von großer Wichtigkeit geworden. Die dort üblichen Größen — insbesondere auf dem Gebiet der Dosimetrie — haben teilweise in den letzten Jahren Präzisierungen erhalten, so daß es zweckmäßig ist, dieses Gebiet mit seinen Größen und Einheiten ausführlich darzulegen (siehe auch DIN 6814 „Begriffe und Benennungen in der radiologischen Technik" mit den Teilen 1 bis 12).

Die direkt oder indirekt ionisierende Strahlung kann eine Teilchenstrahlung (Korpuskularstrahlung) oder eine Photonenstrahlung sein. Man unterscheidet bei Teilchenstrahlung zwischen

Elektronenstrahlung
Betastrahlung
Sekundärelektronenstrahlung
Mesonenstrahlung
Strahlung aus schweren Teilchen wie Neutronen, Protonen, Deuteronen, Alphateilchen und schweren Ionen

und bei Photonenstrahlung zwischen

Röntgenstrahlung
Bremsstrahlung
charakteristische Strahlung
Gammastrahlung.

In Tabelle 7.1 sind die Größen und die zugehörenden SI-Einheiten zusammengestellt, mit denen man ein Strahlungsfeld kennzeichnen kann.

Tabelle 7.1: Größen und die zugehörenden SI-Einheiten, mit denen man ein Strahlungsfeld kennzeichnen kann

Größe Name	Formelzeichen DIN, ISO, ICRU 19	SI-Einheit	Bemerkung
Flußdichte von Teilchen particle fluence rate, flux density	φ	$m^{-2} \cdot s^{-1}$	$\varphi = \dfrac{d^2 N}{dA\,dt}$, dabei ist dN die Anzahl der Teilchen, die in dem Zeitintervall dt in eine Elementarkugel mit der Querschnittsfläche dA eintreten. Die Teilchenart ist anzugeben, z. B. Elektronenflußdichte $\left(\varphi = \dfrac{d\phi}{dt}\right)_{\text{ICRU}}$
Richtungsverteilung der Flußdichte spatial distribution of the flux density	φ_Ω	$m^{-2} \cdot s^{-1} \cdot sr^{-1}$	$\varphi = \displaystyle\int_{4\pi} \varphi_\Omega\,(\vartheta, \alpha)\,d\Omega$
Spektrale Flußdichte spectral particle flux density	φ_E	$m^{-2} \cdot s^{-1} \cdot J^{-1}$	$\varphi = \displaystyle\int_0^\infty \varphi_E\,dE$
Teilchenfluenz particle fluence, fluence	$\phi, \quad \Phi$	m^{-2}	$\phi = \displaystyle\int_{t_1}^{t_2} \varphi\,dt, \quad \left(\Phi = \dfrac{dN}{dA}\right)_{\text{ICRU}}$
Spektrale Fluenz spectral particle fluence	ϕ_E	$m^{-2} \cdot J^{-1}$	$\phi = \displaystyle\int_0^\infty \phi_E\,dE$
Energieflußdichte energy fluence rate, energy flux density	ψ	$J \cdot m^{-2} \cdot s^{-1}$	$\psi = \dfrac{d^2 W}{dA\,dt}$, dabei ist dW die Summe der Energien, abgesehen von Ruheenergien, der Teilchen, die in dem Zeitintervall dt in eine Elementarkugel mit der Querschnittsfläche dA eintreten $\left(\psi = \dfrac{d\Psi}{dt}\right)_{\text{ICRU}}$
Richtungsverteilung der Energieflußdichte spatial distribution of the energy flux density	ψ_Ω	$J \cdot m^{-2} \cdot s^{-1} \cdot sr^{-1}$	$\psi = \displaystyle\int_{4\pi} \psi_\Omega\,d\Omega$
spektrale Energieflußdichte spectral energy flux density	ψ_E	$m^{-2} \cdot s^{-1}$	$\psi = \displaystyle\int_0^\infty \psi_E\,dE$
Energiefluenz energy fluence	Ψ	$J \cdot m^{-2}$	$\Psi = \displaystyle\int_{t_1}^{t_2} \psi\,dt, \quad \left(\Psi = \dfrac{dW}{dA}\right)_{\text{ICRU}}$

Fortsetzung, Tabelle 7.1

Größe Name	Formelzeichen DIN, ISO, ICRU 19	SI-Einheit	Bemerkung
Spektrale Energiefluenz spectral energy fluence	Ψ_E	m^{-2}	$\Psi = \int\limits_0^\infty \Psi_E \, dE$
Teilchenstrom, einseitig particle current[1])	I_+, I	s^{-1}	$I = \int\limits_A j_n \, dA = \int\limits_A \int\limits_{4\pi} \varphi_\Omega(\vartheta) \cos\vartheta \, d\vartheta \, dA$
Teilchenstromdichte particle current density[1])	$\vec{\jmath}$	$m^{-2} \cdot s^{-1}$	$j_n = \int\limits_{4\pi} \varphi_\Omega(\vartheta, \alpha) \cos\vartheta \, d\Omega$ (Komponente in Richtung der Flächennormalen)
Energiestrom, einseitig energy current[1])	G_+, G_-	$J \cdot s^{-1}$	$G = \int\limits_A g_n \, dA$
Energiestromdichte energy current density[1])	$\vec{g}$	$J \cdot m^{-2} \cdot s^{-1}$	$g_n = \int\limits_{4\pi} \psi_\Omega(\vartheta, \alpha) \cos\vartheta \, d\Omega$ (Komponente in Richtung der Flächennormalen)
Strahlungsenergie radiation energy	W	J	
Teilchenzahl particle number	N	1	

[1]) Nicht in ICRU 19

Tabelle 7.2: Größen und die zugehörenden SI-Einheiten, mit denen man die Wechselwirkung zwischen ionisierender Strahlung und Materie kennzeichnen kann

Größe Name	Formelzeichen DIN, ISO, ICRU 19	SI-Einheit	Bemerkung
Wirkungsquerschnitt cross section	σ	m^2 $(1\ b = 10^{-28}\ m^2)$	
Wirkungsquerschnitts- dichte macroscopic cross sec- tion, cross section density	Σ	m^{-1}	$\Sigma = \dfrac{\sigma}{V}$
Reaktionsratendichte reaction rate density[1]	$\dot{n}_R$	$m^{-3} \cdot s^{-1}$	$\dot{n}_R = \dfrac{d^2 N_R}{dt\,dV}$, dabei ist dN_R die An- zahl der Reaktionen, die im Zeit- intervall dt im Volumenelement dV erzeugt werden.
Anzahldichte der Atome neutron number density	n_a, n	m^{-3}	$n_a = \dfrac{N}{V}$
Schwächungskoeffizient linear attenuation coefficient	μ, μ_1	m^{-1}	$\mu = \dfrac{1}{N}\dfrac{dN}{ds}$
Massenschwächungs- koeffizient mass attenuation coefficient	$\mu/\rho, \mu_m$	$m^2 \cdot kg^{-1}$	
Energieumwandlungs- koeffizient energy transfer coefficient	μ_{tr}	m^{-1}	$\mu_{tr} = \dfrac{1}{W}\dfrac{dW_{kin}}{ds}$
Massen-Energieumwand- **lungskoeffizient** mass energy transfer coefficient	$\dfrac{\mu_{tr}}{\rho}$	$m^2 \cdot kg^{-1}$	
Energieabsorptions- koeffizient energy transfer coefficient	μ_{en}	m^{-1}	$\mu_{en} = \mu_{tr}(1 - g)$ Dabei ist g der relative Anteil der Energie der Sekundärelektronen, der in dem Stoff in Bremsstrahlung um- gesetzt wird.
Massen-Energieabsorp- tionskoeffizient mass energy absorption coefficient	$\dfrac{\mu_{en}}{\rho}$	$m^2 \cdot kg^{-1}$	

[1] Nicht in ICRU 19

Größe Name	Formelzeichen DIN, ISO, ICRU 19	SI-Einheit	Bemerkung
Bremsvermögen linear stopping power	S, s_1	$J \cdot m^{-1}$	$S = \dfrac{dE}{ds}$ Dabei ist dE der mittlere Energieverlust, den ein Teilchen mit der Energie E in einem Stoff innerhalb der Weglänge ds erleidet.
Massen-Bremsvermögen total mass stopping power	$\dfrac{S}{\rho}, (S_m)$	$J \cdot m^2 \cdot kg^{-1}$	$\left(\dfrac{S}{\rho} = \dfrac{1}{\rho}\dfrac{dE}{ds}\right)_{ICRU}$
Lineares Energieübertragungsvermögen linear energy transfer	$L_{\Delta E}, L, L_\Delta$	$J \cdot m^{-1}$	$L_{\Delta E} = \left(\dfrac{dE}{ds}\right)_{\Delta E}$ Dabei ist dE der mittlere Energieverlust, den ein Teilchen mit der Energie E in diesem Stoff innerhalb der Weglänge ds infolge von Stößen mit einer Energieübertragung kleiner als ΔE erleidet.
Mittlerer Energieaufwand zur Bildung eines Ionenpaares average energy loss per ion pair formed	$\overline{W}_i, W_i, \overline{W}$	J	$\overline{W} = \dfrac{E}{N}$ wobei N die Zahl der Ionenpaare ist, die gebildet werden, wenn ein direkt ionisierendes Teilchen der kinetischen Ausgangsenergie E von dem Gas vollkommen gebremst wird.
Ionisierungskonstante	U_i	V	$U_i = \dfrac{W_i}{e}$ (e Elementarladung)

In Tabelle 7.3 sind die Größen und die zugehörenden SI-Einheiten auf dem Gebiet der Dosimetrie zusammengestellt. Hierbei spielt der Begriff der durch ionisierende Strahlung auf das Material in einem Volumen während einer Zeitspanne übertragenen Energie W_D eine besondere Rolle.

Man versteht darunter

$$W_D = W_{in} - W_{ex} + W_Q,$$

wobei W_{in} die Summe der Energien (ohne Ruheenergie) aller direkt oder indirekt ionisierender Teilchen und Photonen ist, die in das Volumen eintreten, W_{ex} die Summe der Energien aller ionisierender Teilchen und Photonen, die aus dem Volumen austreten, und W_Q die Summe der Reaktions- und Umwandlungsenergien aller Kern- und Elementarteilchenprozesse sind.

Der Begriff Äquivalentdosis dient nur für Strahlenschutzzwecke. Werte für Q und N werden für verschiedene Strahlenarten, Energien und Bestrahlungsbedingungen aufgrund von Vereinbarungen so festgelegt, daß bei gleichen Äquivalentdosen unter verschiedenen Expositionsbedingungen gleiches Strahlenrisiko zu erwarten ist.

Der Äquivalentdosisindex H_I an einem Punkt ist die maximale Äquivalentdosis in einer auf diesen Punkt konzentrierten Kugel von 30 cm Durchmesser aus weichteilgewebeäquivalentem Material der Dichte 1 g cm^{-3} unter Ausschluß einer Oberflächenschicht der Dicke 0,07 mm.

Tabelle 7.3: Größen und die zugehörenden SI-Einheiten auf dem Gebiet der Dosimetrie

Größe Name	Formelzeichen DIN, ISO, ICRU 19	SI-Einheit	Spezielle Einheit			Bemerkung
			Name	Einheitenzeichen	Äquivalent im SI	
Auf das Material übertragene Energie energy imparted	W_D, ϵ	J				
Energiedosis absorbed dose	D	Gy	Rad	rd	10^{-2} Gy	$D = \dfrac{\mathrm{d}W_D}{\mathrm{d}m} = \dfrac{1}{\rho}\dfrac{\mathrm{d}W_D}{\mathrm{d}V}$ (D_S Standard-Energiedosis — es sind Standardbedingungen eingehalten)
Energiedosis- leistung absorbed dose rate	$\dot{D}$	Gy·s^{-1}	$\dfrac{\text{Rad}}{\text{Sekunde}}$	rd·s^{-1}	10^{-2} Gy·s^{-1}	$\dot{D} = \dfrac{\mathrm{d}D}{\mathrm{d}t}$
Kerma kerma	K	Gy	Rad	rd	10^{-2} Gy	$K = \dfrac{\mathrm{d}W_K}{\mathrm{d}m} = \dfrac{1}{\rho}\dfrac{\mathrm{d}W_K}{\mathrm{d}V}$, wobei $\mathrm{d}W_K$ die Summe der Anfangswerte der kinetischen Energien aller geladener Teilchen ist, die von indirekt ionisierender Strahlung aus dem Material in dem Volumenelement $\mathrm{d}V$ freigesetzt wird.
Kermaleistung kerma rate	$\dot{K}$	Gy·s^{-1}	$\dfrac{\text{Rad}}{\text{Sekunde}}$	rd·s^{-1}	10^{-2} Gy·s^{-1}	$\dot{K} = \dfrac{\mathrm{d}K}{\mathrm{d}t}$
Ionendosis Nahezu: exposure[1])	J	C·kg^{-1}	Röntgen	R	$2{,}58 \cdot 10^{-4}$ C·kg^{-1}	$J = \dfrac{\mathrm{d}Q}{\mathrm{d}m_L} = \dfrac{1}{\rho}\dfrac{\mathrm{d}Q}{\mathrm{d}V}$, wobei $\mathrm{d}Q$ der Betrag der elektrischen Ladung der Ionen eines Vorzeichens ist, die in Luft in einem Volumenelement $\mathrm{d}V$ durch die Strahlung unmittelbar oder mittelbar gebildet werden.

1) Übersetzung wird in den internationalen Gremien noch überprüft. Ionendosis wird zur Zeit in der Literatur durch ,,ionisation charge/mass'' umschrieben.

Fortsetzung

Größe Name	Formelzeichen DIN, ISO, ICRU 19	SI-Einheit	Spezielle Einheit			Bemerkung
			Name	Einheitenzeichen	Äquivalent im SI	
Ionendosisleistung Nahezu: exposure rate[1])	j	$A \cdot kg^{-1}$	Röntgen Sekunde	$R \cdot s^{-1}$	$2{,}58 \cdot 10^{-4}\, A \cdot kg^{-1}$	$j = \dfrac{dJ}{dt}$
Aktivität activity	A	Bq	Curie	Ci	$3{,}7 \cdot 10^{10}$ Bq	$A = \dfrac{dN^*}{dt}$ N^* Erwartungswert für die Anzahl der spontanen Übergänge aus einem bestimmten Energiezustand eines Radionuklids in der Zeit t
Äquivalentdosis	H	$J \cdot kg^{-1}$	Rem	rem	$10^{-2}\, J \cdot kg^{-1}$	$H = q \cdot D$ $q = Q \cdot N$ Erwartungsfaktor (Q Qualitätsfaktor, N Faktorenprodukt) $(H = DQN)_{ICRU}$
Äquivalentdosisindex dose equivalent index	H_I	$J \cdot kg^{-1}$	Rem	rem	$10^{-2}\, J \cdot kg^{-1}$	
Energiedosisindex absorbed dose index	D_I	$J \cdot kg^{-1}$ (Gy)	Rad	rd	$10^{-2}\, J \cdot kg^{-1}$	

[1]) Übersetzung wird in den internationalen Gremien noch überprüft. Ionendosisleistung wird zur Zeit in der Literatur durch „rate of ionisation charge/mass" umschrieben.

Erläuterungen zum Begriff der Äquivalentdosis

Die Äquivalentdosis H ist das Produkt aus der Energiedosis D in Gewebe und einem dimensionslosen Bewertungsfaktor q:

$$H = q \cdot D$$

Der Bewertungsfaktor q ist das Produkt aus dem Qualitätsfaktor Q und dem modifizierenden Faktor N (siehe ICRU-Bericht 19 (1971): Radiation Quantities and Units).

Anmerkung:

Der Begriff Äquivalentdosis dient nur für Strahlenschutzzwecke. Werte für Q und N werden für verschiedene Strahlenarten, Energien und Bestrahlungsbedingungen auf Grund von Vereinbarungen so festgesetzt, daß bei gleichen Äquivalentdosen unter verschiedenen Expositionsbedingungen gleiches Strahlenrisiko zu erwarten ist. Für Bestrahlung von außen kann der Dosisverteilungsfaktor $N = 1$ gesetzt werden, so daß der Bewertungsfaktor q betragsmäßig dem Qualitätsfaktor Q gleich ist. Q ist als Funktion des linearen Energieübertragungsvermögens L definiert. Da im allgemeinen auch monoenergetisch einfallende Strahlung am interessierenden Ort in Materie ein ganzes L-Spektrum besitzt, sind entsprechende Mittelwerte zu benutzen:

$$\overline{Q} = \frac{1}{D} \int_0^L \frac{dD}{dL} \, Q(L) \, dL.$$

Für harte Röntgen- und Gammastrahlung gilt $\overline{Q} = 1$, für Neutronenstrahlung gelten die in der folgenden Tabelle aufgeführten Werte.

Tabelle Effektiver Bewertungsfaktor $\overline{Q}$ für verschiedene Energien E der einfallenden Neutronen[1])

E	$\overline{Q}$	E	$\overline{Q}$
Thermisch	3		
0,1 keV	2	1,0 MeV	10,5
5 keV	2,5	2,5 MeV	8
20 keV	5	5,0 MeV	7
100 keV	8	7,5 MeV	7
500 keV	10	10 MeV	6,5

[1]) Nach R. G. Jaeger und W. Hübner, Hrsg., Dosimetrie und Strahlenschutz, Georg Thieme Verlag Stuttgart, 1974

Wirken mehrere Strahlenarten zusammen, so ist die gesamte Äquivalentdosis die Summe der Äquivalentdosen, die von den einzelnen Strahlenarten herrühren:

$$H = \Sigma_i H_i = \Sigma_i (q_i D_i) \, .$$

Anhang 18

Umrechnungsbeziehungen

In Anhang 18 sind Umrechnungsbeziehungen für Einheiten außerhalb des SI wiedergegeben, um einerseits den Übergang auf das SI zu erleichtern und um andererseits eine Hilfe beim Lesen älterer Literatur zu geben. Die aufgeführten Einheiten können – naturgemäß – nur eine Auswahl darstellen. So gab es in den letzten 200 Jahren in Europa mehrere hundert Einheiten allein für die Länge. Es hätte keinen Sinn, sie hier alle aufzuführen. Die Einheiten sind nach Größen geordnet.

DIN 1301 Teil 3 enthält eine Liste mit Einheiten, die künftig nicht mehr verwendet werden sollen.

Länge

Einheitenname	Einheitenzeichen, Abkürzung	Beziehung	Äquivalent im SI	Anwendungsbereich
Zoll[1]	$''$		$25{,}\underline{4} \cdot 10^{-3}$ m	
Seemeile[2]	sm[3]		$1\,85\underline{2}$ m	See- und Luftfahrt
My, Mikron	μ	$1\,\mu = 1\,\mu$m	10^{-6} m	
Millimikron	$m\mu$	$1\,m\mu = 10^{-3}\,\mu$m	10^{-9} m	
Mikromikron	$\mu\mu$	$1\,\mu\mu = 10^{-6}\,\mu$m	10^{-12} m	
typographischer Punkt	p	$266\underline{0}$ p = $= 1{,}000\,33\underline{3}$ m	$0{,}376\,065 \cdot 10^{-3}$ m	satztechnische Längenangaben im Druckereigewerbe
Ångström	Å		10^{-10} m	Spektroskopie
Fermi			10^{-15} m	
Siegbahnsche X-Einheit	X.E.[3]	[4]	$(1{,}002\,02 \pm 3 \cdot 10^{-5}) \cdot 10^{-13}$ m	Röntgenspektroskopie
astronomische Einheit	AE[3]	[5]	$1{,}495\,978\,7 \cdot 10^{11}$ m	Astronomie
Lichtjahr	Lj.[3]	[6]	$9{,}460\,53 \cdot 10^{15}$ m	Astronomie
Parsec[7]	pc	[8]	$30{,}857 \cdot 10^{15}$ m	Astronomie

[1] Bei der Umrechnung wird als Zoll meist die angelsächsische Einheit inch ($25{,}\underline{4}$ mm) zugrunde gelegt.

[2] Diese Einheit wurde als „international sea-mile" von der Ersten Außerordentlichen Internationalen Hydrographischen Konferenz 1929 in Monaco angenommen.

[3] Zeichen nicht international vereinbart.

[4] 1 X.E. ist der 3 029,45te Teil der physikalischen Gitterkonstante des Kalkspats bei einer Temperatur von 18 °C.

[5] 1 AE ist die Länge des Halbmessers der nichtgestörten Kreisbahn, auf der sich ein Körper von vernachlässigbarer Masse mit einer siderischen Winkelgeschwindigkeit von 17,202 098 95 mrad/d um die Sonne bewegt.

[6] Das Lichtjahr ist der Weg, den elektromagnetische Wellen im Vakuum in einem Jahr zurücklegen.

[7] Andere Namen für das Parsec ohne besondere Einheitenzeichen sind: Astron, Makron, Metron, Stern(en)weite

[8] 1 pc ist die Entfernung, von der aus die Länge 1 AE unter dem Winkel $1''$ erscheint.

Länge, angelsächsische Einheiten

Einheiten-name	Einheitenzeichen	Beziehung	Äquivalent im SI	Anwendungs-bereich
mil, thou	'''	$1\,''' = 10^{-3}$ in	$25{,}\underline{4}\cdot 10^{-6}$ m	
line		1 line $= \dfrac{1}{40}$ in	$0{,}63\underline{5}\cdot 10^{-3}$ m	
inch	in	1 in $= \dfrac{1}{12}$ ft	$25{,}\underline{4}\cdot 10^{-3}$ m	
hand		1 hand $= 4$ in $= \dfrac{1}{3}$ ft	$0{,}101\,\underline{6}$ m	
link	li	1 li $= 10^{-2}$ chain	$0{,}201\,16\underline{8}$ m	
span		1 span $= 9$ in $= \dfrac{1}{4}$ yd	$0{,}228\,\underline{6}$ m	
foot	ft	1 ft $= 12$ in $= \dfrac{1}{3}$ yd	$0{,}304\,\underline{8}$ m	
U.S. Survey foot	ft (U.S. Survey)	1 ft (U.S. Survey) $= \dfrac{1\,200}{3\,937}$ m	$0{,}304\,800\,6$ m	U.S. Coast and Geodetic Survey
yard	yd	1 yd $= 36$ in $= 3$ ft	$0{,}914\,\underline{4}$ m	
fathom	fm	1 fm $= 2$ yd $= 6$ ft	$1{,}828\,\underline{8}$ m	Seeschiffahrt
rod	rd	2 rd $= 11$ yd $= 33$ ft	$5{,}029\,\underline{2}$ m	Geodäsie
perch, pole		1 perch $= 1$ rd $= 1$ pole	$5{,}029\,\underline{2}$ m	Geodäsie
chain	ch	1 chain $= 22$ yd $= 66$ ft	$20{,}116\,\underline{8}$ m	Geodäsie
furlong	fur	1 fur $= 220$ yd $= 660$ ft	$201{,}16\underline{8}$ m	Geodäsie
mile	mi	1 mi $= 1\,760$ yd $= 5\,280$ ft	$1\,609{,}34\underline{4}$ m	
mile (U.S. Survey)		1 mile (U.S. Survey) $=$ $= 5\,280$ ft (U.S. Survey)	$1\,609{,}347$ m	
nautical mile (VK)[1]	n mile		$1\,853{,}2$ m	Schiffahrt

[1] von der internationalen Seemeile ($1\,85\underline{2}$ m) abweichende Einheit im Vereinigten Königreich

Nachdem die metrologischen Staatsinstitute Australiens, Kanadas, Neuseelands, Südafrikas, des Vereinigten Königreichs und der Vereinigten Staaten vereinbart hatten, die Umrechnungsbeziehungen in der untersten Zeile der folgenden Tabelle ab 1. Juli 1959 in ihren Geschäftsbereichen bei allen Präzisionsmessungen für Wissenschaft und Technik zugrunde zu legen, setzte sich das „vereinheitlichte" yard in allen angelsächsischen Ländern immer mehr durch. Für den Bereich des U.S. Coast and Geodetic Survey gelten jedoch die alten Beziehungen weiter.

Festlegung	yard 1 yd = 3 ft = 36 in	foot 1 ft = $\frac{1}{3}$ yd = 12 in	inch 1 in = $\frac{1}{36}$ yd = $\frac{1}{12}$ ft
USA, 1893, noch heute für den U.S. Coast und Geodetic Survey	$\frac{3\,600}{3\,937}$ m 0,914 401 83 m	$\frac{1\,200}{3\,937}$ m 0,304 800 61 m	$\frac{100}{3\,937}$ m $25{,}400\,051 \cdot 10^{-3}$ m
Vereinigtes Königreich 1898	0,914 399 21 m	0,304 799 74 m	$25{,}399\,978 \cdot 10^{-3}$ m
Vereinigtes Königreich 1922, für wissenschaftliche Untersuchungen	0,914 398 41 m	0,304 799 47 m	$25{,}399\,956 \cdot 10^{-3}$ m
Vereinigtes Königreich: Normung für industrielle Zwecke seit 1930, gesetzlich seit 1963 Vereinigte Staaten: Normung für industrielle Zwecke seit 1933, gesetzlich seit 1959	0,914 <u>4</u> m	0,304 <u>8</u> m	$25{,}\underline{4} \cdot 10^{-3}$ m

Fläche

Einheitenname	Einheitenzeichen	Äquivalent im SI	Anwendungsbereich
Barn[1]	b [2]	10^{-28} m²	Wirkungsquerschnitte von Teilchen
Ar	a	100 m²	Fläche von Grund- und Flurstücken
Hektar[3]	ha	10^4 m²	Fläche von Grund- und Flurstücken
Morgen		2 500 m² [4]	Fläche von Grund- und Flurstücken

[1] Die Verwendung der Einheit Barn für Wirkungsquerschnitte ermöglicht in Verbindung mit SI-Vorsätzen bequeme Zahlenwerte gegenüber dem Gebrauch von dezimalen Teilen oder Vielfachen der SI-Einheit m². Beispiel: 97 μb = $9{,}7 \cdot 10^{-33}$ m² = 0,009 7 fm² = 9 700 am². Praktische Bedeutung haben Wirkungsquerschnitte aber nur im Zusammenhang mit der Berechnung von Reaktionsratendichten und ähnlichen Größen, die im wesentlichen aus Produkten der Teilchenflußdichte und des Wirkungsquerschnittes bestehen. In diesen Fällen muß allerdings der Wirkungsquerschnitt in der SI-Einheit eingesetzt werden.

[2] Die Einheitenzeichen b, mb und μb waren früher für die Druckeinheiten Bar, Millibar und Mikrobar genormt.

[3] aus Hektoar.

[4] Es gab regional auch andere Umrechnungen.

    Für Einheiten der Fläche durften nach der Ausführungsverordnung zum Einheitengesetz bis zum 31. Dezember 1974 anstelle der Einheitenzeichen auch folgende Abkürzungen benutzt werden:

    qmm für mm²,

    qcm für cm²,

    qdm für dm²,

    qm   für m² und

    qkm für km².

Fläche, angelsächsische Einheiten

Einheitenname	Einheitenzeichen Abkürzung	Beziehung	Äquivalent im SI
circular inch[1])	circ in	$1 \text{ circ in} = \frac{\pi}{4} \text{ in}^2$	$5{,}067 \cdot 10^{-4} \text{ m}^2$
circular mil[1])	circ mil	$1 \text{ circ mil} = \frac{\pi}{4} \text{ mil}^2$	$5{,}067 \cdot 10^{-10} \text{ m}^2$
square inch	in², sq in		$6{,}451\underline{6} \cdot 10^{-4} \text{ m}^2$
square link	sq li	$1 \text{ sq li} = \frac{484}{10\,000} \text{ yd}^2$	$4{,}047 \cdot 10^{-2} \text{ m}^2$
square foot	ft², sq ft, qfs	$1 \text{ ft}^2 = \frac{1}{9} \text{ yd}^2$	$9{,}290\,3 \cdot 10^{-2} \text{ m}^2$
square yard	yd², sq yd		$0{,}836\,13 \text{ m}^2$
square rod	rd², sq rd	$1 \text{ rd}^2 = \frac{121}{4} \text{ yd}^2$	$25{,}293 \text{ m}^2$
square chain	ch², sq ch	$1 \text{ ch}^2 = 484 \text{ yd}^2$	$404{,}686 \text{ m}^2$
rood	rood	$1 \text{ rood} = 1\,210 \text{ yd}^2$	$1\,011{,}71 \text{ m}^2$
acre	acre	$1 \text{ acre} = 4 \text{ rood}$	$4\,046{,}86 \text{ m}^2$
acre (U.S. Survey)	acre (U.S. Survey)		$4\,046{,}87 \text{ m}^2$
square mile, section	mile², sq mile	$1 \text{ mile}^2 = 640 \text{ acre}$	$2{,}589\,988 \cdot 10^6 \text{ m}^2$
square mile (U.S. Survey)	mile² (U.S. Survey)		$2{,}589\,998 \cdot 10^6 \text{ m}^2$
township		$1 \text{ township} = 36 \text{ mile}^2$	$93{,}239\,6 \cdot 10^6 \text{ m}^2$

[1]) Diese Einheiten sind so groß wie die Fläche eines Kreises mit der hinter „circular" angegebenen Längeneinheit als Durchmesser.

Volumen

Einheitenname	Einheitenzeichen	Äquivalent im SI
Liter[1])	l	1 dm^3
Festmeter[2])	Fm	1 m^3
Normkubikmeter[3])	Nm³, nm³, m_n^3	1 m^3
Raummeter[4])	Rm	1 m^3

[1]) Besonderer Name für 1 dm^3 (seit 1964). 1951 war das Liter als das Volumen von 1 kg reinen Wassers natürlicher Isotopenzusammensetzung bei seiner maximalen Dichte und beim Druck einer physikalischen Atmosphäre ($1 \text{ l} = 1{,}000\,028 \text{ dm}^3$) definiert. Wenn die Gefahr einer Verwechslung zwischen dem Einheitenzeichen l und der Ziffer 1 besteht, kann die Abkürzung Ltr. anstelle des Einheitenzeichens verwendet werden.

[2]) Besonderer Name für das Kubikmeter bei Volumenangaben für Langholz, errechnet aus Stammlänge und Stammdurchmesser.

[3]) Enthielt den Hinweis, daß sich das Gas im Normzustand befindet.

[4]) Besonderer Name für das Kubikmeter bei Volumenangaben für geschichtetes Holz einschließlich der Luftzwischenräume.

Für Einheiten des Volumens durften nach der Ausführungsverordnung zum Einheitengesetz bis zum 31. Dezember 1974 anstelle der Einheitenzeichen auch folgende Abkürzungen benutzt werden:

cmm für mm^3,
ccm für cm^3,
cdm für dm^3 und
cbm für m^3.

Volumen, angelsächsische Einheiten

Einheitenname	Einheitenzeichen, Abkürzung	Beziehung	Äquivalent im SI
cubic inch	in^3, cu in	$1 \text{ in}^3 = \frac{1}{1\,728} \text{ ft}^3$	$16,387\,06\underline{4} \cdot 10^{-6}$ m^3
cubic foot	ft^3, cu ft	$1 \text{ ft}^3 = \frac{1}{27} \text{ yd}^3$	$28,316\,8 \cdot 10^{-3}$ m^3
cubic yard	yd^3, cu yd		$0,764\,555$ m^3
Volumeneinheiten des Vereinigten Königreichs (UK-Einheiten)			
minim (UK)	min (UK)	$1 \text{ min (UK)} = \frac{1}{60} \text{ fl dr}$	$59,193\,9 \cdot 10^{-9}$ m^3
fluid drachm (UK)	fl dr (UK)	$1 \text{ fl dr (UK)} = \frac{1}{8} \text{ fl oz (UK)}$	$3,551\,63 \cdot 10^{-6}$ m^3
fluid ounce (UK)	fl oz (UK)	$1 \text{ fl oz (UK)} = \frac{1}{5} \text{ gill (UK)}$	$28,413\,1 \cdot 10^{-6}$ m^3
gill (UK)	gill (UK)	$1 \text{ gill (UK)} = \frac{1}{4} \text{ pt (UK)}$	$0,142\,065 \cdot 10^{-3}$ m^3
pint (UK)	pt (UK)	$1 \text{ pt (UK)} = \frac{1}{2} \text{ qt (UK)}$	$0,568\,262 \cdot 10^{-3}$ m^3
quart (UK)	qt (UK)	$1 \text{ qt (UK)} = \frac{1}{4} \text{ gal (UK)}$	$1,136\,52 \cdot 10^{-3}$ m^3
gallon (UK)	gal (UK)	1 gal (UK) = 277,42 in^3	$4,546\,09 \cdot 10^{-3}$ m^3
peck (UK)	pk (UK)	1 pk (UK) = 2 gal (UK)	$9,092\,18 \cdot 10^{-3}$ m^3
bushel (UK)	bu (UK)	1 bu (UK) = 4 pk (UK)	$36,368\,7 \cdot 10^{-3}$ m^3
Flüssigkeitsmaße der Vereinigten Staaten (US-Einheiten)			
minim (US)	min (US)	$1 \text{ min (US)} = \frac{1}{60} \text{ fl dr (US)}$	$61,611\,5 \cdot 10^{-9}$ m^3
fluid dram (US)	fl dr (US)	$1 \text{ fl dr (US)} = \frac{1}{8} \text{ fl oz (US)}$	$3,696\,691 \cdot 10^{-6}$ m^3
fluid ounce (US)	fl oz (US)	$1 \text{ fl oz (US)} = \frac{1}{4} \text{ gill (US)}$	$29,573\,5 \cdot 10^{-6}$ m^3
gill (US)	gill (US)	$1 \text{ gill (US)} = \frac{1}{4} \text{ liq pt (US)}$	$0,118\,294 \cdot 10^{-3}$ m^3
liquid pint (US)	liq pt (US)	$1 \text{ liq pt (US)} = \frac{1}{2} \text{ qt (US)}$	$0,473\,176 \cdot 10^{-3}$ m^3
liquid quart (US)	liq qt (US)	$1 \text{ liq qt (US)} = \frac{1}{4} \text{ gal (US)}$	$0,946\,353 \cdot 10^{-3}$ m^3

Einheitenname	Einheitenzeichen, Abkürzung	Beziehung	Äquivalent im SI
gallon (US)	gal (US)	1 gal (US) = 231 in^3	3,785 41 · 10^{-3} m^3
barrel (US) für Petroleum etc.	barrel (US) (petroleum)	1 barrel (US) = 9 702 in^3 (petroleum)	0,158 987 m^3
Trockenmaße der Vereinigten Staaten (US-Einheiten)			
dry pint (US)	dry pt (US)	1 dry pt (US) = $\frac{1}{2}$ dry qt (US)	0,550 610 · 10^{-3} m^3
dry quart (US)	dry qt (US)	1 dry qt (US) = $\frac{1}{8}$ dry pk (US)	1,101 22 · 10^{-3} m^3
dry gallon (US)	dry gal (US)	1 dry gal (US) = $\frac{1}{2}$ dry pk (US)	4,404 88 · 10^{-3} m^3
peck (US)	dry pk (US)	1 dry pk (US) = $\frac{1}{4}$ bu (US)	8,809 77 · 10^{-3} m^3
bushel (US)	bu (US)	1 bu (US) = 2 150,42 in^3	35,239 1 · 10^{-3} m^3
dry barrel (US)[1]	bbl (US)	1 bbl (US) = 7 056 in^3	0,115 627 m^3

[1] Für Preiselbeeren gilt die Umrechnung: 1 dry barrel (US, cranberries) = 5 826 in^3 = 95,471 · 10^{-3} m^3

ebener Winkel

Einheitenname	Einheitenzeichen	Beziehung	Äquivalent im SI
Vollwinkel	pla[1]	1 pla = 2 π rad	6,283 185 rad
rechter Winkel, Rechter	$\llcorner$ [2]	$1\llcorner = \frac{\pi}{2}$ rad	1,570 796 rad
Grad, Altgrad[3]	°	$1° = \frac{\pi}{180}$ rad	1,745 33 · 10^{-2} rad
Dez	Dez	1 Dez = 10°	0,174 533 rad
(Winkel-)Minute, Altminute[3]	'	1' = (1/60)°	2,908 88 · 10^{-4} rad
(Winkel-)Sekunde, Altsekunde[3]	''	1'' = (1/60)'	4,848 14 · 10^{-6} rad
Gon, Neugrad[3]	gon	$1 \text{ gon} = \frac{\pi}{200}$ rad	1,570 796 · 10^{-2} rad
Neugrad, Gon	g	1^g = (1/100)$\llcorner$	1,570 796 · 10^{-2} rad
Neuminute[4]	c	1^c = (1/100)^g	1,570 796 · 10^{-4} rad
Neusekunde	cc	1^{cc} = (1/100)^c	1,570 796 · 10^{-6} rad
Schub		1 Schub = $\frac{1}{24}$ pla	0,261 799 4 rad
nautischer Strich	''	$1'' = \frac{1}{32}$ pla	0,196 349 5 rad
artilleristischer Strich	-	$1^- = \frac{1}{6\,400}$ pla	0,981 747 7 · 10^{-3} rad

[1] Dieses Zeichen ist nicht international vereinbart. Es wird in DIN 1315, Ausgabe März 1974, empfohlen (von plenus angulus), jedoch besteht die Tendenz, es wieder aufzugeben.
[2] Manchmal wurde das Zeichen auch nichthochgestellt benutzt: $1\llcorner = 1\llcorner$.
[3] Die Namen Altgrad, Altminute, Altsekunde und Neugrad sind nicht mehr zu verwenden.
[4] Ersetzt durch das Zentigon: 1^c = 1 cgon.

Dezimale Teile und Vielfache werden von den obenstehenden Einheiten — mit Ausnahme des Gon — nicht gebildet.

Folgende Einheitenzeichen werden bei Winkelangaben ohne Abstand zum Zahlenwert verwendet:

$\llcorner$, °, ′, ″, ^{g}, ^{c}, ^{cc}, –.

Bei einer Winkelangabe sollten nicht mehrere Einheiten gemeinsam verwendet werden. Beispiel: statt 42° 36′ besser 42,6°.

Einheiten des ebenen Winkels haben folgende englische und französische Namen:

deutsch	englisch	französisch
Radiant	radian	radian
Grad	degree	degré
(Winkel-)Minute	minute	minute
(Winkel-)Sekunde	second	seconde
Gon	gon, grade	gon, grade

Nach der internationalen Norm ISO 31/1, Ausgabe 1978-03-15, ist für die Einheit Gon auch noch das Einheitenzeichen ^{g} zulässig, unzulässig ist dieses Zeichen in der Bundesrepublik Deutschland.

Raumwinkel

Einheitenname	Einheitenzeichen	Beziehung	Äquivalent im SI
Quadratgrad	(°)², □°	1 (°)² = (π/180)² sr	$3{,}046\,174 \cdot 10^{-4}$ sr
Quadratminute	(′)², □′	1 (′)² = 1/3 600 (°)²	$8{,}461\,59 \cdot 10^{-8}$ sr
Quadratsekunde	(″)², □″	1 (″)² = 1/3 600 (′)²	$2{,}350\,443 \cdot 10^{-11}$ sr
Quadratgon	(^{g})², □^{g}	1 (^{g})² = (π/200)² sr	$2{,}467\,401 \cdot 10^{-4}$ sr

Geschwindigkeit

Einheitenname	Einheitenzeichen	Beziehung	Äquivalent im SI
Kilometer durch Stunde	km/h		$0{,}2\overline{7}$ m/s
Knoten[1])	kn	1 sm/h	$0{,}51\overline{4}$ m/s

[1]) Dieser international vereinbarte Knoten wird in Großbritannien nicht benutzt. Anwendungsbereich: Seefahrt und Luftverkehr.

Die Mach-Zahl Ma ist das Verhältnis einer Geschwindigkeit zur Schallgeschwindigkeit. In der Luftfahrt wird auch M statt Ma benutzt. $M = 2$ bedeutet also in der Luftfahrt eine Geschwindigkeit von etwa 660 m/s. Die Schallgeschwindigkeit ist vom betrachteten Medium und der Temperatur abhängig. Die Mach-Zahl ist in DIN 5492, Ausgabe November 1965 genormt.

Geschwindigkeit, angelsächsische Einheiten

Einheitenname	Einheitenzeichen, Abkürzung	Äquivalent im SI
foot per hour	ft/h	$84,\overline{6} \cdot 10^{-6}$ m/s
foot per minute	ft/min	$5,08 \cdot 10^{-3}$ m/s
foot per second	ft/s	$0,304\underline{8}$ m/s
inch per second	in/s, ips	$25,\underline{4} \cdot 10^{-3}$ m/s
knot (UK)[1]	kn (UK)	$0,514\,772$ m/s
mile per hour	mile/h, mi/h	$0,447\,0\underline{4}$ m/s
mile per second	mile/s, mi/s	$1,609\,34\underline{4} \cdot 10^3$ m/s

[1]) 1 kn (UK) = 1 n mile (UK)/h, vergleiche Knoten

Beschleunigung

Einheitenname	Einheitenzeichen	Beziehung	Äquivalent im SI	Anwendung
Gal	Gal	$1\ \text{Gal} = 1\ \text{cm} \cdot \text{s}^{-2}$	10^{-2} m/s^2	Fallbeschleunigung, Geophysik
foot per second squared	ft/s^2		$0,304\underline{8}$ m/s^2	angelsächsiche Einheit
inch per second squared	in/s^2		$2,5\underline{4} \cdot 10^{-2}$ m/s^2	angelsächsische Einheit
mile per second squared	mile/s^2		$1\,609,34\underline{4}$ m/s^2	angelsächsische Einheit

Das Eötvös (Einheitenzeichen: E) ist eine Einheit für den Gradienten der Beschleunigung, die vor allem in Geodäsie und Geophysik vorkommt. Das Eötvös wird in DIN 1358, Ausgabe Juli 1971, erwähnt.

$$1\ E = 10^{-9}\ s^{-2}.$$

Winkelgeschwindigkeit

Einheitenname	Einheitenzeichen	Beziehung	Äquivalent im SI
Radiant durch Minute	rad/min	$\dfrac{1}{60}$ rad/s	$0,01\overline{6}$ rad/s
Grad durch Sekunde	°/s	$\dfrac{\pi}{180}$ rad/s	$0,174\,533 \cdot 10^{-1}$ rad/s

Winkelbeschleunigung

Einheitenname	Einheitenzeichen	Beziehung	Äquivalent im SI
Grad durch Sekunde zum Quadrat	°/s^2	$\dfrac{\pi}{180}$ rad/s^2	$0,174\,533 \cdot 10^{-1}$ rad/s^2

Masse, angelsächsische Einheiten

Einheitenname	Einheitenzeichen	Beziehung	Äquivalent im SI
a) *UK und US avoirdupois-Einheiten*			
grain	gr	1/7 000 lb	$64{,}798\,9\underline{1}\cdot 10^{-3}$ g
dram	dr	1/16 oz	1,771 845 g
ounce	oz	1/16 lb	28,349 5 g
pound[1])	lb		$0{,}453\,592\,3\underline{7}$ kg
b) *weitere UK avoirdupois-Einheiten*			
stone	stone	14 lb	6,350 29 kg
quarter	quarter	28 lb	12,700 6 kg
hundredweight	cwt (UK)	112 lb	50,802 3 kg
ton	ton (UK)	2240 lb	1016,05 kg
c) *weitere US avoirdupois-Einheiten*			
(short) hundredweight	cwt (US), sh cwt	100 lb	45,359 2 kg
long hundredweight, gross hundredweight	long cwt, gross cwt	112 lb	50,802 3 kg
(short) ton	tn (US), sh tn	2000 lb	907,185 kg
long ton, gross ton	long tn, gross tn	2 240 lb	1016,05 kg
d) *UK und US-troy-Einheiten (im Geldhandel gebräuchlich)*			
grain	gr	1/5 760 lb t	$64{,}798\,91\cdot 10^{-3}$ g
troy ounce	oz tr, oz t [2])	480 gr, 1/12 lb t	31,103 5 g
troy pound	lb t	5 760 gr	0,373 242 kg
e) *UK und US apothecaries'-Einheiten*			
grain	gr	1/480 oz apoth (UK), 1/480 oz ap (US)	$64{,}798\,91\cdot 10^{-3}$ g
apothecaries' scruple		20 gr	1,295 98 g
apothecaries' ounce	oz apoth, oz ap [3])	480 gr	31,103 5 g
f) *das British technical unit of mass*			
slug	slug	$1\,\dfrac{\text{lbf}}{\text{ft/s}^2}$	14,593 9 kg

[1]) Das pound war früher in den einzelnen angelsächsischen Ländern unterschiedlich festgelegt. 1959 wurde das pound durch die oben angegebene Beziehung zum Kilogramm neu definiert.

[2]) Die Abkürzung oz t wurde in den Vereinigten Staaten, die Abkürzung oz tr im Vereinigten Königreich verwendet.

[3]) Die Abkürzung oz ap wurde in den Vereinigten Staaten, die Abkürzung oz apoth im Vereinigten Königreich verwendet.

Masse

Einheitenname	Einheitenzeichen	Beziehung	Äquivalent im SI
atomare Masseneinheit[1]	u	$1\ u = \dfrac{1}{12}\,m\ (^{12}C)$	$1{,}660\,565\,5 \cdot 10^{-27}$ kg
Gamma	γ	$1\ \gamma = 1\ \mu g$	10^{-9} kg
metrisches Karat[2]	Kt	$1\ Kt = 200$ mg	$2 \cdot 10^{-4}$ kg
Gramm	g		$1 \cdot 10^{-3}$ kg
Hyl	hyl	$1\ hyl = 1\ m^{-1} \cdot p \cdot s^2$	$9{,}806\,6\underline{5} \cdot 10^{-3}$ kg
Pfund	Pfd, ℔	$1\ ℔ = 500$ g	$0{,}\underline{5}$ kg
Zentner	Ztr	$1\ Ztr = 50$ kg	50 kg
Doppelzentner	dz	$1\ dz = 100$ kg	100 kg
technische Masseneinheit	khyl, techma	$1\ khyl = 1\ m^{-1} \cdot kp \cdot s^2$	$9{,}806\,6\underline{5}$ kg
Tonne	t	$1\ t = 10^3$ kg	1 000 kg

[1] Anwendungsbereich: Atomphysik. Der Einheitenname Dalton für die atomare Masseneinheit sollte nicht mehr verwendet werden.

[2] Bei Angaben der Masse von Edelsteinen ist das metrische Karat (Abkürzung: Kt) als besonderer Name für den fünftausendsten Teil des Kilogramm gesetzliche Einheit mit eingeschränktem Anwendungsbereich. Altes Zeichen: k.

Die falsch gebildeten Begriffe Tagestonne (tato) und Jahrestonne (jato) werden gelegentlich zu Unrecht für die Angabe von Massen verwendet.

Kraft

Einheitenname	Einheitenzeichen	Beziehung	Äquivalent im SI
Dyn	dyn	$1\ g \cdot cm \cdot s^{-2}$	10^{-5} N
Gramm, (Kraft-)	g^*, g_f, gf		$9{,}806\,6\underline{5} \cdot 10^{-3}$ N
Pond	p		$9{,}806\,6\underline{5} \cdot 10^{-3}$ N
Großdyn	Dyn		1 N
Kilopond	kp		$9{,}806\,6\underline{5}$ N
Kilogramm, (Kraft-)	kg^*, kg_f, kg_p, kgf		$9{,}806\,6\underline{5}$ N
Tonne, (Kraft-)	t^*, t_f, tf		$9{,}806\,6\underline{5}$ kN

Kraft, angelsächsische Einheiten

Einheitenname	Einheitenzeichen	Beziehung	Äquivalent im SI
poundal	pdl	$1\ lb \cdot ft \cdot s^{-2}$	$0{,}138\,255$ N
pound-force	lbf	$9{,}806\,6\underline{5}\ lb \cdot m \cdot s^{-2}$	$4{,}448\,22$ N
kip		$1\,000$ lbf	$4{,}448\,22$ kN
ounce-force	ozf		$0{,}278\,014$ N

Druck, mechanische Spannung

Einheitenname	Einheitenzeichen	Beziehung	Äquivalent im SI
Dyn durch Quadratzentimeter	dyn/cm^2		$0,\underline{1}$ Pa
Torr	Torr	1/760 atm	133,322 Pa
konventionelle Millimeter-Quecksilbersäule[1])	mmHg		$133,32\underline{2}$ Pa
konventionelle Meter-Wassersäule	mWS	0,1 at	$9\,806,6\underline{5}$ Pa
Kilopond durch Quadratzentimeter	kp/cm^2		$98\,066,\underline{5}$ Pa
technische Atmosphäre	at, ata, atu, atü	$1\ kp/cm^2$	$98\,066,\underline{5}$ Pa
Bar	bar	$10^6\ dyn/cm^2$	10^5 Pa
physikalische Atmosphäre	atm		$101\,325\,\underline{ }$ Pa

[1]) Bis zum 31. Dezember 1979 für Angaben des Blutdruckes noch zulässig.

Druck, mechanische Spannung, angelsächsische Einheiten

Einheitenname	Einheitenzeichen	Beziehung	Äquivalent im SI
poundal per square foot	pdl/ft^2		1,488 16 Pa
pound-force per square foot	lbf/ft^2		47,880 3 Pa
conventional inch of water	inH_2O		249,089 Pa
foot of water	ftH_2O		2 989,07 Pa
conventional inch of mercury	inHg		3 386,39 Pa
pound-force per square inch	lbf/in^2, psi		6 894,76 Pa
ton-force per square inch	$tonf/in^2$	$2\,240\ lbf/in^2$	$15,444\,3 \cdot 10^6$ Pa

Dichte

Einheitenname	Einheitenzeichen	Beziehung	Äquivalent im SI
Tonne durch Kubikmeter	t/m^3	g/cm^3	$1\,000\ kg/m^3$
Kilogramm durch Liter	kg/l	g/ml	$1\,000\ kg/m^3$

Dichte, angelsächsische Einheit

Einheitenname	Einheitenzeichen	Beziehung	Äquivalent im SI
pound per cubic foot	lb/ft^3		$16,018\,5\ kg/m^3$

Energie

Einheitenname	Einheitenzeichen	Beziehung	Äquivalent im SI
Erg	erg	1 dyn · cm	10^{-7} J
Kilopondmeter	kp · m		9,806 6$\underline{5}$ J
Kilowattstunde	kWh		3,$\underline{6}$ · 10^6 J
technische Literatmosphäre	l · at	1)	98,066 $\underline{5}$ J
physikalische Literatmosphäre	l · atm	2)	101,32$\underline{5}$ J
15 °C-Kalorie	$cal_{15°}$	3)	4,185 5 J
thermochemische Kalorie	cal_{th}		4,184 J
Internationale Tafel-Kalorie4)	cal_{IT}		4,186 $\underline{8}$ J
Elektronvolt5)	eV	5)	1,602 189 2 · 10^{-19} J
Tonne Steinkohleneinheiten	tSKE	6)	29,307 6 · 10^9 J
PS-Stunde	PS · h		2,647 8 · 10^6 J

Energie, angelsächsische Einheiten

Einheitenname	Einheitenzeichen	Beziehung	Äquivalent im SI
foot poundal	ft · pdl		0,042 140 1 J
foot pound-force	ft · lbf		1,355 82 J
British thermal unit	Btu		1 055,06 J

1) Die technische Literatmosphäre ist gleich der Arbeit, die erforderlich ist, um das Volumen eines Gases beim Druck 1 at um 1 l zu verändern. Anwendungsbereich: Chemie.

2) Die physikalische Literatmosphäre ist gleich der Arbeit, die erforderlich ist, um das Volumen eines Gases beim Druck 1 atm um 1 l zu verändern. Anwendungsbereich: physikalische Chemie.

3) 1 cal_{15} ist die Wärmemenge, die erforderlich ist, um 1 g luftfreien Wassers beim Druck 1 atm von 14,5 °C auf 15,5 °C zu erwärmen.

4) Die Internationale Tafel-Kalorie wurde 1956 von der 5. Internationalen Dampftafel-Konferenz in London mit der in der Tabelle angegebenen Beziehung definiert.

5) 1 Elektronvolt ist die Energie, die ein Elektron bei Durchlaufen einer Potentialdifferenz von 1 Volt im Vakuum gewinnt. Anwendungsbereich: Atomphysik.

6) Der Einheit „Tonne Steinkohleneinheiten" liegt ein Heizwert von 7 000 kcal/kg zugrunde.

Leistung

Einheitenname	Einheitenzeichen	Beziehung	Äquivalent im SI
Erg durch Sekunde	erg/s	1 dyn · cm/s	10^{-7} W
Internationale Tafel-Kalorie durch Stunde	cal_{IT}/h		1,16$\underline{3}$ · 10^{-3} W
internationales Watt	W_{int}1)		1,000 19 W
Kilopondmeter durch Sekunde	kp · m/s		9,806 6$\underline{5}$ W
technische Literatmosphäre durch Sekunde	l · at/s		98,066 $\underline{5}$ W
physikalische Literatmosphäre durch Sekunde	l · atm/s		101,32$\underline{5}$ W
Torrliter durch Sekunde	Torr · l/s		0,133 32 W
Pferdestärke	PS		735,498 7$\underline{5}$ W

1) Abkürzung: int. W

Leistung, angelsächsische Einheiten

Einheitenname	Einheitenzeichen	Beziehung	Äquivalent im SI
foot poundal per second	ft · pdl/s		0,042 140 1 W
British thermal unit per hour	Btu/h		0,293 071 W
foot pound-force per second	ft · lbf/s		1,355 82 W
horsepower (British)	hp	550 ft · lbf/s	745,7 W
foot pound-force per minute	ft · lbf/min		$22{,}597 \cdot 10^{-3}$ W
foot pound-force per hour	ft · lbf/h		$0{,}376\,616 \cdot 10^{-3}$ W

Kinematische Viskosität

Einheitenname	Einheitenzeichen	Beziehung	Äquivalent im SI
Stokes[1])	St		10^{-4} $m^2 \cdot s^{-1}$

Kinematische Viskosität, angelsächsische Einheit

Einheitenname	Einheitenzeichen	Beziehung	Äquivalent im SI
square foot per second	ft²/s		$9{,}290\,3 \cdot 10^{-2}$ $m^2 \cdot s^{-1}$

[1]) frühere Bezeichnung: Stok

Dynamische Viskosität

Einheitenname	Einheitenzeichen	Beziehung	Äquivalent im SI
Poise	P	$cm^{-1} \cdot g \cdot s^{-1}$	0,1 Pa · s
Kilopondsekunde durch Quadratmeter	kp · s/m²		9,806 65 Pa · s

Dynamische Viskosität, angelsächsische Einheiten

Einheitenname	Einheitenzeichen	Beziehung	Äquivalent im SI
poundal second per square foot	pdl · s/ft²		1,488 16 Pa · s
pound per foot second	lb/ft · s		1,488 16 Pa · s
pound-force second per square foot	lbf · s/ft²		47,880 3 Pa · s
slug per foot second	slug/ft · s		47,880 3 Pa · s
pound per foot hour	lb/ft h		$0{,}413\,379 \cdot 10^{-3}$ Pa · s

Massenstrom, angelsächsische Einheiten

Einheitenname	Einheitenzeichen	Äquivalent im SI
pound per hour	lb/h	$0{,}125\,997\,9 \cdot 10^{-3}$ kg/s
ounce per minute	oz/min	$0{,}472\,492 \cdot 10^{-3}$ kg/s
pound per minute	lb/min	$7{,}559\,873 \cdot 10^{-3}$ kg/s
ounce per second	oz/s	$28{,}349\,523 \cdot 10^{-3}$ kg/s
pound per second	lb/s	$0{,}453\,529\,3\underline{7}$ kg/s

Temperatur

Einheitenname	Einheitenzeichen	Äquivalent im SI	Anwendung
Grad[1])	°	1 °C	Beispiel: 20°
Grad	grd, deg	1 K	Temperaturdifferenzen, -intervalle
centigrade[2])	cent, cgr	1 °C	
Grad Kelvin	°K	1 K	
Grad Réaumur	°R	$1{,}2\underline{5}$ K	
degree Fahrenheit[2])	°F	$0{,}\overline{5}$ K	
Fahrenheit degree[2])	degF	$0{,}\overline{5}$ K	Temperaturdifferenzen, -intervalle
degree Rankine[2])	°R, °Rank[3])	$0{,}\overline{5}$ K	
Rankine degree[2])	degR	$0{,}\overline{5}$ K	Temperaturdifferenzen, -intervalle

[1]) Wurde auch „Grad des hunderttheiligen Thermometers" genannt — daher die englische Bezeichnung „centigrade".

[2]) angelsächsische Einheiten

[3]) Zur Unterscheidung von Grad Réaumur (°R) wurde zunächst das Einheitenzeichen °Rank benutzt.

Vorsätze kommen bei den Einheiten der obenstehenden Tabelle nicht zur Anwendung, treten aber zusammen mit der SI-Einheit Kelvin auf.

Temperaturskalen

Bezeichnen T_K, T_R, t_C, t_F und t_R Zahlenwerte einer Temperatur in Kelvin, Grad Rankine, Grad Celsius, Grad Fahrenheit und Grad Réaumur, so gelten für die Umrechnung folgende Zahlenwertgleichungen:

$$T_R - t_F = 459{,}6\underline{7} \qquad\qquad T_K - t_C = 273{,}1\underline{5}$$

gegeben \ gesucht	T_K Zahlenwert der thermodynamischen Temperatur in Kelvin	t_C Zahlenwert der Celsius-Temperatur
T_R Zahlenwert der thermodynamischen Temperatur in Grad Rankine	$T_K = \dfrac{5}{9} T_R = 0{,}\overline{5}\, T_R$	$t_C = \dfrac{5}{9} T_R - 273{,}1\underline{5}$
t_F Zahlenwert der Fahrenheit-Temperatur	$T_K = \dfrac{5}{9} \cdot (t_F + 459{,}6\underline{7})$	$t_C = \dfrac{5}{9} \cdot (t_F - 3\underline{2})$
t_R Zahlenwert der Réaumur-Temperatur	$T_K = 1{,}2\underline{5}\, t_R + 273{,}1\underline{5}$	$t_C = 1{,}2\underline{5}\, t_R$

Anhang 19

Richtlinie des Rates (der Europäischen Gemeinschaften) zur Angleichung der Rechtsvorschriften der Mitgliedstaaten über die Einheiten im Meßwesen in der Fassung der Richtlinie vom 27. Juli 1976

Richtlinie 71/354/EWG, ABl. Nr. L 243 vom 29.10.71 S. 29
Richtlinie 76/770/EWG, ABl. Nr. L 262 vom 27.9.76 S. 204

DER RAT DER EUROPÄISCHEN GEMEINSCHAFTEN —

gestützt auf den Vertrag zur Gründung der Europäischen Wirtschaftsgemeinschaft, insbesondere auf Artikel 100,
auf Vorschlag der Kommission,
nach Stellungnahme des Europäischen Parlaments,
nach Stellungnahme des Wirtschafts- und Sozialausschusses,
in Erwägung nachstehender Gründe:

In den Mitgliedstaaten ist die Verwendung von Einheiten im Meßwesen durch zwingende Vorschriften geregelt, die von einem Mitgliedstaat zum anderen verschieden sind und damit Handelshemmnisse bilden. Die Anwendung der Regeln über Meßgeräte ist eng mit der Verwendung von Einheiten im Meßwesen innerhalb des metrologischen Systems verknüpft. Unter diesen Bedingungen sowie in Anbetracht der Interdependenz der Vorschriften über Einheiten im Meßwesen einerseits und Meßgeräten andererseits ist eine Harmonisierung der Rechts- und Verwaltungsvorschriften erforderlich, um zu einer harmonischen Anwendung der bereits bestehenden und künftiger Gemeinschaftsrichtlinien auf dem Gebiet der Meßgeräte und der Meß- und Prüfverfahren zu gelangen.

Die Einheiten im Meßwesen sind Gegenstand internationaler Entscheidungen der Generalkonferenz für Maß und Gewicht (C.G.P.M.) der am 20. Mai 1875 in Paris unterzeichneten Meterkonvention, der alle Mitgliedstaaten angehören. Trotzdem sind die Einheiten im Meßwesen, namentlich ihre Namen und Zeichen und ihre Verwendung in den Mitgliedstaaten, nicht einheitlich —

HAT FOLGENDE RICHTLINIE ERLASSEN:

Artikel 1

(1) Die Mitgliedstaaten führen spätestens am 21. April 1978 den Zwang zur Anwendung der Vorschriften von Kapitel A des Anhangs ein.
(2) Die Mitgliedstaaten untersagen die Verwendung der in Kapitel B des Anhangs aufgeführten Einheiten im Meßwesen spätestens zum 31. Dezember 1977.
(3) Die Mitgliedstaaten untersagen die Verwendung der in Kapitel C des Anhangs aufgeführten Einheiten im Meßwesen spätestens zum 31. Dezember 1979.
(4) Die weitere Verwendung der in Kapitel D des Anhangs wiedergegebenen Einheiten, Einheitennamen und Einheitenzeichen wird vor dem 31. Dezember 1979 geprüft.

(5) Der Anwendungszwang für die vorübergehend unter den Voraussetzungen der Kapitel B, C und D des Anhangs beibehaltenen Einheiten im Meßwesen darf nicht von Mitgliedstaaten eingeführt werden, in denen diese Einheiten nicht am 21. April 1973 zugelassen sind.

Artikel 2

Die Verpflichtungen aus Artikel 1 betreffen die verwendeten Meßgeräte, die durchgeführten Messungen und die in Einheiten ausgedrückten Angaben von Größen in der Wirtschaft, im öffentlichen Gesundheitswesen und im Bereich der öffentlichen Sicherheit sowie Maßnahmen im amtlichen Verkehr.

Artikel 2a

Die Mitgliedstaaten können die Verwendung von Waren, Ausrüstungen und Geräten, die nach dieser Richtlinie unzulässige Größenangaben tragen und die bereits vor den in dieser Richtlinie vorgesehenen Daten in den Verkehr gebracht worden sind, sowie die Herstellung, das Inverkehrbringen und die Verwendung von Waren und Ausrüstungen, die erforderlich sind, um Teile dieser Waren, Ausrüstungen und Geräte zu ergänzen oder zu ersetzen, gestatten.

Artikel 3

Die Verwendung anderer Einheiten als die in dieser Richtlinie zwingend vorgeschriebenen, die in internationalen und zwischenstaatlichen Konventionen auf dem Gebiet der See- und Luftschiffahrt und des Eisenbahnwesens vorgesehen sind, wird durch diese Richtlinie nicht berührt.

Artikel 4

(1) Die Mitgliedstaaten setzen die erforderlichen Rechts- und Verwaltungsvorschriften in Kraft, um dieser Richtlinie spätestens am 31. Dezember 1977 nachzukommen. Sie setzen die Kommission unverzüglich davon in Kenntnis.
(2) Die Mitgliedstaaten teilen der Kommission den Wortlaut der wichtigsten innerstaatlichen Rechtsvorschriften mit, die sie auf dem unter diese Richtlinie fallenden Gebiet erlassen.

Artikel 5

Diese Richtlinie ist an die Mitgliedstaaten gerichtet.

Anhang

Inhaltsverzeichnis

3.   Einheiten, die unabhängig von den sieben SI-Basiseinheiten definiert sind
4.   Einheiten und Namen von Einheiten, die nur in speziellen Anwendungsbereichen
           zugelassen sind
5.   Zusammengesetzte Einheiten

Kapitel B: Einheiten im Meßwesen nach Artikel 1 Absatz 2
6.   Besondere Einheiten
7.   Besonderer Fall der Temperatur
8.   Angelsächsische Einheiten

Kapitel C: Einheiten im Meßwesen nach Artikel 1 Absatz 3
9.   Angelsächsische Einheiten
10.   CGS-Einheiten
11.   Andere Einheiten

Kapitel D: Einheiten, Einheitennamen und Einheitenzeichen nach Artikel 1 Absatz 4
12.   Angelsächsische Einheiten
13.   Sonstige Einheiten
14.   Zusammengesetzte Einheiten (vorüberhend zugelassen)

Kapitel A

Einheiten im Meßwesen, deren Verwendung spätestens zum 21. April 1978 vorgeschrieben werden muß

1. SI-Einheiten und ihre dezimalen Vielfachen und Teile

1.1. SI-Basiseinheiten

Größe	Einheit	
	Name	Einheitenzeichen
Länge	Meter	m
Masse	Kilogramm	kg
Zeit	Sekunde	s
Elektrische Stromstärke	Ampere	A
Thermodynamische Temperatur	Kelvin	K
Stoffmenge	Mol	mol
Lichtstärke	Candela	cd

Die Definitionen der SI-Basiseinheiten lauten wie folgt:

Basiseinheit der Länge

Das Meter ist das 1 650 763,73fache der Wellenlänge der von Atomen des Nuklids ^{86}Kr beim Übergang vom Zustand $5d_5$ zum Zustand $2p_{10}$ ausgesandten, sich im Vakuum ausbreitenden Strahlung.
(11. CGPM – 1960 – Resolution 6)

Basiseinheit der Masse

Das Kilogramm ist die Einheit der Masse; es ist gleich der Masse des Internationalen Kilogrammprototyps.
(3. CGPM — 1901 — S. 70 des Tagungsberichts)

Basiseinheit der Zeit

Die Sekunde ist das 9 192 631 770fache der Periodendauer der dem Übergang zwischen den beiden Hyperfeinstrukturniveaus des Grundzustands von Atomen des Nuklids ^{133}Cs entsprechenden Strahlung.
(13. CGPM — 1967 — Resolution 1)

Basiseinheit der elektrischen Stromstärke

Das Ampere ist die Stärke eines zeitlich unveränderlichen elektrischen Stromes, der, durch zwei im Vakuum parallel im Abstand 1 Meter voneinander angeordnete, geradlinige, unendlich lange Leiter von vernachlässigbar kleinem, kreisförmigem Querschnitt fließend, zwischen diesen Leitern je 1 Meter Leiterlänge die Kraft $2 \cdot 10^{-7}$ Newton hervorrufen würde.
(CIPM — 1946 — Resolution 2; bestätigt von der 9. CGPM — 1948)

Basiseinheit der thermodynamischen Temperatur

Das Kelvin, Einheit der thermodynamischen Temperatur, ist der 273,16te Teil der thermodynamischen Temperatur des Tripelpunktes des Wassers.
(13. CGPM — 1967 — Resolution 4)

Basiseinheit der Stoffmenge

Das Mol ist die Stoffmenge eines Systems, das aus ebensoviel Einzelteilchen besteht, wie Atome in 0,012 Kilogramm des Nuklids ^{12}C enthalten sind.
Bei Verwendung des Mol müssen die Einzelteilchen des Systems spezifiziert sein; es können Atome, Moleküle, Ionen, Elektronen sowie andere Teilchen oder Gruppen solcher Teilchen genau angegebener Zusammensetzung sein.
(14. CGPM — 1971 — Resolution 3)

Basiseinheit der Lichtstärke

Die Candela ist die Lichtstärke, mit der 1/600 000 Quadratmeter der Oberfläche eines Schwarzen Strahlers bei der Temperatur des beim Druck 101 325 Newton durch Quadratmeter erstarrenden Platins senkrecht zu seiner Oberfläche leuchtet.
(13. CGPM — 1967 — Resolution 5)

1.1.1. Besonderer Name und besonderes Einheitenzeichen für die SI-Temperatureinheit bei der Angabe von Celsius-Temperaturen

Größe	Einheit	
	Name	Einheitenzeichen
Celsius-Temperatur	Grad Celsius	°C

Die Celsius-Temperatur t ist gleich der Differenz $t = T - T_0$ zwischen zwei thermodynamischen Temperaturen T und T_0 mit $T_0 = 273,15$ K. Ein Temperaturintervall oder eine Temperaturdifferenz kann entweder in Kelvin oder in Grad Celsius ausgedrückt werden. Die Einheit Grad Celsius ist gleich der Einheit Kelvin.

1.2. Andere SI-Einheiten

1.2.1 Ergänzende SI-Einheiten

Größe	Einheit	
	Name	Einheitenzeichen
Ebener Winkel (Winkel)	Radiant	rad
Räumlicher Winkel (Raumwinkel)	Steradiant	sr

(11. CGPM − 1960 − Resolution 12)

Die Definitionen der ergänzenden SI-Einheiten lauten wie folgt:

Einheit des ebenen Winkels

Der Radiant ist der ebene Winkel zwischen zwei Radien eines Kreises, die aus dem Kreisumfang einen Bogen der Länge des Radius ausschneiden.
(Internationale Empfehlung ISO/R 31, 1. Teil, 2. Ausgabe, Dezember 1965)

Einheit des räumlichen Winkels

Der Steradiant ist der räumliche Winkel, dessen Scheitelpunkt im Mittelpunkt einer Kugel liegt und der aus der Kugeloberfläche eine Fläche gleich der eines Quadrats von der Seitenlänge des Kugelradius ausschneidet.
(Internationale Empfehlung ISO/R 31, 1. Teil, 2. Ausgabe, Dezember 1965)

1.2.2. Abgeleitete SI-Einheiten

Aus den SI-Basiseinheiten und den ergänzenden SI-Einheiten kohärent abgeleitete Einheiten werden als algebraische Ausdrücke in der Form von Potenzprodukten aus den SI-Basiseinheiten und den ergänzenden SI-Einheiten mit dem Zahlenfaktor 1 dargestellt.

1.2.3 Besondere Namen und Einheitenzeichen für abgeleitete SI-Einheiten

Aus den SI-Basiseinheiten abgeleitete Einheiten können durch die Einheiten des Kapitels A ausgedrückt werden.
Insbesondere können abgeleitete SI-Einheiten unter Verwendung der besonderen Namen und Einheitenzeichen der nachstehenden Tabelle ausgedrückt werden. Beispielsweise kann die SI-Einheit der dynamischen Viskosität als $m^{-1} \cdot kg \cdot s^{-1}$ oder $N \cdot s \cdot m^{-2}$ oder $Pa \cdot s$ ausgedrückt werden.

Größe	Einheit		ausgedrückt	
	Name	Einheiten-zeichen	in anderen SI-Einheiten	in den SI-Basis-einheiten und in den ergänzenden Einheiten
Frequenz	Hertz	Hz		s^{-1}
Kraft	Newton	N		$m \cdot kg \cdot s^{-2}$
Druck, mechanische Spannung	Pascal	Pa	$N \cdot m^{-2}$	$m^{-1} \cdot kg \cdot s^{-2}$
Energie, Arbeit, Wärmemenge	Joule	J	$N \cdot m$	$m^2 \cdot kg \cdot s^{-2}$
Leistung[1]	Watt	W	$J \cdot s^{-1}$	$m^2 \cdot kg \cdot s^{-3}$
Elektrizitätsmenge, elektrische Ladung	Coulomb	C		$s \cdot A$
Elektrische Spannung, elektrische Potentialdifferenz, elektromotorische Kraft	Volt	V	$W \cdot A^{-1}$	$m^2 \cdot kg \cdot s^{-3} \cdot A^{-1}$
Elektrischer Widerstand	Ohm	Ω	$V \cdot A^{-1}$	$m^2 \cdot kg \cdot s^{-3} \cdot A^{-2}$
Elektrischer Leitwert	Siemens	S	$A \cdot V^{-1}$	$m^{-2} \cdot kg^{-1} \cdot s^3 \cdot A^2$
Elektrische Kapazität	Farad	F	$C \cdot V^{-1}$	$m^{-2} \cdot kg^{-1} \cdot s^4 \cdot A^2$
Magnetischer Fluß	Weber	Wb	$V \cdot s$	$m^2 \cdot kg \cdot s^{-2} \cdot A^{-1}$
Magnetische Flußdichte	Tesla	T	$Wb \cdot m^{-2}$	$kg \cdot s^{-2} \cdot A^{-1}$
Induktivität	Henry	H	$Wb \cdot A^{-1}$	$m^2 \cdot kg \cdot s^{-2} \cdot A^{-2}$
Lichtstrom	Lumen	lm		$cd \cdot sr$
Beleuchtungsstärke	Lux	lx	$lm \cdot m^{-2}$	$m^{-2} \cdot cd \cdot sr$
Aktivität	Becquerel	Bq		s^{-1}
Energiedosis[2]	Gray	Gy	$J \cdot kg^{-1}$	$m^2 \cdot s^{-2}$

[1] Besondere Namen für die Einheit der Leistung: Voltampere — Einheitenzeichen VA — für die Angabe von Wechselstrom-Scheinleistungen und Var — Einheitenzeichen var — für die Angabe von Wechselstrom-Blindleistungen. Der Name Var ist nicht in den Resolutionen der CGPM enthalten.

[2] und andere Größen gleicher Dimension für ionisierende Strahlungen.

1.3 Vorsätze und Vorsatzzeichen zur Bezeichnung von bestimmten dezimalen Vielfachen und Teilen von Einheiten

Zehnerpotenz	Vorsatz	Vorsatzzeichen	Zehnerpotenz	Vorsatz	Vorsatzzeichen
10^{18}	Exa	E	10^{-1}	Dezi	d
10^{15}	Peta	P	10^{-2}	Zenti	c
10^{12}	Tera	T	10^{-3}	Milli	m
10^{9}	Giga	G	10^{-6}	Mikro	μ
10^{6}	Mega	M	10^{-9}	Nano	n
10^{3}	Kilo	k	10^{-12}	Piko	p
10^{2}	Hekto	h	10^{-15}	Femto	f
10^{1}	Deka	da	10^{-18}	Atto	a

Die Namen und Einheitenzeichen der dezimalen Vielfachen und Teile der Einheit der Masse werden durch Vorsetzen der Vorsätze vor das Wort „Gramm" und der Vorsatzzeichen vor das Einheitenzeichen „g" gebildet.

Zur Bezeichnung von dezimalen Vielfachen und Teilen einer als Quotient ausgedrückten abgeleiteten Einheit kann ein Vorsatz mit einer Einheit entweder im Nenner oder im Zähler sowie auch in beiden Teilen des Quotienten verbunden werden.

Zusammengesetzte, d. h. durch Aneinanderreihen mehrerer Vorsätze gebildete Vorsätze dürfen nicht verwendet werden.

1.4 Zugelassene besondere Namen und Einheitenzeichen

1.4.1 Besondere Namen und Einheitenzeichen für dezimale Vielfache oder Teile von SI-Einheiten

Größe	Einheit		
	Name	Einheitenzeichen	Beziehung
Volumen	Liter	l	$1 \, l = 1 \, dm^3 = 10^{-3} \, m^3$
Masse	Tonne	t	$1 \, t = 1 \, Mg = 10^3 \, kg$
Druck, mechanische Spannung	Bar	bar	$1 \, bar = 10^5 \, Pa$

1.4.2 Besondere Namen und Einheitenzeichen für dezimale Vielfache oder Teile von SI-Einheiten, deren Benutzung speziellen Anwendungsbereichen vorbehalten ist

Größe	Einheit		
	Name	Einheitenzeichen	Beziehung
Fläche von Grundstücken und Flurstücken	Ar	a	$1 \, a = 10^2 \, m^2$
Längenbezogene Masse von textilen Fasern und Garnen	Tex*[1])	tex*	$1 \, tex = 10^{-6} \, kg \cdot m^{-1}$

[1]) Das Zeichen * hinter einem Einheitennamen oder hinter einem Einheitenzeichen besagt, daß diese nicht in den Listen der CGPM, des CIPM und des BIPM aufgeführt sind. Diese Anmerkung gilt für den gesamten Anhang.

Anmerkung: Die unter Punkt 1.3 aufgeführten Vorsätze und Vorsatzzeichen gelten auch für die Einheiten und Einheitenzeichen der Tabellen unter den Punkten 1.4.1 und 1.4.2.

Das Vielfache 10^2 a wird jedoch „Hektar" genannt.

2 Einheiten, die ausgehend von SI-Einheiten definiert, aber nicht dezimale Vielfache oder Teile davon sind

Größe	Einheit		
	Name	Einheitenzeichen	Beziehung
Ebener Winkel	Vollwinkel* a)		1 Vollwinkel = 2π rad
	Neugrad* oder Gon*	gon*	1 gon = $\dfrac{\pi}{200}$ rad
	Grad	°	$1° = \dfrac{\pi}{180}$ rad
	(Winkel-) Minute	'	$1' = \dfrac{\pi}{10\,800}$ rad
	(Winkel-) Sekunde	''	$1'' = \dfrac{\pi}{648\,000}$ rad
Zeit	Minute	min	1 min = 60 s
	Stunde	h	1 h = 3 600 s
	Tag	d	1 d = 86 400 s

a) Es gibt kein international vereinbartes Einheitenzeichen.

Anmerkung: Die unter Punkt 1.3 aufgeführten Vorsätze gelten nur für den Einheitennamen Neugrad oder Gon, die Vorsatzzeichen nur für das Einheitenzeichen gon.

3 Einheiten, die unabhängig von den sieben SI-Basiseinheiten definiert sind

Die atomare Masseneinheit ist der 12te Teil der Masse eines Atoms des Nuklids ^{12}C.
Das Elektronvolt ist die Energie, die ein Elektron bei Durchlaufen einer Potentialdifferenz von 1 Volt im Vakuum gewinnt.

Größe	Einheit		
	Name	Einheitenzeichen	Beziehung
Masse	atomare Masseneinheit	u	$1\ u \approx 1{,}660\,565\,5 \times 10^{-27}$ kg
Energie	Elektronvolt	eV	$1\ eV \approx 1{,}602\,189\,2 \times 10^{-19}$ J

Die Beziehungen dieser Einheiten zu den SI-Einheiten sind mit einer Unsicherheit behaftet. Die angegebenen empfohlenen Werte sind dem CODATA-Bulletin Nr. 11/Dezember 1973 des International Council of Scientific Unions entnommen.
Anmerkung: Die Vorsätze und Vorsatzzeichen unter Punkt 1.3 gelten auch für diese Einheiten und Einheitenzeichen.

4 Einheiten und Namen von Einheiten, die nur in speziellen Anwendungsbereichen zugelassen sind

Größe	Einheit	
	Name	Beziehung
Brechkraft von optischen Systemen	Dioptrie*	1 Dioptrie = 1 m^{-1}
Masse von Edelsteinen	metrisches Karat	1 metr. Karat = $2 \cdot 10^{-4}$ kg

Anmerkung: Die Vorsätze unter Punkt 1.3 gelten auch für diese Einheiten.

5 Zusammengesetzte Einheiten

Aus den Einheiten des Kapitels A können sogenannte zusammengesetzte Einheiten gebildet werden.

Kapitel B

Einheiten im Meßwesen nach Artikel 1 Absatz 2

6 Besondere Einheiten

Größen, Einheitennamen, Einheitenzeichen und Beziehungen

6.1 Volumen (in der Forst- und Holzwirtschaft)

Festmeter*	$1\ Fm^* = 1\ m^3$
Raummeter*	$1\ Rm^* = 1\ m^3$

6.2 Kraft

Kilogramme force	$1\ kgf$
Kilopond*	$1\ kp^*$

$\left.\begin{array}{l}1\ kgf\\1\ kp^*\end{array}\right\} = 9{,}806\,65\ N$

6.3 Druck

Torr	$1\ Torr = \dfrac{101\,325}{760}\ Pa$
technische Atmosphäre*	$1\ at^* = 98\,066{,}5\ Pa$
konventionelle Meter-Wassersäule*	$1\ mWS^* = 9\,806{,}65\ Pa$
konventionelle Millimeter-Quecksilbersäule*[1]	$1\ mmHg^* = 133{,}322\ Pa$

6.4 Leistung

Pferdestärke*	$1\ PS^*$
paardekracht*	$1\ pk^*$
cheval vapeur*	$1\ CV^*$
cavallo vapore*	$1\ cv^*$

$\left.\begin{array}{l}1\ PS^*\\1\ pk^*\\1\ CV^*\\1\ cv^*\end{array}\right\} = 735{,}498\,75\ W$

6.5 Wärmemenge

Kalorie (15 °C)*	$1\ cal^*_{15} = 4{,}185\,5\ J$
thermie*	$1\ th^* = 4{,}185 \cdot 10^6\ J$
frigorie*	$1\ fg^* = 4{,}185 \cdot 10^3\ J$
Kalorie I.T.	$1\ cal_{IT} = 4{,}186\,8\ J$
thermo-chemische Kalorie*	$1\ cal^*_{th} = 4{,}184\ J$

6.6 Leuchtdichte

stilb	$1\ sb = 10^4\ cd \cdot m^{-2}$

Anmerkung: Die Vorsätze und Vorsatzzeichen unter Punkt 1.3 gelten auch für die Einheiten und Einheitenzeichen der Punkte 6.5 und 6.6 sowie für das Torr und die konventionelle Meter-Wassersäule unter Punkt 6.3.

---

[1]) ausgenommen für Angaben des Blutdrucks (siehe Kapitel C Nummer 11).

7 Besonderer Fall der Temperatur

Für den Namen Kelvin und das Einheitenzeichen K können bis zum 31. Dezember 1977 der Name „Grad Kelvin" und das Einheitenzeichen „°K" benutzt werden.

8 Angelsächsische Einheiten*

Größen, Einheitennamen, Einheitenzeichen und angenäherte Beziehungen

8.1 Länge

Chain	1 chain = 20,12 m
Furlong	1 fur = 201,2 m
Nautical Mile (VK)	1 nautical mile = 1 853 m

8.2 Fläche

Rood	1 rood = 1012 m^2

8.3 Volumen

Cubic yard	1 cu yd = 0,764 6 m^3
Bushel	1 bu = 36,37 $\cdot$ 10^{-3} m³

8.4 Masse

Dram	1 dr = 1,772 $\cdot$ 10^{-3} kg
Cental	1 ctl = 45,36 kg

8.5 Druck

Inch of Water	1 in H_2O = 249,089 Pa

8.6 Kraft

Ton-force	1 tonf = 9,964 $\cdot$ 10^3 N

8.7 Beleuchtungsstärke

Foot Candle	1 ft candle = 10,76 lx

8.8 Geschwindigkeit

Knot (VK)	1 knot = 0,514 77 m $\cdot$ s^{-1}

Kapitel C

Einheiten in Meßwesen nach Artikel 1 Absatz 3

9 Angelsächsische Einheiten*

Größen, Einheitennamen, Einheitenzeichen und angenäherte Beziehungen

9.1 Länge

Hand	1 hand = 0,101 6 m
Yard	1 yd = 0,914 4 m

9.2 Fläche

Square inch	1 sq in = 6,452 $\cdot$ 10^{-4} m^2
Square yard	1 sq yd = 0,836 1 m^2
Square mile	1 sq mile = 2,59 $\cdot$ 10^6 m^2

9.3 Volumen

Cubic inch	$1 \text{ cu in} = 16{,}39 \cdot 10^{-6} \text{ m}^3$
Cubic foot	$1 \text{ cu ft} = 0{,}028\,3 \text{ m}^3$
Cran	$1 \text{ cran} = 170{,}5 \cdot 10^{-3} \text{ m}^3$

9.4 Masse

Grain	$1 \text{ gr} = 0{,}064\,8 \cdot 10^{-3} \text{ kg}$
Stone	$1 \text{ st} = 6{,}35 \text{ kg}$
Quarter	$1 \text{ qr} = 12{,}70 \text{ kg}$
Hundredweight	$1 \text{ cwt} = 50{,}80 \text{ kg}$
Ton	$1 \text{ ton} = 1016 \text{ kg}$

9.5 Kraft

Pound force	$1 \text{ lbf} = 4{,}448 \text{ N}$

9.6 Energie

British Thermal Unit	$1 \text{ Btu} = 1\,055{,}06 \text{ J}$
Foot pound force	$1 \text{ ft lbf} = 1{,}356 \text{ J}$
Therm	$1 \text{ therm} = 105{,}506 \cdot 10^6 \text{ J}$

9.7 Leistung

Horsepower	$1 \text{ hp} = 745{,}7 \text{ W}$

9.8 Temperatur

Degree Fahrenheit	$1 \, {}^\circ\text{F} = \left(\dfrac{5}{9}\right) \text{K}$

10 CGS-Einheiten

Größen, Einheitennamen, Einheitenzeichen und Beziehungen

Größe	Einheit		
	Name	Einheitenzeichen	Beziehung
Kraft	Dyn	dyn	$1 \text{ dyn} = 10^{-5} \text{ N}$
Energie	Erg	erg	$1 \text{ erg} = 10^{-7} \text{ J}$
Dynamische Viskosität	Poise	P	$1 \text{ P} = 10^{-1} \text{ Pa} \cdot \text{s}$
Kinematische Viskosität	Stokes	St	$1 \text{ St} = 10^{-4} \text{ m}^2 \cdot \text{s}^{-1}$
Fallbeschleunigung	Gal	Gal	$1 \text{ Gal} = 10^{-2} \text{ m} \cdot \text{s}^{-2}$

11 Andere Einheiten

Größen, Einheitennamen, Einheitenzeichen und Beziehungen

Größe	Einheit		
	Name	Einheitenzeichen	Beziehung
Wellenlänge, atomare Abstände	Ångström	Å	$1\ \text{Å} = 10^{-10}\ \text{m}$
Wirkungsquerschnitt	Barn	b	$1\ \text{b} = 10^{-28}\ \text{m}^2$
Masse	Doppelzentner* a)		$1\ \text{dz} = 10^2\ \text{kg}$
Druck	physikalische Atmosphäre	atm	$1\ \text{atm} = 101\ 325\ \text{Pa}$
Blutdruck	konventionelle Millimeter-Queck-silbersäule*	mmHg*	$1\ \text{mmHg} = 133{,}322\ \text{Pa}$
Volumen (in der Forstwirtschaft und Holzwirtschaft)	Ster	st	$1\ \text{st} = 1\ \text{m}^3$

a) Es gibt kein international vereinbartes Einheitenzeichen.

Anmerkung: Die Vorsätze und Vorsatzzeichen unter Punkt 1.3 gelten, mit Ausnahme des Doppelzentners, auch für die Einheiten und Einheitenzeichen unter Punkt 10 und 11.

Kapitel D

Einheiten, Einheitennamen und Einheitenzeichen nach Artikel 1 Absatz 4

12 Angelsächsische Einheiten*

Größen, Einheitennamen, Einheitenzeichen und angenäherte Beziehungen

12.1 Länge

Inch	$1\ \text{in} = 2{,}54 \cdot 10^{-2}\ \text{m}$
Foot	$1\ \text{ft} = 0{,}304\ 8\ \text{m}$
Fathom[1]	$1\ \text{fm} = 1{,}829\ \text{m}$
Mile	$1\ \text{mile} = 1\ 609\ \text{m}$

12.2 Fläche

Square foot	$1\ \text{sq ft} = 0{,}929 \cdot 10^{-1}\ \text{m}^2$
Acre	$1\ \text{ac} = 4\ 047\ \text{m}^2$

12.3 Volumen

Fluid ounce	$1\ \text{fl oz} = 28{,}41 \cdot 10^{-6}\ \text{m}^3$
Gill	$1\ \text{gill} = 0{,}142\ 1 \cdot 10^{-3}\ \text{m}^3$
Pint	$1\ \text{pt} = 0{,}568\ 3 \cdot 10^{-3}\ \text{m}^3$
Quart	$1\ \text{qt} = 1{,}137 \cdot 10^{-3}\ \text{m}^3$
Gallon	$1\ \text{gal} = 4{,}546 \cdot 10^{-3}\ \text{m}^3$

---

[1]) Wird ausschließlich für die Seeschiffahrt verwendet.

12.4 Masse

Ounce (avoirdupois)	$1 \text{ oz} = 28,35 \cdot 10^{-3} \text{ kg}$
Troy ounce	$1 \text{ oz tr} = 31,10 \cdot 10^{-3} \text{ kg}$
Pound	$1 \text{ lb} = 0,453\,6 \text{ kg}$

13 Sonstige Einheiten

Größen, Einheitennamen, Einheitenzeichen und Beziehungen

Größe	Einheit		
	Name	Einheitenzeichen	Beziehung
Aktivität einer radioaktiven Substanz	Curie	Ci	$1 \text{ Ci} = 3,7 \cdot 10^{10} \text{ Bq}$
Ebener Winkel		g*[1])	$1 \text{ g} = \dfrac{\pi}{200} \text{ rad}$
Energiedosis	Rad	rd[2])	$1 \text{ rd} = 10^{-2} \text{ Gy}$
Äquivalentdosis	Rem*	rem*	$1 \text{ rem} = 1 \text{ rd}$
Ionendosis	Röntgen	R	$1 \text{ R} = 2,58 \cdot 10^{-4} \text{ C} \cdot \text{kg}^{-1}$

[1]) Einheitenzeichen der Einheit Neugrad.
[2]) Das vom BIPM angegebene Einheitenzeichen ist rad.

Anmerkung: Die Vorsätze und Vorsatzzeichen unter Punkt 1.3 gelten auch für die Einheiten und Einheitenzeichen unter Punkt 13 mit Ausnahme des Einheitenzeichens g.

14 Zusammengesetzte Einheiten (vorübergehend zugelassen)

Bis zu den in Artikel 1 angegebenen Daten können die in den Kapiteln B, C und D aufgeführten Einheiten miteinander oder mit den Einheiten nach Kapitel A zur Bildung zusammengesetzter Einheiten kombiniert werden.

Anhang 20

Vorschlag für eine neue Richtlinie des Rates (der Europäischen Gemeinschaften) zur Angleichung der Rechtsvorschriften der Mitgliedstaaten über die Einheiten im Meßwesen und zur Aufhebung der Richtlinie 71/354/EWG des Rates

(Von der Kommission dem Rat vorgelegt am 28. Februar 1979)

DER RAT DER EUROPÄISCHEN GEMEINSCHAFTEN —

gestützt auf den Vertrag zur Gründung der Europäischen Wirtschaftsgemeinschaft, insbesondere auf Artikel 100,
gestützt auf die Richtlinie 71/354/EWG des Rates vom 18. Oktober 1971 zur Angleichung der Rechtsvorschriften der Mitgliedstaaten über die Einheiten im Meßwesen[1]), zuletzt geändert durch die Richtlinie 76/770/EWG[2]),
auf Vorschlag der Kommission,
nach Stellungnahme des Europäischen Parlaments,
nach Stellungnahme des Wirtschafts- und Sozialausschusses,
in Erwägung nachstehender Gründe:

Die Einheiten im Meßwesen sind für alle Meßgeräte, für die Bezeichnung aller durchgeführten Messungen und für alle Größenangaben unerläßlich. In den meisten Bereichen der menschlichen Tätigkeit wird mit Einheiten im Meßwesen gearbeitet. Bei ihrer Verwendung muß größtmögliche Klarheit herrschen. Deshalb muß ihr Gebrauch in der Wirtschaft, im öffentlichen Gesundheitswesen und im Bereich der öffentlichen Sicherheit sowie bei den Maßnahmen im amtlichen Verkehr geregelt werden.

Im Bereich des grenzüberschreitenden Verkehrs bestehen jedoch schon internationale **Konventionen oder Abkommen mit** rechtsverbindlichem Charakter für die Gemeinschaft oder die Mitgliedstaaten. Diese Konventionen oder Abkommen **müssen eingehalten werden.**

Die Rechtsvorschriften der Mitgliedstaaten über die Einheiten im Meßwesen sind von einem Mitgliedstaat zum anderen verschieden und behindern daher die Handelsgeschäfte. Unter diesen Umständen ist die Harmonisierung der Rechts- und Verwaltungsvorschriften zur Beseitigung dieser Hemmnisse geboten.

Die Einheiten im Meßwesen sind Gegenstand internationaler Entschließungen der Generalkonferenz für Maß und Gewicht (CGPM) der am 20. Mai 1875 in Paris unterzeichneten Meterkonvention, der alle Mitgliedstaaten angehören. Diese Entschließungen haben zur Entstehung des „Internationalen Systems für Einheiten im Meßwesen" (SI) geführt.

---

1) ABl. Nr. L 243 vom 29.10.1971, S. 29
2) ABl. Nr. L 262 vom 27.9.1976, S. 204.

Am 18. Oktober 1971 hat der Rat die Richtlinie 71/354/EWG über die Harmonisierung der Rechtsvorschriften der Mitgliedstaaten verabschiedet, um durch die Einführung des internationalen Einheitensystems auf Gemeinschaftsebene die Handelshemmnisse zu beseitigen. Die Richtlinie 71/354/EWG ist durch die Beitrittsakte und durch die Richtlinie 76/770/EWG geändert worden. Diese gemeinschaftlichen Rechtsvorschriften haben jedoch nicht alle Hemmnisse auf diesem Gebiet beseitigt. Gemäß der Richtlinie 76/770/EWG ist bis zum 31. Dezember 1979 die weitere Verwendung der in Kapitel D ihres Anhangs wiedergegebenen Einheiten, Einheitennamen und Einheitenzeichen zu prüfen. Ferner hat es sich als notwendig erwiesen, die weitere Verwendung einiger anderer Einheiten im Meßwesen zu überprüfen.

Zur Vermeidung erheblicher Schwierigkeiten ist eine Übergangszeit erforderlich, in der die Einheiten im Meßwesen, die nicht mit dem internationalen System vereinbar sind, beseitigt werden müssen. Den Mitgliedstaaten, die dies wünschen, muß jedoch die schnellstmögliche Einführung lediglich der Vorschriften von Kapitel I des Anhangs in ihrem Hoheitsgebiet ermöglicht werden. Daher ist es auf Gemeinschaftsebene erforderlich, die Übergangszeit zu begrenzen, gleichzeitig aber den Mitgliedstaaten die Möglichkeiten einzuräumen, sie nicht vollständig in Anspruch zu nehmen.

Während der Übergangszeit muß jedoch bei der Verwendung der Einheiten im Meßwesen im Handel zwischen den Mitgliedstaaten Klarheit herrschen, um vor allem den Verbraucher zu schützen. Als hierzu geeignet erscheint die den Mitgliedstaaten auferlegte Verpflichtung, auf den während des Übergangszeitraums aus anderen Mitgliedstaaten eingeführten Waren und Ausrüstungen die Doppelangabe zu akzeptieren.

Die systematische Anwendung einer solchen Lösung ist jedoch nicht unbedingt bei allen Meßinstrumenten erwünscht, unter anderem nicht bei medizinischen Instrumenten. Die Mitgliedstaaten müssen daher auf ihrem Hoheitsgebiet verlangen können, daß die Größenangaben auf den Meßgeräten in einer einzigen gesetzlichen Einheit im Meßwesen angegeben sind.

Diese Richtlinie beeinträchtigt nicht die weitere Herstellung von bereits in den Verkehr gebrachten Waren. Sie betrifft jedoch die Vermarktung und Verwendung von Waren und Ausrüstungen mit Größenangaben in nicht mehr gesetzlichen Einheiten im Meßwesen, die zur Ergänzung oder zum Ersatz von Teilen bereits in den Verkehr gebrachter Waren, Ausrüstungen und Geräte erforderlich sind. Deshalb müssen die Mitgliedstaaten die Vermarktung und Verwendung solcher der Ergänzung oder dem Ersatz dienender Waren und Ausrüstungen selbst mit Größenangaben in nicht mehr gesetzlichen Einheiten gestatten, um die weitere Verwendung der bereits in den Verkehr gebrachten Waren, Ausrüstungen und Meßgeräte zu ermöglichen.

Die Internationale Organisation für Normung (ISO) hat am 1. März 1974 eine internationale Norm über die Darstellung in SI-Einheiten und anderen Einheiten zur Verwendung in Systemen mit begrenztem Zeichenvorrat angenommen. Es erscheint zweckmäßig, daß die Gemeinschaft Lösungen übernimmt, die bereits auf einer breiteren internationalen Ebene gebilligt worden sind. Durch genaue Verweisung auf die Norm kann die ISO-Norm 2955 vom 1. März 1974 auf Gemeinschaftsebene übernommen werden.

Die Gemeinschaftsbestimmungen im Bereich der Einheiten im Meßwesen sind über mehrere Gemeinschaftstexte verstreut. Wegen der Bedeutung der Einheiten im Meßwesen muß man sich jedoch an einen einzigen Gemeinschaftstext halten können. Deshalb sind in dieser Richtlinie, mit der die Richtlinie 71/354/EWG aufgehoben wird, alle einschlägigen gemeinschaftlichen Bestimmungen erfaßt —

HAT FOLGENDE RICHTLINIE ERLASSEN:

Artikel 1

Die zur Größenangabe erforderlichen gesetzlichen Einheiten im Meßwesen im Sinne dieser Richtlinie sind:

a) die in Kapitel I des Anhangs angegebenen;

b) die in Kapitel II des Anhangs bis zu einem von den Mitgliedstaaten festgesetzten Zeitpunkt angegebenen; dieser Zeitpunkt darf nicht nach dem 31. Dezember 1985 liegen;

c) die in Kapitel III des Anhangs angegebenen, jedoch nur in den Mitgliedstaaten, in denen sie am 21. April 1973 bis zu einem nur von diesen Mitgliedstaaten festgesetzten Zeitpunkt gestattet waren; dieser Zeitpunkt darf einen vom Rat aufgrund von Artikel 100 des Vertrages vor dem 31. Dezember 1989 festzusetzenden endgültigen Zeitpunkt nicht überschreiten.

Artikel 2

a) Die Verpflichtungen aus Artikel 1 betreffen die verwendeten Meßgeräte, die durchgeführten Messungen und die in Einheiten ausgedrückten Angaben von Größen in der Wirtschaft, im öffentlichen Gesundheitswesen und im Bereich der öffentlichen Sicherheit sowie Maßnahmen im amtlichen Verkehr.

b) Auf dem Gebiet der See- und Luftschiffahrt und des Eisenbahnverkehrs wird die Verwendung anderer Einheiten als der in dieser Richtlinie zwingend vorgeschriebenen, die in internationalen Konventionen oder Abkommen mit rechtsverbindlichem Charakter für die Gemeinschaft oder die Mitgliedstaaten vorgesehen sind, durch diese Richtlinie nicht berührt.

Artikel 3

a) Eine Zweitangabe im Sinne dieser Richtlinie liegt vor, wenn eine in einer Einheit des Kapitels I des Anhangs ausgedrückte Angabe von einer zusätzlichen, erläuternden Angabe begleitet wird, die in einer nicht in Kapitel I aufgeführten Einheit ausgedrückt wird.

b) Die Mitgliedstaaten können in ihrem Hoheitsgebiet die Zweitangabe mit den in Kapitel III aufgeführten Einheiten im Meßwesen bis 31. Dezember 1989 und mit anderen in Kapitel I nicht aufgeführten Einheiten im Meßwesen bis 31. Dezember 1985 gestatten.

c) Die Mitgliedstaaten erlauben oder dulden, daß auf Waren und Ausrüstungen die Zweitangabe mit den in Kapitel III aufgeführten Einheiten im Meßwesen bis 31. Dezember 1989 und mit anderen in Kapitel I nicht aufgeführten Einheiten im Meßwesen bis 31. Dezember 1985 angebracht wird.

d) Die Mitgliedstaaten können jedoch verlangen, daß die Meßgeräte die Größenangaben in einer einzigen gesetzlichen Einheit im Meßwesen tragen.

e) Ist nach den Bestimmungen dieser Richtlinie eine Zweitangabe vorhanden, so muß die als Einheit im Meßwesen gemäß Kapitel I ausgedrückte Angabe deutlicher lesbar sein. Die als Einheiten im Meßwesen, die nicht in Kapitel I aufgeführt sind, ausgedrückten Angaben müssen insbesondere mit ebenso großen Zeichen wie diejenigen der entsprechenden Angabe in Einheiten des Kapitels I ausgedrückt werden.

Artikel 4

Die Mitgliedstaaten erlauben die Vermarktung und die Verwendung von Waren und Ausrüstungen, die Größenangaben in Einheiten tragen, die keine gesetzlichen Einheiten im

Meßwesen mehr sind, wenn diese Waren und Ausrüstungen zur Ergänzung oder zum Ersatz von Teilen der bereits in den Verkehr gebrachten Waren, Ausrüstungen und Meßgeräte, welche die vorbezeichneten Angaben tragen, erforderlich sind.

Artikel 5

Die Internationale Norm ISO 2955 vom 1. März 1974 „Datenverarbeitung — Darstellungen in SI-Einheiten und anderen Einheiten zur Verwendung in Systemen mit begrenztem Zeichenvorrat" findet in dem unter Absatz 1 fallenden Bereich Anwendung.

Artikel 6

Die Richtlinie 71/354/EWG wird zum 1. Oktober 1981 aufgehoben.

Artikel 7

a) Die Mitgliedstaaten erlassen und veröffentlichen vor dem 1. Juli 1981 die zur Einhaltung dieser Richtlinie erforderlichen Rechts- und Verwaltungsvorschriften, die am 1. Oktober 1981 in Kraft treten, und teilen sie der Kommission mit.
b) Von der Bekanntgabe dieser Richtlinie an tragen die Mitgliedstaaten ferner dafür Sorge, daß sie die Kommission von allen Rechts- und Verwaltungsvorschriften, die sie im Geltungsbereich dieser Richtlinie zu erlassen beabsichtigen, so rechtzeitig unterrichten, daß sich die Kommission dazu äußern kann.

Artikel 8

Diese Richtlinie ist an alle Mitgliedstaaten gerichtet.

Anhang

Kapitel I

Gesetzliche Einheiten nach Artikel 1 Absatz a

1 SI-Einheiten und ihre dezimalen Vielfachen und Teile

1.1 SI-Basiseinheiten

Größe	Einheit	
	Name	Einheitenzeichen
Länge	Meter	m
Masse	Kilogramm	kg
Zeit	Sekunde	s
Elektrische Stromstärke	Ampere	A
Thermodynamische Temperatur	Kelvin	K
Stoffmenge	Mol	mol
Lichtstärke	Candela	cd

Die Definitionen der SI-Basiseinheiten lauten wie folgt:

Basiseinheit der Länge

Das Meter ist das 1 650 763,73fache der Wellenlänge der von Atomen des Nuklids ^{86}Kr beim Übergang vom Zustand $5d_5$ zum Zustand $2p_{10}$ ausgesandten, sich im Vakuum ausbreitenden Strahlung.
(11. CGPM — 1960 — Resolution 6)

Basiseinheit der Masse

Das Kilogramm ist die Einheit der Masse; es ist gleich der Masse des Internationalen Kilogrammprototyps.
(3. CGPM — 1901 — S. 70 des Tagungsberichts)

Basiseinheit der Zeit

Die Sekunde ist das 9 192 361 770fache der Periodendauer der dem Übergang zwischen den beiden Hyperfeinstrukturniveaus des Grundzustands von Atomen des Nuklids ^{133}Cs entsprechenden Strahlung.
(13. CGPM — 1967 — Resolution 1)

Basiseinheit der elektrischen Stromstärke

Das Ampere ist die Stärke eines zeitlich unveränderlichen elektrischen Stromes, der, durch zwei im Vakuum parallel im Abstand 1 Meter voneinander angeordnete, geradlinige, unendlich lange Leiter von vernachlässigbar kleinem, kreisförmigem Querschnitt fließend, zwischen diesen Leitern je 1 Meter Leiterlänge die Kraft $2 \cdot 10^{-7}$ Newton hervorrufen würde.
(CIPM — 1946 — Resolution 2; bestätigt von der 9. CGPM — 1948)

Basiseinheit der thermodynamischen Temperatur

Das Kelvin, Einheit der thermodynamischen Temperatur, ist der 273,16te Teil der thermodynamischen Temperatur des Tripelpunktes des Wassers.
(13. CGPM — 1967 — Resolution 4)

Basiseinheit der Stoffmenge

Das Mol ist die Stoffmenge eines Systems, das aus ebensoviel Einzelteilchen besteht, wie Atome in 0,012 Kilogramm des Nuklids ^{12}C enthalten sind.
Bei Verwendung des Mol müssen die Einzelteilchen des Systems spezifiziert sein; es können Atome, Moleküle, Ionen, Elektronen sowie andere Teilchen oder Gruppen solcher Teilchen genau angegebener Zusammensetzung sein.
(14. CGPM — 1971 — Resolution 3)

Basiseinheit der Lichtstärke

Die Candela ist die Lichtstärke, mit der $\frac{1}{600\,000}$ Quadratmeter der Oberfläche eines Schwarzen Strahlers bei der Temperatur des beim Druck 101 325 Newton durch Quadratmeter erstarrenden Platins senkrecht zu seiner Oberfläche leuchtet.
(13. CGPM — 1967 — Resolution 5)

1.1.1 Besonderer Name und besonderes Einheitenzeichen für die SI-Temperatureinheit bei der Angabe von Celsius-Temperaturen

Größe	Einheit	
	Name	Einheitenzeichen
Celsius-Temperatur	Grad Celsius	°C

Die Celsius-Temperatur t ist gleich der Differenz $t = T - T_0$ zwischen zwei thermodynamischen Temperaturen T und T_0 mit T_0 = 273,15 K. Ein Temperaturintervall oder eine Temperaturdifferenz kann entweder in Kelvin oder in Grad Celsius ausgedrückt werden. Die Einheit Grad Celsius ist gleich der Einheit Kelvin.

1.2 Andere SI-Einheiten

1.2.1 Ergänzende SI-Einheiten

Größe	Einheit	
	Name	Einheitenzeichen
Ebener Winkel (Winkel)	Radiant	rad
Räumlicher Winkel (Raumwinkel)	Steradiant	sr

(11. CGPM — 1960 — Resolution 12)

Die Definitionen der ergänzenden SI-Einheiten lauten wie folgt:

Einheit des ebenen Winkels

Der Radiant ist der ebene Winkel zwischen zwei Radien eines Kreises, die aus dem Kreisumfang einen Bogen der Länge des Radius ausschneiden.
(Internationale Norm ISO 31 — I)

Einheit des räumlichen Winkels

Der Steradiant ist der räumliche Winkel, dessen Scheitelpunkt im Mittelpunkt einer Kugel liegt und der aus der Kugeloberfläche eine Fläche gleich der eines Quadrats von der Seitenlänge des Kugelradius ausschneidet.
(Internationale Norm ISO 31 — I)

1.2.2 Abgeleitete SI-Einheiten

Aus den SI-Basiseinheiten und den ergänzenden SI-Einheiten kohärent abgeleitete Einheiten werden als algebraische Ausdrücke in der Form von Potenzprodukten aus den SI-Basiseinheiten und den ergänzenden SI-Einheiten mit dem Zahlenfaktor 1 dargestellt.

1.2.3 Besondere Namen und Einheitenzeichen für abgeleitete SI-Einheiten

Größe	Einheit		ausgedrückt	
	Name	Einheitenzeichen	in anderen SI-Einheiten	in den SI-Basiseinheiten und in den ergänzenden Einheiten
Frequenz	Hertz	Hz		s^{-1}
Kraft	Newton	N		$m \cdot kg \cdot s^{-2}$
Druck, mechanische Spannung	Pascal	Pa	$N \cdot m^{-2}$	$m^{-1} \cdot kg \cdot s^{-2}$
Energie, Arbeit, Wärmemenge	Joule	J	$N \cdot m$	$m^2 \cdot kg \cdot s^{-2}$
Leistung[1]	Watt	W	$J \cdot s^{-1}$	$m^2 \cdot kg \cdot s^{-3}$
Elektrizitätsmenge, elektrische Ladung	Coulomb	C		$s \cdot A$
Elektrische Spannung, elektrische Potentialdifferenz, elektromotorische Kraft	Volt	V	$W \cdot A^{-1}$	$m^2 \cdot kg \cdot s^{-3} \cdot A^{-1}$
Elektrischer Widerstand	Ohm	Ω	$V \cdot A^{-1}$	$m^2 \cdot kg \cdot s^{-3} \cdot A^{-2}$
Leitwert	Siemens	S	$A \cdot V^{-1}$	$m^{-2} \cdot kg^{-1} \cdot s^3 \cdot A^2$
Kapazität	Farad	F	$C \cdot V^{-1}$	$m^{-2} \cdot kg^{-1} \cdot s^4 \cdot A^2$
Magnetischer Fluß	Weber	Wb	$V \cdot s$	$m^2 \cdot kg \cdot s^{-2} \cdot A^{-1}$
Magnetische Flußdichte	Tesla	T	$Wb \cdot m^{-2}$	$kg \cdot s^{-2} \cdot A^{-1}$
Induktivität	Henry	H	$Wb \cdot A^{-1}$	$m^2 \cdot kg \cdot s^{-2} \cdot A^{-2}$
Lichtstrom	Lumen	lm		$cd \cdot sr$
Beleuchtungsstärke	Lux	lx	$lm \cdot m^{-2}$	$m^{-2} \cdot cd \cdot sr$
Aktivität (ionisierende Strahlung)	Becquerel	Bq		s^{-1}
Energiedosis, spezifische Energie, Kerma, Energiedosisindex	Gray	Gy	$J \cdot kg^{-1}$	$m^2 \cdot s^{-2}$
Äquivalentdosis, Äquivalentdosisindex	Sievert	Sv	$J \cdot kg^{-1}$	$m^2 \cdot s^{-2}$

---

[1] Besondere Namen für die Einheit der Leistung: Voltampere — Einheitenzeichen VA — für die Angabe von Wechselstrom-Scheinleistungen und Var — Einheitenzeichen var — für die Angabe von Wechselstrom-Blindleistungen. Der Name Var ist nicht in den Resolutionen der CGPM enthalten.

Aus den SI-Basiseinheiten abgeleitete Einheiten können durch die Einheiten des Kapitels I ausgedrückt werden.

Insbesondere können abgeleitete SI-Einheiten unter Verwendung der besonderen Namen und Einheitenzeichen der vorstehenden Tabelle ausgedrückt werden. Beispielsweise kann die SI-Einheit der dynamischen Viskosität als $m^{-1} \cdot kg \cdot s^{-1}$ oder $N \cdot s \cdot m^{-2}$ oder $Pa \cdot s$ ausgedrückt werden.

1.3 Vorsätze und Vorsatzzeichen zur Bezeichnung von bestimmten dezimalen Vielfachen und Teilen von Einheiten

Zehnerpotenz	Vorsatz	Vorsatzzeichen	Zehnerpotenz	Vorsatz	Vorsatzzeichen
10^{18}	Exa	E	10^{-1}	Dezi	d
10^{15}	Peta	P	10^{-2}	Zenti	c
10^{12}	Tera	T	10^{-3}	Milli	m
10^{9}	Giga	G	10^{-6}	Mikro	μ
10^{6}	Mega	M	10^{-9}	Nano	n
10^{3}	Kilo	k	10^{-12}	Piko	p
10^{2}	Hekto	h	10^{-15}	Femto	f
10^{1}	Deka	da	10^{-18}	Atto	a

Die Namen und Einheitenzeichen der dezimalen Vielfachen und Teile der Einheit der Masse werden durch Vorsetzen der Vorsätze vor das Wort „Gramm" und der Vorsatzzeichen vor das Einheitenzeichen „g" gebildet.

Zur Bezeichnung von dezimalen Vielfachen und Teilen einer als Quotient ausgedrückten abgeleiteten Einheit kann ein Vorsatz mit einer Einheit entweder im Nenner oder im Zähler sowie auch in beiden Teilen des Quotienten verbunden werden.

Zusammengesetzte, d.h. durch Aneinanderreihen mehrerer Vorsätze gebildete Vorsätze dürfen nicht verwendet werden.

1.4 Zugelassene besondere Namen und Einheitenzeichen

1.4.1 Besondere Namen und Einheitenzeichen für dezimale Vielfache oder Teile von SI-Einheiten

Größe	Einheit		
	Name	Einheitenzeichen	Beziehung
Volumen	Liter	l [1]	$1\ l = 1\ dm^3 = 10^{-3}\ m^3$
Masse	Tonne	t	$1\ t = 1\ Mg = 10^3\ kg$
Druck, mechanische Spannung	Bar	bar	$1\ bar = 10^5\ Pa$

---

[1] Für das Zeichen „Liter" kann man, wenn eine Verwechslung zwischen dem Buchstaben „l" und der Ziffer „1" möglich ist, die Abkürzung „Ltr." benützen oder „Liter" ganz ausschreiben.

1.4.2 Besondere Namen und Einheitenzeichen für dezimale Vielfache oder Teile von SI-Einheiten, deren Benutzung speziellen Anwendungsbereichen vorbehalten ist

Größe	Einheit		
	Name	Einheitenzeichen	Beziehung
Fläche von Grundstücken und Flurstücken	Ar	a	$1\ a = 10^2\ m^2$
Längenbezogene Masse von textilen Fasern und Garnen	Tex*[1])	tex*	$1\ tex = 10^{-6}\ kg \cdot m^{-1}$

[1]) Das Zeichen * hinter einem Einheitennamen oder hinter einem Einheitenzeichen besagt, daß diese nicht in den Listen der CGPM, des CIPM und des BIPM aufgeführt sind. Diese Anmerkung gilt für den gesamten Anhang.

Anmerkung: Die unter Punkt 1.3 aufgeführten Vorsätze und Vorsatzzeichen gelten auch für die Einheiten und Einheitenzeichen der Tabellen unter den Punkten 1.4.1 und 1.4.2.
Das Vielfache 10^2 a wird jedoch „Hektar" genannt.

2 Einheiten, die ausgehend von SI-Einheiten definiert, aber nicht dezimale Vielfache oder Teile davon sind

Größe	Einheit		
	Name	Einheitenzeichen	Beziehung
Ebener Winkel	Vollwinkel* a)		$1\ Vollwinkel = 2\,\pi\ rad$
	Neugrad* oder Gon*	gon*	$1\ gon = \dfrac{\pi}{200}\ rad$
	Grad	°	$1° = \dfrac{\pi}{180}\ rad$
	(Winkel-) Minute	'	$1' = \dfrac{\pi}{10\,800}\ rad$
	(Winkel-) Sekunde	''	$1'' = \dfrac{\pi}{648\,000}\ rad$
Zeit	Minute	min	$1\ min = 60\ s$
	Stunde	h	$1\ h = 3\,600\ s$
	Tag	d	$1\ d = 86\,400\ s$

a) Es gibt kein international vereinbartes Einheitenzeichen.

Anmerkung: Die unter Punkt 1.3 aufgeführten Vorsätze gelten nur für den Einheitennamen Neugrad oder Gon, die Vorsatzzeichen nur für das Einheitenzeichen gon.

3 Einheiten, die unabhängig von den sieben SI-Basiseinheiten definiert sind

Die atomare Masseneinheit ist der 12te Teil der Masse eines Atoms des Nuklids ^{12}C.
Das Elektronvolt ist die Energie, die ein Elektron bei Durchlaufen einer Potentialdifferenz von 1 Volt im Vakuum gewinnt.

Größe	Einheit		
	Name	Einheitenzeichen	Beziehung
Masse	atomare Masseneinheit	u	$1\ u \approx 1{,}660\,565\,5 \times 10^{-27}$ kg
Energie	Elektronvolt	eV	$1\ eV \approx 1{,}602\,189\,2 \times 10^{-19}$ J

Die Beziehungen dieser Einheiten zu den SI-Einheiten sind mit einer Unsicherheit behaftet. Die angegebenen empfohlenen Werte sind dem CODATA-Bulletin Nr. 11/Dezember 1973 des International Council of Scientific Unions entnommen.

Anmerkung: Die Vorsätze und Vorsatzzeichen unter Punkt 1.3 gelten auch für diese Einheiten und Einheitenzeichen.

4 Einheiten und Namen von Einheiten, die nur in speziellen Anwendungsbereichen zugelassen sind

Größe	Einheit	
	Name	Beziehung
Brechkraft von optischen Systemen	Dioptrie*	1 Dioptrie $= 1\ m^{-1}$
Masse von Edelsteinen	metrisches Karat	1 metr. Karat $= 2 \cdot 10^{-4}$ kg

Anmerkung: Die Vorsätze unter Punkt 1.3 gelten auch für diese Einheiten.

Kapitel II

Gesetzliche Einheiten nach Artikel 1 Absatz b

Größen, Einheitennamen, Einheitenzeichen und Beziehungen

Größe	Einheit		
	Name	Einheitenzeichen	Beziehung
Blutdruck	Millimeter Quecksilbersäule	mm Hg	1 mm Hg $= 133{,}322$ Pa
Ebener Winkel		$g*^1)$	$1^g = \dfrac{\pi}{200}$ rad
Aktivität (ionisierende Strahlung)	Curie	Ci	1 Ci $= 3{,}7 \cdot 10^{10}$ Bq
Energiedosis	Rad	$rad^2)$	1 rad $= 10^{-2}$ Gy
Äquivalentdosis	Rem*	rem*	1 rem $= 10^{-2}$ Sv
Ionendosis (Röntgen- und γ-Strahlen)	Röntgen	R	1 R $= 2{,}58 \cdot 10^{-4}$ C $\cdot$ kg^{-1}

[1]) Einheitenzeichen der Einheit Neugrad.
[2]) Wenn bei dem Wort „Rad" eine Verwechslung mit dem Zeichen für „Radiant" möglich ist, kann man „rd" als Zeichen für „Rad" benützen.

Anmerkung: Die Vorsätze und Vorsatzzeichen unter Punkt 1.3 des Kapitels I gelten auch für die Einheiten und Einheitenzeichen, die im obigen Punkt aufgeführt sind, mit Ausnahme des Zeichens g.

Kapitel III

Gesetzliche Einheiten nach Artikel 1 Absatz c

Größen, Einheitennamen, Einheitenzeichen und angenäherte Beziehungen

Länge

Inch	$1 \text{ in} = 2{,}54 \cdot 10^{-2}$ m
Foot	$1 \text{ ft} = 0{,}304\,8$ m
Fathom[1])	$1 \text{ fm} = 1{,}829$ m
Mile	$1 \text{ mile} = 1\,609$ m

Fläche

Square foot	$1 \text{ sq ft} = 0{,}929 \cdot 10^{-1}$ m^2
Acre	$1 \text{ ac} = 4\,047$ m^2

Volumen

Fluid ounce	$1 \text{ fl oz} = 28{,}41 \cdot 10^{-6}$ m^3
Gill	$1 \text{ gill} = 0{,}1421 \cdot 10^{-3}$ m^3
Pint	$1 \text{ pt} = 0{,}568\,3 \cdot 10^{-3}$ m^3
Quart	$1 \text{ qt} = 1{,}137 \cdot 10^{-3}$ m^3
Gallon	$1 \text{ gal} = 4{,}546 \cdot 10^{-3}$ m^3

Masse

Ounce (avoirdupois)	$1 \text{ oz} = 28{,}35 \cdot 10^{-3}$ kg
Troy ounce	$1 \text{ oz tr} = 31{,}10 \cdot 10^{-3}$ kg
Pound	$1 \text{ lb} = 0{,}453\,6$ kg

---

[1]) Wird ausschließlich für die Seeschiffahrt verwendet.

Sachwortverzeichnis